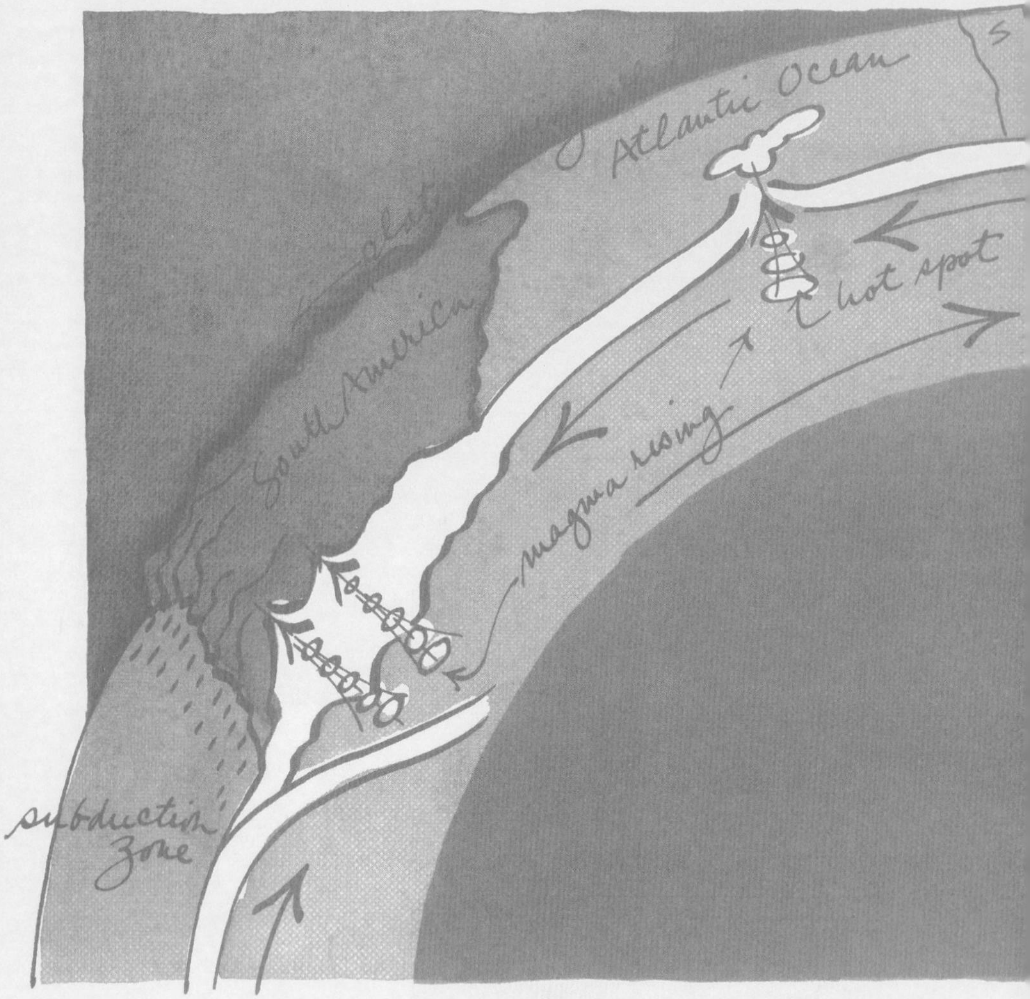

Atlantic Ocean
South America
hot spot
magma rising
subduction zone

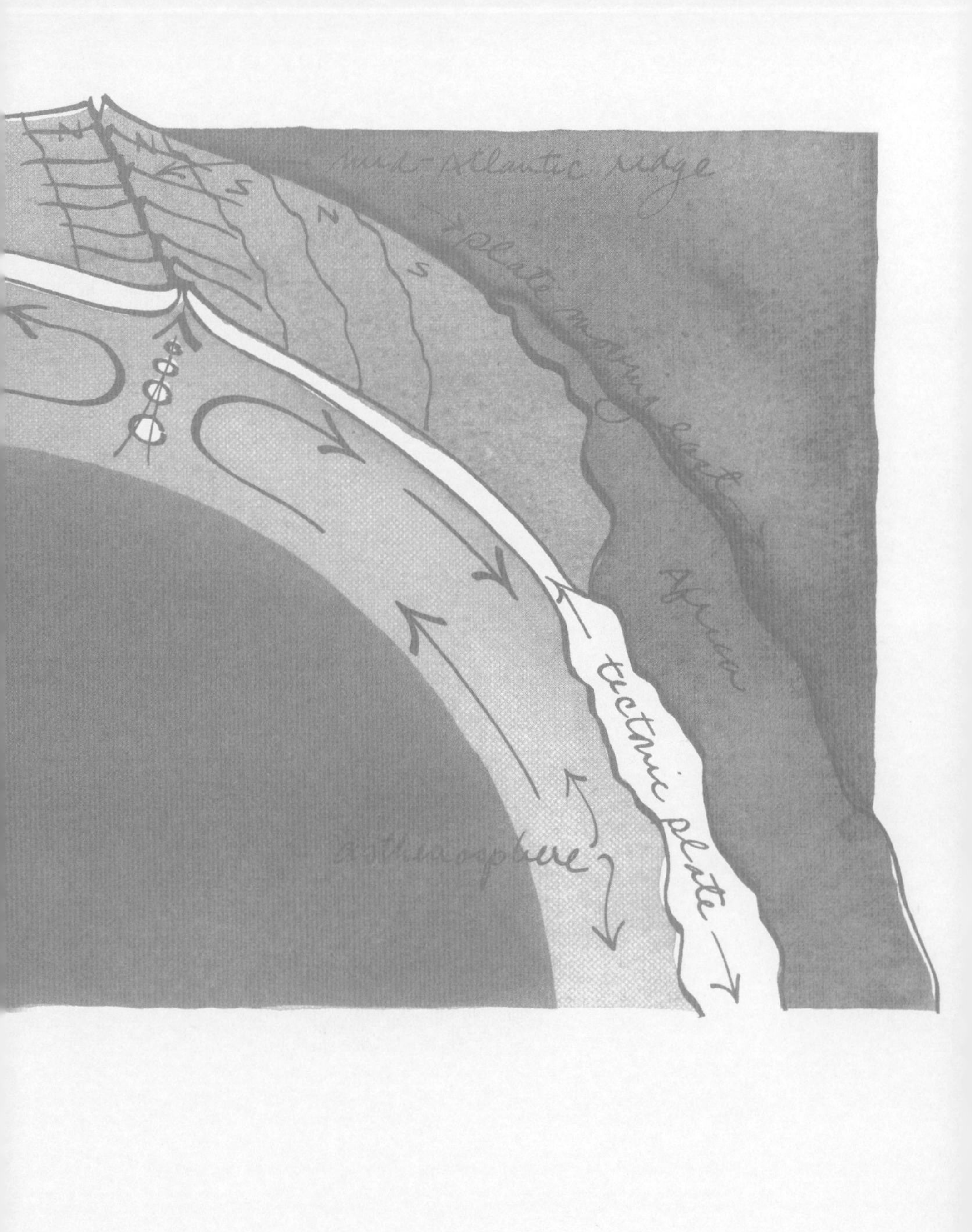
mid-Atlantic ridge
plate moving east
Africa
tectonic plate
asthenosphere

과학의 시대!

과학자들은 비밀과 원리를 어떻게 알아냈는가

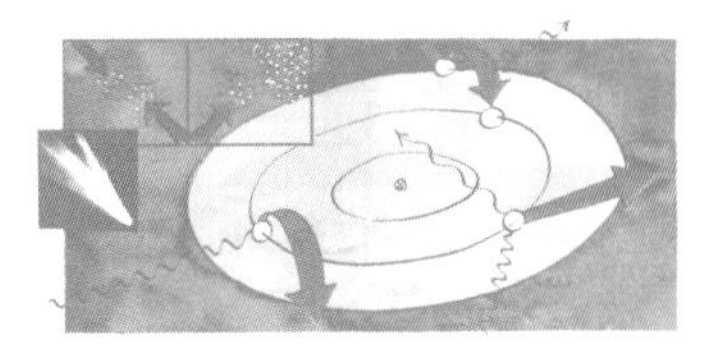

The Age of Science
by Gerard Piel

교양, 교양인 2

과학의 시대!

과학자들은 비밀과 원리를 어떻게 알아냈는가

제라드 피엘 지음 · 전대호 옮김

한길사

과학의 시대!

과학자들은 비밀과 원리를 어떻게 알아냈는가

지은이 ▪ 제라드 피엘
일러스트▪ 피터 브래드퍼드
옮긴이 ▪ 전대호
펴낸이 ▪ 김언호
펴낸곳 ▪ (주)도서출판 한길사

등록 ▪ 1976년 12월 24일 제74호
주소 ▪ 413-832 경기도 파주시 교하읍 문발리 520-11
www.hangilsa.co.kr
E-mail : hangilsa@hangilsa.co.kr
전화 ▪ 031-955-2000~3
팩스 ▪ 031-955-2005

상무이사 · 박관순 | 영업이사 · 곽명호 | 편집주간 · 강옥순
편집 · 서상미 박희진 신현경 | 전산 · 김현정
제작 및 마케팅 · 이경호 | 관리 · 이중환 문주상 박경미 김선희

출력 · DiCS | 인쇄 · 만리문화사 | 제본 · 쌍용제본

제1판 제1쇄 2003년 7월 21일
제1판 제3쇄 2006년 4월 5일

값 17,000원
ISBN 89-356-5523-6 03400

이 책과 나 자신에 관하여

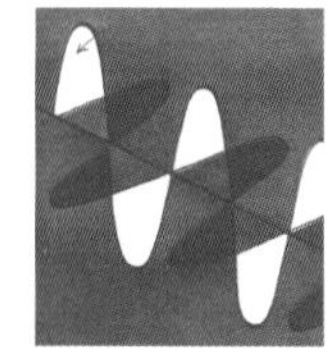

1 과학은 과학자들이 하는 일이다

2 앎의 기반에서 일어난 혁명

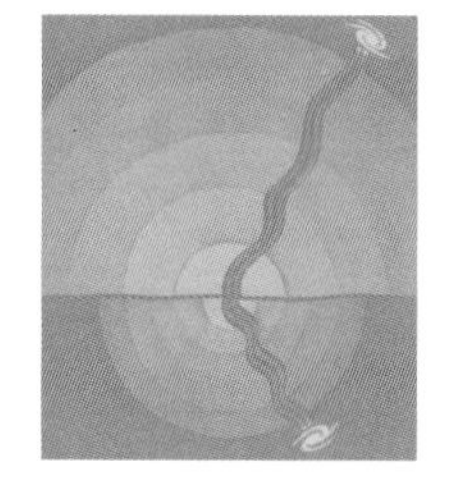

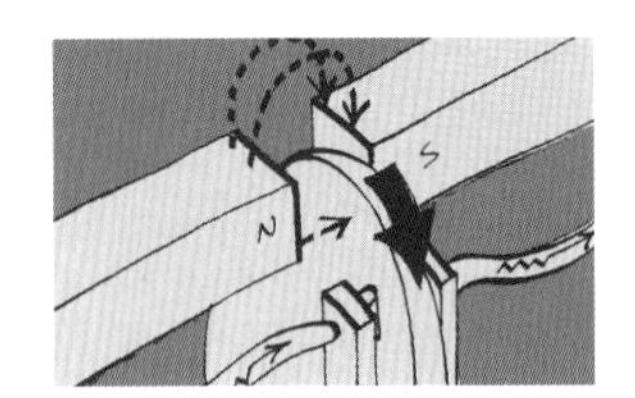

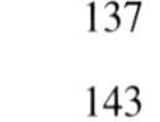

3 빛과 물질

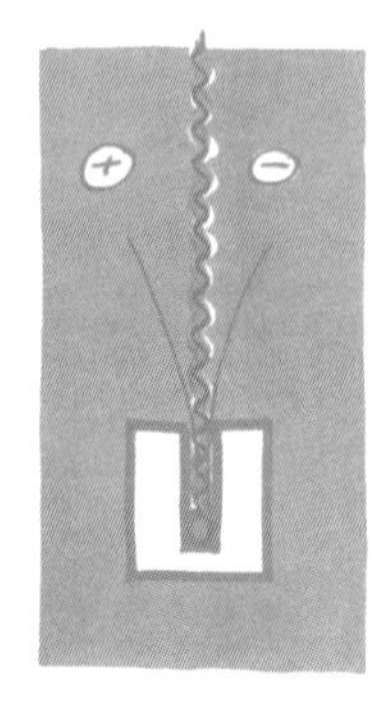

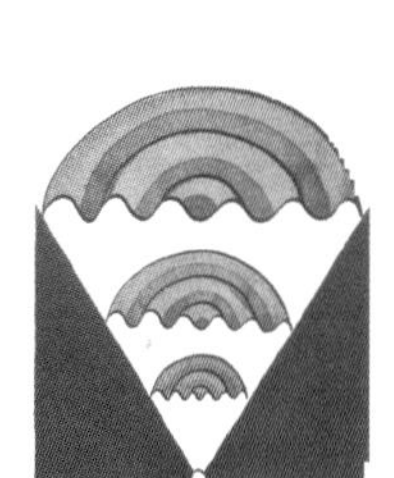

4 공간과 시간

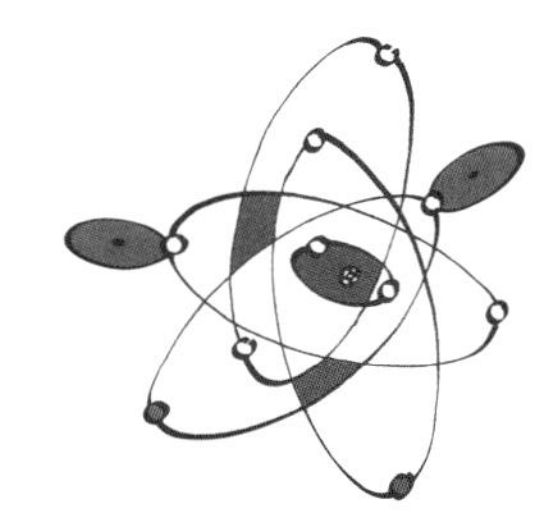

5 살아 있는 세포

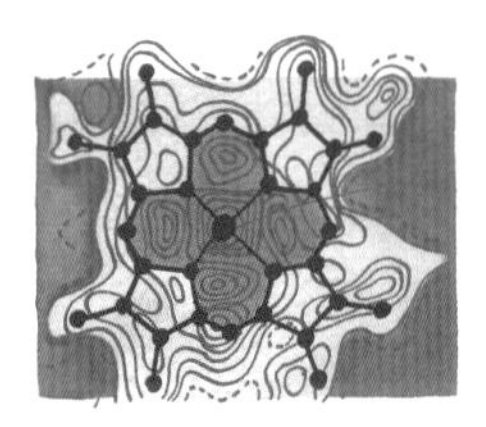

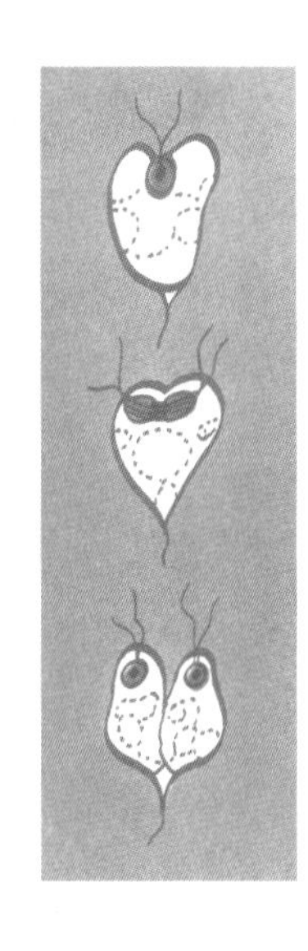

6 지구의 역사와 생명의 진화

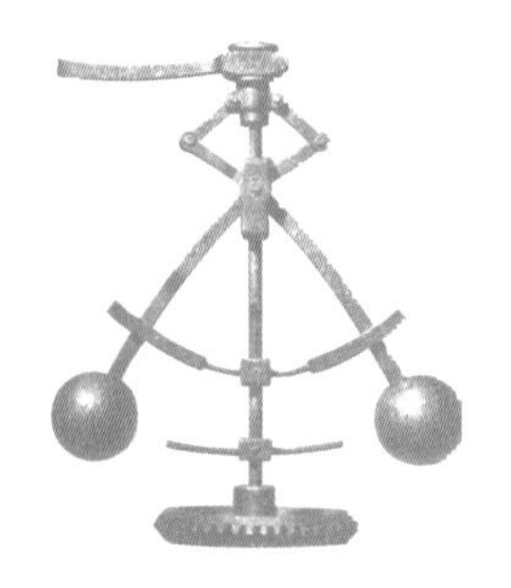

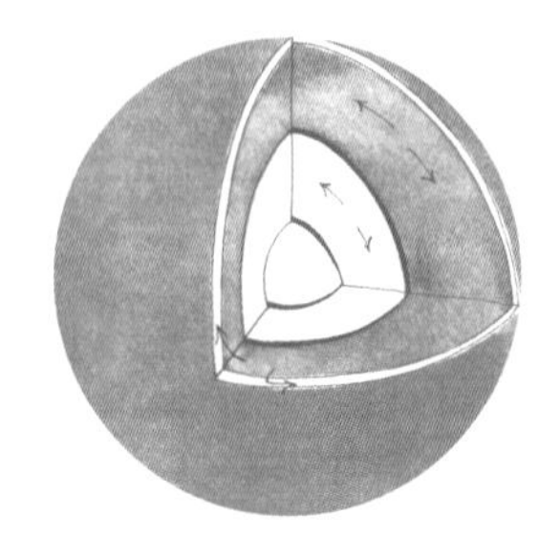

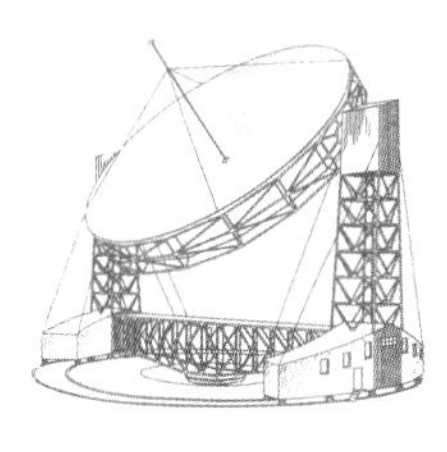

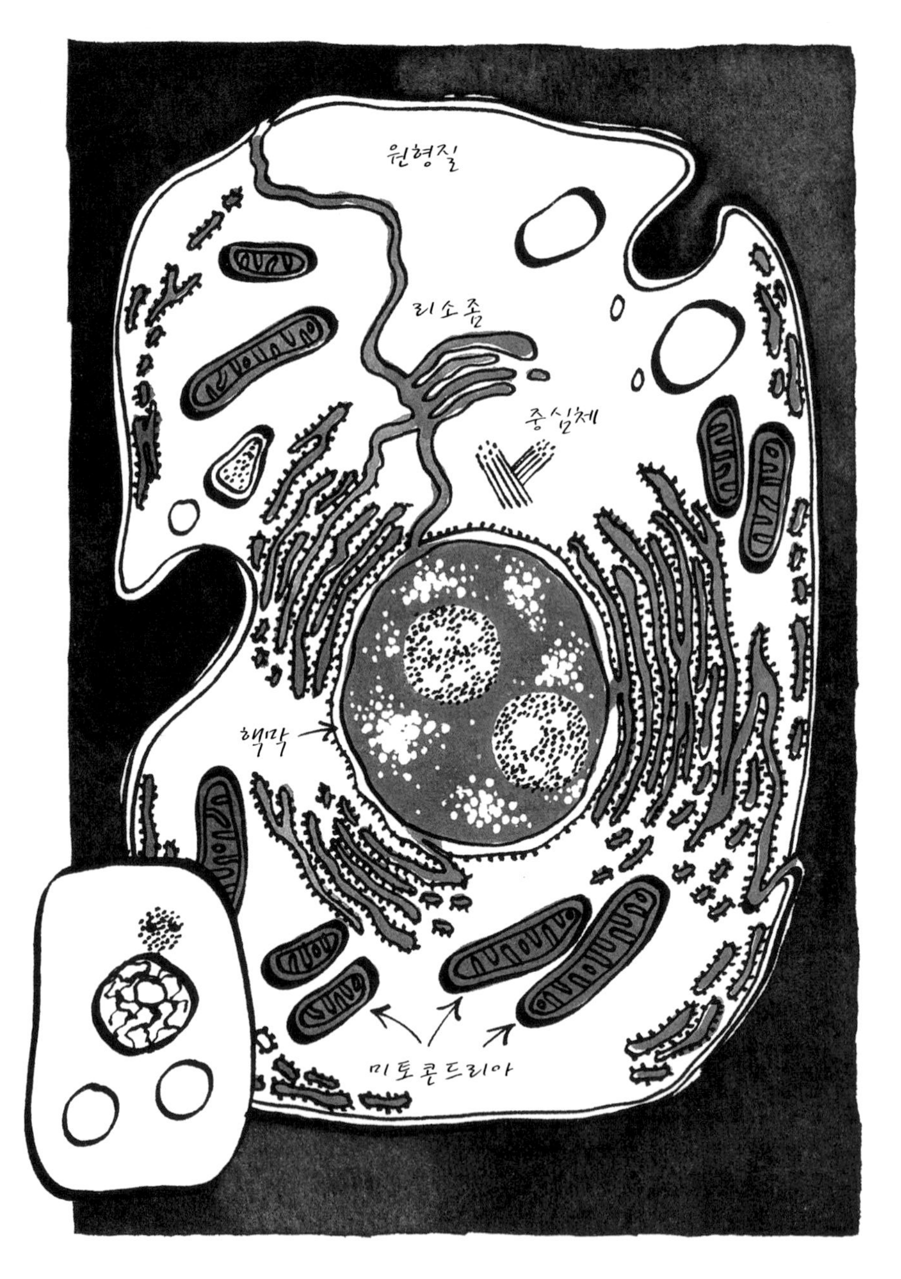

진핵세포의 해부학적 구조. 1900년까지만 해도 거의 비어 있는 원형질 방울이라고 여겨진 세포내부는 복잡한 구조를 가진다. 그 구조가 고분자들의 질서 있고 순차적인 상호 반응회로들을 조직하고, 그 반응회로들이 세포의 삶이다. 막의 주름은 세포 내부가 주변의 매질에 접할 수 있게 한다. 세포는 매질로부터 끊임없이 물질을 흡수한다. 염색체를 담고 있는 핵은 유전기능이 들어 있는 자리이다. 중심체는 세포분열 과정에서 복제된 염색체의 분리를 관찰한다. 미토콘드리아는 세포의 에너지를 산출한다. 리소좀은 파괴된 분자들을 재활용하기 위한 기관이다.

과학의 시대!

과학자들은 비밀과 원리를 어떻게 알아냈는가

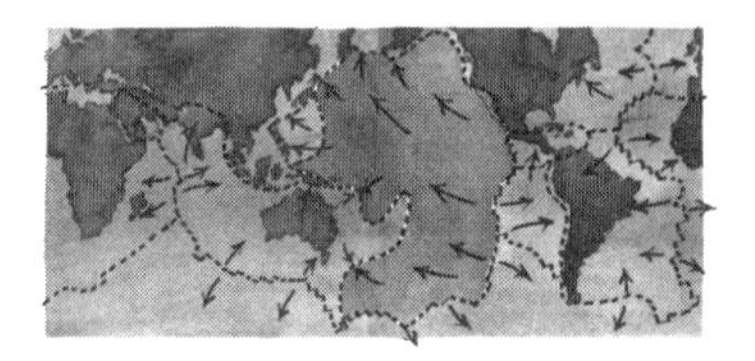

이 책과 나 자신에 관하여

이 책에서 나는 독자들에게 과학자들이 20세기에 배운 것들에 관해 내가 배운 것을 요약해서 이야기하려 한다. 과학연구는 우리 주위의 세계와 그 안에 살고 있는 우리 자신의 정체에 관한 일관적인 이해를 지향하고 있다. 오랜 옛날 신의 계시에 의해 모든 것이 설명된 이래로 오늘날처럼 완벽한 세계관이 이룩된 적은 없다. 우리 주위의 세계 안에서 또한 그 세계 너머에서 과학의 연구는 앎을 위한 광활한 영역을 열어놓았다.

오늘날의 지식은 검증할 수 있는 인간적 경험에 근거를 둔다. 여기서 내가 소개할 경험들은 주로 20세기에 이루어졌다. 20세기의 마지막 수십 년 동안 다양한 분야의 연구들은 동일한 궁극적 질문들로 수렴했다. 고대로부터 이어진 그 질문들은 객관적 지식의 관점에서 새롭게 구성되어 삶과 직접적인 관련을 맺게 되었다. 연구는 계속되고 있으며, 경험을 통한 확장과 수정의 가능성은 언제나 열려 있다.

새로운 지식의 객관적 타당성은 매우 다양하고 복잡한 과학기술을 통해 대중적으로 증명되었다. 과학기술은 개인과 사회에게 무엇이든 원하는 목적을 이룰 힘을 제공했다. 현재 진행되고 있는 경제적·사회적·환경적 변화의 정도와 규모와 불가역성을 생각할 때, 우리 인간이 목적을 선택하면서 지금까지 전제로 했던 일반적 믿음들을 반드시 재검토할 필요가 생겼다.

이러한 재검토와 관련해서 과학적 탐구는 이성, 관용, 그리고 개인적 자율을 보여주는 훌륭한 모범이다.

책 머리에서 내가 먼저 밝혀야 할 점은, 내가 여기 모아놓은 내용들이 어떤 공식적 과학논문에서도 함께 다루어지지는 않는다는 사실이다. 과학논문의 저자들은 내용들의 상호연관성이나 유의미성에 관해 거의 이야기하지 않는다. 현장에 있는 과학자들은 다룰 내용의 유의미성을 이미 인정한 상태이다. 그렇지 않다면 연구를 시작하지도 않았을 것이다.

이 책에 모은 내용을 통해 통일적인 그림을 그리는 장본인은, 대부분의 사람들처럼 과학자가 아닌 나 자신이다. 나는 독자들이 이 책을 통해 스스로 과학의 그림을 그릴 자료와 용기를 얻기를 희망한다.

나는 작가로서, 편집자로서 그리고 출판인으로서 20세기 중반 이후 전개된 객관적 지식을 향한 탐구를 관찰해왔다. 나의 임무는 각 과학분야에서 이루어지는 연구를, 과학적 모험의 첨단에서 일어나는 발전에 뒤처지지 않기를 원하는 더 넓은 독자층에게 전달하는 것이었다.

독자들이 나와 나의 동료들에게 요구하는 것은 다름 아니라 바로 각 분야에서 연구하는 과학자들 자신이 제기하는 요구이기도 했다. 사람들은 주위 세계의 모든 것에 대해 알기를 원하면서 삶을 시작한다. 모든 아이는 자연과학자이다. 그러나 적은 경험만으로도 곧 사람들은 관심사를 좁히고 전문화해야 한다는 것을 깨닫는다. 자신의 것이 아닌 분야에 관해서는 문외한인 과학자들은, 어느 분야에 대해서도 전문가가 아니지만 과학에 관심이 있는 일반 문외한들과 마찬가지로, 기꺼이 경탄하는 천진한 마음으로 과학분야들을 접하고 싶어한다.

1940년대 당시 막 창간된 대중적 사진잡지 『라이프』(*Life*)의 과학부 편집자로 일하는 동안 나는 더 많은 사람이 참여하는 구심점이 필요하다는 생각을 품게 되었다. 나는 초보 편집자로 일하면서 만난 독자들을 위해 과학잡지를 창간하기로 마음먹었다. 동업자와 직원과 필요한 자금을 모으는 과정에서 나는 『라이프』의 선례를 따랐다. 남은 일은 재미있는 잡지를 세상에 내놓는 일뿐이었다. 우리의 사업을 위해 나는 당시 거의 죽어가고 있던 102년 전통의 『사이언티픽 아메리칸』(*Scientific American*)을 사들였다. 우리는 1948년 5월 옛 명칭을 붙인 새 잡지 창간호를 발간했다.

결국 이 일이 천직이 되었지만, 내가 공부했던 것들은 이 일과 어울릴 법하지 않은 것들이다. 하버드 칼리지(Harvard College)에서 1937년에 내가 받은 학위는 역사학 학사학위이다. 그 학위증은 내가 완전히 과학 문맹임을 보여주는 증명서이다. 심지어 오늘날에도 초등학교와 중학교에 다니는 거의 모든 미국 학생들이 그러한 것처럼, 수학과 과학에 대한 나의 위축감 역시 아주 일찍부터 생겨났다. 반복훈련을 통해 가르치는 수학은 암기하는 수밖에 없었다. 당연히 반항심이 생겼다. 멍청한 계산 실수 때문에 나는 대수학에서 창피함을 느꼈고, 그후 수학 전체에서 모욕감을 느꼈다.

당시 (오늘날에도 여전히) 과학은 책을 통해 가르쳐졌다. 고등학교와 초급대학의 과학 교과서는 4도로 인쇄되는 4절판 일반 교과서들과는 달리 품격 있는 8절판이었다. 가장 좋은 교과서 중 하나로 프리맨 컴퍼니(W. H. Freeman and Company)에서 출판된 교과서가 있다. 이 과학 교과서는 『사이언티픽 아메리칸』이 지원하는 교과서이다. 당시의 교과서들은 오늘날에도 학생들의 책가방을 무겁게 하고 있다.

선생님들은 내게 물리학의 유한성을 가르쳐 주었다. 나는 마치 유클리드가 수학의 전부라고 여겼듯이 그 작은 녹색의 책 속에 모든 것이 들어 있다고 여겼다. 그 과학 교과서의 공동 저자들 중 하나는 덜(Ch. E. Dull)이었다. 당시 학교에서 이루어진 전형적인 과학실험은 물의 끓는점 측정이었다. 내가 아는 끓는점의 온도는 화씨 212도였다. 선생님은 내게 그 온도가 섭씨 100도임을 가르쳐주었다. 그러나 내가 측정한 값은 100도에 미치지 않았다. 나의 평균 측정값은 섭씨 98.6도였다. 이 일로 오랫동안 머리를 갸우뚱거렸던 것을 나는 기억한다.

과학의 사회학

하버드에서 내가 과학에 근접할 기회를 얻은 것은 사회학 연습시간을 통해서였다. 머턴(R. K. Merton)이라는 이름의 대학원생이 나로 하여금 과학에 관심을 기울이지 않을 수 없도록 만들었다. 전적으로 빠져들어야 한다는 원칙하에 그는 나로 하여금 거장들을 읽도록 시켰다. 토니(R. H. Tawney), 뒤르켐(E. Durkeim), 마르크스(K. Marx), 좀바르트(W. Sombart), 베버(M. Weber), 심지어 막 번역된 파레토(V. Pareto)까지 읽어야 했다. 나는 절망을 경험했고, 역사학으로 전공을 바꾸었다.

1938년 나는 임박한 제2차 세계대전을 취재하겠다는 야심을 품고 『라이프』에 입사했다. 그런데 갑자기, 내가 과학에 문맹이라는 사실이 내가 역사학을 전공했다는 사실을 능가하는 훌륭한 자질로 평가받는 희귀한 일이 벌어졌다. 당시 『타임』의 사장은 빌링스(J. S. Billings)였다. 회사가 『라이프』에 투자한 적잖은 자금에 대한 책임감을 느낀 나머지 그는 『라이프』를 (회사의 주력 품목인) 『타임』과 마찬가지로 모든 분야를 대중적으로 다루는 고귀한 사명에 헌신하는 잡지로 만들기로 결정했다(물론 슈퍼마켓 계산대 옆에 진열된 잡지를 보면, 그것이 고귀한 사명에 헌신한다는 믿음이 생기지 않지만 말이다). 그는 조금 아는 것보다는 전혀 모르는 것이 더 안전하다는—조금

아는 것은 위험하다는 사실을 누구나 잘 알지 않는가—생각으로 나를 과학담당으로 앉혔다.

직무를 시작하면서 나는 과학잡지가 존재하지 않는다는 사실을 처음 알았다. 동료들에게는—국내 및 해외 뉴스, 스포츠, 영화, 예술, 공연 등을 담당하는 동료들—『뉴욕 타임스』(*The New York Times*)를 필두로 해서 수많은 참고자료들이 있었다. 『라이프』 다음 호에 무슨 내용을 실어야 할지를 그 참고자료들이 일러주었다. 과학을 위해 있는 것은 과학자들이 스스로 발간하는 학술지뿐이라는 것을 나는 알게 되었다. 그리고 과학 학술지들은 인간의 다른 어떤 활동 분야에 관한 책보다 더 수가 많았다. 세분되고 전문화된 과학 학술지들은 그 분야에서 활동하는 과학자들 내부의 의사소통을 이루기 위해 있었으며, 외부인으로서는 이해할 수 없는 것이었다. 심지어 다른 분야의 과학자들조차 이해할 수 없었다. 나는 내가 과학에 관한 글들을 전혀 독해하지 못한다는 사실을, 심지어 『뉴욕 타임스』에—오늘날 『뉴욕 타임스』는 매우 훌륭한 과학 기사를 싣는다—실린 기사조차도 이해할 수 없다는 사실을 발견했다.

당시의 과학자들은 언론을 경계했다. 그럴 만한 이유가 있었다. 그들의 연구에 관한 과장된 흥분이나 괴상하다는 호기심으로 가득 찬, 전혀 이해가 뒷받침되지 않는 기사들로 인해 과학자들은 너무도 자주 당혹감을 느꼈던 것이다. 나는 처음 두 명의 과학자에게 나와 사진기자의 취재를 허락해달라고 부탁하면서 꽤 애를 먹어야 했다. 그러나 나의 첫 기사가 『라이프』에 실리고 나자, 고맙게도 다음 과학자들에게 협조를 얻는 일이 쉬워졌다.

그렇게 된 이유는 카메라 때문이었다. 사진을 통해 연구작업 그 자체를 보여줄 수 있었기에, 독자의 관심을 끌기 위한 장황한 글이 필요치 않았던 것이다. 다른 대중잡지들은 독자의 관심을 끌기 위해 마구 써대는 형국이었다. 그래서 과학자들이 언론에 당황하게 되는 일이 생겼던 것이다. 더 나아가 사진이 성공적인 경우에는, 설명이 필요 없이 사진만으로 충분했다. 역시 글을 쓰는 부담을 덜어주는 고마운 일이었다. 사진에 관해 내가 쓰는 짧은 설명과 기사는 정확하고 명료하다는 평판을 얻었는데, 그것은 사실 취재에 응한 과학자들이 기사 검토를 고집한 덕분이었다. 우리는 과학자들이 기사를 검토할 권리를 가지고 있음을 인정해야만 했다. 그들은 나와 사진기자 못지않게 까다롭게 굴었다.

사상 처음으로 과학은 대중잡지의 세계 속에서 책임 있고 권위 있는 지면을 얻었다. 1944년 여름이 되자 나는 도움을 요청하는 처지를 벗어나 과학자들로부터 환영받는 위치로 올라서 있는 나 자신을 발견했다. 심지어 나는 고립적이며 콧대가 높은 록펠러 연구소(Rockfeller Institute)도 취재할 수 있었다. 내가 취재한 연구는 바이러스를 분리하고 화학적으로 분해하는 최초의 작업이었다. 연구원이었던 스탠리(W. Stanley)는 이 연구의 공로로 1946년 종전 이후 최초로 수여된 노벨 화학상의 주인공이 되었다. 나의 짝인 사진작가 고로(F. Goro)는 스탠리와 담배 모자이크 바이러스들의 도움으로, 헤엄치는 열대어에서 나온 듯한 생생한 네 가지 색깔로 바이러스의 선명한 기하학적 구조를 잡아내는 성과를 올렸다.

이 시절 나는 400만 부가 배포되는 『라이프』의 독자 중 일부 고정 독자들만이 나의 과학면에 따스한 관심을 기울인다는 것을 알았다. 그 고정 독자들이 내가 만드는 과학면에 기울이는 생생한 관심은, 내게 필요한 만큼이나 전문 과학자들에게도 과학잡지가 필요하다는 사실을 웅변하고 있었다.

비밀을 알다

어느 새 나는 내가 기사화할 수 있는 이상의 많은 것들을 알게 되었다. 이로 인해 나는 독자적으로 과학만을 다루는 잡지가 유지될 수 있다고 확신하게 되었다. 나는 나의 상관에게 내 생각을 제안하고 싶지 않았다. 과학분야에 관한 지식이 형편없는데 불구하고 나는 원자폭탄의 '비밀'을 알게 되었다.

내게 비밀을 알려준 주요 원천은 당연히 출판검열이었다. 1942년부터 빌링스 사장과 나는 의무적으로 워싱턴 전시 검열국에서 오는 전보를 받아야 했다. 검열국은 미국 언론이 동의한 자발적 검열을 종용했다. 전보에는 '원자력'으로부터 시작해서, 내 기억으로는, '라듐', '우라늄', '동위원소', '임계질량', '원자분열' 등이 나열된 삭제 단어 목록에 있었다.

히틀러를 피해 스웨덴에 망명 중이던 독일 과학자 한(O. Hahn)과 마이트너(L. Meitner)에 의해 처음에는 스웨덴에서, 그리고 그 후인 1939년에 컬럼비아 대학에서 이루어진 원자분열의 발견은 내가 과학을 담당하기 이전에 언론에서 작은 반향을 불러일으켰다. 검열국이 보낸 전보는, 그 원자분열 현상이 이제 전쟁에 참여하게 되었음을 누가 보더라도 명백하게 일러주었다. 나는 삭제 단어 목록에 나온 단어들과 관련된 문헌들을 읽기 시작했다.

나는 곧, 문맹이 아닌 사람이라면 누구라도 알 수 있도록 원자폭탄의 작동과 제작 방법을 설명하는 글들이 지천에 널려 있음을 알게 되었다. 당연히 나는 원자폭탄과 관련된 어떤 분야에서도 전문독자라 할 수 없었다. 그러나 원자폭탄에 대한 궁금증으로 인해 힘을 얻은 나는 심지어 페르미(E. Fermi)와 휠러(J. A. Wheeler)가 쓴 논문(176쪽 참조)에서도 무언가 알아낼 수 있었다. 나는 1차 연구 논문들 외에 고맙게도 1939년 발간된 대학 교재 하나를 손에 넣었다. 그 교재는 미국, 프랑스, 영국의 과학자들이 그들의 획기적인 발견의 발표를 통제받기 이전에 발간된 것이었다. 그 교재 마지막 장에는 원자의 핵에서 얻을 수 있는 막대한 에너지에 관한 예측이 수록되어 있었다.

공부를 통해 나는 검열국의 전보가 도착할 때마다 원자폭탄 계획이 얼마나 진척되었는지 파악할 수 있는 경지에 이르렀다. 그러던 중, 우리가 일리노이(Ilinois) 대학에 있는 질량 분광계(mass spectrometer)의 멋진 모습을 촬영하려 하자, 니어(A. O. Nier) 교수는, 논의할 수 없는 이유 때문이라며 협조를 중단했다. 나는 질량 분광계 기사를 통해 당시 내가 새롭게 배운 바를 독자들에게 알리고 싶었다. 물리학자들이 원자에 관하여 화학자들의 파악능력을 벗어나는 어떤 것을 만들어낼 수 있다는 사실을 나는 알리고 싶었다. 동일한 화학적 원소의 '동위원소'가 질량만 다른 것이 아니라, 매우 다른 물리적 성질—예를 들어 분열을 통해 연쇄반응을 일으키는 성질—도 가질 수 있기 때문에, 반드시 그 기사를 써야 한다고 나는 생각했다. 기사에 개입한 검열관들은, 현재 질량 분광 기술이 상대적으로 풍부하고 안정적인 우라늄 동위원소 238(U-238)과 드물고 분열성이 있는 우라늄 동위원소 235(U-235, 원자량은 235)를 분리하는 방법으로 신중히 고려되고 있다고 전해주었다.

이런 상황에서 나는 컬럼비아 대학에서 우라늄 분열에 관여했던 과학자들이 모두 시카고로 옮겨갔다는 소식을 들었다. 이어서 나는 덴마크에서 망명한 보어(N. Bohr) 교수와 대담하기 위해 검열국에 허가를 요청했으나, 불가능하다는 통보와 함께 보어 교수가 미국에 있다는 사실을 아는 것만도 '불순한' 일이라는 충고를 받았다. 내가 맨해튼 프로젝트(Manhattan Project)라는 말을 처음 들은 것은 캐나다 정부를 위해 일하는 어떤 정보요원으로부터였다. 어느 날 밤 황량한 맨해튼 거리를 함께 걷다가 그는 내게 맨해튼 계획을 아느냐고 귓속말로 물었다. 캐나다 정부가 전쟁을 위해 내리는 '우선적 선택'은 테네시에서 진행되고 있는 맨해튼 프로젝트에 비하면 상대가 안 된다고 그는 말했다. 테네시 계곡 깊숙한 곳에서 과연 무슨 일이 벌어지고 있는지에 대해 내가 감을 잡게 된 것은 이스트만 코닥(Eastman Kodak) 사에서 점심을 먹다가 우연히, 그 회사에서 일하던 젊은 물리학자 하나가 '테네시로 감으로써' 징병을 면제받았다는 이야기를 들었을 때였다.

1944년 늦여름, 나는 드디어 그 동한 수집한 자료를 통한 나의 추측이 옳았음을 존스 홉킨스 대학 물리학 명예 교수인 우드(R. W. Wood)를 통해 확인했다. 우드는 '지향성 폭약'(shaped charge)에 관한 기사를 쓰는 일을 돕고 있었다. 독일은 1941~42년 북아프리카 사막 전투에서 지향성 폭약을 이용한 대전차 포탄으로 빛나는 전과를 올렸다. 미국 군수 사령부는 뒤늦게 지향성 폭약을 도입했다. 그러니까 적이 먼저 소유한 지향성 폭약은 전혀 기밀이 아니었다.

우드는 이미 20세기 초에 미국 해안 경비대가 발간한 전문 회보에서 지향성 폭약의 효과를 알게 되었다. 장갑 철판 위에 적당한 모양으로 폭약을 설치하면 철판에 구멍을 낼 수 있다는 사실을 해안 경비대 소속의 어느 무기 전문가가 발견했다. 그는 자신의 발견을 증명하기 위해 실험용 해군 장갑 철판에 'USA' 모양으로 구멍이 생기도록 폭약을 설치했다. 이 내용을 회보에서 읽은 우드는 볼티모어 경찰에게, 당시 일어난 금고털이 사건의 전모를 설명할 수 있었다. 범행현장에서 경찰은 금속조각을 전혀 발견하지 못했다. 있는 것이라고는 금고 문에 깨끗하게 뚫린 구멍 하나와 금고 안쪽으로 녹아 굳어진 금속의 흔적뿐이었다. 그러나 우드는 미군 무기담당 장교들에게 이 현상의 중요성을 설명하는 데는 실패했다.

북아프리카 전투에서 독일군은 대전차 포탄에 장착된 지향성 폭약이 폭발 에너지의 대부분을, 모든 방향으로 분산시키는 것이 아니라 한 방향으로, 즉 중앙으로 집중시키는 것을 보여주었다. 우드의 도움을 받아 우리는, 한 방향으로 뻗는 폭발력은, 독일의 무기 제작자들이 폭약 내부에 원추형의 틈을 만들고 집어넣은 금속의 무거운 원자들이 기화하면서 엄청난 속도로 날아가기 때문에 생긴다는 사실을, 사진을 통해 보여줄 수 있었다. 포탄 앞쪽에 달려 있는 원추형의 뿔은 바람막이인 동시에 신관(fuse)

통이었다. 고차원적인 물리학이 장갑 철판에 구멍을 뚫은 것이다.

기화된 금속 원자들을 사진을 찍을 수 있었던 것은 우드 자신이 만든 존스 홉킨스 대학 회절격자 복제품 덕분이었다. 존스 홉킨스 대학 회절격자(diffraction grating)는 당시 사람의 손으로 만든 가장 완벽한 물건이라고 평가받고 있었다(56쪽 참조). 우리는 우드의 복제품을 카메라 렌즈의 필터로 사용했다. 완벽한 회절격자들을 처음 제작한 사람은 롤런드(H. A. Rowland)였다. 우드는 그의 제자였으며, 그를 이어 교수가 되었다. 제2차 세계대전이 발발하자 우드가 지휘하는 연구실은 전쟁을 수행 중인 미국이라는 새로운 거대한 시장을 얻게 되었다. 우드는 수요를 충족시키기 위해 롤런드 회절격자의 플라스틱 복제품을 고안했다. 우드의 복제품은 생산비용이 훨씬 저렴하면서도 원본에 못지않은 완벽한 성능을 발휘했다. 플라스틱 회절격자는, 폭약이 하늘을 향해 폭발할 때 튀어나오는 기화된 금속에서 방출되는 빛의 파장에 맞는 광선을 선명하게 걸러냄으로써, 『라이프』 독자들에게 멋진 사진을 선사했다.

우드가 대량으로 생산하는 복제품을 구입하는 고객들 중 하나는 다만 맨해튼 프로젝트라는 이상한 이름만으로 그와 거래했다. 보안요원들은 우드에게 맨해튼 프로젝트가 그의 복제품을 사용하는 목적이 무엇인지 명확히 설명해주지 않았다. 만일 우드가 그 목적을 알았다면 더 나은 제품을 만들었을지도 모른다. 우드는 맨해튼 프로젝트에 호기심을 갖게 되었다. 내게 이야기를 전할 때까지 우드는 그의 나이와 명성을 무시하는 검열관들의 무례함을 간신히 참아냈다. 검열관들이 그에게 그 미지의 기밀에 대해 아무런 분명한 설명도 하지 않았으므로, 그는 마음 놓고 자신의 생각을 말할 수 있었다. 맨해튼 프로젝트에 그의 회절격자가 필요했던 이유는 당연히 프로젝트에 관련된 모든 물질들의 순도를 정확히 관리하기 위해서였다. 그 물질들 중에는, 자연에는 미량만 존재하므로 공업적으로 의미 있는 양을 확보하려면 좀더 풍부하고 안정적인 U-238로부터 얻어야 하는 분열성 물질 U-235도 들어 있다. 맨해튼 프로젝트가 회절격자를 주문하는 시점과 양을 토대로 우드는 그 계획의 진행 정도를 계산할 수 있었다. 당시 우드는 임계질량 서너 배 정도의 U-235가 확보되었을 것이라고 추측했다.

우리가 기사화한 지향성 폭약도 원자폭탄과 관련이 있었다. 우드는 지향성 폭약을 사용하여 폭탄이 중앙을 향해 폭발하도록 하는 것이, 폭발 순간에 분열성 물질이 임계질량 이상의 양으로 한 곳에 모여 있도록 하는 최선의 방법이라고 설명했다. 고성능 폭약으로 속이 빈 구를 만들고 그 속에 우라늄 235 또는 플루토늄(plutonium)을 집어넣으면 목적을 이룰 수 있을 것이라고 그는 말했다. 나와 함께 지향성 폭약 기사를 만드는 동안 우드는 검열국을 상대로 한 고차원적인 농담을 즐겼던 것이다. 줄리어스 로젠버그와 에델 로젠버그는 1953년 기밀 누설 혐의로 사형을 당하기까지 했다.

우드는 원자폭탄 실험이 임박했다고 생각했다. 그는 원자폭탄 제작이 어리석은 일이고 죄악이라고 여겼다. 그는 특히 방사능 누출의 장기적 효과를 걱정했다. 그는 내가 원자폭탄에 대해 알기를 원했다. 원자폭탄의 사용을 가능한 한 막기 위해 한시라도 빨리 언론이 나서야 한다고, 그는 힘주어 말했다.

과학잡지

기사에서는 일체 언급하지 않은 채로 나는 나의 직무에 따라 빌링스 사장에게 내가 우드로부터 들은 것을 모두 보고했다. 사장을 비롯한 『타임』 사의 모든 책임자들은 적절한 시기가 오면 행동할 준비를 갖추었을 것이다. 한편 나는 책임감 있는 시민들과 과학자들과 비과학자들이 절실히 필요로 하는 과학잡지의 창간을 더 미룰 수 없다고 결심했다.

1942년 6월 우리는 시기적절하게 '인물소개' 란에 카이저(H. J. Kaiser)를 다루는 기사를 내 이름으로 발표했다. 그 기사로 인해 카이저는 미국 전쟁 산업의 버니언(P. Bunyan, 미국 개척시대의 전설적인 벌목 노동자로 힘과 활력의 상징이다 – 옮긴이)이 되었다. 실제로 카이저는 전쟁 중 운항된 미국의 화물 및 승객 수송선박의 3분의 1을 제작했다. 사령관의 명령으로 간신히 해군에 채택된 카이저의 콘보이 에스코트(convoy-escort) 수송선 50척은 필리핀 전투에서 연락선으로 사용되면서 결정적인 공헌을 했다. 미군은 그 전투에서 일본 해군을 완전히 괴멸시켰다. 나는 1945년 1년 동안 카이저의 '개인조수'(personal assistant)로 일하면서 사업에 관한 식견을 넓혔다. 그 경험에 힘입어 나는 1948년 5월 새로운 『사이언티픽 아메리칸』 호를 안전하게 출범시킬 수 있었다.

내가 맡았던 라이프 과학면과 마찬가지로 『사이언티픽 아메리칸』 역시 과학자와 편집자의 공동작업으로 만들어진다. 우리는 우리의 관심을 끄는 논문을 쓴 과학자를 찾아가 그 연구에 관한 기사를 써달라고 부탁했다. 과학에 관심이 있는 많은 대중에게 다가가기를 원하는 과학자들은 우리의 제안과 편집을 받아들였다. 과학자들은 또한 글쓰기의 부담을 대폭 덜어주는 그림 작업에도 협조했다.

『사이언티픽 아메리칸』은 지금도 여전히 뚜렷한 문제로 남아 있는 과학의 대중적 이해(public understanding of science)를 완성하지 못했다. 우리는 우리의 잡지를 읽는 독자들의 "참된 필요는 매우 만족스럽게 충족시키고 있다"고 자부했다. 잡지가 창간 2주년을 맞기까지 앞장서서 필자로 그리고 독자로 참여한 아인슈타인(A. Einstein)도 우리의 자부심을 수긍했다. 시장에서의 객관적 증거 역시 아인슈타인과 우리의 판단을 입증했다. 해를 거듭하면서 잡지의 영어판 배포량은 꾸준히 증가하여 60만 부를 넘어섰다. 잡지가 폭넓게 유통되는 가운데, 과학자들과 과학 애호가들의 모임이라고 대략 정의할 수 있는 독특한 종류의 미국 과학 공동체(U. S. Community of Science)가 형성되었다.

1986년 『사이언티픽 아메리칸』은 전세계적으로 영어 외에 9개 국어로 번역되어 발간되어, 발행부수는 100만 부를 넘었다. 창간 순서대로 나열하면, 이탈리아어, 일본어, 에스파냐어, 프랑스어, 독일어, 중국어, 러시아어, 헝가리어, 아랍어 번역판이 있다. 모든 번역판 창간의 주역은 각 나라의 모국어를 쓰는 사람들이었다. 그들은 자기 나라의 사람들이 가진 욕구를 '매우 만족스럽게' 충족시키려 애썼던 것이다. 『사이언티픽 아메리칸』은 세계 과학 공동체를 형성했다.

이 책은 우리가 지난 40년 동안 『사이언티픽 아메리칸』에 발표한 기사들에 대한 나의 심층적인 연구의 종합이다. 진행 중인 사건의 보고였던 과거의 글들을 나는 인간 지식의 찬란한 진보의 기록으로서 다시 읽었다.

첫 장에서 우리는, 과학자들이 하는 일은, 머리에서 선입견을 지우고 질문을 경험의 범위 안으로 끌어들인다면, 우리 모두가 할 수 있는 일이라는 사실을 알게 될 것이다. 다음 세 장은 오늘날 우리 앞에 펼쳐진 광활한 앎에 맞게 재구성된 우리 주위의 세계를 보여줄 것이다. 마지막 세 장은 생명의 이야기로서, 지구가 액체 상태의 물을 보유할 수 있을 만큼 식은 직후에 이루어진 생명의 탄생으로부터, 인간이 이제 곧 스스로의 머릿속에서 발견하게 될 지식, 즉 인간 존재의 목적에 관한 지식을 포괄하고 있다.

능력 있는 과학자들이 실제로 하고 싶어하는 일,

바로 그 일이 과학이 해야 하는 일이다.

워런 위버

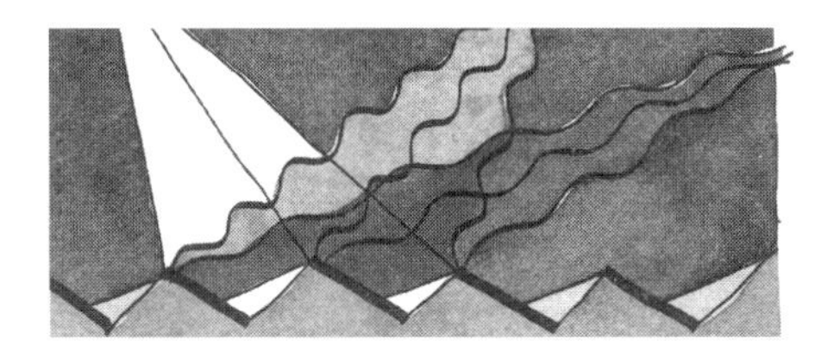

1

과학은 과학자들이 하는 일이다

어떻게 무(無)에서 유(有)가 생겨났을까? 누가 어떻게 무에 관해서 생각하게 되었을까?

누구나 한 번은 이 두 가지 질문을 이런저런 형태로 던져보았을 것이다. 각 민족이 지닌 창조신화들이 이 질문에 대한 대답을 제시했다. 그 신화들에는 예외 없이 남자와 여자가 특별한 방식으로 창조되었다는 내용이 들어 있다. 그 밖에 무슨 내용이 들어 있든, 창조 이야기는 각 언어권 문학의 기반을 이루며 찬란한 상상력의 힘을 보여준다.

21세기의 출발을 맞는 오늘날에도 과학적 탐구는 이 최초의 두 질문에 대한 여러 대답들을 추구하고 있다. 이는 놀라운 일이다. 왜냐하면 과학적 탐구는 과학자들이 서로 동의해 스스로 부과한 세 가지 규칙의 제약을 받기 때문이다. 과학자는 오직 경험 가능한 물리적 실재만을 합리적 탐구의 대상으로 삼을 수 있다. 문제가 되고 있는 경험과 그것의 의미와 관련하여 과학자는 자기 자신의 판단 외에 어떤 권위도 인정할 수 없으며 항상 그 권위를 의심해야 한다. 경험은 타인들의 검사에 의해 검증될 수 있어야 한다.

물리적 실재의 '실재성'은 해결되지 않은 인식론적 문제이다. 최근에 이룩된 과학적 업적들은 이 문제에 관한 철학자들의 관심을 달구었다. 실재는 인간의 지각으로부터 독립적인가, 아니면 인간 지각의 산물인가 하고 철학자들은 묻는다. 반면에 과학자들은 이런 사안에 거의 또는 전혀 관심을 두지 않고 작업에 임한다. 20세기 전체를 통해 자연철학이 해묵은 관행을 답습하는 동안, 과학자들은 경험 가능한 우주의 영역을 넓혔다.

천문학 도구들은 지각의 범위를 먼 우주로 100만 배 이상 확장했다. 미시세계를 향하는 발전과 관련해서는, 여러 실험 및 관찰 도구들이 우주를 구성하는 물질의 내부로 우리의 지각을 100억 배 이상 확장시켰다. 오늘날 도달한 극단적 규모의 세계에서 과학자들은 물리적 실재가 따르는 완전히 새로운 질서를 발견했다. 우리의 일상적 경험세계가 조각배처럼 떠 있는 거대한 바다에 비유할 수 있는 우주를 가늠하자면, 인간의 의식은 팽팽히 긴장할 수밖에 없다.

지금까지의 연구는, 여전히 전개되고 있는 광활한 우주의 복잡한 기반에서 그 복잡성을 통일하는 단순성과 질서가 발견할 수 있다는 신념을 입증해왔다. 발견된 단순성은 이제껏 구별되었던 물리적 실재의 영역들을 하나로 뭉쳐놓았다. 그러나 확인된 질서는 예견된 것과 완전히 다른 종류라는 것이 밝혀지고 있다.

새로운 거대한 규모의 우주에서 시간과 공간은—우리의 감각 경험에서는 구분될지라도—4차원 연속체로 통합된다. 공간과 시간은 더 이상 우주의 사건들이 펼쳐지는 무대가 아니다. 시간과 공간은 시공(spacetime)이며, 물질 및 에너지와 함께 사건에 관여한다. 관측된 우주의 가장 먼 외곽에서 오는 빛은 우리에게 우주가 겪은 과거를 보여준다. 과거로 거슬러 올라갈수록 공간의 크기는 작았다. 시공의 팽창 속에서 어떻게 거의 무에 가까운 것에서 우주가 발생했는가 하는 문제는 우주를 구성하는 입자들에 관한 세밀한 연구를 통해 해결되기 시작했다.

마찬가지로 물질과 에너지도 동일한 것의 표현으로서 서로 상대방으로 전환된다는 것이 밝혀졌다. 물리적 실재의 근원인 이 영역에서는 물질-에너지 전환이, 말하자면 우연에 의해 지배된다. 그러나 이 우연은 분절적으로만 가능하다는 제약을 받는다. 에너지는 연속량을 나타내는 직선의 어느 점에서나 물질로 전환되는 것이 아니라, 특정한 양을 나타내는 점들에서만 전환될 수 있다. 에너지는 '양자화되어'(quantized) 있다. 이렇게 제약된 가능성들이 실현되는 과정은 우연에 의해 지배되고, 우연이 질서를 발생시킨다. 적당한 에너지량에서 물질-에너지는 스스로 자신을 구성하여 입자가 된다. 입자들은 원자가 되고, 원자들은 분자가 된다. 이어서 우리가 가장 가깝게 접하는 다양한 자연세계가 펼쳐진다. 살아 있는 유기체들은 스스로 조직하는 물질-에너지의 변신능력을 보여주는 실례이다.

오래 된 퇴적암에서 얻은 증거는 지구가 액체상태의 물을 보유할 수 있게 된 것과 거의 동시에 생명이 탄생했음을 시사한다. 이 사실은, 물이 있으면 반드시 생명이 발생한다는 것을 추측하게 한다. 그러나 액체상태의 물이 있을 수 있는 온도범위는 좁다. 그 범위는 겨우 100도이며 전체적으로는 아마도 우주 속에 있는 절대온도 수억 도의 고온과 도달 불가능한 절대 0도에 가까운 수억분의 1도의 저온 사이의 중간 정도에 위치할 것이다. 충분한 양의 물과 함께 지구의 표면과 대기에 여러 원소들이 있으면, 생명은 태양에서 방출되는 복사선 스펙트럼 중 일부 좁은 구역의 에너지를 받아 스스로 태어난다. 가시광선들 전체는 전자기파 스펙트럼 속에서 겨우 손바닥 한 뼘만큼을 차지한다. 전자기파 스펙트럼은 라디오 전파의 진동수 수천 헤르츠부터, 물질-에너지 전환이 일어나는 진동수인 1조의 1조 배 헤르츠에 이르기까지 펼쳐져 있다(26, 27쪽 그림 참조).

생명이 발생할 수 있는 환경이 갖추어지는 것은 특별한 경우이기는 하지만, 비교적 평범한 경우라는 것 역시 타당하다. 태양계 내에서도 거대한 가스덩어리인 목성의 위성들 중 하나에서, 또는 그 위성들에 속한 소위성들 중 하나에서 생명이 발견될 가능성은 아직 배제되지 않았다. 인간은 당연히 우주 어딘가에 인간과 유사한 생명체가 있는지의 여부를 알고 싶어한다. 그럴 가능성은 아주 작다. 그 여부를 알 수 있을 만큼 오랫동안 인류가 존속할 수 있을지는 거의 전적으로 인류의 손에 달려 있다.

지금까지 알려진 가장 복잡한 물질-에너지 조직체는 인간의 뇌이다. 20세기 후반에 알려진 바에 따르면, 뇌는 250만 년 전 최초의 도구 제작자들이 머릿속에 의식적인 목적을 품기 시작하면서 진화하기 시작했다. 그들은 약 40킬로그램 체중을 지닌 영장류였으며, 도구를 만드는 습성을 제외하면 다른 영장류들과 차이가 없었다. 호모 사피엔스가 나타난 것은, 45억 년이나 되는 지구의 역사 속에서 불과 20~30만 년 전의 일이었다.

사람은 겨우 20세기에—지구 역사의 마지막 순간에—우주 속에 다른 지적인 생명체가 있는지 탐구할 능력을 획득했다. 다른 곳에 있는 생명과 의사소통을 할 수 있을 가능성은, 지구 위의 이 순간적인 시간이 다른 항성 근처에서 전개된 생명 역사의 적절한 시기와 우연히 일치할 희박한 가능성에 달려 있다. 그 가능성은 지구에서의 관측능력이 커짐에 따라 세기를 거듭할수록 향상될 것이다. 지구에 사는 인간의 능력을 유지하는 가장 확실한 길은 지식이 축적되는 과정 속에서 발견될 것이다.

10의 거듭제곱

관측된 우주의 크기는 20세기 초에, 이른바 은하수 또는 은하계(Galaxy)라 불리는, 1000억 개의 별로 이루어진 국지적 집단의 중심으로부터 5만 광년 떨어진 곳까지 확장되었다. 1광년은 빛이 자신의 속도인 초속 30만 킬로미터로 1년 동안 갈 수 있는 거리를 말한다(최근에 측정된 정확한 빛의 속도는 초속 29만 9800킬로미터이다). 빛의 속도에 1년을 초로 나타낸 수를 곱하면 1광년을 익숙한 단위로 나타낼 수 있는데, 1광년은 대략 10,000,000,000,000킬로미터이다. 따라서 당시까지 관측된 우주의 반지름은 대략 100,000,000,000,000,000,000킬로미터이다.

이런 천문학적 수들은 가늠하기 어렵다. 하지만 사람들은 점점 더 큰 수를 접하는

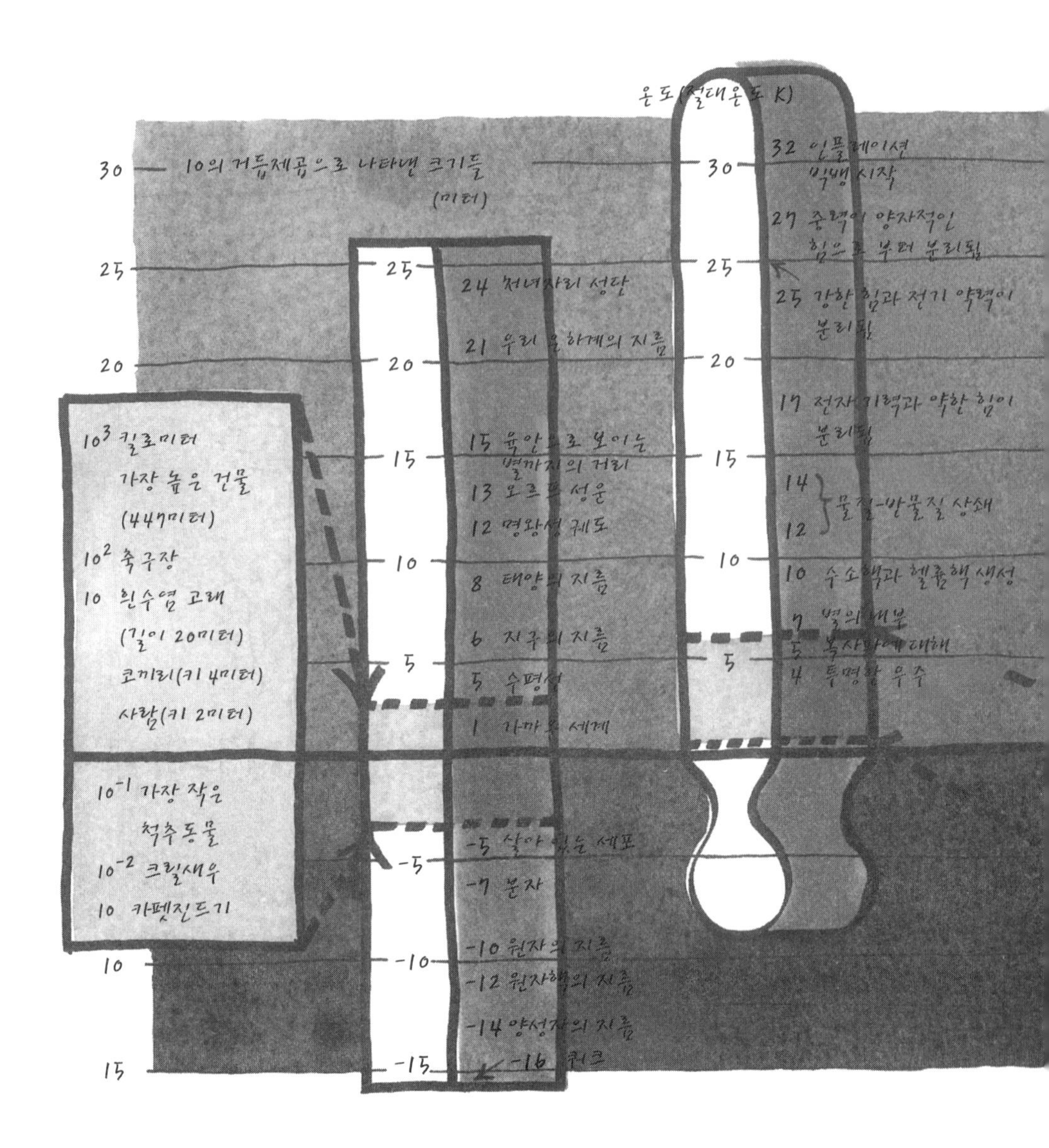

10의 거듭제곱으로 표기한 양들. 이 표는 과학자들이 20세기에 알게 된 것들의 양적인 규모를 나타낸다. 거리와 관련해서 과학자들은 관측된 우주의 반지름을 거의 스무 자리 수나 증가시켰다. 우주는 퀘이사 영역과 퀘이사 시대까지 아홉 자리 수 넓어졌고, 미시영역으로는 쿼크에 이르기까지 열 자리 수 세밀해졌다(186쪽 참조). 온도와 에너지와 관련해서는, 가속기들이 10^{13}전자볼트와 상응하는 온도인 절대온도 10^{17}도에 접근하고 있다. 이 온도와 에너지에서 물질입자들은 우주의 배경 에너지로부터 정지질량을 얻는다(229쪽 참조). 가속기들은 따라서 우

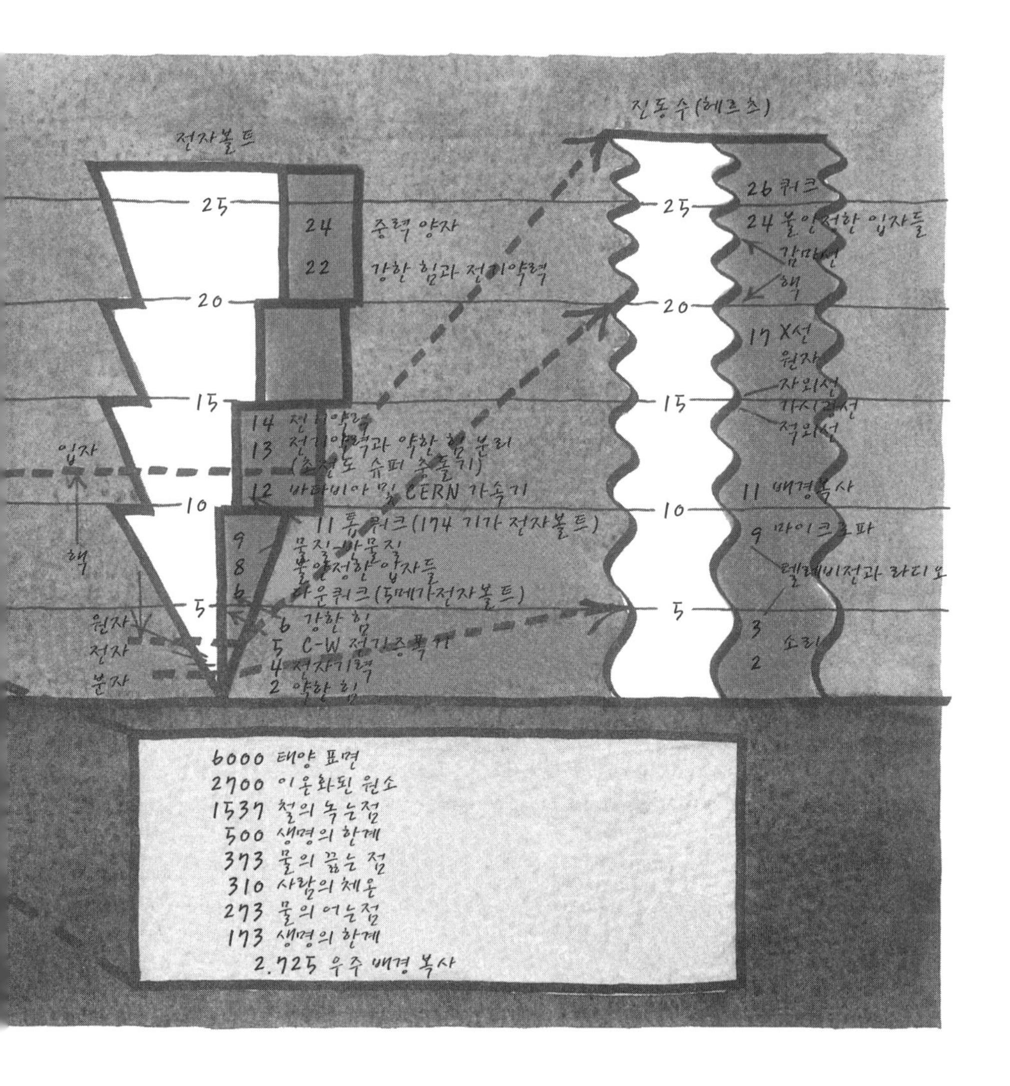

주 역사의 최초 10^{-12}초에 접근하고 있는 것이다(259쪽 참조). '생명의 한계' 온도는 원핵생물들에 의해 확장된다. 진핵생물은 물의 어는점과 끓는점 사이의 좁은 온도 구간에 국한되어 살아간다. 우리가 '확실히 아는 것' 대부분은 분광학을 통해 온도에 상응하는 복사 에너지 스펙트럼—표에서는 진동수(헤르츠)에 따라 표기되었다—을 관찰함으로써 얻어진다. 분광학을 통해 감마선 진동수까지 관찰할 수 있다. 가속기 역시 새로운 분광학 도구라고 할 수 있다(56쪽 참조).

일에 익숙해지고 있다. 한 사람의 생애보다 짧은 기간 동안 미국의 국내총생산(GDP)은, 현재 달러 가치로 환산할 때, 1000억 달러에서 거의 10조 달러로 증가했다. 같은 말을 "100,000,000,000달러에서 10,000,000,000,000달러로 증가했다"고 쓴다면 읽기가 더 불편할 것이다.

물리적 실재를 기술하는 매우 큰 수와 작은 수를 다루기 위해 과학자들은 10의 거듭제곱, 또는 크기의 지수(order) 표기를 도입한다. 이 표기를 이용하면, 미국의 국내총생산이 10^{11}달러에서 10^{13}달러로 증가했다고, 더 읽기 쉽게 나타낼 수 있다. 10에 붙은 지수는 나타내고자 하는 수를 일상적으로 표기할 때 필요한 0의 개수를 말한다. 따라서 1광년은 10^{13}킬로미터이다. 여전히 가늠하기는 어려울지라도 읽기는 쉬워졌다. 지금까지 관측된 우주 끝까지의 거리인 10^{10}광년도 10^{23}킬로미터, 즉 10^{26}미터로 표기할 수 있다.

10의 거듭제곱 표기는 매우 작은 수에도 사용된다. 입자 가속기의 도움을 받아, 사람의 지각능력은 쿼크(quark) 규모의 세계까지 확장되었다. 쿼크는 원자핵을 이루는 입자들을 이루는 입자이다. 쿼크의 크기는 1조분의 1미터의 1만 분의 1, 다시 말해 10,000,000,000,000,000분의 1미터이다. 이 분수는 간편하게 10^{-16}으로 표기될 수 있다. 지수에 붙은 음의 기호는, 분모에 지수가 붙어 있음을 의미한다. 그러므로 관측된 우주의 크기 범위는 10의 거듭제곱으로 표기했을 때 10^{-16}에서 10^{26}까지, 즉 43개의 지수에 걸쳐 있다. 이 범위의 중간 근처에, 즉 거대규모와 미시규모 사이에 인간의 일상경험에 가장 가까운 크기인 1미터(1미터는 10^{0}미터이다)가 있다(26, 27쪽 그림 참조).

그러므로 관측범위 안에 있는 우주만 해도 과거 인류의 정신을 곤혹스럽게 한 무한보다 더 광활하다고 할 수 있다. 10의 거듭제곱 표기는, 관측되었지만 가늠하기 어려운 규모의 차이에, 말하자면 상상을 통해 도달할 수 있게 만든다. 10^{2}과 10^{9} 사이의 관계는 지수의 차를 생각하면 쉽게 알 수 있다. 10^{9}은 10^{2}보다 10^{7}(10,000,000)배 크다. 다시 말해서 10억(10^{9}) 속에는 100(10^{2})이 1000만(10^{7}) 개 들어 있다. 반대로 10^{-2}은 10^{-9}보다 10^{7}(10,000,000)배 크다. 10^{-2} 크기의 공간 속에는 10억분의 1(10^{-9})이 1000만(10^{7}) 개 들어갈 수 있다.

자연적 감각기관을 통해 대부분의 사람들의 의식에 들어올 수 있는 우주의 범위는 별이 빛나는 하늘까지의 거리인 1000광년, 즉 10^{19}미터에서부터, 근접 관찰의 한계점인 0.1밀리미터, 즉 10^{-4}미터까지이다. 이 범위는 거듭제곱 표기에서 24개의 지수로 표현되는 범위이다(지수 0도 포함해서 세었다). 하지만 우리가 맨눈으로 도달할 수 있는 24개 지수 범위의 우주가, 앞서 말한 46개 지수 범위 우주의 절반 가량을 채운다고 착각해서는 안 된다. 우주의 심층부는 맨눈으로 전혀 관측할 수 없으며, 과학적으로 관측할 수 있는 우주 속에는 10^{22}개의 일상적 관측 가능 우주가 들어갈 수 있다.

이 책은 통상적 경험을 벗어난 크기들을 다루기 위해 10의 거듭제곱 표기를 사용할 것이다. 거듭제곱 표기에 익숙하지 않은 독자라 할지라도, 그 표기를 읽는 것이 이어진 0의 행렬을 세는 것보다 쉽다는 것을 곧 알게 될 것이다. 현재로서는 조 단위 이상의 수를 나타내는 일상용어가 없다. 조 단위도 GDP 때문에 최근에야 거론되기 시작했다. 과학적 논의에서 매우 큰 수나 작은 수를 나타내기 위해 국제적으로 사용되는 명칭들이 있는데, 그 명칭들은 그리스어에서 도입되었다. 이 책에서는 1조가 이름을 가진 가장 큰 수이다. 'billion'이라는 명칭은 영국 영어 사용자와 미국 영어 사용자 간에 오해를 불러일으킬 수 있으므로 부가적 언급이 필요하다. 영국에서는 'billion'이 1조를 나타내는 반면에 미국에서는 10억을 나타낸다. 이 책에서 'billion'은 10억을 나타낸다.

1900년까지 개발된 망원경과 현미경을 통해 관측 가능 우주가 확장된 폭은 거시세계로도 미시세계로도 겨우 지수 하나 정도에 불과했다. 이후 광학기구들의 발달을 통해 관측 가능 우주의 반지름은 아마도 지수 4개만큼 더 확장되었다. 미시세계와 거시세계의 관측능력이 더욱 확장되어 지수 14개의 폭을 다루게 된 것은 20세기에 개발된 과학기술 덕분이다(26, 27쪽 그림 참조).

과학기술을 통해 우리는 가시광선 영역 양쪽으로 길게 펼쳐진 전자기파 스펙트럼 영역을 지각할 수 있게 되었다. 기술은 인간의 지각을 지각 불가능한 영역으로 확장시켰다. 전파 망원경은 지각 불가능한 여러 사물들을 본다. 예를 들어 우리의 은하계 속에 있으면서 아직 가시광선을 내놓는 단계에 이르지 않은 원시별을 보고, 퀘이사(quasar), 즉 우주의 끝에서 중력붕괴를 겪고 있는 은하계를 볼 수 있다. 파장이 21센티미터인 전파를 감지하는 전파 망원경을 통해 우리는 가장 풍부한 원소인 수소가 우리의 은하계 내의 항성들 사이 공간에 어떻게 분포하는지를 관측했다. 대기권 밖에 있는 인공위성에 장착된 감마선 망원경(10^{-10}미터 파장의 전자기파를 감지한다)은 먼 은하계에서 일어나는 커다란 변화들을 관측한다.

인간이 경험할 수 있는 우주가 공간적으로 팽창하는 것과 함께 일어난 경험의 시간적 팽창 역시 감탄할 만하다. 17세기 성경학자인 어셔 주교(Bishop Ussher)는 창조의 시기를 기원전 4004년으로 보았다. 이미 19세기 초에 지질학자들은 그들이 관찰한 결과에 부합하려면 지구가 수천만 년 이상의 나이를 가져야 한다는 것을 알아냈다. 오늘날 전파 망원경을 통해 측정한 팽창하는 우주의 나이는 100억 년에서 150억 년 가량이다.

최근에 발견된 사실이지만, 경험 가능한 공간이 미시영역으로 확장될 때에도 시간영역이 과거로 확장된다. 10^{-16}미터 규모의 세계에 도달할 수 있는 입자 가속기 속에서 벌어지는 상황은 시간이 처음 생기고 나서 대략 10^{-16}초 경과했을 때 우주의 상황과 유사하다. 자연계에 있는 힘들의 통합, 물질의 근원, 우주의 시작 등에 관한 매우 중요한 물음들로 인해 과학자들은 더 작은 영역과 더 앞선 시기에 도달하기 위해 애를 태운다. 10^{-16}보다 더 작은 규모의 세계에 도달하기 위해 필요한 것은 단지, 더욱 강력한 도구를 고안하는 창조력과 그 도구의 제작을 지원하려는 사회의 의지뿐이다.

양의 방향으로 무한히 늘어난 지수를 지니는 거대한 세계를 상상하는 것은 어렵지 않다. 그렇게 커다란 수로 표현된 우주 속에 인류가 들어 있을 수 있기 때문이다. 그러나 과학자들이 관측 가능 우주를 지수 46개의 범위로 확장할 때 지켰던 규칙들을 상기할 필요가 있다. 검증 가능한 어떤 경험에서도 우주는 밖으로부터 관측되지 않았다. 따라서 과학자들의 규칙에 의해, 팽창하는 우주 바깥에는 시간도 공간도 없다.

내부에서 관찰한 우주의 반지름은 10^{10} 광년 규모이며, 지속적으로 커지고 있다. 지난 50년 동안 우주의 팽창을 관측하는 전파 망원경의 도움으로 과거의 시공을 추적한 과학자들은 성공적으로 팽창 이전의 상태를 재구성했다. 과학자들은 더 작고, 더 조밀하고, 더 뜨거운 과거의 우주를 발견하고 이해했다. 과학자들은 전파 망원경을 통해 놀랄 만큼 심하게 진동하는 130억 년 또는 140억 년 전의 은하계들을 포착했다. 더욱더 과거로 거슬러올라간 학자들은 우주를 탄생시킨 폭발의 마지막 단계에 우주가 가졌던 온도를 측정했다. 그 온도는 절대온도 3000도이다. 입자물리학 실험에 의해 부분적으로 입증된 어떤 이론은 10^{-35}초의 나이와 10^{-6}미터의 크기를 지닌 우주를 재구성했다. 이것은 믿을 수 없을 만큼 작은 우주이다. 이렇게 작은 우주를 상상할 때 반드시 명심해야 할 점은, 우주는 오직 우주 안에서만 관측될 수 있으며, 우주 밖에는 시간도 공간도 없다는 사실이다. 그 과거에는 오직 거대한 핵만 존재했다. 그 내부에는 은하계들도 없었고, 사람은 물론 없었다. 오직 이것들의 물질적 근원인 물질-에너지만이 존재했다.

부분적으로 실험에 의지하지만 가설적 성격이 강한 그 이론을 극단까지 밀고 가면, 우주는 더욱 축소되어 기하학적 점에 이르고, 물질-에너지 밀도는 무한대가 된다. 실험을 통해 이런 우주에 도달하는 것은 거의 불가능하다.

앎의 기반

과학적 도구를 통해 도달한 43개 지수 범위 이상의 세계에 관한 지식에는 당연히 불확실성이 수반된다. 하지만 과학적 탐구과정 자체에도 원리적으로 불확실성이 있다. 과학자들은 관측된 개별로부터 귀납적으로 일반법칙을 찾아낸다. 그러나 그 법칙을 위반하는 사례가 관찰될 수 있다. 잘 알려진 논증에서처럼, *n*번째 까마귀는 흰색일 수도 있다.

진리를 발견하는 방법으로서의 귀납법은, 연역적 논리와 그 논리에서 일반으로부터 도출되는 개별의 확실성에 비교할 때, 상대적으로 열등하다고 여겨졌다. 그러나 연역을 통해서는 새로운 것이 도출되지 않는다. 왜냐하면 개별들이 이미 잠재적으로 일반 속에 있기 때문이다. 뿐만 아니라 오늘날에는, 연역이 항상 진리를 산출하는 것은 아님이 밝혀졌다. 20세기의 가장 위대한 수학적 발견 중 하나에 따르면, 충분한 논리적 조작을 가할 경우, 임의의 전제들의 유한집합으로부터 자기 모순적 문장 또는 역설을 도출할 수 있다. 이 발견의 장본인인 괴델(K. Gödel)도 인정했듯이, 전제들을 추가하여 그 역설을 제거하는 것이 물론 가능하다. 그러나 그렇게 할 경우 새로운 역설이 도출된다.

실제 과학은 진리를 추구하는 두 가지 방법을 모두 사용한다. 아인슈타인의 즐거운 표현처럼, '자유로운 발명'을 통해서—또는 되풀이해서 고통스럽게 고민함으로써—과학자들은 전제들을 선정하고 이로부터 질문을 만들어낸다. 과학자는 연역을 통해 경험적으로 확인 가능한 명제들을 도출한다. 이렇게 이론에 의해 제어된 실험과 관찰을 통해 귀납적으로 전제의 타당성이 축적된다.

과학적 과정의 불확실성은 연구에서 자기 자신을 권위로 선택한 인간이 오류 가능한 존재이기 때문에 생겨난다. 개인의 오류를 극복하기 위해 과학적 탐구는 자기 수정적인 사회적 활동으로 진행된다.

한 과학자의 연구는 다른 과학자들에게 발표될 때 비로소 존재한다. 만일 과학자들이 그 연구에 충분히 흥미를 느낀다면, 그들은 수고를 무릅쓰고 관찰과 실험을 반복하여 그 연구의 타당성을 그들이 만족할 만큼 확증할 것이다. 한 분야의 연구에 가장 큰 관심을 기울이는 과학자들로 이루어진 작은 사회는 그 연구의 타당성과 의미에 관한 합의를 형성한다. 과학의 확실성이 도달할 수 있는 최고의 경지는, 그런 과학자들의 사회에서 어떤 발견이 합의되었다는 것이다. 과학자들은 진리에 도달하려 노력하지만, 그들이 더 큰 관심을 기울이는 것은 질문에 대한 대답을 찾는 일이 아니라, 얻은 발견으로부터 제기되는 질문을 찾는 일이다.

과학혁명

과학이 오류를 범하는 인간의 작품이라는 깨달음은 과학을 연구하는 진지한 학자들을 당황하게 만들었다. 『과학 혁명의 구조』를 쓴 쿤(Th. S. Kuhn)도 그런 학자 중 하나이다. 쿤은 과학혁명들에서 일관된 시나리오를 발견했다. 한 분야의 연구자들은 주도적인 '패러다임', 즉 그 연구분야의 일반이론에 의지하여 전제들을 세우고 발견들을 짜맞춘다. 과학자들이 그렇게 안정적으로 작업하는 동안, 발견들은 패러다임의 수용력을 능가할 만큼 축적된다. 위기가 도달하고, 모순을 해결하는 '패러다임 전환'이 일어난다. 연구자들은 다시 새로운 일반이론에 의지해서 질문하고 발견한다. 발견들의 압력이 증가하여 다음 위기가 도래한다.

이 시나리오는 쿤이 다룬 앎의 혁명들에 관한 믿을 만한 요약이다. 오늘날의 논의에서 '패러다임 전환'이라는 말이 일상용어처럼 통용된다는 사실은 쿤의 책을 읽은 독자가 상당수에 이른다는 것을 보여준다. 우리 시대에 아인슈타인이 이룬 혁명을 통해 뉴턴의 우주가 폐기되었다는 식의 주장이 생겨난 책임을 쿤에게 물을 수는 없다(이런 주장은 쿤의 역사 해석을 오해했기 때문에 생긴다). 하지만 쿤은 결국 인식론적 상식을 상실하고 말았다. 그는 이렇게 결론짓는다.

"더 정확히 말한다면, 아마도 우리는, 패러다임의 변화들이 과학자들과 그들을 통해 배우는 사람들을 진리에 점점 더 가깝게 이끈다는 생각을 명시적으로 또는 암묵적으로 포기해야 할 것이다."

쿤은 그가 포기한 '진리'의 정의를 제시하지 않았다. 과학적 탐구가 추구하는 진리가 무엇인지에 관해서는 퍼스(Ch. S. Peirce)의 실용주의 철학이 명쾌한 대답을 제시한다. 퍼스의 추종자인 제임스(W. James)는 그 대답을 다음과 같이 표현했다.

"한 생각의 진리성은 그 생각 속에 들어 있는 정적인 속성이 아니다. 마치 생각이 어떤 일을 겪듯이, 생각이 진리가 된다. 생각은 진리가 된다. 사건들에 의해 생각이 진리가 된다. 생각의 진리성은 사실상 사건이요 과정이다. 다시 말해서, 검증의 과정이다."

누군가 검증을 한다. 다른 사람들은 그 검증을 검증한다. 검증 역시 검증되어야 한다.

아리스타르쿠스(Aristarchus of Samos)는 기원전 3세기에 획득할 수 있었던 증거들로부터, 태양이 지구보다 훨씬 크며, 달이 지구보다 훨씬 작다는 사실을 알아냈다. 그는 또한 지구가 자전한다는 것, 달이 지구를 공전한다는 것, 지구가 태양을 공전한다는 것, 지구의 자전축이 공전궤도에 상대적으로 기울어 있다는 것, 그리고 그 기울기가 계절의 변화를 일으킨다는 것을 알아냈다. 사람들은 그런 증거들에 관심이 없었기 때문에—그리고 다른 기반에 의존한 패러다임들이 우세했기 때문에—거의 2000년 동안이나 전혀 다른 우주관을 가지고 살았다. 아리스타르쿠스와 그의 동시대인들의 관측에 대한 검증이 16세기와 17세기에 브라헤(T. Brahe), 코페르니쿠스(N. Copernicus), 갈릴레이(G. Galilei), 그리고 케플러(J. Kepler)에 의해 새롭게 이루어짐으로써 우주관은 올바르게 수정되었다. 오늘날 사람들은 아리스타르쿠스와 거의 같은 우주관을 가지고 있다.

뉴턴(I. Newton)의 패러다임에서 아인슈타인의 패러다임으로의 전환이 쿤의 염두에 있는 진리에 접근하는 것은 아닐지 몰라도, 그 전환이 퍼스-제임스 기준으로 검증된 진리들의 집합에 통일성을 가져온 것은 분명한 사실이다. 다음 장에서 일반 상대성 이론의 의미와 관련해서 논하게 되겠지만, 뉴턴 방정식들은 비교적 큰 계(system)에서 타당하며, 우리 주변의 세계에서 만족스럽게 작동한다. 아리스타르쿠스에서 아인슈타인에 이르는 역사는 다음과 같은 법칙을 드러낸다. 물리적 실재의 특정 영역을 확실하게 파악하는 것은 물리적 실재 전체를 파악하는 것이다.

과학연구의 대중적 검증기준은 과학기술이다. 물리적 실재의 한 영역에 대한 확실한 파악은 곧 그 영역에 대한 제어능력으로 구체화된다. 모든 '과학기술'은 원래 물리적 실재에 관한 명제를 검증하기 위해 고안된 과학 실험장치였다. 실험이 성공적일 경우, 그 실험은 공학자들에 의해 안정적인 반복 또는 지속적인 작동을 목표로 재구성되고 대량화된다. 앨라모고도(Alamogordo), 히로시마, 나가사키 그리고 이후 여러 차례에 걸쳐 지상이나 지하에서 폭발된 원자폭탄들은, 그 폭발의 정치적·군사적 목적이 무엇이든 간에, 과학적으로는 물질이 에너지로 전환된다는 것을, 즉 이미 확증된 사실인 $m=E/c^2$을 불필요하게 검증한 사례들이다. 이 공식은 $E=mc^2$의 형태로 더 잘 알려져 있다. 이를 말로 적으면, 에너지는 질량에 속도의 제곱을 곱한 값과 같다는 아리송한 문장이 된다. 그렇게 여러 번 불필요하게 증명되었지만, 이 사실은 공간과 시간, 그리고 물질과 에너지를 통합하는 아인슈타인의 특수 상대성 이론에서 도출되는 한 가지 귀결일 뿐이다.

원자폭탄의 발명과 관련된 역사는 다음 절에서 이야기할 것이다. 제3장은 특수 상대성 이론과 플랑크(M. Planck)의 양자가 결합하면서 어떻게 양자전기역학 이론이 발생했는지를 설명할 것이다. 그 과정은 지성사에서 매우 독특한 협동의 과정이었다. 이 유례 없는 정신적 발명품은, 인간의 실존과 관심에 가장 가까운 물리적 실재 영역에 관한 모든 앎과 미래의 앎이 근거로 삼아야 하는 궁극적인 틀이다.

양자전기역학은 20세기 후반 쇄도한 공업혁명에 의해 대중적으로 검증되었다. 양자 규모의 시간과 공간에 대한 새로운 지식에서 도출된 유형·무형의 생산재 및 소비재의 양은 공업화된 국가들의 GDP의 25퍼센트를 차지할 만큼 증가했다. 새로운 기술들은 주로 그 이론이 파악한 빛과 물질의 상호작용과, 고체 상태에서 물질이 가지는 성질에 관한 지식을 응용한다. 그 기술들을 움직이는 동력은 마력이 아니라 '벼룩-힘'(flea-power)이다. 그 기술들이 기계화하는 것은 육체적 능력이 아니라 신경계의 능력이다. 오늘날 친숙해진 컴퓨터 칩 속에서는 미세한 전압이 눈 깜짝할 사이에 수백 만 개의 스위치들을 열고 닫으면서 미세한 전류신호들을 흐르거나 멈추게 한다. 이를 통해 수행되는 완전히 추상적인 논리연산은 현실세계에서 비행기 조종에서부터 국회도서관 검색에 이르기까지 폭넓게 사용된다.

물리적 세계의 본성에 관한 의미 있는 탐구는 갈릴레이의 실험적 연구와 함께 시작되었다. 실험물리학자라기보다는 천문학자로 더 인정받는 갈릴레이는 망원경으로 하늘을 본 최초의 사람이다. 망원경을 통해 그는 태양빛을 받아 그림자를 드리운 달 표면의 산들을 보았다. 그는 목성이 주위의 위성들을 가리는 것을 보았고, 또한 중요한 것으로는, 금성의 모양이 달처럼 변하는 것을 보았다.

갈릴레이의 경사면

갈릴레이는 이 발견들의 의미를 그의 책 『두 세계 체계에 관한 대화』에서 논의했다. 1632년 그는 이 책을 지식인들의 언어인 라틴어가 아닌 이탈리아어로 써서 더 많은 독자들에게 내놓았다. 논의되는 두 체계는 코페르니쿠스가 제안한 태양 중심 우주론과 프톨레마이오스의 지구 중심 모형이다(36쪽 그림 참조). 이 책에서 갈릴레이는, 과학사가 깅리치(O. Gingerich)가 지적했듯이, 자연의 책이 성경과 동등하다고 주장했다. 갈릴레이는 심플리치오라는 인물을 등장시켜 권위를 잃어가는 성경과 천동설 체계를 옹호하게 만들었다. 교황 우르바누스 8세(Urbanus VIII)는 아마도 갈릴레이와의 논쟁에서 자신이 취했던 입장(갈릴레이와 교황은 모두 세계에서 가장 오래 된 과학회인 린체이〔Lincei〕 회원이었다)을 심플리키오가 대변한다고 느꼈던 것 같다. 종교회의는 갈릴레이를 여생 동안 가택연금 상태로 묶어두었다.

갈릴레이가 대화에서 인물들을 조심스럽게 설정한 것과는 전혀 다르게 이단적으로 과감하게 발표된 코페르니쿠스의 『천구의 회전에 관하여』는 충분한 반향을 일으켰다. 아리스토텔레스의 권위에 기댄 프톨레마이오스의 우주관은 수백 년 동안 항성 천구의 중심에 지구를 놓았다(36쪽 그림 참조). 별들은 천국의 빛이 새어드는 구멍들이었다. 태양과 달과 행성들은 각각 지구를 중심으로 하는 투명한 구면에 고정되어 하늘 속을 돈다. 땅 속 깊은 곳에는—땅이 편편하든 둥글든 상관 없이—저주받은 자들이 가는 지옥세계가 있다.

프톨레마이오스–아리스토텔레스 체계는 토마스 아퀴나스의 지지를 받았다. 사람을 우주의 중심에서 밀어내고 태양 주위를 떠돌게 만드는 믿기 힘든 내용을 담은 불경한 대화문을 써서 프톨레마이오스–아리스토텔레스 체계를 뒤집는다는 것은, 사회질서의 버팀목인 순종적 신앙과 권위의 기반을 공격한다는 것과 같았다. 그러나 코페르니쿠스의 책은 금서 목록에 들어가지 않았다. 그의 책이 금서가 된 것은, 갈릴레이가 자신의 관찰을 발표하여 더 많은 사람들의 관심을 불러일으킨 다음이었다.

가택연금 상태에 있는 갈릴레이는 70세에 『새로운 두 과학에 관한 논의』를 썼다. 이 책 역시 이탈리아어로 폭넓은 대중을 위해 쓴 대화문이다(한편 갈릴레이는 새로운 물리학에 관한 전문적인 글을 이 작품보다 30년 전에 라틴어로 썼다). 이 작품에서 심플리치오는, 무거운 물체는 가벼운 물체보다 더 빨리 떨어진다는 아리스토텔레스와

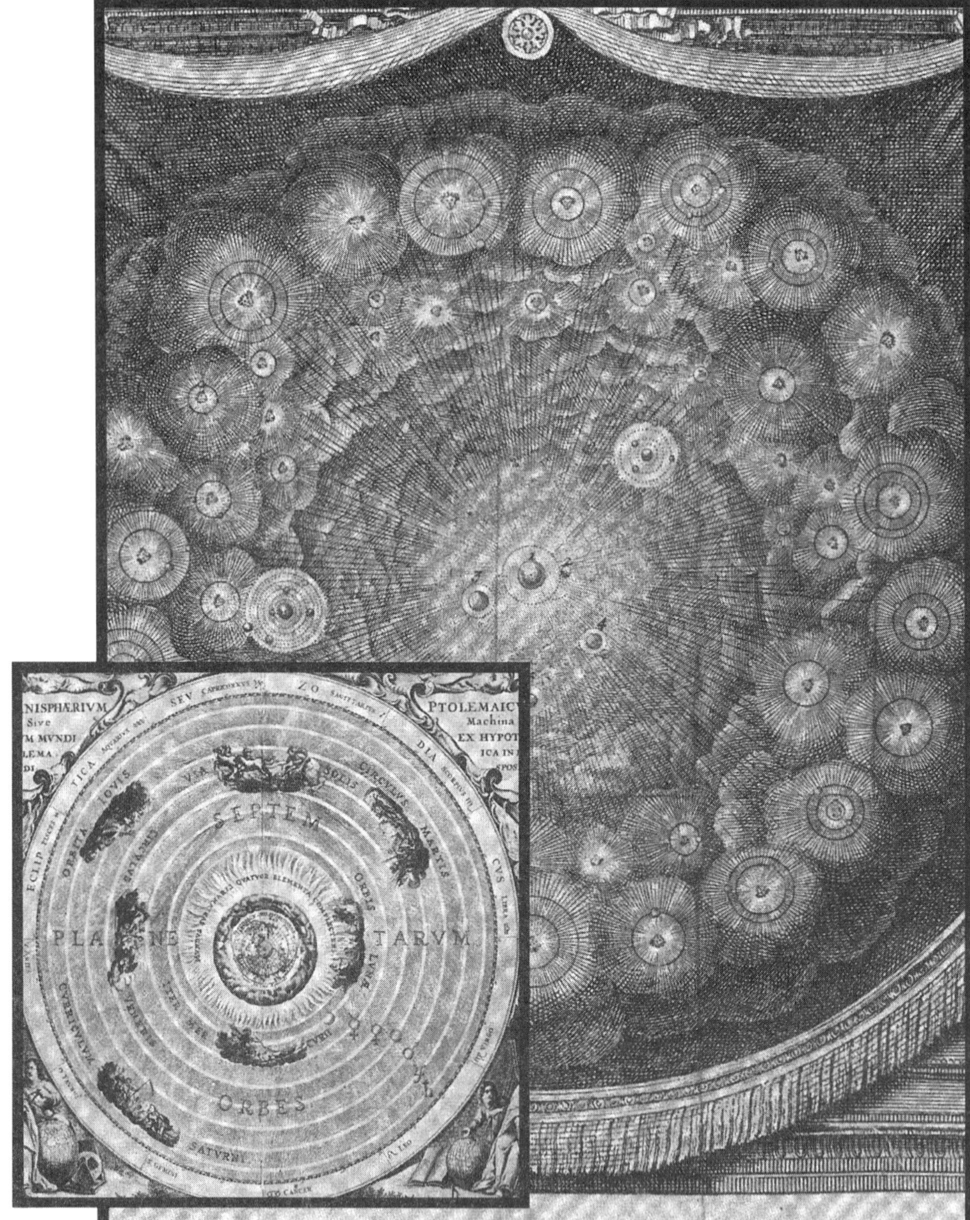

Sive
Machina
SEPTEM
ORBES
2 Mercure. 3 Venus. 4 La Terre. 5 Mars. 6 Jupiter

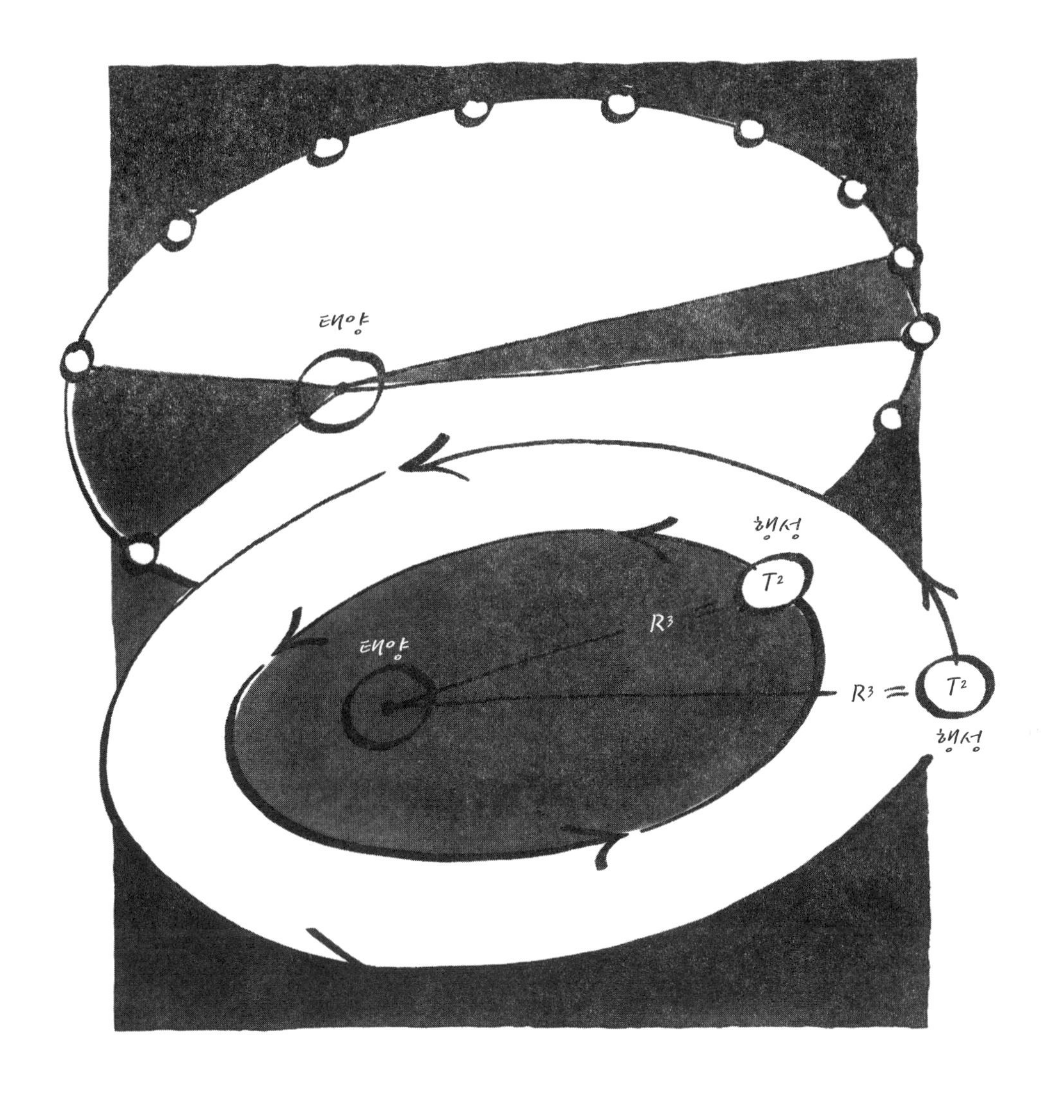

코페르니쿠스 혁명(36쪽 큰 그림)에 의해 지구는 프톨레마이오스 우주(36쪽 작은 그림)의 중심에서 밀려나게 되었다. 17세기에 그려진 이 그림에서 지구는 태양 아래쪽으로 오른쪽 45도 방향에 있다. 천구에 있는 별들도 행성들을 가지고 있다. 케플러의 제1법칙(72쪽 참조)은 행성이 타원 궤도를 돈다는 것을 말해준다. 그림은 그 사실을 과장해서 표현했다. 행성이 태양에 가까워지면 각운동량 보존에 의해 운동속도가 빨라지므로 행성 궤도 반지름 벡터가 쓸고 지나가는 면적은 태양에서 멀리 있을 때와 동일하다. 케플러의 제3법칙에 따르면 행성과 태양 사이의 평균거리의 세제곱(R^3)은 행성의 공전주기의 제곱(T^2)에 비례한다.

아퀴나스의 생각을 설명한다. 갈릴레이는 역사적인 실험을 통해, 물체들이 무게에 상관 없이 일정한 가속도로 떨어진다는 것을 입증했다.

가속도를 측정하기 위해 갈릴레이는 멋진 실험을 고안했다. 당시의 시계는 수직낙하 시간을 측정할 만큼 정밀하지 못했다. 높은 탑에서 낙하하는 물체라 할지라도 마찬가지였다. 갈릴레이는, 그의 표현을 그대로 쓴다면, 물체를 바닥으로 끌어당기는 '무거움'의 힘을 '희석'함으로써 낙하속도를 줄였다. 그는 청동으로 만들 공을 경사면을 '낙하하게'(굴러 내려가게) 했다. 경사면은 나무판이었고, 판의 중앙선을 따라 일정한 간격으로 점을 나타내는 깨끗한 홈이 파여 있었다.

그렇지만 갈릴레이가 공이 굴러 내려가는 시간을 어떻게 측정했을까? 그의 실험일지로부터 과학사가 드레이크(S. Drake)가 근래에 이르러 해답을 발견했다. 갈릴레이는 노래를 불러 시간을 측정했다.

갈릴레이는 공이 경사면을 구르는 동안 계속해서 같은 민요를 불렀다. 그는 경사면의 중앙선 근처를 구르는 공이 노래의 박자에 맞게 '탁' 소리를 내도록, 나무판에 기타의 지판과 같은 턱들을 설치했다. 턱들은 앞서 일정한 간격으로 새긴 홈과 일치하는 위치에 설치되기도 했고 홈들 사이에 설치되기도 했다. 홈을 기준으로 해서 턱과 턱 사이의 간격을 측정해본 결과, 경사면을 따라 아래로 내려갈수록 턱 사이의 간격이 시간의 제곱에 비례하여 커지는 것을 발견했다(만일 공이 첫번째 홈에서 노래의 첫박자와 맞게 되어 그 자리에 턱을 설치했다면, 두번째 턱은 네번째 홈에, 세번째 턱은 아홉번째 홈에 설치해야 공이 내는 소리와 노래가 맞아 떨어질 것이다). 경사면을 더 기울이면 턱 사이의 간격은 전체적으로 커지지만, 여전히 경사면 아래쪽으로 갈수록 시간의 제곱에 비례하여 점점 더 커진다(40쪽 그림 참조). 간단히 말해서 공은 각각의 경사각에 따라 일정한 가속도로 움직인다.

노래를 통한 시간 측정의 타당성을 검증하기 위해 갈릴레이는 물통 바닥에 끼운 관을 통해 흘러나오는 물의 무게를 측정했다.

"공이 구르는 동안 가늘게 흘러나오는 물을 작은 컵에 담아 무게를 측정하면, 무게의 차이와 비율을 통해 경과시간의 차이와 길이를 알 수 있다."

드레이크는 1970년대에 토론토 대학에서 갈릴레이의 실험을 재현했다. 갈릴레이 실험의 측정값이, 갈릴레이가 활동한 파두아(Padua) 지역의 중력 가속도 초속 980.7 센티미터에 놀랍도록 가깝다는 사실을 그는 발견했다.

갈릴레이의 포물선

이어서 갈릴레이는 좀더 일반적인 문제에 몰두했다. 그는 운동 그 자체를 탐구하기 시작했다. 이 문제는, 경사면의 바닥에 이른 후 탁자 위를 굴러 방바닥으로 떨어지는 공의 운동에서 자연스럽게 제기된다. 측정과 계산을 통해 갈릴레이는, 떨어지는 공이 비행거리와 상관 없이 항상 포물선을 그린다는 그의 추측을 검증했다. 이 발견을 통해 그는 약간의 명성도 얻었다. 그는 포격 무기의 조준기술을 개량했다. 그러나 그 발견의 의미는 그 정도의 유용성을 훨씬 뛰어넘는다. 갈릴레이의 포물선은 아인슈타인의 일반 상대성 이론이 예측한 빛의 경로와 같다.

직관과는 달리, 날아가는 공은 '운동량을 잃지' 않는다. 다만 공기의 저항에 의해서만 운동량을 잃는다. 갈릴레이는 포물선을 그리며 날아가는 공이 두 가지 운동을 동시에 하고 있음을 간파했다. 한 운동은 수직방향으로의 가속 낙하운동이다. 다른 하나는 수평방향으로의 운동이다. 갈릴레이는 날아간 공이 방바닥에 닿는 지점에서 탁자까지의 거리가, 경사면을 급하게 해서 공의 수평속도를 높일수록 커지는 것을 발견했다. 그는 이미 공이 매번 동일하게 가속되는 수직속도로 떨어짐을 증명했다. 그러므로 날아가는 동안 공은 처음의 수평방향 속도를 그대로 유지하는 것이다(즉 공은 '운동량을 잃지' 않는다). 수평속도와 수직속도는 합성되어 공의 포물선 궤적을 만들며, 각각의 처음 수평속도에 따라 달라지는 지점에 공이 떨어지게 만든다(40쪽 그림 참조). 더 나아가 갈릴레이는 포물선 경로가 비행의 출발점과 도착점 사이를 최단시간에 이동하도록 하는 경로임을 간파했다.

갈릴레이는 『새로운 두 과학』에 대한 논의에서 다음과 같은 일반적인 결론을 내렸다.

"나는 마음속으로 어떤 물체가 움직이는 것을 수평면에 투사해본다. 모든 저항을 제거한다면 그 수평면 위에서의 운동은, 만일 수평면이 무한히 펼쳐져 있다면, 영원할 것이다."

이 일반명제는 오늘날의 교과서에 뉴턴의 제1 운동법칙이라는 이름으로 실려 있다.

"외부 힘이 작용하지 않는 한, 물체는 멈춰 있거나 또는 일정한 속력으로 직선운동을 한다." 갈릴레이는 물질의 자연적 상태로서 운동을 이해한 최초의 인물이다. 힘의 작용에 의해 야기되는 것은 운동 자체가 아니라 운동의 변화이다.

갈릴레이의 실험들은, 제1 운동법칙이 첫눈에는 그럴 듯하지 않은데도 사실이라는

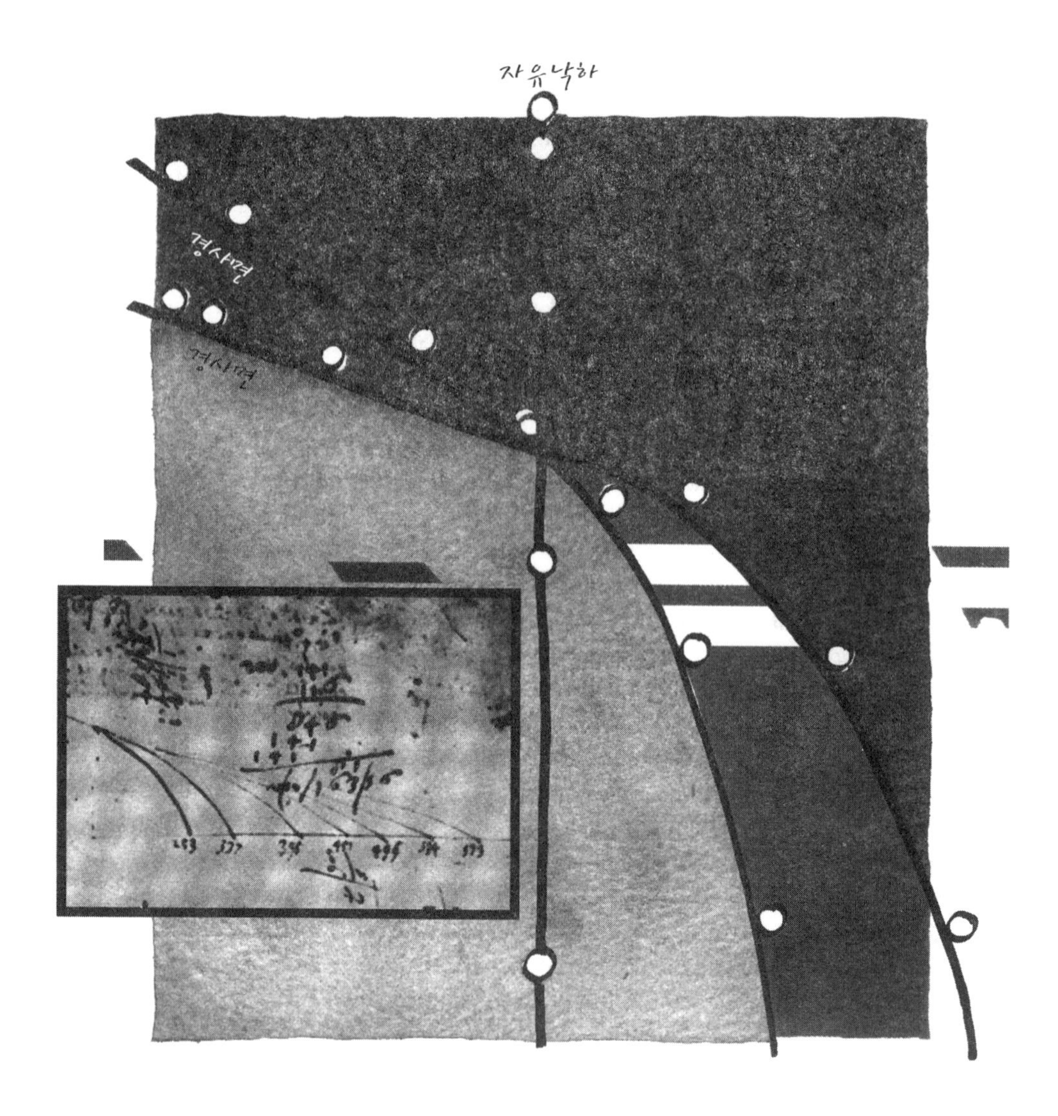

갈릴레이의 경사면(작은 그림)은 중력을 '희석'한다. 경사면을 이용한 실험을 통해 갈릴레이는 자유낙하시 중력 가속도가 초속 9.8미터임을 알아냈다(38쪽 참조). 공이 경사면을 굴러 내려갈때 전진방향의 속도는 일정하게 유지된다는 것을 갈릴레이는 깨달았다. 일정한 전진 속도와 중력에 의한 가속낙하에 의해 공은 포물선 궤도를 그린다. 포물선 궤도는 각각의 속도에서 최단 시간 및 거리를 지닌 궤도이다. 따라서 갈릴레이는 등속운동이 '영구적으로 지속될 것'이라고 주장했다. 그의 주장은 훗날 뉴턴의 제1 운동법칙으로 표현되었다.

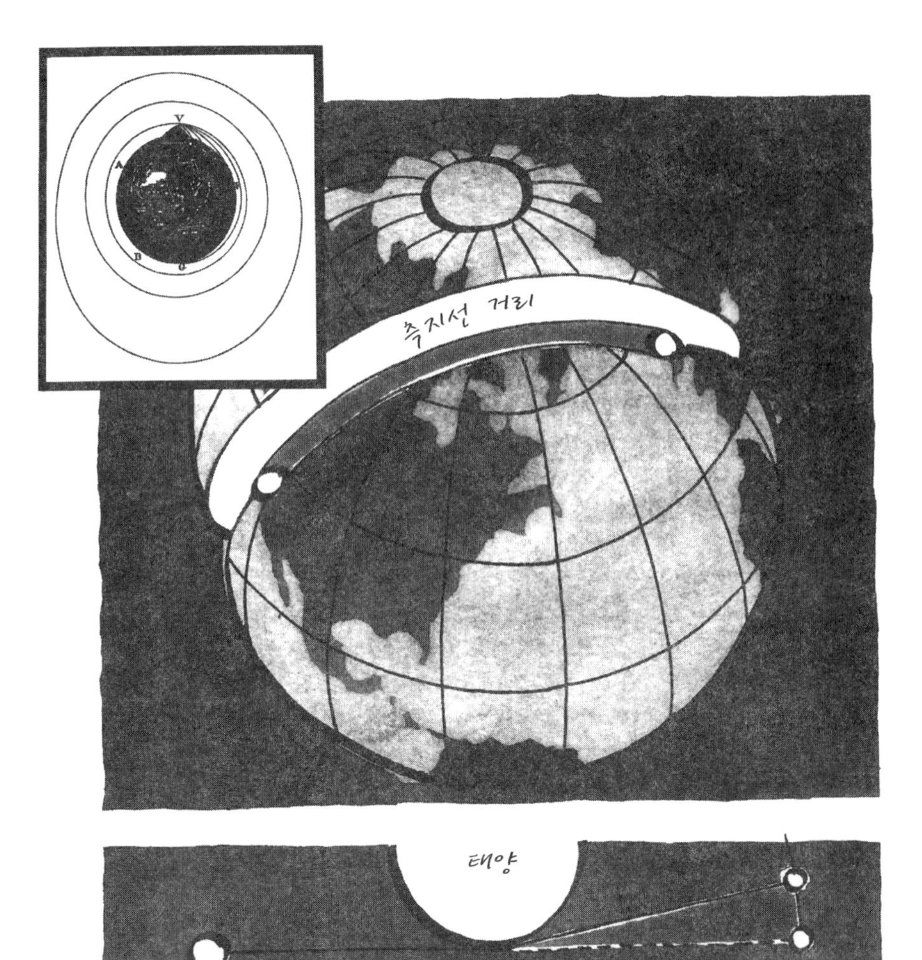

뉴턴의 제1 운동법칙에 의하면 물체는 영원히 등속운동을 계속하며, 중력과 같은 외부의 힘에 의해 경로를 바꾼다(71쪽 참조). 지구 중력장 내에서 움직이는 물체의 속도가 증가하면 갈릴레이의 포물선이 지구를 감싸는 궤도로 확장된다는 것을 뉴턴은 깨달았다(작은 그림). 지구 중심을 관통하는 평면은 '측지선'을 만든다. 측지선은 지표면에서 가장 거리가 짧은 경로이다. 아인슈타인은 '능가할 수 없는' 속도로 움직이는 별빛이 태양의 휘어진 중력장 속에서 측지선 경로를 그린다는 것을 보여주었다(129쪽 참조).

것을 증명한다. 누구든 그 실험을 —최소한 머릿속에서 사고실험으로— 해보면, 공의 궤적이 포물선임을 확인할 수 있다.

뉴턴은 포물선 경로를 높은 속도로 움직이는 물체의 경우에 적용되도록 확장했다. 그는 물체의 속도를 높여 물체가 지구 둘레의 궤도에 진입할 수 있도록 했다(41쪽 그림 참조). 오늘날 인공위성의 속도인 11킬로미터에 이르면 갈릴레이의 청동구가 가지는 상수 속도 성분이 중력에 의한 가속도를 상쇄한다. 뉴턴은 높은 속도의 달이 지구 둘레의 궤도를 돌고, 더 빠른 속도의 지구-달이 태양 둘레의 궤도를 돌게 했다.

아인슈타인의 일반 상대성 이론에서는 빛의 속도의 경우까지 확장된 포물선 경로가 등장한다. 갈릴레이의 포물선은 별빛 광자(photon)의 최단 시간 경로로 확장된다. 다음 장에서 살펴보겠지만, 별빛 경로를 휘어지게 만드는 태양 중력장의 곡률은, 1919년 에딩턴(A. S. Eddington)이 일식 때에 관측한 별의 겉보기 위치 변화를 설명한다. 에딩턴의 관측은 아인슈타인의 일반 상대성 이론을 입증했을 뿐만 아니라, 뉴턴의 추측 또한 입증했다.

갈릴레이의 업적이 미친 엄청난 파급효과로 인해, 갈릴레이는 흔히 그리고 정당하게 현대과학의 창시자로 일컬어진다. 그는 과학을 어떻게 해야 하는지 보여주었다. 갈릴레이는 움직이는 물체의 궤적에서 수직 요소와 수평 요소, 가속되는 요소와 일정하게 유지되는 요소를 구별하여 고찰했다. 이어서 그는 스스로 만든 간단한 실험장치들로 그 운동 요소들을 물리적으로 구별해냈다.

오늘날 고안되는 장치들은 내부작용을 알 수 없는 경우가 많으며, 갈릴레이의 경사면이 가졌던 단순한 아름다움에 거의 도달하지 못한다. 자연적 감각의 도달 범위를 훨씬 벗어난 영역에서 작업하는 오늘날의 물리학자들은 수학적 추상의 미로에서 길어올린 가설적 입자와 힘에 관한 질문을 탐구한다. 물리학자들을 그 질문에 답하기 위해 가속기 실험을 한다. 가속기 실험의 결과는 사태로부터 두 겹 세 겹 멀리 떨어진 컴퓨터 화면으로 주어진다. 갈릴레이의 실험은 여전히 이상적인, 어쩌면 그리워도 돌아갈 수 없는 모범으로 남아 있다.

어떤 권위도 인정하지 않는다

또한 갈릴레이는 스스로가 한 경험 이외에는 어떤 권위도 인정하지 않는다는 과학자다운 윤리를 모범적으로 보여준 인물이기도 하다.

"과학적 문제와 관련해서는 1000명의 권위자가 내놓는 의견보다 한 개인의 소박한 추론이 더 값지다."

갈릴레이는 사실 『두 세계 체계에 관한 대화』에서의 주장을 철회함으로써 종교회의의 세속적 권위를 인정했다. 그는 『새로운 두 과학』을 집필하기 위해 싸움에서 물러났던 것이다. 그의 책은 유럽의 여러 지식의 중심지들로 퍼져, 객관적 지식의 영역에서 개인의 자율을 확립하는 노도 같은 사건들을 촉발했다.

과학연구가 대단히 개인적인 경험이라는 사실을 보여주는 한 가지 실례로 브리지먼(P. Bridgman)을 들 수 있다. 그는 1920년대와 30년대 하버드 대학에서, 고압력 상태에서의 물질 상태를 연구했다. 당시 아무도 그 분야에 관심을 두지 않았다. 그의 외로운 모험은 1946년 노벨상으로 보답받았다. 오늘날 그의 연구는 지구의 내부에서 대륙들을 움직이게 하는 점도 높은 유체를 설명하는 데 기여하고 있다. 그가 고안한 실험장치들을 원형으로 하여 대량생산된 기계는 공업용 다이아몬드 생산에 사용된다. 브리지먼은 이렇게 말했다.

> 내가 과학적이라고 부르고 싶은 과정은, 끊임없는 의미이해와 유의미성의 인정이 있어야 하고, 또한 정말로 하고 싶은 일을 하고 있는지를 계속해서 확인하는 행위와 올바름과 그릇됨을 판단하는 행위가 항상 병행되어야 하는 과정이다. 확인과 판단과 인정, 이 세 가지가 지식을 이루는 요소이다. 이 세 가지는 나 스스로 하는 것이며, 누구도 나를 위해 대신 할 수 없다. 이것들은 나의 치통만큼이나 사적이다. 이 세 가지가 없다면 과학은 죽은 작업이다.

연구는 발표됨으로써 공적인 세계에, 과학의 사회적 작동 체계에 들어온다. 흥미를 가진 과학자 사회의 구성원들은 발표된 연구를 그들의 개인적 책임사항으로 수령할 것이다. 구성원들은 민주적으로 경쟁하는 주권자들이다. 만일 과학이 죽지 않았다면, 그들은 고안된 실험의 약점과 결과의 오류를 제거해나갈 것이다. 그들은 연구의 전제와 그 전제의 의미를 공격할 것이며, 어쩌면 스스로 새로운 전제를 제시할 것이다. 합의된 공동의 기반 위에서 이루어지는 논쟁은 엄격할 것이다.

각각의 질문을 연구하는 소수의 연구자들은 보이지 않는 학교를 형성한다. 그들은 서로 경쟁하지만, 공유하는 불확실성으로 인해 협동할 수밖에 없다. 그들은 많은 공개적·비공개적 경로를 통해 끊임없이 대화한다. 한 과학자가 다른 과학자를 만났다는 소식만으로도 과학자들은 그들이 무슨 이야기를 했을지 충분히 알 수 있을 것이다. 공개적인 회의에서 누구도 그 두 과학자가 나눈 이야기를 언급하지 않을지라도 말이다. 과학을 후하게 지원하던 시절에는 비행기표가 과학탐구의 보편적 도구라고 일컬어졌다. 오늘날의 인터넷은 비가시적 학교들 안에서 대륙을 건너 손쉽게 대화가 이루어질 수 있도록 한다.

연구를 미리 비공식적으로 간략히 소개하여 인정과 북돋움을 받는 과정을 거치지 않고 곧바로 출간하는 과학자는 극히 드물다. 많은 발표 논문들, 특히 대형과학(Big Science)의 발표 논문들은 많은 경우 공동저술의 형태로 출간된다.

과학연구는 관심을 가진 공동체에 발표됨으로써 비로소 존재한다. 그 공동체의 규모는 그 연구의 전망을 가늠케 하는 척도이다. 런던 왕립 학술회(Royal Society of London)는 1662년부터 같은 연구를 하는 경쟁자들이 교환한 서신들을 발표하기 시작했다. 오늘날에는 수천 종의 과학지가 쏟아져나와, 전세계 도서관 직원들에게 가장 심각한 재정적·행정적 골칫거리가 되고 있다.

객관적 지식의 윤리

지난 4세기 동안 객관적 지식이 조직적으로 발전하면서 과학세계는 처음으로 참된 국제적 공동체를 이루게 되었다. 국제적 공동체는 서양보다 더 고대적인 문화와 역사를 보이는 국가에서 온 사람들을 새로운 구성원으로 받아들이고 있다. 그들이 어디 출신이든 간에, 새로운 구성원들은 대부분의 고향사람들과의 관계에서보다 구성원들과의 관계에서 더욱 긴밀하게 관심을 공유하고 더욱 쉽게 대화하게 된다. 그들은 이성과 수학의 언어를 공유한다. 이 세계적 공동체는 습성에서나 실천에서나 공동의 법 아래서 스스로 자신을 다스린다.

분자 생물학자 모노(J. Monod)는 1967년 콜레주 드 프랑스(Collège de France) 분자 생물학 수석교수로 선출되었을 때, 다음과 같이 과학 공동체의 윤리에 관한 개인적 입장을 밝혔다.

앎의 윤리가 따라야 할 유일한 목적, 지고의 선, 최상의 가치는—이 사실을 인정해야만 합니다—사람의 행복이 아닙니다. 사람의 안락함과 안전함은 더욱 아닙니다. 최상의 가치는 객관적 지식 그 자체입니다. 이 윤리를 분명히 밝히고 체계화하며, 도덕적·사회적·정치적 귀결들에 구애받지 않고 널리 펴는 것이 필요하다고 나는 믿습니다. 왜냐하면, 현대세계를 창조하신 여러분, 이것만이 이 세계 속에서 삶에 일관될 수 있는 유일한 윤리이기 때문입니다.

이 윤리는 가혹하고 강제적입니다. 이를 숨길 필요가 없습니다, 이 윤리는 사람에게 앎을 발전시킬 것을 요구하면서, 사람 자신보다 더 큰 가치가 있음을 선언하기 때문입니다.

이것은 정복의 윤리, 힘을 향한 의지, 하지만 오직 앎의 영역에만 국한된 의지의 윤리입니다. 그러므로 이것은 폭력과 잠정적인 지배를 가르치는 윤리입니다.

이것은 개인적·정치적 자유의 윤리입니다. 왜냐하면 경쟁하고 비판하고 끊임없이 질문하는 것은 우리에게 권리일 뿐만 아니라 의무이기 때문입니다.

이것은 사회윤리입니다. 왜냐하면 객관적 지식은 오직 규범을 준수하는 공동체에 의해서만 보유될 수 있기 때문입니다.

위그노(프랑스 개신교—옮긴이) 교도다운 엄격함으로 모노는 거의 모든 사람들이 원할 만한 공동체를 묘사했다. 모든 과학자가 자동으로 과학자 사회의 시민권을 얻는 것이 아니다. 과학자 사회에서의 작업을 위해 여러 위대한 과학자들이 인간적인 자기 자신을 배반했다.

과학사회학의 창시자인 컬럼비아 대학의 머턴(R. K. Merton)은 과학자들의 행동을 지배하는 중심윤리가 '공산주의'라고 선언했다. 그 윤리에 따라 과학자들은 그들이 협력하여 생산한 산물 대부분을 공동체의 소유로 돌린다. 과학자들이 '자신의' 지적인 '재산'을 요구하는 것은 인정과 명예를 요구하는 것에 지나지 않는다. 그리고 만일 제도가 조금이나마 효율적으로 작동한다면, 그를 통해 공동의 지식이 증가한다는 것과, 과학자가 인정과 명예를 얻는다는 것이 거의 동일할 것이다.

이는 값없는 상이다. 따라서 "과학적 업적을 누가 먼저 이루었는가에 대한 관심은 '자연스러운' 반응이다." 발견순서에 관한 경쟁은 과학사 전체에 걸쳐 나타난다. 갈릴레이는 그의 제자의 제자인 카발리에리(B. Cavalieri)가 포물선 궤도를 먼저 발표하게 된 상황을 참아야만 했다. 드레이크가 인용한 문구에서 갈릴레이는 "그 증명은 내가 40년 전에 시작한 연구의 산물이므로 최소한 먼저 발표되는 만큼의 대접은 받아야 한다"고 격앙되어 항의했다.

머턴은 가장 격렬했던 분쟁의 사례로 뉴턴과 후크(R. Hooke) 사이에 벌어진 오랜 싸움을 든다. 두 사람은, 모든 색을 가진 빛이 물체의 표면에서 부분적으로 반사되어 사람의 눈이 보기 때문에 사물에 색이 있다는 것을 밝힌 사람이 누구인지를 놓고 10년 동안 싸웠다. 뉴턴은 이렇게 주장했다.

"내가 철학과 관련해서 가장 피하고 싶은 것이 논쟁이다. 그 중에서도 출간을 둘러싼 논쟁을 제일 피하고 싶다."

뉴턴은 더 연배가 높았던 후크가 죽을 때까지 그의 『광학』(*Treatise on Opticks*) 발표를 연기했다. 중력의 역제곱 비례 법칙도 후크와의 싸움에 엮일 조짐을 보이자 뉴턴은 그의 『자연철학의 수학적 원리』를 서둘러 출간했다.

뉴턴의 얼굴을 그린 그림들은 워낙 많아서, 전문적 감수를 받아 현대에 제작된 그의 초상화 10여 점보다 더 큰 영향력을 지니고 있는 반면에, 후크의 경우에는 단 한 점의 그림도 남아 있지 않다. 런던 왕립 학술회 회장의 권위를 누렸던 뉴턴이 손을 썼기 때문이리라 의심된다.

다윈(Ch. Darwin) 역시 불만을 터뜨린 일이 있다.

"최초가 되기 위해 쓴다는 생각조차 나는 혐오한다. 하지만 누군가 나보다 먼저 나의 주장들을 발표하게 된다면 나는 분명 화가 날 것이다."

자신의 대작을 쓰는 20년의 세월 동안—집필기간이 길어진 것은 예상되는 반론을 두려워했기 때문이기도 하다—다윈은 거의 마지막 순간까지도 화를 낼 일이 없었다. 그런데 1858년 그는 월리스(A. R. Wallace)라는 젊은 자연학자로부터 자연선택 원리를 훌륭하게 요약한 내용을 담은 편지를 받았다. 먼 몰루카(Molucca) 제도에서 편지를 보낸 월리스는 자신의 생각에 대한 위대한 자연학자 다윈의 의견을 듣고 싶어 했다.

사람들은 서둘러 월리스의 요약문과 다윈의 간략한 논평을 함께 출간했다. 다윈의 상세한 논의인 『종의 기원』은 출판사의 재촉에 의해 1859년 출간되었다. 이어 벌어진 최초 논쟁에서 월리스는 다윈에게 이겼다.

이 일화들에 대해 사람들이 어떻게 생각하든 간에, 이 일화들은 과학적 탐구가 추구하는 앎의 객관성을 증명한다. 발견의 동시성은 과학사에서 예외라기보다는 일상에 가깝다. 다른 경우라면 반복을 통해 승인을 얻어야 할 연구가, '발견의 동시성'을 통해 즉각적인 승인을 얻는 경우가 흔히 있다.

고맙게도 역사의 기록을 보면 최초의 발견을 둘러싼 싸움보다 그런 싸움이 일어날 수 있었던 상황이 더 많았다. 각 분야에 종사하는 과학자들은 그들이 어디에서 활동하든 동일한 주요 문제에 매달리는 듯이 보인다. 발견의 동시성은—예를 들어 공동수상으로 결정되는 노벨상 역시 발견의 동시성을 반영한다—모든 분야에서 과학자들이 때로는 다만 암묵적일지라도 협력하고 있음을 증명한다.

1 농업 및 어업 · 2 식품 및 식가공품 · 3 방직물 · 4 의류 · 5 목재 및 목공품 · 6 가구 및 설비 · 7 종이 및 관련품 · 8 인쇄 및 출판 · 9 화공품

1. 농업 및 어업	10.86	15.70	2.16	0.02	0.19
2. 식품 및 식가공품	2.38	5.75	0.06	0.01	*
3. 방직물	0.06	*	1.30	3.88	*
4. 의류	0.04	0.20	–	1.96	–
5. 목재 및 목공품	0.15	0.10	0.02	*	1.09
6. 가구 및 설비	–	–	0.01	–	–
7. 종이 및 관련품	*	0.52	0.08	0.02	*
8. 인쇄 및 출판	–	0.04	*	–	–
9. 화공품	0.83	1.48	0.80	0.14	0.03
10. 석유 및 석탄 가공품	0.46	0.06	0.03	*	0.07
11. 고무제품	0.12	0.01	0.01	0.02	0.01
12. 가죽 및 가죽제품	–	–	*	0.05	*

발표된 모든 논문에 첨가되는 인용출처 표기에서도 과학자들의 협력을 분명히 알 수 있다. 과학자들은 참고한 논문을 기록하여 다른 학자의 업적이 먼저 있었음을 밝힌다. 문헌을 찾을 때는 흔히 인용문들을 따라 거슬러올라가는 것이, 통상적인 저자-서명 목록을 이용하는 것보다 더 효과적이다. 이런 문헌찾기는 논문 출판인이 제공하는 인용 출처 목록에 의해 더욱 편리해진다. 과학분야와 관련하여 출판인들은 오래 전부터 도서관 직원이 해야 할 업무를 떠맡아왔다. 이 목록들은 과학사가들과 과학사회학자들에게 풍부한 자료를 제공한다. 경제학자 레온티예프(W. W. Leontief)는—그는 [위에 있는] 입출력 행렬의 창안자이다. 그의 행렬은 산업들 간에 재화와 노동의 흐름을 보여준다—자신이 고안한 행렬을 통해 과학분야들 간에 이루어지는 지식의 흐름과 교환을 나타낼 수 있는 방법을 제시했다.

과학자들은 경쟁 속에서 그들이 차지하는 지위를 확인하기 위해 논문 인용 목록들을 살펴본다. 와인버그(S. Weinberg)는, '전기약력 이론'(electroweak theory)에 관해 그가 1967년 쓴 논문이 "지난 50년간 입자물리학 분야에서 가장 많이 인용되었다"는 사실을 어느 인용 목록에서 발견하고, 노벨상을 수상했을 때보다 더 큰 자부심

을 느꼈다고 말했다.

충분히 예상할 수 있듯이, 사상들의 계보를 그리면 선생과 제자의 세대들, 또는 더 적합한 표현으로는, 스승과 도제의 세대들이 연속되는 생동감 있는 족보를 얻을 수 있다. 노벨상이 생겨나고 100년이 지난 후부터는, 특히 물리학상의 경우에는, 1세대 연구자들이 상을 수상하는 경우는 극히 드물다. 노벨상은 흔히 노벨상 수상자의 제자들에게 돌아간다.

브리지먼의 연구 분야는 희귀했고, 그는 연구에만 몰두하는 성격이었기 때문에, 그는 많은 대학원생들을 끌어들이지 못했다. 그러나 그는 바딘(J. Bardeen)이라는—바딘은 트랜지스터를 발명한 사람 중 하나이며 현재는 컴퓨터 칩을 개발하고 있다—훌륭한 제자를 두어 응집물질(condensed matter)물리학을 계승시켰다. 두세 세대가 연구를 계승하는 일은 흔하다. 네 세대가 이어진 연구의 한 예는, 양자역학을 창시한 인물 중 하나인 파울리(W. Pauli)에서 시작하여 라비(I. I. Rabi), 슈윙거(J. Schwinger)를 거쳐 글래쇼(Sh. Glashow)로 이어지는 연구이다. 라비는 1930년대에 파울리에게 배우고 귀국하여 컬럼비아 대학을 미국 최초의 현대 물리학 중심지로 만들었고, 슈윙거는 양자역학이 양자전기역학이라는 성숙된 단계로 발전하는 데 기여했으며, 글래쇼는 우주적 영역의 중력을 제외한 모든 나머지 부분들을 양자물리학에 포섭하는 시도를 했다.

과학자들의 민주적 사회에 계층을 형성시키는 비공식적인 신분질서가 있다. 과학자들의 작업은 여러 수준에 걸쳐 있을 수 있다. 낮게는 여전히 연구주제를 식별하고 분류하고 서술하는 것에 몰두하는 수준으로부터, 높게는 연구영역의 물리적 실재에 관한 완벽하게 정량적이고 수학적인 서술을 내놓는 수준도 있다.

설명과 검증

확고하게 확인된 어떤 관찰에 대해 제기되는 '왜?'라는 질문은 그 관찰의 토대가 되는 영역에서 대답된다. 어떤 것이 왜 그러한지 알기를 고집하는 사람은 물리학에 접근하지 않을 수 없다. 그 사람은 결국 물질-에너지의 궁극적 본성에 관한 앎을 추구하는 물리학 분야인 이른바 입자물리학에 발을 들여놓을 것이다. 지난 세기의 물리학 연구자들은 에너지 연속선상의 특정한 점들이 물질 및 에너지의 상호작용 속에서 주요 사건들이 일어나는 장소라는 것을 밝혔다. 왜 그 점들이 문제의 장소들인가 하는 질문에 물리학자들은 아직 대답을 내놓지 못한다. 물리학이 서술해놓은 것은 설명이 아니라 질문이다. 그 질문들을 탐구하는 과정에서 입자물리학은 우주의 시공 물리학과 협동하게 되었다. 왜 그러한가 하는 질문에 대한 대답은 오늘날, 어떻게 그러하게 되었는가, 라는 질문을 통해 탐구된다.

과학자들의 사회에서 논리적 위계질서는 사회적 위계질서의 문제를 만들어낸다. 유전정보를 담은 분자의 발견과 유전자 해독은 분자생물학이라는 새로운 분야를 탄생시켰지만, 다른 한편 생물학의 여러 분야들을 짓밟기도 했다. '유기체 전체'를 연구하는 젊은 생물학자들――동물학자와 식물학자――은 겨우 최근에 이르러서야 자기 분야에 적합한 방법론적 도구들을 마련하기 시작했다. 공동체 전체가 관련된 사회적 위계질서의 문제는, 사회적·인적 자본에 대한 투자가 감소하는 시대적 분위기 속에서 정치적 분열로 발전했다. 1992년 응집물질물리학자들은, 입자물리학자들의 꿈인 초전도 슈퍼 충돌기(Superconducting SuperCollider)를 위해 책정된 80억 달러의 예산에 반대하는 탄원서를 상원과 하원에 제출했다.

논리적 위계질서 주장에 맞서 몇몇 연구분야 종사자들은 '환원주의!' 반대를 외친다. 자연철학이 '무지개를 풀어헤쳐놓을' 것이라고 반감을 표시했던 키츠(J. Keats)의 말을 떠올리게 하는 방식으로, 그 과학자들은 그들의 각자 분야에서 접하는 신비로운 현상들이 전자와 양성자로 환원될 수 없다고 주장한다. 그들의 걱정을 덜어주기라도 하듯, 미국 자연사 박물관에서 동물행동부 책임자로 일하는 슈네일러(T. C. Schneirla)는 '통합성 수준'(levels of integration) 개념을 창안했다. 슈네일러가 연구한 것은 중앙 아메리카 군대개미이다. 엄밀하게 행동 차원에 국한된 연구를 통해 그는 "곤충을 비롯한 인간 이하의 동물들이 집을 떠나 밖에 있을 때 규칙적으로 나타내는 조직적인 집단행동의 가장 복잡한 사례들"을 완벽하게 설명했다. 슈네일러의 연구는, 다음 차원의 통합 수준에 있는 신경심리학자들과 분자생물학자들에게 여러 질문을 던지고, 그들이 무엇을 연구해야 할지 지시한

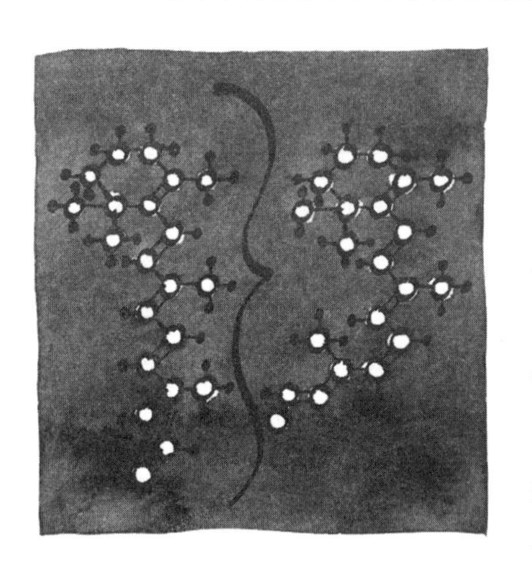

다. 또한 그들의 연구는 물리화학에 기반을 두며, 더 깊이 들어가면 양자역학에 기반을 둔다.

하버드 대학의 왈드(G. Wald)는 빛이 어떻게 시각을 자극하는지를 심층적인 수준에서 설명했다. 빛 양자는 시각색소 속에 물질대사를 통해 축적된 에너지를 방출하기에 적당한 양의 에너지를 공급한다. 망막을 이루는 3차원적인 구조의 분자는 (49쪽 그림 참조) 순간적으로 한 모양에서 다른 모양으로 바뀌면서 신경 자극의 형태로 에너지를 방출한다. 그 저장된 에너지는 또한 태양으로부터 온 것이기도 하다. 식물의 잎에서 광합성 작용이 일어나면서 최초로 에너지가 포획된다.

왈드는 유기체 전체를 연구하는 동료들에게 위협을 가하듯, 다음과 같은 사실을 직시하라고 주장했다.

"물리학과 화학이 발전하여 이미 생물학에 도달했다."

진리와 빛

사물의 본성에 관한 명제의 검증은 최종적으로 물리학에서 이루어진다. 왜냐하면 모든 과학의 첫번째 기반이 물리학이기 때문이다. 물리학은 우리가 '확실히 아는' 것들 대부분이 속해 있는 통합 수준이다.

그런 확실성에 도달하기 위해 물리학자들은 전자기파 스펙트럼 속에서 많은 확고한 증거들을 찾아낸다. 프리즘을 통과하여 분산된 빛의 색깔들이 보여주는 띠는 전자기파 전체에서 매우 작은 부분을 차지하는 진동수 영역이다(26, 27쪽 그림 참조). 빛의 속도는 일정하므로 진동수는 파장에 반비례한다. 30만 킬로미터(3×10^8미터, 3×10^{10}센티미터)를 1초당 진동수 10^6으로 나눌 때 얻어지는 파장은 10^{12}으로 나눌 때 얻어지는 파장보다 길다. 가시광선 스펙트럼의 저(低)진동수 한계인 적색광을 벗어나면, 전자기파는 우선 적외선 진동수의 열로 감지되고, 진동수가 더 낮아지면, 레이더, 텔레비전 수신기, 무선 전화, FM 그리고 AM 수신기 등을 비롯한 복잡한 공학기계의 도움을 통해 경험된다. 고(高) 진동수 한계인 자색광을 벗어나면, 우선 자외선을 만나게 되고, 이어서 X선, 감마선 등을 거쳐 전자를 비롯한 여러 원자 구성입자들의 진동수에 이른다.

물질-에너지 교환과 관련된 모든 사건들은 전자기파 스펙트럼의 특정한 점들에서 일어난다. 철제 난로는 가시광선 적색 한계지점에서 시각을 벗어나 '열선'으로 이어지는 연속적인 스펙트럼의 복사선을 방출한다. 기체 상태가 되도록 가열한 철은 고유한 파장과 진동수를 가지는 좁은 띠들로 이루어진 불연속적 스펙트럼을 방출한다. 기체 상태의 물질이 내는 빛의 스펙트럼 속에 들어 있는 '선들'을 보면, 철을 비롯한 92개의 자연적 원소들의 존재 여부를 알 수 있다. 스펙트럼을 분석하면, 멀리 있는 별에, 또는 실험실에 있는 합성물에 무슨 원소가 들어 있는지 알 수 있다(52쪽 그림 참조). 촛불 심지 근처를 자세히 보면, 양초 입자들이 내는 노란 불꽃 안쪽으로 수소가 방출하는 푸른 빛을 볼 수 있다. 알코올 램프의 불꽃에 약간의 소금을 떨어뜨리면 나트륨의 고유 스펙트럼선인 노란색을 볼 수 있다. 그 색은 대부분의 가로등에서 볼 수 있는 익숙한 색이다.

'과학도구의 여왕'인 분광계(spectroscope)를 이용하여 물리학자들은 가시광선과 자외선과 적외선 스펙트럼 속에 있는 수백만 개의 선들의 목록을 만들었다. 분광기를 통해 관측한 결론에 의하면, 가장 먼 곳의 우주도 지구에 있는 것과 동일한 화학적 원소들로 구성되어 있다. 비록 그 원소들이 존재하는 비율은 지구에서와 다르지만 말이다. 은하계 외부에 있는 광원이 내는 빛의 스펙트럼이 광원이 멀수록 더욱 적색 한계쪽으로 옮겨진다는 사실은 우주가 팽창하고 있음을 보여준다. 또한 그 사실로부터 우주의 나이를 측정할 수 있다.

지상의 화학적 원소들에서 관측한 스펙트럼선들은, 양의 전하를 띤 핵 주위를 도는 전자가 들어있는 곳이라고 은유적으로 상정된 껍질(shell)의 에너지 준위를 밝히는 데 도움을 주었다. 적외선 영역의 스펙트럼은 분자를 탐구할 수 있게 한다. 구성 원자들이 이루는 화학결합의 각도와 세기를 스펙트럼선을 통해 측정할 수 있고, 온도가 올라감에 따라 그 결합이 어떻게 느슨해지고, 꼬이고, 접히는지 확인할 수 있다.

19세기 말 분광학에 의해 파장이 짧고 진동수가 높은 전자기파가 더 큰 에너지를 운반한다는 것이 밝혀졌다. 이 발견은 위기로 이어졌고, 그 위기를 극복하기 위해 특수 상대성 이론과 양자가 등장하여 물질과 에너지를, 그리고 시간과 공간을 하나로 합쳤다. 수소가 방출하는 스펙트럼선을 다양한 에너지 준위와 관련하여 분석함으로써 원자의 양자화된 전자껍질 구조를 입증하는 최초의 증거가 얻어졌다. 태양광선의 스펙트럼선들이 적색 한계 쪽으로 이동한다는 관측결과는, 천문학적 관측의 새 틀을 마련한 아인슈타인의 일반 상대성 이론의 예측과 일치했다.

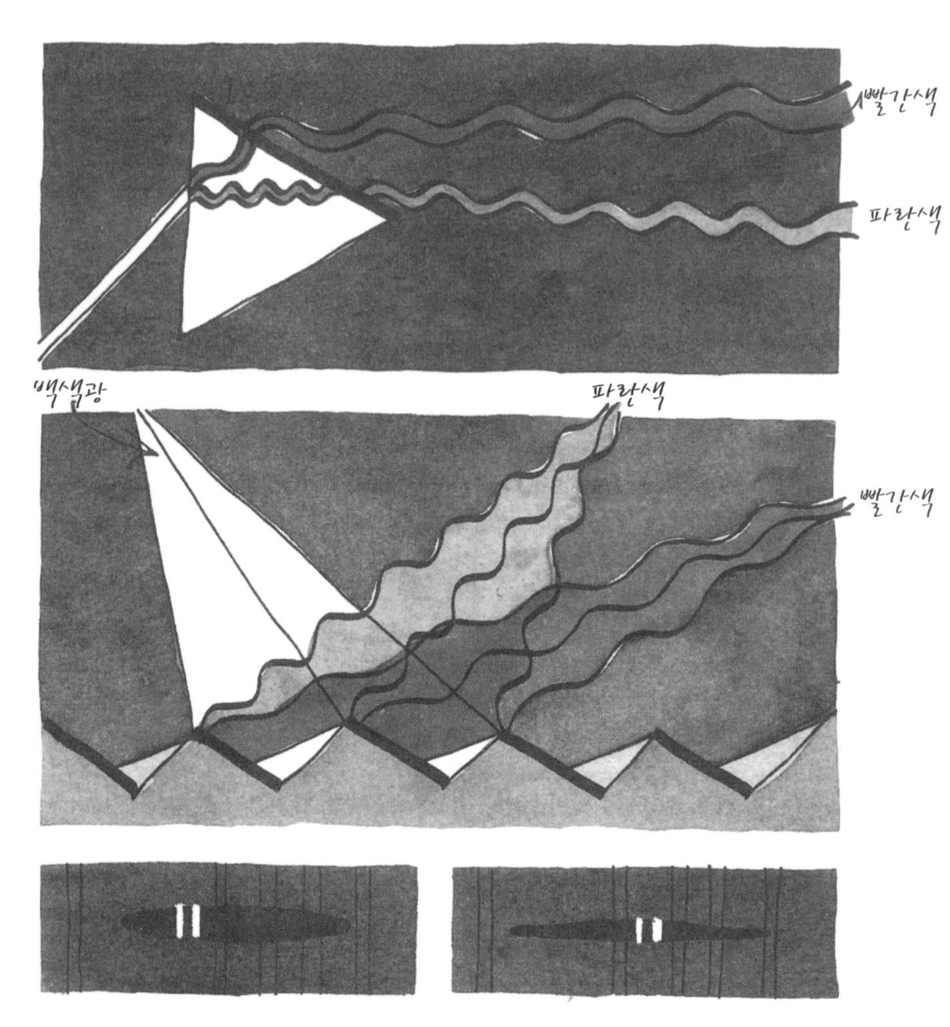

프리즘은 백색 가시광선을 여러 색깔로 분리한다. 파란색 빛은 빨간색 빛보다 더 크게 굴절된다. 파장이 짧은 빛은 프리즘을 통과할때 속도가 크게 줄어들기 때문이다. 뉴턴은 굴절각의 차이가 빛 입자의 '무게' 차이에 의한 중력적 인력의 차이 때문에 생긴다고 생각했다. 가운데 그림은 회절격자의 단면이다. 회절격자(54쪽 참조)는 파란색 빛과 빨간색 빛을 훨씬 더 명확하게 분리한다. 우주 속의 광원에서 오는 희미한 빛에 들어있는 칼슘 스펙트럼의 밝은 두 선(아래)은 광원의 거리에 비례해서 적색편이 된다.

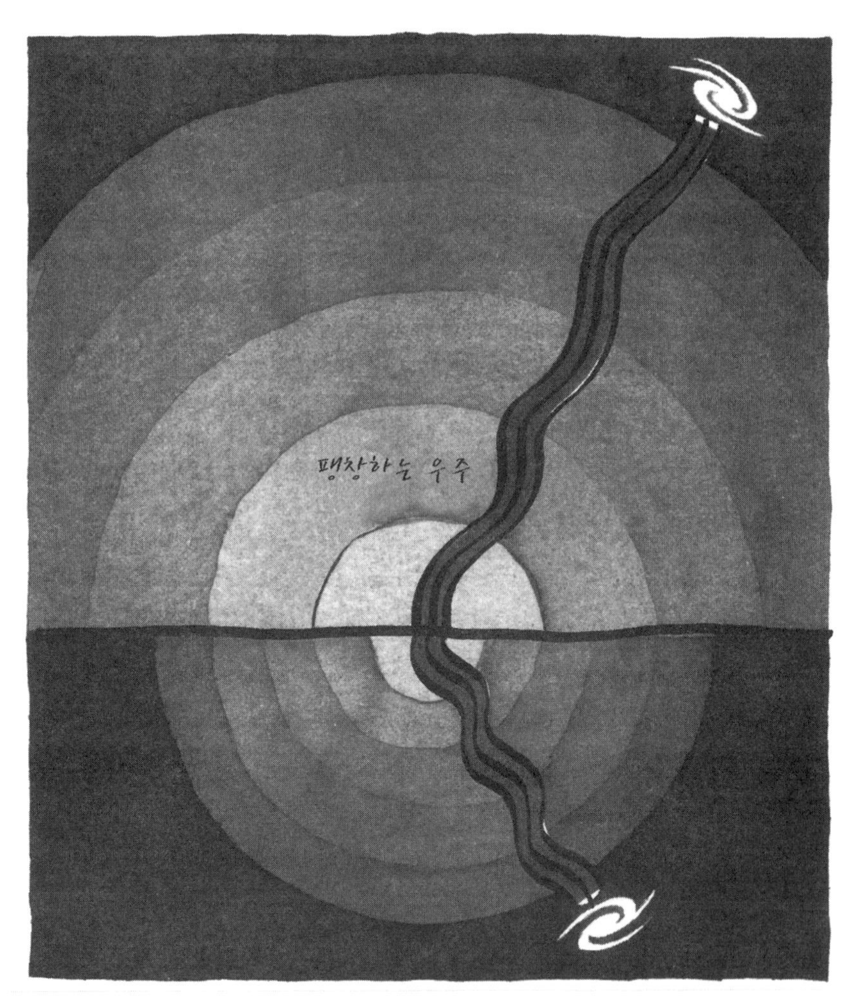

적색편이는 우주의 팽창을 말해주는 증거이다. 시공의 팽창으로 인해 시공을 통과하는 빛의 파장은 길어진다. 먼 은하계들로부터 온 스펙트럼선들은 파장이 긴 쪽으로 이동된다. 이 적색편이가 클수록 은하계는 더 멀리 있다(208, 216쪽 참조). 팽창 정도는 거리에 비례해서 증가한다. 왜냐하면 더 작았던 과거의 우주 속에 있었던 작은 거리와 큰 거리가 동일한 상수에 비례해서 증가하기 때문이다. 가장 먼 은하계들에서 온 희미한 스펙트럼 속에서 칼슘 스펙트럼의 밝은 선 한 쌍이 관측된다(52쪽).

분광학의 정밀성은 결국 사람의 손과 눈의 정밀성에 의존한다. 빛의 복사 에너지는 흔히 보는 프리즘이 아닌, 연구용 분광계, 즉 회절격자를 통해 분산된다. 회절격자는 거울처리가 된 평평하거나 굽은 유리 조각으로 만든다. 빛이 거울에 닿아 반사할 때, 유리면에 새겨진 평행한 금들에 의해 회절간섭이 일어나도록 되어 있는데, 이 금들 때문에 '격자'라는 명칭이 붙었다. 격자의 해상도—포착되는 스펙트럼선의 폭이 좁고 선명도가 높을수록 해상도가 높다—는 유리 표면에 새기는 평행선이 얼마나 촘촘하고 얼마나 정확히 간격을 유지하는가에 따라 결정된다.

제2차 세계 대전 이후 되먹임 제어(feedback-control) 전기기술이 등장하면서 분광계의 성능은 많이 향상되었지만, 그 이전에 이룩된 분광계의 성능은, 롤런드(H. A. Rowland)가 마치 갈릴레이처럼 즐겁게 맨손으로 물리적 실재와 씨름한 덕분에 가능했다. 그가 남긴 유형의 유산은 가장 완벽한 성능을 발휘하는 1000개의 회절격자와, 그 격자를 통해 관측한 100만 개 이상의 스펙트럼선들의 목록이다.

1875년 27세의 나이로 존스 홉킨스 대학 초대 물리학 교수가 된 롤런드는 빠르고 정확하게 분광학의 기반을 마련하는 작업을 추진했다. 그가 설정한 도달 기준은 거울 표면의 유리 위의 1인치 폭 속에 2인치 길이로 1만 4400개의 금을 긋는 것이었다. 그 금들은 폭과 길이가 동일해야 하고 1인치 범위 안에서 전체적으로 완벽하게 평행해야 하고, 5~6인치 폭 전체에 걸쳐 간격이 정확히 일정해야 한다. 빛을 모으는 렌즈를 추가로 쓸 경우 빛의 양이 감소하기 때문에, 롤런드는 거울면을 구형으로 만들어 거울만으로도 빛을 모으는 방법을 착안했다.

1인치 속에 1만 4400개의 금

롤런드는 한때 자신이 어떤 기계라도 보기만 하면 즉각 이해한다고 자랑한 적이 있었다(오른쪽은 에이킨스가 그린 초상화)이다. 완벽한 '금긋기 기계'를 만들려면 구동부분의 성능이 결정적으로 중요하다는 것을 그는 간파했다.

한 번에 정확히 6.94×10^{-5}(1/14400)인치씩 다이아몬드 침을 전진시킬 납제(lead) 수나사를 만들어야 한다. 수나사가 20회 회전하여 1인치 움직이도록 만들면, 수나사가 1회 회전할 때마다 금긋기 기계의 다이아몬드 침은 20분의 1인치 전진할 것이다. 수나사의 1회전을 720개의 구간으로 나눈다면, 한 구간의 수나사 회전으로 침이 1만

4400분의 1인치 전진할 것이다.

롤런드는 9인치 길이의 납제 수나사에 완벽하게 나선을 새기기 위해 새로운 기구를 고안했다. 그 기구는 수나사와 동일하게 눈금이 새겨진 11인치 길이의 정밀 연마용 암나사였다. 롤런드는 이 암나사를 길이 방향으로 잘라 네 조각을 만들었다. 이 네 조각을 연마할 수나사 둘레에 감싸 단단히 고정한 후에, 처음에는 금강사와 기름을 써서, 나중에는 망원경 거울 연마용 철단(rouge)을 써서 연마한다.

롤런드는 이렇게 기록했다.

"암나사가 수나사 전체를 앞뒤로 움직이게 해서, 암나사 속에 있는 수나사를 연마한다. (……) 10분마다 암나사를 끝에서 끝까지 돌린다. 이 작업을 2주일 동안 계속한다."

이렇게 연마하는 과정에서 수나사와 암나사의 홈에 있는 불규칙한 부분들은 서로 닳아 없어지게 된다.

직접 제작한 완벽한 격자를 가지고 롤런드는 태양광선의 스펙트럼 분석에 착수했다. 그는 "과거에 3년이 걸린 작업을 단 한 시간에 할 수 있었다." 그가 만든 태양광선 스펙트럼 파장 '기본표'는 1898년에 발표되었고, 1928년까지 전세계 표준으로 사용되었다. 롤런드의 기본표는 그후 윌슨 산 천문대에서의 관측에 의해 수정되었는데, 가장 큰 오차값이 3×10^{-4}(즉 3만분의 1) 정도였다. 또한 롤런드는 알려진 모든 원소들의 스펙트럼 특징을 모은 목록을 만드는 작업에 착수했다. 그는 자신의 원소 스펙트럼 목록을 태양광선 스펙트럼과 비교했고, 몇 가지 '설명되지 않는 중요한 선들'을 발견했다. 그 선들 중 일부는 헬륨을 비롯해서 당시 아직 분리해내지 못한 원소들의 스펙트럼선이었다. 롤런드는 1901년 사망했지만, 제자들에게 충분한 유산을 남겨주었다. 그의 격자는 여전히 전세계의 실험실과 관측소에서 사용되고 있으며, 존스 홉킨스 대학 물리학과는 그의 금긋기 기계에서 발전된 여러 기계들을 돌려 전세계에 회절격자를 공급하고 있다.

천체 물리학자들은 더 높은 정밀도를 얻기 위해 간섭계로 눈을 돌리기 시작했다.

롤런드와 동시대인인 마이컬슨(A. A. Michelson)이 완성한 간섭계는 빛의 속도가 변화되지 않는다는 것을 밝히는 데 사용되었다(115쪽 그림 참조). 오늘날의 간섭계는 광전자 효과에 의해 빛에 반응하는 전자 증폭기(electron multiplier)를 이용하여 획기적으로 향상된 정밀도를 발휘한다(116, 117쪽 그림 참조). 간섭계를 이용하면, 가시적인 것보다 훨씬 낮은 광도의 빛을 내는 천체를 '볼' 수 있다. 간섭계는 단 한 개의 빛 양자도 감지한다.

19세기 말 과학자들은 전자기파 스펙트럼이 높고 낮은 진동수 영역에 걸쳐 광범위하게 퍼져 있음을 발견했고, 회절격자를 이용하여 그 스펙트럼을 분리해냈다. 오늘날의 과학기술은 매우 다양한 방식으로 이 넓은 전자기파 영역을 이용한다. 분광학이 한 예이다. 전파 진동수 영역에서는 성간 공간에 존재하는 유기적 분자의 존재를 감지할 수 있다. 동일한 저에너지 영역에서 핵 자기공명 분광학(이 기술은 의학을 위한 화상처리에도 이용된다)을 이용하면 살아 있는 세포 속에서 일어나는 화학반응들을 관찰할 수 있을지도 모른다. 한편 고 진동수 영역에서는, 회절격자로 분리된 스펙트럼의 구석에 있는 X선과 감마선을 이용한 분광학을 통해 항성과 은하계가 겪는 대격동을 관측할 수 있다(예를 들어 초신성〔supernova〕의 잔해에서 나온 네온의 X선 스펙트럼을 관측하여 초신성의 폭발이 있었음을 알 수 있다).

고 에너지 분광학

고에너지 물리학자들의 도구인 입자 가속기는 일종의 분광계라고 생각하는 것이 가장 이해하기 쉬울 것이다. 이 비유는 매사추세츠 공과대학(MIT)에서 근무하는 바이스코프(V. F. Weiskopf)가 든 비유이다. 바이스코프는 제네바 근교에 있는 국제적인 가속기 실험소인 유럽 핵 연구 센터(Centre Européene de Recherche Nucleaire, CERN)의 책임자를 역임했다. 입자물리학이 다루는 에너지 규모에서—이 분야에서 에너지는 '전자볼트', 즉 eV로 표기된다—전통적인 분광학은 상대적으로 가장 낮은 에너지를 지닌, 거의 원상 그대로인 원자를 연구하는 데 사용된다. 가장 낮은 에너지 상태, 즉 기저 상태에 있는 수소원자의 전자는 핵에 있는 한 개의 양성자에 묶인 상태이며 13.6전자볼트 에너지를 가진다. 탄소와 산소의 결합 같은 원자들 사이의 반응에서는, 반응의 산물로 분자 하나가 생길 때, 즉 이 경우에는 이산화탄소가 생길 때, 대개 1전자볼트에서 3전자볼트의 에너지가 방출된다.

몇 백만 전자볼트 영역의 성능을 가진 가속기들은 항성의 내부를 연구하는 분광학에 사용된다. 이 분광학은 전자를 벗어던진 여기된 (흥분한) 원자핵과 관련된다. 충분히 여기된 핵은 고에너지 복사선을 방출할 뿐만 아니라 입자—전자, 중성미자(neutrino), 심지어 중성자까지—도 방출한다.

800메가전자볼트(MeV) 이상의 에너지 영역에 이르면, 핵을 구성하는 입자인 양성자와 중성자가 여기상태에 들어간다. 이 여기상태는, 1950년대 과학자 사회를 놀라게 한, 불안정하고 매우 무겁고 급격히 붕괴하는 다양한 입자들을 통해 표출된다.

이 입자들로 인해 야기된 문제는 1970년대에, 양성자와 중성자가 안정상태에서든 여기상태에서든 더 근본적인 입자인 '쿼크'에 의해 구성된다는 사실이 확인됨으로써 해결되었다. 그 당시 가속기의 성능은 이미 기가전자볼트(GeV)—G, 즉 '기가'는 10억을 뜻하는 그리스어이다—영역에 도달한 상태였다. 오늘날 가속기의 최고 성능은 200기가전자볼트이다. 이 에너지에서 1994년 여섯번째 쿼크가 역사적인 첫선을 보였다.

오늘날 입자 가속기를 이용한 고에너지 분광학과 이를 통해 발견된 지식들은 일차적으로 물리학자들의 관심사일 뿐만 아니라, 물리학자들과 마찬가지로 물리적 실재에 관해 '왜, 어떻게, 무엇으로부터'라고 묻는 많은 사람들의 관심사가 되었다. 분광학을 통한 지식이 널리 보급되면 다른 연구 영역에도 도움을 주게 될 것이다. 예를 들어 전자에 관한 물리학적 지식에 의해 제3세대 양자물리학자 폴링(L. C. Pauling)은 화학자들이 화학결합에 대해 가지고 있던 생각을 완전히 바꾸어놓았다. 그후 화학자들은 그들이 써온 책들을 내던지고 기능에 맞게 특화된 분자들을 디자인하기 시작했다. 물리학자들은 무기 결정(unorganic crystal)에 의한 X선 회절무늬로부터 결정의 구조를 이루는 원자들의 규칙적 배열을 명확히 파악할 수 있었다. 이 연구를 위해 특별히 고안된 X선 회절장치는 이어서 살아 있는 세포를 이루는 거대한 분자의 3차원적 구조를 밝히는 데 사용되었다. 잘 알려진 바와 같이, DNA의 이중나선 구조가 발견됨으로써 분자생물학이라는 새로운 연구분야가 탄생했다. 한편 다른 연구분야들도 물리학에 새로운 문제들을 제공한다. 생명활동의 항상성은 양자물리학에 많은 문제들을 던져주고 있다.

과학이 고도로 전문화된 분야들로 세분되면서 이룬 많은 것들과 비교해볼 때, 분야간의 교류를 통해 이룬 것은 거의 없다. 사실상 등장하는 모든 도구들, 기법들, 개념들, 확증된 지식, 새로운 질문 등이 모두 전문화를 강요하고 있다. 전문화의 폐해로 인해 '전체주의'의 설교가 들려오기도 한다. 전체주의 설교자들은 전문화의 불가피한 필요성을 간과하고, 분야들이 연구를 계속함에 따라 서로 다시 근접한다는 사실을 간과하곤 한다. 예를 들어 살아 있는 세포의 생리학 및 해부학인 세포학(cytology)과 생리화학(biochemistry)은 분자세포생물학으로 수렴하고 있다. 30년 전 모노가 밝힌, "생물학에 여전히 결여된 완벽한 개념적 통일을 이룩한다"는 야망이 실현되고 있는 것이다. 입자물리학과 우주물리학의 수렴은 물질의 본성에 관한 연구와 우주의 탄생을 연결시켰다.

우주론의 구성

첨단 전문가가 아닌 사람들은 수없이 이야기되는 지식의 폭발에 겁을 먹을 필요가 없다. 전문가 역시 각자 자신의 분야에서 일어난 폭발만을 심각하게 여기면 족하다. 한 분야의 개념들을 이해하는 것만으로도 인간 두뇌의 수용능력에는 넉넉한 여유가 없다. 각각의 과학분야에서 얻은 지식을 연결시켜 전체적인 그림을 완성하는 이해는 누구든 관심을 가지고 노력하기만 한다면 얻을 수 있다.

새로운 세계 속에서 사람이 자신의 의미를 알기 위해서는, 전체를 어느 정도 알아야 한다. 누구나 자유롭게 다양한 객관적 지식분야들로부터—이 분야들 각각이 각자 고유한 불확실성을 가진다는 것을 간과하면 안 된다—자기 자신의 우주관을 조합할 수 있다. 우주 과학자들은 경험할 수 있는 외적 실재만을 다루어야 한다는 제약과, 전체의 일부인 우주과학의 각 요소에 가장 큰 관심을 기울이는 동료 과학자들의 동의를 얻어야 한다는 제약을 받는다. 각 개인을 둘러싼 우주의 360도 지평을 생각해보면, 그 안에 있는 것보다는 밖에 있는 것이 당연히 더 많을 것이다. 이미 이야기했듯이, 지식의 범위가 확장됨에 따라 우리는 도처에서 모르는 것들과 만나게 된다.

이 책에서 나는 나의 우주론을 펼칠 생각이다. 나의 우주론은 인류가 모르는 것들을 고려할 뿐만 아니라, 내가 파악할 수 있는 한계를 벗어나지만 알려져 있는 많은 것들을 올바르게 고려하여 이룩될 것이다. 평생 동안 과학교육에 초대받는, 아니 과학교육을 강요당하는 직업을 갖게 되었다는 것은 나의 행운이다.

『사이언티픽 아메리칸』을 출범시켰을 당시, 과학은 순풍을 맞고 있었다. 제2차 세계대전이 끝나자 사람들은 과학이 전쟁에서 수행한 역할을 의식하기 시작했다. 원자폭탄은 새로운 물리학의 수학적 추상에 무시무시한 실재성을 부여했다. 야전병원에 후송된 부상자 95퍼센트의 생명을 구한 페니실린과 진공동결 건조혈장(blood plasma)은 생명과학의 기적을 약속했다. 과학은 절실히 요구되는 공공 사업이 되었다.

1944년 루스벨트(F. D. Roosvelt)는, 과학 연구 및 개발부 책임자로서 대학 과학자들의 전시동원을 지휘한 부시(V. Bush)에게 제안하여, 임박한 승전 이후 각 주의 대학의 과학연구를 연방정부가 지원할 수 있도록 돕는 대리기구를 계획하도록 했다. 『과학, 영원한 개척자』라는 제목이 붙은 부시 보고서는, 대통령이 임명한 정부 외 인사로 구성된 기구가 관리하는 기금을 창설할 것을 제안했다. 그 기구는 연방의 기금을 프로젝트 별로 분배하여 지급할 계획이었다. 이 제안이 법안으로 상정된 것은 트루먼(H. Truman)의 집권 시절인 1947년이었다. 그러나 대통령은 가차없이 거부권을 행사했다.

"제안된 기금은 통제를 벗어나게 될 것이며, 민주적 절차에 대한 신뢰를 땅에 떨어뜨리는 결과를 초래할 것이다."

결국 1948년에, 대통령이 임명하고, 대통령의 지휘를 받으며, 자문회의의 조언을 받는 책임자가 운영하는 국립과학기금(National Science Foundation)이 합법적으로 창설되었다. 1953년 국립과학기금이 지원한 금액은 400만 달러였다. 같은 해 국방부와 준군사적 성격을 띤 원자 에너지 위원회(Atomic Energy Commission)가 대학의 과학을 위해, 주로 물리학을 위해 쏟아부은 금액은 1억 달러 이상이었다. 대학의 생명과학, 특히 의학분야는 연방 보건국으로부터 5000만 달러를 받았다.

과학의 산물 구매

1945년 이래로 과학의 산물—특히 무기와 약품—을 기대하면서 미국 정부가 지출한 금액은 1990년 달러 가치로 누계 5000억 달러에 이른다. 전쟁 직후의 열정과 늘어나는 지원 속에서는, 연방정부의 군사 당국, 준군사 당국, 보건 당국들이 현실과 거의 관계가 없는 기초연구도 지원하는 것이 자신들의 임무라고 해석했다. 그러나 1970

년 이후, 지원임무는 점점 더 좁게 해석되어 '생산물 위주'의 프로젝트를 대상으로 삼게 되었다. 특정한 과학자를 지원하는 것이 아니라 프로젝트를 지원하고, 장기적인 연구가 아닌 단기연구를 지원하게 되었다.

1980년대까지 국립과학기금은 연방정부가 과학을 위해 지출하는 연간 예산의 7퍼센트 이하를 지출했다. 그후 미국 대학의 '공업 경쟁력' 향상을 위한 '기관들'의 창설 임무를 맡게 되면서 국립과학기금의 예산은 수십억 달러 규모로 커졌다. 그런데 불구하고 국립과학기금은 세심한 심사를 거쳐 지원이 승인된 연구의 절반에게 요청된 금액의 4분의 1을 간신히 지원하고 있다.

한편 과학 생산품에 대한 공적인 지출은 과학의 참된 경제적 가치를 보여주는 수준에 이르렀다. 미국이 최고의 공업국가가 된 것은, 긴 냉전기간 동안의 군비경쟁 속에서 정부가 군수업체에 18조 7000억 달러(1996년 달러 가치)를 지불해 고급 과학기술들을 구매했기 때문이기도 하다.

연방 '과학정책' 수립에서 대학들과 과학 공동체의 목소리는 동일하다. 그들은 5000억 달러라는 막대한 공적 자금 지출로 그 필요성이 대변되는 대중적 과학교육을 정책화할 기회를 잡지 못했다. 그들은 단지 유용성만을 강조하면서 의회에서 즉각적인 호응을 받으려 한다.

자유로운 연구

결과적으로 국립연방기금은 과학연구의 스펙트럼 전체에 지원되지 않았다. 이런 측면에서 부끄러운 사실 하나는, 제한적이나마 재정이 양호한 극소수의 대학 식물학과를 제외하면, 식물학—국방에도 건강에도 도움이 되지 않으므로—이 완전히 고사했다는 것이다.

그러나 다른 한편 얄팍한 지원에도 불구하고 미국의 과학은 크게 발전했다. 해마다 노벨상 수상자의 명단이 그 사실을 증명한다. 그러나 과학 지원사업이 반 세기를 넘긴 지금도 정부가 과학에 지원하는 금액은, 정부가 과학의 산물을 사들이기 위해 지출하는 금액과 비교했을 때 극히 일부에 지나지 않는다. 지금은 이 국립과학기금조차도, 인적 물적·자원을 위한 국가의 여타 투자와 마찬가지로 감소하는 추세이다.

정부기금의 감소는 시장을 겨냥한 산업자본에 의해 부분적으로 상쇄되었다. 그러나 이를 통해 자유롭고 개방된 과학탐구는 더욱 큰 위험에 빠지게 되었다. 시장자본의 유입은 특히 생명과학에서 크게 작용하고 있다. 오늘날 대학의 의학과 전체는 마치 제약회사의 연구소처럼 움직인다. 의학자들은, 과학에서의 경쟁적 협동을 위한 필수요소인 공개적 대화와 출간의 금지를 종용하거나 강요하는 계약에 동의하는 조건으로 후한 지원을 받는다.

과거 공동체에 기여했던 지적인 재산은 오늘날 사적 재산이다. 어떤 문제를 연구할 것인가에 대한 선택이 나스닥(NASDAQ) 지수의 변화로 즉각 반영된다. 유능한 과학자들, 특히 자신의 연구를 처음으로 기획하는 젊은 과학자들은 그들이 정말로 하고 싶은 것을 하기가 점점 더 어려워진다는 것을 경험하고 있다.

지난 몇십 년 동안 『사이언티픽 아메리칸』은 과학진보의 대중적 검증을 제공하는 많은 신기술을 보도했다. 우리는 1948년 벨 전화 연구소에서 최초로 '트랜지스터'를 소개한 것에서 시작해서, 전기공학에서 일어난 고체 상태 혁명과 그 혁명의 다양한 경제효과를 추적해왔다.

최근에 개발된 컴퓨터 칩은 몇백만 개의 트랜지스터 회로를 대체하는 기능을 한다. 1960년 레온티예프 산업관계표(Leontief interindustry tables)가 컴퓨터 분석을 통해 제시한 자료에서 예견한 대로, 오늘날에는 점점 더 강력해지는 컴퓨터에 의해 사무직과 중간 관리직의 규모가 감소하고 있다.

컴퓨터는 변화의 일부일 뿐이다. 컴퓨터 입력부에 훌륭한 전기 센서를 달고 출력부에 전기역학적 운동장치를 달아 만드는 자동 생산장치는 '단계적 공정'에 종사하는 인력을 점차 대체하고 있다. 1990년의 원유 정제공업은 1950년에 비해 세 배의 생산량을 기록하면서도 '생산직' 노동자는 절반으로 줄어들었다. 철강공업은 생산량을 그대로 유지하면서도 생산직 노동자를 위한 급료 지출을 절반으로 줄였다. 미국의 전체 인력 중 생산직 노동자가 차지하는 비율은 1950년 33퍼센트 이상에서 1990년 20퍼센트 이하로 감소했다. 화이트칼라 전문가들이 생산직 노동자들을 대체한 것이다.

1950년에서 1990년 사이에 경제총생산은 네 배로 증가했지만 철강생산이 제자리걸음을 했다는 사실, 새로운 물리학이 미친 또 하나의 영향을 보여준다. 물질의 내부구조에 대한 지식이 축적되면서, 재료들의 전통적인 쓰임새가 바뀌었다. 1960년 많은 양의 강철이 유기적 플라스틱으로 대체되었다. 10년 후에는 엄청난 양의 강철이 대체되었다. 미세한 탄소 섬유로 강화된 세라믹(지푸라기를 섞어 만든 고대의 벽돌과 같은 형태이다)이 터빈 날개에서 생기는 강력한 열을 견뎌냈다. 광학 유리섬유(이것 역시 벨 전화 연구소의 성취이다)는 전자 대신 광자를 보내는 관으로 사용되어 통신 체계에서 구리를 밀어내기 시작했다.

합의의 습관

1952년 『사이언티픽 아메리칸』 특별판 중 하나는 임박한 전기공학 혁명의 경제적 ·사회적 효과를 다루었다. 노동력 구조의 재편과 사무직 및 생산직 노동자의 인건비 감소는 오늘날 '중산층'의 정치적 관심사가 되었다. 오늘날 중산층은 고임금 노동자를 뜻한다. 미국을 비롯한 전세계의 공업국가들은, 비록 아직은 표면화되지 않았지만, 노동 없는 경제라는 축복을 받아들일 이유와 가치와 정당성에 관한 질문을 직면하고 있다.

과학자 사회의 합의 형성 습관은, 냉전시대 내내 여론적 관심사의 중심에 있었던 군비 경쟁 및 제어와 관련해서 국가에 크게 기여했다. 이 사실은 대중매체에 의해 왜곡되어 보도되었다. 매체들은 합의된 견해와 괴짜들의 이견을 같은 비중으로 보도하며, 경제적 이해를 대변하는 사람들의 의견도 흔히 보도한다. 우리는 균형을 맞추기 위해 『사이언티픽 아메리칸』 지면을 합의된 의견에 제공한다.

그러므로 일반대중들과 이들을 대변하는 의원들에게는 군비 증가 및 제어라는 고도로 전문적인 사안과 관련하여 '국방 전문가'들이 접하는 철저히 보안된 정보에 못지않게 충실한 정보를 제공하는 독립적인 조언자가 있는 셈이다. 『사이언티픽 아메리칸』은 1960년대에 미국의 핵무기가 보복 공격용에서 선제 공격용으로 전환된 불길한 사태를 보도했다. 또한 우리는 엄청난 양의 핵폭탄이 미친 듯이 쌓여가는 것도 보도했다. 오늘날 만연한 국제적 무정부 상태 속에서 그 핵폭탄들은 상호파괴에 의한 확실한 문명 종말의 위험성을 영구화하고 있다. 이 기사들은 『사이언티픽 아메리칸』 러시아어판(*V MIRE NAUKI*)에도 실렸다. 이 사실은 과학 공동체의 합의 형성 습관이 국제적임을 보여준다.

제2호에서 아마존 오지를 보도한 이래, 『사이언티픽 아메리칸』은 세계의 미래를 결정할 복잡하게 얽힌 요소들—인구, 환경, 개발—을 주의 깊게 감시해왔다. 나는 여전히 1955년 우리의 잡지에 최초로 발표된 다음과 같은 '인구통계학적 변천' 개념이 미국정부의 여론정책 담당자들로부터 합당한 인정을 받기를 희망하고 있다.

1) 높은 사망률과 출생률, 30세 이하의 평균수명을 유지하면서 거의 0에 가까운 인구 성장률을 보이는 단계
2) 인구폭발 단계
3) 낮은 사망률과 출생률, 70세 이상의 평균수명을 유지하면서 거의 0에 가까운 인구 성장률을 보이는 단계

공업화된 국가들의 인구는 12억 5000만 명에서 이미 증가율 0에 도달했다. 여러 지표를 종합해볼 때, 사태가 순조롭게 진행된다면, 세계의 나머지 부분의 인구 역시 변천을 완료하여 21세기 말경에는 인구증가가 멈출 것으로 보인다. 그러나 인구폭발을 보는 대중들의 의식 속에서는, 인구증가가 결국 모두의 모두에 대한 싸움을 통한 자기 종식을 가져올 것이라는 맬서스주의적 전망이 힘을 발휘하고 있다. 이 전망이 여전히 미국을 비롯한 여러 국가들의 외교정책을 결정하고 있다.

국제사회는 『사이언티픽 아메리칸』 기자들이 30년 전부터 독자들에게 해온 이야기를 오늘에야 비로소 인정한다. 공업문명에 의한 화석연료의 사용은 환경을 위협하고 희생시킨다는 이야기를 말이다. 현재 에너지 소비량은 1950년에 비해 네 배로 증가했으며, 인간의 활동에 의해 대기에 유입되는 이산화탄소는 지구 전체의 이산화탄소 총량의 25퍼센트를 넘어섰다. 공업화에 이르지 못한 세계의 나머지 지역들에서 인구통계학적 변천이 완수되려면 지금보다 네 배 더 많은 에너지 공급이 필요하다. 그 에너지는 아마도 화석연료로는 충당될 수 없을 것으로 보인다. 우리는 주요 대안 에너지 공급원들—태양 에너지의 광전지 에너지화, 바다에 저장된 태양 에너지 추출, 원자력 등—을 적시에 소개하고 평가하여 국제사회의 불안을 완화했다. 영국의 분자생물학자 메도어(P. B. Medauwer)의 말을 인용하자면, "과학기술이 일으킨 문제들은 당연히 과학기술에 의해 치유되어야 한다."

위버(W. Weaver)는 『사이언티픽 아메리칸』 1953년 9월호에서 다음과 같은 희망을 밝혔다.

"과학연구를 이해하고 소중히 여기는 자유 민주사회의 시민들은, 과학이 발전하여 모든 사람에게 이득과 힘과 아름다움을 선사할 수 있도록 직·간접으로 과학을 지원할

것이다."

1932년 이래 록펠러 재단의 과학담당 회계를 맡았던 위버는 제2차 세계대전 이전에 대학의 과학 관련 학과들의 재정을 지원한 가장 큰 기금—연간 수백만 달러 규모—을 관리했다. 위버의 글이 실렸던 9월호의 주제는 '과학의 근본문제들'이었다. 편집자들과 위버가 공유한 관심분야들은, 당시 대학들의 과학연구를 지원하기 위해 연방정부가 지출하는 금액의 대부분이 집중되었고, 지원이 점점 증가하는 추세였던 분야들이었다. 『사이언티픽 아메리칸』 지면의 대부분은 연구에 종사하는 과학자들이 직접 쓴 글이었다. 이 책에서 내가 독자들과 나누기를 바라는 지식들을 나는 그 과학자들에게서 얻었다.

과학자들이 배운 것

『사이언티픽 아메리칸』 1948년 5월호 표지 그림에는 1925년 벨 전화 연구소에서 데이비슨(C. J. Davisson)과 저머(L. H. Germer)가 실험에 사용한 장치가 마술적 사실주의 기법으로 표현되어 있다(65쪽 참조). 두 과학자는 전자가 파장을 가지며, 입자가 파동의 성질도 가진다는 것을 증명했다. 그들의 실험에 의해 대칭성이 완성되었다. 1905년 플랑크의 양자에 관한 논문에서 아인슈타인은 광전효과를 통해, 복사 에너지 파동들이 입자의 성질을 가진다는 것을 입증한 바 있다.

그 5월호는 이후 일어난 과학의 발전을 보도하는 기사들의 신호탄이었다. 그후 40년 이상 『사이언티픽 아메리칸』은 그 발견을 토대로 해서 일어난 앎의 발전을 보도했다. 우리가 보도한 것은, 물리세계에 관한 지식들 속에서 양자전기역학이 탄생해 발전해온 역사 전체이다. 흔히 양자전기역학은 전적으로 그 분야에 매달리는 사람조차 이해하기 힘들다고 한다. 『사이언티픽 아메리칸』 편집자들 역시 주눅이 들어, 양자 동역학에 관한 두번째 호에서 한 필자가 그렇게 말한 것을 인정했다. 어려움은 이론 자체에 있는 것이 아니다. 브리지먼의 다음과 같은 진단이 일리가 있다.

"우리 자신의 머릿속에서 외부세계의 필연적 패턴을 발견하려는 수백 년에 걸친 노력은 참담한 실패로 돌아갔다. 우리는 오직 경험 그 자체만을 인정할 수 있으며, 우리의 사유를 그 경험에 일치시키기 위해 노력해야 한다."

20세기 중반까지 양자전기역학은 우주의 극히 작은 영역— '자연세계'와 거의 일치하는 영역—의 물리학만을 다루었다. 그 영역에서 원자들은 완전히 또는 거의 원상 그대로이며 화학결합을 형성한다. 그 결합들 중에는 생명의 본성과 관련된 것들도 있다. 20세기 중반 이후 양자전기역학은 중력 및 일반 상대성 이론이 담당하는 영역을 제외한 물리적 실재 전체를 포괄하게 되었다. 오늘날 양자이론은 일반 상대론과 함께 관찰과 실험으로 접근 가능한 물리적 실재 전체에 관한 통일적인 이해를 완성하는데 접근하고 있다.

그러므로 이어지는 세 장에서 나는 이 두 강력한 이론을 지침으로 하여 이루어지는 연구가 이 장 첫머리에서 제시한 두 질문 중 첫번째에 대해 어떤 현대적인 대답을 내놓는지 살펴볼 것이다.

SCIENTIFIC AMERICAN
THE ELECTRON: PARTICLE AND WAVE (PAGE 50)
FIFTY CENTS
May 1948

그 이후의 장들은, 우리가 어떻게 생겨났는가, 우리가 누구인가 하는 좀더 따스한 질문에 답할 것이다. 『사이언티픽 아메리칸』 1954년 10월호에서 크릭(F. H. C. Crick)이 자세히 설명한 DNA의 이중나선 구조 발견은 의심할 여지 없이 20세기 중반 이후 이루어진 발견 중 가장 큰 대중적 관심을 끌었다. 그 발견은 한 세기 전 멘델(G. Mendel)이 가설로 주장한 추상적 유전단위의 물질화를 의미한다. 추상적 유전단위는 복잡한 구조를 지닌 분자가 되었다. 그후 살아 있는 세포의 분자적 구조와 생리를 이해할 길이 열렸고, 더 나아가 생명의 기원과, 유전 계통도의 분지(分枝)와, 태아 발달에서의 형태 발생 및 뇌 속에서의 의식 발생을 이해할 길이 열렸다.

지구와 우주 속에서 생명이 차지하는 위치를 이해하려면, 대양의 바닥을 탐사해서 얻은 지식과 태양계를 탐사해서 얻은 지식이 서로 수렴하는 것이 결정적으로 중요하다. 대륙이동이나 판구조(plate tectonic)—지구가 지질학적으로 살아 움직인다는 것, 즉 지구 내부의 유동성 물질들이 대류 순환하면서 표면의 모양을 지속적으로 바꾼다는 것—는 지구 위에서 생명이 유지되어온 것을 설명하는 데 도움을 준다. 거의 30억 년 동안 지구 위의 생명은 대양 속에 국한되어 있었으며, 형태적으로는 단세포

유기체에 머물러 있었다. 그 까마득한 과거의 시간에 유기체들은 수권(hydrosphere) 및 대기권과 더불어 생명권(biosphere) 형성에 참여했으며, 그 이후에는 지질학적 변화를 일으키는 주요 원인으로 작용했다. 오늘날의 다양한 유기체들 속에서 생명은 유례 없는 절정에 도달한 듯이 보인다. 바로 그 절정에서 인간이라는 종이 생명진화의 흐름 속에 등장했다.

그러므로 자연세계 내에서의 탐구를 벗어난 인간 정체 탐구는 250만 년 전 인간과 유사한 어떤 영장류가 적응전략으로 도구 제작기술을 발견한 시점으로부터 시작되어야 한다. 수천 년 동안 우리는—물론 브리지먼이 말했듯이, 외부세계의 필연적 패턴을 찾기 위해 '우리 자신의 머릿속을' 뒤지기도 했지만—존재의 이유와 목적을 찾기 위해 외부세계를, 저 하늘과 그 너머를 바라보았다. 진화에 관한 새로운 지식은 (존재의) 목적이 있는 자연스러운 자리를 인간의 머릿속으로 옮겨놓았다. 도구를 만드는 영장류의 머릿속에 목적이 생겨난 이래로, 인간의 목적은 진화해왔다는 사실을 우리는 이제 안다. 현재 진화는, 도구를 만드는 영장류에서 시작된 객관적 지식 탐구가 지난 세기에 이룬 발전에 의해 일어난 인간조건의 근본적 변화에 발맞추어 가속의 압력을 받고 있다.

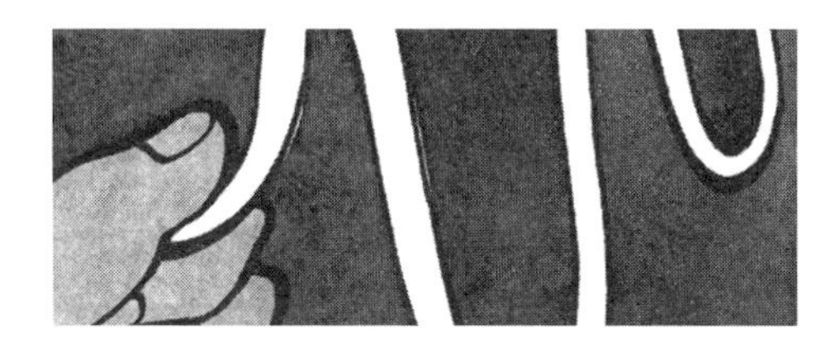

2

앎의 기반에서 일어난 혁명

1950년 70세의 아인슈타인은 자신의 삶과 업적을 회고하는 에세이에서 다음과 같이 썼다.

그 열정이 없었다면, 수학도 자연과학도 존재하지 않았을 것이다. 이해를 향한 열정은 객관적 세계를 이성적으로, 경험적 토대가 없는 순수한 사유를 통해, 즉 형이상학을 통해 이해할 수 있다는 환상을 수없이 반복해서 일으켰다. 모든 참된 이론가는, 그가 아무리 자신을 순수한 '실증주의자'로 여긴다 할지라도, 일종의 길들여진 형이상학자라고 나는 믿는다. 형이상학자는 논리적으로 단순한 것이 또한 실재적이라고 믿는다. 길들여진 형이상학자는, 논리적으로 단순한 모든 것이 경험되는 실재 속에 구현되어 있다고 믿지는 않지만, 모든 감각경험 전체가 매우 단순한 전제들 위에 세워진 개념적 체계를 근거로 하여 이해될 수 있음을 믿는다.

다른 맥락에서 아인슈타인은 뉴턴의 세계가 그런 전제들 위에 세워진 체계라고 해석했다.

본질적으로 두 법칙이 있다.
1) 운동 법칙, 2) 힘 또는 퍼텐셜(잠재적) 에너지의 표현

뉴턴이 이 두 가지 전제의 기반에 또 하나의 전제를, 즉 시간과 공간이 절대적이라는 전제를 두었음을 아인슈타인은 언급하지 않았다. 일상경험에서 알 수 있듯이, 시간과 공간이 절대적이라는 것은 말할 필요도 없이 타당해 보인다. 하지만 뉴턴은 그 사실을 명시적으로 주장했다.

절대적 공간은 본성상 외부의 어떤 사물과도 관계 맺지 않으면서 항상 유사하고 움직이지 않으며, 다른 이름으로는 펼쳐짐(extension)이라 불린다.
절대적이고 참되고 수학적인 시간은 그 자체로 그리고 본성상 외적인 어떤 것과 상관 없이 한결같이 흐르며, 다른 이름으로는 지속(duration)이라 불린다.

아인슈타인의 세계 체계는 출발에서부터 뉴턴의 두 가지 전제를 버린다. 바로 이

때문에 사람들은 그의 체계를 이해하려는 노력 속에서 첫 난관에 부딪힌다. 절대적 시간은 동시성을, 심지어 시차(時差)가 나는 두 지역 사이에서의 동시성도 허락한다. 절대적 공간은, 이곳에서 저곳으로 움직일 때 대부분의 사람들이 경험하는 종류의 운동인 절대적 운동을 허락한다. 시간과 공간은 사건이 일어나는 때와 장소이다. 이 두 절대자는 뉴턴 물리학의 영역조차 넘어서 있다. 시간과 공간이라는 두 절대자는 뉴턴 물리학이 다루는 사건들이 펼쳐질 무대이다. 아인슈타인의 우주에서 시간과 공간은 서로 긴밀하게 연결된 물리적 변수이다. 우주과학자 휠러의 말을 인용한다면, 아인슈타인은 시간과 공간을, "물질 및 에너지의 전쟁터를 벗어난 저 높은 곳에 미리 결정된 완벽함"에서 끌어내려 "시공(spacetime)으로 (……) 적극적으로 경쟁에 참여하는 새로운 역동적 실체(dynamic entity)"로 바꾸어놓았다.

우리가 익숙한 세계를 벗어나 아인슈타인의 특수 상대성 이론이 이해하는 4차원 시공 물질-에너지 연속체를 경험할 수 있는 것은 오직 극단적인 상황에서뿐이다. 예를 들어 네번째 시공 변수가 무시할 수 없는 변수로 작용하는 것은, 물리학자들이 입자 가속기 속의 전자를 광속의 99.9999…… 퍼센트의 속도까지 가속시켜 전자의 질량이 정지질량의 4만 배가 되었을 때부터이다. 반면에 자동차가 시속 100킬로미터로 달리면 자동차 질량이 1.5×10^{-8}그램 증가하는데, 운전자는 당연히 이 효과를 무시해도 좋다. 특수 상대성 이론이 요구하는 뉴턴 법칙의 수정은 거의 모든 목적과 관련하여 무시될 수 있다. 그러나 특수 상대론은 20세기 초에 이해했던 세계보다 훨씬 더 흥미로운 세계를 펼쳐놓는다.

절대공간은 뉴턴으로 하여금 절대적 정지상태를 설정하는 것을 가능케 했다. 이를 통해 힘의 필연적 표현 형태가 설정된다. 즉 정지한 물체를 움직임으로써 힘은 자신을 드러낸다. 이 필연성의 배후에는 너무 명증해서 뉴턴도 언급하지 않은 다음과 같은 전제가 있다. 즉 결과에는 원인이 있다는 것이다.

양자전기역학 또한 위의 전제를 비롯해서 고전물리학의 몇 가지 전제들을 버린다. 이 새로운 물리학은 필연적 원인과 결과 없이 구성된다. 이 물리학은 자발적으로 사건이 일어나는 물리적 세계를 보여준다. 사건들은 통계적 경향성의 산물이다. 가능성은 선행사태에 의해 조건지어지지만, 항상 우연이 작용하여 발생한다.

양자물리학 성립에 결정적으로 기여한 아인슈타인은 이 결론을 받아들일 수 없었다. 그는 우주가 과거, 현재, 미래를 연결하고 부분과 전체를 연결하는 법칙에 의해 지배되며, 과학의 사명은 그 법칙을 발견하는 것이라는 자신의 신념을 굳게 지켰다. 그의 신념은 그가 본성적으로 고전물리학자이며, 어쩌면 완전히 '길들여지지'는 않은 '형이상학자'임을 보여준다. 후배들과의 마지막 의견 교환에서 아인슈타인은 뉴턴과의 공감을 드러내며, 뉴턴에게 다음과 같은 변명을 했다.

> 뉴턴, 용서하게. 네가 발견한 길은 그 시대의 가장 뛰어난 사고력과 창조력을 가진 사람만이 발견할 수 있는 유일한 길이었네. 네가 창조한 개념들은 오늘날에도 여전히 물리학에서 우리의 사유를 인도하고 있네. 물론 이제 우리는, 우리가 관계들을 더욱 심층적으로 이해하려 할 경우, 즉각적인 경험의 영역에서 멀리 벗어난 다른 개념들을 사용해야 함을 알게 되었지만 말일세.

운동법칙

뉴턴의 세 가지 운동법칙 중 제1법칙—아인슈타인은 이를 '운동법칙'이라 표현했다—은 정지한 물체에서 출발한다. 어떤 힘이 가해지기 전에 정지해 있는 물체에서 출발한다. 힘이 물체에 가해지면, 그리고 그런 한에서, 그 물체는 가속운동을 시작하고 유지한다. 힘의 작용이 끝나면, 물체는 가속으로 얻은 최종속도를 유지하면서 직선으로 움직인다.

뉴턴의 제2법칙은 아인슈타인이 말하는 '힘의 표현'이다. 힘은 물체의 질량과 가속도를 곱한 값과 같다.

제3법칙은 정지해 있거나 움직이는 물체의 '관성'을 표현한다. 관성은 물체를 가속시키는 힘과 크기가 같고 방향이 반대이며, 힘에 의해 일어나는 가속도의 크기에 비례한다. 절대공간 안에서의 운동에서 운동의 정도와 운동 변화의 정도는, 따라서 힘과 관성의 크기도 절대시간을 기준으로 측정된다.

이 최소한의 원리들만으로 뉴턴은 천상과 지상의 역학을 통일할 수 있었다. 뉴턴 당대에도 시간과 공간의 절대성에 관한 논쟁이 있기는 했지만, 뉴턴의 "매우 단순한 전제들 위에 세워진 개념적 체계"는 그의 세대와 이후의 여러 세대에 걸쳐 물리적 세계 전체를 포괄했다. 유명한 사과의 낙하를 지배하는 법칙과, 지구를 비롯해서 당시 알려진 여섯 개의 행성들이 태양 주위를 도는 궤도운동을 지배하는 법칙이 동일하다. 심지어 오늘날에도 뉴턴 역학은 '무게 있는' 물체와 관련된 모든 과학기술에서 공업문명의 기초를 이룬다. 예를 들어 파일 드라이버(항타기, 말뚝 박는 기계—옮긴이), 증기 터빈, 추시계, 태엽시계 등이 뉴턴 역학에 기초한 산물이다. 세월이 흐르면서 뉴턴 역학은, 아인슈타인의 표현대로, "역학과 상관 없어 보이는 영역들"에도, 예를 들어 열역학에서 탐구하는 열이론에도 확장되었다. 뉴턴 역학은, 그가 예상하지 못한 부가적 요소들을 다루기 위해 여러 하위분야로 세분되었다. 예를 들어 항공역학 같은 하위분야가 있다. 천상의 세계에서 뉴턴 역학은, 사람들이 실제로 우주여행을 시작하게 될 때까지 작은 수정만을 거치면서 만족스럽게 태양계를 지배했다.

뉴턴은 1642년에 태어났다. 거의 모든 작가들이 언급했듯이 그 해는 갈릴레이가 죽은 해이다. 야심찬 작업에 착수하는 뉴턴은 가속 및 등속 운동에 관한 갈릴레이의 증명을 가지고 있었다. 또한 그는 케플러의 업적도 사용할 수 있었다. 갈릴레이는 케플러의 주장을 끝내 받아들이지 않았지만, 케플러는 덴마크 천문학자 브라헤가 맨눈으로 이룬 고도로 정밀한 관찰자료를 기반으로하여 행성의 운동에 관한 세 가지 법칙을 발견했다. 케플러의 제1법칙은 지구를 비롯해서 당시 알려진 여섯 개의 행성이 타원 궤도를 그리며 태양 주위를 움직인다는 것이다. 제2법칙에 따르면, 행성과 태양을 연결한 선분이 "일정한 시간 동안 쓸고 지나가는 면적은 일정하다." 왜냐하면 행성은 태양에 가까이 다가가면 더 빨리 움직이고, 태양에서 멀리 떨어진 위치에 있을 때는 더 느리게 움직이기 때문이다(36쪽 그림 참조). 뉴턴은 이 법칙에서 천상의 역학과 지상의 역학 사이에 성립하는 강한 연관성을 발견했다. 케플러의 제2법칙은 행성들의 운동에서 각운동량이 보존된다는 것을 말해준다. 피겨 스케이트 선수가 제자리에서 맴돌면서 뻗었던 팔을 가슴으로 모으면 회전이 빨라지는데, 그것 역시 각운동량 보존법칙 때문이다.

뉴턴은 분명히 이런 선배들의 발견을 염두에 두고 후크에게 다음과 같이 말했을 것이다.

"내가 더 멀리 보았다면, 그것은 내가 거인들의 어깨 위에 서 있었기 때문이다."

반면에 뉴턴이 시커먼 짐승(bête noir)이라고 부른 후크는 난쟁이였다.

할머니의 보살핌을 받으며 한가로운 교외에서 보낸 어린 시절, 뉴턴은 외로움 속에서 많은 생각을 했다. 예를 들어 그는, 왜 지평선 위의 일몰 및 일출 지점이 계절에 따라 변하는지 궁금해했다. 그는 할머니 집 바닥과 벽에 그려진 창문의 그림자를 측정하는 방법으로 일몰 및 일출 지점을 기록했다. 19세의 뉴턴은 케임브리지 대학 트리니티 칼리지에서 루카스 석좌 수학 교수(Lucasian Professor of mathmatics) 배로(I. Barrow)의 총애를 받았다. 배로는 장래가 총망되는 제자 뉴턴을 새로운 세계체계 및 광학 연구로 이끌었다.

꽤 근사하게 맞는다

1665년 런던을 공포에 떨게 한 흑사병이 케임브리지까지 번지자 뉴턴은 유년시절을 보낸 할머니 집으로 피신했다. 그곳에서 다시 만난 외로움과 함께 지낸 18개월 동안 뉴턴은 전 생애의 업적 거의 모두를 이루었다. 그는 미분 및 적분 계산법을 발명했다. 미적분을 통해, 예를 들어 운동에서와 같이 연속적으로 변하는 변수의 증가량을 계산하는 것이 가능하게 된다. 이 방법으로 뉴턴은 "달이 궤도를 벗어나지 않게 하기 위해 필요한 힘과 지표면에서의 중력을 비교했고, 두 힘의 크기가 꽤 근사하게 맞음을 발견했다." 그는 완벽하지 않은 렌즈로 물체를 볼 때 물체의 윤곽이 무지개 색으로 흐려지는 원인인 색수차(color aberration)에 관한 광학 연구도 했다. 상이한 색의 광선이 렌즈를 통과하면서 상이한 각도로 굴절되기 때문에 색수차가 생긴다고 그는 추측했다. 천문학에서 색수차가 일으키는 문제를 해결하기 위해 뉴턴은 반사 망원경을 발명했다.

뉴턴이 케임브리지로 돌아왔을 때, 배로는 교수직에서 물러난 상태였고, 따라서 뉴턴이 그 자리를 계승할 수 있었다. 뉴턴은 26세의 나이로 안정적인 교수의 지위에 올라 연구를 계속할 수 있었다. 얼마 지나지 않아 뉴턴은 런던 왕립 학술회에서 반사 망원경을 소개하고, 첫번째 저술인 『빛과 색에 관한 새로운 이론』을 출간했다. 그는 즉각적으로 왕립 학술회 회원으로 선출되었고, 그의 연구에 가장 큰 관심을 가질 만한 사람들과 친분을 맺게 되었다. 이후 등장한 대형 망원경들은 모두 '뉴턴식' 경로를 거쳐 빛이 눈이나 카메라에 도달하도록 되어 있는 반사 망원경이다.

곧이어 그의 광학적 업적과 관련하여 최초 발견자의 지위를 놓고 후크를 비롯한 여러 학자들과 논쟁을 벌이는 과정에서 뉴턴은 논쟁을 피하는 수줍은 작가가 되고 말았다. 뉴턴은 저술활동을 중단했다. 그러나 후크가, 중력이 두 물체 사이의 거리의 제곱에 반비례해서 줄어든다는 계산 결과를 발표하자, 뉴턴은 그의 기념비적 저술 『자연철학의 수학적 원리』(*Philosophiae Naturalis Principia Mathematica*)(당시에도 여전히 학문을 위한 표준언어는 라틴어였기에, 제목이 라틴어이다)를 쓰기 시작했다. 이 작품은 1687년에 출간되었다. 이 작품에서 뉴턴은 18개월의 피난생활 동안 얻은 결론들, 즉 세 가지 운동법칙과 중력법칙을 펼쳐놓았다. 그는 또한 제3 운동법칙에서 귀결되는 운동량 보존법칙도 제시했다. 그 법칙에 따르면, 충돌하는 두 물체의 속도와 질량을 곱한 값의 총합은 충돌 후에도 그대로 유지된다(각각의 물체의 운동량, 즉 질량과 속도를 곱한 값은 달라질 수 있다).

중력법칙

뉴턴은 중력이 지구 위의 물체들과 지구 사이에서, 달과 지구 사이에서, 지구와 태양 사이에서, 우주 속에 있는 모든 물체들 사이에서 작용하는 힘이라는 것을 파악했다. 행성들이 제1법칙이 말하는 등속운동을 벗어나 태양을 향해 떨어지도록 만드는 힘이 바로 중력이다. 따라서 행성들의 궤도는 등속운동과 낙하운동이 합성된 결과이다. 행성들의 등속운동 성분이 중력에 의한 가속을 정확히 상쇄한다(태양에서 1억 5000만 킬로미터 떨어져 있는 지구는 하루에 약 200만 킬로미터 정도 등속운동 경로를, 즉 광선이 나아가는 경로를 벗어나 태양 쪽으로 떨어진다).

케플러의 제3법칙에 따르면, 행성이 태양을 한 바퀴 도는 데 걸리는 시간의 제곱은 태양과 행성 사이의 평균거리의 세제곱에 비례한다. 뉴턴의 저술은 각각의 행성을 끌어당기는 태양의 힘을 계산하여 제시했다. 그 힘은 행성과 태양의 질량의 곱을 행성과 태양 사이의 거리의 제곱으로 나눈 값과 같다. 그러므로 물체의 질량은 두 가지 기능을 한다. 뉴턴의 제3 운동법칙에 따르면, 질량은 물체의 관성, 즉 물체의 힘에 대한 저항을 나타낸다. 한편 중력법칙에 따르면, 질량은 다른 물체를 끌어당기고 다른 물체로 끌려가는 힘을 나타낸다. 진자를 이용한 실험으로 가능한 최대 정밀도 한계 내에서 뉴턴은 관성질량과 중력질량이 거의 같거나 '동등하다'(equvalent)라고 결론지었다. 그러나 이 둘의 동등성은 둘의 이중성을 더 큰 수수께끼로 만들었다.

뉴턴은 중력이 실재하는 힘이라고 믿었고, 이를 발견한 자신을 자랑스럽게 여겼지만, 충돌하는 두 물체 사이의 상호작용에서 총운동량이 보존되는 것을 관찰함으로써 쉽게 설명할 수 있는 관성력과는 달리, 중력을 친숙한 경험으로 설명할 길이 없었다.

중력과 관련해서는 당구공들의 부딪힘 같은 명백한 '작용'(action)이 없다. 뉴턴은 이렇게 말한다.

> 중력은 물질에 본유적이고 내속적이고 본질적이어서, 한 사물이, 작용과 힘을 운반할 다른 어떤 매개도 없이 진공을 통해 멀리 떨어진 다른 물체에 작용할 수 있다는 생각은 내게 매우 불합리해 보인다. 철학적 문제를 다루는 사유능력을 가진 사람이라면 누구도 그런 생각을 받아들일 수 없으리라고 나는 믿는다.

원거리 작용의 불합리성에 관해 뉴턴은 아무 설명도 제시하지 못했다. 그렇다고 하더라도 그는 단위질량이 발휘하는 중력의 크기를 측정할 수 있는 가능성을 탐구했다. 그의 계산은 '중력상수'가 측정 불가능할 정도로 작다는 것을 보여주었다.

다음 세기가 진행되는 동안 여러 학자들이 중력상수 측정에 도전했다. 오늘날 공인된 값에 가장 근접하는 측정값에 도달한 사람은 캐번디시(H. Cavendish)이다. 그는 1798년 납공 두 개가 아령 모양으로 연결된 물체를 매단 줄이, 그 납공 가까이에 커다란 납공 두 개를 둘 때 얼마나 더 비틀리는지를 측정하여 중력을 계산했다(217쪽 그림 참조). 측정된 힘은 매우 작아서 6.754×10^{-8}다인(dyne)에 불과했다. 1다인의 힘은 1그램의 물체를 1초 동안 1센티미터 가속시킬 수 있는 힘으로, 무시해도 좋을 만큼 작다. 1994년 이루어진 실험에서 얻은 측정값은 $6.672 \times 10^{-8} \pm 0.001$다인이다.

뉴턴과 동시대에 활동한 철학자들은 절대공간과 절대시간을 문제 삼았다. 버클리 주교는 시간과 공간이 인간 지각의 주관성에 속하는 요소라고 주장했다. 뉴턴과 같은 시기에 미적분학을 발명한 라이프니츠(G. Leibniz)는 공간과 시간이 각각 물질들의 분포와 사건들의 순서를 나타내는 함수일 뿐, 물리적 실재와 독립된 어떤 객관적 존재가 아니라고 주장했다.

뉴턴은 갈릴레이가 지적한 바를, 즉 움직이는 물체 자신의 관성계 안에서는 등속운동과 정지상태가 구분될 수 없다는 것을 인정할 수밖에 없었다. 뉴턴 제1 운동법칙 속에는 갈릴레이 상대성(Galilean relativity)이 들어 있다. 갈릴레이 상대성을 고려하면 뉴턴의 세 운동법칙은 모두 절대공간에 의존하지 않아도 되었다.

이 불편한 문제를 해소하기 위해 뉴턴은 절대적으로 정지해 있는 물리적 위치를 확정하여, 우주 속의 모든 운동을 그 위치를 기준으로 측정하도록 만드는 연구를 추진했다. 태양이 그 기준위치가 될 수는 없다. 태양이 행성들에 발휘하는 중력을 가지고 있듯이, 행성들도 태양에 중력을 발휘하여 태양을 이리저리 끌어당긴다는 사실을 뉴턴은 알고 있었다. 뉴턴은 계산을 통해서, 움직이지 않는 우주의 중심점이 태양 외부의 한 점이라고 주장했다. 그 점은 태양에 매우 가깝게 있어서, 그 점이 사이에 들어간 위치에서 행성이 태양을 끌어당기면, 그 점은 태양 내부의 점이 된다.

뉴턴은 여러 해 동안 계속해서 우주 속에 있는 절대적 정지점을 찾기 위해 애썼다. 말년에 그는 『자연철학의 수학적 원리』에 부록 하나를 추가했다. 그 부록에서 뉴턴은 절대공간과 절대시간을 모든 곳에 함께 있는 지고한 신의 현존과 연결했다.

다음 세기 내내 『자연철학의 수학적 원리』는 물리학의 고전으로 여겨졌다. 뉴턴은 물리적 세계에 관해 배우게 될 모든 것을 설명하는 틀을 후배 과학자들에게 제공했다. 운동법칙들은 사건들의 연쇄를 지배하는 질서를 기술하고, 원인에 결과가 뒤따름을 확고히 한다. 이 법칙들과 이들의 적용을 가능케 하는 미적분학 계산법을 손에 넣은 역학은 이후 두 세기 동안 점점 빠르게 발전하게 되었다.

뉴턴의 뒤를 이은 위대한 역학자들은 뉴턴의 제2 운동법칙에서 도출된 에너지(일을 할 수 있는 능력) 개념이 특히 유용하다는 사실을 발견했다. 물체가 정지상태에서 힘을 받아 운동하게 되면, 그 물체는 '운동' 에너지를 얻는다. 운동 에너지는 물체의 관성질량과 물체의 속도의 제곱을 곱한 값의 절반과 같다. 중력장 안에서는 정지한 물체라 할지라도 에너지를 가진다. 이 에너지는 '위치' 에너지이며, 크기는 물체의 관성질량에 비례한다. 물체가 낙하하거나 다른 방식으로 움직이면, 위치 에너지가 운동 에너지로 변환된다. 움직이는 물체가 충격을 받으면, 또는 피스톤이 회전축을 회전시킬 때처럼 운동상태가 바뀌게 되면, 물체의 운동 에너지 중 일부가 다른 물체의 운동으로 전달되어 보존된다. 역학적인 관점에서 이 과정은 물체가 '일을 하는' 것이다. 나머지 에너지는 충돌 순간에 또는 마찰에 의해 열로 변하여 더 넓은 세계로 분산된다. 이 사실은 19세기에 운동법칙이 열역학으로 확장되면서 밝혀졌다.

모든 계에서 마찰에 의해 에너지 감소가 일어나는 것을 경험한 과학자들은 일찌감치 에너지 보존법칙에 도전하지 않는 겸허함을 배웠다. 에너지 보존법칙은 영구 운동기관의 환상을 금지한다. 운동이 지속되려면 마찰열로 빠져나가는 에너지를 보충하기 위해 외부의 에너지원이 기관에 에너지를 공급해주어야만 한다. 노력 없이 일이 이루어지기를 바라는 마음을 꾸짖기라도 하듯이, 에너지 보존법칙은 소모된 에너지가 완수된 일보다 항상 많을 수밖에 없음을 가르쳐준다.

역학자들은 곧 에너지 전환이 부분적으로 반대방향으로, 즉 열에서 운동으로 이루어질 수 있음을 깨달았다. 와트(J. Watt)는 각운동량 보존법칙을 응용한 비구(飛球) 제어기(76쪽 그림 참조)를 장착함으로써, 자동으로 제어되는 증기 엔진을 만들었다. 기계는 결정론적으로 설계된 우주를 축소해서 보여주는 근사한 모형이 되었다. 라플라스(P. S. Laplace)가 1779년에서 1825년 사이에 총 5권으로 출간한 방대한 저술 『천상의 역학』—라플라스는 이 제목에서 천상의 기계를 암시하고 있다—은 천상과 지상의 질서가 동일하다는 확신을 표현하는 장엄한 선언이다.

> 그러므로 우리는 우주의 현재상태가 과거상태의 결과인 동시에 미래상태의 원인이라고 간주해야 한다. 만일 어떤 지성이 있어 자연을 움직이는 모든 힘들과 자연을 구성하는 존재들 각각의 상태를 한 순간에 파악할 수 있다면 (……) 그 지성은 우주 속에 있는 가장 큰 물체들과 가장 가벼운 원자들의 운동을 동일한 공식 속에서 파악할 것이다. 그 지성에게는 불확실한 것이 전혀 없을 것이며, 미래와 과거가 눈앞에 놓여 있을 것이다.

라플라스와 뉴턴의 우주는 비록 명쾌하지만, 황량한 곳으로 느껴질 수 있다. 뉴턴은 또 다른 과학분야의 발달에 크게 기여함으로써, 기계적 우주를 지배하는 법칙들이 어떻게 일상 경험세계의 풍요로움을 끌어안을 수 있는지 보여주었다. 그 분야는, 빛에 들어 있는 여러 색깔들이 굴절을 통해 분산되거나 선별적으로 반사되어 눈에 들어오는 과정을 설명하는 '광학'이었다. 뉴턴은 태양광선에 유리 프리즘을 가로놓아 색깔들을 분산시켰고, 그 색깔들을 '스펙트럼'이라 명명했다. 그는 단색광을 두번째 프리즘에 통과시키면, 더 이상 분산되지 않음을 보여주었다. 이어서 그는 분산된 색깔들을, 분산 경로에 역행하는 경로를 거치도록 만들면 다시 모여 백색광이 된다는 것을 보여주었다.

뉴턴은 프리즘을 통과하면서 색깔들이 분산되는 현상을 그의 역학에 일관되는 방식으로 설명했다. 그는 빛이 미세한 물질입자들의 흐름이라고 생각했다. 그 증거로 그는 광선이 직선으로 나아간다는 사실과, 경계가 분명한 그림자를 만든다는 사실을 들었다. 만일 빛에 질량이 있다면, 항성에서 오는 빛은 태양의 중력질량에 의해 인력을 받을 것이다. 뉴턴은 이를 증명하는 사례를 제시하기 위해, 태양 근처에 있는 항성의 겉보기 위치가 실제 위치에서 0.5초의 편차를 나타낼 것이라고 예측했다. 이 예측은 사실로 입증되었다. 뉴턴의 예측과 유사한 일반 상대성 이론의 예측을 검증하는 실험에 의해 입증되었다.

기쁘게도 뉴턴은 빛의 역학적 모형을 입증하는 연구결과를 전해들었다. 믿을 만한 측정값에 도달한 최초의 광속측정이 이루어진 것이다. 덴마크의 천문학자 뢰머(O. Roemer)는 목성이 목성의 한 위성을 가리는 월식이 발생하는 주기를 측정하되, 한 번은 목성이 태양 너머 저편에 있을 때 측정하고, 한 번은 지구와 목성이 더 가까워져서 태양을 중심으로 같은 편에 있을 때 측정했다(114쪽 그림 참조). 월식이 지속되는 시간은 목성이 가까이 있든 멀리 있든 동일했다. 반면 월식 사이의 시간 간격은 목성이 태양 저편에 있을 때 더 길었다. 그 이유는 목성에서 월식이 일어났다는 소식을 전하는 빛이 태양계를 통과해 지구로 오는 동안 더 긴 시간이 걸리기 때문이라는 추측하에, 뢰머는 빛의 속도 측정에 착수했다. 그는 대략 초속 20만 킬로미터라는 훌륭한 측정값을 내놓았다. 당시의 시간 측정기술이 안고 있던 여러 부정확성을 감안한다면, 이 측정값은 오늘날 받아들여지는 빛의 속도 초속 30만 킬로미터에서 많이 벗어나지 않는다고 할 수 있다. 빛의 속도가 유한하다는 사실이 밝혀짐으로써 빛은 즉각적으로 원거리에 작용하는 중력과는 분명하게 구분되는 실체가 되었다.

뉴턴이 빛입자를 주장했던 것을 모범으로 삼아 18세기와 19세기의 물리학자들은 역학의 원리를 다른 탐구영역에 적용하기 위해 다양한 가설적 존재들을 상정했다. 연소현상이 산소와의 반응이라는 것이 알려지기 전까지, 사람들은 불이 탈 때 플로지스톤이라는 물질이 방출된다고 생각했다. 얼마 동안은 칼로릭이라는 열입자가 있어서 열이 아래로 흐른다고 설명되었다. 정전하 사이의 인력과 척력을 설명하기 위해 두 종류의 유체, 즉 '유리성' 유체와 '수지성' 유체가 동원되기도 했다. 유리성 유체는 비단으로 문지른 유리에, 수지성 유체는 플란넬로 문지른 호박에 들어 있는 유체이다. 프랭클린(B. Franklin)은 전류가 단일하다고 주장했다. 오늘날에도 전류는 프랭클린이 주장한 대로 '양'극에서 '음'극으로 흐른다고 이야기된다. 실제로 흐르는 것은 음의 전하를 띤 전자들이며, 이들은 음극에서 양극으로 흐르지만 말이다. 이런 임시방편적 이론들은 실용적 목적을 위해 사용되다가 결국 폐기되거나 비유로 사용되는 지위로 격하되었다.

플로지스톤과 화학

가설적 물질들 중 가장 먼저 등장한 것은 플로지스톤이었다. 오래 유지되지 못한 18세기 패러다임에서 이야기된 플로지스톤은 나무가 탈 때 나무에서 '빠져나오는' 물질로, 플로지스톤이 빠져나오면, 나무가 재가 된다. 진사, 즉 산화수은을 가열하여 플로지스톤을 방출시키면 수은이 남는다. 밀폐된 공간 속에 있는 불이 꺼지는 이유는 한정된 공기가 수용할 수 있는 플로지스톤의 양이 정해져 있기 때문이다.

1774년 프리스틀리(J. Priestley)는 진사에서 방출된 플로지스톤 속에서 촛불이 더 밝게 타는 것을 발견했다. 그가 플로지스톤이라 믿었던 것은 산소였다. 그러나 그는 당대의 패러다임을 충실히 따라, 산소를 '플로지스톤이 결핍된 공기'라고 불렀다.

산소에 실재하는 물질의 지위와 이름을 부여한 것은 라부아지에(A. Lavoisier)이다. 그는 연소가 산소와 탄소 또는 산소와 수소가 급격하게 결합하는 현상임을 밝혀냈다. 그는 산소가 수은과 천천히 결합할 때 진사가 생성된다는 것을 알아냈다(81쪽 그림 참조). 플로지스톤 패러다임은 새로운 과학적 화학에게 자리를 양보했다.

18세기 말 이전에 화학자들은 그들이 원소라고 부르는 환원 불가능한 물질들이 서로 결합하여 화합물을 만든다는 것을 알고 있었다. 화학자들이 사용한 도구는 양쪽에 접시가 달려 있는 양팔저울이었다. 양팔저울은 미세한 질량의 측정에 사용되었다. 1799년 프루스트(J. L. Proust)는 원소들이 '특정한 비율'로 결합한다는 것을 알게 되었다(82쪽 그림 참조).

돌턴(J. Dalton)은 원소들이 특정한 질량 비율로 결합하는 것을 밝혀냈다. 게이뤼삭(J. L. Guy-Lussac)은 산소나 수소 같은 기체들이 특정한 부피 비율로 결합한다는 것을 보였다. 이런 증거들을 바탕으로 화학자들은 원소를 원자로 환원시켰다. 원자는 원소를 이루는 쪼갤 수 없는 입자이다. 만일 원자가 없다면, 원소들이 여러 다양한 비율로 결합하는 것이 가능할 것이다.

돌턴이 밝힌 특정한 질량 비율과 게이뤼삭이 밝힌 특정한 부피 비율을 바탕으로 하여, 아보가드로(A. Avogadro)는 1811년에, 압력과 온도가 같을 때 동일한 부피의 기체 속에는 동일한 수의 입자들이, 즉 원자들이나 분자들이 들어 있다는 과감한 제안을 내놓았다. 정확히 몇 개가 들어 있는지는 한 세기 후에 밝혀졌다. 표준압력 및 온도에서 표준부피 22.4리터를 차지하는 임의의 기체 속에는 6.02×10^{23}개의 입자가 있다. 이 수를 아보가드로수라고 한다.

돌턴이 제안했고 여러 화학자들이 보완한 원자량 표를 바탕으로 하여 프라우트(W. Prout)는 1815년 더욱 과감한 제안을 했다. 산소의 무게를 16.00이라고 임의로 정한 다음, 나머지 원자들의 질량을 비율로 나타내면, 수소 원자량이 대략 1.00이고 백금은 195이다. 모든 원자들의 무게는 근사적으로 수소 질량의 정수배이다. 그러므로 모든 원소의 원자들이 수소 원자를 중첩해서 만들어졌을 것이라고 프라우트는 추측했다.

프라우트의 추측에서 수소 원자가 하는 역할은 오늘날 양성자와 중성자에게 맡겨졌다. 이들은 원자핵을 이루는 입자들이다. 물리학자와 화학자를 분화시킨 19세기의 노동분업 속에서 '원자 가설'에 대한 생각도 분화되었다. 물질들을 다루는 화학자들은 원자를 필요로 했다. 반면에 힘을 다루는 물리학자들은, 19세기 말 톰슨(J. J. Thomson)이 최초의 원자 구성입자인 전자의 존재를 증명하기 이전까지 계속해서 원자의 존재에 대해 의문을 표시했다.

이미 19세기 초에 빛이 입자의 성질을 가진다는 생각을 반박하는 심각한 도전이 있었다. 영(Th. Young)은 빛이 파동의 성질을 가진다는 것을 증명했다. 그는 두 개의 좁은 틈으로 광선을 통과시켜 적당히 멀리 떨어져 있는 영사막에 비추었다. 영사막에는 밝은 부분과 어두운 부분이 교대로 나타나는 수직선 무늬가 나타났다(140쪽 그림 참조). 기하학적으로 계산해보면, 같은 두 파동이 이동거리에 미세한 차이를 두고 한 자리에서 만나면, 둘의 위상이 맞고 틀리는 것에 따라 서로를 보강하거나 상쇄하는 것을 알 수 있다.

역학적 원리를 그대로 유지하기 위해, 학자들은 처음에는 빛이 공기의 압축에 의해 생기는 파동인 소리처럼 종파라고 생각했다. 그러나 빛을 편광시키는 광물들이 발견되었다. 즉 빛의 파동 중에서 특정 파동면을 따라 일어나는 파동은 통과시키고 다른

산소의 발견. 라부아지에가 산소를 발견함으로써 현대화학이 시작되었다. 유리병에 진사, 즉 산화수은을 넣고 적당한 열을 가하면, 산화수은은 공기 중의 산소를 흡수한다. 쥐는 질식될 것이다(위). 강한 열을 가하면 진사와 약하게 결합해 있던 산소가 다시 방출된다(아래). 실제 실험에서 라부아지에는 방출된 기체가 그림 속의 쥐와 같은 생물의 호흡을 유지시킨다는 것을 보여주었다. 더 나아가 그는 그가 산소라 명명한 기체가 나무를 계속 불태우고, 탄소와 결합하여 이탄화탄소를 구성한다는 것을 보였다(79쪽 참조).

고정 비율의 법칙. 이 법칙은 화학이라는 새로운 과학의 다른 기초법칙들과 마찬가지로 반응 이전의 원소들과 반응 이후의 화합물의 질량을 정밀하게 측정함으로써 발견되었다(80쪽 참조). 두 원소가 2:1의 비율로 결합하여 질량이 3인 화합물을 만든다면, 두 원소를 4:2로 결합시키면 질량 6인 화합물이 만들어진다. 다른 비율로 두 원소를 반응시키면 두 원소 중 하나가 남는다. 이를 근거로 하여 초기의 화학자들은 원자의 실재성을 확신했다.

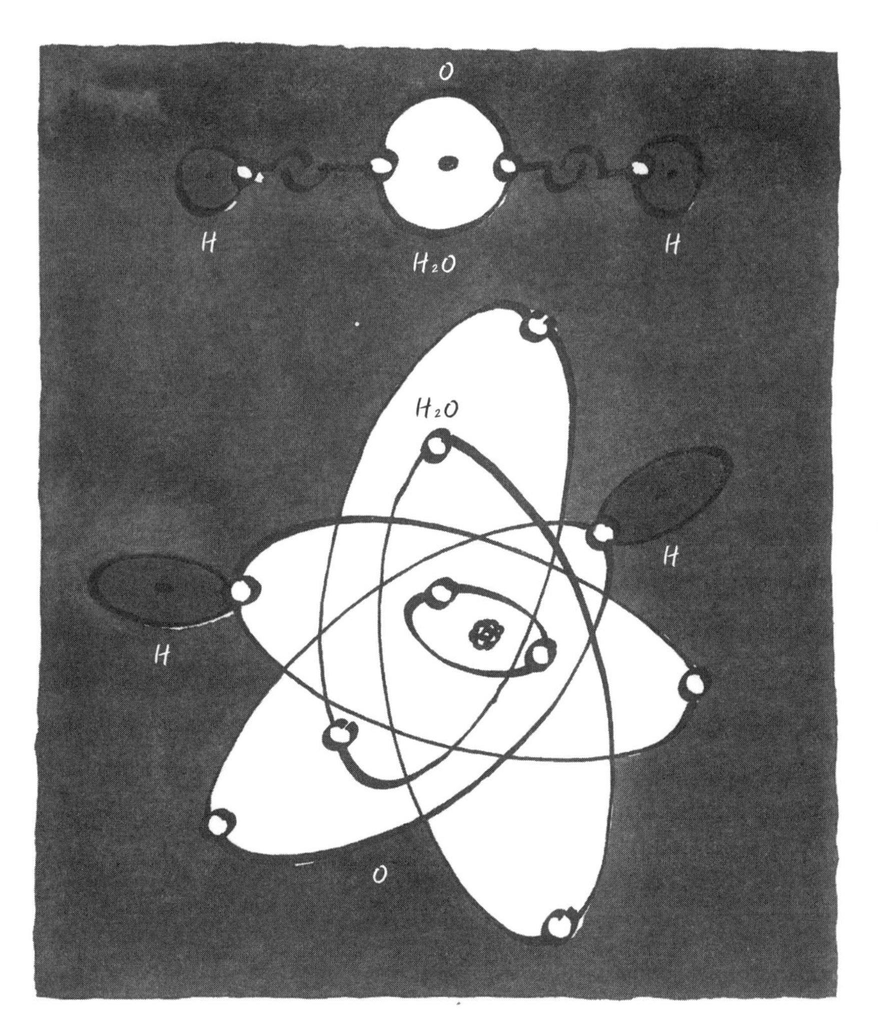

초기 화학자들의 상상 속에서 원자들은 '원자가'에 의해 결합하여 화합물을 만들었다(위). 부피 비율 2:1로 수소와 산소가 결합한다는 사실에서 화학자들은 수소의 원자가가 1이고 산소의 원자가가 2라는 결론을 얻었다(95쪽 참조). 전자의 발견으로 원자가는 전자기력이라는 물리적 실재성을 얻게 되었다(97, 146쪽 참조). 전자 여덟 개를 가진 산소 원자는 외곽 궤도에 전자 두 개를 더 수용할 빈 자리를 가지고 있다. 두 개의 수소가 각각 하나씩 지닌 전자가 그 빈 자리를 채움으로써 산소와 수소가 결합하여 익숙한 화합물인 물이 된다.

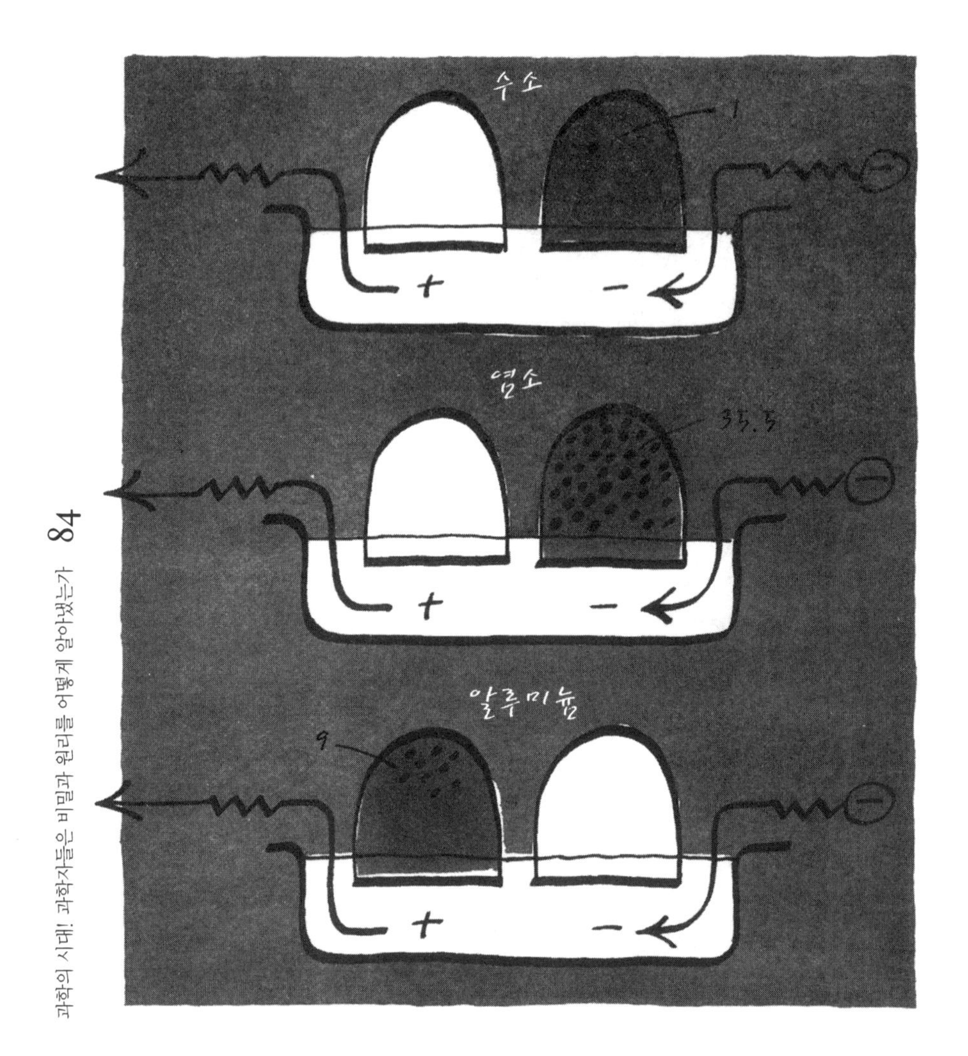

전기분해 법칙은 전기력에 의해 화합물이 원소들로 분해될 때 따르는 법칙으로서, 패러데이가 발견했다. 그는 9만 6500쿨롬(1패럿)의 전류를 흘려보내면 물이 분해되어 1그램의 수소가 산출되고, 19만 3000쿨롬을 흘려보내면 2그램이 산출된다는 것을 발견했다. 1패럿의 전류에 의해 산출된 염소는 35.5그램이다. 염소 원자는 수소 원자보다 35.5배 무겁다. 하지만 일반적으로 일정한 전류에 의해 산출되는 원소의 양을 구하려면 원소의 원자가를 고려해야 한다. 1패럿으로 산출되는 알루미늄은 9그램이다. 알루미늄의 원자량은 27이고 원자가는 3이다(95쪽 참조).

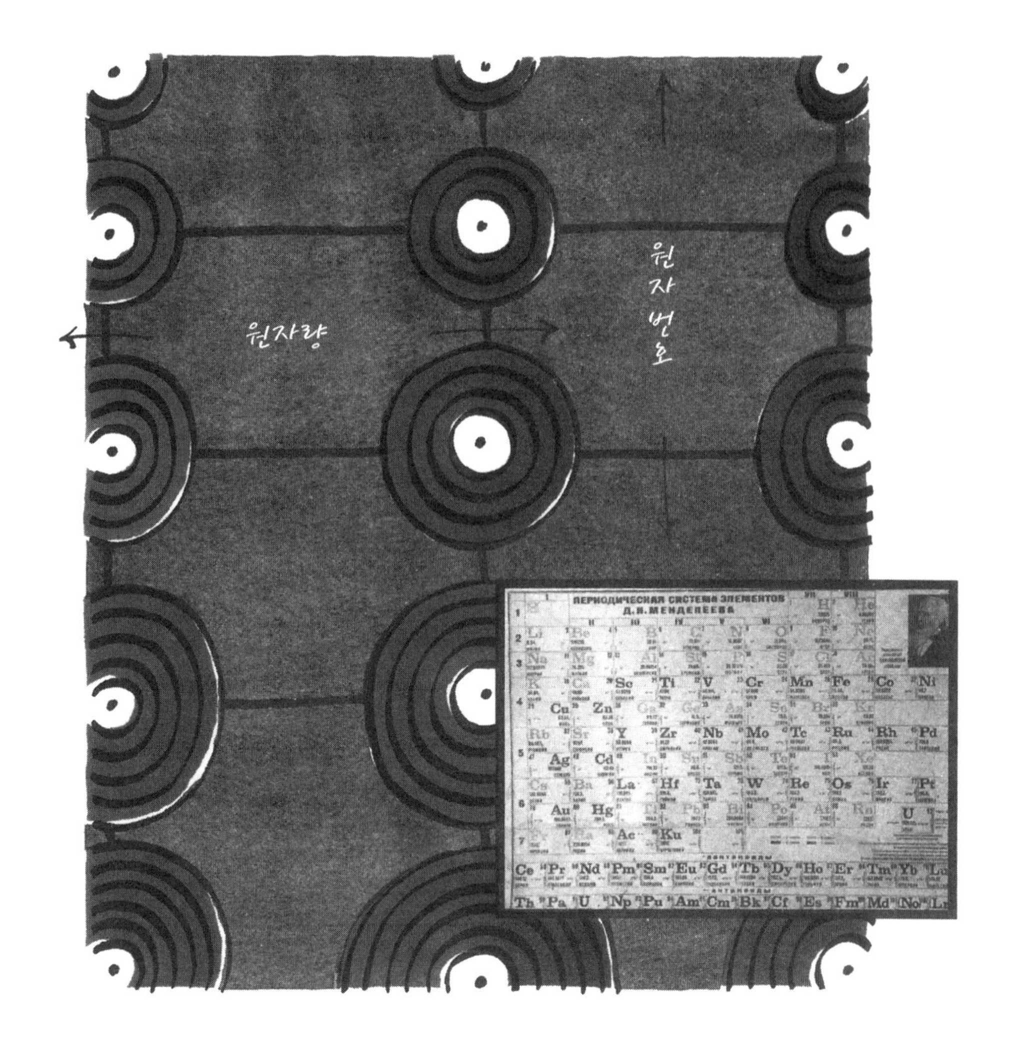

원소 주기율표는 원소들을 한 세로줄 내에서는 '원자량'(핵에 들어 있는 양성자와 중성자의 총수)이 커지는 순서대로 배열하며, 각각의 세로줄은 화학적 행태를 기준으로 유사한 원소들을 모아 구성한다. 화학적 행태의 유사성은 원자가에 의해 결정되며, 원자가는 핵 속에 들어 있는 양성자의 수, 즉 '원자번호'와 연결된다. 1869년 멘델레예프가 발표한 원소 주기율표(96쪽 참조)에는 발견을 기다리는 원소들이 들어갈 빈 자리들이 있었다. 러시아에서 멘델레예프를 기념하기 위해 인쇄된 원소 주기율표(작은 그림)에 그의 초상이 들어 있다.

파동면을 따라 일어나는 파동은 차단하는 광물들이 발견되었다. 오늘날 편광 선글라스를 쓰는 사람들이 익히 알고 있는 이 사실은, 광파가 횡파라는 것을, 즉 진행경로에 수직인 방향으로 진동한다는 것을 증명한다. 횡파는 밧줄을 흔들 때 생기는 파동이다(아래 그림 참조). 단, 빛의 경우 일반적으로 진행경로에 수직인 모든 방향으로 진동한다는 것이 밧줄의 진동과는 다른 점이다.

비어 있는 절대공간은 중력을 받아들였다. 원거리 작용을 주장함으로써 과학자들은 중력의 즉각적인 전달이 어떻게 가능한지를 설명하지 않았고, 두 중력질량 사이를 매개할 매질도 요구하지 않았다. 한편 빛은 여러 역학적 성질을 지닌다는 사실이 확인되었다. 빛은 횡파이며 유한한 속도로 이동한다. 과학자들은 빛을 운반하는 매질을 요구했고, 뉴턴의 후계자들은 그 매질에 관한 가설들을 내놓았다.

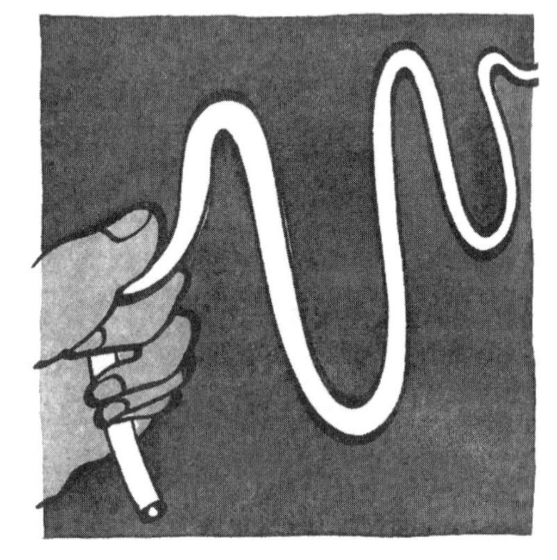

그들은 빛을 운반하는 매질이 '에테르'라고 제안했다. 에테르는 완벽하게 투명하며, 역학에서 밝혀진 법칙에 따라 횡파의 매질이 되기 위해서, 탄성적인 고체이다. 그러나 에테르는 지구 위의 물체들의 움직임을 방해하지 않아야 하고, 궤도를 도는 행성의 움직임은 더욱 방해하지 않아야 한다는 문제가 있었다. 19세기 후반 켈빈 경(즉 W. Thomson)이 에테르가 지닌 '탄력적' 성질이 문제를 해결한다고 주장했다. 탄력성이 있는 에테르는 플라스틱처럼 완만한 압력에는 변형되지만, 정도 이상의 갑작스런 힘에는 강체처럼 균열된다.

이 성질 외에도 여러 성질이 에테르에 부여되었다. 에테르는 고전물리학의 힘들을 운반하기 위해 고안된 가장 고도화된 가설적 물질로 발전했다. 에테르는 뉴턴적 세계관을 보호했다. 에테르의 본성에 관한 문제는 훗날 고전역학적 문제에 직접적으로 관여하지 않았기에 선입견이 없었던 학자들에 의해 해결되었다.

고전역학 외에도 열역학, 기체 운동 이론, 원자 이론, 그리고 새롭게 등장한 전기 및 자기 이론 등 여러 물리학 분야가 있었다. 고전물리학의 정신을 이어받은 열역학은 21세기에도 원래 모습 그대로 완성된 내용을 변함없이 전달한다. 열역학 법칙들은 운동량 보존법칙, 에너지 보존법칙, 질량 보존법칙과 더불어 우주 전체를 지배한다. 아인슈타인은 이렇게 말했다.

"열역학은 기본개념들의 틀에서나 적용 가능성에서나 영원히 극복되지 않을 것이라고 내가 확신하는 유일한 보편적 물리학 이론이다."

열역학과 관련해서 상정되었던 무게가 없는 칼로릭 유체(caloric fluid) 개념은 몇 가지 심오한 지식을 선사했다. 칼로릭은 열이었다. 뜨거운 물체에는 차가운 물체보다 더 많은 칼로릭이 있다고 믿었다. 칼로릭은 뜨거운 물체에서 차가운 물체로 흐른다. 19세기 초 카르노(S. Carnot)는 명백히 역학적인 이 열 개념을 이용해서 증기기관의 성능을 최대화하는 방법을 밝혀냈다. 그 방법은, 칼로릭이 흘러가는 경로를 최대한 길게 만드는 것이었다. 카르노의 법칙에 따르면, 기관의 일률은 '작동 유체'—증기, 또는 압축된 기체—의 피스톤이나 터빈에서의 온도와 방출지점에서의 온도 사이의 차이가 클수록 증가한다(89쪽 그림 참조). 열역학 제2법칙도 원래 칼로릭 개념을 통해서 등장했다. 열역학 제2법칙에 따르면, 열은 언제나 뜨거운 물체에서 차가운 물체로 흐르지, 절대로 거꾸로 흐르지 않는다.

뉴잉글랜드 출신이지만 부끄럽게도 영국 왕실의 간첩으로 활동했고 후에 럼퍼드 백작(Count Rumford)이라는 호칭을 얻은 톰프슨(B. Thompson)은 단순하고 역학적인 방식으로 열을 설명했다. 그의 설명은 오늘날에도 받아들여진다. 그는 1790년대 바이에른의 무기청에서 일하면서 청동 대포에 구멍을 뚫는 작업을 물 속에서 진행시켰다. 작업을 지켜본 사람들은 절삭기와 청동의 마찰로 인해 발생한 열로 물이 끓는 것을 보았다. 톰프슨은 깎인 금속 잔해의 무게를 뜨거울 때와 차가울 때 측정해보고 두 경우에 무게가 동일하다는 것을 알아냈다. 이는 칼로릭에 무게가 없음을 의미했다. 톰프슨은 열이 선반에 의해 금속에 공급된 것 이상의 아무것도 아니라고, 즉 '운동'에 불과하다고 주장했다.

줄(J. P. Joule)은 1849년 더욱 정확하게 일과 열의 등가성을 입증했다. 그는 톱니바퀴들을 연결해서, 낙하하는 물체의 힘으로 여러 물레를 돌려 통 속에 든 물을 휘젓는 장치를 만들었다. 물체의 무게와 낙하한 거리를 피트-파운드 단위로 측정하고, 물의 온도 상승을 측정하여 그는 현대의 '줄'(joule) 값에 근접하는 일-에너지 비례상수 값을 얻었다(89쪽 그림 참조). 1872년 롤런드는 존스 홉킨스 대학 실험실에서 줄 값을 측정하는 연구에 착수했다. 실험을 위해 고안된 증기기관과 온도계와 열량계

(calorimeter)를 써서 그는 4.19줄이 1칼로리임을 밝혀냈다. 1칼로리는 1세제곱센티미터의 물의 온도를 섭씨 1도 높일 수 있는 열량이다(식품 정보에서 주로 쓰이는 '대문자' 칼로리[Cal]는 '소문자' 칼로리의 1000배이다). 줄의 실험은 열역학 제1법칙으로 확립되었다. 에너지는 예를 들어 운동 에너지에서 열에너지로 변환될 수 있지만 창조되거나 사라질 수는 없다.

열현상에 관심을 가진 물리학자들은 원자 가설을 수용하지 않을 수 없었다. 입자들의 움직임은 줄이 실험에 동원한 물통에서보다는 기체에서 더 쉽게 가시화되므로, 물리학자들은 먼저 기체를 연구했다. 자전거 펌프 속에 있는 공기와 같은 일정량의 기체를 갑작스럽게 압축하여 기체 압력을 높이면 온도가 높아진다. 자전거 펌프의 경우 관이 뜨거워지는 것을 느낄 수 있다. 이 현상은 공기입자들의 운동속도가 증가하고, 또한 입자들 서로 간에 또는 입자와 관 사이에 충돌의 빈도와 힘이 증가하기 때문에 생겨난다고 할 수 있다.

학자들은 원자나 분자가 끊임없는 충돌로 운동 에너지를 주고받으면서 기체 전체의 열에너지를 동등하게 나누어 가진다고 믿었다. 이 생각을 에너지 '균등분배' 원리라 불렀다. 이 원리에 중요한 수정을 가한 사람은 맥스웰(J. Maxwell)이다. 맥스웰은 전자기 방정식을 개발한 사람이기도 하므로, 이 수정은 그가 과학에서 이룬 두번째 커다란 업적이라고 할 수 있다. 아보가드로가 계산한 6×10^{23}개의 원자들(또는 분자들)이 모두 동일한 속도로 운동한다고 볼 수는 없다. 계산에 따르면, 공기입자의 평균속도는 초속 500미터이며, 에너지 교환이 일어나는 충돌과 충돌 사이의 평균거리, 즉 '평균 자유경로'는 0.00001센티미터이다. 이 평균값을 중심으로 하여 그려지는 맥스웰 속도-분배 곡선은, 특정한 온도와 압력에서 가장 확률이 높은 운동 에너지 분배 양상을 보여준다(90쪽 그림 참조).

맥스웰과 독일의 볼츠만(L. Boltzmann)이 개발한 '통계역학'(아보가드로수 정도로 많은 입자들의 불규칙적인 운동을 다루는 역학)은 고전물리학의 결정론적 세계에 우연과 확률을 도입했다. 돌이켜보면 그것이 19세기 말에 일어난 혁명의 첫번째 조짐이었다고 할 수 있다. 라플라스가 생각한 전지적인 지성이 있어 각각의 충돌과정에서 운동량이 보존되는 것을 일일이 확인할 수 있다고 믿는 학자들도 있었다. 그러나 다음 세대의 물리학자들은 통계역학에 의한 예측의 신뢰성을 토대로, 라플라스적인 질서가 가능하기는 하지만 필연적이지는 않다고 생각하게 되었다. 또 그 다음 세대의

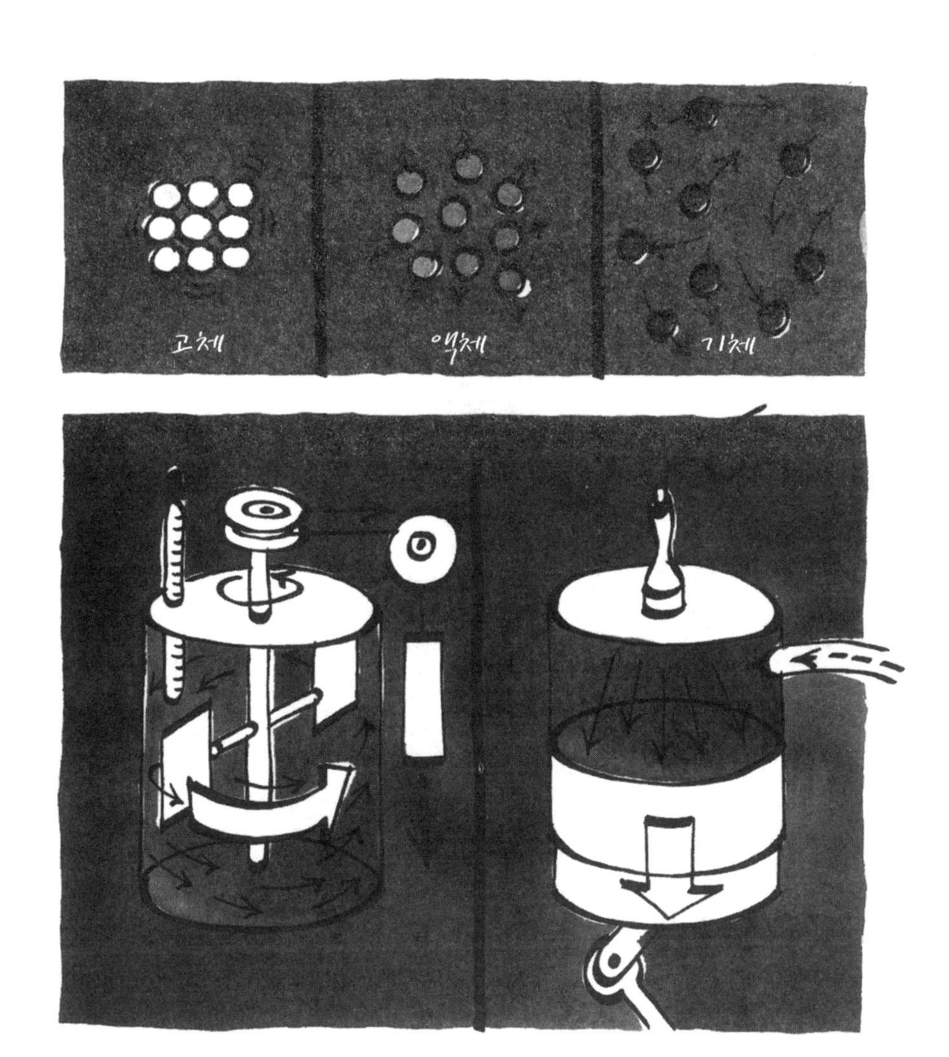

열과 운동. 열은 물질입자들의 운동이다. 입자들의 운동은 고체상태에서 가장 작고 액체상태를 지나 기체상태로 갈수록 커진다(위). 줄은 낙하하는 물체의 힘으로 물을 저어서 운동이 열로 변환되는 것을 보였다. 그는 온도의 증가를 물체의 무게와 낙하거리의 곱으로 나타냈다(87쪽 참조). 카르노는 열기관을 통해 반대로 일이 운동으로 변환될 수 있음을 알았고, 그 변환은 '작동 유체'의 피스톤 표면에서의 열과 방출구에서의 열 사이의 차이가 커질수록 효율적이라는 사실을 발견했다.

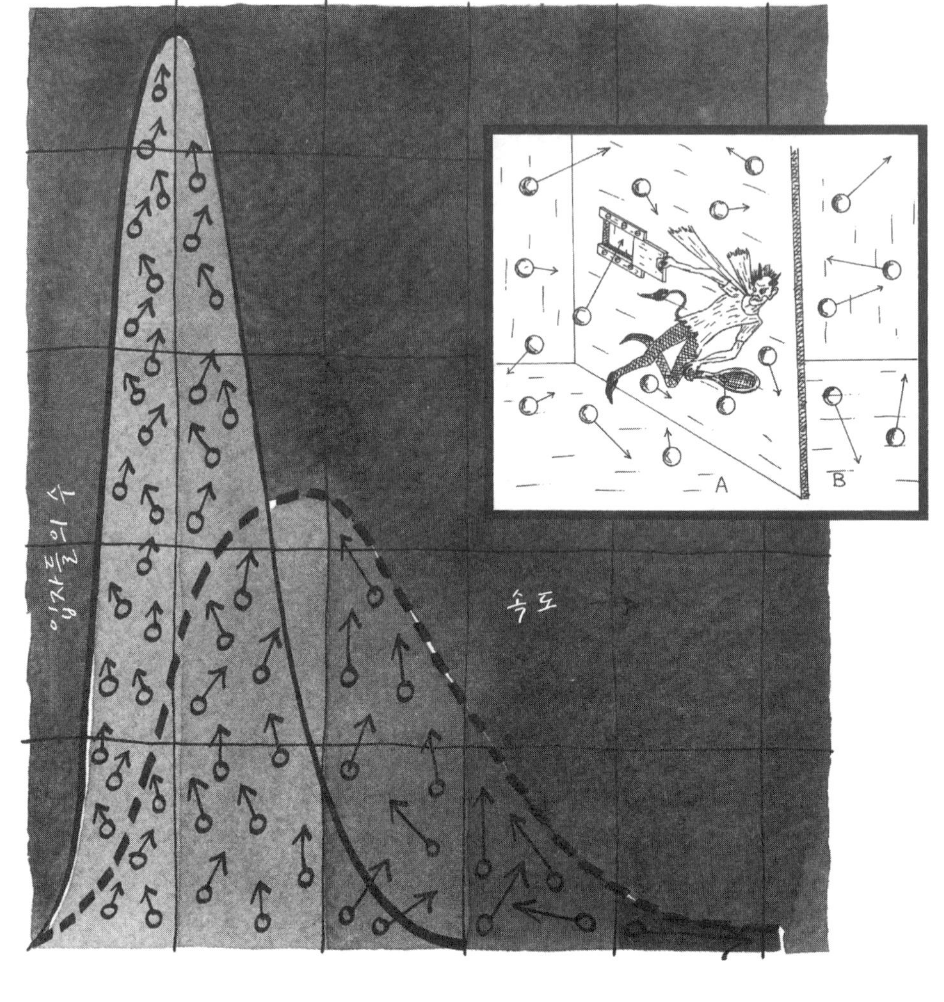

열에너지 분포. 가로축이 속도를 나타내고 세로축이 입자들의 수를 나타내는 위 그래프가 보여주듯이, 열에너지가 입자들에 분배되는 양상은 온도에 따라 달라진다. 입자들의 총수는 상수이므로 곡선이 덮는 면적은 일정하다. 평균속도는 절대온도의 제곱근에 비례해서 증가한다. 이렇게 고전역학의 추측이었던 에너지 '균등분배'(equipartition) 법칙은 '통계역학'에 의해 실체가 밝혀졌다. 맥스웰의 '도깨비'가 차가운 입자와 뜨거운 입자를 분리하고 있다(작은 그림은 가모프의 작품이다).

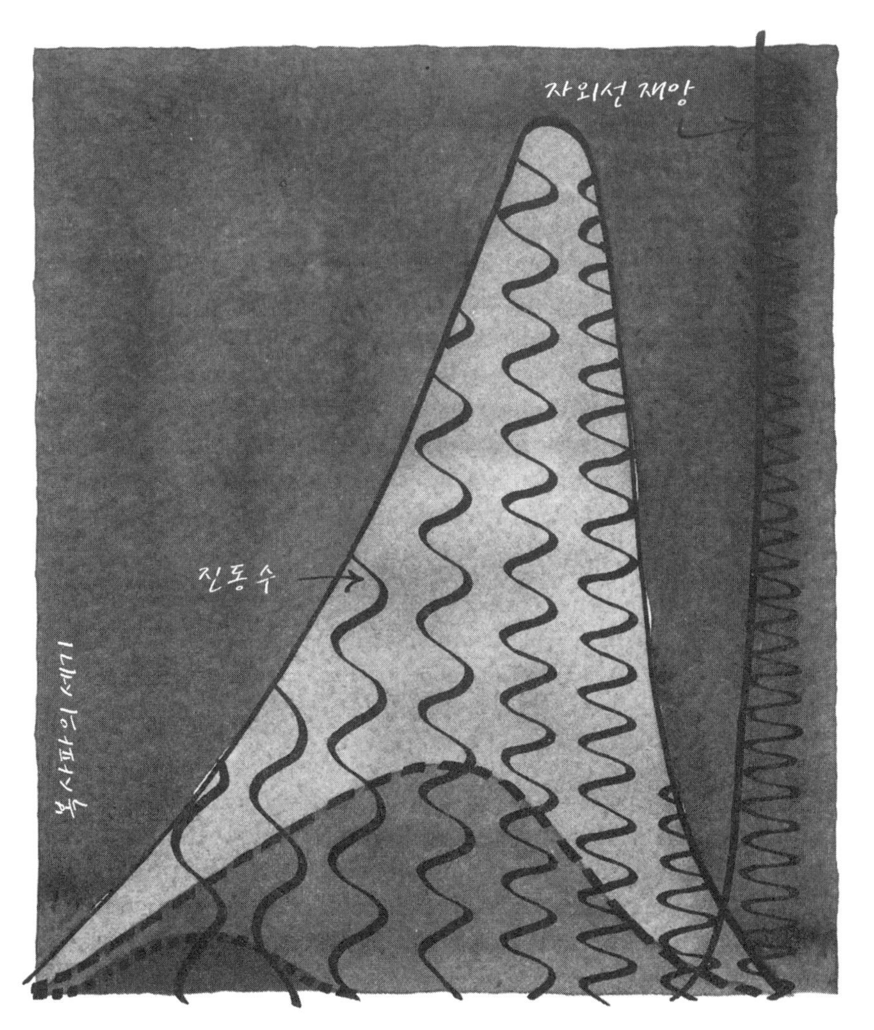

자외선 재앙. 뜨거운 물체에서 나오는 복사파들에 에너지가 '균등분배'될 경우 자외선 재앙이 발생한다. 그림 오른쪽에 있는 가장 많은 수를 차지하는 고 진동수의 파동들이 전체 에너지를 다 가져가기 때문이다(108, 109쪽 참조). 스펙트럼 전 구간에 걸쳐 측정된 복사 에너지의 세기는 입자들에 분배되는 에너지의 양상(90쪽 그림)과 유사하다. 플랑크는 각각의 파동이 동일한 에너지 '양자' 6.77×10^{-27}에르그(109쪽 참조)를 가진다는 것을 밝혀냈다. 아인슈타인은 복사광의 양자가 운동량을 가지고 역학적 힘을 발휘한다는 것을 보여주었다(110쪽 참조).

물리학자들은 그런 질서가 아마도 없으리라고 생각하게 되었다.

한 계의 에너지가 밖으로 새어나가는 것이 계 속에서 운동하는 입자들의 무질서도, 즉 '엔트로피'의 증가를 뜻한다는 사실이 밝혀지면서 열역학 제2법칙은 새로운 깊이를 얻게 되었다. 모든 형태의 에너지는 결국 열로 전환되며, 열은 더 넓은 세계로 분산된다. 닫힌 계 내부, 예를 들어 살아 있는 생물에 의해 고분자가 합성될 때에는 엔트로피가 감소할 수도 있다. 그러나 이러한 질서의 증가는 '대가 없이' 이루어질 수는 없다. 합성에 필요한 에너지를 얻기 위해 생물은 외부의 에너지를 섭취하고 또한 에너지를 외부로 발산해야 한다. 그러므로 생물 외부의 엔트로피는 증가한다.

맥스웰이 상상해낸 '도깨비'(demon)—맥스웰 자신은 도깨비라는 이름을 쓰지 않았고 그저 '존재자'라고 불렀다—는 열이 직접 운동과 관련을 맺도록 만드는 역할을 한다.

> 어떤 통이 A와 B 두 구역으로 분할되어 있고, 두 구역 사이에는 구멍이 뚫린 벽이 있는데, 그 구멍 옆에 어떤 존재자가 있어, 빨리 움직이는 분자만 A에서 B로 가도록 통과시키고, 느리게 움직이는 분자만 B에서 A로 가도록 통과시킨다고 가정해 보자. 만일 그 존재자가 이런 선택적 통과 허용 작업을 계속한다면, 그 존재자는 에너지를 쓰지 않고도 B의 온도를 높이고 A의 온도를 낮출 수 있을 것이다. 즉 열역학 제2법칙에 모순된 현상을 일으킬 수 있을 것이다.

맥스웰의 도깨비는 열역학 제2법칙에 종속된 인간들을 비웃는다. 사람들은 "오직 물체들의 집단만을 다룰 수 있고, 그 집단을 구성하는 개별분자들을 지각할 수도 없고 조작할 수도 없기" 때문에 열역학 제2법칙에 종속된다. 오늘날 과학자들은 개별분자를 지각하고 조작할 능력을 얻었고, 맥스웰의 도깨비가 있었던 영역에는 완전히 다른 역학적 질서가 있음을 밝혀냈다. 그것은 양자역학적 질서이다. 새로운 과학은 소수의 분자나 원자를 지각하고 조작하는 것을 가능케 하며, 심지어 개별 분자나 원자도 지각하고 조작할 수 있게 해준다. 그러나 개별 원자나 분자의 세계에 도달하려면, 엄청난 규모의 에너지를 소모해야 한다. 예를 들어 입자 가속기를 이용해야 한다. 열역학에 의해 필연적으로 일어날 수밖에 없는 엔트로피 증가는 여전히 유효하다.

열역학 제2법칙은 단순성과 보편성을 통해서, 진리는 아름답다는 것과, 발상의 깔

끔함은 발상의 힘을 보증한다는 것을 보여주는 실례이다. 그러나 열역학 제2법칙은 계들이 왜 그 법칙을 따르는지에 관해 이야기하지 않는다는 의미에서 2차적인 법칙이다. 그 질문에 대한 대답은 힘과 입자와 이 두 가지의 상호작용의 본성을 기술하는 1차적인 법칙들에서 발견되어야 한다. 1차적인 법칙들의 방정식은 대칭적이다. 원리적으로 그 법칙들은 앞뒤로 진행을 바꿀 수 있다. 마치 영화 화면을 거꾸로 돌릴 수 있듯이 말이다. 엔트로피는 피할 수 없는 시간의 방향성을 지적함으로써 그 대칭성을 깨뜨린다. 에딩턴이 말했듯이 엔트로피는 '시간의 화살'이다.

전기와 자기

전자기 현상을 고전역학으로 이해하려는 시도는 19세기의 마지막 4반세기까지 계속되었다. 전자기력은 현대 공업국가들에서 중력만큼이나 보편적으로 존재하는 힘이지만, 그 힘이 인류의 경험 속으로 들어온 것은 처음에는 우연적인 호기심 때문이었다. 자기력은 자석이 지닌 신비한 힘으로 알려졌고, 나침반의 바늘에 이용되었다. 그러나 사람들은 그 힘을, 정전기가 방출될 때 손 끝에 느껴지는 짜릿함과 연결시키지 못했고, 그 짜릿함을 번개와 연결시키지도 못했다. 카펫 위에 있던 손에 모였다가 문고리로 방출되는 것과 같은 정전하는 한 개의 극성을, 즉 양극성이나 음극성을 가진다. 반면에 자석은 두 극을 가진다. 선원들의 나침반에 사용된 이후 자석의 두 극은 북극과 남극으로 불리게 되었다. 그 누구도 자석의 북극과 남극을 분리할 수는 없다(98 그림 참조). 간단히 일상적으로 할 수 있는 실험을 통해서, 전기력과 자기력 사이에 유사성이 있음이 밝혀졌다. 같은 전하와 같은 극은 서로를 밀어내고, 다른 전하와 다른 극은 서로를 끌어당긴다. 그러므로 전기력과 자기력은 오직 끌어당기기만 하는 중력과 분명하게 구분된다. 그러나 중력과의 유사한 점도 있다. 18세기 후반 쿨롱(Ch.-A. de Caulomb)은 전기력과 자기력이 힘의 원천인 물체들 사이의 거리의 제곱에 비례하여 줄어든다는 것을 밝혀냈다. 그의 이름은 전하량, 또는 전하를 띤 물체가 발휘하는 힘을 나타내는 표준단위인 '쿨롬'(C)으로 사용되고 있다.

처음에는 서로 교류가 없는 두 학파가 독자적으로 전기와 자기를 연구했다. 전기에 관한 연구는 신대륙 최초의 국제적 명사인 프랭클린의 공헌에 힘입어 많은 대중의 관심사가 되었다. 파리에서 대사로 일하던 시절 사용된 그의 어떤 초상화에는 다음과 같은 글이 들어 있다.

"그는 하늘에서 번개를 훔쳐오고 독재자에게서 왕홀을 훔쳐왔다."

번개를 훔칠 때 프랭클린은 좀더 조심스러웠다. 번개가 가장 높은 곳을 때리는 경향이 있음을 관찰한 프랭클린은 스스로 만든 최초의 피뢰침을 비단으로 된 연에 달아 비구름 속으로 올려보냈다. 그가 예상한 대로 뾰족한 막대기는 구름으로부터 전하를 끌어당겼고, 전하는 연줄에 삼을 꼬아 만든 밧줄을 연결하여 매단 구리열쇠를 향해 흐르면서 방전되어 연줄과 구리열쇠 사이의 공간에서 불꽃을 일으켰다. 이 실험을 첫 단추로 하여 오늘날 우리가 얻은 지식에 의하면, 대기의 순환에 의해서 하늘과 지표면 사이에는 전위 차이가 유지되며, 그 차이는 세계 전체를 통틀어 평균 50만 볼트이다. 프랭클린이 실험에 사용한 피뢰침은 오늘날 하늘에 전하가 축적되어 번개가 내리치기 전에 하늘의 전하를 끌어당기는 일을 하고 있다. 프랭클린의 실험과 피뢰침—피뢰침은 전기에 관한 지식이 실생활에 응용된 최초 사례이다—은 번개라는 무서운 힘이 자연 속 어디에나 존재한다는 사실을 보여주었다.

프랭클린의 전기 유체

프랭클린은 자신이 발견한 전기 '유체'가 한 물체에서 다른 물체로 흐르면서 변함없이 보존된다고 주장했다. 전기적으로 중성인 물체는 그 유체를 '정상적인' 양만큼 가지고 있다고 그는 주장했다. 양전하는 그 유체가 과도하게 많음을 나타내고, 음전하는 그 유체가 부족함을 의미한다. 뉴턴주의자인 프랭클린에 따르면, "전기 물질은 일반적인 물질뿐만 아니라 매우 조밀한 금속조차 관통하는 극도로 미세한 입자로 이루어졌다." 18세기 초 볼타(A. Volta)는 서로 절연된 아연판과 구리판을 교대로 여러 겹 배치하여 소금물에 담그고 판들을 전선으로 연결하여 일정하게 지속적으로 유지되는 전기 유체의 흐름을 만들었다. 전위를 나타내는 단위인 볼트(V)는 그의 이름에서 나왔다.

볼타의 실험은 물질의 구조 속에 전기적 힘이 있음을 보여주었다. 전류에 의해 물이 분해되어 수소는 음극에, 산소는 양극에 모이는 현상(84쪽 그림 참조)의 발견은 많은 교과서에서 현대화학의 출발점으로 거론된다. 데이비(H. Davy) 경의 뒤를 이어 영국 왕립 연구소(Royal Institution) 책임자가 된 패러데이(M. Faraday)는 19세기

초에 전기화학 법칙들을 확립했다.

패러데이에 앞서 전기분해를 개발한 사람은 데이비이다. 그는 전기분해를 이용하여 소금을 나트륨과 염소로 분해했다. 패러데이의 제1법칙에 따르면, 전기분해를 통해 화합물에서 분리된 원소의 질량은 전기분해에 사용된 전기의 양에 비례한다. 패러데이는 가장 가벼운 원소인 수소 1그램을 분리하려면 9만 6500쿨롬의 전기가 필요하고, 2그램을 분리하려면 19만 3000쿨롬이 필요하다는 것을 발견했다. 더 무거운 원소들의 경우, 예를 들어 화학자들에 의해 수소보다 35.5배 더 무겁다는 것이 밝혀진 염소의 경우, 9만 6500쿨롬을 써서 분리할 수 있는 양은 35.5그램이다. 9만 6500쿨롬의 전기를 써서 분리해낼 수 있는 각 원소의 양을 오늘날 1그램 분자량(gram molecular weight) 또는 1몰(mol)이라 부른다. 1몰 속에는 아보가드로수인 6.02×10^{23}개의 분자가 들어 있다. 기체의 표준부피로 사용되는 22.4리터 역시 1몰의 기체 분자가 차지하는 부피이다.

이제 아보가드로수를 좀더 자세히 살펴보자. 현대과학 초기에 발견된 이래로 아보가드로수는 지금도 여전히 일상세계를 기술하는 의미 있는 수들 중에서 가장 큰 수로 남아 있다. 어떤 대상이 6.02×10^{23}개 모여 있는 것을 상상하는 것은 거의 불가능하다. 1제곱밀리미터에 원자를 하나씩 놓는다면, 임의의 원소 1그램 분자량에 포함된 원자들을 다 늘어놓기 위해서 지구 표면의 12배 면적이 필요하다. 이렇게 큰 수를 현실 속의 수로 받아들이기 위해서는 연습이 필요하다.

다른 원소와 부피비율 1:2로 결합하는 산소 같은 원소들의 경우에는 더욱 흥미로운 현상이 일어나는 것을 패러데이는 발견했다. 그는 9만 6500쿨롬의 전기로 1몰의 산소가 아닌 2분의 1몰의 산소, 즉 8그램만을 분리해낼 수 있음을 발견했다. 당시 화학자들은 다양한 원소들의 결합력을 설명하기 위해 '원자가'(Valence)라는 용어를 사용하고 있었다. 수소와 염소의 원자가는 1이고 산소의 원자가는 2이다. 이와 관련해서 패러데이는 다음과 같은 전기화학 제2법칙을 제시했다. 일정한 전기량에 의해 분리되는 원소의 질량은 그 원소의 원자량을 원자가로 나눈 값에 비례한다(84쪽 그림 참조).

많은 화학자들은 패러데이의 제2법칙을 근거로 물질이 원자로 이루어졌음을 확신하게 되었다. 화학자들은 산소 원자 하나가 수소 원자 두 개와 결합하는 모습을 상상하면서, 두 기체가 결합하여 물이 생성되는 모습을 관찰하게 되었다(83쪽 그림 참조). 패러데이는 화학자들의 가설적 원자가에 전하라는 현실적 실재성을 선사한 것이다.

이 공헌을 기리기 위해 원소 1몰을 분리하는 데 필요한 전하량인 9만 6500쿨롬은 1패럿(farad)이라 명명되었다.

원자가의 물리적 실체와 관련해서는 멘델레예프의 기여가 결정적이었다. 오늘날 모든 화학 교실과 실험실에 걸려 있는 원소 주기율표는 멘델레예프의 업적이다. 여러 화학자들이 발견한 바에 의하면, 원자량이 커지는 순서로 원소들을 조사해보면, 밀도, 녹는점, 열전도성, 강도, 다른 원소들과의 반응성 및 친화성 등의 성질이 반복적으로 나타났다. 화학자들은 원소들을 금속, 비금속 또는 할로겐, 알칼리 등의 여러 족(family)으로 분류했다. 멘델레예프는 이 분류에 법칙적 구속력을 부여했다.

"원소들의 성질은 원자량에 따라 주기적으로 결정된다."

그가 만든 원소 주기율표 초안에는 원자가가 원소의 반복되는 주요 성질로 들어 있다. 그의 원소 주기율표에서 원소들은 세로줄을 따라 내려갈수록 무거워지며, 가로줄은 원자가에 따라 1부터 7까지 이어진다. 가로줄 하나가 원소들의 주기를 나타낸다.

물리학자인 패러데이는 화학자들의 원자 가설을 받아들이지 않았다. 그는 전해질 용액에서 원소들을 분리하기 위해 필요한 전하량 9.65×10^4쿨롬을 보편적이며 최종적인 전하량 단위로 보는 것에 만족했다. 1833년 패러데이는 자기장으로부터 전기가 유도되는 것을 보이는 실험을 했다.

전기와 자기 사이의 연관성이 최초로 밝혀진 것은 1820년 덴마크 물리학자 외르스테드(H. C. Ørsted)에 의해서이다. 그는 북쪽을 가리키는 나침반 바늘 위에 남북 방향으로 전선을 놓고 전류를 흐르게 했다. 바늘은 갑자기 동쪽으로 돌아갔다. 외르스테드가 전류의 방향을 반대로 하자 바늘은 서쪽으로 돌아갔다. 이 현상은 또 다른 종류의 힘이 있음을 보여주는 증거일까? 만일 그렇다면 그 힘은 중력과 전혀 다를 뿐만 아니라 전기력이나 자기력과도 다르다. 왜냐하면 전기력과 자기력은 한 물체에서 다른 물체를 잇는 직선 방향으로 작용하기 때문이다. 반면에 이 새로운 힘은 두 물체를 잇는 직선에 직각 방향으로 작용한다(98쪽 그림 참조).

한편 앙페르(A.-M. Ampère)는 파리에서 자신의 발견을 이해하려 애쓰고 있었다. 그가 발견한 것은, 전류가 흐르는 두 평행한 전선은, 전류의 방향이 같을 때 서로를 끌어당기고, 전류의 방향이 반대일 때 서로를 밀어낸다는 사실이었다. 외르스테드의 실험을 전해들은 앙페르는 전기력과 자기력 그리고 가설적인 제3의 힘 모두를 단일한 전자기력으로 통합하는 올바른 결론에 도달했다. 전류의 흐름은 '오른손 법칙'(96쪽 그림 참조)에 따라 자기력을 산출한다는 사실을 앙페르는 깨달았다.

가우스(C. F. Gauss)는 이 발견이 역학 전체에 가져올 커다란 동요의 조짐을 즉각적으로 간파했다. 가우스는 '순수' 수학자들 사이에서 '신성한' 가우스로 불리는 인물이다. 하지만 현실적인 가우스는 실재 세계에서 영감을 얻어 자신의 수학을 당대의 물리학에 적용했던 인물이기도 했다. 가우스는 거리뿐만 아니라 운동에 의해서도 결정되는 힘과 기존의 역학을 조화시킬 수 없었다.

그는 당혹해하면서 이렇게 말했다.

"상대적으로 운동상태에 있는 두 전기적 요소들은 서로를 끌어당기거나 밀어낸다. 이 작용은 두 요소가 상대적인 정지상태에 있을 때 일어나는 작용과 종류가 다르다."

가우스가 수학적으로 분석한 결과, 운동하는 전기적 요소들의 상호작용은 에너지 보존법칙을 위반하는 듯이 보였다.

전자기학의 갈릴레이

외르스테드가 전류에 의한 자기유도 현상을 발견하고 약 10년 뒤인 1831년 패러데이는 전기와 자기 사이의 관계가 대칭적이라는 사실을 밝혔다. 그는 자기장에 의한 전류유도 현상을 발견했다. 그가 한 실험은 매우 간단하다. 그는 자석의 두 극 사이에서 전선을 움직이는 방법으로, 또한 반대로 막대자석을 전선 코일 속에서 움직이는 방식으로 전기를 유도해냈다. 자석이나 전선의 움직임에 의해 전선 속에 전류가 흐르는 것이 관찰되었다.

패러데이는 곧 자신의 개략적인 실험을 개량하여 최초의 원시적인 회전 발전기를 개발했고, 이를 통해 운동이 전기로, 즉 역학적 에너지가 전기 에너지로 전환된다는

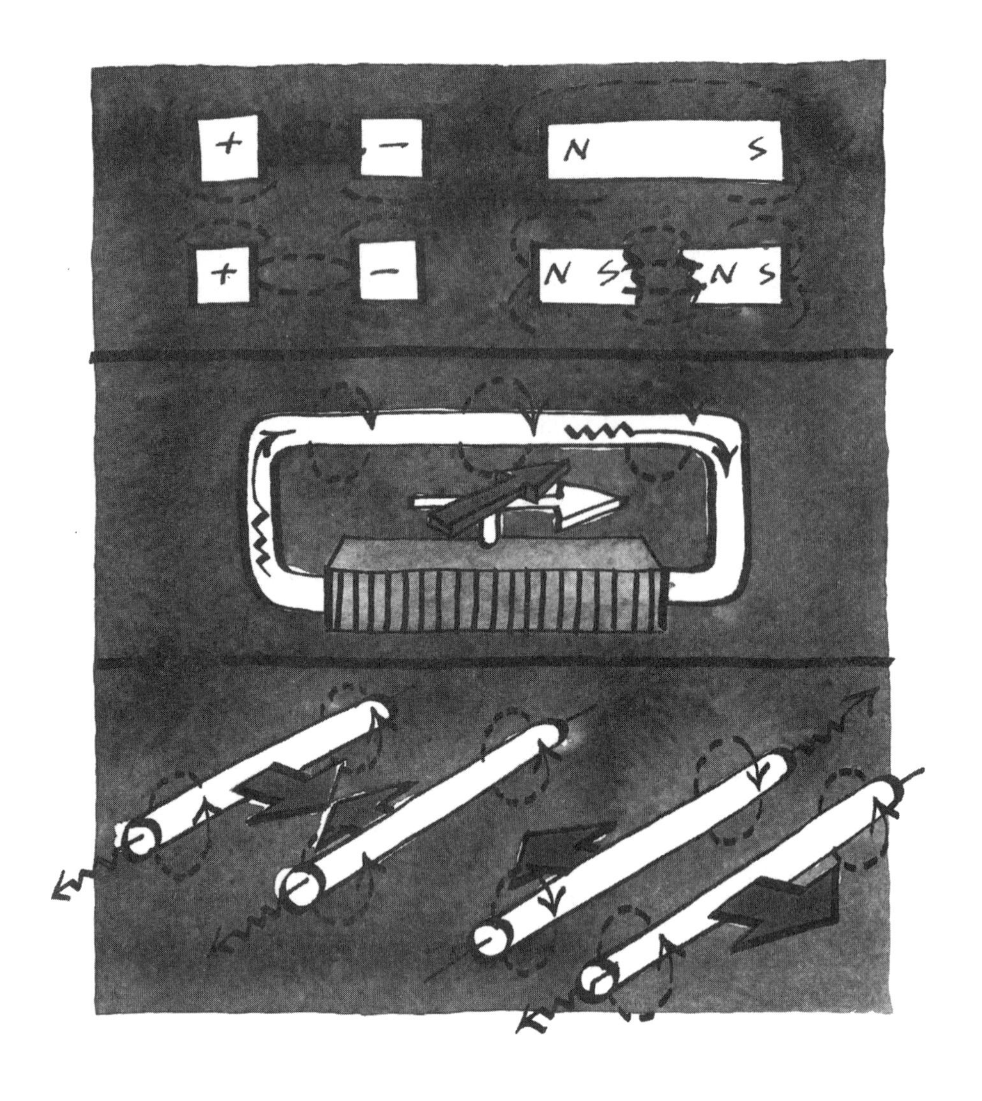

전기와 자기는 유사하지만 서로 다르다고 믿어졌다. 같은 전하(양전하 또는 음전하)와 같은 극(북극 또는 남극)은 서로를 밀어내고 다른 전하와 극은 서로를 끌어당긴다. 그러나 전하는 단독적으로 양전하이거나 음전하인 데 반해서 자석은 항상 양극을 함께 가지고 있다. 외르스테드는 전류에 의해 나침반 바늘의 방향이 바뀌는 것을 관찰함으로써 전기와 자기의 연관성을 최초로 확립했다(97쪽 참조). 앙페르는 전류가 자기장을 유도하는 것을 보였다. 같은 방향으로 흐르는 두 전류 주위의 장들은 서로를 끌어당긴다. 반대 방향으로 흐르는 두 전류 주위의 장들은 서로를 밀어낸다(97쪽 참조).

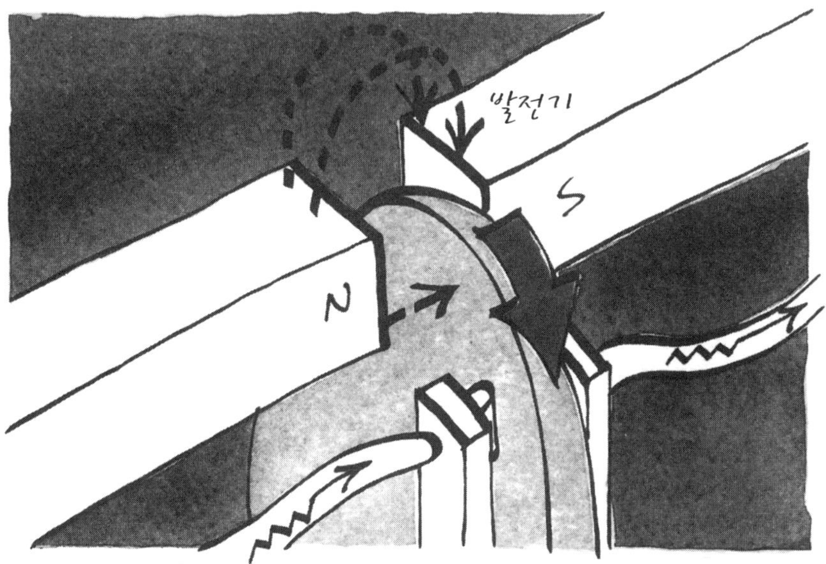

전류유도 현상은 패러데이의 간단한 실험으로 밝혀졌다. 그는 도체가 자기장 속에서 움직이도록 했다. 자기장은 앙페르가 밝힌 원리에 따라(98쪽 참조) 전선 코일에 흐르는 전류를 통해 만들었다. 패러데이는 도체가 자기장 속에서 빠르게 움직이면 짧은 시간 동안 더 큰 전류가 산출된다는 것을 알아냈다. 자기장 속에서 금속 원반을 회전시킴으로써(아래 그림), 그는 지속적인 전류를 산출해냈다(97쪽 참조). 오늘날 전세계의 발전기들은 그의 실험과 동일한 원리로 전기 에너지를 산출한다.

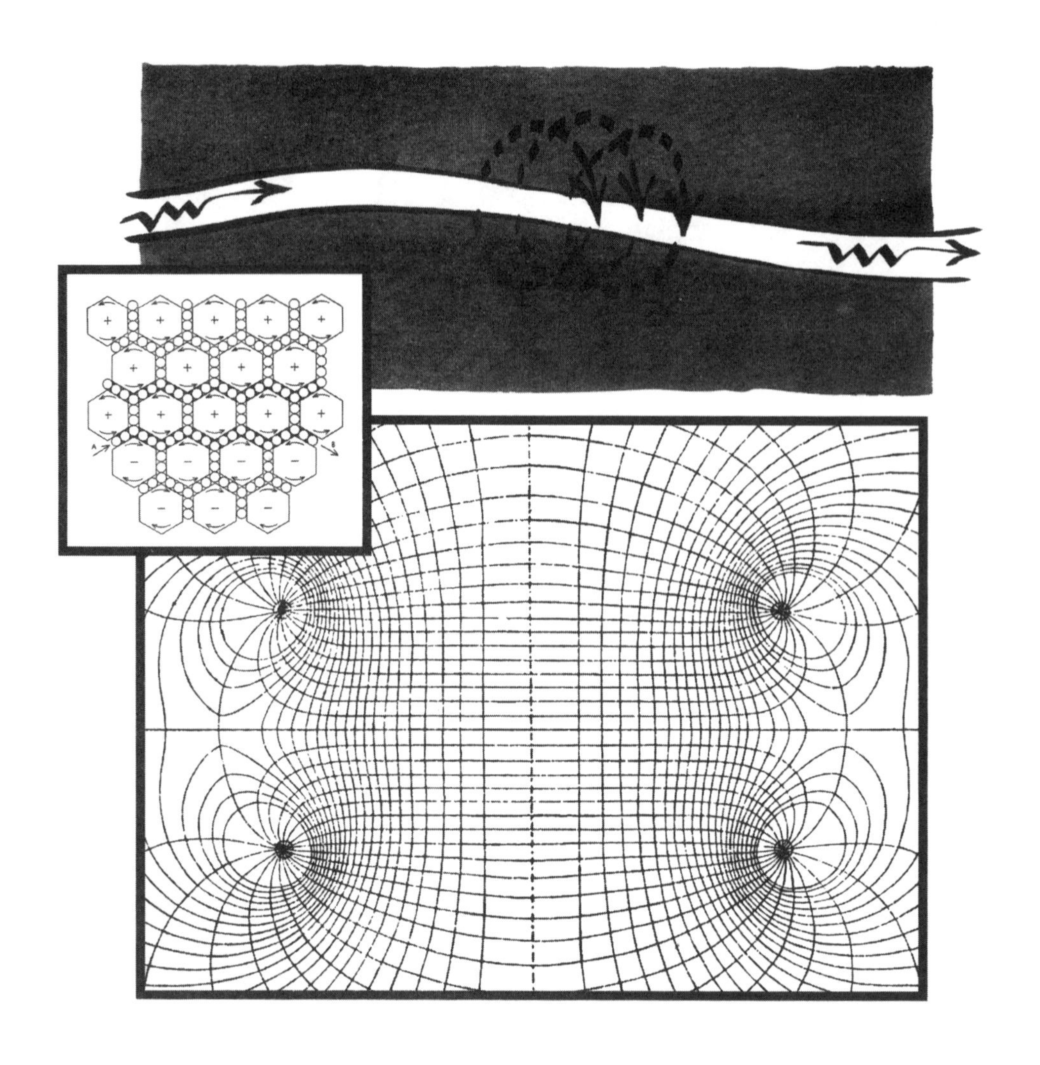

패러데이의 전자기력 장 개념은 아인슈타인의 장 이론을 향한 길을 열었다. 패러데이의 개념을 완성시켜 방정식들을 만든 맥스웰(103쪽 참조)은 처음에는 고전물리학과의 조화를 시도하면서 마음속으로 역학적 모형을 구성했다(작은 그림). 맥스웰이 그린 아래 그림은 원형 전선 두 개의 단면을 보여준다. 전선이 있는 위치는 자기장 윤곽들의 중심점으로 나타난다. 같은 방향으로 흐르는 전류들에 의해 장이 유도되었다. 윤곽선들의 간격은 장의 세기를 표현한다.

전자기파는 전하의 진동이 상호 유도를 일으키는 전기장과 자기장의 요동으로 전파됨으로써 발생한다. 전파속도는 광속이다. 패러데이는 전자기파의 존재를 예측했고 맥스웰의 방정식은 그것을 입증했다(102, 106, 107쪽 참조). 수직면으로 표현된 전기력은 북쪽과 남쪽으로 번갈아 방향이 바뀐다. 전자기파가 도체에 닿으면 전류가 유도된다. 안테나에 닿은 전자기파로 인해 유도된 전류는 텔레비전이나 전화를 작동시킨다.

자신의 주장을 확고히 했다(99쪽 그림 참조). 더 나아가 그는, 유도되는 전류의 세기는 이를 유도하기 위해 소모한 역학적 에너지의 양에 의해 결정된다는 것을 밝혀냈다. 오늘날 쉼없이 전세계의 전등에 전기를 공급하는 발전기들은 패러데이가 개발한 발전기를 대형화하고 대량생산한 결과이다.

전자기학의 갈릴레이라는 합당한 호칭으로 추앙받는 패러데이는 처음에는 인쇄소 견습공으로 일했다. 그는 자신이 인쇄하는 책들을 읽었고, 특히 그 당시 설립된 왕립연구소 실험실에서 출간하는 책들에 깊은 관심을 가지게 되었다. 그는 그 중 한 책을 요약한 글을 연구소장 데이비에게 보냈고, 데이비는 그 글을 높이 평가하여 1813년 패러데이를 보조 연구원으로 고용했다. 당대 영국의 신분상승 가능성 및 사회적 지위의 개방성을 증명하기라도 하듯이, 패러데이는 훗날 명예 연구소장이 되었고, 1867년 사망할 당시에는 그에게 수여된 작위를 거절할 수도 있었다. 데이비는 자신이 과학에 가장 크게 기여한 바는, 패러데이를 보조 연구원으로 채용한 일이었다고 회고했다.

패러데이의 타고난 자연과학자로서의 소질은 공식적인 교육을 받지 못했다는 약점을 채우고도 남았다. 철가루가 자석 주위에 늘어서는 광경 앞에서 그의 상상력은 날개를 펼쳤다. 그는 자석 주위의 '장'(field) 속에서 서로 모이고 뭉치는, 패러데이의 표현 그대로 '힘의 선들'을 보았다. 자기장 속을 움직이는 도체는 힘의 선들을 '자른다'. "전선이 천천히 [힘의 선들을 가로지르면서] 움직이면 전선 속에 약한 전류가 생겨난다." "전선이 힘의 선들을 빠르게 가로지르면, 더 짧은 시간 동안 더 강한 전류가 흐른다"고 패러데이는 실험 보고서에 기록했다. 패러데이는 정지한 전하에서도 힘의 선들을 볼 수 있었다. 그 선들은, 물론 거리의 제곱에 비례하여 힘이 점점 약해지지만, 반대 극의 전하가 있는 곳이라면 우주 속 어디까지라도 이어진다. 공간은 어디든 그런 힘의 선들과 장들로 '채워져 있다.'

전자기력의 작용은 고전역학이 시도한 것처럼 도체나 자석 내부에서 찾아야 할 것이 아니라, 그런 물체들 사이의 공간에서 찾아야 한다는 것을 패러데이는 분명하게 인지했다. 패러데이는 다음과 같은 결론을 내렸다. 그러므로 전자기 실험에 의해 생성되고 사라지는 전기장과 자기장은 더 넓은 영역에서 장들이나 힘의 선들의 파동을 산출할 것이다. 그는 요동이 일어난 진원지로부터 공간 속으로 무한정 퍼져나가는 물결을 생각했다. 항성에서 오는 빛도 그렇게 공간 속으로 무한정 퍼진다. 패러데이는 자신이 생각하는 파동이 일종의 빛이라는 것을 확신했다.

패러데이는 빛과 전자기의 관계를 입증하는 실험을 고안하기 위해 여러 해 동안 노력했다. 1845년 그의 노력이 결실을 맺었다. 강한 자기장 속에 매단 유리조각을 통과한 빛이 편광되는 현상이 발견되었다. 더 나아가 그는 편광된 빛의 편광면이 자기장 방향에 따라 바뀌는 것을 보여주었다. 물리학의 무대인 '빈 공간'이 이제 전자기장으로 가득 채워진 것이다. 1846년 패러데이는 자신의 공책에 이렇게 적었다.

"내가 할 수 있는 말은 이것뿐이다. 공간 속의 어느 부분을 보아도, 그 부분이 비어 있든 물질로 채워져 있든, 내 눈에 보이는 것은 오직 힘과 힘이 뻗어나가는 선들뿐이다."

「광선 진동에 관한 생각들」이라는 제목의 글에서 그는 장들의 파동과 가시광선이 동일하다는 추측을 공개했다.

"내가 과감하게 내놓으려는 주장에 따르면, 빛은 (……) 물질의 입자들을 연결하는 힘의 선들에서 일어나는 [높은 진동수를 지닌] 진동이다."

그는 더욱 과감하게 다음과 같은 주장으로까지 나아갔다.

"에테르를 부정하는 것은 가능할 수도 있다. 그러나 진동을 부정할 수는 없다."

물리학자들이 에테르라는 임시 구조물을 헐어내고, 공간이 장과 힘으로 채워져 있다는 패러데이의 주장을 수용하기까지는 60년의 세월이 필요했다. 전자기학의 뉴턴이라 불리는 맥스웰조차도 에테르를 부정하지 못했다.

맥스웰 방정식

맥스웰은 자기장에 의한 전류유도 현상을 보이는 패러데이의 실험이 있던 해에 태어났다. 그는 패러데이와는 달리 충분한 교육을 받았으며, 패러데이의 생생한 감각에 뒤지지 않는 수학적 재능을 지니고 있었다. 맥스웰은 패러데이의 실험 보고서와 논문들에 수록된 풍부한 관찰자료 전체를 한 쌍의 상보적인 편미분 방정식으로 추상화하는 데 성공했다. 그러나 맥스웰 역시 처음에는 패러데이의 장을 표현하는 복잡한 역학적 모형을 종이 위에 그리고 그의 정신의 눈앞에 그려야만 했다(100쪽 그림 참조).

1856년 괴팅겐에서 베버(W. Weber)와 콜라우슈(F. Korlrausch)가 한 실험 역시 맥스웰 방정식으로 설명할 수 있다. 베버와 콜라우슈는 실험을 통해 "전자기력의 단위와 정전기 단위 사이의 비율"을 측정하는 시도를 했다. 정전기 단위는 쿨롬으로 확정되어 있었다. 1쿨롬은 단위 전기장 속에 놓였을 때, 고전적인 힘 단위인 1다인(dyne)의 힘을 '느끼는' 전기량이다. 쿨롬에 대응하는 전자기력 단위를 확정하기 위해 베버와 콜라우슈는 1다인의 전자기력을 산출할 수 있는 전류의 세기를 측정했다.

1다인(다인은 중력상수(75쪽 참조) 값을 표기하기 위해 캐번디시가 도입한 단위이다)은 1초 동안에 1그램의 질량을 초속 1센티미터까지 가속시킬 수 있는 힘이다. 다인이 도입되면서 에너지 단위에도 '에르그'가 추가되었다.

맥스웰의 표현을 직접 인용하자. 전하의 운동에 의해 전자기력이 발생한다면, "한 단위의 전자기 속에 있는 정전기 단위의 양은 시간 단위의 설정에 따라 변할 것이 분명하다." 그러므로 측정해야 할 수량은 변화의 속도이며, "이 속도를 나타내는 수량이 곧 한 단위의 전자기 속에 있는 정전기 단위들의 수"를 나타낼 것이다. 나침반 바늘의 편이를 측정한 결과 베버와 콜라우슈는 한 단위의 전자기 속에 310억 7400만 단위의 정전기가 있음을 발견했다. 따라서 한 단위의 전자기의 크기는 정전하 한 단위의 31,074,000,000분의 1 즉 대략적으로 3×10^{-10}다인이다.

맥스웰은 베버-콜라우슈 측정값이 빛의 속도 초속 30만 킬로미터와 밀접하게 연결된다는 사실을 즉각적으로 간파했다. 맥스웰은 직접 독창적인 실험을 수행하여 베버와 콜라우슈의 측정을 입증했고, 프랑스의 피조(A. H. Fizeau)는 얼마 전 측정된 빛의 속도에 근접하는 계산값을 얻었다(114쪽 그림 참조). 더 나아가 맥스웰은 1865년 전자기 복사의 원리에 관한 자신의 수학적 주장을 완벽한 형태로 제시했다. 맥스웰은 이렇게 썼다.

"전자기의 횡적인 진동이 전파된다는 생각은 패러데이의 「광선 진동에 관한 생각들」에서 분명하게 제시되었다. 패러데이가 제안한 빛 이론은 내가 이 논문에서 전개하기 시작한 이론과 본질적으로 동일하다. 다만 1846년 당시에는 전파속도를 계산할 수 있게 해주는 자료가 없었다는 점만이 다르다. (……) 그 전파속도는 빛의 속도에 매우 근접하기 때문에, 우리는 다음과 같은 결론을 내릴 강력한 근거를 가지고 있다. 빛(복사열을 포함해서 모든 복사파)은 파동의 형태로 전자기 법칙에 따라 전자기장 속으로 전파되는 전자기 진동이다."

맥스웰은 1879년 47세의 나이로 때이른 죽음을 맞았다. 그로부터 채 10년이 지나지않아, 전자기장 속으로 전파되는 '다른 복사파들'이 존재한다는 사실이 입증되었다. 칼스루에 공대의 젊은 물리학자 헤르츠(H. Hertz)는 맥스웰 방정식들의 아름다움과 깊은 의미에 매료되었다. 그는 정전기 퍼텐셜을 방전시키는 스파크가 두 도체 사이의 스파크 간격에서 높은 진동수로 반복해서 일어나는 것을 관찰했다. 이 진동 스파크에서 헤르츠는 맥스웰의 방정식들이 표현하는 전기장과 자기장 사이의 에너지 교환을 떠올렸다. 그런 에너지 교환이 일어난다면 패러데이가 말한 전자기파가 발생할 것이 확실하다.

헤르츠는 물리학 강의실 한 쪽 끝에 강력한 축전지를 설치하고, 반대쪽 끝에는 오늘날의 쌍극 안테나(dipole antenna)에 해당하는 장치를 설치했다. 파동에 의해 안테나에 유도될 것으로 예상되는 짧은 전류 펄스가 충분히 강력해서 안테나의 스파크 간격을 넘어설 수 있기를 헤르츠는 기대했다. 그의 기대는 실현되었다. 그는 "어둠에 익숙해진 눈으로 보면 분명히 보이는" 스파크를 관측했다.

전자기파 스펙트럼

전자기파와 빛이 동일하다는 사실을 확고히 증명하기 위해 헤르츠는 전자기파를 금속 표면에 반사시키고, 포물면 모양의 금속 반사체를 통해 초점에 모으고, 심지어 송진(pitch)으로 만든 프리즘으로 굴절시키는 실험도 했다. 그가 발생시킨 전자기파의 파장은 대략 1미터로, 빛의 행태를 근사적으로 보여주기에 충분했다. 오늘날 '마이크로파'(microwave)라 불리는 헤르츠의 전자기파는 제2차 세계대전 당시 나치의 공군에 맞서는 영국군 방공부대와 야간 출격 조종사들의 눈이 되어준 레이더 기술에 이용되었다. FM 라디오의 파장도 충분히 짧아서 레이더와 같은 성격을 나타낸다. FM 라디오는 많은 건물이 있는 시내를 달리는 자동차 안에서도 수신할 수 있다.

헤르츠의 실험이 있고 10년이 지나지 않은 1895년에 마르코니(G. Marconi)는 파장이 훨씬 긴 전자기파에 메시지를 담아 최초의 무선 전신을 송출했다. 헤르츠는 1893년 37세의 나이에 암으로 사망했다. 전자기파 스펙트럼 전 영역에 있는 파동의 진동수를 나타내기 위해 사용하는 단위인 헤르츠(기호는 Hz)는 쿨롬, 암페어, 볼트와 함께 전자기학의 중심단위가 되었다.

뉴턴의 프리즘에 의해 처음 분산된 가시광선들의 진동수는 4×10^{14}에서 7×10^{14}헤르츠 영역에 있다(52쪽 그림 참조). 다시 말해서 가시광선은 파장이 3.75×10^{-5}센티미터인 지점에서 끝나는 자외선보다 파장이 길고, 대략 7.5×10^{-5}센티미터 파장에서 시작되는 적외선 또는 열선보다 파장이 짧다. 가시광선 영역을 벗어나는 전자기파는 파장 또는 진동수가 무한정 커지거나 작아지는 양쪽 방향 모두로 펼쳐져 있다.

맥스웰 방정식은 패러데이가 예측하지 못한 사실을 알려준다. 전자기파는 파장이 어떠한가에 따라서, 물체를 관통하고 빈 공간이나 대기 속으로 전파될 뿐만 아니라, 독자적으로 작용하는 전기력과 자기력을 억제하거나 유도하지 않는 종류의 매질(예를 들어 절연체)이라면 모든 매질 속으로 전파된다. 맥스웰 방정식에서 도출되는 이 사실은, 의학에서 이용되는 X선 사진과 CAT(컴퓨터 단층촬영-옮긴이) 화상, 또한 전자렌지나 광섬유 통신에서 입증된다. 현대의 도시인들은 전선, 라디오, 텔레비전, 그리고 최근에 등장한 휴대폰 등에서 나오는 전자기파의 홍수 속에서 살아간다.

장이 에테르를 대체하다

맥스웰은 패러데이가 제안한 장과 역선(힘의 선)이 전자기파 스펙트럼에 관한 함축을 넘어서는 의미를 지닌다는 것을 의식했다. 그는 패러데이가 고전역학으로부터의 근본적인 결별을 제안했음을 간파했다.

"수학자들이 거리에 따라 작용하는 힘의 중심을 보는 것과는 달리 패러데이는 그의 정신의 눈으로 공간 전체에 뻗은 역선들을 보았다. 수학자들이 단지 거리로만 생각하는 곳에서 패러데이는 매질을 보았다. 패러데이는 현상의 진실을 매질 속에서 일어나는 실제 작용에서 찾았다. 수학자들(맥스웰이 염두에 두고 있는 사람은 베버이다)은 전기 유체에 가해지는 원거리 작용력을 발견한 것으로 만족했다."

맥스웰은 다음의 사실 앞에서 흥분했고 동시에 안도감을 느꼈다.

"내가 나름대로 패러데이의 생각이라 여긴 것을 수학적 형태로 번역하는 작업을 완수한 후, 나는 나의 방법과 패러데이의 방법에 의해 나온 결론들이 대략 일치한다는 것을 발견했다."

패러데이가 제안한 장과 역선이 물리적 실재에 대한 기존의 개념틀을 보완할 뿐만 아니라 그 틀을 바꾸는 새로운 대안이 된다는 사실을 패러데이 자신이 알고 있으리라고 맥스웰은 생각했다.

그는 서로 아무 관계 없이 존재하는 물체들을 한 번도 생각하지 않았고, 항상 물체들 사이의 거리와 그 거리의 함수에 따라 결정되는 물체들 간의 작용력을 생각했다. 그는 공간 전체를 힘의 장으로 생각했으며, 일반적으로 휘어져 있는 역선들이 물체에서 모든 방향으로 뻗어나오고, 다른 물체들로 인해 방향이 바뀐다고 생각했다. 심지어 그는 역선들이 어떤 의미에서는 물체의 일부처럼 물체에 속한다고, 그러므로 물체가 멀리 떨어진 다른 물체에 작용하는 것은 물체가 부재하는 곳에서 작용하는 것이 아니라고까지 말한다. 내가 생각하기로는, 그가 말하고자 했던 바는 다음과 같다. 공간의 장은 역선들로 가득 차 있고, 역선들의 배열은 장 속에 있는 물체들의 배열에 따라 결정되며, 각 물체의 역학적·전기적 작용은 물체에 닿아 있는 역선들에 의해 결정된다.

패러데이의 추측과 맥스웰의 방정식들이 계기가 되어 일어난 물리적 세계의 본성에 관한 심오한 질문은 물리학의 위기를 가져왔다. 그 위기는 20세기에 새로운 물리학에 의해 해소되었다. 예를 들어 켈빈 경을 비롯한 원로 물리학자들은 맥스웰 방정식이 그토록 아름답게 기술한 전자기장과, 그 방정식을 얻기 위해 맥스웰이 힘들여 극복해야 했던 고전역학적 모형을 조화시키려 애썼다. 반면에 아인슈타인의 말을 인용하자면, 젊은 세대의 물리학자들은 "장이론의 성취가 이미 충분히 의미 있고 강력하기 때문에, 장이론을 고전역학적 교설로 대체할 수는 없다"고 생각하고 있었다. "공간이 전자기파를 전달하는 물리적 성질을 지녔음"을 인정해야 하고, "그런 성질을 지닌다는 것이 무슨 의미인지에 대해서는 너무 심각하게 고민할 필요가 없다."

자외선 재앙

아인슈타인 자신의 증언에 따르면, 1905년 그가 이룬 업적을 향한 연구의 단초는 열에 관한 고전역학적 문제를 해결하려는 노력에서 발생한 위기상황이었다. 빛을 내는 고체에서 나오는 복사광을 연구하는 과정에서 열역학과 전자기학이 서로 접근하면서 예기치 않은 위기상황이 발생했다.

절대온도 0도 이상의 온도를 가지는 모든 고체는 복사광을 방출한다. 고체를 이루는 원자들의 운동, 즉 럼퍼드 백작이 입증했듯이, 열이 고체에서 방출되는 전자기파의 원천이다. 섭씨 37도를 유지하는 인간의 몸은 물체의 온도가 대략 섭씨 50도 이상이면 물체의 복사열을 '온기'로 느끼기 시작한다. 원자들을 구성하는 입자들이 지닌 전하의 작은 움직임이 복사파를, 즉 패러데이가 직관적으로 파악하고 맥스웰 방정식과 헤르츠 실험이 입증한 가시광선 영역 바깥의 전자기파를 일으킨다. 물체의 온도가 올라가면, 원자들의 진동이 가시광선의 영역 안에서도 관찰된다. 물체가 처음에는 붉게 그리고 이어서 희게 빛난다. 이러한 색깔 변화는 온도가 높아짐에 따라 점점 더 파란색에 가까운 짧은 파장의 복사파가 방출됨을 의미한다(91쪽 그림 참조). 실제 고체들은 구성성분인 원소들의 고유한 파장을 지닌 선스펙트럼을 더 강하게 방출하고 흡수한다. 이 현상은 19세기 중반 케임브리지 대학의 스튜어트(B. Stewart)와 하이델베르크 대학의 키르히호프(G. Kirchhoff)에 의해 이론적으로 연구되었다. 그들의 이론은 이상적인 '흑체'를 가설적으로 상정했다. 흑체는 이상적으로 검은 물체로서 모든 파장의 복사광을 반사 없이 흡수한다. 또한 흑체가 내는 복사광과 흑체의 온도가 열평형 상태에 있을 때, 흑체는 모든 파장의 복사 에너지를 방출하는 완벽한 물체이기도 하다.

과학자들은 이 가설적인 흑체에 가까운 실제 물체를 만들기 위해, 백금에 원통형이나 구형의 작은 굴을 파고 안팎을 모두 검게 칠한다. 이 물체에 열을 가하면, 굴의 입구인 좁은 구멍을 통해 외부로 복사 에너지가 방출되므로, 복사파 연구가 가능하다. 이 장치는 오늘날 야금산업에도 사용된다. 용광로에서 나오는 빛의 색깔과 일치하도록 흑체 복사광의 색깔을 맞추어, 융해된 금속의 온도를 정확하게 측정할 수 있다.

서로 다른 온도에서 방출되는 복사광의 세기를 정밀하게 측정해보면, 온도가 높아질수록 가장 강한 복사광의 파장이 점점 짧아진다는 것을 알 수 있다. 약 섭씨 500도로 달궈진 철에서 나오는 가장 강한 복사광의 파장은 가시광선 영역을 멀리 벗어난 적외선 파장이다. 섭씨 2000도로 달궈져 흰 빛을 내는 철의 경우에도 가장 강한 복사광의 파장은 가시광선 영역에 가깝지만 여전히 적외선 파장이다. 섭씨 6000도의 표면온도를 가진 태양이 내뿜는 빛에서 가장 강한 복사선은 가시광선 영역의 노란색 파장이다. 이런 관측 결과들을 종합하면, 이상적인 흑체를 구성할 수 있고, 열과 전자기 복사를 연결하는 법칙을 얻을 수 있다. 흑체가 방출(또는 흡수)하는 에너지는 온도의 네제곱에 비례해서 증가한다. 흰 빛을 내는 철과 눈부신 태양을 비교해보면 이 사실을 대략 알 수 있을 것이다. 실제 물체들은 성분들의 성질에 따라 다소 법칙을 벗어나는 행태를 보인다.

실제 물체나 흑체가 방출하는 복사광의 강도를 파장에 따라 그래프로 그려 얻은 곡선은, 상이한 온도에서 원자나 분자가 지니는 평균속도를 나타내기 위해 맥스웰이 그린 곡선과 유사했다. 바로 이 사실이 놀라운 수수께끼였다. 일반적으로 과학자들은 에너지 균등분배 원리가 물질뿐 아니라 복사 에너지에도 타당하다고 믿었다. 그러나 복사 에너지의 경우, 각각의 파장에 균등하게 에너지가 분배될 경우, 전체 에너지가 무한대가 될 수밖에 없다.

케임브리지 대학의 진스(J. Jeans)는 이 불만스러운 결론이 고전적인 이론을 무리하게 적용했기 때문에 나온다는 사실을 간파했다. 10의 거듭제곱으로 진동수를 나타낼 때 한 개의 지수로 대변되는 영역 속에 들어 있는 파동들은, 붉은색에서 푸른색 방향으로 진동수가 높아질수록, 지수가 1만큼 커질 때마다 10배로 많아진다. 그러므로 모든 영역에 고루 에너지를 분배할 경우, 고진동수 영역에 더 많은 에너지가 할당될 수밖에 없다. 그러므로 이상적인 흑체는 가시광선 바깥인 자외선 영역에서도 에너지를 방출하고, 그 너머의 더 짧은 파장의 무수히 많은 영역에서도 에너지를 방출할 것이다. 진스는 이러한 고전 이론의 불합리성을 '자외선 재앙'(ultraviolet catastrophe)이라 표현했다(91쪽 그림 참조).

1899년 플랑크는 복사광에 적용되는 에너지 균등분배 원리를 수정할 것을 제안했다. 그는 복사 에너지와 복사 진동수가 고정된 비율 관계를 형성함을 증명했다. 나트륨의 노란색 복사광의 진동수는 5.1×10^{14}헤르츠이다. 이 복사광이 운반하는 에너지의 측정값은 3.4×10^{-12}에르그(에르그에 관해서는 104쪽 참조)이다. 이 진동수를 가진 파동 한 개의 주기는 1.9×10^{-15}초이다. 파동의 에너지와 주기를 곱하면 6.6×10^{27}에르그가 된다. 이 에너지 단위량(기호로는 b)이 플랑크 상수이다.

이제 자외선 재앙을 막는 설명이 가능해졌다. 에너지 보존법칙에 따르면 한 원자는 최소한 방출하는 만큼의 에너지를 흡수해야 한다. 원자들이 방출하는 복사광의 강도 곡선은 맥스웰-볼츠만 통계역학에서 얻은 원자들의 속도 분배곡선과 근사적으로 같다.

플랑크는 자신이 발견한 상수를 '작용 양자'(quantum of action)라고 명명했다. 그는 '작용'이라는 고전역학의 초기 용어를 사용했다. 그 용어는 한 물체가 다른 물체에 가하는 힘을 떠올리게 하며, 한 물체에서 다른 물체로 운동이 옮겨가는 것을 생각하게 한다. 플랑크 상수는 복사 에너지에 분할 불가능한 궁극적 원자를 부여했다. 플랑크 상수에 복사광의 진동수를 곱하면, 그 진동수에서 운반되는 에너지의 단위, 즉 양자의 값이 나온다. 플랑크는 자신이 제안한 작용 양자가 현대 물리학의 근본상수가 되고, 물리적 실재의 본성에 대한 이해를 근본적으로 바꾸는 주춧돌이 되는 것을 살아 있는 동안 지켜보았다. 그러나 1899년의 그는 단지 양자를 동원한 설명을 통해 전기역학과 고전역학이 조화를 이루게 되었다는 사실만으로 만족하고 있었다.

양자: 에너지 입자

여러 해가 지난 후 스스로 밝혔듯이, 아인슈타인은 "복사 에너지가 오직 양자에 의해서만 전달될 수 있다"는 설명으로 만족하는 플랑크에게 동의할 수 없었다. 플랑크의 설명은 "역학과 전기역학의 법칙들에 모순 되었다. (……) 물리학의 이론적 기반을 플랑크의 제안에 맞게 수정하려는 나의 모든 노력은 수포로 돌아갔다. (……) 점점 더 어렵게 오랫동안 시도하는 과정에서 나는 보편적이고 형식적인 원리를 발견해야만 확실한 결론에 도달할 수 있다고 점차 확신하게 되었다."

아인슈타인이 회고하는 시절은 1900년에서 1905년 사이의 기간이다. 아인슈타인은 취리히 공과대학을 졸업한 후, 강사직을 지원했으나 거절당하고 스위스 특허청 기술 직원으로 근무하고 있었다. 그는 과감하게도 물리학계를 강타한 가장 심오한 문제에 대한 수학적 해답을 찾고 있었다. 1905년 26세의 아인슈타인은 네 편의 논문을 발표했다. 두 논문은 물질이 원자로 이루어졌다는 사실에 물리학계가 최종적으로 합의하는 데 기여했다. 당시 몇몇 물리학자들은 원자 분리에 성공하기 직전이었다. 나머지 두 논문이 일으킬 효과가 어디까지인지는 아직도 내다볼 수 없다.

4월에 발표된 첫번째 논문에서 아인슈타인은 플랑크의 양자에 대한 자신의 생각을 심도 있게 전개했다. 복사광은 '일종의 분자적 구조'를 가져야 한다고 그는 과감하게 선언했다. 두번째 논문에서 아인슈타인은 한 걸음 더 나아가, 복사광의 양자가 운동량을, 그리고 전자기 에너지의 함수로 결정되는 유효질량을 가진다는 것을 밝혀냈다. 뉴턴이 주장한 빛 입자와 유사한 질량-에너지 입자가 복사광과 물질 사이의 상호작용을 수행한다고 아인슈타인은 주장하고 있었던 것이다.

이미 알려졌지만 설명되지 않은 현상들이 아인슈타인의 혁명적 발상을 뒷받침했다. 아인슈타인은 '광전효과'를 언급했다. 이 효과는 오늘날 휴대용 계산기의 전원으로 쓰이는 광전지를 통해 우리에게 익숙한 현상이 되었다. 맥스웰은 상이한 빛이 상이한 물질에 비칠 때, 예를 들면 사진 필름이 검게 변하고, 금속에서 전하가 방출되는 등의 질적으로 상이한 효과가 일어난다는 사실을 밝혀냈다. 헤르츠는 스파크 간격에 놓인 금속에 빛을 비춤으로써 수신용 쌍극자(diode)에 스파크가 일어나도록 할 수 있었다.

아인슈타인의 주장에 따르면, 복사 에너지 양자는 한계 진동수 에너지(해당 금속 원자 속에 전자가 묶여 있게 하는 에너지) 이상의 에너지를 운반할 경우 광전효과를 일으킨다. 더 낮은 진동수의 복사광을 더 강하게 비추면 금속에 아무 효과도 일어나지 않는다. 반면에 공명 진동수의 복사광을 약하게라도 비추면 전자들이 쏟아져 나온다. 특정한 진동수의 미세한 복사광을 검출하는 최선의 방법은 그 복사광에 공명하는 물질을 이용해서 광전효과를 확인하는 것이다. 진스는 이렇게 설명했다

"새 두 마리를[서로 다른 물질을] 돌 하나로 잡을 수는 없다. 또한 돌 두 개로도 새 한 마리를[공명하지 않는 물질을] 잡을 수 없다."

각각의 파동 한 개(wavelet)가 6.6×10^{-27}에르그의 작용량을 가하는 것을 생각해 보면, 일정한 진동수가 운반하는 에너지가 전부 전달되기 위해서는 1초 동안 도착하는 파동들이 전부 있어야 할 것처럼 보인다. 진스는, 피조가 광속 측정에 사용한 맞물린 두 톱니바퀴에 의한 '대량살상'을 양자가 어떻게 모면할 수 있는가, 하는 의문을 제기했다. 우리는 복사광이 파동으로 전달되고 양자로 작용하는 것을 상상해야만 한다. 푸른색 파동은 노란색 파동보다 주기가 더 짧다. 노란색 빛은 푸른색 빛과 마찬가지로 6.6×10^{-27}에르그의 양자를 품고 있지만, 에너지 전달량은 더 적다. 말하자면 푸른색 빛이 양자를 더 짧은 시간에 운반한다고 생각할 수 있다. 즉 푸른색 빛이 더 큰 충격력 또는 파괴력을 발휘한다고 생각할 수 있다.

사람들은 빛이 파동이면서 또한 광선이라는 생각을 품고 살아왔는데, 이 생각 역시 빛이 파동이면서 입자라는 생각만큼이나 모순적이다. 사실상 '광선'은 다름 아니라 광자(photon)이다. 파동-입자 이중성은 받아들여야 할 실재이다. 비록 그 이중성이 이해할 수도 시각화할 수도 없는 것이라 할지라도 말이다(139쪽 그림 참조).

특수 상대성 이론

1905년에 쓴 세번째 논문에서 아인슈타인은 '보편적인 형식적 원리'를 과감하게

제시했다. 『운동체의 전기역학에 관하여』라는 제목이 붙은 그 논문은 특수 상대성 이론이라는 명칭으로 더 잘 알려져 있다. '매우 단순할 것'을 요구하는 자신의 기준에 맞게 아인슈타인은 두 개의 '공리'를 기반에 두고 물리학의 기반을 새롭게 정초했다. 그는 갈릴레이와 뉴턴의 역학과 패러데이와 맥스웰의 전기역학을 내적으로 일관된 단일한 체계로 통합했다. 또한 그는 공간과 시간, 물질과 에너지를 통합하여 단일한 연속체 속에 있는 상호의존적 변수로 만들었다.

논문 두번째 문단의 끝에서 아인슈타인은 이미 앞으로의 논의에서 전제될 두 개의 공리를 제시했고, 이를 통해 절대공간을 폐기했다. 아인슈타인은 먼저, 패러데이가 밝혔듯이 도체에 상대적인 자석의 운동과 자석에 상대적인 도체의 운동이 아무 차이 없이 전류와 전자기장을 발생시킨다는 사실을 지적한다.

"이런 종류의 예들과 더불어, 에테르에 상대적인 지구의 운동을 발견하려는 시도들이 실패로 돌아갔다는 사실은, 전자기 현상과 역학 현상에는 절대적 정지 개념에 대응하는 것이 없음을 시사한다. 그 증거들은 오히려 (……) 역학 방정식들이 성립하는 모든 기준틀에서 전자기학과 광학의 법칙들이 동등하게 타당하다는 것을 시사한다."

아인슈타인의 첫번째 공리는 뉴턴이 고전역학의 기반으로 삼았던 절대공간 개념을 폐기한다. 자연법칙들은, 절대공간 대신에 등장하는 수많은 기준틀에서, 즉 서로 상대적으로 운동하는 많은 기준틀에서 변함없이 유지된다. 그러므로 에테르는 '불필요'하다는 사실이 드러날 것이라고 아인슈타인은 결론짓는다. 몇 년 후 '상대성'이라는 말이 수많은 분야에서 오용되는 것을 못마땅히 여긴 아인슈타인은 자신이 '상대성 원리'라는 말 대신에 '불변성 원리'라는 표현을 쓰는 것이 더 나을 뻔했다고 말했다.

이 논문에서 다루는 '상대성'은 특수한 상대성이다. 왜냐하면 이 논문은 등속운동만을 고려하기 때문이다. 갈릴레이는 등속운동을 정지와 구분할 수 없음을 알고 있었다. 뉴턴 제1법칙의 용어를 그대로 써서, 특수 상대성 이론의 기준틀들은 '관성'(inertial) 기준틀이라 일컬어진다. 중력과 같은 요인에 의해 가속되는 운동은 1916년에 발표된 일반 상대성 이론에서 비로소 논의된다.

특수 상대성 이론의 두번째 공리에 대해서는 어떤 예비적인 논증도 제시되지 않았다. 아인슈타인은 다만 "빛은 진공 중에서 항상 정해진 속도 c로 전파되며, 이 속도는 빛을 방출하는 물체의 운동 상태와 무관하다"고 선언했다. 다시 말해서, 물체가 가까이 오든 멀어지든 상관 없이, 그 물체에서 방출된 빛은 초속 3×10^{10}센티미터 속도로 움직인다. 즉 빛의 속도는 상대적이지 않다는 것이 요점이다. 절대공간과 절대시간은 불변하는 빛의 속도에게 자리를 내주었다.

그러나 경험에 의하면 빛의 속도는 절대적이지 않은 듯하다. 빛은 상이한 매질 속에서 상이한 속도로 이동한다. 물론 속도 차이가 매우 작아서 대략 초속 3×10^{10}센티미터를 크게 벗어나지 않지만 말이다. 뿐만 아니라, 독창적인 실험을 통해 피조가 1851년 밝혔듯이, 흐르는 물처럼 운동하는 매질 속으로 빛이 이동하면, 빛의 속도는 매질의 운동에 따라 달라진다(114쪽 그림 참조). 더 중요하고 폭넓은 귀결을 지니는 것으로는, 아인슈타인의 일반 상대성 이론에 의해 밝혀진 사실도 있다. 그 이론에 따르면, 전자기 복사파의 진동수와 파장은 복사파가 통과하는 중력장에 따라 변한다.

상대성 원리와 광속 불변성은 19세기 말 물리학자들 사이에서 널리 퍼져 있던 생각들이었다. 아인슈타인은 두 생각 중 어느 것도 자신의 독창적인 생각이라고 주장하지 않았다. 이미 마하(E. Mach)의 저술들을 익히 알고 있던 아인슈타인은, 그의 새로운 생각들을 기꺼이 채택했다. 소리의 속도를 나타내는 단위 '마하'로 기억되는 과학자 겸 철학자 마하는 비엔나 '논리실증주의' 학파의 창시자 중 하나이다. 그는 논리실증주의자들 가운데서도 가장 철저한 인물이었다. 감관을 통해 들어오는 것 외에는 정신 속에 아무것도 없다고 그는 확고하게 믿었다. 그는 에테르와 에테르에 의해 구제된 절대공간을 비웃었다. 아인슈타인은 전통을 뒤집는 논리실증주의자들의 새로운 주장을 소화할 준비가 되어 있었다.

아인슈타인보다 한 세대 앞선 물리학자들이 맞은 전복의 위기는 마이컬슨(A. A. Michelson)과 몰리(E. W. Morley)의 실험을 통해 찾아왔다. 그 실험은 아인슈타인이 세 살 때인 1881년에 최초로 이루어졌다. 이후 몇십 년 동안 아무런 성과 없이 반복된 그 실험의 목표는 '에테르 바람'에 거슬러 움직이는 지구의 운동을 감지하는 것이었다. 스키를 타는 사람이 '바람'을 느끼듯이, 지구의 움직임으로 인해 에테르 바람이 감지되어야 한다고 생각했던 것이다. 마이컬슨이 고안하여 실험에 사용한 정밀한 간섭계는 광선을 둘로 나누어, 두 광선이 동일한 길이의 두 경로를 거친 다음 '되돌아와서' 목표지점에서 합쳐지도록 만든다(115쪽 그림 참조). 광선이 거치는 한 경로는 지구의 회전방향인 동쪽으로, 즉 '바람에 거스르는' 방향으로 놓였다. 다른 경로는 지구 운동과 직각을 이루는 남북 방향으로 놓였다. 만일 에테르가 존재한다면, 에테르 바람 때문에 동쪽을 향한 광선의 속도가 느려질 것이다. 그러나 실험으로부

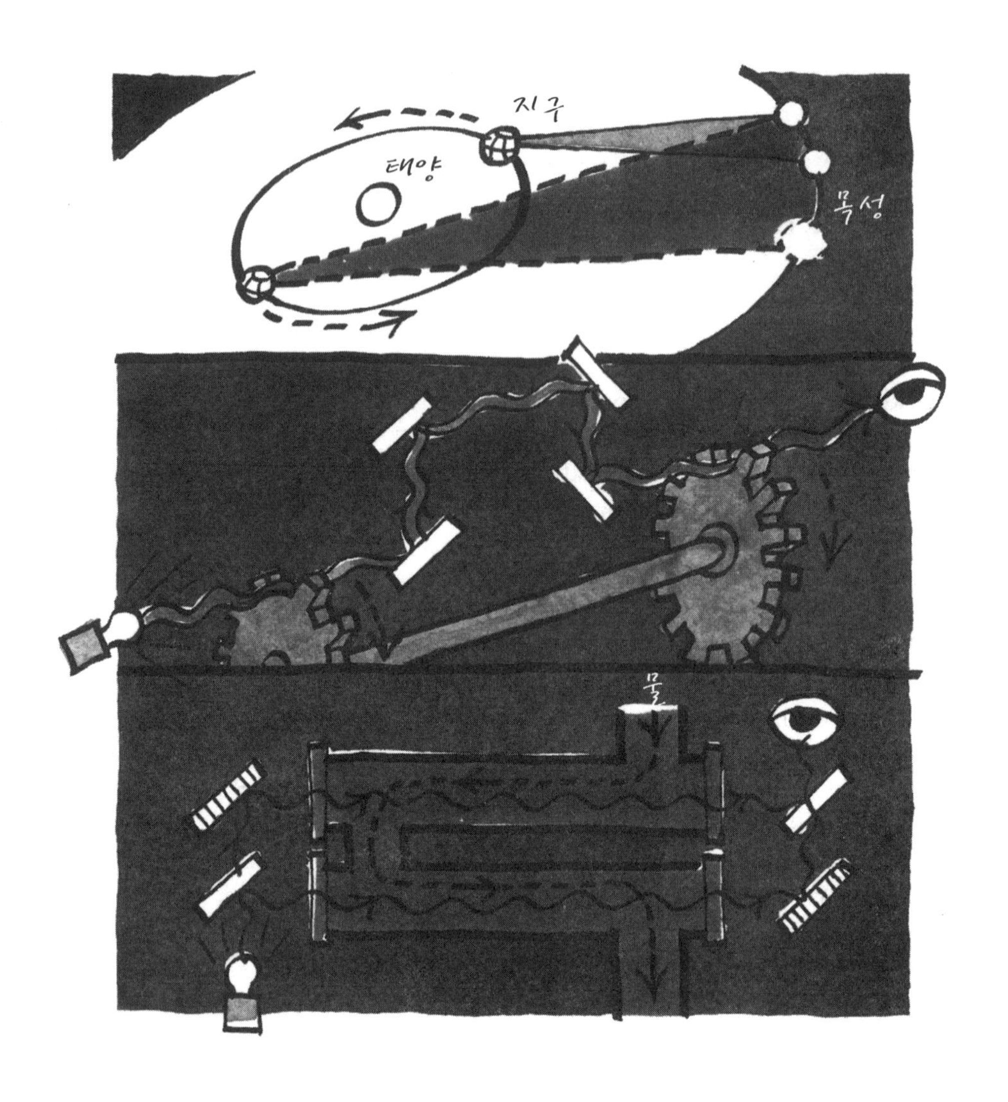

빛의 속도는 1673년 뢰머에 의해 처음으로 측정되었다. 그는 지구가 목성에 가까이 있을 때와 멀리 있을 때 목성 위성의 월식이 관측되는 시각의 차이를 근거로 빛의 속도가 초속 20만 킬로미터라고 계산했다(78쪽 참조). 피조는 정해진 속도로 회전하는 두 톱니바퀴의 톱니에 의해 빛이 차단되도록 만들려면 두 톱니를 어떤 각도로 놓아야 하는지를 측정함으로써 더 정확한 빛의 속도인 초속 30만 킬로미터라는 수치를 얻었다. 또한 피조는 통과하는 매질의 운동에 따라 빛의 속도가 늘어나거나 줄어든다는 것을 발견했다(113쪽 참조).

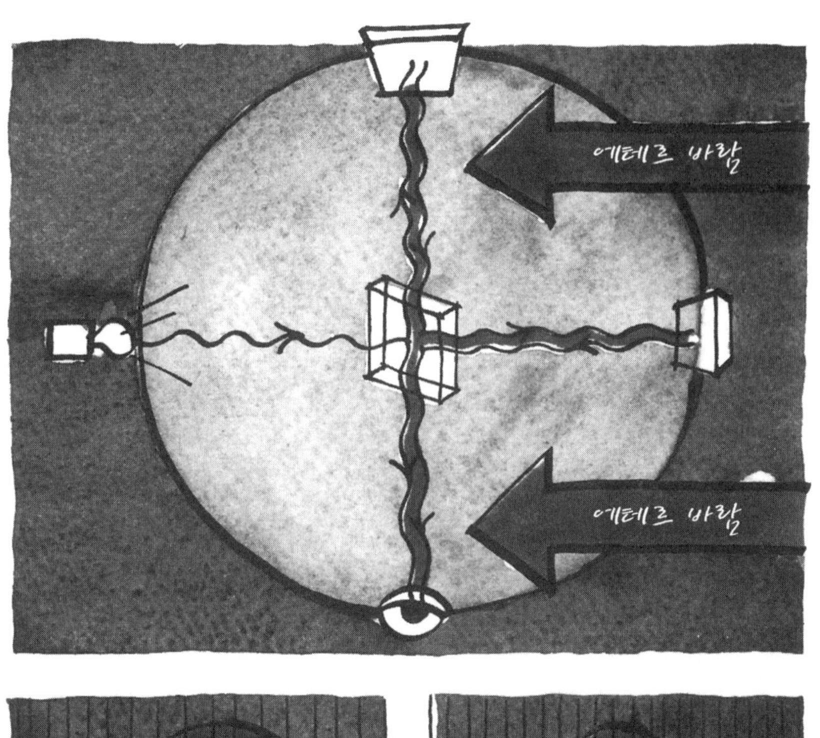

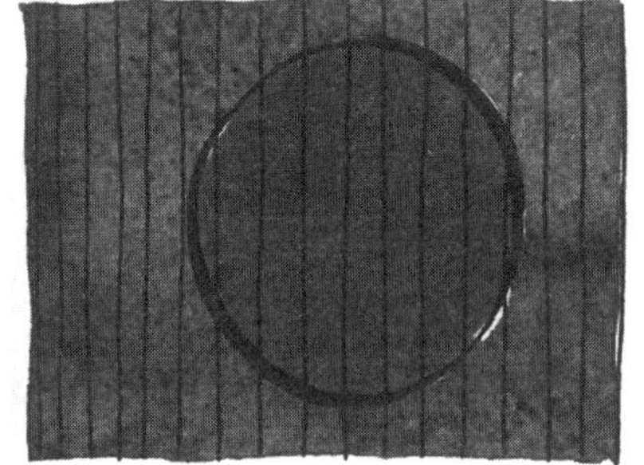

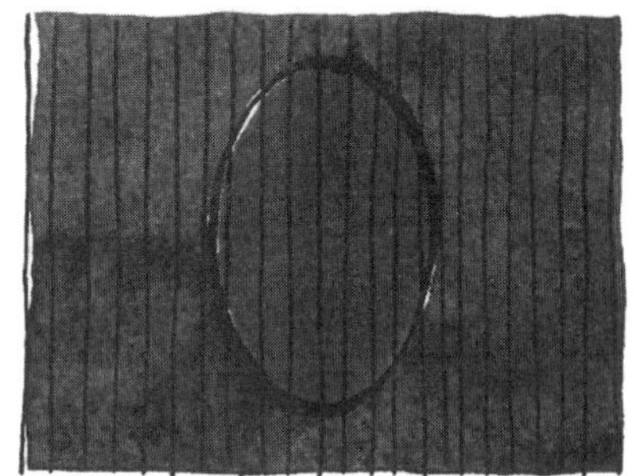

에테르 바람을 측정하려는 시도에 의해 가장 정확한 광속 측정이 이루어졌다(113쪽 참조). 마이컬슨의 간섭계는 광선을 둘로 나누어 길이가 같은 두 경로를 통해 목표지점에 도달하게 만든다. 지구 자전과 같은 방향으로 놓인 경로에서는 에테르에 의해 빛의 속도가 느려져야 했다. 피츠제럴드는 지구 운동에 나란한 방향으로 길이 척도의 수축이 일어나기 때문에 에테르 바람이 측정되지 않은 것이라고 설명했다. 로렌츠는 운동 방향으로 시공의 수축이 일어나기 때문이라고 설명했다(118쪽 참조).

광자의 유효질량. 아인슈타인의 특수 상대성 이론에 의해 처음으로 가정된 광자의 유효질량은 광전효과를 설명해준다. 적절한 진동수를 지닌, 따라서 적절한 에너지를 지닌 복사파는 세기가 약하더라도 원자에서 전자를 떼어낸다(111쪽 참조). 그러므로 질량이 없는 광자가 '질량×속도'로 정의되는 운동량의 작용력을 발휘하는 것이다. 콤프턴 효과를 통해 실험적으로 입증된 바에 의하면, X선 광자는 전자와 충돌한 후 낮은 진동수가 되어 당구공처럼 되튕겨지고, 충돌한 전자는 궤도에서 떨어져나간다(156쪽 참조). 빛과 물질의 상호작용은 대칭적이어

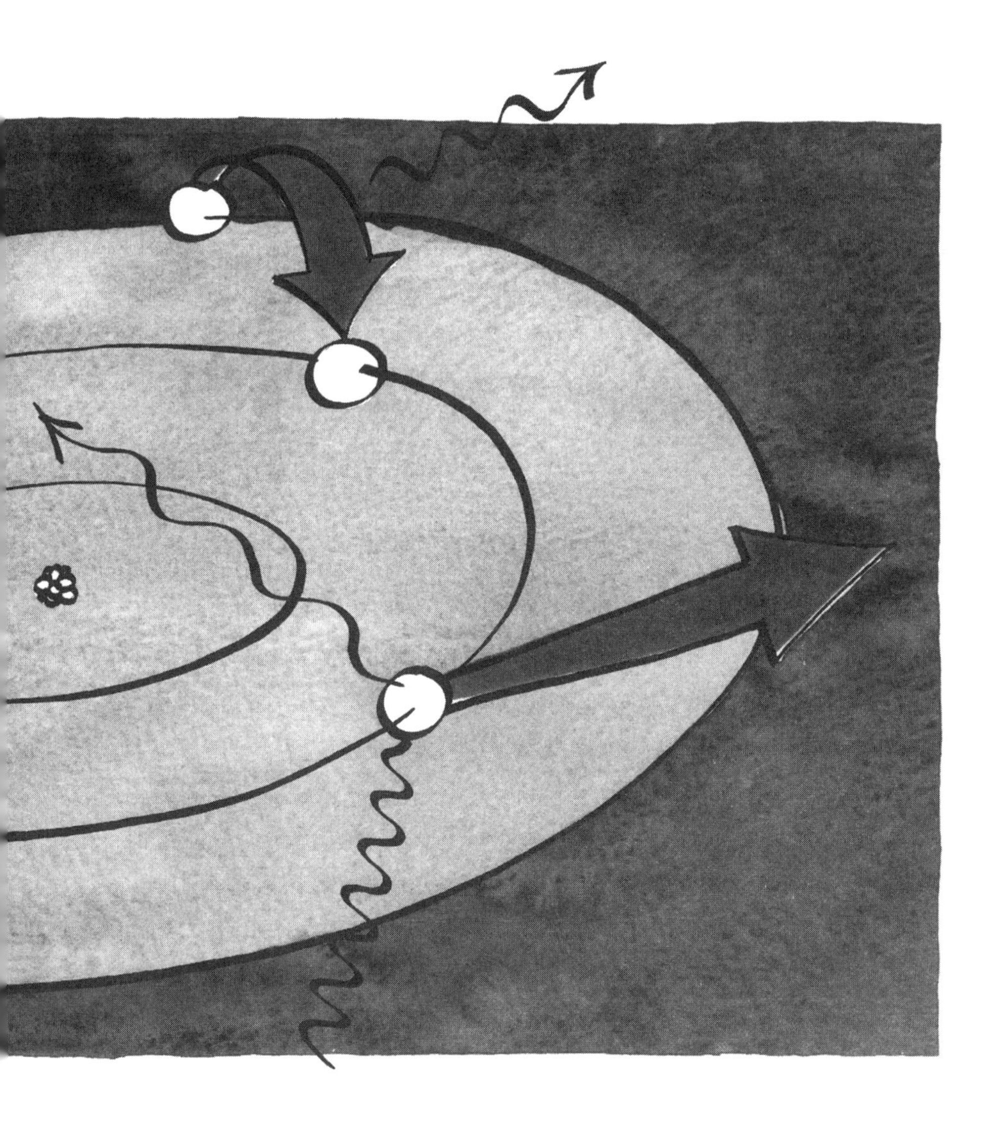

서, 전자가 높은 에너지 궤도에서 낮은 에너지 궤도로 떨어지면 원자에서 빛이 방출된다. 빛이 지닌 역학적 힘인 '광압'(photophoresis)은 우주 규모에서도 작용한다. 성간공간에서 별빛은 먼지입자들을 모아 덩어리를 만든다(왼쪽 위). 덩어리가 된 먼지입자들은 중력붕괴에 도달하여 별이 된다(236쪽 참조). 별빛 광자들은 혜성을 이루는 물질들을 쓸어내려 꼬리를 만든다(작은 그림). 혜성의 꼬리는 항상 태양의 반대편을 향한다. 혜성의 꼬리는 육안으로도 볼 수 있는 물질-에너지 동일성의 증거이다.

터 아무런 눈에 띄는 결과도 산출되지 않았다. 두 광선이 모인 목표지점에서는, 둘의 속도 차이를 증명하는 [영이 처음 관찰한 것과 같은(80쪽 참조)] 간섭무늬가 생겨나지 않았다.

물리학자 사회가 이 결과에 얼마나 경악했는지를 아일랜드 물리학자 피츠제럴드(G. F. Fitzgerald)가 내놓은 극단적인 해결책에서 읽을 수 있다. 에테르 바람을 거스른 광선의 속도 감소가 감지되지 않은 이유는, 그 광선이 거친 경로의 길이가 지구의 운동 때문에 수축되었기 때문이라고 피츠제럴드는 제안했다. 이른바 '피츠제럴드 수축' 원리에 의하면, 운동 방향을 향해 놓인 모든 자들은 길이가 짧아진다. 마이컬슨-몰리 실험에서는 동쪽으로 놓인 경로가 짧아졌기 때문에, 에테르의 저항 때문에 일어난 빛의 속도가 감지되지 않은 것이다. 에테르 가설이 널리 받아들여지고 있었기에 이 기이한 제안을 환영한 물리학자들도 꽤 있었다.

피츠제럴드-로렌츠 수축

네덜란드 수리물리학자 로렌츠(H. A. Lorentz) 역시 피츠제럴드와는 상관 없이 마이컬슨-몰리 실험 결과를 동일한 방식으로 설명했다. 그러나 로렌츠 설명의 목적은 에테르 가설을 유지하는 것이 아니었다. 반대로 그는 빛의 속도를 상수로 확립하고자 했다. 그는 길이 수축의 정도가 물체의 속도의 제곱을 빛의 속도의 제곱으로 나눈 값에 비례한다고 계산했다. 그러므로 피츠제럴드-로렌츠 수축에는 한계가 있다. 물체의 속도가 초속 3×10^{10}센티미터에 이르면, 1미터 자의 길이는 0이 되어야 한다.

1904년 프랑스 수학자 푸앵카레(H. Poincaré)는 빛의 속도를 '넘어설 수 없는 한계'로 인정하는 상대론적 역학의 필요성을 제기했다. 돌이켜보면, 만일 아인슈타인이 상대성 이론을 개발하지 못했다 할지라도, 다른 동시대인들이 운동의 보편적 상대성과 광속의 불변성을 결합하여 새로운 물리학을 만들어냈을 것이다. 하지만 그들이 아인슈타인 이상으로 '생기 있지는' 못했을 것이다. '생기 있다'는 말은 주어진 과제에 몰두하는 아인슈타인을 묘사하기 위해 그의 전기를 쓴 파이스(A. Pais)가 쓴 표현이다.

자신의 두 공리는 "운동하는 물체에 관한 단순하고 일관적인 전기역학 이론을 산출하기에 충분할 것이다" 하고 아인슈타인은 장담한다. 마치 유클리드가 그렇게 했듯이 아인슈타인도 두 공리로부터 정리들을 도출한다. 그 단조로운 도출과정은 물리적 세계에 관한 어떤 중요한 귀결도 가지지 않는 듯이 보인다. 그러나 논증이 진행되면서 놀라운 귀결들이 논리적 타당성을 지니고 등장하기 시작한다.

절대공간을 폐기한 다음 아인슈타인은 절대시간을 논한다. 마하로부터 배운 엄밀한 실증주의자답게 아인슈타인은 기준틀에 상대적인 운동을 다루기 위해 3차원 공간에 놓인 고정된 x, y, z 축을, 즉 일정한 측정용 자를 요구하고 또한 시계를 요구하고, 시간의 의미에 대한 정확한 이해를 요구한다.

"예를 들어 '저 기차는 7시에 여기에 도착한다'고 말할 때, 내가 뜻하는 바는 대략 이것이다. '내 시계의 작은 바늘이 7을 가리키는 것과 기차가 도착하는 것이 동시적인 두 사건이다.'"

한 기준틀 내에 있는 두 사건의 동시성(불가피한 부정확성을 감안해야 한다)을 확정하는 것은 가능하지만, 서로에 상대적으로 등속운동하는 두 기준틀에 각각 속하는 두 사건의 동시성을 확정하는 것은 불가능하다. 빛의 속도는 유한하기 때문에, 빛이 정보를 한 틀에서 다른 틀로 운반하는 동안 시간이 경과한다. 그러므로 두 틀 중 어느 기준틀에서 관찰하더라도, 다른 기준틀에서 시계가 더 느리게 가고 길이가 더 짧게 보인다. 두 기준틀에서 모두 측정대상에 나란히 놓인 자가 수축되어야 하므로(또한 각 기준틀에 장착된 시계의 속도를 검사할 기준이 되는 보편시계가 존재하지 않으므로), 어느 기준틀에서도 자신의 운동을 입증하는 증거를 발견할 수 없다. 수포로 돌아간 마이컬슨의 실험이 이를 잘 보여준다.

그러므로 피츠제럴드 수축은 상대성 이론의 첫번째 귀결로 도출된다. 한 기준틀에서 얻은 측정값을 다른 기준틀로 옮기는 작업은 단순하지 않다. 절대적인 시간과 공간을 배경에 놓고 생각한 갈릴레이적 상대론에서는 그런 '변환'을 위한 쉬운 절차가 있다. 1904년 로렌츠는 상대론적 길이 수축, 그리고 그 수축의 한계인 광속을 감안하여 측정값을 변환하기 위해 일련의 새로운 변환공식들을 고안했다. 그 공식들이 표현하는 '로렌츠 변환'은 특수 상대성 이론에서 핵심적인 역할을 한다. 아인슈타인은 그 공식들을 항상 로렌츠 공식이라고 불렀다.

에너지의 질량으로의 변환

로렌츠 변환에 의해 뉴턴의 관성법칙에는 중요한 수정이 가해진다. 관측자에 상대적으로 운동하는 물체의 관성은, 길이 수축에서와 유사하게 물체 속도의 제곱을 광속의 제곱으로 나눈 값에 비례하여 증가한다. 그렇게 관성이 증가하기 때문에, 물체의 속도가 높아지면 일정한 힘으로 증가시킬 수 있는 속도의 크기가 점점 줄어든다. 물체를 추진하는 힘이 가하는 에너지는 점차 물체의 질량을 증가시킨다(고에너지 가속기 속에서 최고 속도에 다다른 전자는 4만 배까지 질량이 커진다). 그렇게 운동 에너지는 질량 에너지로 변환된다. 도달할 수 없는 한계인 빛의 속도에서는, 물질 입자의 에너지-질량이 무한대가 된다. '넘어설 수 없는 한계'에 도달하기 전까지, 등식 $m=v^2/c^2$은 질량과 에너지가 서로 상대방을 드러내는 교환 가능한 현상이며, 속도에 따라 늘어나고 줄어든다는 것을 보여준다. 속도를 표현하는 데 필요한 두 변수인 공간과 시간은 하나의 물리학적 변수인 '시공'(spacetime)으로 결합된다.

관측자가 속한 기준틀에서 보면, 관측되는 기준틀은 시간이 맞지 않고, 길이를 올바로 측정할 수 없고, 질량이 늘어난 기준틀이다. 두 관측자가 서로를 관측한다면, 둘 중 어느 기준틀이 옳은 기준틀인지를 놓고 싸우게 될지도 모른다. 두 기준틀이 상대적으로 등속운동을 하기 때문에, 양쪽에서 얻은 관측값을 직접 비교하는 것은 불가능하다. 한 기준틀의 운동방향을 되돌려서 두 기준틀이 서로 만나도록 해야 할 것이기 때문이다. 하지만 빠르게 움직이는 기준틀을 이렇게 가속시킨다면, 당연히 등속운동 상태를 벗어날 것이고, 따라서 특수 상대성 이론을 벗어난 논의가 필요할 것이다.

따라서 관측자가 세심하게 관측했다면, 그 관측자가 말할 수 있는 한계 내에서, 그 관측자의 기준틀은 옳다. 그러나 관측된 기준틀에 대해 성립하는 것은, 관측하는 기준틀에서도 참이어야 한다. 관측하는 기준틀의 시계, 자, 질량 모두가 운동에 따라 변해야 한다. 아인슈타인의 치밀한 물리적 직관력은 이런 사고실험을 통한 '경험'에 의지하여 충분히 결론에 도달할 수 있었다. 다른 물리학자들은 아인슈타인에 뒤이어 질량과 에너지의 상호 교환성을 보여주는 증거들을 제시할 수 있었다.

사고실험을 물리적 실재에 적용하기 위해 아인슈타인은 빠르게 움직이는 기준틀에서 시계가 더 느리게 간다는 '이상한 귀결'을 검토했다. 그는 원리적으로는 불가능하지만 근사치를 허용함으로써, 상대적으로 등속운동을 하는 두 기준틀에 속한 시계를 비교할 수 있었다. 아인슈타인은 이렇게 말한다.

“연속적으로 휘어진 궤적을 그리면서 등속으로 움직이는 물체의 등속성분은 원리적으로 등속운동과 근사적으로 같다고 가정할 수 있다. 이 가정이 옳다면, 적도에 놓인 시계는 북극이나 남극에 놓인 시계보다 아주 약간 더 느리게 가야 한다.”

아인슈타인의 사고실험 결과는, 지상에 있는 시계와 지구 위를 날아다니는 시계의 정확성을 비교하는 실험에서 멋지게 입증되었다. 또한 인공위성에 있는 시계는 일반 상대성 이론이 예견한 결론이 옳음을 입증했다.

질량의 에너지로의 변환

특수 상대성 이론 논문의 ‘운동학 부분’에서 에너지가 질량으로 전환되는 것을 밝힌 아인슈타인은 ‘전기 역학 부분’에서도 같은 법칙이 성립한다는 것을 보인다. 맥스웰-헤르츠 방정식의 로렌츠 변환은 외르스테드, 앙페르, 패러데이가 밝힌 다음과 같은 사실에 부합한다.

“전기력과 자기력은 좌표계의 운동상태와 상관이 있다.”

전기력과 자기력의 크기는 상대속도의 함수이다. 빛의 속도가 상수라면, 멀리 있는 광원에 상대적으로 운동하는 관측자는 빛의 진동수에 편이가 생기는 것을 관측한다. 그 편이는 다가오는 소리와 멀어지는 소리를 들을 때 쉽게 알 수 있는 도플러 효과 때문에 일어나는데, 관측자가 광원에 다가가면 진동수가 더 커지고, 광원에서 멀어지면 진동수가 더 작아진다. 어느 쪽이든 편이 정도는 상대속도에 의해 결정된다. 플랑크 상수를 생각하면서 이 현상을 해석하면 이런 결론을 얻게 된다. 광원에 다가가는 관측자는 더 높은 에너지의 광자들을 만나고, 광원에서 멀어지는 관측자는 더 낮은 에너지의 광자들을 만난다. 따라서 에너지의 크기는 상대운동의 함수이다.

“광원에 속도 c로 다가가는 관측자에게는 그 광원이 무한한 세기를 가진 것으로 보일 것이다.”

이어서 아인슈타인은 전자기 에너지를 역학 에너지로 변환하는 것을 논한다. 그는, 완벽하게 반사하는 거울에 빛을 쏘면, 빛이 거울에 압력을 가해야 한다고 주장한다. 그는 압력이 빛 입자의 관성에 의해 가해지며, 그 관성은 빛의 에너지와 관련 있음을 보이고, 더 나아가 그 압력을 계산한다. 빛의 에너지—빛의 진동수에 플랑크 상수 h

를 곱한 값—의 함수인 광자의 관성은 에너지의 제곱을 빛의 속도의 제곱으로 나눈 값과 같다.

이 광압(photophoresis, 빛에 의해 가해지는 압력)은 혜성의 꼬리에서도 볼 수 있다. 혜성의 꼬리가 태양 반대쪽으로 놓이는 이유가 바로 고에너지 입자로 이루어진 태양풍과 더불어 빛이 가하는 압력 때문이다(116쪽 그림 참조).

1905년 9월 아인슈타인은 힘주어 덧붙인 생각을 『물체의 관성은 물체의 에너지 보유량에 의존하는가』라는 제목의 논문으로 발표했다. 그 논문에서 아인슈타인은 다음과 같은 사실을 밝힌다.

"물체가 복사파 형태로 에너지 E를 방출하면, 물체의 질량은 E/c^2만큼 감소한다. (……) 따라서 우리는 더 일반적인 결론에 도달하게 된다. 물체의 질량은 물체의 에너지 보유량을 보여준다. 에너지가 E만큼 변하면, 질량도 $E/9\times10^{20}$[$9\times10^{20}(\mathrm{cm/s})^2=c^2$]만큼 변한다. 이때 에너지는 에르그 단위, 질량은 그램 단위이다."

베버, 콜라우슈, 맥스웰이 밝힌 바에 따르면, 전자기의 단위는 3×10^{-10}다인이다. 이 미약한 단위 전자기는 이제 1그램의 물질이 보유한 9×10^{20}에르그라는 막대한 에너지에 의해 보완된다.

1그램당 9×10^{20}에르그

이로써 아인슈타인은 질량 보존법칙을 폐기했다. 그러나 우주적인 대차대조표는 질량-에너지 보존이라는 초대칭성에 의해 균형을 이룬다. 특수 상대성 이론에서 얻은 이 귀결을 입증하기 위해 아인슈타인은 한 가지 실험을 제안했다.

"에너지 보유량이 크게 변하는 물체들(예를 들어 라듐염[radium salts])을 이용한다면 이론의 검증이 가능하다."

최초로 수행된 거대한 규모의 실험들은 의심할 여지 없이 아인슈타인 이론을 입증했다. 9×10^{20}에르그의 에너지는 대략 TNT 1만 7000톤의 폭발 에너지와 같다. 또한 그 에너지는 질량이 에너지로 변환된다는 사실을 대중의 뇌리에 각인시키면서 1945년 7월 16일 뉴멕시코 앨라모고도에서 이루어진 핵실험에서 방출된 에너지이기도 하다. 그 폭발력으로부터 우리는 폭탄 속에 있던 8킬로그램의 플루토늄 중 1그램이 에너지로 변환되었음을 알 수 있다.

일본의 두 도시에 남겨진 폐허가 보여주는 것은 핵폭발로 방출된 에너지 전체의 일부에 지나지 않는다. 9×10^{20}에르그로 표현된 에너지가 얼마나 큰지를 가늠케 해주는 표상은 존재하지 않는다. 1에르그는 1그램을 1초 동안에 1센티미터로 가속시킬 수 있는 에너지이다. 그램을 톤으로 바꾸고 센티미터를 킬로미터로 바꾸어서 표현하면, 9×10^{20}에르그는 9×10^{8}톤을 1초 동안에 10킬로미터로 가속시킬 수 있는 에너지이다. 9×10^{8}톤이 어느 정도인지 가늠하는 데 도움이 될지 몰라서 언급한다면, 그 무게는 미국 국민 전체 무게의 다섯 배 정도이다.

장과 에너지

질량이 에너지로 변환되는 것이 보편적인 현상이라는 사실은 잘 알려져 있지 않다. 불붙은 성냥에서, 전등의 불빛에서, 안테나에서 방출되는 전자기파에서, 또한 이 글을 읽는 당신의 몸 속에서 일어나는 것을 포함한 모든 화학반응에서 질량의 에너지로의 변환이 일어난다. 물론 감지될 수 없을 만큼 미세하게 일어난다.

19세기 물리학자들 가운데서는 아마도 패러데이가 특수 상대성 이론의 우주를 가장 덜 놀라워할 것이다. 그가 도입한 장과 역선들의 실체는 전자기 에너지의 단위인 3×10^{-10}에르그이다. 장이라는 얇은 공간적 실체를 이루는 환원 불가능한 원자는, 작용 양자, 즉 전자기파 광자 한 개가 운반하는 6.77×10^{-27}에르그이다. 장 개념은 물질 개념으로 연결되는데, 1그램의 질량은 9×10^{20}에르그의 에너지의 응축이다.

그러므로 패러데이의 역선들은 맥스웰의 표현대로, "어떤 의미에서 볼 때 물체의 일부로서 물체에 속한다"고 간주될 수 있고, "따라서 그 물체가 멀리 떨어진 다른 물체에 미치는 작용은 '그 물체가 없는 곳에서 작용하기'라고 볼 수 없다." 패러데이가 예견한 대로 작용(전자기 복사파)은 빛의 속도로 공간 속을 움직인다. 패러데이는 맥스웰이 그의 견해를 "물체의 역학적·전기적 작용은 물체에 붙어 있는 선들에 의해 결정된다"라고 해석한 것에 대해 동의할 것이다. 그들의 생각은 아인슈타인의 이론에 이르러서야 입증되었다. 긴 역사적 시각으로 보면, 아인슈타인은 패러데이에게 뉴턴과 같은 존재인 맥스웰을 계승한 후계자이다.

특수 상대성 이론은 물리학자 사회에서 즉각적인 인정을 얻지 못했고, 아인슈타인 또한 하루 아침에 유명인사가 되지는 못했다. 그러나 그 이론은 충분히 신속하게 인정받았다. 파이스에 따르면, 논문 발표 직후 최초로 질문을 보내온 사람은 플랑크였다. 또한 플랑크는 공식적인 대학 강의에서 최초로 특수 상대성 이론을 논했으며, 특수 상대성 이론을 다루는 최초의 박사논문을 지도했다. 특허청은 본업 외의 업적인 특수상대성 이론을 인정해줄 리가 없었다. 아인슈타인은 1906년 한 직급 승진하여 '2등 기술 전문가'가 되었다.

취리히에서 아인슈타인을 가르쳤으며, 아인슈타인이 존경한 수학자 민코프스키(H. Minkowski)는 특수 상대성 이론이 제시한 새로운 물리적 실재 개념을 공식적으로 인정한 최초의 인물이다. 공간과 시간은 물리학 외부에 있는 절대적인 지평이 아니다. 이제 공간과 시간은 물질이나 에너지와 마찬가지로 물리적 세계의 사건들에 관여하며, 물리적 세계를 기술하는 방정식들에 종속된다. 1908년 9월 쾰른에서 열린 제80차 독일 자연과학자 및 의사 모임에서 민코프스키는 새로운 시공의 기하학을 제시하면서(218쪽 그림 참조) 다음과 같이 주장했다.

> 내가 여러분 앞에서 제시하고자 하는 공간과 시간에 대한 견해는, 실험물리학의 토양에서 싹텄고, 그 안에서 위력을 발휘하고 있다. 그 견해는 혁명적이다. 이제 공간 그 자체 또는 시간 그 자체는 한갓 그림자처럼 사라지고, 오직 그 둘로 이루어진 일종의 결합체만이 독자적 실재성을 유지하게 될 것이다. (……) [특수 상대성 이론의 두 공리가] 예외없이 타당하다는 사실이, 로렌츠가 발견하고 아인슈타인이 발전시켜 이제 밝은 빛 아래 드러낸 실상, 즉 세계의 전자기적 실상의 참된 핵심이다.

이후 특수 상대성 이론이 물리학자 사회의 의식 속으로 스며든 과정—물리학 혁명 과정—은 학자로서 아인슈타인의 지명도가 지속적으로 높아지는 과정과 함께 이루어졌다. 1908년 아인슈타인은 비록 낮은 직책이지만 베른 대학 강사임용 제의를 받았다. 그 사이 아인슈타인은, 최초로 양자이론을 고체물리학에 응용한 논문을 비롯해서 다양한 주제의 논문들을 발표했다. 1909년 제네바 대학은 아인슈타인에게 첫번째 명예박사 학위를 수여했다. 1911년 프라하 대학은 교수임용 제의를 보냈다. 1년 후 아인슈타인은 모교인 취리히 공과대학 교수로 취임하는 기쁨을 누렸다. 그곳에서 아인슈타인은 일반 상대성 이론으로 가는 길에 놓인 난제들을 수학자 그로스만(M. Grossman)과 함께 공동으로 연구하는 중요한 작업을 재개할 수 있었다. 1913년 아인슈타인은 베를린 대학으로부터 강의 의무가 없는 교수직 임명을 받았고, 그와 동시에 프러시아 과학 아카데미 연구원 임명과, 카이저 빌헬름 연구소 소장 임명을 받았다.

이때는 이미 특수 상대성 이론과 양자가 유럽 전체를 정복한 이후였다. 그런 근본적인 '패러다임 전환'이 일어나기 위해 걸린 7, 8년의 세월은 긴 시간이 아니다. 객관적인 주제가 있고 이유에 대한 보편적인 동의가 있으면 과학자 사회는 민활하게 합의에 도달할 수 있다. 아인슈타인은 1932년 히틀러가 독일의 주권자가 되기 전날 미국으로 이민을 갈 때까지 베를린에서 제공한 직위들을 유지했다.

일반 상대성 이론

제1차 세계대전으로 암울했던 1916년 발표된 일반 상대성 이론은 또 다른 일련의 사건들의 시작이었다. 국제적인 과학자 사회의 통신경로들을 통해 멀리 서부전선에 있는 사람들에게까지 프러시아 과학 아카데미 논문집이 전달되었다. 에딩턴은 케임브리지에서, 예정된 일식이 일어날 날을 손꼽아 기다리기 시작했다. 1919년 5월 29일 중위도 지역에서 관측될 것으로 예상되는 개기일식은 일반 상대성 이론에서 귀결된 주장을 검증할 절호의 기회였다. 그리니치 왕립 천문대의 에딩턴과 크로멜린(A. Crommelin)은 아프리카 해안 인근의 프린시페 섬과 브라질 북부 소브랄에 태양 관측용 카메라를 설치했다.

11월 초 엄숙하게 열린 런던 왕립 학술회와 왕립 천문학회 연합모임에서 영국 천문학자들은 태양의 중력장에 의해 별빛이 휘었음을 발표했다. 일반 상대성 이론이 예견한 대로 별빛의 경로가 실제 위치로부터 거의 2초만큼 벗어나 있었다(41쪽 그림 참조). 그 편차는 뉴턴이 예견한 0.75초의 두 배였다. 런던 왕립 학술회 회장이었던 톰슨(J. J. Thhomson)은 그 역사적 사건을 이렇게 요약했다.

"물질에 의해 빛이 굴절된다는 뉴턴의 예측만 입증되었더라도 과학적으로 대단히 중요한 성과였을 것이다. 하지만 휘어진 정도가 아인슈타인의 중력법칙을 입증한다면, 그것은 훨씬 더 중요한 성과이다."

아인슈타인은 나머지 생애를 세상에서 가장 유명한 과학자로 살게 되었다. 그는 반갑지 않게 짊어진 선지자의 신분에 유머와 솔직함으로 대처했으며, 필요할 때 자신의 주장과 신념을 밝혔다. 그는 1940년 꼭 한 번 그의 선지자적 영향력으로 국가정책에

입김을 넣기 바라는 사람들의 요구에 응했다. 히틀러의 과학자들이 $E=mc^2$의 의미를 이해했음을 눈치채고 행동에 나선 동료들을 위해 아인슈타인은 맨해튼 프로젝트라 불리게 된 기획을 착수하도록 루스벨트에게 촉구하는 편지에 서명했다.

'형식적 원리'를 찾는 아인슈타인의 노력은 1905년의 성취로 마감되지 않았다. 특수 상대성 이론은 역학적 힘과 전기적 힘을 파악했지만, 중력과, 현상적으로 나타나는 중력의 원거리 작용은 설명하지 못했다. 전기역학 연구를 하던 젊은 시절의 아인슈타인은 물리학계의 주류에 있었다. 그러나 전자기력과 중력을 단일한 형식적 원리로 이해하려는 시도를 하던 원숙한 아인슈타인은 외톨이였다.

먼저 고전적인 중력에 적극적인 관심을 둔 동시대 물리학자들은 극소수에 불과했다. 학자 사회에서 고립된 아인슈타인은 동시대에 중력에 관해 중요한 연구 하나가 이루어졌다는 사실을 알지 못했다. 괴팅겐에서 연구하는 외트뵈시(R. von Eötvös)는, 질량의 모순적이고 이질적인 두 측면을 앞에 두고 뉴턴이 곤혹스러워한 것은 정당했다고 여겼다. 제3 운동법칙에서 질량은 물체의 관성, 즉 힘에 대한 저항을 의미한다. 그런데 질량은 다른 한편 중력의 원천을 의미하기도 한다. 캐번디시 실험을 응용하여 외트뵈시는 비틀림 저울 양끝에 상이한 금속으로 된 무거운 공 두 개를 달았다. 그 두 공의 질량은 지구 중력장 내에서 차이가 없도록 만들었다. 그런데 실험 결과 두 공의 질량은, 태양을 도는 지구에 올라탄 관성질량으로서도 차이가 없음이 밝혀졌다. 태양이 외트뵈시 실험실 '위'에 있든 '아래에' 있든, 비틀림 저울에는 전혀 비틀림이 생기지 않았다. 상당한 확실성으로 두 종류의 질량이 서로 같다는 결론이 얻어진 것이다. 외트뵈시 실험을 알았더라면 아인슈타인은 더 일찍 일반 상대성 이론에 도달했을지도 모른다. 만약 그 실험을 알았더라면, 중력과 관성력이 크기만 같은 것이 아니라 본질적으로 동일하다는 확신에 더 일찍 도달할 수 있었을 것이다.

가장 행복한 생각

여전히 특허청에서 근무하던 1907년 아인슈타인은 "내 생애에서 가장 행복한 생각!"을 하게 되었다. 그는 이렇게 회상했다. 그 생각은 "이런 것이었다. (……) 건물 지붕에서 자유낙하하는 관찰자에게는, **최소한 그의 주변에서는 중력이 존재하지 않는다**"(강조는 아인슈타인에 의함). 따라서 중력장은, 전하의 운동에 의해 형성된 자기장과 마찬가지로 상대적으로만 존재한다. 몸무게를 느끼지 못하는 우주인은 아인슈타인이 생각한 불행한 관찰자의 경험을 직접 한다. 우주선이 지구를 향해 가속하면서 떨어지므로—이 가속운동과 우주선 발사 시점에서 주어진 일정한 운동이 균형을 이루어 우주선은 안정적으로 궤도를 도는 것이다—우주인은 몸무게를 느끼지 못하고, 따라서 중력장이 '소멸해버리는 것'을 느낀다.

중력장 안에서 경험하는 힘은, 가속하는 기준틀에 있는 관찰자가 느끼는 원심력과 다르지 않은 '가상력'(pseudo-force)이라고 아인슈타인은 결론지었다. 아래로 끌어당기는 중력은 관찰자가 승강기에 타고 위로 가속할 때 쉽게 재현된다. 중력의 이해에 도달하는 길은 시공 속에서의 가속운동을 연구하는 것이다.

에너지의 중력

'에너지의 중력'(에너지가, 즉 빛이 중력을 느낀다는 것을 나타내기 위해, 저자는 '에너지의 중력'이라는 표현을 쓰고 있다-옮긴이)을 숙고하는 과정에서 아인슈타인에게 길이 열렸다. 이 가상적인 성질은 특수 상대성 이론에서 밝혀진 복사 에너지의 관성으로부터 필연적으로 귀결된다. 또한 "통상적인 광속 불변 원리는 오직 중력 퍼텐셜이 일정한 공간에서만 타당하다." 이 혁명적인 생각으로부터 도출되는 귀결들을 이해하기 위해 아인슈타인은 새로운 기하학을 공부해야 했다.

에너지의 중력은 중력에 의한 적색편이로 관찰된다. 태양에 있는 원소들로부터 방출되어 태양 빛 속에서 검출되는 스펙트럼선은 지구에 있는 원소들이 방출하는 스펙트럼선과 비교했을 때 항상 저진동수 쪽으로, 즉 스펙트럼의 붉은색 쪽으로 약간 이동한 위치에 있다. 아인슈타인은 복사파의 진동수가 발생장소에서, 즉 태양의 중력장 속에서 더 낮아진다고 가정하면, 이 편차를 설명할 수 있음을 깨달았다. 마찬가지로 관성이 증가하기 때문에 등속 및 가속 운동하는 기준틀에 있는 시계는 더 느리게 가는 것으로 관찰된다. 태양을 비롯한 별들에 대해서는 복사파의 진동수 자체가 바로 '시계'이다. 지구에서의 스펙트럼선과 비교했을 때 별들에서의 해당 스펙트럼선은 더 낮은 진동수를 가진 것으로 관측된다. 시간상에서 진동의 주름이 미세하게 펴지는 것은, 태양의 질량이 방출되는 빛의 관성에 미치는 영향을 반영한다. 그러므로 아인슈타인은 "통상적인 광속 불변 원리는 오직 일정한 중력 퍼텐셜을 지닌 공간에서만 타당하다"는 결론에 도달한 것이다.

이렇게 전자기장과 중력장을 결합하는 과정에서 아인슈타인은 4차원 시공이 요구하는 것은 통상적인 기하학이 아님을 깨닫게 되었다. 아인슈타인은 수학자라기보다는 물리학자이다. 기괴하고 현란한 수학적 구조물로 이루어진 양자 이론을 불쾌하게 여긴 말년의 아인슈타인은 이렇게 투덜거리기도 했다.

"학생시절에도 나는 좀더 심오한 물리적 지식을 향한 탐구가 대단히 복잡한 수학적 방법과 결부되어야 한다는 것을 잘 이해할 수 없었다."

그는 그의 친구이며 옛 학우이고 이제는 취리히에서 수학교수가 된 그로스만에게 도움을 청했다.

비유클리드 기하학

그로스만은 아인슈타인이 바로 쓸 수 있게 완성된 상태로 선반에 놓여 있던 4차원 기하학을 아인슈타인에게 소개했다. 그 기하학은 가우스의 제자 리만(B. Riemann)이 1840년대에 개발한 기하학이었다. 4차원 이상의 공간은 마음속에 그릴 수도 없고, 2차원인 종이나 심지어 3차원에도 그릴 수 없다. 독자들은 가장 뛰어난 기하학자 역시 고차원 공간들을 볼 수 없다는 사실을 확신하고 안심해도 좋다. 하지만 그런 공간들은 데카르트 기하학, 즉 해석기하학에서 나온 대수학적 방정식들로 신뢰할 수 있게 기술된다. 지구 위의 거시적 영역의 지도를 만들려면 평면 기하학 대신에 구면 기하학을 고려해야 하는 것과 마찬가지로, 리만은 먼 우주에 있는 대상들의 배열을 가시화하기 위해 4차원 기하학을 구상했다. 그는 먼 우주에서 빛이 유한한 속도로 온다는 것을 깨달았다. 그러나 그는 네번째 차원을 시간으로 놓지 않았다.

캐번디시 실험은 물질이 중력장의 원천이라는 것을 입증했다. 마찬가지로 전자기장의 원천은 전하이며, 이 사실은 좀더 후대에 밝혀졌다. 캐번디시 실험에서 측정된 중력의 크기는 1그램당 6.67×10^{-8}다인이었다. 그러나 그 힘은 양자력들처럼 인력이나 척력을 발휘하는 것이 아니다. 아인슈타인은 리만 기하학에 중력을 도입함으로써 중력이 4차원 시공의 구조를 휘게 한다는 것을 보여주었다. 휘는 정도, 즉 중력장의 국지적 곡률의 크기는 그 자리에 있는 물질의 밀도와 질량에 비례한다. 충분히 거시적인 규모로 살펴보면, 중력은 4차원 시공상의 중력장의 그래디언트(gradient) 방향으로 움직이는 질량을 가속시키거나 감속시킨다. 운동하는 질량은 중력장을 흔들면서 빛의 속도로 전파되는 파동을 일으킨다. 뉴턴을 매우 난처하게 만들었던 원거리 작용은 추방된 것이다.

별빛 경로와 포물선

별빛은 시공의 굴곡을 드러낸다. 별빛은 별과 지구를 잇는 시공 측지선을 따라—빛의 속도로, 최단 시간과 거리가 되는 경로를 따라—이동한다. 태양 근처 공간의 굴곡은 별빛의 경로가 휘어져 별의 겉보기 위치가 달라진 것을 통해 관측되었다. 별빛 측지선은 평면 기하학에서 두 점을 잇는 최단경로인 직선에 대응한다. 구면에서 측지선은 구면의 중심을 포함하는 평면과 구면이 교차하는 선이다. 항해사들은 그 선을 '대원'이라 부른다(41쪽 그림 참조). 우주 속 중력장의 미로를 거치면서 이리저리 굴절되는 별빛은 갈릴레이가 연구한 포물선 경로를 일반화한 경로를 그린다. 이 측지선이 리만 4차원 기하학에서 직선과 같다는 것을 인정하면, 휘어진 별빛 경로들을 엮어 시공의 중력장을 밝혀낼 수 있다.

시공은 구면과 마찬가지로 유한하고 경계가 없다. 우주의 궁극적인 곡률을 계산할 방법을 아인슈타인은 가우스의 업적으로부터 얻었다. 가우스는 3차원(또는 그 이상의 차원) 속에 있는 표면의 '내재적인'(intrinsic) 곡률을 그 표면의 기하학을 2차원(또는 그 이상의 차원)에서 분석함으로써 얻을 수 있음을 보여주었다. 예를 들어 표면에 있는 삼각형의 내각의 합이 두 직각보다 크다면, 그것은 3차원 속에 있는 표면의 곡률이 0보다 크다는 것을, 따라서 어쩌면 구면 모양으로 휘어 있는지도 모른다는 것을 말해주는 확실한 증거이다. 아인슈타인은 시공 우주의 내재적인 곡률이 우주 밀도의 함수임을 발견했다. 우주의 밀도는 관찰을 통해 밝혀져야 하며, 아직 결론에 도달하지 못했다.

자신의 방정식들 속에서 아인슈타인은 또 하나의 난처한 불확실성을 발견했다. 방정식들은 우주의 팽창이나 수축을 함축했다. 우주를 정적인 상태로 만들기 위해 아인슈타인은 방정식에 항 하나를 삽입했다. 그 '우주론적 항'은 현재 우주과학의 난제로 대두된 태풍의 눈이다.

에딩턴이 1919년 입증한 별빛의 굴절은 일반 상대성 이론을 찬양하고 아인슈타인을 신격화할 충분한 낭만적 계기를 제공했다. 그러나 아인슈타인은 이미 과거에 태양계 내부의 운동에서 자신의 이론을 더 확실하게 입증하는 증거를 발견한 바 있다. 태양계 관측의 정밀도가 높아진 이후 사람들은 수성의 근일점(궤도상에서 태양에 가장 가까운 점)이 100년에 574초 정도 옮겨간다는 것을 알게 되었다. 고전 이론을 통해서 1900년에 계산된 바에 의하면 수성의 근일점은 100년에 531초 옮겨가야 한다. 태양 중력장 곡률의 그래디언트가 가장 급한 지점에서(왜냐하면 태양에 가장 가까우므로) 수성이 겪는 운동에 관한 아인슈타인의 계산은 관측된 근일점 이동과 고전적으로 계산된 근일점 이동 사이의 편차인 43초를 거의 정확하게 설명했다.

매우 폭넓은 귀결을 지닌 일반 상대성 이론은 실험실에서 이루어지는 실험으로는 좀처럼 검증하기 어렵다. 아인슈타인은 "오직 경험만이 진리를 결정할 수 있다"고 외쳤지만, 일반 상대성 이론은 천문학적 관측을 통해 극히 일부만 검증되었을 뿐이다. 20세기 내내 많은 물리학자들과 천문학자들이 좀더 정확한 판정을 위한 실험들을 고안하여 일반 상대성 이론에 도전했다.

1960년대 하버드 대학의 파운드(R. Pound)와 레브카(G. Rebka)는 그다지 강하지 않은 지구 중력장 속에서도 중력에 의한 적색편이가 일어난다는 사실을 보였다. 그들은, 철의 방사성 동위원소가 방출하는, 파장 폭이 거의 '단색'에 가까울 정도로 좁은 감마선 스펙트럼이 2킬로미터 높이의 탑 꼭대기에서보다 바닥에서 더 낮은 진동수를 가진다는 것을 관측했다. 그들의 측정값은 이론이 예견한 값에 5퍼센트 이내로 근접했다. 캘리포니아 공과대학이 지원하는 두 연구소인 오웬스 밸리 전파 연구소와 골드스톤 우주 탐사 기지에서 1970년 두 팀의 천문학자들이 태양 근처 하늘에 있는 퀘이사(매우 큰 적색편이를 나타내는 천체로서 항성과 유사하다)의 겉보기 위치 편이를 관측했다. 전파 파장의 전자기파를 방출하는 퀘이사를 관측한다면, 태양이 어두워지는 일식을 기다릴 필요가 없고, 따라서 더욱 정확한 측정에 도달할 충분한 시간을 가질 수 있다. 측정결과는 아인슈타인이 예측한 값에 5퍼센트 이내로 근접했다. 이는 1919년 항성 관측결과보다 훨씬 더 향상된 결과이다.

매사추세츠 대학의 천문학자들은 이중 펄서(빠르게 자전하는 중성자별과 관련된 박동하는 전파 광원)를 일반 상대성 이론을 검증하기 위해 이용할 수 있음을 발견했다. 푸에르토리코에 있는 아레시보 전파 관측소에 있는 지름 300미터 전파 망원경으로 그들은 5년 동안 고요한 동반 천체 주위를 도는 펄서의 궤도를 관찰했다. 그들은 수성의 근일점이 옮겨가는 것과 마찬가지로 펄서의 근성점이 이론의 예측에 일치하는 방식으로 옮겨가는 것을 발견했다. 이 관측은 정밀하게 이루어질 수 있었다. 왜냐하면 그 펄서는 1년 동안 동반 천체를 1100번 공전하기 때문이다. 두 천체에서 온 빛의 적색편이를 반복해서 측정한 결과, 태양 관측과 파운드-레브카 실험에서 얻은 결론과 마찬가지로, 일반 상대성 이론이 옳음을 강하게 입증하는 증거를 얻을 수 있었다. 우주적인 관점에서는 순간에 불과한 4년 동안의 관측을 통해 천문학자들은 또한 이중 펄서의 회전 주기를 측정했고, 그 주기가 짧아진다는 것을 밝혀냈다. 이 사실은 상대성 이론의 또 다른 주장과 일치한다. 상대성 이론에 따르면, 전자기 현상에서와 마찬가지로 중력에서도 에너지 파동이 방출되면 질량 손실이 생긴다.

잡히지 않는 형식적 원리

그 사이 일반 상대성 이론은 천문학을 관찰 중심의 우주과학으로 변신시키는 작업을 주도하는 일반이론이 되었다. 그 변신은 1924년 허블(E. P. Hubble)이 안드로메다 성운이 은하계 바깥 공간에 있는 다른 은하계라는 것을 밝혀냄으로써 시작되었다. 안드로메다 성운은 우리 은하계처럼 무수한 별들이 모인 은하계이다. 머지않아 은하계의 수는 수십억 개로 불어났다. 중력에 의한 적색편이 외에 추가로 밝혀진 우주 적색편이(cosmic redshift)는 이렇게 갑자기 넓어진 우주가 더 넓어지고 있음을 입증했다. 가시광선 진동수 영역 이외의 진동수를 가진 전자기파로부터 얻는 우주에 관한 새로운 지식들은 일반 상대성 이론을 반박하지 않았다.

특수 상대성 이론은 역학과 전자기학을 통합했다. 그 이론은 공간과 시간을 결합하여 전자기장의 물리적 변수인 시공으로 만들었고, 전자기파의 작용을 양자로 물질화했다. 일반 상대성 이론은 중력과 관성을 통합했다. 이 이론은 물질이 있음으로 인해 생기는 중력장의 구조를 시공에 부여했다. 그러나 이 이론은 작용 양자를 인정하지 않는다. 두 우주 개념을 연결하는 다리는 존재하지 않는다. 지성은 두 개념의 통합 또는 두 개념의 독자적 타당성을 설명할 것을 요구했다. 이 문제의 심층에는 입자와 파동의 역설적 이중성이 있다. 아인슈타인에게는 자연에 대한 앎 속에 생겨난 이 심연이 중요한 문제였다. 아인슈타인 자신의 연구를 출발점으로 삼아 작용 양자에 중점을 두는 동시대 학자들의 개척적인 노력은 아인슈타인의 관심을 끌지 못했다.

아인슈타인이 양자이론에서 가장 곤란한 문제로 본 것은, 확률을 물리 세계의 사건의 충분한 설명으로 수용한다는 점이었다. 그는 사건들이 결정되어 있다는 확신을 가지고 사건들을 결정하는 법칙을 찾는 고전적인 임무에 충실히 머물렀다. 1916년 이후 아인슈타인은 경험할 수 있는 멀고 가까운 자연의 영역에 양자이론을 통해 다가가는 노력에 참여하지 않았다. 사실상 물리학은 뉴턴적인 질서라는 불완전한 전제를 너무 과도하게 고수했다고 할 수 있다. 아인슈타인은 이렇게 썼다.

"순간의 성취는 대부분의 사람들에게 원리에 대한 반성보다 더 강한 확신을 심어준다."

아인슈타인은 1905년 그가 확신하면서 최초로 언급한 보편적 형식적 원리를 완성하기 위해 애쓰면서 여생을 보냈다. 70세가 되던 해인 1949년 출간된 『일반화된 중력이론』에서 그는 특수 상대성 이론의 전자기장과 일반 상대성 이론의 중력장을 통합하는 길을 마침내 발견했기를 바란다고 말했다.

그 이론은 아인슈타인 스스로 『사이언티픽 아메리칸』에 기고한 글에서 고백했듯이 '잠정적인' 이론이다. 그 이론에는 아직 '경험적으로 확인할 수 있는 귀결'이 없다. 그 이론이 '새로운 수학적 기법'의 개발을 위한 계기가 되기를 바란다고 아인슈타인은 썼다.

오늘날 아인슈타인의 후계자들은 그가 품었던 목표에 도달할 가능성을 확신하게 되었다. 그들은 자연의 힘들의 통일성을 확고히 할 수 있기를 희망한다. 그러나 그들은 아인슈타인이 기대했던 수학적 기법이 아닌 양자이론을 통해 희망을 이루려 한다. 희망을 이루기 위해서는 궁극적으로 중력의 양자를 밝혀내야 한다.

우리 관찰력의 정밀도에는, 그리고 관찰에
동반되는 흔들림을 줄이는 데는 한계가 있다.
그 한계는 사물의 본성에 내재한다.

디랙

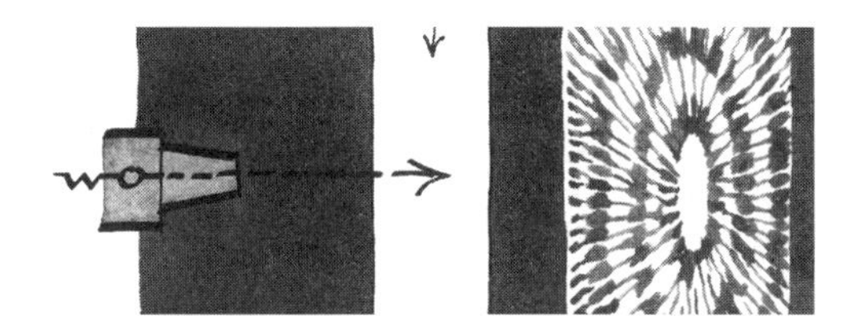

3

빛과 물질

플랑크는 빛과 물질의 상호작용과 관련된 양자를 발견했다. 아인슈타인은 양자에서 에너지와 물질의 등가성을 보았다. 그는 또한 광속의 불변성을 토대로 해서 시간과 공간을 시공이라는 물리적 실재로 통합했다. 이렇게 새로 마련된 물리학의 토대 위에서 그들의 후계자들은 20세기 중반에, 우리 감각에 익숙한 가까운 세계의 다양성 배후에 있는 물리적 질서에 대한 이해를 빠르게 발전시켰다.

양자전기역학(quantum electrodynamics, QED)은 전자기력의 역할을 완벽하게 설명한다. 양자전기역학을 통해서 핵 외부의 원자 구조와, 원소 주기율표에 있는 92개의 자연적인 원자들의 배열을 설명할 수 있다. 뿐만 아니라 화학결합에서 원자들이 어떻게 스스로 질서 있는 구조를 형성하는지 설명한다. 무엇보다도 중요한 것은 양자전기역학을 통해 빛과 물질의 상호작용을 설명할 수 있다는 것이다.

광합성을 통해 기초적인 유기 분자 속에 포획된 태양빛은 지구 위의 생명을 유지시킨다. 주변세계에서 나오는 가시광선 각각의 색이 태양빛으로부터 선택적으로 반사되어 눈에 들어오는 것도 빛과 물질의 상호작용 덕분이다. 망막에서는 또 다른 빛과 물질의 상호작용이 일어나 시각을 활성화한다. 생명은 살아 있는 세포 속에 있는 크고 작은 분자들 사이에서 일어나는 양자적 상호작용이다. 양자전기역학은 우주 속에서 인간이 경험할 수 있는 좁은 범위와 관련해서 물리학자들이 도달한 최종적인 이론이다.

20세기 중반 이후 물리학자들은 양자전기역학의 개념적 도구들을 원래 적용되던 영역 이외의 탐구분야에 적용하는 시도를 해왔다. 자연의 복잡성의 기반에서 질서와 단순성을 발견하게 될 것이라는 그들의 믿음은 때때로 꺾일 수밖에 없었다. 기본입자들을 분석하기 위해 만든 '원자 분쇄기'는 오히려 단명하는 입자들을 무더기로 생산했다. 그 입자들의 붕괴과정에서 물리학자들은 어쩌면 자연질서의 구조 속에 정말로 들어 있는지도 모르는 비대칭성을 최초로 발견했다.

무질서한 실험적 발견들이 양자색역학(quantum chromodynamics) 이론에 의해 정리되면서 물리학의 사명은 새롭게 정립되었다. 연구의 방향은, 환원 불가능한 물질 입자를 찾는 것에서 물질이 어떻게 생성되었는가 하는 질문에 답하는 것으로 바뀌었다. 이 문제와 관련해서 물리학은 우주과학과 가까워졌고, 관측된 우주의 시작에 가까운 매우 먼 과거에 대한 앎으로 거슬러올라갔다. 그 과거 속에서 물리학은 신비로운 대칭성을 보았다. 대칭성은 감각과 사고에서 중심적인 역할을 한다. 우리가 익히 아는 대칭성 하나는 등식의 양변이 이루는 대칭성이다. 대칭성은 자연 속 어디에서나 지각된다. 해파리의 원형 대칭성이나 척추동물의 좌우 대칭성을 예로 들 수 있다. 물리학자들은 물리적 세계의 기반에 깔린 질서 속에서 대칭성을 찾으며, 보존법칙의 형태로 대칭성을 표현한다. 새로운 신비로운 대칭성은 궁극적 대칭성이다. 그 대칭성은 구별 가능한 특징이 없을 정도로 완벽하게 대칭적이어서, 오직 대칭성이 깨진 후에만 드러난다. 최초의 우주 핵은 오직 높은 밀도와 높은 온도만을 가지고 있었다. 다음 순간 일련의 대칭성 파괴—물이 얼음이나 수증기로 바뀌는 것과 같은 상전이—가 일어나면서 오늘날 인간이 경험으로 아는 물질-에너지, 입자-파동 등의 이중성이 생겨난 듯이 보인다.

양자전기역학의 개념적 도구들이 만들어지기까지 20세기 전반기 50년에 걸쳐 여러 세대의 성실하고 뛰어난 두뇌들의 공동작업이 필요했다. 양자전기역학 방정식들은 인간 경험의 최소 오류범위 이내로 실험적으로 검증되었다. 이론 자신으로부터 산출된 공학기술은 이론을 검증하는 실험에 전례가 없는 정밀도를 부여했다. 20세기에 이룬 위대한 지적 성취인 양자전기역학은 컴퓨터 칩을 만든 고체전기학과 광섬유 광학 케이블만으로도 유례 없는 속도로 기술과 경제와 문화를 변화시키고있다.

1930년대 컬럼비아 대학의 라비(I. I. Rabi)는 새로운 물리학의 육성을 위한 미국 내 최초의 기관 중 하나를 설립했다. 반 세기가 지난 후 그는 이렇게 고백했다.

> 나는 내 세대와 지금 세대가, 교양 있는 지식인이라면 상대론과 양자역학의 기이한 현상들을 이해할 수 있도록 만들기 위해 근본적인 노력과 시간의 투자를 하지 않았다고 생각한다. 나는 그런 대중적인 이해가 가능하다고 믿는다. 왜냐하면 나도 그렇게 대중적으로 상대성 이론과 양자역학을 이해하기 때문이다. 상대성 이론과 양자역학을 대중들에게 이해시키는 데 실패했기 때문에, 과학 특히 물리학이 중·고등학교에서 퇴출당하는 일이 생겼다고 나는 믿는다. 과학의 대중적 이해를 위한 커다란 노력이, 정말 커다란 노력이 이루어지지 않는 한, 전망은 암울하다.

양자전기역학을 통해 단일한 연관성 속에서 이해된 수많은 대상들과 과정들과 경험을 일관되게 이해하는 사람은 극소수에 불과하다. 어떤 식으로든 그 경험을 나누는 일은 세번째 1000년의 시작을 맞은 우리들이 풀어야 할 과제이다.

결코 멈추지 않음

양자물리학은 원자 규모(10^{-10}미터)와 원자적 사건 규모(10^{-21}초)의 물리적 실재를 탐구한다. 분주하게 움직이는 원자 내부에, 즉 10^{-30}세제곱미터 크기의 공간 속에 들어 있는 10^{-36}세제곱미터 크기의 입자들은 한 장소에 10^{-20}초 이상 머물 수 없을 것으로 보인다. 이 작은 세계를 1세제곱미터 규모의 일상 경험세계로 확대하고 시간도 같은 비율로 확대하면, 입자들이 한 장소에 머무는 최대 시간이 10억 년이 된다. 그 작은 세계 속에서 입자들은 끊임없이—파인먼(R. P. Feynman)이 캘리포니아 공과대학에서 강의 때마다 즐겨 말했듯이—'꼬물거린다'(jiggling). 입자들이 일률적으로 꼬물거리지 않기 때문에, 여기 거시세계에서 고전적인 물리학 법칙들이 유효하다. 미시세계 입자들의 외관상의 무질서를 이해하는 것이 양자물리학의 사명이다. 이를 이루기 위해 양자물리학은, 양자적 사건들이 고전물리학의 근본적인 보존법칙들을 따른다는 것을 밝혀냈다.

그 낯은 미시세계를 향한 문을 활짝 연 것은 미국 물리학자 봄(D. Bohm)이다. 그는 1950년대 '원자탄 기밀'과 관련된 소송에 연루되면서 고국을 떠나 런던 대학교 버크벡 칼리지로 이주했다. 봄은 이렇게 말했다.

"양자 수준의 정밀도에서는 대상이 그 자신에게만 속하는 어떤 '내재적' 속성(예를 들어 파동이나 입자라는 속성)도 가지지 않는다. 대신에 대상은 상호작용하는 계와 모든 속성들을 상호적으로 또한 분리 불가능하게 공유한다. 더 나아가 주어진 대상은, 예를 들어 전자는 상이한 시간에 상이한 계—상이한 계는 상이한 가능성을 준다—와 상호작용하므로, 대상은 스스로를 드러낼 수 있는 여러 모습으로 (예를 들어 파동 또는 입자로) 끊임없이 변화한다."

괄호 속에 넣은 '예를 들어'라는 표현으로 봄은 어쩌면, 시공에서 일어나는 양자 규모의 사건들이 인간이 지각하는 파동이나 입자 외에 또 다른 형태로 있을 가능성을 열어두었는지도 모른다. 그는 이 먼 미시세계가 더 가깝고 친숙한 세계로부터 분리되어 있다고 생각하는 것을 허용하지 않았다. 정반대로 봄은 이렇게 주장했다.

"양자역학적 가능성들은 오직 잘 정의된 고전적 사건들을 통해서만 실현될 수 있다. 뿐만 아니라 의존성은 상호적이다. 거시규모 계의 행태는 오직 구성분자들에 대한 양자이론을 통해서만 이해될 수 있기 때문이다. 그러므로 더욱 근본적이며 분할 불가능한 단위, 즉 전체로서의 계의 상보적인 측면들을 기술하려면 거시규모의 성질들과 미시규모의 성질들이 모두 필요하다."

당연히 그래야만 한다. 만일 그렇지 않다면, 양자세계는 경험이 도달할 수 없는 세계일 것이다. 양자적 사건들을 일으키고 그 사건들을 역학적·전기적 효과 또는 전자기적 효과를 통해 감지하는 장치들이 있다. 그런 효과들을 통해 드러나는 양자적 사건들은 언제 어디에서나 지각 가능하다.

높은 하늘에서 생명을 보호하는 오존층을 통과하는 태양빛 광자는 질소와 산소 분자의 외곽 전자에 진동을 일으킨다. 패러데이가 밝혔듯이 진동하는 전하는 전자기파를 방출한다. 태양에서 멀리 떨어져 있는데도 지구의 하늘이 맑고 푸르게 빛나는 것은 하늘이 태양빛을 재방출하고 있기 때문이다. 태양의 백색광은 지구 표면에서 대부분 흡수되어 열로 재방출된다. 엽록소 분자는 노란색-붉은색 파장대에 분포한 햇빛의 최대 에너지를 흡수하여 지구 위에 있는 거의 모든 생명체에게 에너지를 공급한다. 나뭇잎은 흡수되지 않은 햇빛 중에서 녹색 파장대의 빛을 가장 강하게 방출한다. 나뭇잎과 꽃과 페인트와 물감과 금과 은에 있는 원자와 분자는 그렇게 선택적으로 일정 진동수의 햇빛을 재방출하기 때문에 인간의 눈에 여러 색깔로 지각된다. '반사'는 재방출이다. 양자세계에서 일어나는 사건들의 연쇄 속에는 수동적으로만 관여하는 매개항이 존재하지 않는다.

뉴턴은 빛을 질량이 아주 작고 운동량이 있는 미립자로 간주하는 것이 더 용이하다고 여겼다(78쪽 참조). 이미 19세기에 영은 빛이 파동의 성질을 가진다는 것을 밝혀 고전적인 물리학을 곤경에 빠뜨렸다(80쪽 참조). 1908년 케임브리지 대학의 테일러는 광자가 입자이면서 동시에 파동임을 밝히는 실험을 했다. 그는 매우 약한 광원 앞에 슬릿을 놓고 그 너머에 사진 필름을 노출시켰다. 광원은 매우 어두워서, 계산해보면 광자 한 개가 한 시간 간격으로 필름에 닿는 정도였다. 몇 주일이 지난 후 필름에는 영이 관찰한 간섭무늬가 생겼다(141쪽 그림 참조). 50년 후 로체스터 대학의 플리거(R. Pfleegor)와 만델(L. Mandel)이 행한 실험은, 광자가 입자인 동시에 파동이라는 사실에 대한 모든 의심이 사라지게 만들었다. 실험에는 단색의 레이저 광원에서 나오는 빛의 광자들을 하나씩 셀 수 있는 정밀한 계측장치가 동원되었다. 실험을 통해 그들은 간섭무늬의 세기는 그 지점에 하나씩 하나씩 도달한 광자의 개수에 비례한다는 것을 보일 수 있었다. 그러므로 광자들의 집단이 아니라 광자 각각에게 파동의 성질

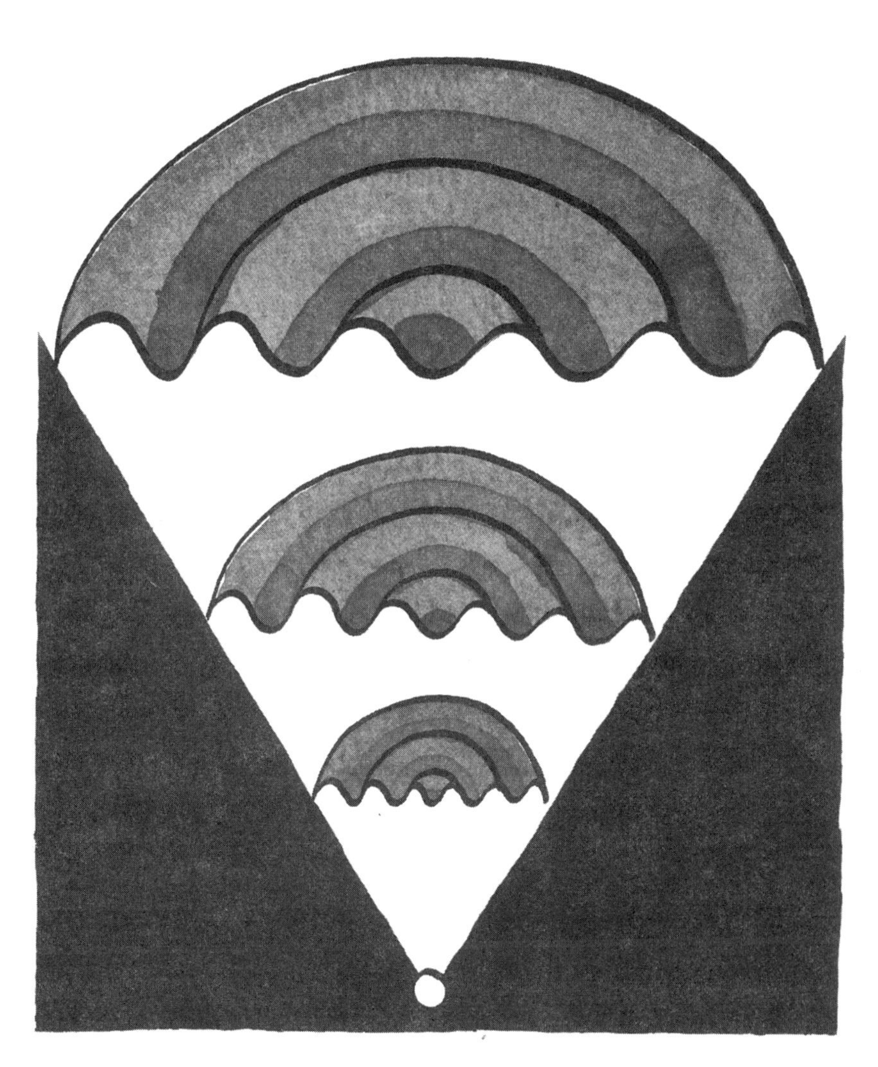

파동-입자 이중성을 나타내기 위해 이 그림은 점으로 상정된 상상 속의 입자가 지닌 파동 구조가 확대되는 모습을 표현했다. 상식에 맞지 않는데도 빛 파동과 물질입자를 통한 실험에서 확인된 이 이중성은, 입자나 파동을 '사물'로 간주하기보다는 사건으로 간주할 것을 요구한다. 이 그림에서 입자는 10^{-1}밀리미터일 수도 있고, 광자의 파장은 10^{12}헤르츠에서 10^{-24}밀리미터일 수도 있다. 이 파장은 저에너지 전자의 파장이다.

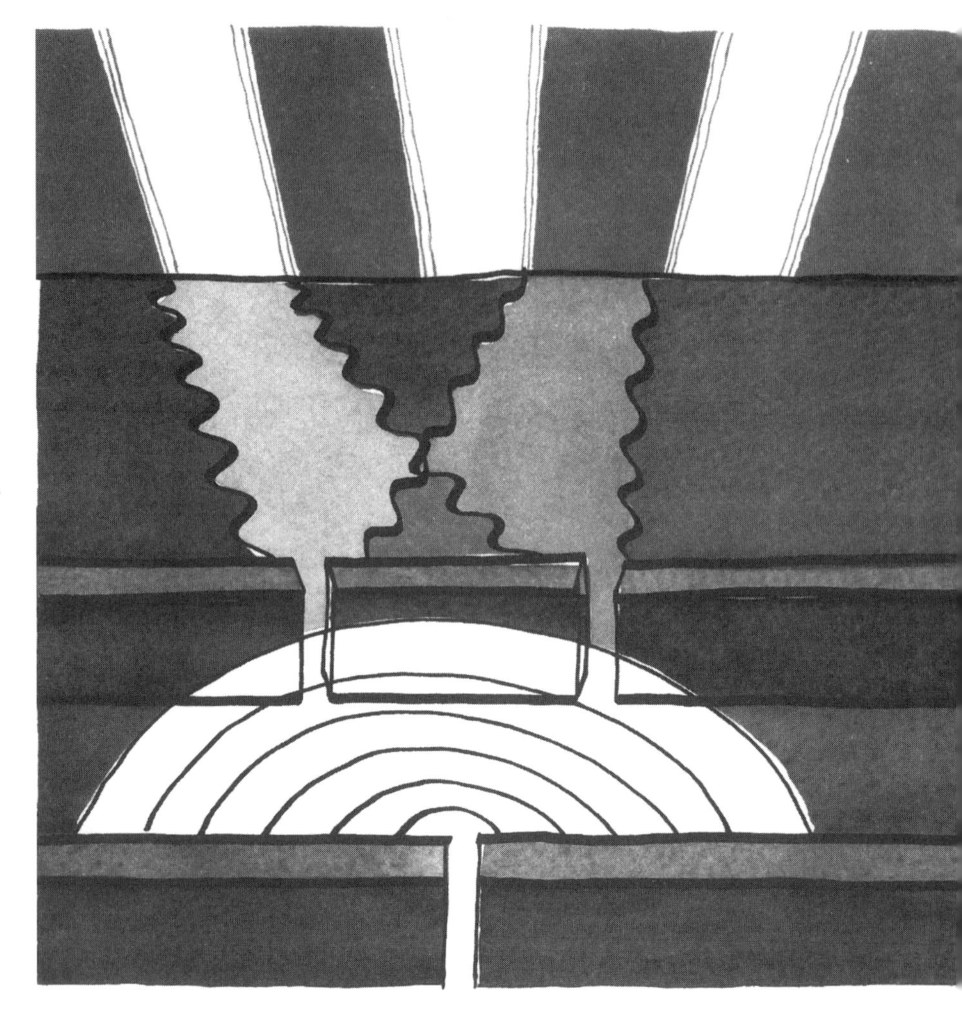

빛의 파동성은 1817년 영의 실험을 통해 밝혀졌다(80쪽 참조). 그림은 그의 실험을 나타낸다. 영은 두 개의 좁은 틈으로 빛을 통과시켜 영사막에 비추었다. 빛은 두 개의 틈으로 전달된다. 영사막에는 어두운 부분과 밝은 부분이 교차되는 수직선 무늬가 나타났다. 영이 증명했듯이, 두 틈을 통과한 파동들은 상이한 거리를 이동하므로, 어떤 지점에는 위상이 일치한 상태로 만나 서로를 보강하여 밝은 부분을 만든다. 반면에 위상이 다른 상태로 만나면 서로를 상쇄하여 어두운 부분을 만든다.

빛의 입자성은 1908년 그림과 같은 테일러의 실험에서 밝혀졌다(138쪽 참조). 그는 최대한 희미한 광원을 써서 두 개의 좁은 틈 사이로 속으로 한 번에 하나씩, 어쩌면 여러 시간 간격으로, 광자가 들어가도록 만들었다. 반대편 벽에 설치해서 며칠 동안 노출시킨 필름에는 고전적인 영의 간섭무늬가 생겼다. 테일러의 실험을 비롯한 여러 실험들이 말해주는 것은, 각각의 광자(빛의 입자성)가 동시에 두 틈을 통과하여(빛의 파동성), 필름에 이르기까지 상이한 거리를 이동함으로써 위상이 일치하거나 불일치하게 된다는 사실이다.

이 부여되어야 한다.

몇몇 원자들의 양자적 행태는 그 원자들의 '꼬물거림'을 제한하는 방법으로 가시화될 수 있다. 꼬물거림을 제한하려면 온도를 낮추면 된다. 온도가 낮아짐에 따라 모든 원소들과 일부 화합물(예를 들어 H_2O)에서 기체에서 액체를 거쳐 고체가 되는 상전이가 일어난다. 이 상전이 현상에서 원자들의 꼬물거림이 줄어드는 것을 볼 수 있다. 헬륨은 매우 낮은 온도인 절대온도 4.2도까지 기체상태를 유지한다. 1930년대 카피차(P. M. Kopitza)는 헬륨의 온도를 절대온도 2.0도까지 낮추면 독특한 상전이가 일어나면서 초유동성(superfluidity)을 갖게 된다는 것을 알아냈다. 그 온도에서 헬륨 원자들은 다른 방식으로는 불가능하다고 여겨지는 일치된 움직임을 나타내면서 얇은 막을 이루어 용기의 벽을 타고 올라간다. 헬륨 원자들은 용기에 장치된 관을 채우고, 엄청난 파동으로 열을 전달하고, 소리의 속도로 진동을 전달한다. 그렇게 추운 우주에는 물론 이러한 고전물리학 위반 사례를 기록할 관찰자가 존재할 수 없을 것이다. 고전물리학 법칙들은 생명 활동을 허용하는 지구 위의 좁은 온도 영역에서만 타당하다(27쪽 그림 참조). 다른 온도 영역에서 물리적 세계가 따르는 놀라운 질서들 역시 자연스러운 질서로 이해되어야 한다.

양자이론이 물리학계를 정복하는 과정에서 대중으로부터 가장 큰 주목을 받은 것은 원자핵을 묶는 '강한' 힘의 탐구였다. 그 힘이 얼마나 '강한지' 오늘날의 대중들은 잘 알고 있다. 자연에 존재하는 세번째 힘으로 1931년 처음 측정된 이 힘은 핵의 지름인 10^{-14}미터 이내에서 작용한다. 그 짧은 거리에서 대략 최대가 되는 강한 힘은 핵을 이루는 입자들이 전자기력으로 서로를 밀어내는 것을 극복하고 입자들을 묶는다. 이른바 약한 힘이라 불리는 또 하나의 근거리 작용력도 1930년대에 발견되었다. 약한 힘의 역할은 강한 힘의 반대라 할 수 있다. 약한 힘은 핵에서 입자들이 방출되는 것과 관련이 있다.

그 두 힘이 그렇게 최근에 이르기까지 발견되지 않았다는 것은 어쩌면 놀라운 일일수도 있다. 하지만 두 힘이 더 일찍 발견되는 것은 사실상 불가능했다. 사람들은 먼저 역학적 힘과 전자기적 힘을 충분히 이해해야 했다. 그런 다음에야 비로소 근거리 작용력들이 작용하는 미시규모의 세계에 도달할 수 있는 실험장치들을 고안할 수 있었다.

지난 25년에 걸쳐 이론물리학자들은 여러 힘들과 입자들에게 어느 정도 질서를 부여했다. 물리학자들은 두 가지 근거리 작용력을 양자전기역학 개념틀 속에 포함시키는 데 성공했다. 오늘날 새로운 두 힘은 양자이론으로 설명될 수 있다. 두 힘의 작용 양자들—그 양자들은 전자기력의 작용 양자인 광자와 사촌지간이다—은 실험에 의해 확인되었다.

약한 힘은 이미 이론적으로 전자기력과 통합되었으며, 실험적으로도 그 통합이 검증되었다. 약한 힘과 전자기력의 통합인 '전기약력'과 강한 힘의 통합은 '대통합 이론'(grand unified theory, GUT)에서 제안되었다. 그러나 이 제안을 검증하는 실험을 하기 위해서는 오늘날 가속기 기술이 도달한 에너지 규모보다 10^{10}배 이상 큰 규모의 에너지가 필요하다.

쪼갤 수 없는 원자는 없다

분할할 수 없는 궁극적 원자를 찾는 작업은, 그런 원자가 존재하지 않는다는 결론에 도달함으로써 끝났다. 일반적인 물질은 네 가지 서로 다른 입자들로 분할된다. 그 네 입자는 두 개씩 두 종류로 분류된다. 그 두 종류는 쿼크와 경입자(렙톤)이다. 이제까지 알려진 바로는, 쿼크와 경입자는 분할 불가능하다. 기본입자가 넷이라는 발견은 한 종류의 기본입자를 추구하는 고전적 이상을 무너뜨렸다. 일상적으로 경험하는 다양한 자연의 모습들은 모두 쿼크 두 개와 경입자 두 개가 네 개의 힘을 통해 상호작용함으로써 생겨난다.

그런데 이 입자들은 각각 반입자를 가지고 있어 기본입자들의 수는 더 늘어난다. 하지만 반입자는 일반적인 물질의 구조를 이루는 요소가 아니다. 반입자는 자연 속에서 드물게 등장한다. 가속기에서 인공적으로 만들어지는 반입자들은 일반적 물질의 조상 격인 특이한 물질을 연구하는 데 이용한다. 언젠가 연구의 결과로 기본입자가 한 종류로 환원될지도 모르지만—쿼크와 경입자의 통합은 대통합 이론이 내놓은 예견 중 하나이다—그 한 종류의 기본입자 역시 반입자를 가질 것이다.

곧 상세히 보게 되겠지만, 1950년대 물리학을 당황케 했던 수많은 입자들은, 일반적인 물질을 이루는 쿼크 및 경입자, 그리고 더 무겁고 더 에너지가 큰 다른 두 세대(generation)의 쿼크 및 경입자에 의해 생겨난다. 가속기 속의 입자는 매우 짧은 순간 동안 매우 작은 목표지점에서 별의 내부 상태와 별이나 은하계가 겪는 대격변을 경험한다. 가속기 성능이 향상될수록 목표지점에서 일어나는 사건의 에너지는, 더 오래 된 과거에 있었던 더 작고 더 조밀하고 더 뜨거운 우주의 상태를 만들어낸다.

입자물리학 연구가 원자의 내부를 지나 우주 역사의 이른 과거로 거슬러 올라가면서 입자물리학은 우주과학과 밀접한 관련을 맺게 되었다. 일반 상대성 이론은 동적인 우주를 예견했다. 최초로 측정된 우리 은하계 외부의 은하계들의 위치는 우주가 팽창하고 있음을 알게 해주었다. 이어서 말하자면 우주 역사를 거꾸로 돌리는 연구를 통해서, 과거의 우주가 더 작았을 뿐만 아니라, 물리학자들이 가속기 속에서 순간적으로 도달하는 에너지로 충만해 있었으며, 더 뜨거웠다는 사실이 밝혀졌다. 계산을 통해 밝혀진 바에 의하면, 지금까지 가속기로 도달한 최고의 에너지는 관측된 우주의 역사에서 처음 1초가 지난 시점에 대응한다. 그 1초 속으로 깊이 들어가면, 양자화된 세 힘을 단일한 원초적인 힘으로 통합시키는 대통합 이론의 기획이 실현된 상태를 발견할 수 있으리라고 입자물리학자들은 기대한다.

우주과학자들 역시 그 1초 동안의 빅뱅 속에서, 관측된 우주의 거시구조를 설명할 수 있는 사건들을 찾으려 노력한다. 우주과학자들은 입자물리학자들과 협조하여 궁극적 통합을 주장하는 연구를 시작했다. 그 연구의 목적은 입자물리학자들이 통합한 세 힘과 우주규모의 힘인 중력을 통합하는 것이다. 그 통합은 양자적 힘들이 통합되는 에너지 수준보다 100배 높은 에너지 수준에서 이루어진다고 예견되어 있다. 아직까지는 실험 가능한 영역을 벗어나므로 궁극적 통합은 완성되지 않은 상태이다. 오늘날 실험과 관찰을 통해 우리가 물리적 세계에 관해 할 수 있는 모든 말들은, 입자물리학의 '표준 모형'과 일반 상대성 이론에 각기 독자적인 기반을 두고 있다.

중요한 관건

"궁극적 입자가 무엇인가"가 아니라, "무엇으로부터 입자가 되는가"가 문제이다. 물질과 에너지가 같은 하나이므로, 문제는 더 정확히 이렇게 표현될 수 있다. 물질입자의 정지질량의 근원은 무엇인가?

정지질량은 예를 들어 가속기 속에서 입자가 에너지를 받아 운동을 하면서 얻은 질량과 다르다. 입자의 운동을 가속시키기 위해 투입된 에너지는, 입자의 속도가 광속을 능가할 수는 없으므로, 입자의 질량을 증가시키는 작용을 한다. 전자기력의 작용 양자인 광자는 정지질량이 없다. 광자는 궁극적인 속도인 광속으로 움직이며 영원히 멈추지 않는다. 그러나 광자는 특수 상대성 이론 방정식 $m=E/c^2$—잘 알려진 형태인 $E=mc^2$의 변형이다—에 따라서, 광자를 발생시킨 에너지로부터 유효질량(effective mass)을 얻는다. 정지해 있거나 등속운동을 하는 물질입자는 중력장 속에서 자리잡은 위치에 따라 고전 뉴턴 역학적인 퍼텐셜 에너지를 가진다. 즉 물질입자는 정지질량을 가진다. 바로 그렇기 때문에 물질입자가 물질입자일 수 있는 것이다. 특수 상대성 이론은 정지질량이 또 다른 종류의 퍼텐셜 에너지를 가진다는 것을 보여주었다. 그것은 복사 에너지로 변환되었을 때 발휘될 수 있는 에너지이다.

1990년경 이론의 발달과 이론을 검증하는 가속기의 발달로 인해 정지질량의 근원이 거의 손에 잡힐 듯이 가깝게 다가왔다. 정지질량의 근원은 어떤 신비로운(ghostly) 대칭성에서 찾아야 한다. 우주의 설계도는 그 대칭성이 깨지면서 출현했다.

우주 창조를 향한 대칭성 파괴의 마지막 단계, 또한 실험을 통해 도달 가능하게 될 첫 단계에서 전자기력과 약한 힘의 분리가 일어났다. 이른바 힉스 입자(Higgs particle)—그 단계에서 우주를 채웠던 에너지의 양자—는 그 사건을 통해 정지질량을 얻었을 것으로 보인다. 이 주장은 당시 텍사스 왁사하치에 건설 중이던 초전도 슈퍼 충돌기(SSC)로 도달 가능한 엄청난 에너지 수준—4×10^{13}전자볼트, 즉 40조 전자볼트, 즉 40테라전자볼트(TeV)—을 통해 곧 실험적으로 검증될 수 있을 것처럼 보였다.

그러나 1994년 미국 103차 국회에서 초전도 슈퍼 충돌기 계획은 백지화되었다. 미국 유권자들은 정부가 물리학을 공적으로 지원하는 것을 허락하지 않았다. 핵무기의 위력에 압도된 군사기관들은 냉전시대의 엄청난 무기개발을 위해 필요 이상의 예산을 확보하고 있었으며, 그 예산은 여러 대학과 신설 국립 연구소의 물리학을 지원하기에 충분했다. 준군사적인 목적의 핵개발을 관리하는 에너지국(Department of Energy)은 여전히 물리학의 주요 지원자 역할을 하고 있다. 1953년 슈뢰딩거가 지적했듯이, "다양한 국방 행정기관들"에 의한 예산지원은 "모두의 가슴에 매우 가깝게 다가온 인류 공멸 계획의 실현"을 앞당기게 될 것이다. 유권자들은 벌써 오래 전에 물리학자들의 말에 귀를 기울였어야 했다. 현재 미국이 보유한 최고 성능의 가속기인 일리노이 바타비아 가속기를 건축한 과학자인 윌슨(R. R. Wilson)의 다음과 같은 증언을 말이다.

"관건은 국가를 지키는 것이 아니라, 지킬 가치가 있는 국가를 만드는 것이다."

전자의 발견

19세기 후반에 전자가 발견되기 전까지만 해도 원자는 물리학자들의 관심사가 아니었다. 패러데이의 전기화학 연구는 전자의 발견에 결정적인 단서를 제공했다(94쪽 참조). 1881년 물리학자 헬름홀츠(H. von Helmholtz)는 이렇게 말했다.

"패러데이 법칙이 함축하는 가장 놀라운 귀결은 아마도 다음과 같은 귀결일 것이다. 만일 우리가 기본물질이 원자로 이루어졌다는 가설을 받아들인다면, 전기 역시, 양전기든 음전기든, 마치 전기의 원자처럼 행동하는 기본적인 크기들로 나뉘어져 있어야 한다는 결론을 피할 수 없을 것이다."

이미 이런 생각을 확신한 과학자들도 있었다. 독일 유리공 가이슬러(H. Geissler)가 개발한 진공 펌프는 유리 그릇 내부의 압력을 대기압보다 훨씬 낮추는 것을 가능케 했다. 크룩스(W. Crookes)는 그렇게 압력을 낮춘 그릇 안에 전위 차이가 큰 두 전극을 설치하여 희박해진 기체가 빛을 내도록 만들었다. 빛의 색깔은 기체의 종류에 따라 달랐다('네온 등'은 오늘날 전세계에서 경제활동을 북돋우고 있다).

전위차를 충분히 높이고 기체 압력을 충분히 낮추면, 분산되어 있던 빛이 모여서 음극으로부터 방출되는 가는 선을 형성하는 것을 크룩스는 관찰했다. 이 '음극선'을 자기장 속으로 통과시켜 그 굴절을 관찰함으로써 크룩스는 그 광선이 음의 전하를 띠고 있음을 알아냈다. 프랑스의 페랭(J. Perrin)은 광선 속에 놓인 금속판이 녹색의 그림자를 드리우고 음의 전하를 띠게 된다는 것을 발견했다. 이후 여러 관찰자들이 음극선 속을 움직이는 음으로 대전된 입자들에 관해 얻은 결론들을 종합하여 아일랜드 물리학자 스토니(G. J. Stoney)는 1874년 그 입자들에 '전자'라는 이름을 부여했다.

1897년 케임브리지 대학 캐번디시 연구소에서 톰슨(J. J. Thomson)은 전자의 존재를 입증했다. 그는 음극선 경로에 수직인 방향으로 한 쌍의 전극을 추가로 설치했다(147쪽 그림 참조). 음극선은 추가로 설치된 양극판 쪽으로 굴절되었다. 이어서 그는 자기장에 의한 굴절효과를 상쇄하려면 얼마나 큰 전기력이 필요한지 측정했다. 이를 통해 톰슨은 음극선 속을 움직이는 것이 확실한 전자의 1그램당 전하량 대 질량 비율을 계산했다. 그가 계산한 비율은 1.77×10^8쿨롬이었다.

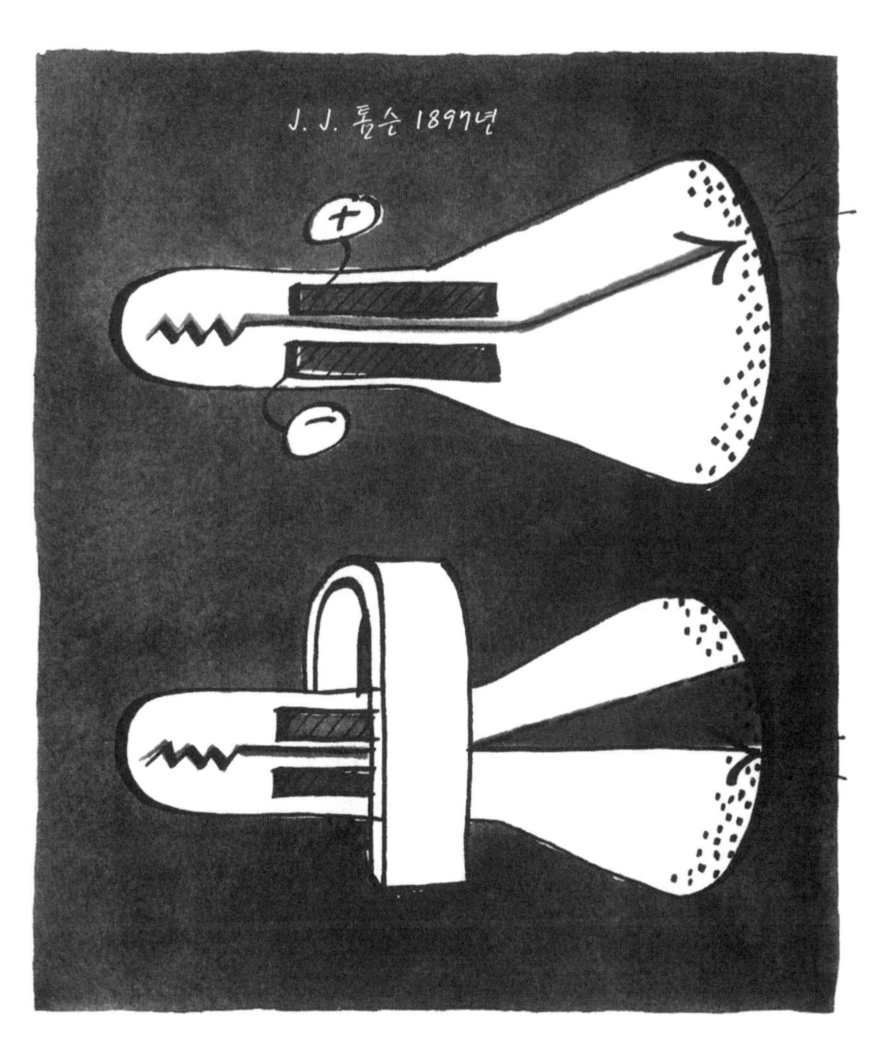

전자의 전하량 대 질량 비율은 1897년 톰슨에 의해 측정되었다(146쪽 참조). 크룩스는 진공관 속에 고 전위차를 만들면 빛나는 광선이 방출된다는 것을 보였다(146쪽). 그 광선은 전기장에 의해 양극으로 굴절되었다(위). 이는 광선이 음전하를 띤 입자들로 이루어졌음을 말해준다. 그 굴절효과를 상쇄시키는 자기장의 세기를 측정함으로써 톰슨은 전자의 전하량 대 질량 비율이 1.77×10^8임을 알아냈다.

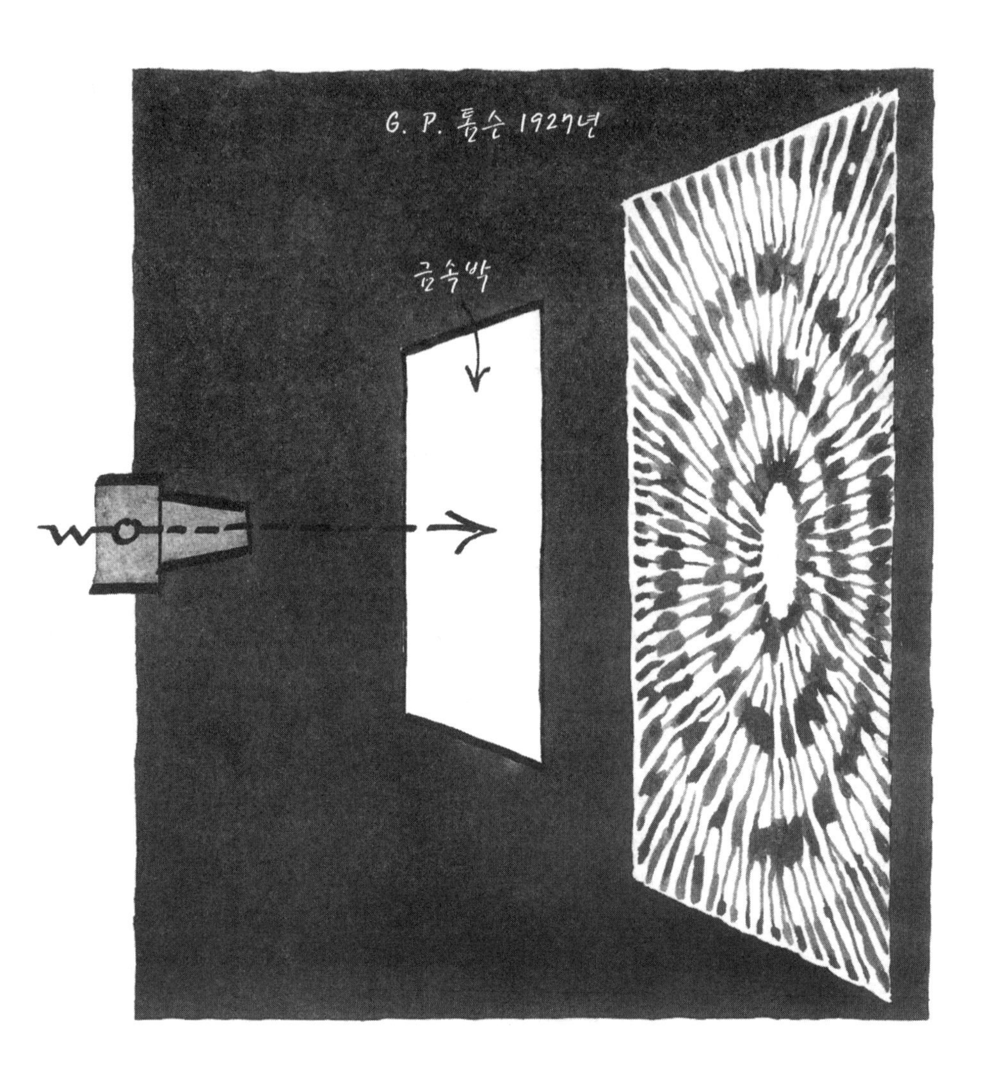

전자의 파동성은 J. J. 톰슨의 아들인 G. P. 톰슨이 1927년 행한 그림과 같은 실험에서 입증되었다. J. J. 톰슨은 전자의 입자성을 밝힌 인물이다(147쪽 그림 참조). 금속박을 관통한 전자 흐름은 영과 테일러가 빛에서 발견한 것과 유사한 간섭무늬를 필름 위에 남겼다(140, 141쪽 그림 참조). 데이비슨과 저머는 전자의 파동성을 증명했고, 전자의 파장이 결정 격자에서 되튕긴 전자들의 에너지에 상응한다는 것을 증명했다(64쪽 참조).

제만(P. Zeeman)은 라이덴에서 강력한 전자석의 양극 사이에 나트륨 불꽃을 놓는 실험을 했다. 그는 어쩌면 롤런드의 작품인지도 모르는 회절격자를 이용해서, 자기장에 의해 나트륨의 노란색 이중 선스펙트럼의 간격이 더 넓어진 것을 관찰했다. 자기장의 세기를 바꿔가면서 여러 원소들로 실험해본 결과, 몇몇 원소들에서 선스펙트럼이 갈라지는 것이 관측되었다. 로렌츠가 제만의 작업에 가세하여, 각각의 파장에서 자기장의 세기가 선스펙트럼에 얼마나 큰 변화를 일으키는지를 선스펙트럼의 폭으로부터 계산했다. 이를 통해 그들은 전자의 전하량 대 질량 비율을 계산할 수 있었다. 그들이 얻은 결과는 톰슨의 결과와 멋지게 일치했다. 마지막으로, 음으로 대전된 전자들이 운동할 때에도 전자기 복사파가 발생한다는 사실이 실험적으로 입증되었다.

전하량 대 질량 비율을 가지고 전자의 질량 및 전하량을 알아낼 수는 없다. 그러나 그 비율을, 예를 들어 수소 이온의 전하량 대 질량 비율과 비교하는 것은 가능하다. 수소 이온의 전하량 대 질량 비율은 1830년대 패러데이에 의해 밝혀졌다. 그는 9만 6500쿨롬의 전류를 흘려보내면, 용기의 음극에 양으로 대전된 수소 이온 1그램이 모인다는 것을 발견했다(84쪽 그림 참조). 학자들은 1그램의 전자를 모으려면 이보다 거의 2000배나 많은 양의 전류가 필요하다는 것을 입증했다. 그러므로 전자의 전하량(1.77×10^8) 대 질량 비율은 수소 이온의 전하량 대 질량 비율(9.65×10^4)보다 거의 2000배 가량 크다($1.77\times10^8/9.65\times10^4=1.834\times10^3$). 다시 말해서 전자는 가장 가볍고 작은 원자인 수소 원자보다 2000배나 가벼워야 한다. 오늘날 더 정확히 밝혀진 바에 의하면, 전자의 질량은 양성자 하나로 되어 있는 수소 원자핵 질량의 1836분의 1이다. 이 작은 정지질량으로 인해 전자는 전기의 입자인 동시에 물질의 입자이다.

그러므로 원자가 다른 입자들을 요소로 해서 구성되어 있음이 분명해졌다. 미세한 전자와, 원자의 질량 대부분을 차지하는 또 다른 부분이 서로 반대 전하를 띠고 있어서 원자가 전체적으로 전기적인 중성을 유지한다. 음극선 관 속에서 만들어진 전위차에 의해서 음극의 금속판으로부터 전자들이 끌려나와 음극선을 만든다는 사실은 분명해졌다. 이제 다음 질문은, "원자의 구조 속에 전자가 어떻게 들어 있는가"였다.

X선과 자연 방사성 붕괴

이 질문에 대한 답에 이르는 길은 예기치 않았던 두 발견에 의해 열렸다. 뮌헨의 뢴트겐(W. K. Roentgen)은 형광물질들이 음극선 관 속에서 빛을 낸다는 것을, 특히 음극선 속에 금속판을 놓으면 더욱 분명하게 빛을 낸다는 것을 발견했다. 불투명한 물질을 써서 그 빛을 차단해본 결과, 그 빛이 매우 강한 투과력을 지녔다는 것이 밝혀졌다. 자기장을 써서 그 광선을 굴절시키는 시도는 실패로 돌아갔다. 이를 통해서 그 광선이 참된 복사파라는 사실이, 즉 전자기파 스펙트럼의 자외선 영역 밖에 있는 전자기파라는 사실이 증명되었다. 뢴트겐은 X선을 발견한 것이다. 1895년 뢴트겐은 최초로 X선 사진을 찍어 X선의 잠재적 유용성을 보여주었다. 그가 찍은 것은 아내의 오른손 골격이었다.

뢴트겐의 발견에 고무된 파리의 베크렐(H. Becquerel)은 1896년, 혹시 그가 연구하는 형광물질에서 가시광선과 더불어 X선도 방출되는 것이 아닌지 확인하기로 결심했다. 그는 두꺼운 검은 종이로 햇빛을 차단한 사진 필름 위에 우라늄을 함유한 광물을 놓고 햇빛을 쪼여 형광작용이 일어나도록 만들었다. 그가 기대한 대로 필름에는 점들이 찍혔다. 그가 부주위로 광물 한 조각과 함께 서랍 속에 넣어둔 필름에는 광물의 모양을 그대로 닮은 신기한 검은 상이 생겼다.

베크렐의 발견은 훗날 피에르 퀴리(P. Curie)와 마리 퀴리(M. Curie)가 다른 방사성 원소인 폴로늄과 라듐을 통한 실험에서 얻은 결론에 의해 입증되었다. 각각의 원소가 고유한 방출 비율을 가진다는 것이 밝혀졌다. 시료광물 속에 있는 원자들 중 평균적으로 일정한 비율이 끊임없이 빛을 방출했다. 이 자연적 복사를 설명하는 이론은 아직 없었다. 또한 왜 시료 속에 있는 특정 원자 하나가 어떤 정해진 시간에 복사파를 방출하는지 설명할 길도 막막했다. 그런 비결정적이고 자발적인 사건에 대해서는 고전물리학적 설명의 선례가 없었다.

톰슨의 연구생으로 일하기 위해 뉴질랜드에서 온 러더퍼드(E. Rutherford)는 자연적인 복사에 관심을 기울였다. 그는 우라늄과 토륨에서 방출되는 복사파에 최소한 세 가지 질적으로 다른 종류가 있음을 발견했다. 그가 스스로 '알파' 복사라고 명명한 것은 입자 방출임이 밝혀졌다. '알파' 복사는 양으로 대전된 무거운 입자들의 방출이다. 그가 발견한 '베타' 선은 톰슨이 발견한 전자와 동일하다는 것이 밝혀졌다. 그가 '감마' 선으로 명명한 것은 뢴트겐의 X선보다 진동수가 더 높고 에너지가 더 큰 참된 복사파였다(151쪽 참조). 러더퍼드는 1903년 맥길 칼리지 동료인 소디(F. Soddy)와 함께, 입자 방출인 알파 복사와 베타 복사가 일어날 때, "원자는 원래와 전혀 다른 물리적·화학적 성질을 얻게 된다"는 것을 입증했다. 원래 원소들이 화학적으로 다른 새로운 원소들로 바뀌었다. 러더퍼드와 소디는 이물질로부터 금을 만들겠다는 연금술사의 야심이 어떻게 실현될 수 있는지 보여주었다. 그들은 또한 수소 원자와 가장 유사한 어떤 궁극적인 한 가지 원자가 상이한 개수로 결합함으로써 다양한 원소들이 만들어진다는 1815년 프라우트의 추측(80쪽 참조)을 확인했다.

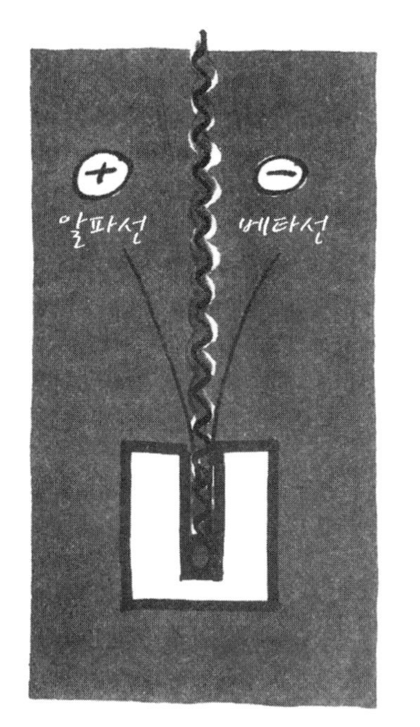

얼마 지나지 않아 맨체스터 대학에서 러더퍼드는 알파입자가, 질량이 수소 원자의 네 배인 헬륨 이온임을 밝혀냈다. 그는 원자의 질량 대부분을 차지하는 양으로 대전된 부분을 자세히 연구하는 데 헬륨 이온이 발판이 될 수 있음을 간파했다.

패러데이에 버금가는 시각적 상상력을 지닌 러더퍼드는 그가 다루는 미지의 영역에서도 손쉽게 작업할 수 있었다. 전자의 물질성을 의심하는 사람에게 그는 이렇게 단언했다.

"뭐가 문제야? 나는 여기 있는 숟가락만큼이나 분명하게 그 작은 놈들을 볼 수 있어!"

표적으로 놓은 원자와 알파 입자가 지닌 양의 전하가 서로를 밀어냄으로써 알파 입자들이 표적으로부터 산란되는 것을 러더퍼드는 관찰했다. 그 산란각을 측정함으로써 그는 표적의 크기를 대충 가늠할 수 있었다.

산란실험은 오늘날에도 여전히 입자물리학의 주요 연구방법으로 사용된다. 오늘날 산란실험에 쓰이는 가속기, 섬광 측정기 그리고 컴퓨터는 러더퍼드가 고안한 장치들을—십진수 자릿수가 크게 달라질 만큼—확대하고 자동화한 것에 지나지 않는다. 1911년 러더퍼드는 사각 납덩이에 구멍을 파고 그 속에 약간의 방사성 물질을 넣은 다음, 구멍으로부터 나온 알파입자들을 관찰하는 실험을 고안했다. 그는 알파입자의 흐름이 금박에 부딪히도록 방향을 잡았다. 금박에서 튕겨져 나온 알파입자들을 감지하기 위해 그는 금박 주위로 회전할 수 있도록 확대비율이 낮은 현미경을 설치하고 렌즈 위에 형광 스크린을 붙였다(172쪽 그림 참조).

톰슨이 발전시킨 원자 모형이 옳다면, 즉 음전하가 원자 표면에 분포하고 양전하는 원자 내부에 골고루 퍼져 있다면 산란각은 작아야 한다. 러더퍼드는 놀랍게도 몇몇 알파입자가 큰 각도로 산란되고, 일부는 거의 정반대 방향으로 튕겨져 나간다는 사실을 관찰했다.

"그것은 마치 당신이 15인치 포탄을 화장지에 대고 쏘았는데 포탄이 반대로 튕겨져 나와 당신을 맞춘 것과 같은 상황이었다."

러더퍼드가 계산해본 결과 "원자의 양전하는 미세한 중심에, 즉 핵에 집중되어 있고, 이를 상쇄하는 음전하는 원자 반지름과 비슷한 크기의 반지름을 가지는 구면에 분포한다"는 것이 밝혀졌다. 그는 그 '핵'의 지름이 10^{-12}미터라고 계산했다. 러더퍼드는 헬름홀츠가 추측했던 양전하를 띤 입자를 발견한 것이다. 양전하가 입자 속으로 들어가게 된 것이다. 또한 그뿐만 아니라 이제 원자가 전기를 띤 입자들로 구성된 것으로 여겨지게 되었다.

아인슈타인이 1905년에 쓴 논문 중 하나에서 제안된 실험을 통해 측정한 원자의 지름은 10^{-8}미터였다. 나중에 더 정밀하게 측정된 바에 따르면, 원자의 지름은 10^{-10}미터이다. 이 크기를 10^{-12}미터과 비교해보면, 간단한 입체기하학 계산을 통해서, 핵이 원자의 미세한 부분만을 차지한다는 것을 알 수 있다($10^{-12}/10^{-10}=10^{-2}$; $10^{-2}\times10^{-2}\times10^{-2}=10^{-6}$). 전자들은 더욱더 작은 부분만을 차지한다. 러더퍼드는 원자 속에서 진공을, 텅 빈 거대한 공간을 발견한 것이다. 원자핵을 태양 크기로 확대한다면, 원자핵에 가장 가깝게 있는 전자조차도 명왕성보다 더 먼 곳에서 궤도를 돈다. 원자의 질량은 미세한 핵에 집중되어 있어야 한다. 계산 결과, 핵의 밀도는 상상할 수 없을 만큼 높아서, 물의 밀도의 10^{14}배였다. 핵을 모아 물방울 하나를 만든다면, 그 물방울은 바다 위에 떠 있는 모든 배의 무게를 합친 것보다 더 무거울 것이다.

물론 일상적으로 경험하는 물질들이 태양계와 유사한 모습을 한 원자로 이루어졌다는 것을 납득하기는 쉽지 않았다. 초기에 새로운 물리학을 대중화하는 데 기여한 에딩턴은 그의 책상을 이렇게 묘사했다.

"대부분 비어 있고 (……) 그 빈 공간 속을 수많은 전하들이 엄청난 속도로 달린다. (……) 그 입자들의 부피를 전부 합쳐도 (……) 책상 부피보다 10억 배 이상 작다 (……) 내가 책상 위에 종이를 놓으면 작은 전기 입자들이 쏜살같이 달려와 지속적으로 종이 아랫면을 때린다. (……) 그래서 종이는 배드민턴 공이 땅에 떨어지지 않는 것과 같은 방식으로 거의 변함없는 높이를 유지한다."

러더퍼드의 태양계 원자에는 더 깊은 문제들이 있었다. 쿨롬이 입증했듯이 정전기력은 거리의 제곱에 비례해서 약해진다. 반대로 전자와 핵 사이의 미세한 거리에서는 정전기력이 매우 크다. 고전역학에 따르면, 궤도에 있는 전자의 운동량이, 따라서 속도가 충분히 커서, 엄청난 정전기력을 극복하고 지속적으로 궤도운동이 유지되도록 해주어야 한다. 궤도를 도는 물체는 가속운동을 한다. 고전적인 전기역학에 따르면, 가속하는 전하는 전자기파를 발생시켜야만 한다. 따라서 전자기파를 방출하면서 전자는 지속적으로 에너지를 잃게 되어 있다. 그러므로 전자는 점점 더 빠른 속도로 나선을 그리면서 핵으로 끌려들어가야 한다. 플랑크에게 자외선 재앙 문제를 제기한 바 있는 진스는, 태양계 원자로 이루어진 세계는 10^{-20}초 만에 멸망할 것이라는 계산결과를 내놓았다.

양자 궤도에 있는 전자

러더퍼드의 연구실에서 일하던 덴마크 출신의 연구원 보어(N. Bohr)는, 진스가 제기한 첫번째 문제에 대한 플랑크의 해결책이 혹시 두번째 문제에도 적용될 수 있을지 숙고했다. 원자는 고전역학적으로는 불가능한 영구 운동기관이다. 원자에 속한 전자들은 핵으로 끌려들지 않고 일정한 궤도를 유지했다. 보어는 무한히 많은 가능한 궤도들 중에서 어떤 궤도들이 허용되는지 연구하기 시작했다.

아인슈타인은 충분한 에너지를 지닌 전자기파 양자—양자의 에너지는 진동수와 플랑크 상수 h를 곱한 값과 같다—가 적당한 원자에 부딪히면, 원자에 있는 전자를 방출시킨다는 사실을 보였다(109쪽 참조). 이런 반응이 일어날 수 있으려면 원자가 해당 전자기파의 진동수 및 양자 에너지와 어떤 방식으로든 공명을 해야 한다. 보어는 전자궤도의 안성성 또한 작용 양자 $h=6.6\times10^{-27}$에르그(플랑크 상수의 단위는 에너지×시간이다. 다른 곳에서도 저자는 단위 속에 포함된 시간 단위(초)를 빈번히 생략한다-옮긴이)에 의해 지배된다는 과감한 주장을 내놓았다. 전자의 질량과 속도와 궤도 속에서의 이동거리를 곱하면 고전역학에서 말하는 '작용'(action)이 된다. 핵의 양전하로 인한 전자기적 인력을 상쇄하는 것이 바로 작용이다. 보어는 전자의 작용이 h나 h의 정수배와 같아야 한다고 주장했다. 그렇다면 원자가 공명하여 흡수하거나 방출하는 전자기파 양자는, 허용된 두 전자 궤도의 에너지 차이만큼의 에너지를 지닐 것이다.

수소가 방출하는 전자기파의 진동수와 에너지는 분광학을 통해 잘 알려져 있었다. 그 에너지들이 허용된 궤도들 사이의 에너지 차이를 나타낸다고 보고 보어는 궤도들의 에너지를 계산했다. 그는 궤도들 사이의 에너지 차이가 실제로 h의 정수배라는 것을 발견했다. 일정한 진동수의 양자 하나를 방출할 때 전자가 높은 에너지 궤도에서 낮은 에너지 궤도로 뛰어넘기를 하는 것이 분명하다. 반대로 양자를 흡수할 때는, 전자가 낮은 궤도에서 높은 궤도로 뛰어넘기를 하는 것이다. 또는 에너지가 충분히 클 경우에는 전자가 핵의 속박을 벗어나면서 아인슈타인이 분석한 광전효과가 일어나는 것이 분명하다.

전자가 한 궤도에서 다른 궤도로 이동하는 것은 아니다. 한 궤도에서 전자가 사라지고 다른 궤도에서 전자가 출현하는데, 그 두 전자가 동일한 전자라는 보장은 없다. 연속적인 운동에 익숙한 사람에게는 이 뛰어넘기의 불연속성이 낯설게 여겨질 것이 분명하다. 이 불연속성은 작용 양자의 분할 불가능성을 입증하는 증거로 여겨질 수도 있다. 다시 말해서 뛰어넘기의 불연속성은 작용의 원자인 6.77×10^{-27}에르그가 더 쪼개질 수 없음을 표현한다고 볼 수 있다. 이렇게 보어의 도움에 힘입어 플랑크 양자는 우주에게 10^{20}초의 예상 수명을 보장해주었다.

1914년 뮌헨의 조머펠트(A. Sommerfelt)는 보어의 원자에 중요한 수정을 가했다. 궤도에 있는 전자의 속도는 매우 빨라서 특수 상대성 이론을 고려할 필요가 있어 보였다. 속도에 의한 전자의 질량 증가를 감안해야 했다. 수소 스펙트럼을 비롯한 여러 원소들의 스펙트럼 속에 있는 선들은 '미세구조'를 나타낸다. 1896년 제만이 최초로 발견했듯이, 스펙트럼선이 그렇게 미세하게 갈라지는 현상은 강력한 자기장을 통해 유발될 수도 있다. 조머펠트는 그 현상이 전자의 에너지 및 질량이 상대론적으로 변화하기 때문에 생긴다고 믿었다. 즉 그 현상은 전자의 운동속도가 변한다는 것을 보여주는 증거이다. 전자는 타원 궤도를 돌며, 핵에서 멀어질 때는 속도가 줄어들고, 핵에 가까워질 때는 속도가 늘어나는 것이 분명하다. 조머펠트 가설에 입각한 계산의 결과는 관측된 값들과 정확하게 일치했다. 전자들은 케플러의 제3법칙을 따르는 것이 분명하다. 태양 주위를 도는 행성들과 마찬가지로 전자들도 각운동량 보존법칙을 따른다(72쪽 참조).

대중들의 상상은 여전히 태양계 원자에 머물러 있지만, 양자 규모의 시공에 대한 연구를 통해서 러더퍼드-보어-조머펠트 모형은 곧 근본적으로 수정되었다. 우선

보어의 원자에는 단 하나의 전자만 있었다. 그 원자 모형은 둘 이상의 전자를 가진 더 무거운 원자들에게는 타당하지 않았다. 더 심층적인 문제를 지적하자면, 보어의 가설들이 '왜' 타당한지가 밝혀져야 했다. 안정적인 궤도와 상수 h의 대응은, 이를테면 화학자들이 단지 개념적으로만 사용하던 원자가를 패러데이가 전하량으로 대체했던 것처럼, 무언가 분명한 방식으로 실재화되어야 했다.

은유의 필요성

제1차 세계대전 이후 20년 동안 완성된 양자이론은 미시세계를 더욱 확실히 지배하게 되었지만, 다른 한편 일상경험에 의지한 적합한 은유를 필요로 하게 되었다. 예를들어 네덜란드 물리학자 호우트스미트(S. Goudsmit)와 윌렌베크(G. Uhlenbeck)는 전자의 자기 모멘트를 설명하기 위해서 전자에 양자 '스핀'을 부여했다. 새로운 양자수(quantum number)인 스핀은 두 전자가 핵으로부터 동일한 거리만큼 떨어져 운동하는 것을 가능케 했다. 바로 한 해 전에 발표된 파울리(W. Pauli)의 '배타' 원리에 따르면, 두 전자가 그렇게 운동하는 것은 불가능했다. 파울리는 두 전자가 동일한 에너지 준위(은유적으로 궤도라고 볼 수 있다)를 차지할 수 없다는 것을 밝혀냈다. 이는 마치 고전물리학에서 두 물체가 동일한 장소를 차지할 수 없는 것과 같다. 그러나 호우트스미트와 윌렌베크는 스핀이 위를 향한 전자와 아래를 향한 전자가 동일한 궤도를 차지할 수 있다는 것을 밝혔다(그러나 셋 이상의 전자가 동일한 궤도에 있을 수는 없다). 이 수정을 통해 원자 모형은 타원궤도나 원궤도를 도는 전자들을, 매우 무거운 원자의 양전하를 중화시키기 위해 필요한 만큼 얼마든지 수용할 수 있게 되었다(160, 161쪽 그림 참조).

세인트루이스 소재 워싱턴 대학의 콤프턴(A. H. Compton)은 1923년 양자의 운동량과 관성을 입증하는 증거를 내놓았다. 콤프턴의 발견은 양자이론에 대한 아인슈타인의 기여를 토대로 한다. 광자는 전자기 에너지만큼의 유효질량을 지니며 따라서 역학적 운동량도 지닌다.

'약한' X선의 진동수인 6×10^{18}헤르츠에서 양자 하나는 10^{-9}다인 운동량을 지니며(운동량의 단위는 힘×시간이다. 여기에서도 저자는 초 단위를 생략했다 – 옮긴이), 따라서 10^{-30}그램의 상대론적 질량을 지닌다. 이는 전자의 정지질량인 10^{-27}그램의

1000분의 1 정도이므로 무시할 수 없는 질량이다.

콤프턴 효과는 초광전효과이다. 콤프턴은 X선을 금속박에 비추었고, 금속박으로부터 전자들이 대단히 빠른 속도로 튕겨져 나오는 것을 관찰했다. 더 중요한 것은, X선이 표적에서 굴절되어 더 낮은 에너지를 보유한 상태로, 즉 더 긴 파장을 지닌 X선으로 바뀐다는 사실이었다. 굴절된—금속박에서 재방출된—X선의 에너지와 튕겨져 나간 전자들의 에너지를 합하면, 원래 투입된 X선의 에너지와 같았다(116쪽 그림 참조). 그러므로 콤프턴 효과는 고전물리학에서 다루는 탄성충돌을 연상시킨다. 탄성충돌을 하는 두 당구공은 충돌 전과 동일하게 보존되는 에너지 총합을 적당한 몫으로 나누어 가진다. 이것은 양자의 입자적 성질을 결정적으로 입증하는 증거였다. 양자가 입자의 성질을 지닌다는 주장은 플랑크와 보어를 비롯한 많은 물리학자들의 비난의 표적이었다.

전자의 파동적 성질

1924년 발표된 드브로이(L. de Broglie)의 역사적인 박사 학위논문은 '왜' 전자들이 양자화된 궤도를 움직이는지 설명하는 내용이었다. 특수 상대성 이론을 언급하면서 드브로이는, 콤프턴이 입증했듯이 전자기파 양자가 질량을 가진다면, 전자도 이를테면 파장을 비롯한 복사 에너지의 성질을 가져야 한다고 주장했다. 전자의 속도가 높을수록 전자의 에너지는 커진다. 전자의 파장이 짧아질수록, 전자의 진동수는 높아진다.

그러므로 안정적인 궤도의 둘레는 그 궤도를 차지한 전자의 파장(또는 파장의 정수배)과 같아야 한다고 드브로이는 주장했다(159쪽 그림 참조). 고전역학적으로 볼 때 그런 파동은 정상파이며, 자기 보강적일 것이다. 이 사실은 최소한 은유적으로 궤도의 안정성을 설명하는 데 도움이 된다.

보어가 밝혔듯이 전자의 질량과 속도 및 안정궤도의 길이를 곱한 값은 상수 h 또는 h의 정수배와 같아야 한다. 허용된 궤도의 길이보다 짧거나 긴 파장을 지닌 파동은 자기 보강적이지 않고 자기 상쇄적일 것이다.

전자의 파동적 성질이 입증된 것은 1927년 벨 전화 연구소의 데이비슨과 저머가 수행한 실험에서였다. 그들은 전자를 수정에 대고 쏘았다. 수정의 격자 구조는 회절격자처럼 작용하여 전자들을 진동수에 따라 분류해서 재방출했다. 톰슨(J. J. Thomson)의 아들 톰슨(G. P. Thomson) 역시 같은 해에 이와 거의 동일한 실험을 했다(148쪽 그림 참조).

불확정성 원리

한편 하이젠베르크(W. Heisenberg)는 드브로이의 설명에 반드시 필요한 전자궤도와 역학적 은유를 제거하기 위해 노력했다. 23세의 확고한 실증주의자였던 하이젠베르크는 전적으로 원자의 에너지 상태들에 관한 분광학적 증거에만 의지하여 원자에 대한 형식적이고 수학적인 서술을 시도했다. 그의 추상적이고 비직관적인 방정식들은 분광학을 통해 알려진 모든 에너지 상태들을 성공적으로 설명했다. 그의 '행렬역학'은 즉각적으로 괴팅겐에서 함께 연구하는 선배들인 보른(M. Born), 요르단(P. Jordan), 파울리의 관심을 끌게 되었고, 얼마 지나지 않아서 원자에 관해 알려진 모든 지식을 단일한 일반이론으로 포섭하고, 더 많은 지식을 향한 길을 열었다.

하이젠베르크는 자신의 실증주의를 완화시켜 대중들에게 '불확정성 원리'를 다음과 같은 사고실험을 통해 설명했다. 현미경으로 전자를 관찰하는 과정에서 광자 하나가 전자를 비춘다. 광자의 진동수가 높고 파장이 짧을수록, 현미경을 통해 전자의 위치를 더 정확하게 확정할 수 있다. 광자가 전자와 부딪혀 전자의 위치를 확인할 때, 광자는 전자에게 운동량을 전달하고, 이 때문에 전자의 운동량 측정은 불확실해진다. 파장이 더 길고 에너지가 더 낮은 광자를 써서 측정하면 운동량은 더 잘 확정되지만 위치 측정은 불분명해진다.

이 불확실성을 실험도구의 탓으로 돌릴 수 없다. 맥스웰이 상상했던 도깨비는 존재하지 않으므로 사람들은 실험 대상과 시간·공간적으로 양자적인 규모에서 에너지를 교환할 수밖에 없다. 그 에너지 교환 때문에 관찰에 교란이 생기며, h는 '교란의 최소 한계'이다(133쪽 디랙의 말 참조).

드브로이로부터 영감을 얻고 행렬역학에 반감을 느낀 오스트리아 물리학자 슈뢰딩거(E. Schrödinger)는 1926년 원자의 완벽한 파동 방정식 모형을 만들어냈다. 그의 이론에 따르면, 드브로이 파동은 핵 주위의 세 차원의 평면 상에서 진동하고, 핵은 전자 파동의 구름으로 둘러싸여 있다(160, 161쪽 그림 참조). 그러므로 슈뢰딩거 방정식들은 하이젠베르크의 불확정성 원리에 따르는 불확정적인 폭을 가진 파동 꾸러미 속에 전자가 있음을 말할 뿐, 전자의 정확한 위치는 결정하지 않는다.

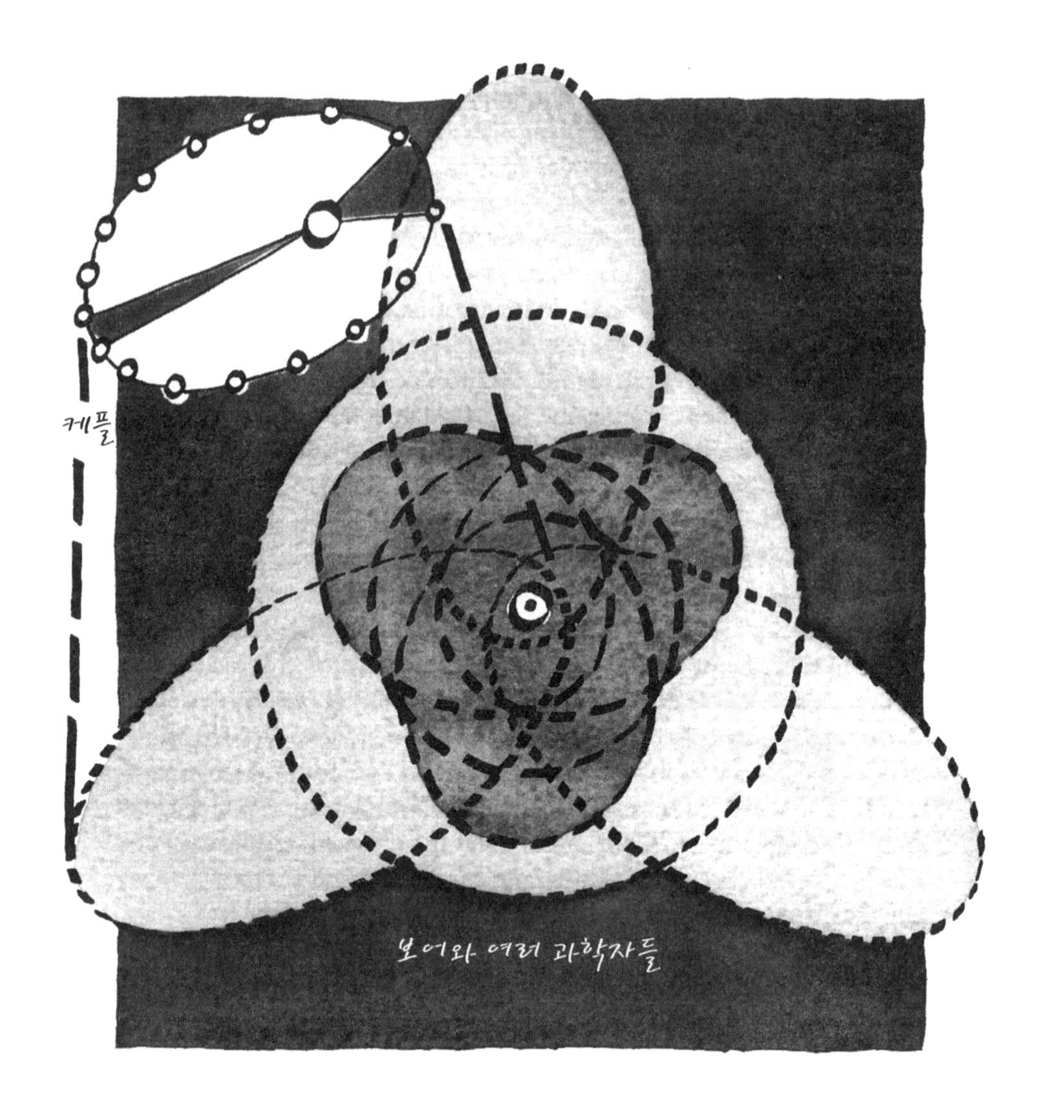

태양계 원자는 10^{-12}미터에 불과한 미세한 핵과 주위의 전자들을 시각화하기 위해 만들어진 비유적인 그림이다. 핵은 은유적인 전자 궤도들을 동반한 지름 10^{-8}미터의 원자 속에 들어 있다. 보어는 전자가 허용된 에너지 준위 또는 '궤도'에만 있을 수 있음을 밝혀냈다. 허용된 에너지 준위는 플랑크 에너지 양자의 정수배에 의해 결정된다(153쪽 참조). 조머펠트는 전자들이 타원궤도를 돌면서 각운동량 보존법칙을 따르므로, 케플러의 행성들과 마찬가지로 같은 시간에 같은 면적을 쓸고 지나간다는 것을 보여주었다(72, 154쪽 참조).

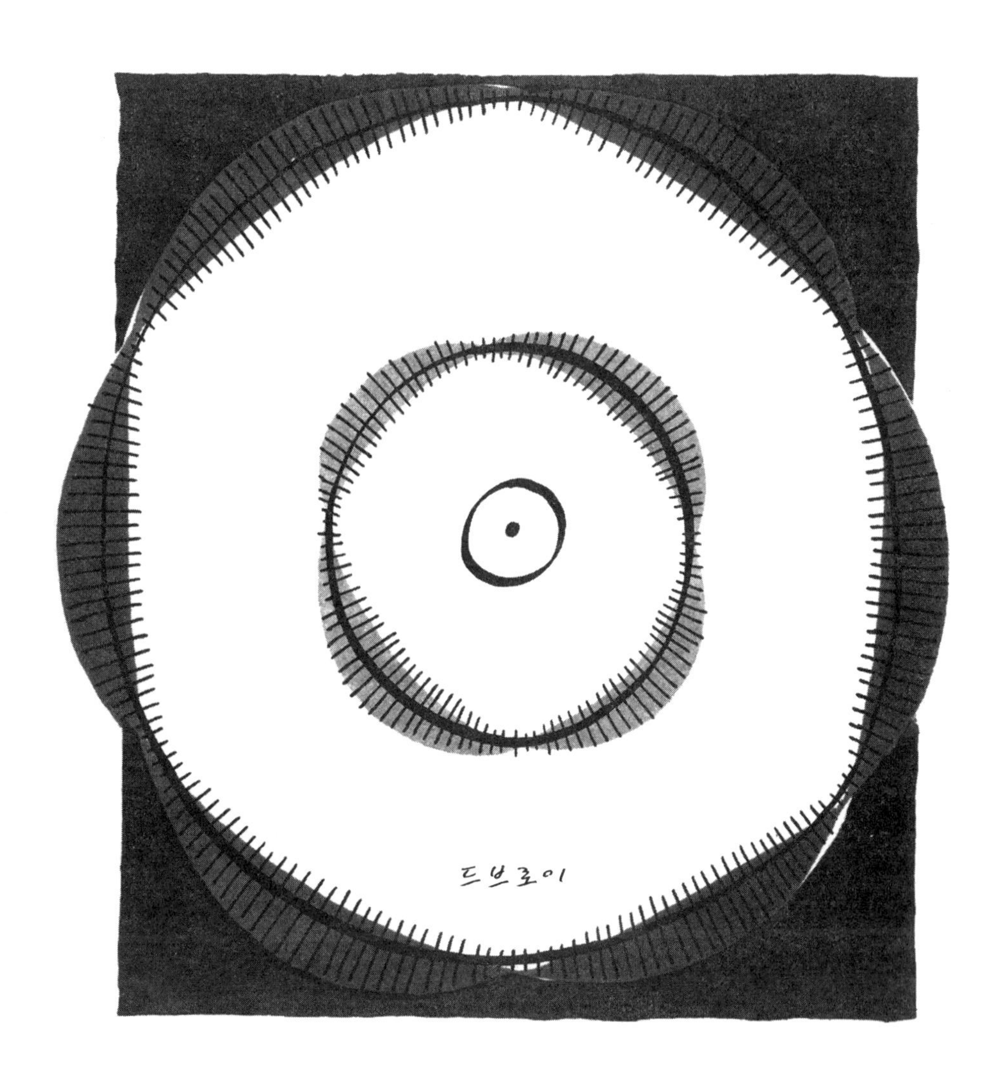

전자궤도의 둘레는 항상 전자 파장의 정수배라는 것을 드브로이가 입증했다(156쪽 참조). 마찬가지로 궤도를 도는 한 전자가 가진 에너지는 플랑크 양자에 동일한 정수를 곱한 값과 같다. 그 값이 '작용', 즉 핵의 양전하가 발휘하는 정전기력을 상쇄시키기 위해 소모되는 에너지이다. 안쪽 궤도에 나타난 두 개의 파장은 두 개의 양자가 소모된다는 것을 의미한다. 더 높은 에너지에 해당하는 바깥 궤도에서는 네 개의 양자가 소모된다.

전자-파동-구름 원자를 나타낸 이 그림은 하이젠베르크, 슈뢰딩거 그리고 디랙의 업적을 표현한다. 원자구조의 양자역학을 기술하는 하이젠베르크의 간결하고 비직관적인 방정식들은 드브로이의 은유를 필요로 하지 않는다(157쪽 참조). 슈뢰딩거의 파동 방정식들은 하이젠베르크의 불확정성 원리와 전자궤도의 둘레를 지배하는 드브로의 파장 규칙들을 종합하여, 원자핵을 대략 대칭적으로 둘러싼 전자-파동 구름을 귀결로 산출한다(163쪽 참조). 한 개의 전자면 충분하다. 그 전자는 광속의 10^{-2}배 속도로 3×10^{-10} 길이의 궤도를 움

직이므로, 1초에 7×10^{15}번 공전하여 사실상 동시에 모든 곳에 있는 것처럼 핵을 전자 파동으로 둘러싼다. 디랙은 실체가 없는 이 구름에 패러데이-맥스웰-아인슈타인 장(작은 그림, 123쪽 참조)이라는 실체를 부여했다. 전자구름 장은 끊임없이 가상 광자의 형태로 전자와 핵 사이에서 교환되면서 원자라는 영구 운동기관을 유지시키는 전자기 에너지로 자신을 드러낸다. 자발적인 방출(spontaneous emission)이 일어날 때 가상 광자들은 실제 광자로 나타난다.

하이젠베르크와 슈뢰딩거는 물리적 세계의 구조 속에 불확정성이 있음을 보여주었다. 우선 전자가 전자기장 속에 있는 파동 꾸러미로 나타날지 또는 전하를 띤 입자로 나타날지가 불확정적이다. 이 불확정적인 전자의 모습이 어떻게 결정되는지는 어떤 모습의 전자를 찾는가에 달려 있다. 전자는 어떤 도구들과는 파동으로서 상호작용하므로, 그 도구들을 쓰면 전자의 운동량을 측정할 수 있다. 반면에 전자는 다른 도구들과는 입자로서 상호작용하고, 따라서 그 경우에는 전자의 위치를 측정할 수 있다.

사이비 인식론

양자이론의 불확정성 원리는 외적 실재의 실재성에 관한 철학적 논쟁에 새롭게 불을 댕겼다. 실험에 의해 파동인가 또는 입자인가를 선택할 수 있다면, 관찰된 실재의 본성을 결정하는 것이 실험이라는 말인가? 몇몇 독단적인 실증주의자들은 그렇다고 주장한다. 한편 다른 사람들은 사건과 관찰 사이의 경계가 모호해졌음을 지적한다. 실험도구 자체가 사건에 포함되지 않는가? 과학자 역시 사건에 포함되는가? 그렇다면 과학자를 관찰하는 사람도 포함되는가?

과학자 사회 내부에서 이루어진 이런 논쟁들은 지식의 기반에 관한 '포스트모던'한 담화를 촉진시켰다. 양자 불확정성에 의해 시적인 영감과 물리학이 동등해진 것이 아닌가? 관찰자가 관찰되는 것에 참여한다는 사실은, 고대 오리엔트 문명에서 기원한 전체주의적 세계관을 연상시키지 않는가?

물리학자들은 전자가 관찰에 상관 없이, 배경이 되는 양자적인 미시세계와 상호작용할 때 때로는 입자로서 또 때로는 파동으로서 작용한다는 사실이 실험에 의해 입증되었다고 믿는다. 물론 이 믿음은 엄격한 실증주의적 입장에서 보면 근거가 없다. 관찰에 의해 확증되지 않은 것에 관해서는 어떤 이야기도 할 수 없다. 입자로서의 전자를 보여주는 관찰은 그 관찰 순간 이전이나 이후의 전자의 상태에 관해서는 아무것도 이야기하지 않는다. 달을 관찰하는 상황과는 달리 양자 규모의 실험에서는 동일한 전자를 두 번 관찰한다는 것조차 입증 불가능한 주장이다. 더 나아가 동시에 전자를 측정해서 상이한 두 측정값을 얻는 것도 가능하다. 그러나 충분히 오랫동안 전자를 연구한 물리학자들은 정체가 유동적인 전자를—입자이든 파동이든 상관 없이—능숙하게 다룬다. 마치 천문학자들이 달을 다루듯이 말이다. 물리학자들을 바라보는 일반인들 역시 그들과 마찬가지로 침착하게 안심하면서 사태를 관찰해도 좋다.

봄은 학생들에게 더욱 태연한 태도를 권했다. 그는 오감을 통해 접하는 세계에 관한 앎조차도 불확실성을 가진다는 사실을 지적했다. 운동하는 물체의 위치를 결정하기 위해 미적분학을 이용할 때도, 절대로 0이 되지 않는 뉴턴의 '무한소'가 등장한다. 학생들은 다음과 같은 봄의 말을 듣고 편안함을 느꼈을 것이다.

"우리는 정해진 운동량을 가진 입자나, 정해진 위치를 가진 입자를 시각적으로 떠올릴 수 있지만, 그 둘을 동시에 가진 입자를 시각적으로 떠올리지는 못한다. 양자이론은 그런 노력을 할 필요가 없음을 보여주었다. 왜냐하면 그런 입자는 존재하지 않기 때문이다."

겉보기에 상반되는 것 같았던 하이젠베르크 방정식과 슈뢰딩거 방정식이 수학적으로 동치라는 사실이 곧 밝혀졌다. 두 방정식은 양자이론의 확장 및 완성 과정에서 등장하는 여러 질문들에 동등하게 적용될 수 있게 되었다.

위축된 영국의 경제상황에서 직업적 전망을 비관한 전기 기술자 디랙(P. A. M. Dirac)은 1926년 케임브리지 대학 물리학 연구원직에 지원했다. 그를 받아들인 것은 탁월한 결정이었다. 디랙은 파동도 입자도 그 외에 어떤 시각적 은유도 포함하지 않은 방정식들을 통해 양자역학과 특수 상대성 이론을 '양자 장이론'으로 통합했다. 디랙 방정식들은 전자의 영구운동을 설명하는 드브로이의 정상파 발상을 발전시킨 결과이다. 전자는 궤도운동과 스핀에 의해 생성된 진공 중의 전자기 장과 끊임없이 에너지 양자들—'가상 광자들'—을 교환한다. 이를 통해 전자는 운동을 유지하기 위해 필요한 에너지를 장으로부터 얻고 광자를 장에게 돌려준다. 전자기장의 세기와 전자의 질량으로부터 결정되는 양자 교환주기는 10^{-21}초로 불확정성 원리를 벗어나지 않는다. 오직 방정식 속에서만 볼 수 있는 가상 광자들에 의해서 에너지 보존법칙은 유효성을 유지할 수 있다. 그러나 가상 광자는 자연적인 붕괴현상에서 때때로 실제 광자로 나타나 자신의 현존을 알리기도 한다.

하이젠베르크-슈뢰딩거-디랙 모형은 새로운 은유적인 원자상을 제공한다. 그 모형에서 원자의 지름은 10^{-10}미터이므로 둘레는 3×10^{-10}미터 정도이다. 보어의 수소 원자에 있는 전자는 안정적인 최저 에너지 준위에서 초속 2.2×10^{6}미터 속도로 움직인다. 이 속도는 광속의 100분의 1 수준이다. 이 속도로 움직이는 전자는 1초에 7×10^{15}번 원자 둘레를 돈다. 이 횟수는 드브로이의 진동수이기도 하다. 슈뢰딩거 방정식을 통해 단일한 궤도에만 묶이지 않을 수 있게 된 원자는, 1초 동안 사실상 핵 주위의 어느 곳에나 있을 수 있게 되었다. 태양계 모형은 이제 물러나고 대신에, 중앙의 한 점에 집중된 양전하에 묶인 다소 대칭적인 음전하 구름 모형이 등장하게 되었다. 러더퍼드가 발견한 진공 속에서는 에너지가 출렁이고 디랙의 가상 광자들이 순식간에 출몰한다(160, 161쪽 그림 참조).

이제 화학자들이 말해온 원자가가 드디어 최종적인 실체를 얻었다. 원자가는 전자이다. 분자 속에서 전자는 두 핵에 거의 같은 시간 동안 교대로 머문다. 그러므로 두 핵은 교대로 이온 상태가 된다. 전자가 두 핵 사이에 있을 때 전자의 음전하는 핵들의 양전하가 약 10^{-10}미터, 즉 원자 지름의 거리를 두고 발휘하는 척력을 상쇄한다.

디랙에 의해 재구성된 원자 모형은 원소들의 선스펙트럼과 관련해서 당시 알려진 여러 의문점들을 성공적으로 설명했다. 젊은 아인슈타인의 특수 상대성 이론 논문의 '전기역학 부분'에서 예견된 대로, 전자의 자기 모멘트의 근원은 전하의 상대적인 운동에 있었다. 디랙은 가상 광자의 교환을 통해 자기 모멘트를 1 'g'라는 계산값으로 대체했다. 1948년 실험에 의해 밝혀진 g 값은 1.00118이다.

원자핵과 주변 전자 사이에서 러더퍼드가 발견한 진공은, 디랙의 방정식을 통해, 항성 간 공간 및 은하계 간 공간의 진공과 더 나아가 가장 먼 은하계에 있는 원자 내부의 진공과 연속적으로 연결된다. 텅 비어 있는데도 빛나는 공간은 전자기장과 중력장의—또한 곧 보게 될 힉스 장의—에너지로 가득 차 있다. 그 장들 속에서 끊임없이 가상 입자들이 분출되고 소멸된다. 양자물리학의 진공은 고전물리학의 에테르만큼이나 실재적이면서 막중한 임무를 수행한다고 할 수 있다.

반물질

또한 디랙 방정식들은 양전하를 띤 반전자(anti-electron)의 존재를 긍정함으로써 과학자들에게 고민거리를 안겨주었다. 반전자, 즉 양전자는 역사상 최초로 방정식에서 처음 모습을 드러낸 입자이다. 다른 모든 입자들과 관련해서는 기존 질서와의 수학적 연결을 요구하는 실험적 증거들이 먼저 갖추어져 있었다. 양전자의 경우에는 수학적 창조물이 실험을 통한 실재화를 요구해온 것이다.

디랙은 그 입자가 전자가 떠나고 난 빈 '구멍'이라고 말함으로써 동료들을 안심시키려 했을 것이다. 그렇게 구멍으로 취급한다면 수학적으로 문제가 없었다. 그러나 양전자의 존재는 1930년 미국 물리학자 앤더슨(C. Anderson)에 의해 입증되었다. 그는 우주 복사선(외계로부터 지구 대기권으로 들어오는 고에너지 입자 흐름)과 대기 속에 있는 원자들의 충돌에서 발생하는 수많은 입자들을 연구하고 있었다. 그의 계측 장치가 만들어낸 자기장은 전자들을 한 방향으로 굴절시키면서, 전자들에 대응하는 양전자들은 반대방향으로 굴절시켰다.

디랙이 발견한 것은 한 개의 입자 이상이었다. 반물질(antimatter)의 발견으로 물리학이 고려해야 하는 입자의 수는 사실상 두 배로 늘어났다. 반물질은 또한 질량-에너지 보존법칙을 지지한다. 입자와 반입자가 충돌하면 둘은 사라지고 강력한 광자의 섬광이 발생한다. 이 과정을 거꾸로 돌린다면, 강력한 광자로부터 입자-반입자 쌍이 생겨날 것이다.

이제 양자이론은 전자기력이 지배하는 물리적 영역에 관한 최종적 이론으로서 거의 완성단계에 이르렀다. 캐번디시 연구소의 러시아 물리학자 가모프(G. Gamow)와 미국의 콘돈(E. U. Condon) 및 거니(R. Gurney)를 비롯한 소수의 부지런한 연구자들은 양자이론을 이용해서 핵에 관한 질문들에 답할 수 있음을 이미 간파하고 있었다. 양자이론에 열정을 품은 젊은 인력들을 받아들인 과학자 사회는 양자 이론의 확장과 응용에 박차를 가했다. 정기적으로 열리는 국제회의에서 과학자들이 노파심을 털어놓는 일도 있었다. 대표적으로 아인슈타인이 그런 선배 과학자였다. 물리학이 서로 다른 시점에 측정된 위치와 운동량으로 만족하고, 더군다나 어쩌면 동일 입자가 아닐지도 모르는 입자를 측정하는 것으로 만족한다면, 그것은 물리적 세계를 완벽하게 기술하겠다는 사명을 물리학 자신이 저버리는 일이 아닌가? 그렇게 본분에 충실하지 못한 이론이 잘못된 실험들을 고안하고 있다고 그는 생각했다.

보어는 아인슈타인의 노파심을 무시하지 않고 답변을 시도했다. 실험이 이론을 이끈다고 보어는 주장했다. 서로 분리된 채로 측정된 위치와 운동량은 '상보적으로' 자연의 측면들을 알려주고, 그 두 측정값을 종합하면 물리적 세계를 완전하게 기술할 수 있다는 것이 그의 생각이었다.

1930년 회의에서 아인슈타인은, 물리학이 상보성에 만족할 수 없음을 보이기 위해 사고실험 하나를 제안했다. 이상적인 스프링 저울에 이상적인 상자가 달려 있고, 그 상자 속에 이상적인 시계가 있어서, 시계에 의해 정해진 순간에 이상적인 문이 열리고 전자기파 광자 하나가 상자 속으로 들어온다고 해보자(아래 그림 참조). 이때 시계와 저울은 (양자의 에너지-질량을 측정함으로써) 시간과 에너지를 동시에 확정할 것이다. 보어는 다름 아닌 특수 상대성 이론으로부터 반박 논증을 이끌어냈다. 즉 양자가 들어와서 시계가 아래로 움직이면, 시계의 질량이 늘어나고, 따라서 시계의 속도가 이상적인 상태를 유지하지 못할 것이다.

미국으로 이주한 아인슈타인은 그곳에서 만난 두 명의 젊은 추종자가 제안한 사고실험으로 뒷받침된 논증을 들고 다시 한 번 논쟁에 뛰어들었다. 그 사고실험의 핵심은 서로 반대의 스핀을 가지는 두 입자를 서로 멀리 떨어뜨려놓는 것이다. 한 입자의 스핀을 측정하면, 다른 입자의 스핀을 알게 되느냐고, 아인슈타인과 그의 지지자들은 물었다. 질문에 대한 대답으로, 측정에 의해 한 입자의 파동함수가 무너질 때 동시적으로 다른 입자의 파동함수도 무너진다는 설명이 제시되었다. 아인슈타인은 이 설명을 '도깨비 같은 원거리 작용'이라고 비난했다.

아인슈타인-포돌스키-로젠 사고실험은 지금까지 여러 차례 실행에 옮겨졌다. 서로 멀리 떨어뜨린 두 입자는 양자이론의 예측대로 반대 스핀을 나타냈다. 아인슈타인의 입장과는 달리, 그 결과는 설명되지 않은 '뒤얽힌 상태'(entangled state)가 존재하기 때문이라고 해석되었다.

양자전기역학은 1948년을 전후해서 현재의 발전 수준에 도달했다. 전기역학의 발전은 제2차 세계대전 중에 추진된 레이더 사격-조준 기술과 항법 장치 개발 과정에서 마이크로파를 자유자재로 다루는 능력을 얻게 되면서 촉발되었다. 컬럼비아 대학에서 연구하는 라비의 제자들은 전파기술로 3센티미터 이하의 파장을 가진 전자기파를 다룰 수 있게 만들었다. 1945년 램(W. Lamb)은 컬럼비아 대학 연구진이 개발한 장치를 써서 수소의 에너지 상태 변화를 일으킬 수 있는 양자의 에너지를 측정했다. 디랙의 예견에 의하면 그 양자의 파장은 2.74센티미터였다. 램이 측정한 파장은 3.3센티미터였다. 이론과 실험 사이에 20퍼센트의 오차가 있었다. 더 나아가 이 문제는 전자 자체의 질량과도 연관되어 있었다.

과학자들은 일제히 이론의 기반을 재검토하기 시작했다. 이론의 기반에 문제가 있는 것이 아니라 실험과 이론을 연관시키는 수학적 절차에 문제가 있었다는 사실이 곧 밝혀졌다. 미국의 다이슨(F. Dyson), 파인먼, 슈윙거와 일본의 도모나가 신이치로(朝永振一郎)는 방정식에 들어간 전자의 전하량과 질량 값을 '되틀맞춤'(재규격화, renormalize)할 수 있음을 보였다. 되틀맞춤의 핵심은 단순하게 계산된 무한값 대신에 최근 실험에서 얻은 측정값을 집어넣어서 다음 번 실험과 계산을 위해 이론적 항들을 새롭게 설정하는 것이다.

전자의 자기 모멘트와 관련된 디랙 'g항'은 되틀맞춤(재규격화)이 올바른 기법임을 입증했다. 1948년 램의 동료 커시(P. Kush)는 마이크로파를 이용한 실험장치로 'g항'의 값을 최초로 측정했다. 그의 측정값은 1.00118이었다. 최근에 이론적으로 계산된 g값은 1.01159652190이며 실험적으로 측정된 값은 1.01159652193이다. 이 두 값은 마지막 두 자리에서 약간의 불확실성이 있다. 그러나 오늘날 실험값과 계산값은 최소한 소수점 이하 여덟 자리까지는 확실하게 일치한다.

파인먼은 되틀맞춤을 '멍청한 짓'이라고 평가했고, 되틀맞춤 이론이 수학적으로 합법적인지 의문을 표시했다. 그러나 파인먼 자신도 기꺼이 인정했듯이 되틀맞춤은 효과적이다. 1960년대에 양성자 구조를 양자전기역학을 이용해 연구한 켄달(H. W. Kendall)과 파노프스키(K. H. Panofsky)는 이렇게 주장했다.

> 오늘날 양자전기역학 방정식들로 정식화된 전자기 법칙들은, 단일한 수량적 서술이 검증실험 전 영역에 걸쳐 타당함이 입증된 유일무이한 물리학 영역을 대변한다. 전자기 법칙들은 천문학적 규모에서부터 10^{-15}미터 규모에서까지 모두 타당하다는 것이 입증되었다. 이런 영역은 물리학 전체에서 유일무이하다.

양자이론은 흔히 최초의 '패러다임 전환'이라고, 즉 새 것을 위해 옛 것을 버린 비범한 사고 전환이라고 이야기된다. 실제로 플랑크 상수 *h*의 기원은, 백색광을 내는 고체로부터 방출된 빛의 색깔과 관련해서 고전적인 이론에 대립되는 측정결과가 얻어진 것에 있었다. 광전효과를 통해서 양자는 물질적인 실재성을 드러냈다. 양자 장이론은 양자들이 여전히 고전적인 보존법칙들—질량, 에너지, 전하량의 보존법칙—

의 지배하에 있도록 했으며, 고전적인 보존법칙들의 대칭성들을 중시했다. 이를 통해 양자 장이론은 새롭게 이해된 양자세계와 우리 주변의 더욱 친숙한 사건들을 연결시키고, 두 세계가 각자의 한계 내에서 서로 공존할 수 있도록 했다.

원자핵에 관한 연구는 계획적인 실험들이 이루어지는 과정에서 점차 이론을 추구하는 방향으로 나아갔다. 1911년 핵을 최초로 식별한 이래 러더퍼드와 캐번디시 연구소는 핵의 구조를 분석하는 연구를 선도했다. 러더퍼드의 젊은 동료 모슬리(H. G. J. Moseley)는 제1차 세계대전 이전에, 무거운 원자들의 내부 전자껍질을 연구함으로써, 오늘날 우리가 아는 바와 같이, 수소보다 큰 원자들의 핵에는 두 종류의 입자가 들어있음을 깨닫게 되는 발판을 마련했다. 그 두 종류의 입자 중 하나는 양의 전하를 띠며 다른 하나는 전기적으로 중성이다. 양의 전하를 띤 입자들의 수는 원자의 화학적 성질을 결정하며, '원자번호'라 불린다. 이 수와 전기적으로 중성인 입자의 수를 합하면 '원자량'(atomic weight)이 된다. 특정한 원소와 화학적으로 동일한 '동위원소'는 무게에 의해 구분되는데, 동위원소의 무게가 다른 이유는 핵 속에 있는 전기적으로 중성인 입자들의 수가 다르기 때문이다. 그 중성 입자의 정체를 밝히는 일이 아직 과제로 남아 있었다. 모슬리의 연구는 멘델레예프 원소표에 있는 원소들의 전자 껍질 배치를 밝혀놓았다. 그 중에는 당시 아직 식별되지 않았던 원소들도 포함되어 있었다.

1915년 모슬리는 27세의 나이로 갈리폴리에서 '유럽의 약한 아랫배'를 공격하는 전투 중에 사망했다. 해군 사령관의 협조 요청에 러더퍼드는 차갑게 반응했다고 전해지는데, 이는 모슬리의 죽음과 무관하지 않을 것이다. 젊은 처칠은 캐번디시 연구소가 기존의 연구를 뒤로 미루고 잠수함 전투와 관련된 연구를 하기를 원했다. 러더퍼드는 처칠에게 말했다. "이 연구는 당신의 빌어먹을 전쟁보다 더 중요해!" 하지만 캐번디시 연구소는 폭뢰 투하를 위해 잠수함의 위치를 발견하는 기술을 개발하여 처칠을 도왔다.

산소로 변환된 질소

러더퍼드의 다음 목표는 양성자들과 중성자들을 핵 속에 묶는 힘을 측정하는 것이었다. 그는 우선 전자기적 척력을 극복할 수 있는 고에너지 알파입자를 찾았다. 그는 그런 알파입자가 라듐 동위원소 C′에서 방출됨을 발견했다. 그는 알파입자를 질소에 대고 쏘았다. 질소 핵에는 단 일곱 개의 양성자만 있으므로, 라듐 C′에서 방출된 입자가 질소 핵에 도달하기는 비교적 수월할 것이다.

질소가 채워진 상자 속에 알파입자 방출기를 장치한 러더퍼드는 방출기에서 약간 떨어진 지점에서 섬광이 일어나는 것을 관찰했다. 그는 그 섬광이 충돌을 통해서 알파입자 또는 질소 원자에서 어떤 입자가 떨어져 나오기 때문에 생긴다고 올바르게 해석했다. 자기장을 이용한 굴절실험을 통해서 러더퍼드는 그 입자가 양성자임을 밝혀냈다. 그것은 원자핵 속에서 사람이 뽑아낸 최초의 입자였다.

훗날의 실험에서 충돌로 인해 또 다른 산물로 산소 동위원소 ${}_8O^{17}$도 나온다는 사실이 밝혀졌다. 알파입자 속에 있었던 중성자 두 개와 양성자 한 개가 질소 원자와 결합하면서 질소 원자가 산소 원자로, 정확히 말하자면 원자량 17인 산소 동위원자로 바뀐 것이다. 양성자 ${}_1H^1$ 한 개가 방출됨을 감안하면, 다음과 같은 입자 방정식을 얻을 수 있다. ${}_7N^{14}+{}_2He^4={}_8O^{17}+{}_1H^1$. 이 놀라운 연금술 앞에서 에딩턴은 이렇게 말했다.

"캐번디시 연구소에서 일어날 수 있는 일이라면, 태양에서도 그다지 어렵지 않게 일어날 수 있을 것이다."

얼마 지나지 않아 윌슨 구름상자가 개발되어 캐번디시 연구소에서 이루어진 것과 같은 종류의 관찰들이 더욱 풍부하게 이루어질 수 있게 되었다. 윌슨 구름상자는 윌슨(C. T. R. Wilson)이 개발한 천재적인 발명품이다. 윌슨 구름상자는 포화상태의 수증기로 채워지는데, 입자들이 그 속을 지나면 수증기가 응결되어 궤적이 그려진다. 앤더슨이 양전자의 궤적을 확인한 것도 윌슨 구름상자 속에서였다. 구름 궤적은 섬광보다 훨씬 관측하기 쉽고, 더 많은 정보를 제공하며, 촬영될 수도 있다. 블래킷(P. M. S. Blackett)이 1925년 촬영한 알파입자와 질소의 충돌 사진은 1919년의 발견을 완벽하게 보여준다(144쪽 그림 참조).

이제는 양성자 자체가 핵을 때리기 위한 탄환이 되었다. 양성자는 양의 전하를 알파입자의 절반만 가지므로, 목표물인 핵에 있는 양의 전하에 의한 척력을 더 적게 받을 것이다. 100만 볼트의 전위차 속에서 양성자를 가속시키면 상당한 타격력을 발휘할 수 있다는 사실을 계산을 통해 알 수 있다. 러더퍼드는 코크로프트(J. Cockraft)와 월튼(E. T. S. Walton)에게 최초의 입자 가속기 제작 임무를 맡겼다.

1931년 그들은 '전위 증폭기'의 성능을 0.6×10^6볼트까지 끌어올렸다. 이 성능이면 양성자를 10^5전자볼트 에너지를 지니도록 가속시킬 수 있다. 전자볼트(기호로는

eV, 1볼트의 전위차를 통과할 때 전자가 얻는 에너지)는 매우 작은 에너지이다. 100와트 전구를 1분 동안 밝히려면 10^{23}전자볼트가 필요하다. 하지만 이 경우에 10^{23}전자볼트는 빛을 내는 필라멘트와 주변에 있는 무수한 원자들 속에 분산된다. 입자 가속기를 이용해서 한 개의 원자 구성입자에 집어넣을 수 있는 에너지는 오늘날의 기술 수준에서 10^{12}전자볼트 정도이다.

코크로프트와 월튼은 양성자를 리튬과 붕소에 대고 쏘았다. 리튬은 원자번호 3인 원소이고, 붕소는 원자번호 5인 원소이다. 양성자와 충돌한 리튬은 윌슨 구름상자 속에서 두 갈래로 갈라진 궤적을 그렸다. 이는 리튬 핵이 알파 입자 두 개로 나뉘었음을 의미한다. 충돌한 붕소가 그린 세 갈래 궤적은 세 개의 알파입자가 만들어졌음을 보여주는 증거이다($_3Li^7 + {_1H^1} = 2\,{_2He^4}$; $_5B'' + {_1H^1} = 3\,{_2He^4}$).

리튬과 붕소의 붕괴는 특수 상대성 이론 방정식 $E=mc^2$을 입증하는 최초의 실험적 증거가 되었다. 입자 궤적의 길이로부터 방출된 두 입자가 얻은 운동에너지를 계산할 수 있었다. 계산 결과는 1730만 전자볼트였다. 리튬 원자와 양성자 질량을 합하면 7+1=8원자질량단위(atomic mass unit)보다 약간 크다. 정확히 말하면 8.0263원자질량단위가 된다. 헬륨 원자 두 개의 질량은 8.0077원자질량단위이다. 둘의 차이인 0.0186원자질량단위는 $m=E/c^2$에 의해 1720전자볼트와 같다. 충돌로 손실된 질량은 충돌로 생겨난 에너지와 같다.

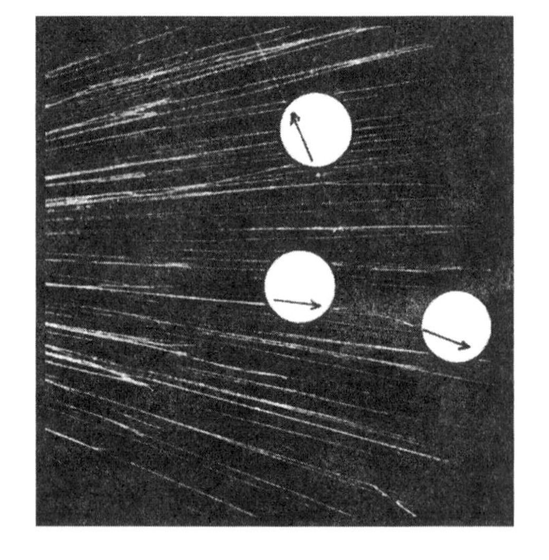

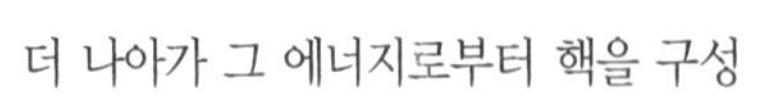

더 나아가 그 에너지로부터 핵을 구성하는 입자들을 묶는 강한 힘의 크기를 계산할 수 있다. 핵 속에 입자들을 묶는 에너지의 크기는 수백만 전자볼트 정도이다. 반면에 일상적으로 경험하는 전자기력에 의한 화학결합 에너지는 1~10전자볼트 정도이다. 다시 말해서 전자기력은 강한 힘과 비교했을 때 5×10^{-2}배(0.05배)에 불과하다.

캐번디시 연구소의 성취에 고무되어 모든 공업국가들은 '원자 분쇄기'를 건설하기 시작했다. 매사추세츠 공과대학을 위해 밴더그래프(R. J. von de Graaf)가 건설한 정전기 발생기의 성능은 캐번디시 연구소 가속기 성능보다 네 배나 높았다. 우뚝 솟은 지름 4.5미터 크기의 구면 축전지들 사이에서 그리고 축전지들과 이들을 둘러싼 비행기 격납고 사이에서 번개가 발생했고, 많은 사람들이 그 모습에 경탄했다.

버클리 소재 캘리포니아 대학의 로렌스(E. O. Lawrence)가 발명한 사이클로트론은 진정한 고에너지에 도달하는 길을 열었다. 사이클로트론은 주기적으로 작용하는 전자기력을 통해 탄환 입자를 가속시킨다. 윌슨의 표현을 빌린다면, 사이클로트론은 "입자를 한꺼번에 세게 미는 것이 아니라 여러 번 조금씩 민다." 물리학을 위한 지원이 확대된 계기가 된 제2차 세계대전 이전에도 이미 사이클로트론 원리를 이용해서 입자들을 수백만 전자볼트까지 가속시킬 수 있었다(173쪽 그림 참조).

1932년 채드윅(J. Chadwick)은 이미 '중성자'라는 이름이 부여되어 있었으나 발견되지 않은 중성적인 핵 구성입자의 존재를 입증했다. 그는 특정한 방사성 원소들의 붕괴과정에서 방출되는 방사선 속에서 그 입자를 발견했다. 핵 외부로 나온 중성자는 안정상태를 유지하지 못한다는 것이 밝혀졌다. 중성자의 반감기는 10.3분이다. 10.3분이 지나면 중성자들 중 절반은 베타 붕괴를 겪은 상태가 된다. 베타 붕괴는 러더퍼드가 방사성 원소들의 분열에서 처음 발견한 현상이다. 베타 붕괴를 통해서 중성자는 전자 한 개를 방출하고 안정적인 양성자로 바뀐다. 최근에 측정된 바에 따르면, 양성자는 10^{32}년 이상의 반감기를 가지고 있다. 베타 붕괴를 겪는 원자의 핵 내부에서 중성자가 양성자로 바뀌면, 원자의 외곽 껍질에 전자 하나가 추가되면서 원자는 새로운 화학적 성질을 가지게 된다.

베타 붕괴는 한 가지 문제를 야기시켰고, 그 문제는 1930년 파울리에 의해 해결되었다. 아인슈타인은 특수 상대성 이론과 관련해서, 방사성 원소 시료의 무게를 일정한 시간 간격으로 반복해서 측정하면, 질량이 에너지로 바뀌어 손실되었는지 여부를 알 수 있고, 따라서 $m=E/c^2$이 옳은지 확인할 수 있을 것이라고 제안했다(122쪽 참조). 베타 붕괴에서 질량 손실이 입증되었다. 그러나 손실된 양은 방출된 전자들 중 가장 큰 에너지를 가진 전자의 질량과 에너지의 총량보다 더 컸다. 파울리는 초과 손실 질량이 관찰되지 않은 입자(오늘날 그 입자를 중성미자라고 부른다)의 에너지로 옮겨졌다고 주장했다. 그 입자는 전하량이 없고, 정지질량이 매우 작거나 없으며, 초과 손실 질량을 상쇄하는 만큼의 속도로, 즉 에너지로 움직인다고 파울리는 예측했다.

중성미자는 1950년대까지 발견되지 않았다. 전하량이 전혀 없고 질량도 거의 없는

원자의 핵은 1913년 러더퍼드가 알파입자로 타격한 이후 점점 더 높은 에너지로 타격당해왔다(151쪽 참조). 목표물에서 알파입자들이 되튕긴 각도들을 측정하여 러더퍼드는 핵의 지름이 10^{-12}미터, 즉 당시 추정된 원자 지름의 10^{-4}배라고 계산했다. 최초의 입자 가속기인 '전위 증폭기'는 양성자가 단일한 전위차 공간을 지나면서 0.6메가전자볼트로 가속되도록 만들었다(169쪽 참조). 이 장치를 이용해서 코크로프트와 월튼은 $E=mc^2$이 옳음을 보여주는 최초의 실험적 증거를 확보했다.

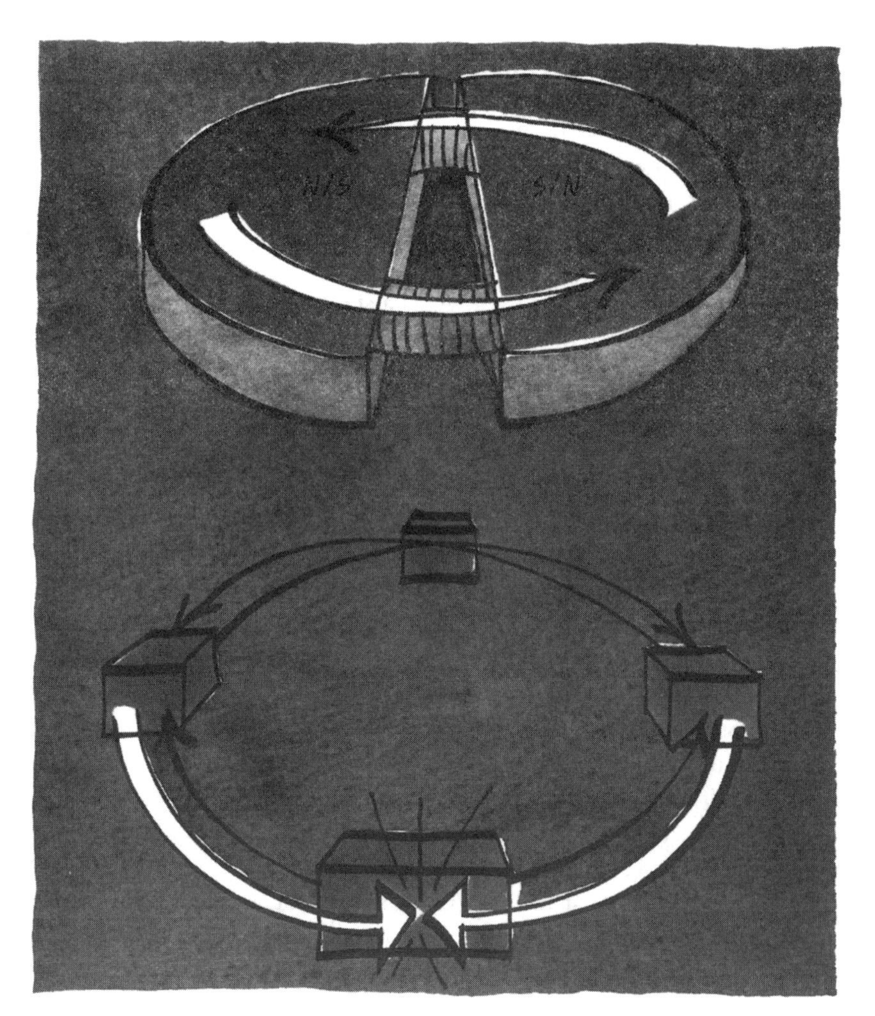

입자 가속기들은 입자를 여러 번 강하게 미는 원리를 이용해서 수조 전자볼트의 성능에 도달했다. 그 원리는 사이클로트론(위)에서 처음 실현되었다. 사이클로트론 속에서 입자가 D자 모양의 두 자석 사이를 건너갈 때마다 자기장의 방향을 바꾸면 입자를 반복해서 밀 수 있다(171쪽 참조). 노보시비르스크에 있는 아카뎀고로도크에서 부드커가 처음 실현한 가속 입자 상호 충돌방식(178쪽 참조)을 쓰면 가속기의 유효성능을 두 배로 높일 수 있다. 그러나 생산적인 충돌의 빈도는 줄어든다.

중성미자는 다른 입자들과 거의 상호작용하지 않는다. 베타 붕괴에 관한 파울리의 나머지 설명들은 매우 잘 맞아떨어졌기 때문에, 물리학자들은 25년 이상의 기간 동안 가설적인 중성미자를 동원해서 초과 손실 질량을 설명하는 것을 만족스럽게 여겼다. 25년 이상이 흐른 뒤에 비로소 중성미자의 존재가 실험적으로 입증되었다.

약한 힘의 발견

로마의 페르미(E. Fermi)는 1930년대 초에 베타 붕괴 문제를 연구하는 과정에서 자연의 네번째 근본적인 힘인 '약한 힘'을 발견했다. 그는 베타 붕괴가, 핵 반지름 내에서 항상 일어나는 양자역학적 과정을 드러내는 증거라고 생각했다. 핵 내부의 양성자와 중성자는 디랙 방정식에 따라 가상 전자(또는 양전자)와 파울리가 주장한 새로운 입자를 교환하면서 끊임없이 상대방으로 바뀐다. 가상 전자와 중성미자는 때로 에너지를 얻어 베타 붕괴로 실재화된다.

새로운 힘을 기술하기 위해 페르미는 전적으로 양자역학적인 모형을 만들었다. 원자를 구성하는 대전된 입자들의 상호작용을 설명하는 힘을 수로 나타내기 위해서는 양수와 음수가 필요할 것이다. 핵 내부에서 작용하는 힘들의 작용범위는 핵 구성입자의 지름인 10^{-15}미터 정도일 것이다. 그렇게 짧은 거리에서 작용하므로 불확정성 원리에 따라 작용 양자의 질량은 작용거리에 반비례해서 매우 클 것이다(반대로 작용거리가 무한대인 광자의 정지질량은 0이다). 페르미는 약한 힘 양자의 질량을 불분명하게 남겨두었다. 페르미는 상호교환의 주기가 10^{-9}초 정도라고 믿었다. 이 주기는 전자기력의 가상 양자 교환 주기인 10^{-21}초와 큰 차이가 난다. 반 세기 후 발견된 약한 힘 양자는 실제로 매우 무거웠다. 그 양자는 양성자보다 훨씬 더 무겁다.

페르미가 양자이론을 확장하는 데 성공한 것에 고무된 도쿄의 유카와 히데키(湯川秀樹)는 1935년 강한 힘을 설명하는 양자이론을 제시했다. 핵자(nucleon)들과 강한 힘의 장 사이에서 일어나는 가상 양자 교환에서도 역시 에너지 보존법칙이 성립된다. 유카와의 계산에 따르면, 강한 힘의 크기를 감안하고 힘의 작용범위인 10^{-15}미터와 교환주기 10^{-23}초를 고려하면, 강한 힘 양자는 전자 질량의 300배에 가까운 정지질량을 가져야 한다. 양전하를 띤 양성자들 및 중성의 중성자들을 핵 속에 묶으려면, 유카와가 제안한 '중간자'(메존, meson)— '중간 크기의 입자'라는 의미이다—들이 전기적으로 중성뿐만 아니라 양성과 음성도 지녀야 한다.

이 초기 발전단계에서도 양자이론은 자연세계에 관한 오랜 질문들에 대한 새로운 해답을 제공하고 있었다. 처음으로 별빛을 설명할 수 있게 되었다. 에딩턴을 비롯한 천체물리학자들은, 별들이 수소와 헬륨으로 이루어진 덩어리이며, 중력에 의해 응축된 내부의 평균온도는 절대온도로 1.5×10^6에서 3.0×10^6이라는 것을 밝혀냈다. 그렇게 높은 온도에서 원자들은 전자들을 벗어버리고 고밀도의 '플라스마'를 형성한다. 플라스마는 일종의 기체상태로, 그 안에서 원자의 핵들은 매우 높은 속도로 움직이면서 복잡한 뉴턴 역학적 상호작용을 한다. 1938년 코넬 대학의 베테(H. Bethe)는 수소 핵을 간단한 단계를 거쳐 헬륨 핵으로, 즉 양성자를 알파입자로 융합시키기 위해 필요한 압력과 온도를 알아냈다. 융합반응은 수소의 세 동위원소 각각에 따라 다르게 진행된다. 베테는 반응에 들어가는 수소 핵의 질량 손실로 인해서 산출되는 헬륨 핵 하나당 1.4메가전자볼트에서 2.0메가전자볼트의 에너지가 생겨남을 보여주었다.

원자핵 분열

1930년대에 핵융합 반응에 관한 문제들이 논의되면서, 정반대의 핵반응, 즉 핵분열이 과학자들의 관심을 끌기 시작했다. 1932년 채드윅이 중성자를 발견한 이후 중성자를 다룰 수 있게 됨으로써 핵분열 연구가 진행될 수 있게 되었다.

중성인 중성자는 핵이 지닌 양전하의 장벽에 부딪히지 않는다. 1932년 페르미는 원소 주기율표에 있는 원소들을 체계적으로, 불안정한 원소인 토륨에서 나오는 저에너지 중성자에 노출시켰다. 저에너지 중성자는 '느린' 중성자라고도 불린다. 가장 무거운 원소인 우라늄에 이르렀을때, 중성자에 노출된 우라늄에서 특이한 결과가 관찰되었다. 페르미는 반응에서 산출되는 파편들 중에서 자신이 우라늄보다 무거우면서 반감기가 짧은 '초우라늄'(transuranic) 원소의 증거를 발견했다고 믿었다. 그는 계획된 대로 다른 원소들에 대해 실험을 계속하기 위해 일단 그 정도로 결론을 요약하고 우라늄 실험을 종결했다.

무거운 원소들의 핵에서는 핵 구성입자 한 개에 작용하는 핵 결합력이 급속도로 줄어든다. 자연적인 우라늄은 세 가지 동위원소로 나타난다. ${}_{92}U^{238}$(99.3퍼센트), ${}_{92}U^{235}$(0.7퍼센트), ${}_{92}U^{234}$(0.01퍼센트)이 있다. 우라늄 원자핵의 결합력은 92개 양성자들을 상호간의 전기적 척력을 누르고 묶어야 할 뿐만 아니라 146개, 143개, 142개의 중성자들도 핵 속에 묶어야 한다. 이런 이유로 인해 무거운 원소들은 자연적으로 방사성 붕괴를 하는 경향성을 가진다. 가장 불안정한 우라늄 동위원소는 U^{235}이다. U^{235}는 느린 중성자에 의해 쉽게 분열된다.

1939년 초 학회 참석차 미국을 방문 중이던 보어는 여류 물리학자 마이트너로부터 긴급한 연락을 받았다. 그녀는 당시 제3제국이었던 조국 독일을 떠나 스톡홀름으로 피난한 상태였다. 베를린에서 활동하는 그녀의 동료인 한과 슈트라스만(F. Strassman)이 페르미의 우라늄 실험을 재실행했고 전혀 예견치 못한 결과를 얻어 그녀에게 알려왔던 것이다. 그녀의 조카이며 당시 영국에 있던 물리학자 프리슈(O. R. Frich)와 함께 그녀는 결과를 검토했고 타당성을 확인했다. U^{235} 핵은 느린 중성자 하나를 흡수하면서 두 개의 원소로 '분열'된다. 두 원소는 원자번호 56인 바륨과 원자번호 36인 크립톤이다(56+36=92는 우라늄의 원자번호이다). 이 반응에서 일어나는 질량 손실은 0.2원자질량단위—200메가전자볼트에 해당함—라는 것을 계산할 수 있다. 그러나 더욱 중요한 사실은, 이 반응에서 두 개의 중성자가 산출된다는 것이다.

이탈리아 파시즘을 피해 미국으로 피난한 페르미는 컬럼비아 대학의 새로운 동료들과 함께 이 발견이 옳았다는 것을 확인했다. 그해 가을 보어는 휠러와 함께 핵분열에 관한 논문을 발표했다. 얼마 후 헝가리 물리학자 실라드(L. Szilard)의 강력한 주장에 의해 핵분열 관련 논문의 발표는 제2차 세계대전 종결 이후로 유보하기로 합의되었다.

실라드는 1933년 제국의회 화재사건이 있던 날 아침, 그의 말에 따르면 '첫 기차를 타고', 베를린을 떠나 미국으로 향했다. 1936년 런던에서 그는 중성자가 들어왔을 때 우라늄이 어떻게 반응할지에 대해 숙고했다. 그의 회상에 따르면, 어느 날 산책 중에 그는 한 개의 중성자에 의해 일어난 반응으로부터 두 개의 중성자가 방출될지도 모른다는 생각을 하게 되었다. 그 두 중성자는 다시 네 개의 중성자들을 산출할 것이며, 네 개는 여덟 개로 늘어날 것이다. 이 연쇄반응(177쪽 그림)이 원자핵의 정지질량 속에 비축된 엄청난 에너지를 거대한 폭발로 방출시키는 원리가 될 수 있음을 실라드는 깨달았다. 그는 자신의 생각을 영국 특허청에 정식으로 제출했고 군사 당국에는 알리지 않았다. 원자폭탄 제조에 나서라고 루스벨트를 설득하는 내용을 담은 편지를 돌려 아인슈타인의 서명을 받아낸 사람이 바로 실라드이다.

전쟁이 끝나면서 물리학자들은 세상의 주목 속에서 새로운 과제들에 착수하기 시작했다. 물리학자들의 신비로운 작업은 최강의 무기를 탄생시켰고, 이제 무한한 에너지를 무료로 공급할 것을 약속했다. 특히 미국에서는 물리학자들이 국가 재정, 특히 국방 재정을 좌우하게 되었다. 유럽에서 수련과정을 거친 미국 물리학자들은, 유럽에서 미국으로 피난한 많은 스승들과 함께 연구하면서 미국 대학들을 양자물리학의 새로운 중심지로 만들었다.

물리학자들의 기획의 규모는 곧 기하급수적으로 커졌다. 전쟁 전에 로렌스가 버클리 캘리포니아 대학에 만든 지름 4.6미터 사이클로트론은 미국에서 자선재단(록펠러 재단)의 지원에 의해 만들어진 마지막 가속기이다. 전쟁 후 처음 건설된 사이클로트론들의 크기는 피트 단위로 바뀌었고, 곧이어 수백 피트가 되었다. 가장 나중에 일리노이 바타비아 지하에 건설된 사이클로트론은 지름이 2킬로미터이며 둘레는 6.5킬로미터에 달한다.

둘레가 길어서 곡률이 적어질수록 입자가 원형궤도를 달릴 때 발생하는 전자기파에 의한 에너지 손실이 줄어든다. 에너지 손실로 인해 입자는 정상궤도를 벗어난다. 손실된 에너지는 폭넓은 진동수 영역의 전자기파가 되어 굴절된 입자 진행경로의 접선방향으로 방출된다. 이 전자기파는 '싱크로트론 복사파'라 불린다. 이 명칭은 이 현상이 처음 확인된 가속기의 유형이 싱크로트론이었기 때문에 붙였다. 지름이 더 큰 가속기는 싱크로트론 복사파로 손실되는 에너지를 줄임으로써 투입되는 에너지 중 더 높은 비율이 목표물에 전달되도록 한다. 캘리포니아 스탠퍼드 대학에 있는 선형 가속기 LINAC는 킬로미터 길이의 직선경로로 전자들을 가속시킨다. 이런 선형 가속기에서는 싱크로트론 복사로 인한 에너지 손실이 없다. 그러나 선형 가속기로 얻을 수 있는 최대 에너지는 가속기의 길이에 의해 제한된다. 원형 가속기에서는 입자들이 원주를 여러 번 회전할 수 있으므로, 더 멀리 움직이면서 더 여러 번 윌슨이 말한 '미는' 힘을 받을 수 있다.

거대한 가속기들은 더 이상 대학 연구소에 건설될 수 없었다. 거대 가속기들 각각은 그 자체로 대학의 협조하에 국가가 관리하는 국립 연구소들이다. 1945년 이후 6년마다 자릿수가 하나씩 높아지는 속도로 40년 동안 이루어진 가속기 성능의 발전을 뒷받침할 수 있는 것은 오직 연방 재정뿐이었다. 가속기 출력은 5메가전자볼트에서 500메가전자볼트로 높아졌고, 이어서 2, 5, 10, 수백 기가전자볼트(GeV, G는 기가, 즉 10억을 뜻한다. 기가전자볼트는 10^9전자볼트이다)를 거쳐 바타비아 가속기의 출력인 테라전자볼트(TeV, T는 테라 즉 1조를 뜻한다. 1테라전자볼트는 10^{12}전자볼트이다)에까지 이르렀다.

극저온에서 물질의 성질을 탐구하는 양자이론이 응용되면서 가속기의 동력으로 쓰이는 전기력으로부터 수백만 전자볼트에서 수십억 전자볼트의 에너지를 산출하는 기술에 획기적인 발전이 이루어졌다. 초전도성을 이용하면, 동일한 고에너지 가속기 속을 더 큰 운동량으로 움직이는 입자를 안정적으로 제어할 수 있는 강력한 전기장을 얻을 수 있다.

그러나 가장 중요한 발전은 가속된 입자들을 서로 충돌시키는 방법이 개발됨으로써 이루어졌다. 고정된 목표물에 가속된 입자가 부딪혀 일어나는 충돌에서는, 충돌 산물들이 한 방향으로 움직이므로 에너지 손실이 일어난다. 투입된 에너지가 클수록, 목표물에 전달되는 에너지 효율은 급격히 감소한다. 10기가전자볼트로 가속된 입자는 2.9기가전자볼트만을 전달하며, 100기가전자볼트 입자는 10기가전자볼트만을, 1테라전자볼트 입자는 겨우 35기가전자볼트만을 목표물에 전달한다. 반면에 가속된 두 입자를 충돌시키면, 에너지 효과는 두 배가 될 수 있다. 입자를 서로 충돌시키는 방법은 1950년대 시베리아 노보시비르스크 근처에 소련 물리학자들이 건설한 가속기 아카뎀고로도크(Akademgorodok)에서 부드케(G. I. Budker)가 처음으로 실현했다. 바타비아에 있는 테바트론(Tevatron)과 그 경쟁자인 유럽 핵 연구 센터(CERN)가 속기는 입자들을 서로 충돌시키는 방법으로 2테라전자볼트에 도달했다. 그러나 자연에는 공짜가 없는 법이다. 입자 상호 충돌방식을 사용하면 고정 목표물 충돌방식을 사용할 때보다 원하는 충돌이 일어나는 횟수가 훨씬 줄어든다. 이 문제는 일부 에너지를 '광도'(luminosity) 조절에 투입함으로써, 즉 입자들이 주기적으로 조밀한 집단을 형성하도록 만듦으로써 해결된다. 이렇게 하면 충돌 횟수는 늘어나게 되는데, 대신에 충돌 에너지는 약간 줄어든다. 실험내용에 따라 입자와 반입자의 충돌에서 생기는 에너지를 가속기 출력에 추가하는 것이 가능하다.

러더퍼드가 사용한 형광 스크린과 저배율 망원경이나 윌슨 구름상자보다 훨씬 개량된 계측장치들이 이미 오래 전부터 사용되어왔다. 그 장치들은 한 실험에서 발생하는 수억 개의 사건들을 감지하고 계량한다.

약한 힘 양자를 결정적으로 입증한 CERN 실험에서는 충돌지점을 향해 놓인 철로 위에 설치된 3층짜리 장치가 이용되었다. 장치 안에는 날아가는 대전 입자들을 세고 궤도를 기록하는 1세제곱야드 크기의 기계 뿐만 아니라, 대전 여부와 관계 없이 수많은 입자들의 질량을 측정하는 기계들도 들어 있다. 실험마다 미국 국회 도서관에 소장된 정보의 양에 비길 만큼 쏟아지는 자료들은 컴퓨터로 처리된다. 컴퓨터는 예견된 사건들을 찾아내고 기록한다. 예견된 사건들은 몇 개월 또는 몇 년에 걸쳐 실험하는 동안 일어난 무수한 사건들 중에서 발견된다.

입자물리학을 발전시키기 위해 필요한 기계설비의 크기와 성능의 성장을 독자적으로 감당할 수 있는 국가는 미국 외에는 소련뿐이었다. 유럽 국가들은 현재 제네바 근처 CERN에 더 큰 규모의 테라전자볼트 가속기를 연합으로 건설 중이다. 그 가속기의 목표 에너지는 15테라전자볼트이다.

입자의 다양성

1935년 유카와가 예측한 강한 힘 양자가 1947년 발견된 것은 전쟁 후 물리학자들이 본연의 임무로 돌아왔음을 알리는 사건이기도 했다. 영국 물리학자 파웰(C. F. Powell)은 가속기 속의 입자가 아니라 우주 복사선(cosmic ray)을 연구함으로써 강한 힘 양자를 발견했다. 볼리비아 안데스 산맥 고지대에서 행한 탐사에서 그는 질량이 전자질량의 270배이며 그 밖의 성질에서도 유카와의 예측과 일치하는 입자들을 포착했다. 곧이어 가속기에서 이루어진 실험들은 이 입자(중간자)가 핵입자들과 강한 상호작용을 한다는 것을 입증했다. 강한 힘 양자로 예측된 중간자, 즉 파이온(pion)의 출현은 근본입자들과 근본양자들의 목록을 완성해가는 과정의 한 단계로 보였을 것이다. 그러나 그 사건은 목록이 점점 더 복잡해져가는 과정의 시작이었다.

10^{-14}초 안에 두 개의 감마선으로 붕괴되는 중성 파이온은 큰 문제가 되지 않는다. 그러나 2.6×10^{-8}초 동안 존속하는 양성 파이온과 음성 파이온은 완전히 새로운 입자인 뮤(μ) 중간자, 즉 뮤온과 중성미자로 붕괴한다. 전자의 거대한 경입자(렙톤) 친척인

뮤온은 음의 전하를 지니며(뮤온의 반입자는 양의 전하를 지닌다), 전자 210개의 질량을 지닌다. 뮤온은 2.1×10^{-6}초 안에 전자—또는 양전자—와 두 개의 중성미자로 붕괴한다.

뮤온의 발견 앞에서 라비는 이렇게 물었다고 한다. "그건[뮤온은] 또 누가 주문했지?" 1950년대 동안 새로운—불안정하고 단기간만 존속하는—입자들의 수는 수백 개로 늘어났다. 전후에 만들어진 가속기들은 입자들이 목표물에 충돌해서 산란하도록 만드는 정도 이상의 역할을 했다. 가속된 입자들은 목표물인 핵을 부수고 자신의 에너지를 공급하여 새로운 입자들이 산출되도록 만들었다. 가속된 입자들의 에너지가 클수록, 충돌로부터 나오는 불안정한 입자들의 수는 더 많았다. 이 입자들은 서로 다르기는 하지만, 일반적으로 매우 짧은 시간에 다양한 경로를 거쳐 양성자나 전자, 그리고 입자 방정식의 양변을 같게 만드는 역할을 하면서 추가되는 중성미자들과, 전자기 에너지를 나타내는 광자와 같은 익숙한 안정적 입자들로 붕괴했다. 상호작용력, 질량, 수명, 붕괴산물 등에 따라 분류된 중입자(바리온)들과 중간자들은 그리스어 철자를 동원해서 명명되었는데, 결국 철자가 부족해졌다. 1985년에는 중입자들과 중간자들의 총수가 400개에 이르렀다.

보존법칙의 위배

1957년 과학자들은 갑작스럽고 어쩌면 매우 심각한 도전에 직면했다. 그것은 '패리티(parity) 위배(overthrow)'였다. 이는 보존법칙의 위배를 뜻하는 심각한 사건이었다. 컬럼비아 대학의 리정다오(李政道)와 프린스턴 대학의 양전닝(楊振寧)은 공동으로 약한 힘을 연구했다. 그들은 약한 힘이 자연의 근본적 대칭성 중 하나인 패리티 대칭성을 위배할지도 모른다고 의심했다. 패리티는 말하자면 왼손과 오른손 사이의 차이를 만드는 성질이라고 할 수 있다. 시공 연속체 안에는 위나 아래 또는 북쪽이나 남쪽의 차별이 없다. 우주는 왼쪽이나 오른쪽에 상관 없이 동일해야 한다. 그러나 리정다오와 양전닝은 베타 붕괴하는 중성자에서 방출되는 전자는 '패리티' 대칭성을 위배한다고, 즉 베타 붕괴는 한 쪽 방향을 더 선호한다고 주장했다.

컬럼비아 대학의 우젠슝(吳健雄)이 그들의 주장을 검증하는 도전에 착수했다. 실험을 위해 그녀는 국가표준청(National Bureau of Standards)의 저온 실험실을 사용

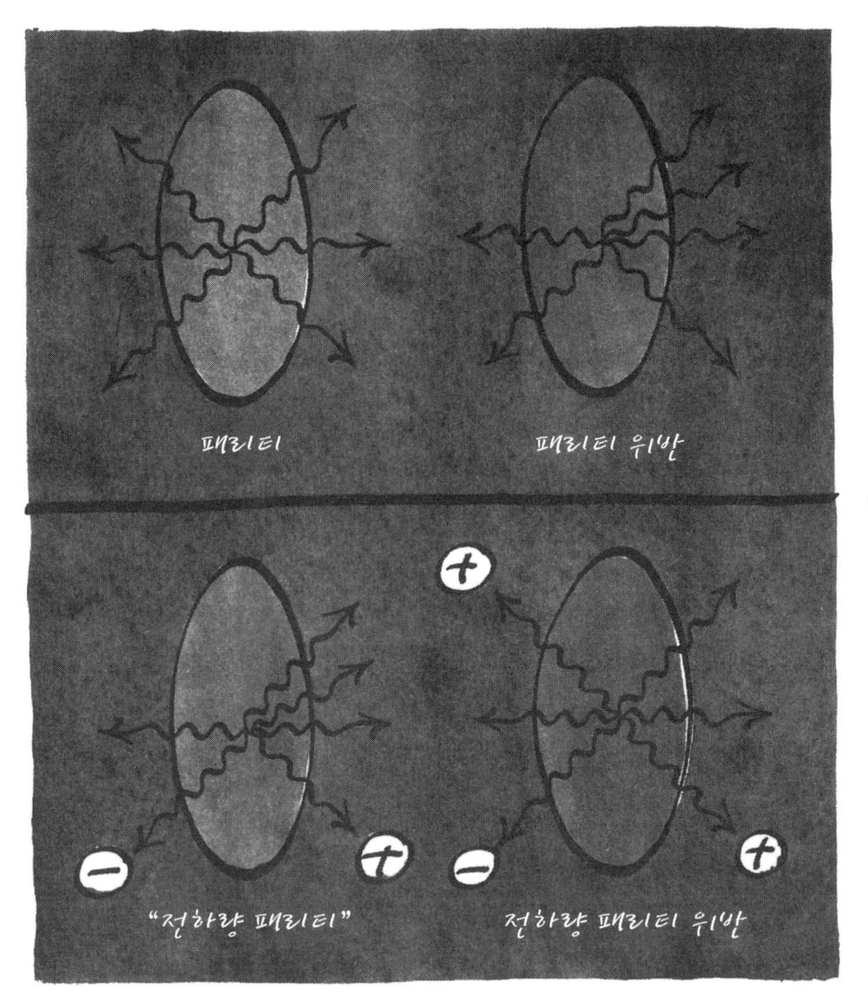

패리티 위배는 자연에서 기대되는 대칭성이 깨진 예상치 못한 사례였다(180쪽 참조). 우주에 위나 아래가 없듯이, 물리적 과정도 왼쪽이나 오른쪽을 선호해서는 안 된다(위 왼쪽). 특정한 입자들은 붕괴과정에서 입자들을 특정한 방향으로 더 많이 방출했다(위 오른쪽). 비정상적인 붕괴와 입자의 전하를 연관시킴으로써 대칭성을 복원할 수 있었다. 이어서 이 전하량 패리티 초대칭성의 위반사례가 실험적으로 발견되었다. 빅뱅(259쪽 참조) 시점에 물질이 반물질보다 약간 더 많았다는 것을 통해 그 위반을 설명하려는 시도가 이루어지고 있다.

했다. 그녀는 초전도 자석에서 발생한 초강력 자기장 속에 방사성의 코발트 동위원소를 놓았다. 스핀을 갖는 코발트 핵들은 자기장 속에서 대부분 북쪽을 향했다. 그렇게 방향을 잡은 핵들은 왼쪽이나 오른쪽으로 회전했다. 이제 목표는, 핵들 중 일부가 붕괴할 때, 전자를 선택적으로 북쪽이나 남쪽 중 한 방향으로 방출하는지, 아니면 무작위하게 양 방향으로 방출하는지 관찰하는 것이다. 이 실험을 통해 리정다오와 양전닝의 주장이 옳다는 것이 입증되었다. 전자들은 대부분 두 방향 중 한 방향으로 방출되어 무작위성을 이야기하기 어려웠다. 코발트 핵 속에 있는 중성자들은 왼손형이거나 오른손형이다. 또한 두 성질이 공평하게 나타나는 것도 아니다.

리정다오와 우젠슝과 함께 컬럼비아 대학에서 연구하는 레더먼(L. Lederman)은 대학에 있는 400메가전자볼트 가속기를 '파이온 생산기'로 활용해서 여러 문제들을 탐구했다. 그는 파이온이 뮤온으로 붕괴할 때도 패리티 위배가 일어나지 않는지 탐구하기로 했다. 만일 그렇다면, 산출되는 뮤온들은 모두 왼쪽으로 또는 오른쪽으로 회전할 것이다. 곧이어 뮤온들이 붕괴할 때 방출되는 전자들이 한 방향으로 선택적으로 방출된다면, 또 한 번 패리티 위배가 일어나는 것이다. 이렇게 이중으로 위배가 일어난다면, 패리티 보존법칙은 폐기되어야 마땅할 것이다. 실험결과는 실제로 이중의 패리티 위배가 일어나는 것을 보여주었다. 약한 힘은 패리티를 보존하지 않는다.

이어진 실험에서 레더먼과 컬럼비아 대학의 동료 슈바르츠(M. Schwartz) 및 스타인버거(J. Steinberger)는 브룩헤이븐 국립 연구소의 더 성능이 좋은 가속기를 뮤온 생산기로 이용했다. 그들은 쇳조각들로 만든 12미터 두께의 장벽을 통해서 최초의 파이온과, 붕괴로 산출된 뮤온과 전자와 기타 입자들을 걸러내고, 두 종류의 중성미자를 얻었다. 그 둘은 이미 알려진 전자 중성미자의 반입자와 새로운 뮤온 뉴트리노였다.

약한 힘은 강한 힘의 10^{-14}배 크기에 불과하다. 또한 약한 힘은 모든 알려진 입자들의 상호작용에 관련된 네 가지 힘 중 하나일 뿐이다(190, 191쪽 그림 참조). 패리티 위반과 관련된 것은 그 약한 힘이다.

하지만 자연의 대칭성 위배는 심각하게 논의되어야 할 문제이다. 대칭성 위배는 자연질서의 위배를 함축하기 때문이다. 고에너지 물리학회에 초대된 우젠슝이 연설에서 했던 다음과 같은 첫마디는 매우 적절했다고 할 수 있다.

"나는 지금 약한 상호작용의 의미를 강조하기 위해 이 자리에 섰습니다."

아인슈타인은 물질이 보존되지 않음을 보였다. 보존되는 것은 물질-에너지 초대칭성이다. 이론물리학자들은 마찬가지 초대칭성이 전하량 패리티(CP) 보존으로 나타날 것이라고 기대한다. 그들은, 전자의 반입자인 양전자의 방출에서 일반적 베타 붕괴에서 나오는 전자의 패리티 위배와 반대되는 패리티 위배가 일어남을 보여주는 증거에 주목한다. 전하량 패리티는 초대칭성을 통해 보존되는지도 모른다. 그러나 프린스턴 대학의 피치(V. L. Fitch)와 크로닌(J. W. Cronin)은 약한 힘이 일관되게, 즉 100퍼센트 전하량 패리티 대칭성을 보존하지는 않음을 입증했다.

이 전하량 패리티 위배를 환영한 사람들은 천체물리학자들이었다. 그들은 왜 우주가 다른 면에서는 보존법칙과 대칭성에 의해 지배되면서도, 우주의 존재 자체와 관련해서는 물질과 반물질의 비대칭성에 의존하는지를 탐구해왔다. 반물질 입자는 오직 가속기 속의 충돌 위치에서 높은 온도와 에너지 밀도에서만 순간적으로 나타났다가 물질 입자와 상쇄되면서 사라진다. 피치-크로닌 실험은 물질이 반물질보다 많은 정도가 미약하다는 것을 보여주었다. 계산을 통해 밝혀진 바에 의하면, 우주 역사의 초기에는 물질 입자가 반물질 입자보다 약 10^{-8}배만큼 더 많았다. 물질과 반물질이 상쇄되면서 그 10^{-8}배만큼의 잉여 물질 입자만이 남게 된 것이다. 레더먼의 언급을 인용하자면, 그 미약한 잉여량이 "우리를 포함해서 관측된 우주 속에 있는 모든 물질의 원인이 되었다."

힘의 다원성

이제 약한 힘은 물질의 근원과 관련을 맺게 되었다. 다시 말해서 약한 힘은 입자의 정지질량의 근원과 관련을 맺게 된 것이다. 그러나 물질을 설명하기 위해 약한 힘까지 동원하는 것은 너무 많은 힘을 동원하는 것이다. 자연질서의 통일성을 유지시키는 힘의 수를 넷 이하 줄이는 일이 불가능하다는 것은 납득할 수 없었다.

약한 힘과 전자기력의 이론적인 통합은 1967년 하버드 대학의 와인버그(S. Weinberg)와 이탈리아 트리에스테에서 활동하는 파키스탄 물리학자 살람(A. Salam)에 의해 각기 독자적으로 동시에 발표된 논문을 통해 성취되었다(살람은 트리에스테에 독자적인 대학원을 세워 개발도상국의 젊은 물리학자들을 불러들였고, 그들이 모국으로 돌아가 독자적으로 연구하면서 후진을 양성할 수 있도록 가르쳤다). 와인버그-살람 이론은 약한 힘과 관련된 대전된 양자의 질량을 측정하려고 시도했던 슈윙거와 그의 대학원생 글래쇼의 연구로부터 도움을 받았다. 1961년 글래쇼는 페르미가 발견한 대전된 양자는 대전되지 않은 다른 양자를 짝으로 지녀야 한다고 주장했고, 그 다른 양자의 질량을 예측했다. 따라서 약한 힘의 구속을 받는 입자들은, 강한 힘의 구속을 받는 입자들과 마찬가지로, 세 개의 양자를 매개로 상호작용할 것이다.

통합의 전망을 밝게 한 것은 에딘버러 대학의 힉스(P. Higgs)가 내놓은 과감한 주장이었다. 그는 우주 공간이 정적인—인력도 척력도 발휘하지 않는—에너지 장으로 가득 차 있다는 주장을 내놓았다. 그 에너지 장으로부터 입자들의 정지질량이 생긴다고 그는 주장했다.

20세기 물리학자들은 19세기 물리학자들이 전기와 자기를 전자기력으로 통합한 것에 비길 만한 통합을 눈앞에 두게 되었다. '전기약력'(electroweak force) 이론은 다원적인 힘들을 하나로 환원할 것이다. 통합의 전망은 물리학의 오랜 사명이 완수될 수 있다는 믿음을 부활시켰다. 자연질서의 기반에서 단일하고 단순한 원리를 발견할 수 있으리라는 믿음이 부활되었다.

실험물리학자들은 곧 작업에 착수했다. 전기약력 이론의 예측에 따르면, '약한 힘의 중성 양자 흐름'(weak neutral current)과 관련된 상호작용이 존재한다. 그 상호작용 에너지는 당시 가장 강력한 가속기인 CERN 가속기와 바타비아 가속기의 도달 범위—100기가전자볼트—안에 있었다. 확인될 수 있는 증거는 매우 간접적일 수밖에 없었다. 왜냐하면 특징이 없는 중성미자들을 목표물에 충돌시켜서 또 다른 중성미자들을 산출하는 방식으로 실험이 이루어져야 했기 때문이다. 바타비아, CERN, 그리고 하버드에 동시에 직책을 가진 루비아(K. Rubbia)의 지휘하에 두 가속기에서 작업한 연구팀들은 1973~74년 충분한 확실성으로 약한 힘의 중성 양자 흐름을 입증하는 증거를 확보했다. 이는 또한 글래쇼가 처음 주장한 약한 힘의 중성 양자의 존재를 확증하는 결과이기도 했다. 당시 텍사스 대학에 있던 글래쇼는 자신의 완성된 이론에서 그 양자를 '제트'(Z)입자라 명명했다(Z는 '제로'를 뜻한다). 글래쇼는 그것이 마지막 입자이기를 바랐던 듯하다.

이를 통해 전자기력과 약한 힘의 통합이 이루어졌다. 두 힘의 통합은 1983~84년 루비아의 연구팀이 그 사이 열배나 강력해진 바타비아와 CERN 가속기에서 음성 및 양성 W입자(W는 'weak'(약한)를 뜻한다)와 Z입자를 만들어냄으로써 재입증되었다. 이 양자들은 예상 외로 무거웠다. 그들의 질량은 메가전자볼트 단위가 아닌 기가전자볼트 단위로 표현된다. W입자들은 80기가전자볼트의 질량을 지니며, Z입자는 더 무거운 91기가전자볼트의 질량을 지녔다. 당시 발견된 가장 무거운 입자들이었던 이 양자들은, 실험되는 상호작용의 에너지가 커질수록 약한 힘이 급격히 증가한다는 것을 보여주었다. 그렇게 급격히 증가할 경우 약한 힘은 십진수 자릿수로 큰 차이가 없을 만큼 전자기력에 접근할 것이다. 이렇게 약한 힘과 전자기력이 서로 수렴하면, 각각의 경입자, 즉 전자기력의 전자와 약한 힘의 뮤온도 서로 합쳐질 것이다.

전기약력 이론의 성취는 전기약력과 강한 힘의 통합을 추구하는 대통합 이론을 강하게 지지한다. 이론적으로 전기약력은 훨씬 더 큰 에너지인 10^{15}기가전자볼트에서 강한 힘과 같은 수준까지 증가한다. 전기약력 이론과 대통합 이론에서 힘들이 순차적으로 통합되면서 힉스 장이 실질적으로 이용되게 되었다. 힉스 장은 방정식에서 먼저 등장한 최초 입자인 양전자와 마찬가지로 방정식에서 처음 등장한 최초의 장이다. 실험을 통한 입증을 기대치 않은 사람들은 힉스 장에 대해서, 그것은 "단지 자신의 대칭성을 자발적으로 깨뜨리기 위해 동원된" 장이라고 말했다.

입자물리학자들과 우주과학자들의 협력으로 탄생한 새로운 우주과학에서 힉스 장은 중심적인 역할을 한다. 힉스 장은 가속기 충돌 지점의 온도 및 에너지 밀도에서의 에너지, 또는 그에 상응하는 우주 발생 순간의 에너지를 나타낸다. 그 에너지는, 그것으로부터 모든 것이 나온 허공의 에너지이다. 시간의 출발점에는 믿기 힘든 밀도와 온도를 지닌 미분화된 에너지 대칭성이 있었으며, 그것이 우주 전체였다. 일정 간격으로 떨어진 온도와 밀도에서 순차적으로 대칭성이 깨지면서 즉 상전이가 일어나면서 우주가 생겨났다. 마지막으로 일어난 대칭성 파괴, 즉 전기약력이 파괴되면서 약한 힘과 전자기력이 분리된 사건은 이제 실험적으로 재현할 수 있다. 대통합 이론이 주장하는 상전이, 즉 전기약력과 강한 힘의 분리는 현재 실험 가능한 영역을 까마득히 벗어나 있다.

실험 가능한 힉스 장이 있다면, 힉스 양자도 있어야 한다. W입자와 Z입자의 질량으로부터 훨씬 더 무거운 힉스 입자의 질량을 예측할 수 있다. 이 예측의 검증을 위해서는 가속기 성능을 두 자리 수 이상 높이는 것이, 즉 100기가전자볼트에서 10테라전자볼트 수준으로 높이는 것이 요구된다.

그렇게 가속기 성능을 높여야 할 다른 이유들도 있다. 힉스 장과 입자는 정지질량의 근원과 관련되어 있으며, 약한 힘의 탐구에서뿐만 아니라 강한 힘의 탐구에서도 중심적인 역할을 한다. 우주과학자들에게는 우주의 발생과 진화를 탐구하는 것이 마찬가지로 중요하다. 그럼에도 불구하고 왁사하치에 있는 지름 100킬로미터의 터널에는 관개용수가 들어차 있다. 최초 우주의 힉스 장을 더 빨리 재현하겠다는 희망을 품은 학자들은 CERN에 있는 지름 27킬로미터 터널에 새로운 장치를 추가하고, 현재 건설 중인 바타비아 가속기의 성능을 높이고 있다.

한편 강한 힘에 관한 연구는 주도적 이론에 대한 합의 없이 진행되었다. 가속기 실험이 활발해진 이후 얼마 지나지 않아 과학자들은, 성능이 향상된 가속기들이 원자를 더 근본적인 입자들로 나누는 것이 아니라, 오히려 더 무겁고 더 다양한 입자들을 합성한다는 것을 인정하게 되었다.

이론물리학자들은 입자나 분류하는 허드렛일을 하는 신세가 되었다. 그 많은 단명하는 입자들을 구별하고 분류하는 일이 급선무였다. 입자들은 둘로 분류되었다. 유카와의 파이온과 친척 관계를 가진 중간 질량의 입자들인 중간자, 양성자 및 중성자와 친척들인 무거운 '중입자'로 분류되었다. 1950년대 후반 내내 많은 시간과 능력이 이 두 부류를 질량, 전하량, 스핀, 수명, 붕괴 경로 및 최종산물에 따라 세부적인 족(family)으로 분류하는 데 투입되었다.

쿼크로 가는 여덟 갈래의 길

1961년 캘리포니아 공과대학의 겔만(M. Gell-Mann)과 네만(Y. Ne'eman)—네만은 이스라엘 군 대령이며 텔아비브 대학 총장이었다—은 군이론이라는 고급 수학을 써서 각기 독자적으로, 중입자의 여러 족들을 여덟 개의 상위족으로 묶을 수 있음을 보였다. 겔만은 이 여덟 개의 상위족 체계를 '팔정도'(Eightfold Way)라 명명했다. 부처의 가르침을 연상시키는 이 명칭은 한동안 당대의 경박한 물리학도들의 관심을 불러일으켰다. 1964년 이전의 겔만은 8이라는 수에서 물리학적 의미를 발견하지 못했다. 그가 수 8의 중요성을 발견한 것은, 당시 CERN에 있던 캘리포니아 공과대학 동료 츠바이크(G. Zweig)와 동시였다. 두 사람은 세 개의 상이한 요소를 세 개 이내로 조합하면 8개의 족을 설명할 수 있음을 발견했다. 겔만은 이 요소들을 '쿼크'라고 명명했다. 이 명칭은 조이스의 『피네건의 경야』에서 따온 명칭이다.

처음에 겔만은 쿼크를 일종의 계산적인 도구로만 간주해야 한다고 생각했다. 쿼크를 근본적인 입자로 받아들이는 것은 전자기학적으로 월권이었다. 양성자에 양의 전하를, 또는 중성자에 중성을 부여하기 위해서는 세 쿼크가 분수 전하량을 가져야 하는데, 그런 전하량은 자연에서 관측된 바가 없었다.

세 쿼크는 특별한 이유 없이 각각 '업'(up), '다운'(down), 그리고 '스트레인지'(strange)라 명명되었다. 세번째 명칭은 해당 쿼크가 관여한다고 상정된 몇몇 중입자 붕괴과정에서 붕괴시간이 '이상하게'(strange) 연장되기 때문에 붙었다. 이론적으로 보면, 업 쿼크 두 개가 각각 지닌 3분의 2 양전하와 다운 쿼크가 지닌 3분의 1 음전하가 합쳐져 양성자의 3분의 3 양전하가 만들어진다. 마찬가지로 업 쿼크 하나와 다운 쿼크 둘이 합쳐지면 중성의 중성자가 된다. 세 개의 쿼크와 이들 각각의 반쿼크를 이용해서 조합을 만들면, 발견된 모든 중입자들을 설명할 수 있었다. 또한 이들의 조합으로부터 중간자도 설명할 수 있었다. 전자기학적인 월권에 대해서 파인먼은, 프랭클린이 전하량 단위를 3으로 정할 수도 있었다고 항변했다.

이제 약한 힘 양자가 제 역할을 한다. W양자는 쿼크와 결합하면서 쿼크의 전하량을 바꾼다. 중성자가 양성자로 붕괴할 때(174쪽 참조) W양자는 다운 쿼크 하나를 업 쿼크 하나로 변환시키는 것이다. 이를 통해 새로 만들어진 양성자는 3분의 3 양전하를 얻고, 전자 하나와 중성미자 하나가 방출된다.

다운 쿼크와 업 쿼크를 스트레인지 쿼크와 함께 조합하여, 발견된 안정성 불안정성 입자들을 설명하고, 아직 발견되지 않은 불안정성 중간자와 중입자을 예측할 수 있었다. 1964년 가장 특이한 입자, 즉 세 개의 스트레인지 쿼크로 이루어진 오메가 마이너스(Ω^-) 입자가 발견되어, 겔만-네만-츠바이크 이론의 첫번째 검증이 이루어졌다.

쿼크를 실제 입자로 받아들이기 위해서는, 그 누구도 쿼크를 본 적이 없고 또한 미래에도 아마 볼 수 없으리라는 난처한 사정을 극복해야만 한다. 독자적으로 분리된 쿼크를 보려는 노력은 가속기 성능을 높이는 강한 원동력이 되었다. 그러나 정점인 기가전자볼트 단위에 가까워지는 동안 가속기들은 점점 더 많은 무거운 입자들을 산출했고, 쿼크는 계속해서 그 입자들 속에 숨어 있었다.

쿼크를 분리해내는 것이 불가능함을 인정한 물리학자들은 입자 속에 있는 그대로 쿼크의 실재성을 입증하는 노력으로 방향을 바꾸었다. 쿼크의 실재를 증명한 1967년의 실험은, 1911년 러더퍼드가 원자핵의 반지름 측정에 사용한 산란실험 및 응용된 기하학을 새롭게 변형한 성과였다. MIT의 켄들과 프리드먼과 테일러는 스탠퍼드 대학의 선형 가속기 센터(SLAC)에서 20기가전자볼트 전자를 써서 실험을 했다. 실험의 이론적 자문을 맡은 파인먼은 목표물인 양성자 속에 숨어 있는 입자를 '파톤'(parton, 부분입자)이라 명명했다. 이 명칭은 쿼크에 비해 훨씬 알기 쉬운 명칭이다.

실험은 가속된 전자가 양성자 내부의 파톤을—만일 파톤이 있다면— '느끼도록' 고안되었다. 파톤을 숨긴 양성자의 전자기적 인력을 벗어날 만큼 충분히 가속된 전자는 파톤에 이르러 광자 하나를 잃고 입사각과는 다른 각도로 또한 더 작은 에너지로 표적을 떠날 것이다. 그렇게 양성자를 때리고 튕겨져 나온 수만 개의 전자들의 에너지와 반사각도를 측정함으로써, 양성자 내부에 세 개의 파톤 입자가 있음이 입증되었을 뿐만 아니라, 그 파톤-쿼크들이 점과 같아서—전자와 같아서—최소한 그 실험에 사용된 에너지 수준에서는 더 이상 분할할 수 없다는 것이 밝혀졌다. 또한 파톤-쿼크들이 끊임없이 함께 춤추고 있다는 것도 밝혀졌다.

쿼크들을 춤추게 하는 것은 이들을 함께 묶는 힘이다. 이제 핵입자들을 묶는 강한 힘은 입자들 속에 있는 파톤-쿼크들을 묶는 힘의 잔재라는 것이 밝혀졌다. 강한 힘은 10^{-15}미터 거리에서 최대치에 이르지만, 거리가 약간만 작아지면 0으로 떨어지거나 심지어 반대로 척력이 된다는 것이 관측되었다. 이러한 행태는 이제 핵입자 내부에서 일어나는 강한 상호작용의 근원적 양상에 의해 설명된다. SLAC 전자 산란실험에 의해 밝혀진 바에 의하면, 파톤들의 춤에 의해 파톤들이 10^{-15}미터 이내로 서로 가까워지면, 강한 힘의 세기는 약해진다. 강한 힘은 10^{-15}미터에서 갑자기 최대값으로 올라간다. 이는 쿼크들을 서로 분리시키기 위해 투입된 에너지가 새로운 입자를 만드는 데 사용되는 이유이기도 하다.

양자색역학

어쩌면 강한 힘의 작용범위가 이렇게 사실상 무한대이기 때문에 전자기력 양자인 광자와 마찬가지로 강한 힘 양자 역시 정지질량이 0인지도 모른다. 강한 힘 양자는 하나가 아니라 다수이다. 왜냐하면 쿼크 간에 작용하는 강한 힘은 여덟 개의 양자에 의해 매개되기 때문이다. 상상력이 풍부한 작명가 겔만은 이 양자들에게 '글루온'이라는 이름을 붙였다. 다수의 글루온들은 분수 전하량을 지닌 쿼크들을 묶는 역할을 한다. 파울리의 배타 원리에도 불구하고 양성자 속에 두 개의 업쿼크가 있는 것을 설명하기 위해 겔만은 강한 힘의 전하(strong-force charge)(이때 '전하'는 상호작용의 원천이 되는 물리량들을 가리키는 일반적인 개념이다-옮긴이)에 다양한 '색깔'을 부여했다. 겔만의 색깔 은유에 동원된 색은 뉴턴이 빛 속에서 발견한 삼원색, 즉 빨강, 녹색, 파랑이다. 각각의 색은 세 종류의 강한 힘 전하와 그것의 반대를 의미한다. 양성자에서는 빨강과 파랑 업 쿼크가 녹색 다운 쿼크와 조합하여 흰색, 즉 무색을 만든다. 마찬가지로 빨강 쿼크와 반(anti)빨강 쿼크가 조합되어 무색의 중간자를 만든다. 조합을 통해 완성된 강한 힘 전하는 무색이며, 그 속에서 성분 전하들 역시 모두 무색이 된다.

글루온은 쿼크에 색깔을 부여한다. 겔만의 도식에서 각각의 글루온은 색깔과 반색깔을 가지고 있다. 글루온을 흡수하거나 방출하면 쿼크의 색깔이 바뀐다. 즉 빨강-반녹색 글루온을 흡수하면, 빨강 쿼크가 반녹색으로 바뀐다. 색깔과 반색깔의 조합은 아홉 가지가 가능한데, 그중 여덟 가지는 겔만이 '양자색역학'이라 부른 이론에서 다루는 상호작용들을 수행한다.

겔만과 그의 동료들이 앞장 서서 도입한 수많은 은유들은, 입자들과 힘들의 정체와 관계가 상호교환적이라는 사실을 지지한다. '힘'과 '입자'와 관련해서는 다음과 같은 봄의 경고가 타당하다.

"양자 수준의 정확도에서는 대상에게 내적인 성질이 없다. (……) 대신에 대상은 모든 성질을 그것이 상호작용하는 계와 상호적으로 또한 분리 불가능하게 공유한다."

색깔 전하로 인해 글루온은 다른 힘들의 양자와 구별된다. 글루온들은 서로를 끌어당긴다. 글루온들이 운반하는 엄청난 에너지는 그들의 상호작용이 깨질 때 드러난다. 가속기 표적에서 글루온은 파괴되어 중입자과 중간자의 흐름으로 엄청난 속도로 세 차원으로 '분출'된다. 상호작용하는 계와 상호적으로 또한 불가분적으로 성질들을 공유하는 대상의 실례가 글루온이다. 양자색역학은 실험적으로 밝혀진 상호작용의 성질에 따라서 강한 힘 양자인 글루온과 쿼크를 갈라놓는다.

물리적 세계의 기반에서 단순성과 통일성을 찾으려는 노력 속에서 쿼크들 및 이들과 관련된 경입자들은 이른바 두 세대(generation)로 구분되었다. 업 쿼크와 다운 쿼크 그리고 전자와 전자의 중성미자는 일상적인 에너지 수준에서 안정적·불안정적 원자들의 핵을 구성하는 제1세대 기본입자들이다. 뮤온과 뮤온의 중성미자 그리고 스트

입자	기호	질량	전하량	수명	붕괴산물	전자기력	강한 힘	약한 힘
전자	e	1.0	-1	∞	안정적			
중성미자	ν	0.0	0	?	안정적?			
양성자	p	1836.1	+1	10^{32}년	안정적			
중성자	n	1838.6	0	10.3분	eλP			

힘	세기	작용범위	작용시간	양자	정지질량
전자기력	0.05	∞	10^{-21}초	광자	0
강한 힘	1	10^{-15}	10^{-23}초	글루온	???
약한 힘	$10^{-??}$	$10^{-??}$	10^{-5}초	W0+-	80~90 기가전자볼트
중력	10^{-39}	∞	???	그래비톤?	0

네 입자와 네 가지 힘 그리고 이들의 상호작용이 일상적으로 경험하는 물리적 실재의 기반에 있다. 패러데이가 측정한 수소 이온(양성자)의 전하량 대 질량 비율이 톰슨이 측정한 전자의 전하량 대 질량 비율보다 거의 2000배 작았다는 사실이, 표에 전자 질량을 기준으로 나타낸 입자들의 상대적인 질량에서 반영된다. 힘들의 세기도 강한 힘을 1로 놓고 상대적으로 나타냈다. 표에 나온 미약한 세기의 중력은 두 기본입자들 사이에서 작용하는 중력이다.

물질 입자 / 힘

가까운 세계

	고에너지 물질		일반물질	전하량
렙톤	타우 입자 τ 1800메가전자볼트	뮤온 μ 100메가전자볼트	전자 E 5메가전자볼트	-1
	타우 중성미자 ν_τ	뮤 중성미자 ν_μ	전자 중성미자 ν_e	0
쿼크	보텀 4.75 기가전자볼트	스트레인지 200 메가전자볼트	다운 10 메가전자볼트	-1/3
	톱 174 기가전자볼트	참 180 메가전자볼트	업 10 메가전자볼트	+2/3

물질과 에너지. 이 표에는 일상적인 경험 속에 있는 그리고 관측된 우주의 최초 1초 속에 있었던 물리적 실재의 기반을 이루는 물질과 에너지가 나열되어 있다. (현재 우리가 아는 한) 궁극적인 입자는 경입자와 쿼크 두 종류이며 한 종류 속에 각각 두 개가 포함된다. 이들의 질량은 등가적인 에너지량으로 표기되었다. 중력은 표에 포함시키지 않았다. 중력 양자는 이론에 의해 가정되었지만, 현재로서는 실험적으로 도달할 수 없다. 표에 있는 사항들은 모두 실험적으로 검증된 것들이다.

레인지 쿼크는 제2세대에 속한다. 이들은 가속기에서 불안정한 입자들이 쏟아져 나올 때 처음 등장한다. 제1세대 세대에서 다운 쿼크가 짝으로 업 쿼크를 가지는 것과는 달리, 제2세대에서는 스트레인지 쿼크에게 짝이 없다. 하버드의 글래쇼와 게오르기(H. Georgi)가 전기약력과 강한 힘을 통합하기 위해 개발한 대통합 이론은 스트레인지 쿼크와 쌍을 이루면서 제2세대를 완결할 네번째 쿼크를 요구했다. 글래쇼는 그 쿼크를 '참'(charm)이라 명명했다. 사실상 세번째 또는 그 이상의 세대들이 있을 가능성은 현재의 도식에서 배제되지 않았다.

실험물리학자들은 네번째 쿼크 사냥에 나섰다. 1974년 11월 브룩헤이븐 국립 연구소의 고성능 가속기에서 팅(S. C. C. Ting)을 비롯한 컬럼비아 대학 연구팀이 수행한 실험과, SLAC에서 리히터(B. Richter)가 이끄는 스탠퍼드 연구팀이 수행한 실험에서 동시에 당시 알려진 것 중 가장 무거운 입자가 산출되었다. SLAC에서는 가속된 전자와 양전자를 충돌시켜 필요한 에너지인 3기가전자볼트에 도달했다. 전자와 양전자가 소멸하면서 생긴 엄청난 에너지의 광자는 다시 물질화하여 (다른 입자들과 함께) 연구자들이 Ψ(프사이)라고 명명한 입자를 이루었다. 팅은 그 입자를 새롭게 'J'로 명명했다. 글래쇼는 그 입자가 자신이 제안한 참 쿼크와 그 반쿼크로 이루어졌음을 계산을 통해 확인했고, 기쁨 속에서 그 입자를 '차모니엄'(charmonium)이라고 다시 명명했다.

1976년 '벌거벗은' 참 쿼크와 다운 쿼크로 이루어진 입자가 발견되면서 네번째 쿼크의 존재는 의심할 수 없게 되었다. 이와 함께 쿼크족의 한 가지 특징이 명백하게 드러났다. 네번째 쿼크의 질량은 1.8기가전자볼트로, 쿼크들의 무게는 보텀(bottom) 쿼크의 무게인 5기가전자볼트로부터 대략 한 자리 수씩 달라지는 경향을 보인다. 네 개의 경입자에 대응해서 네 개의 쿼크가 있으므로, 두 족 사이의 대칭성이 복원되었다 (191쪽 그림 참조).

복원된 대칭성은 잠시 동안만 유지되었다. 스탠퍼드 대학의 펄(M. Perl)은 SLAC 가속기의 전자-양전자 충돌로 얻을 수 있는 고에너지로부터, 강한 상호작용이 아닌 약한 상호작용을 통해 붕괴하는 무거운 입자를 얻을 수 있지 않을까 생각했다. 버클리의 동료들이 개발한 '다목적' 계측장치를 써서 그는 1975년 그가 타우(τ) 입자라 불러온 입자, 즉 제3의 전자를 입증하는 증거를 찾아냈다. 펄의 발견은 곧이어 독일 함부르크에 있는 신형 고성능 가속기에서도 재현되었다. 비록 타우 중성미자는 아직 발견되지 않았지만, 타우 경입자와 세번째 세대의 쿼크들의 존재는 신중히 고려되어야 했다. 타우 입자는 말할 것도 없이 뮤온보다 더 무겁다. 1860전자볼트에 해당하는 질량을 가진 타우 입자(제3세대 전자)는 양성자보다 더 무겁다.

1977년 다섯번째 쿼크가 발견됨으로써 세계에서 가장 성능이 좋은 일리노이 바타비아 가속기에 투자된 자금에 대한 보상이 주어졌다. 바타비아 가속기 표적에서 얻어지는 400기가전자볼트는 SLAC에서 얻어지는 에너지보다 두 자리 수가 높다. 이 에너지에서 레더먼과 그의 연구팀은 9.5기가전자볼트의 질량을 지닌 새로운 최대 질량 입자를 발견했다. '입실론'(v)이라 명명된 이 입자는 '뷰티'(beauty) 또는 '보텀'(bottom)을 뜻하는 b로 표기되는 새로운 쿼크와 그 반쿼크로 이루어졌음이 밝혀졌다. b쿼크의 질량은 4.75기가전자볼트이다.

보텀 쿼크와 짝을 이루기 위해 '트루스'(truth) 또는 '톱'(top) 쿼크가 있어야 했다. 톱 쿼크의 존재는 1994년까지 입증되지 않았다. 1994년 바타비아 가속기에 초전도 자석이 장치되면서 가속기의 성능이 한 자리 수 향상되어 1테라전자볼트에 이르렀다. 상호 충돌방식을 사용하면, 에너지를 2테라전자볼트까지 높일 수 있었다. 발견된 톱 쿼크의 질량은 174기가전자볼트에 해당했다(191쪽 그림 참조). 질량이 보텀 쿼크보다 두 자리수나 크고, 업 쿼크나 다운 쿼크보다는 다섯 자리 수 또는 여섯 자리 수나 큰 톱 쿼크는 한 가지 질문에 대한 대답을 제공하는 듯하다. 톱 쿼크의 질량은 이론적으로 예측한 힉스 양자의 최저 질량에 매우 가까워서 그 사이에 또 다른 세대의 중간자와 중입자가 들어갈 자리를 남겨놓지 않는다.

2000년 7월 바타비아에서 타우 중성미자가 성공적으로 발견됨으로써 1, 2, 3세대 입자들의 발견은 완결되었다. 이제 다음 목표물은 힉스 양자 그 자체라는 것을 물리학자들은 확신했다.

신 입자

그 작업은 텍사스 왁사하치에서 수행될 첫번째 실험이 될 예정이었다. 40테라전자볼트 초전도 슈퍼 충돌기는 1테라전자볼트 정도의 에너지를 지닌 입자를 찾을 예정이었다. 레더먼은 그 입자를 '신 입자'(God Particle)라 불렀다. 힉스 입자는 10^3테라전자볼트에 가까운 에너지를 지닌 힉스 장의 존재를 입증했을 것이다. 만일 그랬다면, 전기약력의 통합은 확고하게 입증되고, 대통합 이론 입증으로 가는 획기적인 발판이 마련되

없을 것이다. 정지질량의 근원, 따라서 인류가 아는 일상적인 물질들의 근원은 실험에 의해 입증된 이론을 통해 설명될 수 있었을—또는 그 이론이 실험에 의해 반박되었을—것이다. 그랬다면 경입자와 쿼크가 공통 조상을 지녔다는 사실이 더 분명해졌을 것이다. 레더먼이 힉스 입자를 '신 입자'라 부른 것은 바로 이런 이유 때문이다.

CERN에 건설 중인 새 가속기나 개량 중인 바타비아 가속기도 머지않아 힉스 입자에 도달할지 모른다. 두 곳에서 성공이 이루어진다면, 가속기 성능을 한두 자리 수 높이는 투자가 활기를 띠게 될 것이다. 그러나 전기약력과 강한 힘이 수렴하는 에너지는 여전히 열 자리 수 또는 열한 자리 수 너머에 있을 것이다. 연구가 현재 가능한 실험의 한계에 근접하고, 가까운 장래에 도달할 수 있는 에너지 수준에서 투자에 대한 보상이 없기 때문에, 자라나는 세대의 물리학자들은 이론에 국한된 연구를 하고 있다.

따라서 이론은 풍부하다. 대통합 이론을 기반으로 해서, 또는 뛰어넘어서, 신세대 물리학자들은 자연의 네 가지 힘 전부를 포괄하는 궁극적인 통합을 추구한다. 한 단계 더 포괄적인 통합 전략을 부추긴 사람은 와인버그이다. 그는 전기약력과 강한 힘이 통합되는 에너지보다 '겨우' 두 자리 수 높은 에너지에서 이 세 가지 힘과 중력이 통합된다고 주장했다.

'초대칭성' 이론들은 각각의 정지질량이 있는 입자와 반입자 그리고 양자에 초대칭 짝을 부여한다. 이 이론들은 입자들과 양자들을 통합할 뿐 아니라, 이들을 단일한 요소로 환원한다. 초대칭성 이론들은 세 가지 양극성 힘들과 중력을 더욱 자연스럽게 조화시킬 것을 약속하고, 우주과학자들의 근심거리인 미지의 '어두운'(dark) 물질을 설명할 다양한 새 입자들을 제공한다.

그 이론의 몇몇 귀결들은 초전도 슈퍼 충돌기를 통해 실험될 수 있을 것이다. 그 이론을 검증할 증거 하나는 바타비아와 CERN에서 이루어질 힉스 입자 산출 시도에서 확인될 것이다. '독특한' 형태의 초대칭 물질은 거트(A. H. Guth)가 연구한 빅뱅의 예비 인플레이션(inflation-prelude)에서 나타난다(263쪽 참조). 우주 발생에 관한 이 새로운 수정이론을 강력하게 뒷받침하는 것은, 우리 은하계 평면 위 아래의 하늘 전체에서 100만분의 50 이하의 오차로 균일하게 관측되는 절대온도 2.725도 배경 복사파의 등방성이다.

'끈' 이론과 '초끈' 이론은 시공의 4차원에 6차원을 추가함으로써 네 힘의 통합을 이뤄낸다. 이 이론들에서 점-입자는 끈으로 대체되어, 점과 관련된 무한의 문제는 제거된다. 추가된 6차원에서 끈들은 10^{-33}센티미터 지름 이내에 감겨서 입자의 내부에 들어 있으며, 입자는 4차원 시공 속에 있다. 방정식들을 연산하는 것을 은유적으로 표현한 것이라 할 수 있는 진동을 통해서 끈들은 입자와 힘을 산출한다.

이런 이론적 작업은 물리학자들을 철학의 영역으로 이끈다. 몇몇 선배 과학자들은 후배들의 모험에 더 많은 동감을 표시하기도 한다. 얼마 전 와인버그는 하버드 대학에서 열린 토론회에 초대되어 다음과 같은 게오르기의 풍자시를 통해 기꺼이 자신의 실증주의적 입장을 밝혔다.

> 텍사스에서 돌아온 와인버그는
> 우리를 골치 아프게 하려고 차원들을 한 아름 가져온다
> 그러나 추가된 차원들은 모두
> 공 속에 감겨 있어서
> 너무 작아서 우리와 상관이 없다.

대통합 이론 실험에 필요한 에너지에 도달할 가망이 보이지 않자, 글래쇼는 최근에 두 자리 수 너머의 에너지 수준에서 양자적 힘들과 중력을 통합하는 일이 이론만으로도 성취될 수 있다고 인정했다. 끈 이론의 복잡한 계산으로부터 검증 가능한 실험이, 아인슈타인이 말한 "경험과 대면시킬 수 있는 결론"이, 고안될 가능성은 여전히 열려 있다.

초쿼크(superquark)가 단순한 쿼크의 조상으로 여겨지게 된 이래로, 즉 가속기로 재현한 창조의 최초 1초 이내에 우주를 채웠던 에너지 속에서 등장한 조상으로 여겨지게 된 이래로 입자물리학자들은 천체물리학자들과의 협동의 기회를 적극적으로 활용하게 되었다. 입자물리학자들은 이미 우주과학에도 관여해 있었던 것이다. 입자물리학자와 천체물리학자는 먼 시공에서 나와서 지구 대기권으로 끊임없이 쏟아지는 우주 복사선을 함께 연구할 것이다.

우주 복사선 중 극히 일부는 가속기가 도달할 수 있는 최고 수준의 에너지를 가지고 있음이 발견되었다. 우주 복사선은 대기권 외곽의 원자들과 충돌하여 수많은 입자들을 산출한다. 이 산출과정을 통해 우주 복사선을 관측할 수 있다. 지상에 있는 충분히 큰—'충분히' 크다는 것은 코네티컷 주의 절반을 가로지를 정도로 크다는 것이

다—계측장치들의 배열은 그런 충돌사건들을 관측할 수 있을 것이다. 거대 규모의 설비를 위한 투자가 이루어진다면, 10년 또는 20년 후 정도면 힉스 입자가 우주 복사선으로 지구에 들어온 것을 관찰하게 될지도 모른다. 만일 그렇게 된다면, 인류는 입자물리학과 우주과학의 협력을 통해, 관측된 우주의 근원인 빅뱅 직후 최초 10^{-20}초로 거슬러올라갈 수 있을 것이다.

우리는 과감하게 뉴턴의 우주 전체를 포함하는,

한 점에 불과한 거대한 우주를 생각한다.

톰프슨

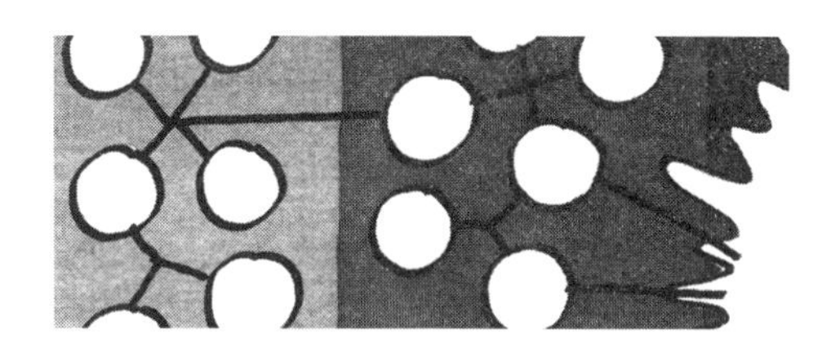

4

공간과 시간

우주과학자들과 함께 연구하는 입자물리학자들은 중력도 연구대상에 포함시킨다. 19세기 대부분 동안 물리학자들은 인간이 최초로 경험한 자연의 힘인 중력을 논의에서 제쳐놓을 수 있었다. 그들은 번개를 통해 처음 경험한 전자기 연구에 매달렸다. 이어서 20세기 물리학자들은 두 가지 근거리 작용력인 강한 힘과 약한 힘을 발견했다. 학자들은 세 힘을 양자장 이론이라는 단일한 개념체계로 포괄하는 데 성공했다. 양자장 이론은 전자기 연구의 최종결실이다. 지구 위의 물질의 구조에서 이 세 힘이 어떤 역할을 하는지에 관한 탐구는, 먼 우주에서 일어나는 거대한 사건들 또한 이해할 수 있게 해주었다. 먼 우주의 사건과 관련해서도 입자물리학자들은 중력을 무시할 수 있었다. 왜냐하면 대전된 두 입자 사이의 중력은 전자기력의 10^{-39}배에 불과한 미약한 힘이기 때문이다. 중력은 약한 힘보다 더 약해서, 두 입자 사이에 작용하는 약한 힘의 10^{-25}배에 불과하다.

그러나 오늘날 중력은 입자물리학자들의 중요 관심사이다. 세 가지 양자적 힘들을 통합시킨 가속기 실험을 하는 동안에 입자물리학자들은 자신들이 우주의 시작에 가까운 시점에서의 역사를 재현하고 있음을 알게 되었다. 역사를 거슬러올라간 입자물리학자들은 우주과학자를 만나게 되었다. 그들은 우주과학자가 완전히 다른 개념틀을 가지고 연구하고 있음을 발견했다. 우주과학자의 개념틀은 일반 상대성 이론이다. 순수한 장이론인 일반 상대성 이론은 물질이 만드는 중력장의 영향을 받는 4차원 시공의 구조를 연구한다. 질량이 가속운동을 하면 장 속을 빛의 속도로 움직이는 파동이 발생하지만, 일반 상대성 이론은 중력의 작용 양자를 가지고 있지 않다. 그럼에도 불구하고 일반 상대성 이론은 우주 전체를 지배하는 중력하에서 진행된 우주의 역사와 우주의 구조에 관해 우주과학자들이 얻은 모든 지식을 설명하고 있었다.

오스트레일리아의 애들레이드 대학 데이비스(P. Davies)의 다음과 같은 논평에 동의하지 않을 사람은 없다. "중력이 양자화되지 않은 힘으로 남아 있는 한, 물리학의 심장부에는 심각한 비일관성이 존재한다."

중력

인간이 경험하는 힘과 일과 피로는 대개 갈릴레이가 말한 '무거움'(heaviness), 즉 중력이다. 중력은 지구 위의 공간을 세 차원으로 구성한다. 떨어지는 물체들의 운동으로부터 수직 좌표가 설정되고, 이로부터 수평 좌표가 도출된다. 밀물과 썰물은 하루에 두 번씩 태양과 달과 지구 사이의 중력을 입증한다. 생물학적 진화 전기간에 걸쳐, 넙치에서 독수리까지 생물들의 모양을 결정해온 것 역시 바로 중력이라는 것을 증명할 수 있다. 두 발 가진 인류는 중력에 반하여 곧게 일어섰다.

천문학자들은 중력을 계속해서 주요 관심사로 두지 않을 수 없었다. 오늘날의 발전된 장비로 무장한 관찰 우주과학자들은 중력을 우주 구성의 절대적 주체로 간주한다. 다른 세 힘과는 달리 중력은 중력 아래에 놓이는 질량이 커질수록 점점 더 증가한다. 20세기에 천문학자들이 알게 된 바와 같이 중력은 1000억 개의 별들이 나선은하의 중심에 모이고 팔에서 회전하도록 만들며, 또한 그렇게 많은 별들이 타원은하 속에 높은 밀도로 모여 있도록 만든다. 이런 섬우주들 역시 중력에 의해 수백 개 또는 수천 개씩 모여 은하단(galactic cluster)과 초은하단(galactic supercluster)을 이룬다. 반지름이 150억 광년에서 200억 광년인 관측된 우주 속에는 중력의 지배를 받는 은하계가 약 1000억 개 있는 것으로 추정된다.

우리 은하계—1930년대까지만 해도 우리 은하계가 우주 전체였다—속에서, 항성간 먼지와 기체로 이루어지고 폭이 몇 광년에 달하는 불투명한 구름들은 인력인 중력의 작용만으로 모인다. 구름 속에서 중력은 양자적 힘들의 작용을 촉발시킨다. 모여드는 물질의 질량과 밀도가 커짐에 따라 함께 증가하는 중력은 구름 속에 있는 조밀한 구형 덩어리들 속의 물질들을 폭발적으로 응집시켜 원시별(protostar)을 만든다. 뭉쳐지는 질량 내부의 열과 압력에 의해 새로운 별은 빛을 내기 시작한다. 별이 처음 내는 빛은 전자기파 스펙트럼에서 적외선 영역에 해당하는 빛이다.

이어서 중력은 원자들을 더욱 높은 밀도로 응집시켜 강한 힘과 약한 힘이 역할을 하는 열핵(thermonuclear) 연금술을 일으킨다. 우주 속에 가장 풍부하게 존재하는 수소의 벌거벗은 핵은 두번째로 풍부하게 존재하는 원자인 헬륨 핵으로 융합된다. 열핵반응에서 질량 손실로 인해 발생하는 에너지는 내부로 끌어당기는 중력에 대항하기에 충분한 열압력—항성 내부에 있는 벌거벗은 원자핵들의 빠른 운동—을 산출한다. 이제 별빛은 가시광선 영역과 비가시광선 영역 모두에 걸친 복사파가 된다.

태양과 비슷한 질량을 지닌 평균적인 항성은 가지고 있는 수소를 약 100억 년 동안에 거의 대부분 태운다. 항성은 나머지 수소를 원래보다 250배나 팽창한 적색거성이 되어 더 짧은 기간 동안에 소진시킨다. 태양이 적색거성이 된다면 그 크기는 지구 궤도를 삼키고도 남을 것이다. 이어서 적색거성은 질량의 많은 부분을 항성간 공간으로 방출하고 중력에 의해 작은 행성 크기로 함몰한다. 배출된 질량에 의해 우주 전체의 수소 총량은 거의 원래대로 회복되고, 이런 유형의 항성들이 생존기간 동안에 만들어 내는 헬륨을 비롯한 여러 원소들의 총량은 극히 미세하게 증가한다. 이제 '백색왜성'이 된 항성은 과거의 광채에서 남은 열과 갑작스런 함몰로 인해 생긴 열로 빛을 낸다. 중력은 항성 물질을 응집시켜 원자 사이의 모든 공간을 없애버리지만, 양자역학적 저항에 의해 더 이상 응집을 일으키지는 못한다. 파울리의 배타 원리에 의해 전자들은 동일한 에너지 준위로 응집되는 것에 저항한다(155쪽 참조). 1세제곱센티미터 안에 항성 물질 10톤이 응집된다. 백색왜성은 점점 차가워진다. 빛이 약해진 백색왜성은 흑색왜성(Black Dwarf)이 된다.

태양 질량의 세 배 정도 질량을 지닌 비교적 큰 항성들은 연료를 소진한 후 함몰하여 핵입자들이 극도로 높은 밀도로 모인 덩어리를 형성한다. 이렇게 함몰하기에 앞서 항성은 먼저 초신성으로 폭발하여 질량의 절반 가량을 우주 속으로 방출한다. 초신성은 며칠 동안 은하계 전체보다 더 밝게 빛나기도 한다. 이 항성들의 생존기간 동안 내부에서 작용하는 엄청난 중력과 열핵폭발에 의해 순간적으로 생겨나는 막대한 압력 속에서 주기율표에 등장하는 나머지 원소들 대부분이 합성된다.

초신성의 나머지 질량은 중성자별로 함몰한다. 중성자별은 백색왜성보다 더 작은 천체이다. 따라서 중력의 작용 또한 더 커서, 중력에 의해 전자가 양성자 속으로 밀려 들어가 중성자로 합쳐진다. 중성자별의 지름은 10킬로미터 정도이며 밀도는 백색왜성 밀도의 10^8배이다. 다시 말해서 중성자별의 밀도는 원자핵 밀도와 동일하게 1세제곱센티미터당 10^9톤이다.

물질 속에 저장된 에너지의 양은 실로 막대해서, 우주 역사 전체에 걸쳐 지속적으로 또는 폭발적으로 산출된 별빛으로 소모된 질량은 원래 있던 질량의 10^{-4}배 정도에 불과하다. 열핵 발전소에서 나온 재들(수소와 헬륨보다 무거운 원소들)은 알려진 물질 전체 질량의 약 10^{-3}을 차지한다. 이 작은 부분 중 일부가 중력에 의해 고체 질량으로 응집되어 태양계의 행성들을 형성했다.

생애를 마치고 중성자별이나 백색왜성이 된 항성들로부터 중력은 그들이 열핵복사를 할 때 방출했던 것보다 더 큰 에너지를 추출해내기도 한다. 중력붕괴 과정에서 항성의 자전주기는, 각운동량 보존법칙에 의해, 며칠에서 몇 분으로 더 나아가 몇 초, 심지어 100만분의 1초 정도로 줄어든다. 이렇게 항성은 거대한 발전기가 된다. 항성이 산출하는 자기장의 세기는 항성의 자전이 빨라짐에 따라 커진다. 자기장은 주변의 항성간 대기와 동반된 항성—동반된 항성이 있는 경우에는—의 기체들을 끌어들여 함께 회전하면서 모든 진동수 영역의 빛을 발한다. 그 빛은 항성이 과거에 발한 빛보다 더 밝을 수도 있다. 이런 천체가 방출하는 복사파는 입자물리학자들이 익히 아는 '싱크로트론 복사파'와 동일하다. 싱크로트론 복사파는 원형궤도에서 가속운동을 하는 입자에 에너지 손실이 생기는 요인이다(177쪽 참조).

자신의 지배하에 놓인 물질의 질량과 밀도에 비례해서 한계 없이 커지는 중력은, 은하의 중심에서와 같은 경우에, 영향권 안에 있는 모든 것을 압도할 수도 있다. 학자들의 생각에 따르면, 태양 질량의 세 배가 넘는 항성은 중력에 의해 붕괴하여 블랙홀이 된다. 질량-에너지 입자들은 '특이점' 속으로 사라진다. 특이점은 무한점으로, 그 속으로 빨려드는 입자들의 각운동량과 전하량은 더 이상 보존되지 않는다. 광자조차도 블랙홀에서 빠져나오지 못한다. 그래서 블랙홀은 검다.

블랙홀은 관측된 우주 속에서 가장 강한 복사 에너지—그 에너지가 항상 가시광선 영역의 복사파로 방출되는 것은 아니다—를 방출하는 광원들에 대한 가장 훌륭한 설명을 제공하기도 한다. 그 광원들은 퀘이사(Quasar)이다. 퀘이사는 유사 항성천체(quasistellar object)를 뜻하는 약자로, 오늘날에는 그것이 질량이 매우 큰 유사은하라는 사실이 밝혀졌다. 퀘이사는 태양 질량의 수천 배에 이르는 질량이, 중심에 있는 블랙홀로 거의 광속에 가까운 속도로 빨려들 때 생기는 싱크로트론 복사파로 빛나고 있다고 여겨지고 있다.

기하동역학

한 마디로 요약해서 중력은 우주를 지배하는 힘이다. 그러나 중력은 인간의 일상경험 속에서 힘이라 불리는 종류의 힘이 아니다. 아인슈타인이 상상한 불행한 '관찰자'가 지붕에서 떨어지면서 느꼈고, 무중력 상태를 경험한 우주인들이 알고 있듯이 말이다(126쪽 참조). 캐번디시가 밝혔듯이 중력은 물질에 의해서 질량에 비례하는 크기로 발휘된다. 중력은 양자력 장들이 발휘하는 인력이나 척력과는 다르다. 일반 상대성이론 방정식들은 중력이 전혀 다른 방식으로 작동함을 말해준다. 질량에 의해 발휘되는 중력은 다른 질량에 작용하는 것이 아니라 질량들을 담고 있는 시공에 작용한다. 물론 중력도 물체에 작용하는 힘처럼 느껴진다. 유사한 방식으로 물체는 '원심력'을 느낀다. 그러나 원심력은 그 자체로 있는 힘이 아니라 물체의 운동이 직선을 벗어날 때 경험되는 감각일 뿐이다.

절대적이며 서로 분리된 시간과 공간은 고전물리학에서 사건들이 벌어지는 무대이다. 그러나 광속이 '능가할 수 없는 한계'이기 때문에, 시간과 공간은 4차원 시공으로 합쳐진다. 특수 상대성 이론에 의하면, 움직이는 물체의 속도—속도는 공간과 시간에서 측정된 값이다—를 높이기 위해 투입되는 에너지는, 속도가 한계치인 광속에 접근함에 따라 물체의 질량을 한계 없이 증가시킨다(120쪽 참조). 일반 상대성 이론에서는 항성과 은하계의 질량에 의한 중력장이 동역학적 매질인 시공의 구조를 결정한다.

중력—휠러는 중력을 '기하동역학적(geometrodynamics)' 힘이라고 적절하게 칭했다—은 현존하는 질량에 비례해서 시공을 감싼다. 질량이 시공의 그래디언트(gradient)상에서 가속하거나 감속하면서 그리는 측지선(geodesic)은, 우주 속의 모든 곳에서 움직이고 있는 질량들에 의해 형성된 중력장의 윤곽을 드러낸다. 한계속도로 움직이는 복사 에너지 광자의 파장과 유효질량(effective mass)은 광자가 측지선 위를 움직이는 동안 늘기도 하고 줄기도 한다. 이 측지선을 직선으로 간주하는—누구나 알듯이 평면기하학에서 직선은 두 점 사이의 최단거리이다—4차원 기하학은 시공을 곡률로 덮는다.

지구 중력장의 곡률 반지름은 약 10^{11}미터로 태양까지 거리의 3분의 2이다. 이렇게 긴 반지름을 지닌 원주의 휘어짐은 3차원 공간상에서 원주가 대단히 길게 뻗어 있다 할지라도 느껴지지 않을 것이다. 지구 중력장에서 자유낙하하는 물체는 4차원 시공 속에서 시간 방향으로 빠르게 가속한다. 자유낙하하는 물체는 5초 동안 가속해 1초당 49미터의 속도에 이른다. 그러나 이 속도를 빛의 속도로 나누면 공간 방향으로 1.6×10^{-7}미터라는 지각 불가능한 길이가 되며, 곡률은 더욱 지각 불가능하다. 그런데도 사람들은 이 곡률의 효과를 쉽게 지각하며, 곡률에 주의하는 법을 터득한다.

질량 중심 주위의 시공이 휘어지는 정도는 질량과 밀도가 증가할수록 더 커져서 곡률 반지름은 점점 줄어든다. 밀도는 곡률 반지름에 큰 영향을 미친다. 태양은 지구보다 30만 배나 무겁지만 기체 덩어리이다. 태양 중력장의 곡률 반지름은 지구 곡률 반지름보다 네 배 크다. 밀도가 무한대에 가까운 블랙홀 중심에서는 곡률 반지름이 기하학적 점에 수렴한다. 블랙홀 중심으로 끌려드는 질량의 속도는 중심 근처에서 거의 광속에 가까워진다. 블랙홀의 존재는, 블랙홀로 빨려드는 입자들이 방출하는 복사파의 진동수가 높아지는 것이 관측됨으로써 입증되었다. 최근에는 광자조차 빠져나올 수 없는 블랙홀의 경계면에서 빛의 파장이 길어지다가 이내 빛이 소멸하는 현상이 관측되기도 했다.

기하동역학을 이해하려면 지상에서의 근육운동 경험에 국한된 운동 이해를 벗어날 필요가 있다. 시공 속 어디에도 멈춰 있는 물체나 점은 없다. 휠러가 지적하듯이, 우주 속에 있는 모든 물체는 각자의 국지적 시공의 중력장 속에서 자유낙하 중이다. 우주에는 '위'도 '아래'도, 그 밖에 어떤 좌표도 없으므로 (물체들 서로를 기준으로 상대적으로 말하는 길 외에는) 어느 방향으로의 움직임이 떨어짐이라고 말할 길이 없다. 운동하는 물체를 이해하기 위해 뉴턴의 '힘의 표현'(69, 71쪽 참조)은 더 이상 필요치 않다. 양자적 사건의 영역에서와 마찬가지로 우주적 규모에서도 운동은 자연적인 상태이다.

지구 표면에 있는 물체들은 자유낙하 도중에 지구 표면에 막혀 멈춘 상태이다. 자유낙하는 물체가 떨어지거나 튀어오르거나 지표를 떠나 움직일 때 다시 나타난다. 지구 위에 있는 모든 물체는 지구와 함께 태양 중력장 속에서 자유낙하 중이며, 태양은 은하계 중력장 속에서, 은하계는 주변 우주의 질량분포 그래디언트 위에서 자유낙하 중이다.

뉴턴 운동법칙들은 지상에서 일상적으로 경험하는 질량, 속도, 거리의 한계 내에서 운동을 믿을 만하게 설명한다. 지구에 사는 사람들의 편의를 위해 지구를 기준틀로 두고 물체들이 멈춰 있다고 또는 등속운동을 한다고 간주할 수 있다. 물체들은 힘에 비례하고 관성에 반비례하는 가속도로 가속운동을 한다. 마찬가지로 약간의 보완을 거치면 뉴턴의 중력이론으로 태양계의 운동을 설명할 수 있다. 일반 상대성 이론은 지구를 넘어서서 거의 무한한 우주와 관련된 문제를 논할 때 유의미하다.

뉴턴 물리학과 아인슈타인 물리학은 각자의 영역에서 세계가 어떻게 작동하는지 보여준다. 새로운 물리학은 세계가 무엇으로 이루어졌는지를 탐구하며, 최근에는 또한 어떻게 그렇게 되었는지를 탐구한다. 고전물리학은 광대한 영역과 미세한 영역을 다루는 새로운 물리학 사이에 자리잡는다. 고전물리학의 보존법칙들은 양쪽 극단의 영역에서도 성립한다.

일반 상대성 이론 검증

1970년대 불연속적 양자에 심취한 물리학자들은 연속적인 장이라는 고전적 개념의 위력에 맞서게 되었다. 그들은 물질의 본성을 탐구하는 과정에서 우주과학에 도달했다. 물리학자들은 일반 상대성 이론을 다시 엄밀하게 검증하는 실험을 했다. 아인슈타인의 빛나는 업적인 일반 상대성 이론은 점점 작아지는 오차한계 내에서 타당성을 유지했다. 예를 들어 하버드 대학의 파운드와 레브카는 양자물리학의 기법을 동원해서, 적당한 세기인 지구 중력장에서 일어나는 중력적 적색편이를 검증하는 실험을 했다(127쪽 참조).

프린스턴 대학의 디크(R. Dicke)와 브랜스(C. H. Brans)는 외트뵈시 실험을 개량한 실험을 했다. 그들의 실험결과는, 상대성 이론을 개량하여 그들이 구성한 이론보다 상대성 이론이 더 타당함을 입증했다. 달에 설치된 '코너 반사경'에서 반사되어 돌아온 레이저 광선을 이용해서 지구에서 달까지의 거리 40만 킬로미터를 30센티미터 이내의 오차로 측정하는 것이 가능해졌다. 이 오차는 실제값의 7×10^{-10} 규모이다. 이를 통해 지구와 달을 우주 규모의 외트뵈시 실험에 이용할 수 있게 되었다(126쪽 참조). 태양을 향한 지구와 달의 가속은 30센티미터 오차 내에서 같은 비율로 진행된다.

매사추세츠 공과대학의 샤피로(I. Shapiro)는 중력장에 의한 빛의 굴절에 수반되는 시간의 지연을 입증하기 위해 우주 탐사 계획을 이용했다. 그와 동료들은 멀리 화성에 착륙하는 바이킹호 착륙선 교신장치와 전파신호를 교환하면서, 화성이 태양에 더 가까이 있을 때와 더 멀리 있을 때 신호가 전달되는 시간을 비교했다. 이는 빛의 속도가 유한하다는 것을 입증하기 위해 뢰머가 목성 위성의 월식을 관측했던 것과 같은 이치이다(78쪽 참조). 신호가 지구와 목성을 왕복하는 데 걸리는 시간은 상대성 이론의 예측대로 목성의 위치에 따라 0.002초의 차이를 보였다. 오늘날에는 퀘이사에서 나와 태양을 스치는 희미한 복사파의 굴절을 측정함으로써 태양 중력장 안에서 전자기파가 굴절된다는 것이 모든 각도에서 입증되었다.

1979년 발견된 '이중 퀘이사'(206쪽 참조)는 중력질량에 의해 생기는 시공의 굴절을 극적으로 보여주었다. 겉보기에 둘인 퀘이사가 사실은 하나라는 것이 밝혀졌다.

지구와 퀘이사를 잇는 직선 위에 놓인 어두운 질량 주위에서 광선이 굴절되어 두 개의 상이 만들어지는 것이다. 이런 종류의 중력에 의한 굴절효과를 탐지하는 작업은 고도의 기술로 발전했다. 보이지 않는 어두운 질량이 포함된 은하 내부의 시공 곡률을 더 완벽하게 측정하기 위해 다중 반사경 망원경(multimirror telescope)이 사용된다. 어두운 질량은 빛을 내는 질량과 더불어 은하를 구성하면서, 은하들을 모아 은하군을 구성하는 중력장을 산출하기 위해 필요한 질량이다.

일반 상대성 이론이 내놓은 가장 결정적이라고 할 만한 예측을 입증하는 확실한 증거가 1970년대에 확보되었다. 시공의 곡률을 유발하는 질량이 가속운동을 하면 휘어진 공간 속으로 광속으로 전파되는 중력파동이 발생해야 한다. 중력파동은 아직도 관측되지 않았다. '평균적인' 중력파동은 물질을 10^{-22}배 압축시키거나 팽창시킨다. 초신성 폭발로 생긴 중력파동은 10^{-18}배의 변형을 일으킬 수 있다. 이는 10억 킬로미터가 10^{-3}밀리미터만큼 변형된다는 것을 의미한다. 중력파동의 효과는 이렇게 미세하기 때문에, 메릴랜드 대학의 웨버(J. Weber)가 여러 해에 걸쳐 정밀한 실험을 했는데도 그 효과를 측정할 수 없었다.

결국 1970년대 6년에 걸쳐 푸에르토리코 아레시보에 있는 지름 300미터 전파 망원경을 이용해서 진행된 이중 펄서 연구로부터 중력파동을 입증하는 결정적 증거가 확보되었다. 테일러(J. Taylor)와 그의 매사추세츠 대학 동료들은, 짝을 이룬 다른 중성자별 주위를 빠른 속도로 도는 중성자별의 궤도가 점점 줄어드는 것을 관측함으로써, 중력파동에 의한 에너지 손실을 입증했다.

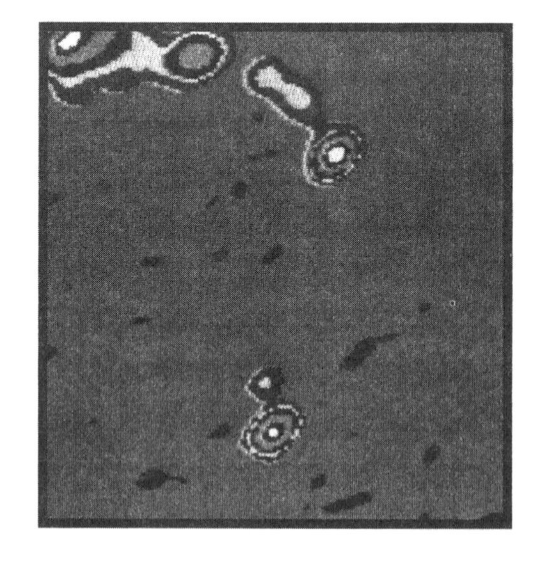

"물리학의 심장부에 있는 치명적인 비일관성"을 치유하고자 하는 이론들은 '그래비톤'(graviton)의 존재를 상정한다. 그래비톤은 중력파동과 함께 움직이는 양자이며, 자연의 네 가지 힘을 통합하는 양자이다. 그래비톤은 오늘날 우주과학자들이 우주를 보는 틀인 양자장 이론에 뿌리를 두고 있다. 그래비톤을 식별하기 위한 실험은 아직까지 고안되지 않았다. 어떤 감지될 수 있는 차이를 근거로 그래비톤의 존재 여부를 결론지을 수는 없다. 그래비톤의 존재 여부에 의해 달라지는 것은 다만 이론뿐이다.

검증 과정을 통해 일반 상대성 이론은 독자적인 권리를 확보하게 되었다. 1970년 휠러는 이렇게 썼다.

"아인슈타인의 기하학적 중력이론에서는 어떤 원리적인 비일관성도 발견되지 않았다. 그 이론에 반하면서 세월의 검증을 견딘 주목할 만한 관찰증거는 전혀 없다."

우주의 과거와 미래

입자물리학자들과 우주과학자들의 실험과 관찰에 토대를 둔 이론을 통해 구성해보면, 과거에는 우주 전체가 중력만으로 지배되던 시기가 있었다. 질량-에너지(또는 당시에 있었던 것을 다른 어떤 명칭으로 불러도 좋다)는 거의 무한히 작은 시공의 곡률지름 안에 집중되어 있었다. 당시 우주의 1세제곱센티미터 속에는 10^{100}그램의 물질, 즉 10^{120}에르그의 에너지가 있었다. 온도는 엄청나게 높아서 절대온도 10^{32}도였다. 중력은, 분화될 다른 힘들이 아직 분화되지 않은 상태에서도 중력이라 불러도 좋다면, 어쩌면 너무 과도한 힘을 쓰고 있었는지도 모른다. 왜냐하면 이른바 빅뱅이라 불리는 사건이 이미 시작되고 있었으니 말이다.

연쇄적인 상전이(고체에서 액체로 바뀌는 것과 같은 상전이)에 의해서 입자들은 양자적 힘들을 통해 상호작용하게 되었다. 곧이어 양성자와 중성자가 고에너지 입자들의 혼란을 벗어나 자리를 잡기 시작했다.

원초적인 우주폭발은 오늘날에도 우주팽창으로 계속 진행되고 있다. 우주를 지배하는 힘인 중력은 전체에 대한 제어력을 포기하게 될지도 모른다. 최근까지 이루어진 관측은 그렇게 될 가능성을 지지했다. 우주과학자들이 가장 큰 관심을 기울인 문제는 우주의 밀도였다. 일반 상대성 이론에 따르면, 임계밀도에서 시공은 평평해진다. 이 경우 우주는 점점 줄어드는 속도로 영원히 팽창을 계속할 것이다. 임계밀도보다 높은 밀도에서는 시공의 곡률이 양수이다. 이 경우 우주는 어느 한계까지 팽창한 다음 '대수축'(Big Crunch)을 맞아 수축할 것이다. 임계밀도보다 낮은 밀도에서는 곡률이 음수가 되어 우주는 영원히 기하급수적으로 팽창할 것이다. 팽창의 규모와 비율과 지속시간은 우주가 평평하다는 것을 강력하게 시사해왔다. 만일 최초의 순간에 우주의 밀도가 어느 방향으로든 약간이라도 임계밀도를 벗어나 있었다면, 시간에 따라 그 차이는 급속도로 확대되어 우주는 벌써 오래 전에 발산하여 사라졌거나 수축하여 붕괴되었을 것이다.

밀도 문제는 완전히 미해결 상태이다. 빛을 내는 질량은, 여러 관찰을 통해 알 수 있는 우주의 나이와 팽창률을 설명하기 위해 필요한 질량의 1퍼센트에 불과하다. 오늘날 이 문제는 중력이 확인되지 않은 척력과 맞서 있을 가능성을 시사하는 증거에 의해 가려졌다. 중간거리에 있는 은하들의 적색편이를 정밀하게 관찰한 결과, 우주의 팽창이 우주론적 시간규모로 볼 때 최근에 이르러 가속되기 시작했음이 밝혀졌다. 물리학자들은 '어두운 에너지'의 존재를 상정했다. 그 에너지는 입자의 정지질량의 원천인 힉스 장으로부터 솟아나는 허공의 에너지일 것이다(185쪽 참조).

연구가 이렇게 발전해갈 조짐은 이미 일반 상대성 이론 속에 들어 있었다. 1917년 아인슈타인은 「일반 상대성 이론의 우주과학적 고찰」의 결론으로 동일한 제목의 논문에서 자신의 원래 방정식들을 수정했다. 그가 도입한 '우주론적 항'(cosmological term)은 척력의 역할을 수행하며, 우주가 붕괴하지 않고 평형을 유지하도록 만든다.

앞 장에서 이야기했듯이 빅뱅 가설은 입자물리학의 실험들로부터 강력한 증거들을 확보했다. 그 가설을 입증하기 위해 관찰 우주과학이 제공한 두 가지 결정적인 증거는 바로 적색편이와 우주 마이크로파 배경복사(cosmic microwave background radiation)이다.

우주 적색편이

적색편이는 수천 개의 은하들로부터 온 빛의 스펙트럼을 관찰함으로써 확인되었다. 스펙트럼 속의 선들은 분명하게 붉은색 방향으로, 즉 스펙트럼의 긴 파장 방향으로 이동해 있었다. 음파에서도 이와 유사하게 음원이 멀어지면 파장이 길어지는 현상이 일어나는데, 도플러 효과라 불리는 이 현상은 기차나 대형 트럭의 경적 소리를 통해 쉽게 확인할 수 있다. 천체를 광원으로 한 빛에서도 파장이 길어지는 효과가 관측된 것이다. 더 나아가 빛을 내는 은하가 지구로부터 멀수록 적색편이는 더 커진다. 적색편이가 더 큰 빛이 보여주는 우주는 더 젊을 뿐만 아니라 더 작고 더 조밀한 우주이다. 관찰자로부터의 거리에 비례해서 은하 스펙트럼의 파장이 더 길어지게 만드는 것은 다름 아니라 우주 자체의 팽창, 즉 빛이 일정한 속도로 통과하는 시공의 팽창이다. 빛이 더 오래 전에 은하를 출발했을수록, 시공의 팽창 정도는 더 크고, 따라서 적색편이가 더 크고, 은하가 멀어지는 겉보기 속도도 더 크다. 그러나 주어진 은하까지의 거리를 정밀하게 측정할 수 없다면, 은하의 적색편이로부터 은하의 운동에 관해 아무 결론도 얻어낼 수 없을 것이다. 뿐만 아니라 다른 은하에 있는 관찰자에게는 우리 은하계가 적색편이를 나타낼 것이다.

관찰 우주과학이 확보한 두번째 증거는, 원초적인 원자로부터 우주가 갑작스럽게 팽창했음을, 즉 빅뱅이 있었음을 직접적으로 말해준다. 1930년대 가모프가 처음 제안한 빅뱅 가설을 연구한 코넬 대학의 알퍼(R. A. Alpher)와 허만(R. C. Hermann)은, 빅뱅의 잔향(echo)이 우주 전체에 퍼진 배경복사로 존재할 것이라는 예측을 내놓았다. 1965년 우연적으로 배경복사가 발견되어 그들의 예측이 입증되었다. 관측된 우주의 창조 순간으로부터 온 이 복사파의 스펙트럼과 그 스펙트럼이 알려주는 우주의 온도는 이론적으로 계산된 값에 근사적으로 일치했다.

오늘날 과학에 의해 밝혀진 우주는 인간으로 하여금 또 한 번의 코페르니쿠스 혁명을 대면하게 만든다. 오늘날 사람들은 그들의 위치가 공간에서 어떤 특별한 자리도 아님을 알 뿐만 아니라, 그들이 현존하는 시점이 시간에서도 어떤 특별한 자리가 아님을 안다. 인간은 100억 년 또는 150억 년 동안 진행된 우주의 역사를 알게 되었다. 인간이 과거에 상상했던 어떤 대격변보다 더 크고 무시무시한 우주적 대격변이 우리 은하계에서 일어났고, 앞으로도 곧 일어날지 모른다. 태양과 유사한 항성들은 수천만 개가 태어나고 소멸했다. 태양 또한 약 50억 년 후에는 적색거성 단계로 접어들 운명이다. 개인이 죽을 수밖에 없는 것처럼 인류 전체도 소멸할 수밖에 없음을 염두에 두지 않을 수 없다. 우주는 인류가 등장하기 이전에 그랬던 것처럼, 인류가 사라진 후에도 계속해서 자신의 길을 갈 것이다.

그러나 오늘날 우리가 아는 우주는, 과거 인류가 계획했던 것보다 더 오랫동안 인류가 생존할 가능성을 열어두었다. 어떤 목표를 설정하든 시간은 충분한 듯이 보인다. 우주적 시간으로 볼 때 매우 최근에 시작된 문명화의 노력은 최근에 이르러 객관적 지식의 조직적 획득에 도달했다. 빠른 시간 내에 충분한 지식이 획득되어 미래를 가로막는 인습과 제도에 대항해서 활로를 여는 것이 가능할지도 모른다.

천문학은 20세기에 이르러서야 태양계를 넘어선 우주와 인근의 항성들에 도달했다. 400년 전까지만 해도 (거의 모든 사람들의 경험과 상상 속에서) 하늘은 항성들이 박힌 둥근 지붕이었다. 지구를 태양 주위의 궤도에 놓은 코페르니쿠스는 항성들까지의 거리를 측정할 수 있을지도 모른다고 생각했다. 그는 지구가 궤도의 한 쪽 끝에 있을 때 바라본 항성의 겉보기 위치와, 다른 쪽 끝에 있을 때 바라본 겉보기 위치가 다를 수 있음을 간파했다. 그는 그 겉보기 위치 차이를 나타내는 측정값인 시차각(angle of parallax)을 측정하려고 노력했다(211쪽 그림 참조). 그는 실패했고, 실패의 원인이 측정도구의 정밀성 부족에 있다고 여겼다. 브라헤는 정밀한 측정도구들을 이용해서 시차각 측정을 다시 시도했다. 그는 시차각을 발견하지 못했다. 브라헤는 코페르니쿠스가 지구를 우주의 중심에서 옮겨 프톨레마이오스 우주관을 수정하고 행성들의 타원궤도에 맞는 새로운 우주관을 구성한 것이 오류라고 결론지었다.

몇몇 관찰자들과 사상가들은, 하늘이 끝없이 펼쳐져 있고 항성들이 지구로부터 아주 멀리 다양한 거리로 떨어져 있을 가능성을 의식했다. 브루노는 이 생각을 비롯한 여러 이단적인 생각을 한 죄로 1600년에 화형을 당했다. 1660년 호이겐스(Ch. Huygens)는 밤하늘에 빛나는 점광원들을 수학적으로 고찰함으로써 항성들이 멀리 있는 태양들이라는 것을 밝혀냈다. 그런데도 하늘은 이후 한 세기 동안 여전히 닫혀 있었다. 1835년에 이르러서도 경험주의자 콩트는 이렇게 선언했다.

"실증철학의 영역은 전적으로 태양계의 한계 내부에 있다. 우주에 관한 연구는 어떤 실증적 의미에서도 인정할 수 없다."

항성 시차

불과 3년 후인 1838년 객관적인 측정에 의해 천구에 구멍이 뚫렸다. 쾨니히스베르크 대학의 베셀(F. W. Bessel)은 정밀한 각도 측정을 위해 프라운호퍼(J. von Fraunhofer)가 개발한 새로운 장치를 이용해서, 백조자리 61번 항성의 시차를 측정하는 데 성공했다. 측정된 시차각은 약 0.3초였다. 이는 백조자리 61번 항성까지의 거리가 거의 10광년임을 의미한다.

지구 궤도에서 서로 반대인 지점에서 보았을 때 시차각이 1초 생기는 천체는 지구로부터 3.26광년 떨어져 있다. 이 거리를 1파섹(parsec)이라 한다. 지구로부터 1파섹

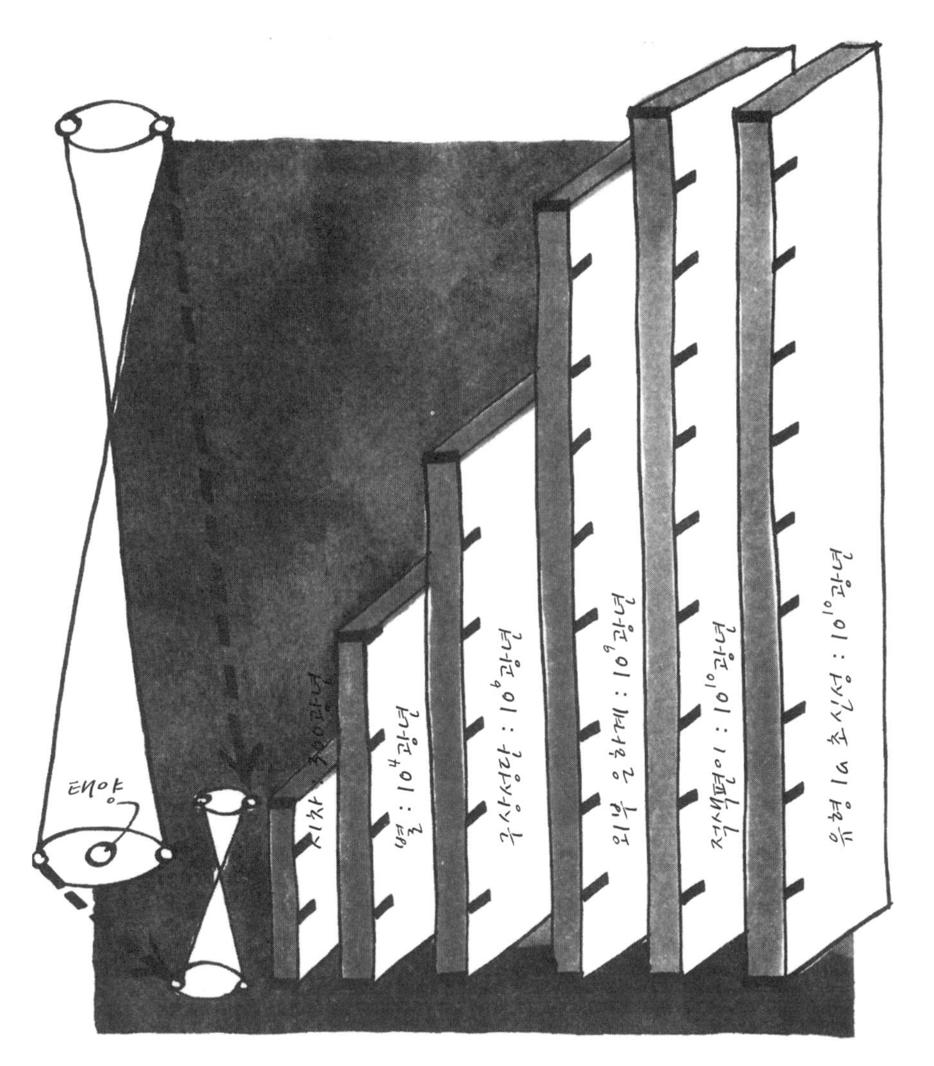

시차 측정. 가까운 별들의 시차를 측정함으로써 우주 속 천체들까지의 거리측정을 위한 눈금자를 얻을 수 있다(210쪽 참조). 태양 반대편에서 관찰했을 때 시차가 1초가 생긴다면, 그 별까지의 거리는 3.26광년이다. 0.01초의 정밀성으로 이루어지는 오늘날의 시차 측정을 통해 10만 개의 항성과 구상성단까지의 거리를 기하학적으로 계산할 수 있다. 거리가 알려진 이 천체들의 '절대광도'를 토대로 삼아 상대광도 척도를 얻을 수 있다. 유형 1a 초신성의 광도 변화를 토대로 최근에 확보된 척도는 적색편이 척도를 보완한다(242쪽 참조).

범위 안에 있는 항성은 오직 태양뿐이다. 태양 외에 지구에서 가장 가까운 항성은 센타우르스자리 알파 항성으로 1.32파섹, 즉 4.3광년 떨어져 있다. 베셀은 수백 개의 항성을 관측했고, 그중 소수만이 백조자리 61번 항성보다 가까이 있고 대부분은 더 멀리 있음을 확인했다. 이렇게 대부분의 항성들이 매우 멀리 있기 때문에 브라헤조차도 항성 시차 측정에 실패했던 것이다. 천문학자들은 측정단위로 광년보다 파섹을 주로 사용한다(우주과학자들은 메가파섹, 즉 3.26×10^6광년을 주요 단위로 사용한다). 어쩌면 천문학자들은 우주에 도달하는 척도를 얻기 위해 궁극적으로 그들이 의지했던 기하학적 추론을 여전히 염두에 두려고 하는지도 모른다.

1875년까지 5000개의 항성의 시차가 측정되었고, 그 결과 우주의 크기는 수백 광년까지 확대되었다. 곧이어 사진 필름의 발명과 개량에 힘입어, (인간이 원초적으로 경험하는 모든) '고정된' 별들(항성들)이 사실은 우주 속에서 여러 방향으로 움직이고 있다는 사실이 밝혀졌다. 몇 년의 차이를 두고 촬영한 사진을 비교한 천문학자들은 수천 개의 별들이 다른 위치로 옮겨갔음을 발견했다. 물론 엄청나게 많은 별들은 '고정된' 위치에 머물러 있었다. 그들은 너무 멀리 있기 때문에, 운동이 감지되지 않은 것이다. 움직인 별의 사진으로부터 그 별의 고유운동—시선을 가로지르는 방향의 운동—을 정확히 계산할 수 있다. 별이 지구로부터 멀어지는 방향의 운동—시선 방향의 운동—은 별빛의 적색편이로부터 계산할 수 있다. 이 두 계산값을 이용하면 별까지의 거리를 얻을 수 있다. 이러한 기하학적 추론을 통해서 19세기 말에는 관측된 우주의 끝이 3000광년까지 멀어졌다.

확실한 기하학적 거리측정에 의해 항성의 '내재적' 또는 '절대적' 광도를 알아내는 것이 가능해졌다. 유사한 스펙트럼을 지닌 두 항성의 절대광도는 거의 같다. 이 사실을 이용하면, 고유운동이 측정되지 않는 항성까지의 거리를 그 항성의 겉보기 광도로부터 계산할 수 있다. 겉보기 광도는 거리의 제곱에 비례해서 낮아지므로, 스펙트럼이 유사한 다른 행성과 비교해서 얻은 절대광도와 겉보기 광도를 이용하여 거리를 계산할 수 있다. 이제 천문학자들은 기하학적 측정의 한계를 넘어서는 척도를 얻게 되었다.

하버드 대학 천문대의 리비트(H. Leavitt)는 20세기 초에 이 새로운 척도의 도달범위를 대폭 확장시키는 효과를 가져온 발견을 했다. 페루에 있는 하버드 대학 천문대 남부 관측소는 마젤란 성운(탐험가 마젤란의 대원들은 남쪽 하늘에 희미하게 빛나는 이 '구름'을 관측하고 기록했다)을 찍은 다수의 사진을 확보하고 있었다. 리비트는 며칠 또는 몇 주 간격으로 찍은 사진들을 비교 관찰하여, 성운 속에 있는 특정한 항성들의 겉보기 광도가 날마다 또는 주마다 변했음을 발견했다. 이런 항성들 25개의 사진을 분석한 그녀는 항성들의 겉보기 광도와, 광도 변화 주기 사이에 비례관계가 있음을 발견했다. 그 항성들은 모두 마젤란 성운 속에 있으므로 모두 지구로부터 대략 동일한 거리만큼 떨어져 있다. 리비트는 그 별들 서로 간의 겉보기 광도 차이가 그 별들 서로 간의 절대광도 차이를 보여준다는 것을 깨달았다.

(몇 년 후 항성 스펙트럼을 비교하는 단순업무를 위해 하버드 대학 천문대에 고용된 한 여류 천문학자가 또 하나의 중요한 천문학적 기여를 했다. 그녀의 업적은 우주과학의 기반을 마련했다. 태양 스펙트럼에서 철의 선스펙트럼이 가장 밝게 나타나고, 지구에서도 특히 자기장의 원천인 핵에 철이 많이 있다는 사실을 근거로 해서, 천문학자들은 우주 속에 가장 풍부하게 있는 원소가 철이라고 생각했다. 가포슈킨(C. P. Gaposchkin)은 수많은 항성의 스펙트럼 자료를 토대로 우주 속에 가장 풍부한 원소는 수소라고 주장했다. 약간의 논쟁이 있은 후에 그녀의 주장이 옳다는 것이 입증되었다. 수소는 우주 속에 있는 물질 전체의 93퍼센트를 차지하고, 수소의 뒤를 이어 헬륨이 7퍼센트를 차지한다. 철을 비롯한 나머지 원소들은 1퍼센트에도 미치지 못하는 미량에 불과하다.)

변광성(variable star)은 우리 은하계 속에 있는 구상성단 속에서 드물지 않게 발견된다. 구상성단은 10만 개에서 100만 개의 항성들이 독자적 중력계를 이루어 모인 집단이다. 캘리포니아 윌슨 산 천문대의 섀플리(H. Shapley)는 지름 1.5미터 망원경을 개발했다. 그의 망원경은 캘리포니아에 만들어진 여러 대형 망원경들 중 첫번째이다. 그 망원경으로 섀플리는 알려진 구상성단 100개를 관측했다. 그는 리비트가 발견한 주기-광도 관계를 이용해서 구상성단까지의 거리를 계산했다. 겉보기 광도로부터 계산한 가장 가까운 성단들까지의 거리로부터 그는 그 성단들 속에 있는 변광성들의 절대광도를 계산했다. 이를 토대로 해서 섀플리는 은하수가 남쪽 수평선과 만나는 지점에 있는 궁수자리 거대 성운 속에 있는 성단들 전체의 3분의 1의 거리를 측정했다. 그 성단들은 지구로부터 1만 7000파섹, 즉 5만 5000광년 떨어져 있었다.

1918년 섀플리의 발견이 발표되자 거대 규모 관측들이 뒤를 이었다. 은하수에 있는 별들에 관심을 기울인 몇몇 19세기 천문학자들은, 우주가 원반 모양이고, 지구에서 은하수를 바라보는 것은 원반의 둘레 방향을 보는 것이라고 믿었다. 섀플리의 관측은 그 원반의 중심을 과거에는 상상할 수 없었던 먼 거리로 옮겨놓았다. 또한 그의 관측에 의해 태양과 지구도 원반 둘레 근처의 평범한 자리로 옮겨졌다. 1922년 하버드 천문대 소장이 된 섀플리는 리비트가 연구한 마젤란 성운 사진들을 재검토했다. 그녀가 연구한 대부분의 변광성들은 그 성운 내에 있는 구상성단 속에 있는 것이 확실했다. 섀플리는 성단들의 겉보기 광도를 측정했고, 이로부터 계산을 통해 마젤란 성운까지의 거리가 7만 5000광년임을 알아냈다. 마젤란 성운은 우리 은하계 외부에 존재하면서, 우리 은하계보다 작기는 하지만 그외에는 우리 은하계와 대등한 항성 집단인 것이 분명했다.

새로 개발된 윌슨 산 천문대의 지름 2.5미터 망원경과 리비트-섀플리 거리측정법을 이용해서 허블은 안드로메다자리 속에 흐릿한 빛 얼룩으로 보이는 성운 속에 있는 구상성단들까지의 거리를 측정했다. 안드로메다 성운을 찍은 최초의 대형 망원경 사진(213쪽)은 안드로메다 성운을 수많은 나선 성운의 대표자로 만들어놓았다. 사진은 정면을 약간 벗어난 각도로 촬영되었다. 윌슨 산 천문대 2.5미터 망원경의 높은 해상력은 성운 속에 있는 비교적 밝은 항성들을 식별해냈다. 우리 은하계에서처럼 성운의 중심에 모여 있는 구상성단들은 더 쉽게 식별된다. 성운의 중심은 별들이 밀집된 핵이며, 이로부터 나선 형태의 팔들이 밖으로 뻗어나간다. 적색편이를 이용한 허블의 측정 결과 안드로메다 성운까지의 거리는 100만 광년이라는 것이 밝혀졌다. 이 거리는 마젤란 성운까지의 거리보다 두 자리 수나 큰 엄청난 거리이다.

사진에 찍힌 안드로메다 성운의 폭을 그곳까지의 거리를 고려하여 환산하면 실제 폭이 5만 광년이라는 계산이 나온다. 의심할 여지 없이 안드로메다는 크기가 우리 은하계와 완전히 대등한 '섬우주'이다. 우리 은하계가 우주 전체라는 한때의 믿음은 무너졌다. 이 시기에 수많은 나선 성운과 타원 성운이 발견되고 기록되었다. 이 성운들 또한 우리 은하계 외부에 훨씬 더 멀리 있는 섬우주들로 간주되어야 했다.

허블은 그 섬우주들을 '성운'이라 명명했다. 이 명칭은 과거에 최초로 발견된 섬우주들에 붙여진 명칭이다. 섀플리는 이들을 '은하계'라 불렀다. 오늘날에도 계속되는 이 두 명칭의 경쟁은, 훨씬 더 크고 광대한 우주를 향한 문을 연 사람의 명예를 놓고 허블과 섀플리가 벌인 경쟁을 반영한다.

우리 은하계가 우주 전체가 아니라면, 만일 우리 은하계를 정면에서 본다면—둥근 면을 앞에 놓고 본다면—우리 은하계도 안드로메다 성운처럼 멋진 모습으로 보일 것이라고 생각해볼 수 있다. 은하수 역시 대단한 장관이지만, 은하수를 통해 본 우리 은하계의 모습은 측면에서 본—둘레를 앞에 놓고 본—모습이다. 오늘날 우리는 우리 은하계가 어쩌면 무수히 많을지도 모르는 은하계들 중 하나에 불과하다는 사실을 인정하지 않을 수 없다. 극지방 상공에 우리 은하계 평면을 벗어난 거리에서 어느 구역에서나 2.5미터 망원경을 통해 새로운 은하계를 발견할 수 있다. 발견되는 은하계의 수는 필름을 노출시킨 시간에 비례하는 경향을 보인다. 육중한 망원경을 고도로 정밀하게 동일한 항성에 맞춘 다음, 매일 밤 지구의 움직임 속에서 그 항성이 동일한 위치에 왔을 때 필름을 노출시키는 방법을 쓰면, 하루 밤 중에 가장 시계가 좋은 몇 시간 동안의 노출을 훨씬 능가하는 긴 노출시간에 도달할 수 있다.

은하계들은 모양에 따라 세 종류로 분류된다. 우선 대단히 멋진 모양을 한 나선 은하계가 있다. 지구에서 바라본 하늘의 모든 방향에서 나선 은하계들이 정면 또는 측면으로 관측된다. 밝게 빛나는 나선 은하계의 핵에는 평균적으로 한 은하계에 속하는 1000억 개의 별들 중 900억 개가 모여 있다. 나선형으로 감긴 팔들은 줄지어 늘어선 밝은 별들과, 밝고 어두운 얼룩을 이루는 먼지 및 기체의 구름이다. 끌려가는 듯한 팔의 모습과, 은하계 전체의 회전체 모양에서, 은하계가 회전하고 있다는 느낌을 받게 되는데, 이는 사실과 부합한다. 은하계가 회전한다는 사실은 도플러 효과(적색편이)에 의해 입증되었다.

타원 은하계는 나선 은하계보다 수가 적다. 타원 은하계는 팔이 없이 핵만 있는 은하계이다. 약간 더 많은 수로 비정형 은하계(irregular galaxy)가 발견된다. 이들 중 모양이 가장 정형에 가까운 것들은 핵 없이 나선형 팔만 있는 형태를 띤다. 모양 분류에 근거해서 발생 설명으로 나아가는 추론이 당연히 시도되어, 은하계가 비정형에서 나선형을 거쳐 타원형으로 발전한다는 주장이 제기되었다. 이런 사변적 설명은, 역시 다수 발견되는 시작단계의 작은 항성집단들을 고려에서 제외하고 있다.

허블은 수많은 은하계들을 연구대상으로 삼았다. 그가 연구한 것은 은하계의 모양이 아니라 스펙트럼이었다. 2.5미터 망원경의 뉴턴 초점에 장치한 굴절 회절격자 반사경에서 반사된 은하계 스펙트럼을 장기간 노출시킨 필름에 포착할 수 있었다. 에딩턴은 사진에 찍힌 상들을 '어뢰 모양의 검은 얼룩'이라고 적절히 묘사했다. 가장 먼저 확인된 것은 한 쌍의 칼슘 스펙트럼선이었다. 지구에 있는 칼슘의 스펙트럼에서는 그 두 선이 멀리 자외선 영역에서 나타난다. 이 두 선의 복사 에너지는 먼 은하계에 있는 수많은 별들 외부의 차가운 구역에서 흡수된다. 따라서 은하계의 희미한 빛을 찍은 사진 속에서 두 선은 검게 나타난다(53쪽 그림 참조). 허블은 이 선들이 가시광선의 적색 끝을 향해 이동했음을 발견했다. 이 '적색편이'가 도플러 효과에 의한 것임을 간파한 허블은 은하계들이 지구로부터 멀어지고 있다는 결론을 내렸다.

팽창하는 우주

1929년 허블은 훨씬 더 중요한 발견을 발표했다. 그가 분석한 모든 은하계의 스펙트럼에서 적색편이가 나타났다. 더 나아가 그는 은하계의 광도가 줄어드는 것과 적색편이가 커지는 것 사이에 거의 확실한 상관관계가 있음을 알게 되었다. 광도는 당연히 거리를 알게 해주는 지표이다. 그러므로 광도와 적색편이 사이의 상관관계는, 은하계가 멀어지는 속도가 지구로부터의 거리에 비례한다는 것을 의미한다.

허블의 연구는 우주가 팽창하고 있음을 보여주었다. 더 먼 은하계에서 오는 빛은 더 앞선 과거로부터 오는 빛이라는 사실을 상기하면, 우주에 역사가 있음을 알 수 있다. 팽창하는 우주에게는 설명되어야 할 시작이 있었으며, 많은 사변의 대상이 된 끝이 있음이 분명했다.

거리와 적색편이 사이의 관계를 밝힌 허블의 법칙은, 더 먼 은하계에서 일정한 속도로 지구에 도달한 빛이 더 오랜 과거로부터 온 빛임을 말한다. 사진에 나타난 증거들은, 우주의 크기가 언제나 어느 거리에서나 일정하게 증가했음을 보여주었다(그림 53쪽 참조). 적색편이와 거리 사이의 일정한 관계를 분석하고 또한 먼 은하계의 광도를 측정하면 우주의 크기와 나이를 알 수 있을 것이다.

캐번디시 실험. 캐번디시는 1798년의 실험을 통해 중력상수를 측정했다(위). 커다란 납공에 가까이 놓인 작은 납공 두 개가 달린 비틀림 저울의 회전을 관찰함으로써 그는 작용하는 중력이 6.754×10^{-8}다인임을 알 수 있었다(75쪽 참조). 1908년 외트뵈시는 중력질량과 관성질량의 등가성을 증명했다. 지구 중력장 안에 있는 두 개의 같은 질량은 태양 주위를 도는 관성질량으로서도 서로 같았다(126쪽 참조). 지구와 달 사이의 거리를 레이저를 이용해 측정하는 방식으로 이루어진 개량된 외트뵈시 실험 역시 동일한 결론에 도달했다(205쪽 참조).

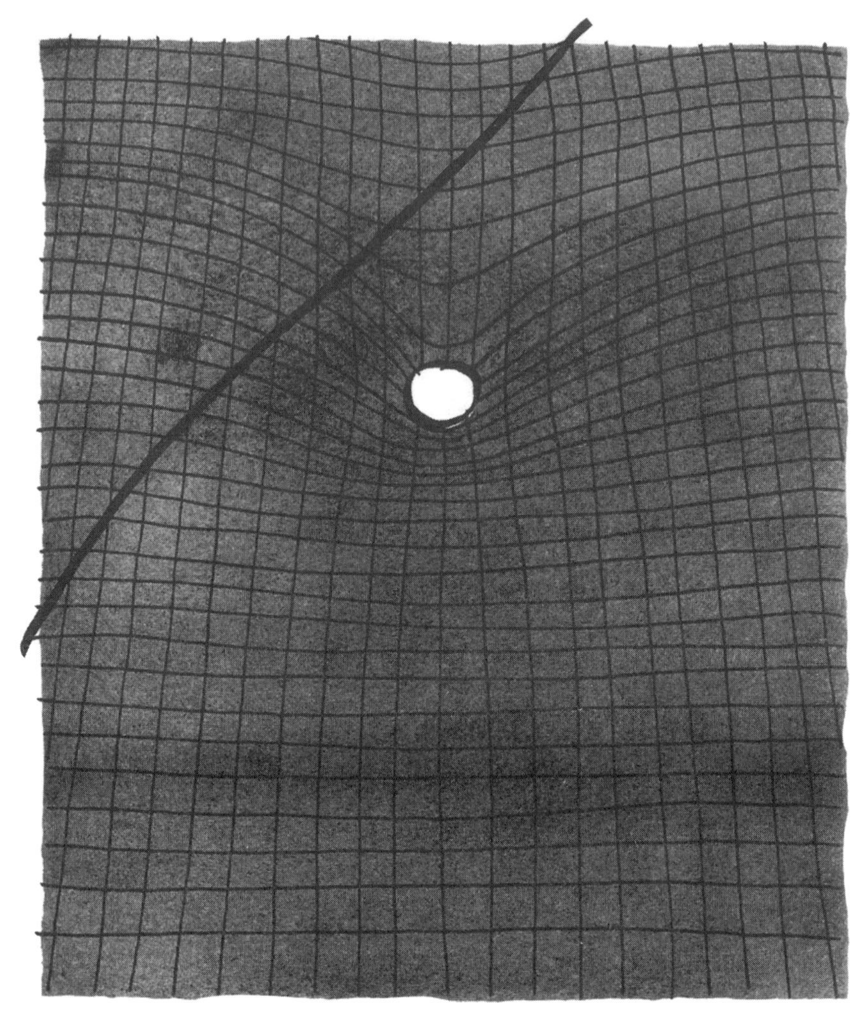

시공의 휘어짐. 아인슈타인이 밝힌 중력에 의한 시공의 휘어짐에 의해 중력에 의한 모든 효과들을 설명할 수 있다. 중력의 효과 중에는 뉴턴이 비슷하지만 다른 근거로 예견했던 별빛 경로의 굴절도 포함된다(78, 129쪽 참조). 시공 곡률의 그래디언트 위에서 질량의 속도는 늘어나거나 줄어든다. 궁극적인 속도로 이동하는 복사 에너지는 파장이 길어지거나 짧아진다. 1916년 일식 때 관측된 별빛 경로 변화는 아인슈타인의 예측을 입증했다.

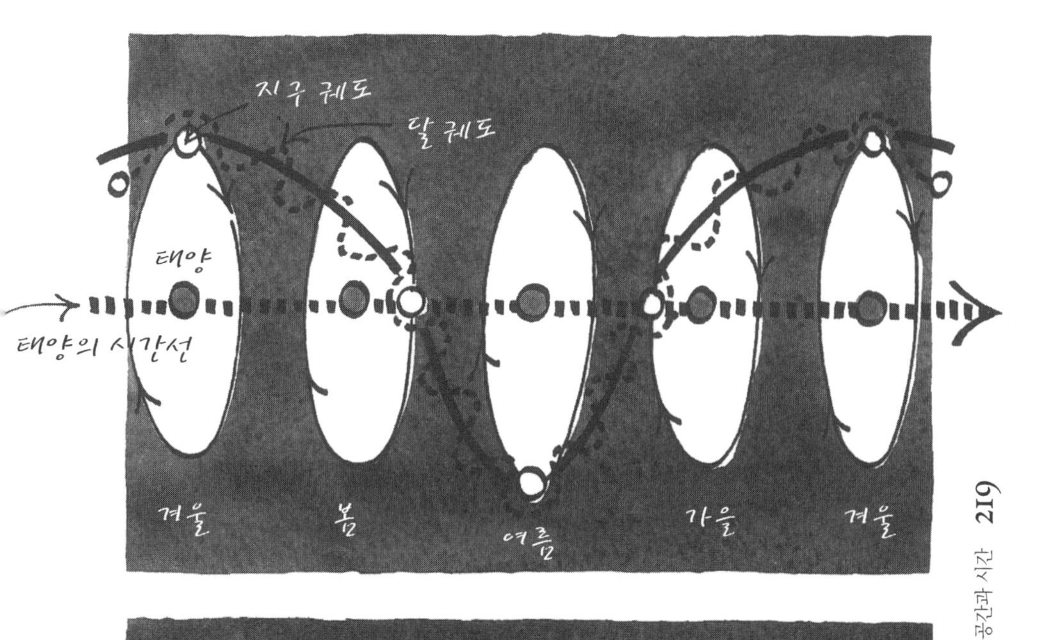

시공의 시각적 표현을 위해서는 시간 차원을 나타내야만 한다. 위 그림에서는 수평축을 시간 차원으로 삼았다. 공간 상에서 움직이지 않는 것으로 표현된 태양의 시간선에 상대적으로 1년 동안 지구와 달이 어떻게 움직이는지를 나타냈다(위). 우주는 광속에 의해 결정되는 시공 원뿔 속에서 관측된다(아래). 만약 과거의 두 사건(두 사건의 시공 원뿔들이 아래 그림 왼쪽에 있다)이 빛이 둘 사이를 오갈 수 없을 만큼 멀리 떨어져 있다면, 우주는 균질적이지 않을 수도 있다(263쪽 참조).

처음에 허블은 거리가 1메가파섹 멀어질 때마다 팽창속도가 초속 558킬로미터씩 증가한다고 계산했다. 이 계산에 의하면 우주의 역사는 너무 짧다. 팽창속도가 빠를수록, 정해진 임의의 크기까지 팽창하는 데 걸리는 시간은 짧아진다. 558이라는 비례상수는, 당시 추정된 우주의 크기를 감안할 때, 우주의 나이를 몇몇 항성들의 믿을 만한 나이나 심지어 지구의 나이보다 더 적게 만들었다. 측정과 논쟁을 거쳐 허블 상수는 오늘날 메가파섹당 시속 60~80킬로미터로 조정되었다.

일반 상대성 이론은 팽창하는 우주에도 곧바로 적용되어 구조와 역동성을 설명할 수 있다. 하지만 일반 상대성 이론에는 1917년 아인슈타인을 괴롭힌 불확실성이 있었다. 그의 방정식들은 팽창하는 우주나 수축하는 우주에는 잘 맞아들어가지만, 정적인 우주에는 맞지 않았다. 중력은 팽창에 대해서는 반대의 힘으로 작용하여 팽창속도를 줄일 것이며, 수축하는 우주에 대해서는, 수축을 강화하여 붕괴속도를 높일 것이다. 방정식들을 정적인 우주에 맞추기 위해서는 음수항—중력에 반대되는 작용을 하는 항—을 삽입해야 했다. 관측된 우주 전체가 원반 모양의 우리 은하계에 머물던 그 당시로는 우주과학적 모형들이 거의 발달해 있지 않았다. 평형이 주는 미적 만족감을 선호했기 때문에, 또한 어쩌면 영원히 고요를 유지하는 우주를 믿은 고대의 주도적 우주관에 이끌려, 아인슈타인은 1916년 자신이 발표한 방정식들 속에 수정을 위해 불가피한 새로운 항들을 덧붙였다. 몇 년 후 아인슈타인 스스로 가모프와 휠러에게 고백했듯이, 그것은 '아인슈타인 생애 최악의 실수'였다. 우주의 팽창은 일반 상대성 이론을 뒷받침하는 매우 훌륭한 증거가 될 수도 있었다.

우주론적 항

아인슈타인의 우주론적 항은 이후 수십 년 동안 '우주론적 상수'로서 우주과학의 발전과정 속에서 계속 논의의 대상이 되었다. 오늘날 우주론적 상수는 거의 확실해 보이는 우주 팽창의 가속과 관련해서 논쟁의 중심에 놓여 있다. 우주론적 상수는 반드시 있어야만 하는 척력의 존재를 대변하면서 진공의 에너지, 즉 입자물리학자들이 말하는 정지질량의 원천과 관련을 갖게 되었다. 더 나아가 그 척력은 빅뱅과 이후의 지속적 팽창을 설명하는 데도 동원된다. 이 모든 주장들은 우주론적 항을 삽입하여 수정한 일반 상대성 이론의 틀 속에서 이루어진다.

정적인 우주에 맞추기 위해 아인슈타인이 '수정한' 일반 상대성 이론은 이미 오래 전부터 동조를 얻었다. 네덜란드 천문학자 데시테르(W. de Sitter)는 불변하는 우주를 구성하려 노력했다. 데시테르 모형이 우주과학에 기여한 것은 오늘날에도 여전히 동의되는 등방성 원리이다. 등방성 원리에 따르면 우주는 균질적이어야 한다. 우주는 어느 곳에서나 같아 보이고, 우주의 중심과 같은 특별한 자리는 존재하지 않아야 한다. 데시테르는 우주가 시간적으로도 등방성을 가져야 한다고 주장했다. 그의 우주는 한결같은 상태를 유지하는 우주이며, 밀도가 불변하는 우주이다.

프리드먼은 원래의 일반 상대성 이론 방정식들에서 우주의 팽창을 재발견했다. 허블이 자신의 관측결과를 발표하기 7년 전인 1922년 프리드먼은 일반 상대성 이론 방정식들을 토대로, 우주 속 어느 위치에서 관찰하든 상관 없이 천체들의 겉보기 속도는 거리에 비례해서 증가한다는 것을 보였다.

데시테르가 이 결론에 맞추어 보완한 새 우주모형을 발표했을 때, 아인슈타인은 이렇게 고백했다.

"겉보기에 정적인 세계가 없다면, 우주론적 항을 없애는 것이 낫겠다."

이 고백을 통해 아인슈타인은, 우주 속에 작용하는 다섯번째 힘인지도 모르는 어떤 척력을 주장하면서 그 주장이 아인슈타인의 위대한 업적에 토대를 두고 있다고 말하는 사람들의 입장을 거부한 것이다.

1930년경 르메트르(G. Lemaitre)는 캘리포니아에서 발표된 관찰결과와 일반 상대성 이론을 토대로 해서, 원초적인 '원자'로부터 거대한 폭발과 함께 시작되어 역사를 거치면서 팽창하는 우주를 내용으로 하는 우주모형을 완성했다.

오늘날 우주론은 관측장비들의 발달에 힘입어 관찰과학이 되었다. 상상할 수 있는 가장 거대한 질문과 관련해서도 이론은 경험과 대조될 수 있어야 한다. 첫번째 질문은 우주의 나이였다. 최종적으로 계산된 허블 상수값을 근거로 하면—지구로부터 1메가파섹 멀어질 때마다 우주 팽창속도가 초당 60~80킬로미터씩 더 빨라진다—우주는 130~150억 년의 역사를 지닌 것이 분명하다. 이 정도의 역사는 관측된 다른 자료들과 조화되기에 충분한 수치이다(222쪽 그림 참조).

1930년대 중반 시카고 대학의 찬드라세카(S. Chandrashekar)와 베테는 핵물리학에서 얻은 지식을 동원하여 태양이 어떻게 빛을 내는지를 설명하는 연구를 했다. 그들의 연구를 통해 이제 헤르츠스프룽-러셀 도안(H-R 도안)에 수량값을 넣을 수 있게 되었

헤르츠스프룽–러셀 도안은 항성의 생애를 나타낸다. 수평축은 항성의 표면 온도와 항성이 내는 빛의 색깔을 나타낸다. 오른쪽에서 왼쪽으로 갈수록 온도가 높고 색깔은 적색에서 청색으로 바뀐다. 수직축은 광도를 나타내며 위로 갈수록 밝다. 태양은 '주경로'에서 왼쪽으로 움직이고 있다. 태양은 50억 년 후 주경로를 벗어나 적색거성 영역으로 건너갈 것이다. 적색거성 일부는 위쪽에 있는 청색거성으로 발전한다. 주경로에 있는 대부분의 항성들은 중력붕괴를 겪은 후 백색왜성이 된다(201쪽 참조).

다. 태양 질량 이하의 질량을 지닌 '일반'(normal) 항성들은 처음 50~100억 년 동안은 '주경로'(main sequence)를 따라 진화한다. 별빛과 헬륨으로 변환시킬 수소가 소량만 남게 될 때까지 그 항성들은 약 절대온도 6000도의 표면온도로 태양의 절대광도와 비슷한 광도의 빛을 낸다. 변화의 순간이 오면 항성들은 더 크고 밝고 붉어진다. 이제 항성들은 산출된 헬륨을 태우기 시작하며, 외곽 맨틀 부분에서는 약간의 수소도 추가로 태운다. 항성들은 20~30억 년에 걸쳐 점점 가속되는 비율로 광도를 높여간다. 더 무거운 항성일수록 광도 증가속도가 빠르다. 항성들은 팽창하여 수백만 년 동안 적색거성으로 빛난다. 마침내 순간적인(이때 '순간적인'은 약 10만 년을 뜻한다) 반전이 일어나 항성은 청색거성(Blue Giant)이 된다. 이때 표면온도는 절대온도 1만 2000도까지 치솟는다. 더 짧은 기간 동안 몇몇 항성들은 적색거성과 청색거성 상태를 오간다. 이러한 변화를 거쳐 백색왜성으로 붕괴하기까지 항성은 평균적으로 100~150억 년의 역사를 거친다. 항성의 세부적인 수명은 질량에 따라 결정된다.

항성들의 종족

허블의 동료 바데(W. Baade)는 1940년대에 안드로메다 은하계에 있는 항성들을 체계적으로 연구하기 시작했다. 발달된 당시의 관측장비를 통해 안드로메다 은하계에 있는 항성들을 충분히 많이 식별할 수 있었다. 전쟁이 끝나고 지름 3미터 망원경이 도시의 불빛으로부터 더욱 멀리 떨어진 팔로마 산에 건설되면서 바데의 연구는 활력을 얻었다. 특정한 색의 빛에만 선택적으로 반응하는 필름으로 촬영한 별들의 사진을 비교한 결과, 바데는 은하계의 핵에 있는 별들의 스펙트럼과 팔에 있는 별들의 스펙트럼 사이에 중요한 차이가 있음을 발견했다. 그는 은하계의 팔에서 태양보다 더 푸르고 더 크지만 대부분 태양과 같은 광도를 지닌 많은 별들을 발견했다. 그 별들은 '주경로'를 따라가는 진화를 겪는 중이었다. 그 별들의 무리는 우리 은하계의 팔에 있다고 여겨지는 별들, 즉 우리의 머리 위에 있는 별들의 무리와 유사했다.

바데는 그 별들을 '종족(population) I'로 분류했다. 우리 은하계에서나 안드로메다 은하계에서나 종족 I에 속하는 항성들의 스펙트럼은 '태양' 스펙트럼이다. 즉 그들의 스펙트럼에는 태양의 스펙트럼처럼 지구에서 발견되는 무거운 원소들의 선이 들어 있다. 바데는 이 사실이, 그 별들이 이전 세대의 별들에서 합성된 원소들을 포함하고 있는 더 젊은 항성임을 보여준다고 여겼다. 이전 세대 항성들은 백색왜성이나 중성자별로 붕괴하면서 핵융합 산물들을 성간공간의 구름 속으로 방출한다(227쪽 그림 참조). 신성과 초신성은, 태양에서 일어나는 수소의 헬륨으로의 융합과 태양 주위의 행성들에서 일어나는 수소의 더 무거운 원소로의 융합을 촉진시키는 탄소를 공급한다. 당시 섀플리가, 그를 유명인사로 만든 계기가 된 대중 강연에서 말했듯이, "우리는 별에서 나온 찌꺼기로 이루어져 있다."

안드로메다 은하계의 핵과 팔로마 산에서 관측할 수 있는 우리 은하계의 핵 일부에서 바데는 명백히 구분되는 또 다른 별들의 종족을 발견했다. 그는 은하계 전체의 항성들 중 90퍼센트를 차지하는 핵에 있는 항성들이 나머지 10퍼센트를 이루는 팔에 있는 항성들보다 주경로에 더 가깝게 위치한다는 것을 발견했다. 그는 핵 주위에 있는 구상성단들과 은하계 평면 외부의 무리(halo)에 있는 구상성단에서도 동일한 종족을 발견했다. 그러므로 이 별들은 태양과 유사한 항성들보다 더 오래 된, 어쩌면 은하계 자체만큼이나 오래 된 별들이다. 이 별들의 스펙트럼에는 헬륨보다 무거운 원소의 존재를 입증하는 선이 거의 나타나지 않는다. 바데는 우리 은하계와 안드로메다 은하계의 핵에 있는 별들을 '종족 II'라 명명했다. 종족 II에 속하는 성단들에 대한 그의 연구는 우주의 나이를 크게 높이는 결과를 가져왔다. 우리 은하계 속에 있는 먼지와 기체가 그 오래 된 성단들의 빛을 흐리게 만든다는 것을 알게 된 바데는 그 성단들의 절대광도가 섀플리의 계산값보다 두 배나 높다고 결론지었다. 따라서 안드로메다 나선 은하계 속에 있는 성단들까지의 거리는 두 배로 멀어졌다. 이제 관측된 우주의 나이는, 허블 상수가 그의 최초 측정값에 가깝다 할지라도, 50억 년에 가깝게 되었다.

정적인 우주

1950년대 초 케임브리지 대학의 호일(F. Hoyle), 골드(Th. Gold), 본디(H. Bondi)는 역동적으로 변화하는 우주를 지지하는 증거가 축적되는 것에 대항해서, 주목할 만한 '정적인' 우주 모형을 주장했다. 그 모형이 그리는 우주는 공간적으로 등방적일 뿐 아니라, 데시테르의 두번째 등방성 역시 갖추고 있다. 다시 말해서 그 우주의 밀도는 영원히 일정하다. 관측된 우주의 팽창에도 불구하고 밀도가 일정하게 유지되도록 하기 위해 호일과 동료들은 지속적인 창조에 의해 밀도가 일정하게 유지된다고 주장했다. 그들은 그 주장을 뒷받침하는 물리학적 논증을 제시할 수 없었다. 그러나 그들은, 일반적인 방 한 개 크기의 공간에 1000년마다 수소 원자 한 개가 창조되는 정도의 미미한 지속적 창조가 이루어진다면, 우주의 밀도가 일정하게 유지될 수 있음을 보였다. 지속적 창조를 뒷받침하기 위해 그들은 단순성의 미덕에 호소했다. 지속적 창조 가설을 수용하면 우주의 발생도 끝도 고민하거나 설명할 필요가 없다.

호일과 동료들은 관측 가능한 모든 은하계들이 우리 은하계의 나이와 유사한 나이를 가졌다는 사실을 지적했다. 망원경이 더 발달해서 더 먼 곳에 있는 은하계들을 관측할수 있게 되면, 정해진 공간 안에 들어있는 은하계의 수가 일정하다는 것이 밝혀질 것이라고 그들은 주장했다. 그 은하계들에서 오는 광자들은 더 먼 거리를 이동해야 하므로, 그 은하계들은 더 오래 된 은하계일 것이다.

정적인 우주를 주장하는 우주과학자들은 '빅뱅' 우주—호일이 우주 팽창 이론을 비꼬기 위해 사용한 '빅뱅'이라는 표현은 오늘날 그대로 굳어졌다—에 대항해서 창조 순간과 관련하여 우주 팽창 모형이 안고 있는 심각한 결함을 지적할 수 있었다. 가모브는 주기율표에 있는 모든 원소들의 합성이 최초 몇 분 안에 일어났다고 주장했다. 수소 및 헬륨의 창조에 대한 그의 설명은 현재의 우주과학에서도 그대로 받아들여지며, 그 두 원소가 풍부하게 존재한다는 사실에 의해서도 뒷받침된다. 빅뱅의 1차 산물인 수소와 헬륨은 관측된 우주 전체 정지질량의 76퍼센트와 24퍼센트를 차지한다. 나머지 원소들의 질량은 1퍼센트에도 미치지 못한다.

가모프는 무거운 원소들의 합성이 중성자 흡수와 러더퍼드의 베타 붕괴에 의해 일어난다고 생각했다. 베타 붕괴에 의해 중성자는 양성자로 바뀐다(171쪽 참조). 중성자 흡수가 일어날 때마다 (원자량이 4인) 헬륨에 양성자가 하나씩 늘어나면서 더 무거운 원소가 만들어질 것이다. 자유 중성자의 반감기는 10분이므로, 이 모든 무거운 원소의 합성은 식어가는 빅뱅의 플라스마로부터 양성자와 중성자가 분리된 직후 몇 분 안에 완결되어야 한다.

원소들의 핵융합

그러나 호일이 기뻐하면서 지적했듯이, 가모프의 주장은 첫 단계부터 문제에 직면했다. 원자량이 5 또는 8인 안정적 원소는 존재하지 않는다. 그런 원소들이 없기 때문

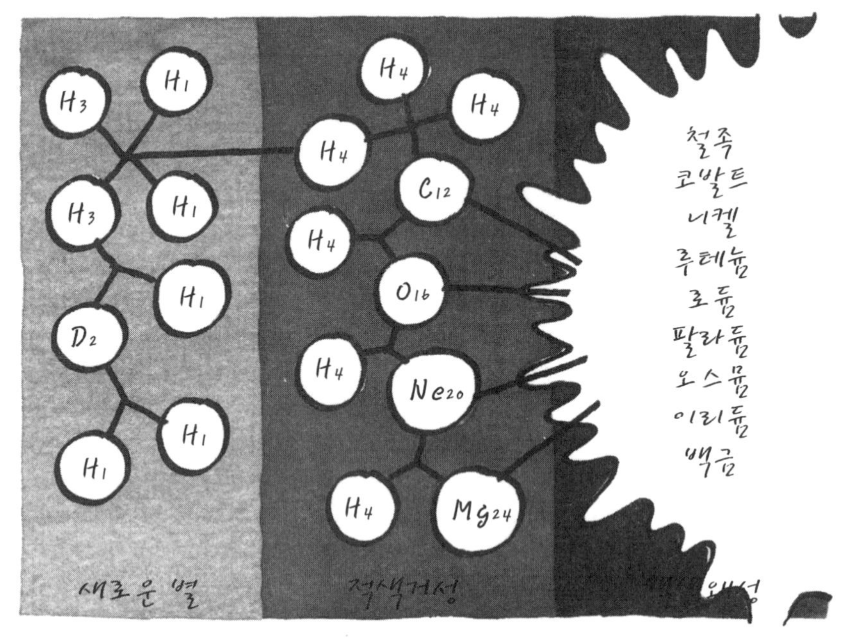

원소들의 핵융합. 핵융합에 의해 원소들과 별빛이 산출된다. 핵융합은 다음 세대의 별들에서도 계속된다. 빅뱅에서 만들어진 수소와 헬륨이 최초 재료이다. 1세대 항성의 핵에서 수소가 핵융합되어 헬륨이 될 때 나오는 복사 에너지 광자(위)는 핵 주위의 조밀한 영역들을 통과하면서 천천히 빠져나온다. 1세대 항성에서 양성자(H)가 중수소(D)(중수소는 핵에 중성자를 포함한 수소 동위원소이다)로 융합되고 이어서 헬륨-3(H_3)으로 융합되는 반응이 연쇄되어 헬륨-4가 산출된다. 수소 핵융합이 끝나면 항성이 적색거성 크기로 부푼다. 이어서 헬륨 핵융합

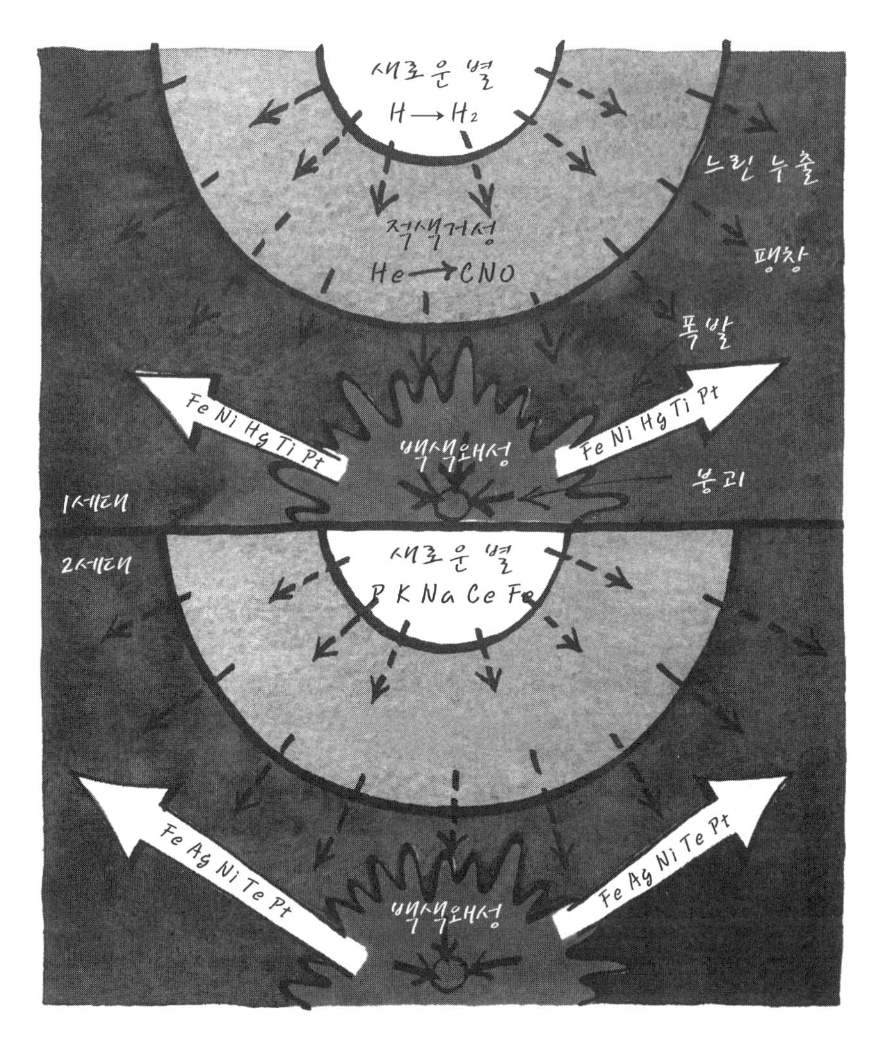

이 일어나 원자번호가 짝수인 탄소, 산소, 네온, 마그네슘 핵들이 만들어진다. 항성이 백색왜성으로 함몰할 때, 이 원소들이 융합되어 철을 비롯한 철족 원소들이 만들어지고, 산출된 원소들은 이들은 성간구름 속으로 방출된다. 2세대 항성은 이 원소들을 재료로 해서, 한 번에 하나씩 양성자를 첨가하는 방식으로 나머지 원소들 대부분을 합성한다. 초신성이 폭발할 때(239쪽 참조) 가장 무거운 원소들이 산출된다. 그 원소들 중 일부는 불안정적이다.

에, 가모프의 주장대로 원자량 4인 헬륨으로부터 순차적으로 원소들이 합성되는 것이 어려워진다. 한 번에 한 개씩 일어나는 중성자 흡수 방식으로는 헬륨을 넘어서 더 무거운 원소로 갈 수 없고, 원자량이 8인 베릴륨은 더욱 넘어설 수 없다.

정적인 우주 모형을 입증하기 위해 호일은, 캘리포니아 대학의 입자물리학자 파울러(W. Fowler), 천체물리학자 제프리 버비지(G. Burbidge)와 마거릿 버비지와 함께 수행한 실험의 결과를 제시했다. 그 실험은 낮은 메가전자볼트 에너지 수준의 가속기를 이용해서 온도가 절대온도 1억 도인 항성 내부를 재현하는 실험이었다. 이 온도는 적색거성 단계로 진입하는 항성의 핵에서 헬륨이 타는 온도이다. 첫 단계에서는 헬륨 핵 두 개가 순간적으로 합성되어 매우 불안정한 베릴륨-8 핵을 이룬다. 이 베릴륨-8 핵의 반감기는 매우 짧기 때문에 헬륨보다 무거운 원소들은 우주 속에 소량만 존재한다. 베릴륨-8 핵들 중 일부는 세번째 헬륨 핵을 흡수하여 탄소-12를 형성한다. 이어서 헬륨 흡수방식의 핵융합이 계속되어 탄소로부터 산소-16, 네온-20을 거쳐 마그네슘-24가 만들어진다. 이러한 핵융합 주요 진행경로는, 원자번호가 짝수인 원소들이 그들 사이에 있는 원자번호가 홀수인 원소들보다 우주 속에 더 풍부하게 존재한다는 사실에서도 반영된다.

헬륨이 남김없이 타버리면 항성의 핵이 붕괴한다. 이 중력붕괴 과정에서 온도는 50억 도까지 치솟는다. 이때 무거운 핵들이 여러 조합으로 융합되어 철-56이 합성되고, 철과 관련된 철 족(iron group) 원소들이 합성된다. 적색거성이 백색왜성으로 천천히—또는 초신성 폭발로 갑작스럽게—붕괴하는 과정에서 성간공간으로 방출되는 질량은 항성 내부의 핵융합에 의해 생성된 물질들이며, 이들은 다음 세대 항성들을 이룰 재료가 된다. 다음 세대 항성들 속에서 무거운 핵들에 한 번에 하나씩 양성자가 추가되어, 헬륨 간극이라고 부를 수 있는 틈들이 메워지고 나머지 원소 대부분이 만들어진다. 그 외의 원소들은 핵융합 주요 진행경로를 벗어난 다른 과정들을 통해서, 이를테면 핵분열을 통해서, 즉 핵입자가 핵에서 부스러져 떨어지는 과정을 통해서 만들어진다.

호일의 천체물리학적 성취가 그의 우주론을 뒷받침할 수는 없다. 1950년대에 가시광선 스펙트럼 영역 바깥의 천문학적 관찰자료들이 갑작스럽게 기하급수적으로 늘어났다. 비가시적인 파장을 지닌 전파 스펙트럼의 관찰을 통해 정적인 우주 가설의 모순이 드러났고, 그 가설은 결국 폐기되었다.

단위 공간 속에서 발견되는 은하계의 수는 일정하게 유지되는 것이 아니라, 과거에는 우주가 더 작고 조밀했다는 가설에 맞게 증가한다. 또한 더 먼 은하계들이 더 젊다는 것도 점점 확실하게 입증되었다. 팽창 우주 모형은 그대로 유지되면서, 원소의 합성과 관련된 사항만 호일, 파울러, 버비지의 기여에 의해 수정되었다. 이렇게 호일은 실패한 가설도 학문에 기여할 수 있다는 사실을 보여주었다.

우주 배경복사

정적인 우주 모형과 팽창 우주 모형의 경쟁을 종결시킨 것은 결국 우주 배경복사의 발견이었다. 호일의 정적인 우주 이론에서는 우주 배경복사가 전혀 귀결되지 않는다. 우주 배경복사를 설명하는 유일한 길은, 시공의 팽창으로 이어진 최초의 사건이 있었다고 전제하는 것뿐이었다. 1965년 펜지어스(A. Penzias)와 윌슨이 벨 전화 연구소에서 우주 배경복사를 발견했다. 그들은 우주시대 초기에 국제통신 체계에 쓰기 위해 만들어진 거대한 뿔 모양 안테나(horn antenna)로 지상의 모든 전파원들을 추적했다. 안테나에는 어디에서 나왔는지 알 수 없는 잡음이 포착되었고, 회로의 온도를 초전도성이 생길 만큼 낮추어도 잡음은 그대로 유지되었다.

당시 프린스턴 대학의 디크와 동료들은 훨씬 작은 규모의 뿔 모양 안테나의 잡음을 연구하고 있었다. 그들은 그 안테나를 써서 이론적으로 예견된 우주 배경 복사를 발견하고자 했다. 그들이 찾는 전파신호는 그 안테나의 잡음보다 1000배나 약한 신호였다. 프린스턴에서 진행되는 연구를 전해들은 펜지어스와 윌슨은 디크에게 그들의 사정을 전했다. 벨 전화 연구소에서 포착한 잡음은 이론이 예견한 것과 정확히 일치했다. 7센티미터의 파장을 지닌 그 전파는, 팽창하는 우주의 온도가, 표준 이론에서 빅뱅 출발점의 온도로 보는 절대온도 10^{32}도로부터 점점 낮아져서 절대온도 약 2.5도에 이르렀음을 알게 해준다.

이렇게 우주과학적 문제를 해결한 전파천문학은 이후 우주의 반지름을 바데가 측정한 것보다 세 배로 확장해 놓았다. 이에 상응하여 연장된 과거 깊숙한 시점에서 전

파 망원경들은 우주 팽창 및 물질 구성 과정에서 일어난 거대한 물질-에너지 변환 사건들을 현재의 사건들로 관찰하고 있다. 그 걷잡을 수 없는 사건들 속에서 은하계 전체가 수축하고 소멸하는 것으로 보인다. 전파 망원경들은 이런 더욱 먼 곳의 사건들을 축소한 모형들을 우리 은하계와 인근 은하계 내부에서 발견했다. 최근에 발견된 더 가까운 공간에서 별의 질량이 소멸되는 것 역시 같은 과정에 의해 일어나는 사건이다. 이 사건은 엄청난 에너지와 관계하기 때문에 전파 이외의 파장을 지닌 복사파로도 감지된다. 제2차 세계대전 이후에 세워진 전파 망원경들은 전쟁에 협조하기 위해 대학의 물리학자들이 발전시킨 전자기 공학의 성취를 반영한다. 레이더 개발을 위해 마이크로파의 '빛과 유사한' 행태를 연구한 덕분에 천문학자들은 하늘에서 오는 마이크로파 파장대의 미세한 전자기파를 커다란 포물면 반사경에 반사시켜 안테나에 모을 수 있게 되었다. 헤일(Hale) 망원경의 지름은 5미터이며, 이 망원경으로 탐지하는 일반적인 빛의 파장은 0.00005센티미터이므로, 지름과 파장 사이의 비율은 10^{-7}이다. 천문학적으로 중요한 전파인 21센티미터 파장 전파를 탐지하는 망원경의 경우, 지름 대 파장 비율을 10^{-7}로 맞추려면 반사경의 지름이 2100킬로미터가 되어야 한다. 유용성이 훨씬 작은 망원경조차도 지름이 100~300미터에 달하는 거대한 크기가 되어야 한다(229쪽 그림 참조). 전파천문학은 1950년대에 대형과학(Big Science)으로서 첫선을 보였다. 전파 천문학에 필요한 재정을 제공할 수 있는 것은 오직 정부뿐이었다. 정부는 입자 물리학자들을 지원했듯이, 천문학자들도 지원했다. 영국 조드럴 뱅크(Jodrell Bank) 천문대에 있는 76미터 회전 포물면 안테나, 웨스트버지니아 주 그린 뱅크 천문대의 43미터 회전 안테나, 푸에르토리코 아레시보에 있는 300미터 고정 반사경 망원경 등이 정부 재정으로 건설된 유명 전파 망원경들이다.

아레시보 망원경은 파장 21센티미터 전자기파에 대해서—이 전자기파는 항성 간 공간에 있는 수소가 내는 복사파이기 때문에 천문학적으로 중요하다—초 단위 각도까지 해상력을 발휘한다. 이 각도에 의해 망원경이 관측할 수 있는 가장 작은 천체의 지름이 결정된다. 태양과 달의 지름이 30분에 대응하므로, 초 단위 각도에 대응하는 천체는 태양이나 달보다 1000배나 작게 보이는 천체이다. 전파에 대해 더 높은 해상력을 발휘하는 망원경을 얻으려면, 다수의 전파 망원경을 동원한 팀을 만들면 된다. 여러 전파 망원경들은 단일한 전파 망원경 반사경의 외곽 역할을 한다. 전파 망원경들 사이의 거리가 충분히 멀다면, 어떤 광학 망원경보다 더 높은 해상력, 즉 1초 이하의 각도를 구분하는 해상력을 얻을 수 있다. 뉴멕시코 소코로에 있는 전파 망원경 거대 배열(Very Large Array)은 여러 전파광원들을 놀랍도록 세밀하게 보여주는 지도들을 만들어냈다. 34킬로미터 길이의 정렬선 위에 배열된 27개의 7.6미터 회전 반사경들이 포착하는 전파신호를 슈퍼 컴퓨터로 처리함으로써 그 지도들을 만들 수 있었다. 이 외에도 다양한 기술을 동원하여 전파광원의 위치를 충분히 작은 오차 내에서 확인하고, 광학 망원경과 장기노출 사진을 이용해 포착한다.

가시광선보다 파장이 더 짧고 진동수가 더 높은 전자기파를 이용해서 우주에 접근하는 기술은 냉전시대 주요 국가들의 우주개발 계획 속에서 발전했다. 대기는 그런 고에너지 복사파에 대해 불투명하기 때문에, 지구 위에 사는 생명들을 보호하는 역할을 한다. 최초의 X선 망원경들은 로켓이나 기구에 의해 대기권 위로 운반되었고, 지금도 단기간 동안 풍요로운 광경들을 포착하기 위해 X선 망원경들이 대기권 위로 보내진다. 오늘날에는 가시광선을 벗어난 모든 흥미로운 파장대의 복사파를 포착하도록 고안된 장치들이 인공위성에 탑재되어 끊임없이 관측을 수행하고 있다.

가시광선 스펙트럼의 다른 쪽 끝에 있는 적외선을 탐지하는 망원경들도 이산화탄소 온실 밖으로 나가기 위해 인공위성에 탑재된다. 하지만 금박을 입힌 포물면 반사경을 갖춘 지상의 적외선 망원경들도 중요한 역할을 수행한다.

양자공학 기술들은 가시광선 영역에서 천문학이 도달할 수 있는 범위를 대폭 확대해주었다. 오늘날의 다중 반사경 망원경들의 집광력은, 헤일 망원경의 5미터 반사경을 능가한다. 합성된 상을 만드는 과정에 전기적 되먹임 제어기술을 도입함으로써 네 개 또는 여섯 개의 대형 반사경 표면을 한 개의 반사경처럼 작용하도록 만들 수 있다. 동일한 되먹임 제어기술로, 지상에서의 천문관측을 심각하게 방해하는 대기요동에 의한 왜곡을 부분적으로 보정할 수 있다. 하와이섬 마우나 케아(Mauna Kea) 산 정상에 있는 케크(Keck) 망원경의 10미터 효율 반사경 두 개는 5미터 지름을 가진 헤일 망원경과 성능이 같다. 활동 중이거나 건설 중인 5, 6개의 다른 망원경들도 반사경의 효율 지름이 8미터 이상이다. 칠레에 있는 유럽 남부 천문대에 건설될 세계 최대의 망원경에는 16미터 효율의 반사경이 장착되어, 우리 은하계의 핵을 향하게 될 것이다.

이들을 비롯한 여러 대형 망원경에서 사진 필름은 '전기 광학적 감지장치'로 대체되었다. 가장 좋은 천문 관측용 필름도 표면에 닿는 빛의 일부만을 기록한다. '하전 결합 소자'(charge-coupled device)는 1초 간격으로 도착하는 광자들에도 반응하고, 필름이 포착할 수 있는 것보다 훨씬 흐릿한 대상들도 감지한다. 사진 필름에는 '과다노출'이 있을 수 있지만, 하전 결합 소자는 한계 없이 빛의 세기에 비례해서 반응한다. 가로 세로 각각 1000개씩 배열한 하전 결합 소자들은 어떤 필름에도 뒤지지 않는 해상력을 발휘한다. 이들은 들어온 빛을 디지털 방식으로 기록하므로, 컴퓨터를 이용해서 그 기록을 원하는 대로 처리할 수 있다. 예를 들어 특정한 파장의 빛을 전체 상에서 제거하는 것이 가능하다.

갈릴레이가 맨눈으로 보았던 것을 오늘날 천문학자들은, 자료를 서너 단계 또는 다섯 단계의 복잡한 장치로 처리하여 얻는다. 광년 규모의 우주적 사건들에 관한 지식은 지상에 있는 가속기의 표적에서 실현된 구조들과 과정들에 관한 지식에 더 가깝게 접근해가고 있다. 천문학자들은 새로운 장비의 도움으로 우주 깊숙한 곳에서 얻은 놀라운 발견들을 가속기에서 얻어진 10^{-16}미터 규모의 세계에 관한 지식과 훌륭하게 연관시켜왔다.

우리 은하계

최근 50년 동안 대형 전파 망원경들은 거의 진공인 항성간 공간을 관측하여 얻은 자료로부터 우리 은하계의 주요 구조적 특징들을 연구해왔다. 우리 은하계 평면에 속하는 빈 공간의 물질—주로 수소이지만 다른 원소들의 이온, 원자, 분자도 있다—밀도는 1세제곱센티미터당 원자 100만 개이다. 이 밀도는 지구에서 도달 가능한 최선의 진공보다 더 완벽한 진공의 밀도이다. 그러나 지구와 우리 은하계 핵 사이 3~4만 광년 길이의 공간에 놓여 있는 항성간 물질들은 핵에 있는 900억 개의 별들을 가려 보이지 않게 하기에 충분하다. 은하계에서 관측된 전체 질량의 5퍼센트를 차지하는 이 항성간 물질은 항성의 재료이면서 동시에 파편으로서 항성의 활동에 의해 끊임없이 순환한다. 항성간 대기밀도는 은하계의 핵 주위나 나선 팔에서 100~1000배 높아지며, 먼지구름 속에서는 1만 배 높아진다. 하지만 1만 배 높아진 밀도 역시 지구 위에서 표준압력 표준부피 속에 있는 기체밀도의 10^{-15}배에 불과하다(80쪽 참조).

항성간 공간에 있는 수소 원자(H)는 약 1000년에 한 번, 공간을 떠도는 전자를 스치게 된다. 이때 수소 원자는 여기상태가 되어 21센티미터 파장의 광자를 방출한다.

불확정성 원리에 따르며, 광자 방출이 100년이나 200년 후에 일어날 수도 있다. 분자 상태의 수소(H_2)는 미량의 일산화탄소(CO)와 수소 분자가 충돌할 때 일산화탄소에서 나오는 고유한 대리 복사파(proxy radiation)에 의해 감지할 수 있다. 충돌은 극도로 드물게 일어나지만, 은하계 내부 공간은 충분히 커서, 일산화탄소에서 나오는 대리 복사파가 끊임없이 관측된다. 전파 망원경을 통해서 은하계 전 영역에 있는 중성 원자 상태의 수소와 분자 상태의 수소의 분포를 조사할 수 있다. 이를 통해 은하계의 주요 특징들, 특히 은하계 팔들의 존재와 윤곽을 알게 되었다. 전문가가 아닌 사람들의 눈에는 우리 은하계가 안드로메다 은하계와 다르지 않게 보인다.

천문학자들이 조사한 수소는 은하계의 원반형 평면 위에서, 은하 중심에서 1만 광년 떨어진 핵의 경계와, 은하 중심에서 4만 광년 떨어진 태양 사이에 분포하는 수소이다. 태양은 우리 은하계 가장자리 근처에 있다. 은하계 중심으로부터 가장자리까지의 거리는 거의 5만 광년이다. 수소 분자와 원자는 모두 은하계 팔에 더 높은 밀도로 분포한다. 핵의 경계에서는 항성간 대기에 의해 은하 평면의 두께가 1000광년에 이른다. 은하 평면은 핵에서 멀어질수록 점점 얇아져서 태양 주변에서는 500광년이 된다.

은하계는 지름이 10만 광년이고 두께가 1000광년 이하이므로 전체적으로 얇은 원반 형태이다. 중심 핵에는 900억 개의 종족 II 항성들이 모여 있기 때문에 은하의 두께가 약 1만 광년에 달한다. 은하계 핵은 납작하게 눌린 지름 2만 광년의 타원 회전체 모양이다.

21센티미터 스펙트럼선의 도플러 편이를 관찰함으로써, 우리 은하계가 은하계 핵의 '북극' 위에서 내려다볼 때 반시계 방향으로 회전하고 있음을 알 수 있다. 국지적으로는 항성들이 자체 고유운동에 의해 여러 방향으로 움직인다. 항성들 간의 상대적 운동이나, 항성들의 은하계 좌표에 대한 운동의 방향과 속도가 어떠하든 간에, 은하계에 속하는 모든 항성들은 회전 운동에 휩쓸려 있다. 은하계 중심에서 멀리 떨어진 태양은 지구의 시간 단위로 2억 5000만 년에 한 번 중심을 공전한다. 중심에 가까울수록 공전 주기는 짧아진다. 태양이 은하계 중심을 20회 가량 회전하는 동안 은하계의 모습은 여러 번 바뀌었으며, 지구에서 바라본 별자리들의 모습은 더 자주 바뀌었다.

전파 망원경을 통해, 우리 은하계의 핵 둘레로부터 초속 100킬로미터 속도로 외곽으로 퍼지는 이온화된 수소로 이루어진 뜨거운 구름고리를 관찰할 수 있다. 은하계 중심 주위를 돌면서 퍼져나가는 이런 물질들이 발생 초기단계의 나선형 팔인 것으로 보인다. 항성간 대기의 분포와 구역별 상대적 운동을 조사함으로써 최소한 네 개의 커다란 나선형 팔이 은하계의 회전에 끌려가고 있다는 사실이 밝혀졌다. 이 팔들의 모양을 보면, 우리 은하계가 안드로메다 은하계보다 더 단단히 감긴 소용돌이 모양임을 알 수 있다. 은하계의 팔에는 100억 개의 종족 I 항성들이 들어 있다(223쪽 참조).

항성의 잔재로 이루어진 항성

전파천문학은 은하수에 있는 별들을 가리는 방대하고 차가운 구름의 중요성을 일깨워주었다. 장기노출 사진을 통해서, 주위의 밝은 항성에 의해 국지적으로 가열되어 이온 상태로 뿌옇게 빛나는 구름의 멋진 모습을 볼 수 있다. 그 구름들 속의 물질 밀도는 대개 1세제곱미터당 분자 10억 개 또는 그 이상이다. 구름은 주로 수소로 이루어져 있지만, 수소와 헬륨을 제외한 우주 물질 전체의 4분의 3을 차지하는 탄소, 질소, 산소도 포함한다. 차례대로 탄소, 수소, 산소, 질소를 나타내는 화학기호인 CHON은 살아 있는 세포를 구성하는 물질을 표현하는 기초식으로 간주될 수 있다(280쪽 참조). 지금까지 알려진 유일한 생명의 장소인 지구에는 표면에만 산소가 풍부할 뿐, 이 원소들이 비교적 풍부하지 않다. 호일은 이 원소들이 우주 속에 풍부하게 있음을 감안해 자신의 공상 과학소설 『검은 구름』에 생명과 지능을 지닌 먼지구름을 등장시켰다.

실제로 먼지구름들 속에서 이 원소들로 이루어진 흔한 '유기' 화합물이 100종 이상 발견되었다. 일산화탄소, 물, 암모니아 등 단순한 2, 3, 4원자 분자는 풍부하게 발견되고, 포름알데히드, 메틸알코올, 에틸알코올뿐만아니라, 10개 이상의 원자로 된 탄소 화합물과, 심지어 콜타르 결합(coal-tar chemistry)을 이룬 탄소고리도 발견된다. 측정된 바에 의하면 일반적인 구름 속에 있는 에틸알코올의 양은 지구의 부피를 채울 정도이다. 그러나 그 에틸알코올은 시안화수소 같은 물질들의 분자로 오염되어 있다.

먼지는 구름 속에 이런 화합물이 축적되도록 만드는 역할을 한다. 먼지는 항성에서 나온 고에너지 복사파로부터 구름 내부를 보호한다. 항성의 고에너지 복사파는 화학결합을 촉진시키기도 하지만, 훨씬 많은 경우 화학결합을 방해한다. 먼지 속에 들어 있는 규산염, 흑연, 산화철 등은 때로 촉매 역할을 하는 표면으로 작용하여, 그 표면에서 원자들이 더 크고 긴 분자를 형성하도록 도와준다.

분자들의 거대한 집합체인 구름은 은하계에 있는 가장 무거운 천체 중 하나이다. 은하계의 팔을 따라 뻗어 있는 한 구름 속에는 태양 질량 10만 배의 물질이 모여 있다. 더 쉽게 관측할 수 있는 은하계 영역을 표본으로 하여 추론해보면, 은하계 속에는 그런 구름이 4000개 가량 있는 것으로 보인다. 구름 속에 있는 물질들이 화학적으로 다양하다는 사실에서 알 수 있듯이, 이 물질들은 항성의 한 세대 이상의 세월에 걸쳐 형성되었다. 은하계 팔에 있는 종족 I 항성을 이루는 구성물질들의 상대적 비율이 일정하다는 사실은, 구름 속 물질들이 항성의 한 세대 이상에 걸쳐 형성되었음을 결정적으로 증명한다.

항성들은 끊임없이 물질들을 항성간 공간으로 되돌려보낸다. 태양도 미량의 질량을 행성들을 향해 날려보낸다. 그 입자들은 때로 지구의 라디오 및 전화 통신을 방해한다. 적색거성은 항성진화의 주경로에서 벗어나 열핵반응 방식을 바꾸면서 엄청난 질량을 방출한다. 백색왜성이나 중성자별로 붕괴하면서 생애를 마치는 항성들은 더 많은 질량을 다음 세대 항성들의 재료로 남겨준다. 이후 잠시 동안, 그러니까 어쩌면 10만 년 동안, 은하계 속에서 볼 수 있는 가장 멋진 광경 중 하나가 연출된다. 별들이 방출한 물질들이 몇 광년의 크기로 팽창하는 빛나는 구형 '행성상 성운'(planetary nebular)이 되는 것이다. 거대한 분자 집합체의 재료가 되는 것은 바로 이렇게 항성으로부터 방출된 물질들이다.

항성의 탄생

거대한 분자구름은 전파에 대해 투명하다. 이 덕분에 별의 형성에 관한 연구는 이론보다 관찰이 앞서 나가는 분야가 될 수 있었다. 19세기 말 진스가 고전적 분석방법으로 별의 형성 문제를 탐구한 이래, 완벽한 설명을 방해해온 것은 내부를 향한 압력과 외부를 향한 압력의 불안정성이었다. 우주 속에 있는 구름의 밀도는 1세제곱센티미터당 분자 10^9개인 반면에, 일반적인 별의 핵의 밀도는 구름 밀도의 10^{25}배로 추정된다. 이 두 밀도 사이의 엄청난 차이는 문제의 난해함을 대변한다.

별이 형성되는 한 가지 방식에 대한 중요한 단서는 은하계 팔의 구조와 구성물질에서 얻어졌다. 매우 뜨겁고 무거운 별들(기호로 O행성, B행성으로 표기됨)은, 분자 구름의 밀도가 비교적 높은 팔의 경계면을 따라 주기적으로 분포되어 있다. 이 별들은,

은하계 핵에서 일어난 거대한 중력 요동으로 발원하여 팔을 따라 진행된 밀도 파동이 계기가 되어 형성되었다고 여겨졌다. 1000만 년이면 연료를 다 태워버리는 O항성 및 B항성의 수명은, 지구가 은하계 중심을 공전하는 주기를 1년으로 한다면, 불과 2주일에 불과하다. 분자구름 속에 있는 물질의 순환은 대부분 O항성 및 B항성의 생멸에 의해 일어난다. 지구가 은하계 중심을 2, 3회 회전하는 동안 생멸하는 O항성 및 B항성의 수는 핵에 있는 더 오래 되고 더 장수하는 별들의 수에 근접한다.

은하계 팔의 다른 영역에서는 무작위 과정(random process)에 의해 별이 형성된다. 하버드 천문대의 휘플(F. Whipple)은, 광자가 발휘하는 역학적 힘인 광압(116, 117쪽 참조)이 어떻게 구름 속 먼지 입자와 분자를 한 구역에 집중시켜 매우 높은 밀도를 형성할 수 있는지 보여주었다. 이어서 자체 중력에 의해 물질들이 더욱 응집되어 복(Bok) 구체를 형성한다. 이 구체들은 임계밀도에 도달하면 중력붕괴를 겪는다. 복 구체라는 명칭은 이런 대상을 최초로 주목하고 별의 형성과 관련시킨 하버드 천문대의 복(B. J. Bok)의 이름을 딴 것이다.

별이 빛을 내기 시작하는 순간으로 여겨지는 광경은, 밀리미터 파장의 전파를 탐지하는 전파 망원경과 적외선을 탐지하는 망원경을 함께 사용함으로써 관측되었다. 오리온자리 속에는 국지적인 거대한 분자 집합체 내부에 잘 알려진 밝은 구름들이 있다. 구름을 통과해서 나오는 전파는 구름 속 깊은 곳에 새로운 별들이 있음을 알려주었다. 그 별들은 이온화된 기체로 이루어진 빛나는 구름으로 가려져 있다. 구름들 중 일부는 발생 초기의 별들에서 나온 것으로 보인다.

1980년대 초에 이루어진 관측을 통해, 복 구체가 항성으로 붕괴할 때 질량의 많은 부분이 방출된다는 것이 밝혀졌다. 밀리미터 파장의 전파와 적외선을 통해서만 관측 가능한 거대한 분자 집합체 내부에는 180도 반대되는 양 방향으로 물질들을 뿜어내는 천체들이 있다. 몇몇 천체에서는 적도면 위에서 회전하는 기체와 먼지로 된 원반을 확인할 수 있다. 뒤로 물러나는 원반 가장자리에서 나왔을 적색편이 된 복사파와, 다가오는 원반 가장자리에서 나왔을 청색편이 된 복사파가 회전 원반의 증거이다. 아마도 그 원반에 있는 물질의 밀도가 발휘하는 압력과 자기장이 원인이 되어 붕괴 중인 구체의 양극에서 물질이 분출되는 것 같다. 이런 생성 초기의 별들은 수백 개 관측되었다. 곧 보게 되겠지만, 이들이 보여주는 모습은 은하계 속 항성의 중성자별로의 붕괴나, 먼 우주에서 일어나는 은하계 전체의 대격변을 축소한 모형이라고 할 수 있다.

이론에 의하면, 별빛을 산출하는 열핵반응을 시작하고 유지하기 위해서는 최소한 태양 질량의 약 0.08배가 필요하다. 분자구름 속에는 빛을 내기에 너무 작은 별들도 있을 것이다. 이런 별들의 존재는, 우리 은하계 중력장을 설명하기 위해 필요한 질량 중 관측되지 않은 부분이 있다는 사실에서도 시사된다. 그러나 이런 별들은 현대 천문학의 폭넓은 스펙트럼 관찰로도 아직 관측되지 않았다. 갈색왜성(Brown Dwarf)이라 불리는 이 작은 별들은 중력붕괴로 인해 열을 방출할 것이다. 그 열은 지금까지 관측되지 않았다. 어쩌면 그 별들의 자기장을 탐지하는 것이 가능할지도 모른다. 태양 질량의 0.01배 질량을 지닌 거대한 기체 행성인 목성은 약한 적외선을 방출하며 자기장도 지니고 있다. 목성은 거대 분자 집합체 속에 숨어 있을 많은 미관찰 별들의 축소모형이라 할 수 있다.

생성 초기의 별들 주변을 도는 원반의 발견은 태양계의 발생에 관한 이론적 설명을 강하게 뒷받침한다. 원반의 회전으로 인해 먼지와 기체는, 별에 더 가까운 곳에 더 무거운 입자가 모이는 방식으로 무게에 따라 분류된다. 원반 속 여기저기에 있는 물질 집합체들은 중력에 의해 더 커진다. 물질 집결과정은 점점 더 넓은 영역의 물질을 쓸어모으면서 빠르게 진행된다. 대략 달의 질량인 임계질량이 집결되면, 집합체는 무게 중심을 향해 붕괴한다. 내부로 빨려드는 움직임에 의해 발생한 열과 압력으로 온도가 물질들의 녹는점에 도달한다. 이제 물질은 중력의 대칭성에 의해 구형을 이룬다. 무거운 금속 원소들, 특히 비교적 풍부한 철은 갓 태어난 행성의 핵에 자리잡는다. 알루미늄, 규소, 산소 같은 좀더 가벼운 원소들은 표면으로 떠오른다.

태양계에 있는 금속성 또는 광물성 소행성들은, 태양계 역사 초기에 위에서 묘사한 것과 같은 원시행성들이 다수 형성되어 서로 충돌했음을 시사한다. 부서진 행성 조각들은 이후 태양 주위를 도는 더 큰 행성들 속으로 빨려들어가고 일부만 소행성으로 남았다. 지구는 원시행성 중 살아남은 행성으로 보인다. 작은 천체 하나가 지구에 접근하면서 또는 작은 각도로 충돌하면서 지구 궤도에 진입하여 달이 되었다는 설명이, 달의 탄생에 관해 현재 가능한 최선의 설명이다.

다른 태양계들을 찾는 탐사를 통해, 지구에서 관찰 가능할 만큼 충분히 가까운 24개의 항성에서 궤도를 도는 행성들이 발견되었다. 관측된 증거—항성이 부분적으로 가려지는 현상, 또는 보이지 않는 행성의 중력장에 의해 편이되는 현상—에 의하면, 그 행성들의 질량은 목성의 질량 정도이거나 그 이상이다. 우리 지구와 유사한 행성의 존재를 확인하기 위해서는 더욱 정밀한 관찰방법이 필요하다.

지구의 사례는, 적당한 크기와 구성성분을 지닌 행성이 적당한 종류의 항성으로부터—예를 들어 태양으로부터—적당한 거리만큼 떨어져 있으면 필연적으로 생명이 발생할 것이라는 추측을 하게 만든다. 지구에 의식 있는 관찰자가 발생하도록 이끈 자연선택의 과정은 극도로 드문 사건임을 인정하지 않을 수 없다. 하지만 우리 은하계 속에 1000억 개의 항성이 있음을 감안할 때, 그 드문 사건이 어디에선가 일어났을 가능성을 배제할 수는 없다.

그 드문 사건의 가능성에 함축된 풍부한 귀결들을 염두에 두고 지난 40여 년 간 외계의 지적 존재자를 입증하는 증거를 찾는 탐구가 조직적으로 진행되었다. 1959년 코넬대학의 모리슨(P. Morrison)과 코코니(G. Cocconi)는, 만일 우리 은하계 어딘가에 있는 문명으로부터 온 신호가 있다면, "우리는 그 신호를 포착할 수 있는 장비를 이미 갖추고 있다"는 주장으로 과학자들을 고무시켰다. 그들은 중성 수소의 21센티미터 파장 전파를 탐색할 것을 제안했다. 그 전자기파는 은하계의 구조를 파악하는 데 매우 결정적인 역할을 하므로, "우주에 있는 관찰자라면 그것의 중요성을 모를 리가 없다." 오늘날에는 지구외 문명탐사계획(SETI) 연구소가 21센티미터 선스펙트럼을 비롯해서 전략적으로 선택된 여러 스펙트럼의 신호를 찾기 위해 보급한 화면 보호기가 미국의 200만 이상의 가정에 있는 컴퓨터에 설치되어 아레시보 300미터 망원경으로 포착한 자료들을 끊임없이 처리하고 결과를 버클리 소재 캘리포니아 대학에 설치된 연구본부로 전송하고 있다.

지적인 존재의 장소가 될 후보자들 중 단일 항성은 소수에 불과하다. 생성되는 별들 중 3분의 2는 쌍성(binary star)이다. 쌍성이란, 전체 중력장의 중심을 회전하면서 서로 묶여 있는 두 개의 항성이다. 때로는 우연에 의해 세 개 또는 심지어 네 개의 별들이 묶이기도 한다. 탐색 중인 전자기파 신호가 우리 은하계 내에서 발견되지 않는다 하더라도, 다른 1000억 개의 은하계 중 어딘가에 지적인 외계 존재자가 있을 가능성이 배제되는 것은 아니다. 그러나 은하계와 은하계를 넘나드는 신호를 포착할 수 있는 장치는 아직 존재하지 않는다.

별의 죽음

별의 탄생에 관해서는 지금까지 확실히 알려진 바가 드문 것과는 달리, 별의 죽음에 관해서는 오래 전부터 많은 것들이 알려져 있었다. 중국 천문학자들은 1006년, 1054년, 1181년에 '손님' 별이 찾아왔다고 기록했다. 그들의 기록에 따르면 1006년의 손님 별은 반달만큼 밝았다. 그 별은 지상에 별 그림자를 드리웠다. 동시대의 유럽 문명은 세 별 중 어느 것도 기록하지 않았다. 하지만 중국인들은 그 별들이 관측된 천구상의 위치를 충분히 정확하게 기록했기에, 현대 천문학자들은 기록된 위치에서 그 사건들의 잔재를 확인할 수 있었다. 이후에 있었던 두 차례의 '초신성' 폭발은 유럽 천문학자들에 의해서도 관측되었다. 두 초신성은 각각 티코의 초신성과 케플러의 초신성이라 불리며 1572년과 1604년에 관찰되었다. 관찰되는 것과는 상관없이 우주 전체에서는 1초마다, 우리 은하계 내에서는 30~50년마다 초신성 폭발이 일어나는 것으로 추정된다.

별이 초신성으로 삶을 마치기 위해서는 최소한 태양 질량의 1.4배 이상의 질량을 지녀야 한다. 폭발의 잔해를 근거로 하여 추정한 바에 따르면, 몇몇 초신성은 태양 질량의 10배 이상의 질량을 지니고 있었다. 애리조나 대학의 버로스(A. Burrows)는 오늘날 우리가 이해하는 초신성 폭발을 다음과 같이 생생하게 묘사했다.

> 수소를 더 무거운 원소들로 변환시키면서 1000만 년 이상 살아왔을 별의 핵이 단 1초 만에, 지구 정도의 크기에서 도시 하나의 크기로 붕괴하면서, 물질들은 원자핵 밀도를 능가하는 밀도와 광속의 4분의 1을 넘는 속도에 도달한다. 핵 밀도에 이르면 물질은 거의 더 이상 수축되지 않는다. 핵은 밖을 향해 되튕겨져 나가 함몰해 들어오는 별의 외곽과 부딪히면서 강한 충격을 발휘하여 (……) 함몰하는 외곽의 저항을 극복하고 (……) 초신성 폭발을 일으킨다. 강한 폭발로 인해 거대한 별이 산산조각 나고, 항성간 공간에 갓 합성된 무거운 원소들이 흩뿌려진다. (……) 주변의 은하계 기체 구름에는 크기가 수 파섹에 달하는 구멍들이 생긴다. 초신성은 은하계 전체에 견줄 만한 밝기로 수 개월 간 빛나면서 자신의 폭발을 알린다.

초신성에 관한 이 묘사 대부분은 지구 근처에 있는 거대한 마젤란 성운에서 일어난 SN1987A의 폭발에서 얻은 자료에 바탕을 두고 있다. 1987년에 폭발한 초신성 SN1987A는 현대적 장비를 갖춘 천문학자들이 관측한 최초의 초신성이다. 초신성 관측장비 중에는, 좀처럼 감지하기 어려운 중성미자를 잡기 위한 두 개의 함정도 있었다. 함정 하나는 오하이오 주 소금 광산에 설치되었고, 다른 하나는 지구 반대편 지하 깊숙한 곳에 있는 일본 가미오간데 중성미자 관측소에 설치되었다. 두 함정에서 0.01초 이하의 간격으로 초신성 폭발로 인해 발생한 중성미자들의 강한 흐름이 탐지되었다. 탐지된 중성미자들은 물론 함정을 통과한 중성미자 전체의 일부에 불과하며, 지구를 관통한 중성미자 전체에 비하면 극히 적은 일부에 불과하다.

계산된 바에 따르면, 15만 광년 떨어진 초신성으로부터 지구로 날아온 중성미자 흐름이 가져온 에너지의 크기는, 10^{-13}광년 떨어진 태양으로부터 날아온 중성미자 흐름에 담긴 에너지와 같다.

15만 광년 떨어져 있는 지구가 공간 전체에서 차지하는 미세한 공간을 생각해보면, 지구로 날아든 중성미자 흐름은 SN1987A에서 방출된 중성미자 흐름 전체의 무한히 작은 부분에 불과하다고 할 수 있다. 그러므로 초신성 폭발로 인해 발생한 에너지가 사실상 거의 전부(99퍼센트) 중성미자 흐름으로 방출된다는 결론을 얻을 수 있다. 폭발하는 초신성 깊숙한 내부의 고밀도에서 고에너지 광자들이 서로 충돌하여 전자-양전자 쌍, 즉 물질-반물질 쌍이 생겨난다. 이 쌍이 상쇄되면서 한 쌍의 중성미자가 발생해 서로 반대 방향으로 공간 속을 날아간다. 중성미자는 만나는 모든 물체를 아무 저항 없이 관통하면서 끝없이 날아간다.

오하이오 주 소금 광산의 IMB 중성미자 함정(이 장치는 어바인 소재 캘리포니아 대학, 미시간 대학, 그리고 브룩헤이븐 국립 연구소의 공동 기획으로 만들어졌다)과 가미오간데 중성미자 관측소에 부여된 핵심과제는 중성미자의 정지질량 측정(만일 정지질량이 존재한다면)이었다. 전자와 뮤 입자와 타우 입자 그리고 중성미자가 서로 상대방으로 바뀌는 현상(이 현상은 이론적으로 상정되었다)을 관찰하면 중성미자의 정지질량을 측정할 수 있다(191쪽 그림 참조). 중성미자는 결손질량(missing mass)을 찾는 연구에서 중요한 역할을 한다.

역사에 기록된 초신성들의 위치에서 현대물리학으로 설명 가능한 잔재들을 찾는 연구에 의해 기록된 초신성들 중 단 하나만 제외하고 나머지는 신성으로 한 등급 낮춰졌다. 1054년 초신성 폭발이 기록된 위치에서 빛나는 게 성운이 발견되었다. 게 성운 사진은 초기에 촬영된 천체 사진 중 하나이다. 이 발견을 통해, 게 성운이 초신성에서 방출되어 여전히 빠른 속도로 팽창하고 있는 항성 물질들로 이루어진 구름이라는 것이 명백해졌다. 우리 은하계 내에는 오늘날 초신성 폭발 광경으로 확인된 천체들이 많이 있다. 게 성운은 이들 중 가장 먼저 확인된 천체에 속한다. 당시 버클리 소재 캘리포니아 대학과 캘리포니아 공과대학에 동시에 재직하던 오펜하이머(J. R. Oppenheimer)는, 초신성으로 폭발할 만큼 충분히 큰 별은 일반 상대성 이론의 예측대로 중성자별을 잔재로 남긴다는 것을 증명했다. 이 증명은 충분히 큰 별은 블랙홀로 붕괴한다는 그의 예측으로 가는 중간단계였다.

오펜하이머의 증명에 힘입어 독수리자리에서, 아마도 지구에 호모 사피엔스가 등장하기 이전에 폭발한 것으로 보이는 초신성의 잔재 SS433이 확인되었다. 짝을 이룬 다른 별의 물질을 끌어당겨 부수 원반(accretion disk)을 두르고 자전하는 중성자별 SS433은 태양이 내는 에너지의 100만 배를 방출한다. 중성자별은 중심으로 끌려든 물질들을 양 방향으로 빠른 속도로 분출한다. 분출되는 입자들은 별의 자전축과 20도 각도를 이루는 방향으로 형성된 자기장에 이끌려 나아가면서 성간 대기 속으로 수천 광년 거리까지 충격파를 전달한다. 천문학자들의 시선을 사로잡는 아름다운 빛은 대부분 이 충격파에 의해 생겨난다. 중성자별의 자전에 의해 함께 회전하는 입자들의 흐름은 다양한 복사파를 지구로 보낸다. 지구를 향한 흐름에서 나온 복사파는 청색편이 되고, 반대 방향을 향한 흐름에서 나온 복사파는 적색편이 된다(244쪽 그림 참조).

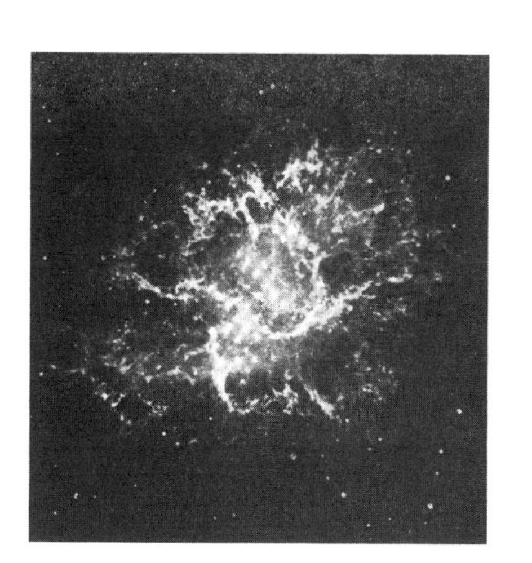

게 성운 안에 있는 중성자별(위 그림)은 펄서(pulsar)이다. 다시 말해서 그 중성자별은 모든 파장대의 복사파를 일정하게 변화하는 강도로 산출한다. 태양 자기장보다 1조 배 강력한 그 중성자별의 자기장은 자전축으로부터 일정한 각도로 기울어져있다. 관측되는 복사파의 맥동 진동수를 보면, 중성자별이 초당 30회 자전함을 알 수 있다. 이 거대한 발전기가 산출하는 전자기파는 항성간 대기로부터 끌려든 입자들을 상대론적 속도까지 가속시킨다. 따라서 중성자별에서 나오는 빛 대부분은 X선에서 가시광선을 지나 전파까지 걸쳐 있는 연속 스펙트럼의 싱크로트론 복사파이다. 이 복사파는, 항성의 열핵반응 및 전자기 반응에 의해 생성되는 방출 및 흡수 선스펙트럼과 분명하게 구별된다.

역사 속에 기록된 다른 두 지점과 더 최근에 발견된 행성상 성운에서는 내부에 중심 천체가 있음을 말해주는 어떤 파장의 복사파도 관측되지 않았다. 전파천문학을 통해서 카시오페이아자리에서 다섯번째 행성상 성운이 발견되었다. 그 성운은 당시까지 우리 은하계 내에서 발견된 가장 강력한 전파원이었다. 거대한 쌍성들에 관한 연구를 통해서, 쌍을 이룬 두 별이 서로 다르게 늙어갈 수 있음이 밝혀졌다.

예를 들어 한 별이 백색왜성 단계에 이를 때, 다른 별은 적색거성으로 팽창할 수 있다. 이 경우 백색왜성은, 반지름이 줄어들고 밀도가 높아짐에 따라 자전속도가 가속되고 중력장 및 자기장이 강화되어, 짝을 이룬 적색거성의 물질들을 끌어당겨 부수 원반을 형성한다.

물질들은 부수 원반으로부터 자기력선을 따라 흘러 백색왜성의 양극에 이른다. 백색왜성 표면에 충분한 양의 물질이 쌓이면, 백색왜성 내부에서 밖으로 방출되는 열흐름이 차단된다. 이어서 온도가 높아지면 열핵반응에 의한 폭발이 일어난다. 백색왜성은 며칠 또는 몇 주 동안 신성으로 빛난다. 신성 폭발은 초신성 폭발보다 열 배 더 자주 관측된다. 몇몇 백색왜성은 이 순환과정을 반복한다.

소수의 백색왜성은 초신성보다 열 배 이상 밝게 빛나는 사건을—초신성보다 열 배 드문 빈도로—일으키며 생을 마감하기도 한다. 내부가 빈 행성상 성운을 만들면서 사라지는 백색왜성들이 그들이다. 그런 백색왜성은 최근에 유형 1a 초신성으로 등급이 상향되었다. 이 초신성들의 적색편이는 우주 팽창의 가속도를 측정할 수 있게 해주는 새로운 척도가 되었다.

근처에 있는 은하계들 속에서 관측된 이 초신성들은 모두 동일한 절대광도 최대값을 가진 것으로 밝혀졌다. 더 나아가 그들의 광도 변화는 독특한 곡선을 그린다. 이 변화 곡선 덕분에 더 먼 은하계들에 있는 훨씬 희미한 1a 초신성 폭발을 확실하게 식별할 수 있게 되었다. 절대광도와 비교했을 때 0.5~1배 적색편이 되어 있는 겉보기 광도는 이들이 속한 은하계까지의 거리를 알려주는 확실한 척도이다. 측정된 거리는 과거 덜 확실한 척도를 기준으로 측정한 것보다 더 멀었다. 멀리 떨어져 있고 나이가 10~20억 년인 그 은하계들은—이들의 나이는 적색편이에 의해 결정된다—이들 너머에 있는 더 오래 된 은하계들보다 더 빠른 속도로 멀어지고 있다.

이 발견으로 인해 천문학자들은 아인슈타인의 우주론적 상수에 관심을 다시 집중시키고, 이제까지 알려지지 않은 '어두운 에너지'가 우주 속에서 하는 역할에 관해 숙고하게 되었다.

태양 질량의 세 배 이하의 별들이 어떻게 죽음을 맞는지 밝힌 이후, 천문학자들은 태양 질량 세 배 이상의 별들이 소멸할 때 생긴다고 이론적으로 예측된 블랙홀을 연구하기 시작했다. 블랙홀에 대한 생각은 18세기 영국교 사제 미첼(J. Michell)에게서 처음 등장한다. 태양 중력장에 의해 빛이 굴절될 것이라는 뉴턴의 예측에 깊은 인상을 받은 미첼은, 빛 입자가 표면을 빠져나가는 것을 막기에 충분한 질량을 지닌 별을 생각했다. 일반 상대성 이론이 발표된 직후 독일 천문학자 슈바르츠실트(K. Schwarzchild)는 일반 상대성 이론이 블랙홀의 존재를 함축한다는 것을 간파했다.

1939년 버클리 소재 캘리포니아 대학의 오펜하이머와 스나이더는 블랙홀 이론에 오늘날 인정된 주장들을 덧붙였다. 붕괴하는 별의 밀도가 높아지면서 중력장이 강화된다. 임계밀도에 이르면, 즉 붕괴하는 질량이 이른바 슈바르츠실트 반지름 또는 중력 반지름에 이르면, 붕괴하는 별과 별의 중력장을 빠져나갈 수 있는 탈출속도가 광속과 같아진다. 태양과 같은 질량을 가진 천체의 경우에는 슈바르츠실트 반지름이 3킬로미터이며, 지구와 같은 질량일 경우에는 9밀리미터이다. 이런 '소형'(mini) 블랙홀의 존재가 추측되기도 했지만, 이론에 따르면, 물질의 구조에 의해 생기는 양자적 힘들이 발휘하는 반대 압력을 능가하고 붕괴가 일어나려면 태양 질량 세 배 이상이 필요하다. 중력지평을 지날 만큼 붕괴한 질량은 소실점에 이르기까지 붕괴한다. 그러나 중력지평은 그대로 유지된다.

이론에 따르면, 블랙홀의 중력지평 속으로 끌려드는 물질이 방출하는 복사파를 통해서, 적절한 파장을 지닌 복사파를 관측하는 방식으로 블랙홀을 관측할 수도 있다. 따라서 천문학자들은, 백색왜성과 중성자별로 된 쌍성이 있는 것과 마찬가지로, 블랙홀과 짝을 이룬 천체가 있으리라 믿고 찾아왔다. 몇 년 동안 가장 가능성이 높아 보인 것은 백조자리에 있는 한 천체였다. 그 천체에서 나오는 싱크로트론 복사파와 열 복사파는, 블랙홀이 짝을 이룬 별로부터 부수 원반을 만들어 끊임없이 그 원반을 집어삼키고 있음을 강력하게 시사했다. 원래 시그너스 X라 명명되었던 이 천체는 같은 별자리에서 같은 종류의 강력한 복사파원이 두 개 더 발견된 이후 시그너스 X1이라 개명되었다. 시그너스 X3는 주요 구성원이 중성자별인 쌍성이라는 것이 밝혀졌다. 시그너스 X3는 싱크로트론 복사파 및 열 복사파를 방출할 뿐만 아니라, 입자들을 초전도 슈퍼 충돌기 SSC로 기대할 수 있는 이상의 에너지까지 가속시킨다. 시그너스 X1

부수 원반은 항성 크기에서부터 은하계 전체의 크기까지 다양한 크기를 가질 수 있다(245, 255쪽 참조). 그림은 쌍성 중 하나가 백색왜성으로 붕괴한 것을 보여준다. 회전하는 백색왜성의 자기장이 동반 적색거성의 물질들을 부수 원반 속으로 끌어당긴다. 전자기력에 의해 양극에서 물질들이 빠른 속도로 분출된다. 끌려드는 입자들은 상대론적 속도까지 가속되면서 싱크로트론 복사파를 방출한다(202쪽 참조). 새로운 별(작은 그림)도 먼지 구름 속의 물질들을 끌어당겨 부수 원반을 만들 수 있다(237쪽 참조).

부수 원반에서 분출되는 입자들. 시그너스 A(중앙의 무거운 블랙홀로 빨려들어가는 타원 은하계)에서 나오는 부수 원반 분출은 양쪽 방향으로 수백만 광년까지 미친다. 우주에서 가장 큰 복사광원인 퀘이사는 전파 망원경으로 처음 관측되었다. 퀘이사의 복사 분포도를 만들어보면, 분출되는 물질들이 이르는 양끝에 있는 넓은 구역에서 가장 강한 광원들이 확인된다. 그 속에는 은하계 물질뿐만 아니라 은하계 간 물질들도 들어 있음이 분명하다. 전파 분포도를 이용해서 위치를 정한 다음 광학 망원경으로 관찰하면 거리가 멀어서 희미하게 보이는 은하계가 퀘이사의 중앙에 있는 것을 발견할 수 있다.

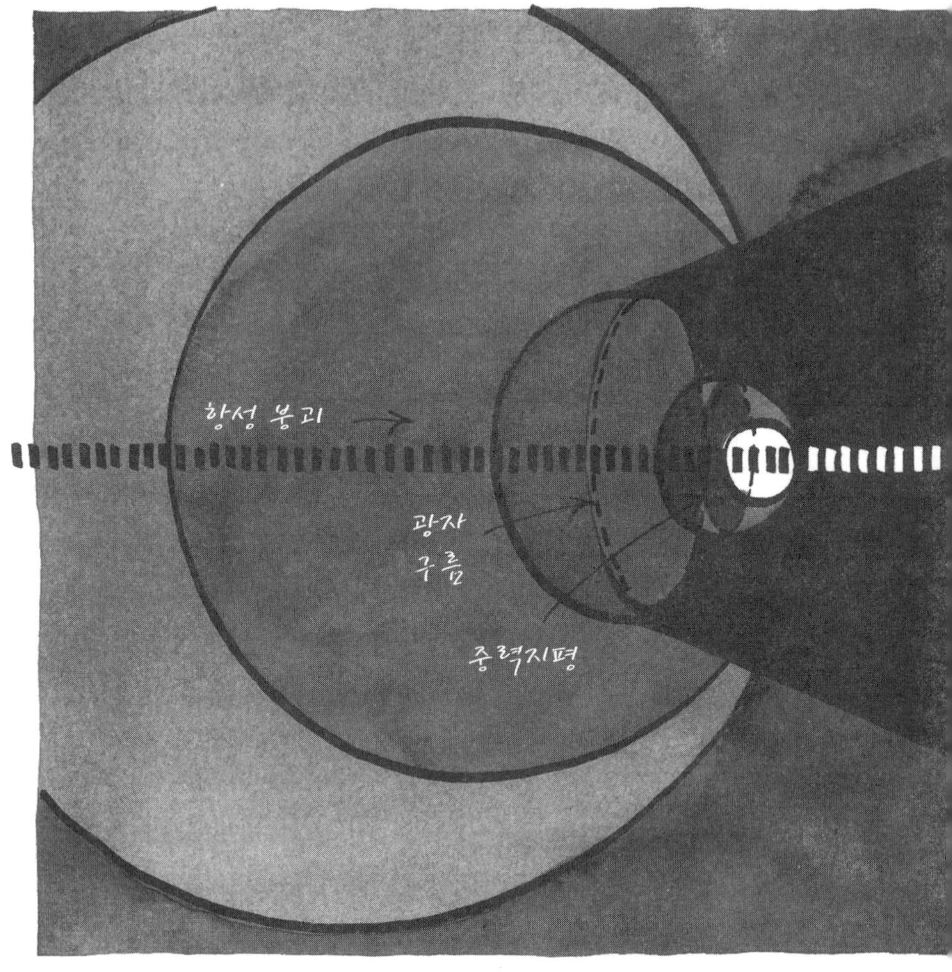

항성의 블랙홀로의 붕괴. 그림은 항성이 중력에 의해 블랙홀로 붕괴하는 과정을 사건의 '시간선'(219쪽 그림 참조) 위에서 표현한다. 이런 붕괴는 태양 질량의 세 배가 넘는 모든 종류의 질량 집합체에서 일어날 수 있다(202, 243쪽 참조). 항성은 중력에 대항하는 힘을 산출해온 열핵반응 연료가 소진되면 초신성으로 폭발한다(239쪽 참조). 나머지 질량은 점점 가속되는 속도로 붕괴한다. 질량 집합체는 크기가 줄어들면서 두 개의 결정적인 지름을 거친다. 먼저 특정한 지름에 도달하면, 표면에 접하는 방향으로 움직이는 광자들이 포획되어 구름을 형성한

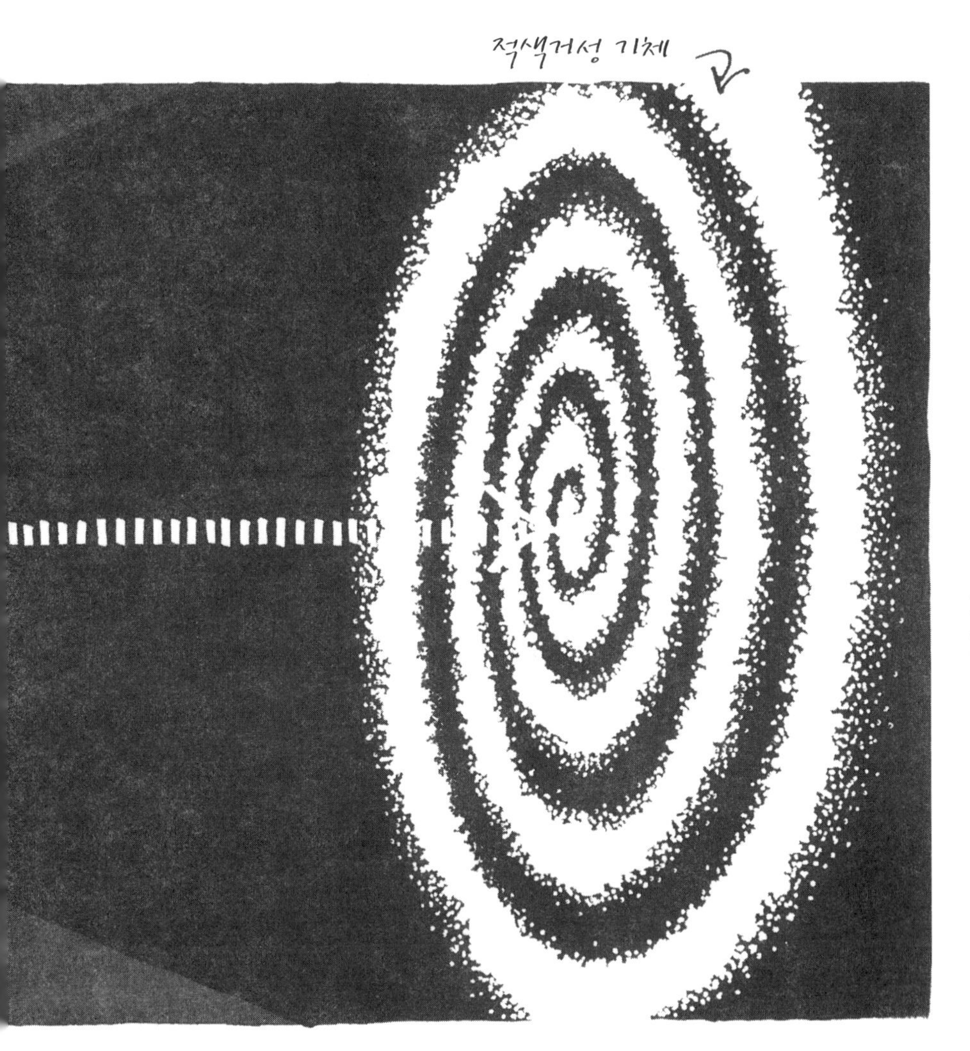

다. 그 구름을 통해 블랙홀의 위치를 알 수 있다. 이어서 붕괴가 계속되어 '중력' 반지름에 도달한다. 중력 반지름에서 중력장 탈출속도는 광속이다. 광자는 중력장을 빠져나가지 못한다(이로 인해 블랙홀은 검다). 마침내 중력은 물질 입자들의 내부 '압력'조차 능가한다. 남는 것은 블랙홀의 '특이성' 속으로 빨려드는 물질들의 전하량 총량과 각운동량뿐이다. 블랙홀이 동반된 적색거성의 물질을 끌어들여 부수 원반을 형성했다(244쪽 그림 참조).

에서 방출되는 입자는 없다. 이 사실은 시그너스 X1이 블랙홀일 가능성을 높여준다.

은하계의 핵

블랙홀이 발견될 가능성이 가장 높은 지역은 은하계 질량의 90퍼센트가 집중되어 있는 은하계의 핵이다. 하지만 이 사실은 은하계의 핵에 관심이 쏠리는 여러 이유들 중 하나에 불과하다. 은하계의 핵을 관찰하기 위해 지구의 남반구에 점점 더 많은 고성능 장비들이 배치되고 있다. 유럽 천문대 연합이 칠레에 건설하고 있는 16미터 다중 반사경 망원경도 그 중 하나이다.

지난 20년 동안 관찰자들은 수소의 21센티미터 전자기파와 적외선에 맞추어진 망원경들을 이용해서 4만 광년의 거리에 가로놓인 항성 물질 및 항성간 물질을 뚫고 은하계 핵 내부를 관찰했다. 중심에서 1만 광년 떨어진 핵의 경계에는, 초속 약 100킬로미터로 은하계 평면 외곽으로 움직이는 이온화된 수소 구름고리가 있다. 이 고리 안쪽의 밀집된 별들 사이에는 대기가 희박한 듯이 보인다. 마치 성간 대기가 오래 된 종족 II 항성의 재료로 사용되는 바람에 전부 소모되기라도 한 듯이 말이다. 중심에서 5000광년 떨어진 곳에는 수소 원자 및 수소 분자로 된 원반이 은하계 평면과 일정한 각도를 이루면서 기울어져 있다. 이 원반 안에는 이온화된 수소로 이루어진 절대온도 1만도의 열점들이 있으며, 최근에 생성된 것으로 보이는 청백색의 초거성(supergiant star)들이 있다. 이어서 중심에서 불과 30광년 떨어진 곳에는 더 낮은 온도인 절대온도 5000도의 이온화된 수소 고리가 있다(252, 253쪽 그림 참조).

은하계 속에서 별들이 가장 많이 밀집된 곳은 중심에서 반지름 10광년 이내의 구형 공간이다. 그 공간 안에서, 구의 중심 주위를 회전하고 반지름이 3광년이며 질량은 태양 질량 정도인 이온화된 수소 구름이 발견되었다. 이 구름은 밀집된 별들의 충돌로 인해 생긴 산물이라고 여겨진다. 별들은 모든 것을 중심으로 끌어당기는 중력의 지배하에서, 항성 내부 물질의 회전보다 더 빠른 속도로, 즉 1만 년에 한 바퀴씩 회전한다. 이 은하계 중심은 적외선을 내는 밝은 광원으로 포착된다. 중심에서 반지름 300만 킬로미터 이내의 영역(지구 궤도 반지름의 6분의 1이내의 영역)에 태양 질량의 5000만 배에 달하는 질량이 들어 있는 것 같다. 중심에 더 가까운 곳에는 엄청나게 큰 블랙홀이 있을지도 모른다.

만일 블랙홀이 있다 할지라도, 그 블랙홀은 현재 아무런 작용도 하지 않는 상태이다. 핵 경계에서 외부로 팽창하는 이온화된 기체가 시사하듯이, 그 블랙홀은 과거 은하계 팔의 형성에 어떤 역할을 했을지도 모른다.

확장된 은하계

새로운 천문학 장비들에 의해 밝혀진 바에 따르면, 중심에 블랙홀이 있을 것으로 추정되는 우리 은하계의 중력장은 은하계 주변 공간 깊숙한 곳까지 펼쳐져 있다. 은하계 평면 외부로 불룩하게 솟아오른 지점에 분포된 구상성단들과 오래된 희미한 별들을 관찰하면, 우리 은하계를 둘러싼 찌그러진 구형의 '무리'(halo)가 있음을 알 수 있다. 그 무리는 지름이 12만 광년이고, 중심에서의 두께는 10만 광년이다. 은하계의 얇고 거대한 평면이 안정성을 유지할 수 있는 이유 중 하나가 이 무리 때문이라고 이론은 말한다. 회전하는 원반은 무리가 지닌 엄청난 질량에 의해 안정성을 유지한다.

천문학자들은 마젤란 성운을 기준으로 해서, 즉 인접한 네 개의 소형 비정형 은하와 무리 외부에 멀리 떨어져 있는 10개의 구상성단을 기준으로 해서—이들 전부는 반지름 30만 광년 안에 들어 있다—태양의 운동을 정밀하게 관측했다. 기준이 된 천체들은 은하계의 회전에 이끌려 느리게 회전한다. 1974년 에스토니아 타르투 천문대의 에이나스토(J. Einasto)와 동료들은, 은하계의 중력장은 은하계와 무리를 둘러싼 반지름 30만 광년의 구형 공간인 '코로나(Corona)'에 걸쳐 있으며, 거의 태양 질량의 2조 배에 달하는 질량을 원천으로 한다고 계산했다(254쪽 그림 참조).

에이나스토의 계산에 따르면 우리 은하계의 질량은 관측되는 질량의 여덟 배나 된다. 부족한 질량이 관측되는 질량의 일곱 배이다. 성단들과 소형 비정형 은하들 속에 있는 별들은 모두 희미하고 오래 된 별들이다. 광대한 코로나 속에 낱개로 떨어져 있는 별들은 관측될 수 없는 광도의 빛을 내고 있는지도 모른다. 최근에 이루어진 측정들에 의해서 은하계 외곽의 회전속도가 수정되었다. 이 수정을 통해서 은하계 중력장이 코로나 전체에 뻗어 있다는 주장은 더 설득력을 얻게 되었다. 더 나아가 가까이 있는 일곱 개의 은하계에서, 은하계의 내부 회전이 은하계 외곽까지 미치는 것이 관측되었다. 이 사실은 이 은하계들 속에 있는 많은 관측되지 않은 질량에 의해 이 은하계들의 중력장이 멀리까지 확장되었음을 시사한다.

광대한 코로나 내부에서 이루어진 은하계의 모양 형성은 중력과 각운동량 보존법칙에 의해 일어난 것이 분명하다. 물질들이 천천히 회전하는 코로나에서 매우 높은 밀도의 중심으로 빨려들면서 회전속도가 빨라졌고, 이를 통해 은하계가 납작한 원반 모양이 되었을 것이다.

우리 은하계의 주변 은하계들에 대한 상대운동은 공유 중력장이 있음을 시사한다. 우주를 이루는 단위인 은하계들은 무리지어 은하단을 이루고, 은하단은 초은하단을 형성하는 경향이 있다. 은하단 역시 자체 중력으로 모인 계이다. 몇몇 은하군들 내부에 있는 전파광원들은 은하계 간 대기에 있는 이온화된 물질의 신호를 보낸다. 그 신호는 은하계들 사이에서 주기적으로 변하면서 작용하는 엄청난 중력의 존재를 시사한다. 어떤 초은하단들의 내부에서는 은하계들이 연합하여 초은하계를 이룬 것이 관측된다.

퀘이사와 먼 우주

은하계들의 분포를 조사해보면, 초은하단들이 끈 모양으로 배열되거나, 막을 형성하거나, 거대한 공간을 둘러싼 거품 모양을 형성함을 알 수 있다. 그러므로 우주 균질성 원리는 국지적으로는 지켜지지 않는다. 그러나 충분히 큰 규모의 시공에서는 균질성 원리의 타당성이 회복된다.

은하계 분포 조사를 통해 도달할 수 있는 우주는 반지름 50억년 크기이다. 더 먼 시공에 대한 관측은 점점 더 발견된 수가 늘어나고 있는 '퀘이사'라는 천체를 찾아내고 정밀하게 관찰함으로써 이루어졌다('퀘이사'라는 명칭은 '항성과 유사한'〔quasi-stellar〕 전파광원'을 뜻한다). 퀘이사는 싱크로트론 복사파를 강하게 방출하는 새로운 종류의 천체이다. 이들이 내는 스펙트럼에는 방출선도 흡수선도 없으므로 적색편이를 확인할 수 없다. 그러므로 이들이 우리 은하계 안에 있는 '항성'인지, 또는 새로운 종류의 은하계인지 판단할 수 없었다.

이 강력한 전파 방출 천체를 처음 발견한 곳은 1946년 영국 멜버른 왕립 레이더 관측소였다. 군용장비였던 레이더를 평화로운 연구에 사용한 관찰자들은 (우연히도 블랙홀로 추정되는 천체가 속한 것과 같은 별자리인) 백조자리에서 그 전파광원을 발견했다. 몇 년 후 바데와 츠비키(F. Zwicky)는 그 전파광원과 헤일 망원경이 촬영한 사진에 있는 희미한 별 하나가 일치한다는 사실을 밝힐 수 있었다. 그들은 그 천체가 방출하는 거대한 에너지를 근거로, 그것이 은하계 간 충돌의 산물인지도 모른다고 추측했다. 츠비키는 다른 천체에서 은하계 간 충돌을 관측하고 사진을 통해 명확하게 막대한 에너지 방출을 입증하기도 했다.

은하계 충돌은 당시 증거가 발견되어 있었던 가장 큰 에너지 원천이었다. 은하계 지름과 평균적인 은하계 간 거리의 비율이 1000분의 1임을 감안한다면, 은하계들 사이의 충돌은 흔하지는 않지만 극히 드물지도 않을 것으로 추측할 수 있다. 평균적으로 자신의 크기의 10^{25}배에 달하는 공간을 차지하는 항성들 사이의 충돌은 극히 드물다.

1950년대에 걸쳐 전파 망원경들을 통해서 전파 스펙트럼 영역에서 밝게 빛나는 많은 광원들이 발견되었다. 이들 중 많은 것들이 시그너스 A와 대등한 에너지를 방출했다. 만일 이 광원들이 우리 은하계 밖에 있다면, 이들의 절대 전파광도는, 정체가 확실히 알려져 전파 은하계로 분류된 활동성이 큰 여러 타원 은하계들의 절대광도보다 더 높을 것이다. 문제의 광원들 중 일부와 전파 은하계들 중 일부는 주기적으로 변하는 전파를 방출했다. 그 변화를 증거로 해서 광원의 크기의 최대값이 계산되었다. 단일 광원으로 관측되기 위해서는 광원의 크기가 광도 변화기간 중에 빛이 이동할 수 있는 거리보다 작아야 한다. 관측된 주기는 몇 주, 며칠, 또는 몇 시간이었고, 따라서 문제의 전파광원들은 은하계 속에 들어갈 수 있을 만큼 충분히 작다는 것이 밝혀졌다.

위치 측정 오차를 초 단위 각도까지 줄이는 것을 가능케 한 전파 간섭계의 등장으로 별들이 밀집된 사진에서, 그 전파광원들을 찾는 작업이 실질적으로 유용해지게 되었다. 전파광원에 대응하는 가시적 천체는 항상 거대한 타원 은하계였다. 7시간 노출로 촬영한 타원 은하계에서 다음 단계의 해답이 나왔다. 그 스펙트럼의 흡수선과 방출선은 다른 천체들의 스펙트럼과 상응하지 않았다. 1963년 팔로마 산 윌슨 천문대의 슈미트(M. Schmidt)는, 어떤 강력한 전파광원에서 포착된 낮은 진동수의 자외선이 매우 여기된 상태의 수소에서 나오는 높은 진동수의 자외선 방출선에 대응될 수 있음을 발견했다. 이렇게 큰 적색편이를 근거로 해서 퀘이사의 위치는 지구로부터 20~30억 광년 떨어진 곳으로 옮겨졌다. 그러므로 퀘이사는 우리 은하계 밖에 있으며, 별이 아니라 은하계와 유사하다.

우리 은하계의 핵은 남반구 하늘에서 포착되는 모든 파장의 복사파에 대한 고성능 장비를 동원한 집중적인 관측에 의해 모습을 드러냈다(248쪽 참조). 중심에서 1만 광년 떨어진 핵 외곽에서 발견된 특별한 것은, 초속 100킬로미터로 은하계 평면상에서 외곽으로 퍼져나가는 이온화된 수소 구름고리이다. 그것은 발생 초기의 은하계 팔인지도 모른다. 외곽 너머의 중심부에는 종족 II에 속하는 오래 된 항성들이 있다. 중심에서 5000광년 떨어진 곳에는 은하계 평면에 대해서 일정한 각으로 기울어져 있는 수소 원자 및 분자로 된 원반이 있다. 그 원반에는 이

온화된 수소로 된 열점들과 최근에 발생한 것으로 보이는 청백색 초거성들이 있다. 중심에서 10광년 이내의 공간은 은하계에서 항성 밀도가 가장 높다. 그 항성들의 충돌로 인해 이온화된 수소구름들이 산출된 것으로 보인다. 그 구름은 중심에 있는 밝은 적외선 광원 주위를 돌고 있다. 지름이 3000만 킬로미터(지구 궤도의 6분의 1)에 불과한 그 광원은 태양 질량의 5000만 배를 포함하고 있는 것으로 보인다. 그 광원 깊숙한 곳에 엄청나게 무거운 블랙홀이 있을지도 모른다.

구형 '코로나'. 지름이 30만 광년인 구형의 코로나는 우리 은하계의 중력장이 인근 공간에까지 미친다는 것을 말해준다(249쪽 참조). 코로나 속에 있는 천체들은 은하계와 함께 회전하고 있다. 그런 대표적인 천체는 마젤란 성운이다. 그 성운으로부터 끊임없이 물질들이 은하계 핵으로 흘러들고 있는 것으로 보인다. 은하계는 또한 코로나 안쪽에 있는 '무리'에 의해 둘러싸여 있다. 무리는 대략적으로 구상성단들에 의해 규정된다. 코로나 속에 있는 중력 질량은 태양 질량의 2조 배로 추정된다. 가시적인 질량보다 훨씬 큰 규모이다.

퀘이사가 내는 빛의 원천

소수를 제외한 모든 퀘이사의 복사파는 비교적 먼 곳에서 오는 것으로 밝혀졌다. 퀘이사가 방출하는 높은 절대광도의 복사파를 우주적 시간으로는 짧은 순간에 불과한 100만 년 동안만이라도 방출하려면, 태양 질량 1~10억 배에 해당하는 질량 전체를 에너지로 변화시켜야 한다는 계산이 나온다. 도대체 어떤 과정이 일어나기에 순식간에 그토록 엄청난 질량을 에너지로 변환시키는 것일까? 뉴멕시코 소코로에 있는 전파 망원경 거대 배열에서 가까운 퀘이사들을 정밀하게 관측한 결과 놀라운 해답이 나왔다.

시그너스 A에 있는 광원 집단에서 나오는 에너지 변화량을 정밀하게 측정하여 구성한 컴퓨터 영상은 그 복사파가 은하계 간 공간으로 수백만 광년까지 전파됨을 보여주었다. 퀘이사 시그너스 A의 존재를 처음 알린 전파 에너지는 주로 두 광원에서 나온다. 그 두 광원은 서로 수천만 광년 떨어져 있고, 각각 수천 세제곱 광년의 크기를 가진다. 이 둘의 중간지점 근처에 타원 은하계와 일치하는 작은 전파광원이 있는데 이 광원이 국지적인 은하단 속에서는 가장 밝고 큰 광원이다. 이 은하계로부터 한 방향으로 거의 광속에 가깝게 입자들이 분출된다. 이 분출은 엄밀하게 정해진 파장의 전파로 확인된다. 반대방향으로의 입자 분출은 직접적으로 관찰되지 않았다. 그러나 반대방향의 분출도 있을 것이 명백하다. 양 방향의 분출이 은하계 간 공간 깊숙히 수천만 광년까지 뻗어나갈 것이다. 분출된 입자들은 전파를 방출하는 방대한 영역에서 여기된 입자들로 이루어진 구름을 형성하고, 은하계 간 대기에서 끌어모은 입자들에 충격을 가하여 이들을 여기시킨다(245쪽 그림 참조).

이 퀘이사를 비롯한 여러 퀘이사들이 보여주는 놀라운 광경에 대한 일반적인 설명은 이 은하계들의 중심에 거대한 블랙홀이 있다는 것이다. 블랙홀은 상당한 속도로 회전하면서 은하계 물질들을 끌어당겨 중력장에 의해 부수 원반을 형성하는 것으로 보인다. 부수 원반 속에서 빠르게 움직이는 대전된 입자들에 의해 생성된 강력한 자기장은 물질들을 매우 빠른 속도로 분출시킨다. 이 과정에서 은하계 정지질량의 상당 부분이 복사 에너지로 방출된다. 훨씬 더 많은 은하계 물질은 점점 더 커지는 블랙홀의 중력지평 너머로 사라진다. 퀘이사-은하계는 자기 자신을 소진시키고 있다. 이 새롭게 확인된 종류의 천체는 1억 년을 훨씬 넘는 기간 동안 유지되지는 못한다.

관측된 우주의 끝

슈미트에 의해 퀘이사가 매우 멀리 있는 천체라는 것이 밝혀짐과 더불어 퀘이사에서 오는 복사파가 먼 과거로부터 온 것이라는 사실도 명백해졌다. 슈미트의 동료 샌디지(A. Sandage)는 즉각적으로 전파 스펙트럼이 아닌 선스펙트럼과 적색편이를 통해 자신을 알리는 퀘이사에 관한 연구에 착수했다. 별들이 밀집된 구역에서도 그 희미한 천체들을 스펙트럼을 통해 탐지하도록 고안된 그의 독창적인 관측에 의해 강한 전파를 방출하는 퀘이사보다 더 많은 수의 먼 천체들이 발견되었다. 표준 스펙트럼의 자외선 영역에서 가장 강한 광도를 나타낸 그 천체들의 스펙트럼은, 이들의 높은 절대광도의 복사파가 때로는 가시광선 영역 안으로까지 밀리는 큰 적색편이에 의해 흐려졌음을 보여주었다. 점 광원에서 나오는 복사파인 그 천체들의 복사파를 토대로 해서 이들이 독특한 종류의 은하계라는 것이 입증되었고, 이들은 오늘날 퀘이사로 분류되었다. 이들의 핵은 매우 큰 에너지를 동반한 활동을 하고 있다. 그렇게 큰 에너지를 산출할 수 있는 힘은 중력 외에는 없으며, 중력을 발휘하는 주체는 블랙홀일 가능성이 높다. 이리하여 블랙홀은, 그 자체로는 빛을 내지 않으면서도, 우주 속에서 가장 큰 빛 에너지를 산출하는 여러 구조들 중 하나로서 주도적인 지위에 오르게 되었다.

1960년대 후반 전파를 방출하거나 방출하지 않는 퀘이사들의 수는 1000개에 근접했다. 따라서 퀘이사들을 통계적으로 고찰하는 작업이 가능해졌다. 슈미트는 가장 많은 퀘이사들이 지구로부터 130억 광년 이상 떨어져 있음을 발견했고, 따라서 그 퀘이사들의 시간적 위치를 130억 년 이상 과거로 확정했다. 이 퀘이사들의 단위 부피당 존재 개수는 공간적으로 지구에 가깝고 시간적으로 현재에 가까운 시그너스 A 같은 퀘이사의 존재 개수보다 1000배 많다. 10년 후 1500개 이상의 퀘이사가 발견된 시점에서 슈미트와 샌디지는, 극소수의 퀘이사들은 150억 년보다 더 먼 과거의 빛을 보내고 있다고 보고했다.

1970년대 후반 칠레의 체로토롤로에 있는 아메리카 대륙 천문대에서 스미스(M. G. Smith)와 오스머(P. Osmer)의 관측에 의해, 130억 년보다 더 오래 된 극소수의 천체가 관측된다는 주장이 입증되었다. 그들은 하늘의 작은 한 구역에서 이제껏 발견되지 않은 150개의 퀘이사를 발견했다. 그 퀘이사들의 적색편이를 탐구한 결과, 그들의 나이는 거의 비슷하게 130억 년 내외였다. 그들 중 가장 멀리 있는 것들(대략 전체의 4분의 1 정도)도 150억 년 이상의 나이를 지니고 있지는 않았다.

이러한 관측들은 우주 역사 속에 '퀘이사 시대'가 있었을 가능성을 시사한다. 가까운 우주는 먼 우주만큼 나이를 먹었으며, 먼 우주가 우리에게 과거를 보여주는 것과 마찬가지로 먼 우주에 있는 관측자에게는 가까운 우주가 과거의 광경을 보여준다는 사실을 상기할 필요가 있다. 130억 년이나 나이를 먹었고 스스로 자신을 소멸시키는 퀘이사들은 가까운 우주에서는 이미 소멸했을 것이다. 그들은 어쩌면 블랙홀이 되었을 것이다. 또는 일부 또는 모든 은하계들의 역사 속에 퀘이사 단계가 들어 있는지도 모른다. 만일 그렇다면, 몇몇 퀘이사들은 더 안정적인 타원 은하로 변환되어 존재를 유지할지도 모른다. 그 이행단계에 있는 '원시' 은하계를 가까운 우주에서 찾는 연구가 이미 시작되었다. 하지만 그런 원시 은하계를 어떻게 식별해야 할지의 문제는 불분명하다.

이론적으로 상정된 퀘이사 시대로부터 오는 복사파들은 당시에도 우리 은하계와 유사한 '정상' 은하계들이 있었다는 증거를 보여주지 않는다. 은하계 핵 속에 있는 비교적 젊은 종족 II 항성들은 항성 진화 주경로를 따라 움직였을 것이므로, 현재보다 퀘이사 시대에 더 밝게 빛났을 것이다. 그러나 그 별들이 내는 주요 복사파인 가시광선은 적외선과 전파 스펙트럼으로 적색편이 되어 현재로서는 탐지 불가능할 것이다.

퀘이사 시대가 인지됨으로써 관측천문학은 최근 들어 관측되기 시작한 거대한 사건의 시작점에 가까운 과거로 거슬러올라갔다. 그 거대한 사건의 시작에 관한 연구는 극단적인 적색편이를 단서로 해서 이루어진다. 애리조나 주 아파치(Apache)를 본부로 하여 여러 천문대들이 연합으로 수행한 슬로언 디지털 천문 관측(Sloan Digital Sky Survey)에서 관찰된 한 천체는 극단적인 적색편이를 보여주는 훌륭한 실례이다. 아주 멀리 있는 퀘이사에서 방출하는 복사파 중 가장 강한 것은 수소의 라이만 알파선이다. 그 선스펙트럼의 파장은 지구에서 1.216×10^{-5}센티미터, 즉 자외선 영역이다. 문제의 퀘이사에서 방출되는 복사파 속 라이만 알파선은 가시광선 영역을 건너뛰어 적외선 영역에 있으며, 파장은 8.3×10^{-5}센티미터이다. 적색편이를 통해 원래 파장이 (1216에서 8300으로) 6.82배 커진 것이다.

현재 합의된 허블 상수—메가파섹당 초속 60~80킬로미터—에 의하면 우주의 나이는 10억 년의 오차를 감안하여 140억 년이다. 그러므로 적색편이를 근거로 추론할 때, 그 퀘이사가 빛을 내기 시작한 시점은 우주 역사의 최초 10억 년이 지난 시점이다.

빅뱅의 잔향

먼 과거로 거슬러오른 관측 우주론은 빅뱅의 잔향에 도달했다. 그 잔향은 알퍼와 헤르만이 예견했고 1965년 펜지어스와 윌슨이 발견한 우주 배경복사이다. 파장 0.2 밀리미터에서 80센티미터 영역에 걸친 복사파를 위성에서 탐사한 결과, 배경복사의 온도는 흑체 복사 방정식에 의거해서 절대온도 2.73도였다. 그 복사파가 오는 먼 시공을 감안하여 적색편이(1500배의 편이가 생긴다!)를 계산하면 배경 복사의 원래 온도는 약 절대온도 3000도가 된다. 30만 년의 나이를 먹은 우주가 시야에 들어온 것이다. 30만 년이 된 우주의 반지름은 팽창으로 인해 4500만 광년에 도달했다. 복사파의 밀도는 물질의 밀도보다 낮아졌다. 양성자와 알파입자들은 충분히 온도가 낮아지고 속도가 느려져서 전자기력을 통해 전자들을 받아들여 수소와 헬륨이 되었다. 복사 에너지 광자들은 끝없는 여행을 시작했다. 그 광자들 중 소수는 팽창하는 우주에서 태양계와 지구가 차지하는 미세한 영역을 향해 여행하기 시작했다. 오늘날 이들은 지구에 사는 우리들에게 거의 절대 0도에 가까운 온도로 포착된다.

이렇게 관측 우주론을 따라 시간을 되돌려 우주를 축소시키는 일은 창조 이야기를 거꾸로 듣는 것이라고 할 수 있다. 경험(관찰과 실험)은 현재 우주를 끊임없이 과거의 우주와 연결시키므로, 창조 이야기를 거꾸로 전하는 것이 가능하다.

관측 우주론은 30만 년이 지난 시점까지 이야기를 되돌렸다. 이 시점부터는 우주의 온도와 밀도가 높아지고 반지름이 줄어드는 경향을 이론적으로 추정하여 최초 100초가 지난 시점까지 올라간다. 최초 100초 이내에서는 우주론이 입자 이론과 겹치며 입자 가속기로부터 얻은 실험적 증거에 의해 검증된다. 지난 반 세기 동안 이루어진 가속기의 성능 향상에 의해 창조 이야기는 최초의 1초 속 깊은 곳에 있는 시점까지 되돌려졌다. 가속기 실험을 근거로 확장된 우주론은 그 시점을 빅뱅의 시작으로 간주한다.

빅뱅: 표준모형

이 믿기 힘든 창조 이야기는 우주가 팽창한다는 사실이 1930년대에 알려지면서 자연스럽게 등장한 다음과 같은 질문에 대한 대답이다. 팽창 이전에는 무엇이 있었는가? 가모프의 과감한 대답 속에는 최초의 뜨거운 열의 잔향이 남아 있어야 한다는 검증 가능한 귀결이 들어 있었다. 1965년 우주 배경복사가 발견됨으로써 여러 학자들이 빅뱅 가설을 수정하고 보완하는 작업에 착수했다. 이제 창조 이야기를 처음부터 순서대로 전할 수 있을 것이다.

1980년대 초까지 일반적으로 합의된 표준모형에 따르면, 빅뱅은 10^{-37}초에 갑자기 시작되었다(260, 261쪽 그림 참조). 이런 방식으로 창조 이야기는 0.0초에서의 우주 상태를 말하는 것을 우회한다. 그 시점에서는 우리가 아는 물리학이 무용지물이기 때문이다.

10^{-45}초에서 우주는 신비로운(ghostly) 대칭성을 지니고 있었다. 우주의 크기는 육안으로 볼 수 없을 만큼 작았으며, 절대온도는 10^{37}도였고, 밀도가 1세제곱센티미터당 10^{100}그램, 즉 10^{120}에르그였다. 우주는 이외에 다른 특징은 전혀 가지고 있지 않았다. 현재 우주가 보여주는 중성자별이나 블랙홀은 이 상상하기 힘든 최초 우주를 가늠케 하는 축소 모형이라 할 수 있다.

빅뱅이 진행되면서 상전이(물이 끓거나 어는 것과 같은 변화)가 일어나 특징 없는 대칭성이 깨지고, 중력과 양자적 힘들이 분리된다. 우주의 반지름은 10^{-3}센티미터에 도달하지만, 역시 아직은 육안으로 볼 수 없는 크기이다. 밀도는 1세제곱센티미터당 10^{91}그램으로 떨어지고, 온도는 절대온도 10^{32}도로 낮아진다. 이 온도는 10^{19}기가전자볼트에 해당하는데, 이 에너지는 가장 야심적인 가속기 기술로 도달 가능한 에너지보다 최소한 열 자리 수가 더 높다. 이어서 10^{-37}초에 대통합 상전이가 일어나 강한 힘과 전기약력이 분리된다. 우주의 반지름은 막 1센티미터를 넘어섰다. 밀도는 세제곱센티미터당 10^{79}그램으로 낮아지고, 온도는 절대온도 10^{29}도로 떨어졌다. 이 온도는 10^{16}기가전자볼트에 해당하는데, 이것 역시 실험으로 도달할 수 없다.

열거한 수량들은 이론적으로도 불확실하다. 반지름과 온도와 에너지는 10의 거듭제곱의 지수로 1 정도가 불확실하고, 시간은 2 정도, 밀도는 4 정도가 불확실하다. 하지만 열거한 수량들은 가속기로 얻은 증거들을 토대로 계산한 결과이다.

다음 상전이는 실험으로 도달할 수 있는 범위에 들어온다. 10^{-12}초에서 우주는 반지름이 1억 킬로미터, 온도가 절대온도 10^{16}도이다. 이 온도는 10^{3}기가전자볼트에 해당하는데, 이 에너지는 바타비아 가속기에서 최초로 도달되었다. 밀도도 급격히 떨어져 1세제곱센티미터당 10^{29}그램이 된다.

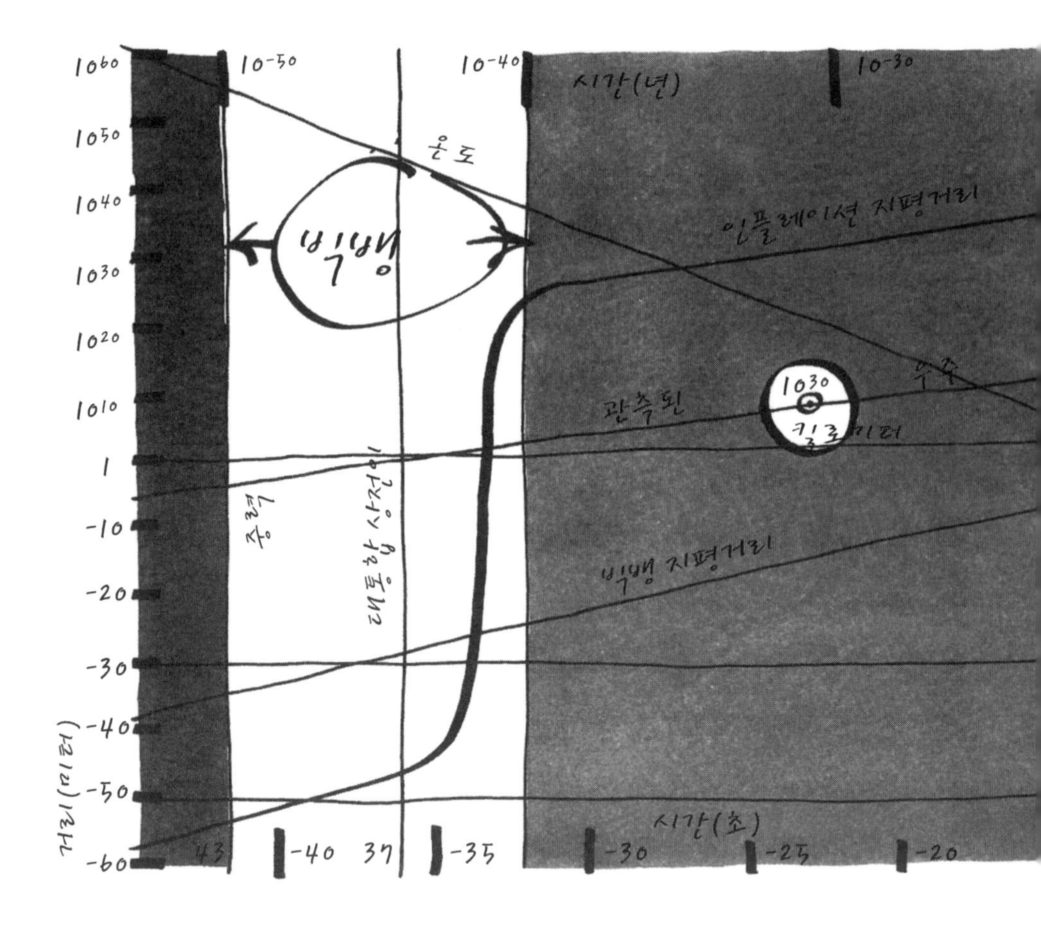

빅뱅에 의한 우주 탄생을 10의 거듭제곱의 지수 단위로 도표화했다. 원래의 빅뱅 시나리오에 의하면 10^{-45}초에 우주는 조밀하고 뜨겁다는 것 외에는 아무 특징도 없으며 크기는 육안으로 볼 수 없을 만큼 작았다(259쪽 참조). 우주가 갑작기 팽창하고 식어지면서 최초 1초 이내에 '상전이들'이 일어나 우주를 구성하는 네 힘들과 네 입자와 원자(190, 191쪽 그림 참조)들이 생겨났다. 10^{-43}초에 중력이 양자력들로부터 분리되고 10^{-37}초에 강한 힘이 전기약력으로부터 분리되었다. 이 사건들은 현재 실험으로 도달할 수 있는 한계 보다 열 자리 수 높은 에너지 규모에서 일어났다. 10^{-12}초에 전기약력이 전자기력과 약한 힘으로 분리되었고, 물질이 에너지로부터 분리되었다. 이때 우주의 온도는 테라전자볼트 수준이었다. 이 사건을 탐구하기 위한 실험들이 현재 진행되고 있다. 양자색역학 상전이에 의해 물질입자들은 경입자와 쿼크로

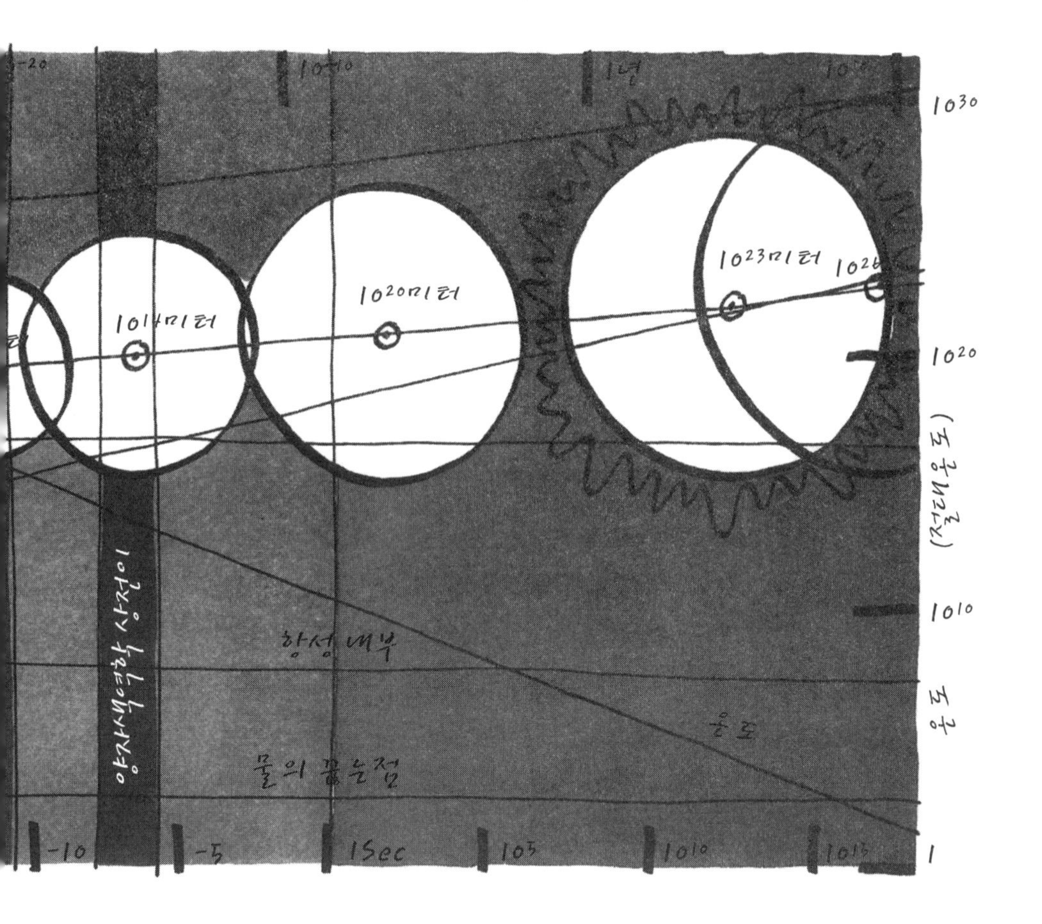

분리된다. 가속기들 속에서 이 사건이 재현되어, 일반 물질의 '조상' 격인 두 세대의 고에너지 입자들이 산출되었다(143, 189쪽 참조). 그림 속의 원들은 주요 시점에서 우주의 크기를 나타낸다. 지름 10^{23}미터, 절대온도 3000도인 '불덩어리' 우주는 절대온도 2.725도로 적색편이 된 우주 배경복사로 관측된다. 우주 배경복사의 '흑체' 균일성은 빅뱅 시나리오를 수정하는 '인플레이션' 이론을 지지한다. 10^{-50}미터 이하의 크기에서 10^{25}미터 크기까지 우주가 인플레이션을 통해 팽창했다면, 우주에서 관측되는 균질성을 설명할 수 있고, 우주의 모든 부분들이 '지평거리' 이내로 충분히 들어올 수 있다. '지평거리'는 약 우주가 약 150억 년의 나이를 먹어가는 동안 빛이 이동할 수 있는 거리이다.

이 시점에서 전기약력 상전이가 일어나 대칭성이 깨지고 전자기력과 약한 힘이 분리된다. 쿼크와 경입자와 무거운 양자들은 당시의 우주를 채운 조밀한 힉스 장의 에너지를 흡수하여 정지질량을 얻는다.

가속기로 도달한 빅뱅

빅뱅의 증거는 바타비아와 CERN에 있는 가속기로부터 1973년에서 1984년까지 확보되었다(184쪽 참조). 또한 초전도 슈퍼 충돌기의 표적 지점에서 힉스 입자를 발견함으로써 더욱 확고하게 빅뱅을 입증할 계획히 세워져 있었다. '신 입자'는, 현재 테라전자볼트까지 성능을 향상시키는 중인 바타비아 가속기에서, 또는 CERN에 건설 중인 지름 27킬로미터 대형 원형 하드론 충돌기(Large Hadron Collider)에서 2005년 안에 발견될 가능성이 있다.

10^{-6}초의 우주는 반지름이 1000억 킬로미터, 즉 0.1광년으로 팽창했다. 이때 양자색역학 상전이가 일어나 입자들은 경입자이나 쿼크가 된다. 이 상전이에 의해 우주는 1950년대와 1960년대 가속기를 이용해서 탐구된 상태에 도달한다. 이보다 약간 앞선 시기에 물질-반물질 상쇄로 인해 온도 하강이 잠시 지체되어 온도는 절대온도 10^{13}도로 유지된다. 상쇄되고 남은 소량의 물질이 양자색역학 상전이를 거쳐, 여기된 쿼크들로 이루어진 기이한 핵입자들(neuclear particles)을 형성한다. 그 입자들은 메가전자볼트 수준의 가속기 속에서 발생시킬 수 있다.

처음 1초 이후 100초까지 우주는 점차 느려지는 속도로 팽창하여 반지름 1만 광년에 도달한다. 온도와 밀도는 항성 내부와 유사해진다. 온도가 낮아진 덕분에 이미 오래 전에 업 쿼크와 다운 쿼크가 결합하여 양성자와 중성자를 형성했다. 여전히 높은 에너지를 유지하고 있는 우주 속에서 몇몇 양성자들이 최초의 자가 조직을 통해 오늘날 우리가 우주에서 보는 다양한 물질들을 구성하기 시작한다. 어떤 양성자는 강한 힘에 의해 중성자들과 결합하여 안정적인 수소 동위원소인 중수소 핵을 형성한다. 이렇게 결합된 중성자들은 붕괴를 모면한다. 결합되지 않은 중성자들은 10.3분의 반감기에 걸쳐 양성자로 변환된다. 양성자의 수는 거의 두 배로 늘어난다.

이후 30만 년 동안 우주는 계속 팽창하여 반지름 4500만 광년에 이른다. 대전된 전자, 양성자, 중수소, 알파입자 등으로 이루어진 조밀한 플라스마는 복사파에 대해서 불투명했다. 이제 온도가 절대온도 3000도로 낮아져 복사파의 밀도가 물질의 밀도보다 더 낮아졌다. 양성자와 알파입자가 전자와 결합하여 수소와 헬륨이 된다. 전기적으로 중성인 수소와 헬륨 기체는 복사파에 대해서 투명하다. 절대온도 3000도 에너지를 지닌 광자들이 우주를 밝힌다. 그 후 반지름의 자릿수가 두 자리 더 늘어나는 팽창이 계속된다. 우주를 밝힌 광자들의 우주 배경복사에는 적색편이가 일어나, 배경복사 에너지는 절대온도 2.725도가 된다.

표준 빅뱅 모형에는 결함들이 있다. 최근에 발견된 난점들은 차치한다 하더라도, 처음 10^{-45}초 순간의 상상할 수 없을 만큼 조밀한 시공과, 상상할 수 없을 만큼 높은 밀도와 온도를 상정하는 데 어려움이 있다. 무엇보다도 빅뱅 모형은 우주에서 관측되는 균질성을 설명하지 못한다. 만일 관측된 우주가 균질적이라면, 서로 가장 멀리 있는 부분들도 과거에 서로 정보교환이 있었어야 한다. 그러나 표준 빅뱅 모형에 따르면 우주가 빛보다 빠른 속도록 팽창해야 한다. 최초 100만분의 1초 동안 반지름 10^{14}미터까지 팽창한다. 초기 우주의 부분들은 '지평거리'(horizon distance) 너머로 서로 분리되어 있을 수밖에 없다. 빛은 그 지평거리 너머로 이동할 수 없었다(219쪽 그림 참조). 빛보다 빠른 팽창속도가 자연법칙에 위배되는 것은 아니다. 빛은 궁극적 한계속도를 지니고 있지만 공간의 팽창은 그 한계를 지키지 않아도 된다. 따라서 빅뱅 이전의 매우 작은 우주 속에서도 모든 부분들이 동시에 동일한 힘들에 의해 지배될 수는 없었다. 더군다나 빅뱅이 일어나 우주가 팽창하면서 서로 멀어진 부분들은 서로 충분히 멀어져서 서로 간에 빛에 의한 어떤 정보교환도 불가능하게 되었을 것이다.

인플레이션 이론

이 문제를 비롯한 여러 난점들을 빅뱅 모형에서 제거하기 위해, 과거 스탠퍼드 선형 가속기 센터에서 연구했고 현재 매사추세츠 공과대학에 있는 거트는 최초 1초 속으로 10^{-43}초보다 더 깊이 거슬러올라가는 모험을 감행했다. 그는 초대칭성을 주장하는 종류의 대통합 이론에 의해 예측된 특별한 형태의 물질은 음의 중력, 즉 척력을 발휘함을 간파했다. 물론 그런 척력은 1917년 수정한 일반 상대성 이론의 우주론적 상수에서도 등장했다. 만일 초기 우주가 한 부분에 그 특별한 형태의 물질을 극소량만이라도 가지고 있었다면, 그 부분은 중력적 척력에 의해 기하급수적으로 펼쳐져서, 관측 가능한 우주 전체를 포괄할 만큼 부풀게 되었을 것이다(인플레이션되었을 것이다).

거트가 제안한 우주 탄생의 인플레이션 모형(inflationary Model)에 따르면, 우주의 팽창은 처음에는 천천히 일어나고 이어서 급격히 가속된다. 이 점에서 거트의 제안은 순간적으로 높은 속도로 시작되어 중력의 영향으로 급격히 속도가 줄어드는 표준 빅뱅 모형에서 생각하는 우주 팽창과 대조된다. 거트에 따르면 우주 팽창은 10^{-50}미터 이하의 반지름을 가지는 최초 우주로부터 광속보다 느린 속도로 시작된다. 따라서 그 작은 우주는 완벽하게 균질적이다. 이어서 척력이 과정을 주도한다. 10^{-33}초에서 첫번째 상전이를 거쳐 우주는 반지름 10^{20}미터 이상까지 부푼다.

1981년 1월 발표된 이 제안에는 거트 자신도 인정한 암묵적인 문제가 있다. 가속하는 인플레이션은 물이 끓는 것과 유사하게 어떤 무질서에 의해 멈춰질 수 있다. 무작위적인 기포 형성에 의해 이 제안이 추구하는 등방성이 깨질 수 있다. 약 1년 후 당시 모스크바 레베데프 연구소에 있었고 현재는 스탠퍼드 대학에 있는 린데(A. Linde)가 이 문제에 대한 해답을 내놓았고, 곧이어 펜실베이니아 대학의 스타인하트(P. Steinhardt)와 알브레히트(A. Albrecht)가 그 해답에 동의했다. 그들은 모든 상전이가 물이 끓는 것과 같은 방식으로 일어나지는 않음을 증명했다.

입자물리학과 관련해서 특정한 가정을 하면, 인플레이션 속에서 거치는 상전이가 부드럽고 일정하게 일어날 수도 있다. 인플레이션 단계의 끝인 약 10^{-35}초 이후에는 모든 사건들이 빅뱅 이론과 동일하게 진행된다. 그 진행은 최초 1조분의 1초 이후부터는 실험물리학에 의해 입증된다.

이 예비 인플레이션 폭발(inflationary preliminary detonation) 가설은 '단순' 빅뱅 가설이 지닌 결함을 보완하는 가설로 환영받았다. 예비 인플레이션 폭발 가설은 현재 배경복사의 등방성이 관측됨으로써 강한 지지를 받고 있다. 우주 배경복사 탐사위성은 1989년 11월부터 4년에 걸쳐 은하계 평면 위와 아래에 있는 관측 가능한 우주 전역에서 복사파들의 파장을 정밀하게 측정했다. 관측된 복사파는 파장 0.5밀리미터에서 0.5센티미터까지 절대온도 2.725도 이상 흑체 복사 곡선과 오차 100만분의 50 이내로 일치했다. 우주의 지평에서 빛나는 복사파는 관측된 그 어떤 결과보다 더 '연속적이고', '일정하고', 굴곡이 없었다. 이런 완벽한 등방성을 가장 잘 설명할 수 있는 것은 초기 우주의 갑작스럽고 급격한 인플레이션이다.

이제 학자들의 관심은 배경 복사의 등방적 분포에 있는 100만분의 50 편차에 쏠려 있다. 지난 10년 동안 이루어진 기술의 발달로 편차가 있는 구역에서 배경복사가 어떻게 변이되는지 정확하게 윤곽을 그릴 수 있게 되었다. 이에 대한 학자들의 관심은 매우 높다. 그 구역들 속에는 은하계를 비롯한 거대 구조들의 씨앗이 들어 있다고 믿어진다. 초기 우주에 있었던 미세한 밀도 차이를 지닌 구역들에서 우주가 식고 밀도가 낮아지면서 응축이 일어나 오늘날 우리가 보는 거대 질량 집합체가 형성되었다고 믿어진다. 고해상도 지상 망원경으로 입수되는 자료들은 지금까지 인플레이션 이론과 훌륭하게 일치하고 있다. 계획된 연구 단계에서 위성에 탑재되어 탐사를 수행할 망원경들 역시 마찬가지로 인플레이션 이론과 일치하는 자료를 제공할 것이라고 예측된다.

이렇게 입자물리학자들과 우주과학자들은 우주와 우주의 탄생 이후 역사에 관한 통합된 그림에 도달해가고 있다. 많은 미완성 연구가 있기 때문에, 성취된 결과에 만족할 수는 없다. 가장 중요한 미결 과제는 결손질량을 설명하는 것이다. 결손질량은 관측된 빛나는 질량과 같은 종류이면서 현재 관측기구의 도달한계를 벗어나 있거나 블랙홀 속에 들어간 질량일지도 모른다. 만일 중성미자가 미세하게라도 정지 질량을 가진다면, 결손질량의 상당 부분이 중성미자로 인해 채워질 것이다. 이 문제를 밝히는 것을 비롯한 여러 관심사 때문에 바타비아와 제네바에 있는 대형 가속기들은 지표면의 다른 위치에 있는, 즉 온타리오 주와 이탈리아에 있는 탐지장치를 향해 직선으로 날아가도록 가속된 중성미자들을 땅 속으로 발사시키고 있다.

일반 상대성 이론의 고전적 해석을 근거로 탐구되는 결손질량은 예기치 못한 종류의 질량으로 판명될 수도 있다. 그 질량은 정적인 우주를 보장하려 했던 우주론적 항이 함축하는 반중력을 발휘할지도 모른다. 새로운 물리학인 초대칭성 이론과 끈 이론은 '어두운 물질'(dark matter)을 이루는 다양한 입자들을 제안하고 있다. 힉스 입자 관측을 위해 고안된 실험에서 산출되는 입자들 속에서, 초대칭성 이론이 주장하는 물질 및 반물질 입자의 초대칭 입자를 시사하는 최초의 증거가 나올지도 모른다.

어두운 에너지

결손질량의 본성을 밝히는 것보다 더 시급한 과제는 아마도 척력의 본성을 밝히는 일일 것이다. 우주 팽창의 가속은 유형 1a 초신성을 이용한 거리 측정에서 강력하게 시사되었다. 척력을 발휘하는 '어두운 에너지'는 물질 입자들의 정지질량의 원천이며 또한 물질 입자들과 가상 입자를 교환하는 진공의 에너지가 표출되는 또 다른 형태일 수 있다. 척력은 예비 인플레이션과 빅뱅의 시기에도 그리고 가속되는 것으로 관찰되는 현재 우주 팽창의 시기에도 항상 있었을 것이다.

이 새로운 문제들의 해결을 위한 관건은, 또는 해결을 통해 얻어질 귀결은 세 개의 양극성 힘에 관한 양자이론과 중력장 이론 사이의 개념적 간극을 좁히는 것에 있다. 아인슈타인은 스스로 집요하게 노력했지만, 이 힘들을 단일한 장이론으로 통합하지 못했다. 사변과 실험과 관찰을 통한 어떤 시도도 중력을 양자이론으로 설명하는 검증 가능한 주장에 이르지 못했다. "매우 단순한 전제들을 기반으로 세워진 개념적 체계" 안에서 실재를 이해하는 일은 여전히 도달하지 못한 연구 목표로 남아 있다.

그렇다고 물리학의 유한성이 입증된 것은 아니다. 현재 매우 큰 신뢰를 얻은 '인플레이션 우주' 이론에 의하면, 관측 가능한 우주보다 훨씬 큰 우주를 생각해볼 수 있다. 원시 우주핵의 예비 인플레이션에 의해 우주의 지평까지의 거리가 어쩌면 관측한계보다 스무 자리 수 이상 멀어질 수도 있다. 인플레이션 우주 속에서 관측된 우주가 차지하는 지위는 20세기 관측천문학의 발달에 의해 우리 은하계가 관측된 우주에서 차지하게 된 지위와 같다. 원시우주가 10^{20}배로 팽창하면, 무수한 다른 우주들이 존재할 여지가 생긴다. 이 다른 우주들은 다른 방식으로 역사를 겪고 심지어 다른 물리적 법칙들을 따를지도 모른다. 이런 사변적 주제들은 아직까지는 경험의 한계 밖에 있으므로, 이 책에서 고려할 만한 것들은 아니다.

우주 탐구에 대한 또 하나의 반론으로 와인버그는 이렇게 언급한 바 있다.

"더욱 근본적인 물리적 원리들을 발견할수록, 그 원리들은 우리 인간과 점점 더 관련이 적어지는 것 같다."

20세기의 우주 연구를 통해 인간의 존재는, 이제껏 상상조차 못했던 거대한 질량과 에너지의 순환 광경으로 가득 찬 우주 속에서, 우리가 관측하기 훨씬 이전부터 시작되어 태양과 지구가 사라진 후에도 오랫동안 계속될 우주의 역사 속에서, 작고 잠깐

뿐인 한 점에 불과하다는 것이 밝혀졌다. 근본적인 물리적 원리들이 우리와 상관이 있다면, 그것은 일반적으로 팽배한 조건들과는 달리 그 작은 점에 형성되어 인간의 존재를 허용해준 예외적인 조건에서만 그렇다. 새로운 학문은, 존재의 목적을 찾으려면 별이 빛나는 하늘을 보는 대신에, 지구라는 행성 위에서의 삶을 끌어안으라고 충고한다. 인류의 존재는 덧없음을 의식하기 시작하면서 삶의 목적을 발견한 초기 호모 사피엔스 조상들 덕분이다. 이제 이 책은 생명과 인류의 기원을 이야기할 것이다.

그러므로 우리는 평범한 물리적 법칙에 의해 생명을
해석하는 일의 어려움 앞에서 절망해서는 안 된다.

슈뢰딩거

5

살아 있는 세포

빅뱅으로부터 시작된 우리의 새로운 창조 이야기는 이제 팽창하는 우주의 반지름이 1000만 광년을 넘어서는 시점에 이르렀다. 에너지 밀도가 충분히 낮아진 그 시점에 이르러 자유로워진 전자기 복사 광자들이 존재하는 것들을 비추기 시작했다. 그때에는 여전히 높은 밀도의 에너지와 수소와 헬륨이 존재하는 것 전부였다. 오늘날 우주에 있는 원자들도 거의 전부 수소와 헬륨이다. 수소는 전체의 약 93퍼센트, 헬륨은 약 7퍼센트를 차지한다.

이제 '거의 전부'를 제외한 소량의 원자들을 설명할 차례이다. 그 소량은 중력에 의해 별들이 탄생한 이후 방출된 별빛이 남긴 재이다. 그 소량은 수소와 헬륨의 융합으로 산출된, 원소 주기율표에 수록된 모든 무거운 원자들의 핵이다. 이 무거운 원자들은 우주 속에 있는 알려진 물질 총량의 10^{-3}(0.001)에 미치지 못한다. 영겁 이후 별빛으로 소모된 질량은 최초 우주 전체 질량의 10^{-4}(0.0001)에 불과하다. 별빛을 산출하는 열핵반응은 수소와 헬륨의 벌거벗은 핵으로부터 물질들을 구성하는 최초 단계들을 수행했다. 물질 구성은 더욱 복잡한 형태로 계속 진행되어, 우주 한 구석에 의식을 지닌 관찰자들이 생겨나는 결과에까지 이르렀다. 양성자 80개와 중성자 120개 정도가 무거운 원자핵 한 개를 이루면, 이들을 묶는 강한 힘과 약한 힘은 한계에 도달한다. 무거운 원자들은 자연적으로 방사성 붕괴를 한다.

별들 속에서 합성된 물질들은 이후 전자기력의 작용에 의해 더 큰 잠재력을 발휘하게 된다. 전자기력은 완성된 원자의 외곽 전자에 영향을 미친다. 은하계 내부의 광대한 성간공간에는 최소한 은하계 전체 질량의 5퍼센트에 해당하는 물질이, 물론 주로 수소가, 완전한 원자 또는 분자 상태로 존재한다. 원자들과 분자들은 화학결합을 이루고 고체입자로 응집하여 은하계 팔에서 별빛을 흐리는 먼지구름을 만든다. 그 구름 속에는 많은 유기 화합물이 있다. 구름 속에는 붕괴하여 갈색왜성이 된 엄청난 질량 덩어리들이 숨어 있는지도 모른다. 갈색왜성은 빛을 발하기에는 너무 작은 별들이다. 이 별들은 내부 및 주변의 온도와 압력이 적당해서 유기적·무기적 화학반응이 일어나기에 좋은 장소를 제공할 것이다.

우리 태양계의 경우를 보면, 전자기력의 작용이 가장 효과적으로 일어나는 곳은 단일 항성에 동반된 행성들이다. 인공위성들과 지상의 레이더들은 태양계의 다른 행성들과 목성 및 토성의 위성들에서 놀라운 광경을 포착했다. 그 장관을 만든 장본인은 산소이다. 산소는 별들 속에서 수소와 헬륨으로부터 만들어진 원소들 중 가장 풍부한 원소이다. 산소는 태양계에 비교적 풍부한 89개의 여타 원소들 중 주로 네 원소—규소(실리콘), 알루미늄, 망간, 철—와 결합하여 태양에 딸린 행성들의 본체를 이루는 고체 암석을 형성한다.

지구에서, 또한 어쩌면 암석으로 된 다른 행성들에서도 산소는 수소와 결합하고 또한 산소 다음으로 풍부한 두 원소인 탄소 및 질소와 결합하여 한 단계 더 복잡한 물질을 형성한다. 알고 보면 생명은 별빛만큼이나 자연스러운 현상이다. 수소, 산소, 질소, 탄소가 각각이 지닌 한 개, 두 개, 세 개, 네 개의 외곽 전자에 의해 복잡한 형태로 서로 결합하는 것은 전자기력 때문이다. 살아 있는 세포 속이 아닌 실험실에서도 이 네 원소들은 자발적으로 결합하여 세포를 이루는 성분들을 형성할 수 있다. 지구 역사 초기에 이 네 원소들이 자기 증식력을 가진 살아 있는 세포를 형성했다.

살아 있는 세포로부터 의식을 지닌 관찰자가 생겨났다. 프랑스 천체물리학자 오제(P. Auger)는 생명을 우주 속의 질서와 에너지 감소 속에 있는 '정상파'(standing wave)라고 생각했다. 생명은 물질과 에너지가 고도로 조직화된, 엔트로피가 낮은 파문이고, 그 파문을 통과하면서 우주 전체의 엔트로피는 열역학 제2법칙에 따라 증가한다는 것이다.

20세기 첫 해에 일어난 놀라운 과학사적 우연의 일치로 인해 생명에 관한 연구는 방향을 새롭게 돌렸다. 1900년 세 명의 식물학자가 동시에 독자적으로, 양성생식을 통한 유전이 양자화되어 있다는 것, 즉 분절적이라는 것을 발견했다. 부모 중 한 쪽으로부터 온 형질이 자식에게서 그대로 나타났다. 그 형질은 다른 부모가 가진 해당 형질과 섞이지 않았다. 우리는 우리 조상들의 형질을 섞거나 합쳐서 만든 복합물이 아니라 유전적 화합물이다.

한편 출간에 앞서 원고를 정리하던 독일의 코렌스(C. Correns), 오스트리아의 체르마크(E. Tschermack), 네덜란드의 드브리스(H. de Vrices)는 더 놀라운 사실을 발견했다. 이미 34년 전에 그들의 발견과 동일한 발견을 발표한 사람이 있었던 것이다.

멘델의 유전자

브륀(오늘날 체코 공화국의 브르노) 소재 아우구스티니아 수도원 정원에서 멘델은 콩을 교배시키는 장기실험을 했다. 그는 자식 대의 콩들이 녹색이거나 황색이지, 녹

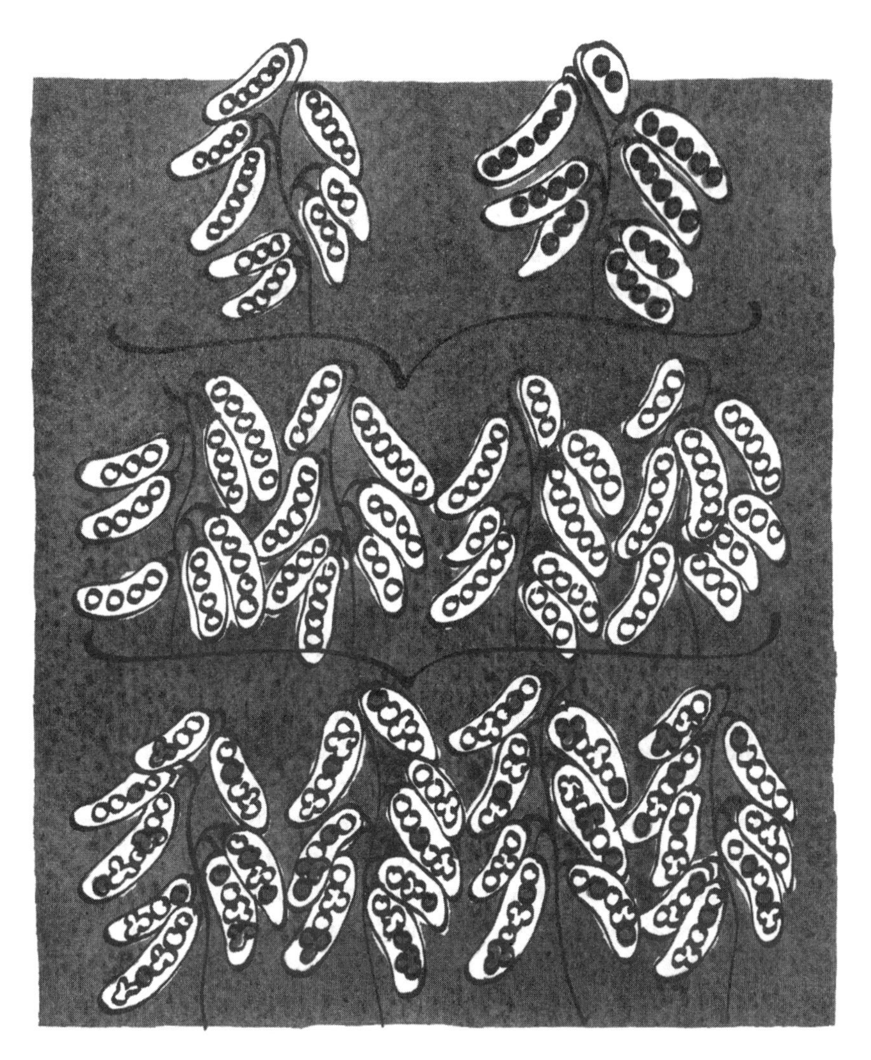

조합에 의한 유전 형질의 전달. 유전 형질들은 뒤섞임이 아니라 조합에 의해 전달된다. 콩 속에 있는 매끈함과 노란색 발현 유전자(위 왼쪽)는 우성이고, 녹색과 주름잡힘 발현 유전자(위 오른쪽)는 열성이다. 1세대 교배에서는 우성 유전자가 지배적이다. 2세대 교배에서는 산출된 콩의 절반이 매끈하고 노란색이다(아래). 콩 네 개 중 하나는 열성 유전자 형질을 지녀서 매끈한 녹색이거나 주름진 노란색이다. 또한 여덟 개 중 하나는 두 열성 형질을 모두 지녀서 주름지고 녹색이다. 유전자들은 이들을 선호하는 환경의 변화에 대비해서 형질들을 보존한다.

황색이거나 황녹색은 되지 않음을 발견했다. 또한 자식 대 콩들은 매끈하거나 주름이 있지, 주름이 약간만 있는 경우는 없었다. 이 발견에 깊은 인상을 받은 멘델은, 형질이 한 세대에서 다음 세대로 온전하게—훗날 그의 뒤를 이은 학자들이 유전자라 명명한 요소에 의해—전달된다는 직관을 얻었고, 그 직관을 입증하기 위해 실험을 고안했다. 유전자는 원자와 마찬가지로 개념적으로 타당할 뿐만 아니라 실재적이다.

멘델은 유전자를 제안하면서 동시에 20세기 내내 생명과학이 파고든 질문들을 제기했다. 유전자는 부모로부터 자식에게 전달되는 형질들을 어떻게 발현시키는가? 유전자는 어떻게 부모로부터 자식에게 온전하게 전달되는가? 유전자 개념은 생물 연구의 초점이 동물과 식물에서 이들의 구성요소인 세포로, 또한 세포 속의 고분자들과 세포를 이루는 작은 기관인 '세포 소기관'(organelle)으로 옮겨지게 했다. 세포 소기관들은 세포의 생명 그 자체인 질서 있고 순서 있는 생화학적 활동이 일어나도록 분자들을 배열한다. 이 모든 배열은 유전자의 분자구조 속에 암호화되어 있다.

세포는 살아 있는 상태로 조직된 물질의 최소단위이다. 세포는 주변의 물질과 에너지를 이용해서 자신을 조직하고 더 나아가 증식할 수 있는 최소 유기체이다. 최초 세포는 최소한 두 가지 종류의 세포로 분화했다. 원래의 세포에 더 가까우며, 지구에 있는 생명체 전체의 절반 이상을 차지하는 것은 박테리아(세균) 세포이다. 박테리아는 두 종류의 세포 중 더 작고 해부학적으로 더 단순하다. 몇몇 박테리아 유기체는 다세포 유기체이다. 박테리아 세포는 또한 원핵세포(procaryotes)라고도 불리는데, 이는 핵을 '아직' 형성하지 '않음', 또는 핵을 형성하기 '이전임'을 뜻한다. 핵을 가진 세포, 즉 핵을 '잘' 형성한 진핵세포(eukaryotes)는, 동물, 식물, 균류 등 거의 모든 가시적인 유기체들을 이룰 뿐만 아니라, 방대한 원생생물의 왕국도 이룬다. 원생생물은 동물이나 식물이나 균류로 분류되지 않은 단세포 또는 다세포 진핵세포 유기체이다. 진핵세포로 된 인간이 말하는 '살아 있는 세포'는 대개 진핵세포를 의미한다.

멘델 유전자의 위치

20세기 초의 연구에 의해, 증식하는 진핵세포의 핵이 멘델 유전자가 있는 자리라는 사실이 밝혀졌다. 20세기 중반에는 유전자의 실체가 DNA 분자로 판명되었다. 이때 이후 유전적 경험이 어떻게 모세포로부터 딸세포로 이전되는지, 또한 어떻게 발현되고 복제되는지 이해할 길이 열렸다.

단순한 껍질이 아닌 그 자체로 능동적 세포 소기관인 원형질 막을 통해서 세포는 끊임없이 선택적으로 환경으로부터 세포를 구성하는 원료들을 끌어들인다. 세포 유전정보의 발현으로 생성된 또 다른 세포 소기관은 세포 활동을 유지하는 데 필요한 에너지를 공급한다. 또 다른 세포 소기관은—이 세포 소기관은 대개 또 다른 종류의 세포에 있다—태양으로부터 한 개씩 광자를 포획한다. 광자에 의해 더 높은 궤도로 올라간 전자는 곧 한 계단씩 양자 건너뛰기를 하며, 그 세포기관 속에 있는 거대분자들의 사다리를 내려온다. 이 과정에서 공기와 물과 흙을 살아 있는 유기체의 실체와 활동으로 변환시키는 데 필요한 에너지가 산출된다. 예를 들어 활동하는 인체를 구성하는 10^{14}개의 세포들에 의해 1년 동안 산출되는 기계적 에너지는—그 에너지의 원천은 태양의 광자이다—150킬로와트시(Kwh)에 달한다. 이 외에도 훨씬 많은 에너지가 열의 형태로 방출된다.

세포 소기관들과 세포 속 고분자들은 세포에서 떼어내도 원래의 기능을 수행한다는 것이 밝혀졌다. 이들의 하부구획들 및 성분 분자들은 스스로 자가 조직한다. 고대의 기술들과 주요 산업들은 '유기적' 물질들이 지닌 이러한 능력에 의존했다.

반면에 세포 속 고분자들과 세포 소기관들이 어떻게 조화를 이루어 그 세포 자체와 다세포 유기체의 생명을 이루는지에 관한 지식은 미약한 수준이다. 현재 존재하는 세포 속에서 일어나는 에너지 순환은, 지질학적 증거들이 보여주는 바에 의하면 35억 년 이상 이전에, 그러니까 지구가 액체상태의 물을 보유할 만큼 식자마자 시작되었다. 현재 살아 있는 세포들이 공유하는 특징을 조사함으로써 그 모든 세포들의 근원이 되는 유기체가 대략 어떤 모습일지를 추정하는 연구가 진행되고 있다. 그러나 연구가 진행됨에 따라, 현재의 모든 세포가 공유하는 것으로 밝혀진 특징들의 수가 점점 줄어들고 있다. 이미 생명이 시작된 순간부터 유전정보는 환경 속에서 만나는 새로운 자원에 적절하게 반응하는 세포의 능력을 환영해온 것이다.

그러므로 생명의 신비 대부분은 거의 30억 년에 달하는 생명역사의 첫 단계 속에 감춰져 있다. 30억 년은 경험을 축적하기에 충분히 긴 시간이다. 30억 년이라는 표현은 인간의 관점에 따른 표현이다. 분자 및 원자 반응에 소요되는 시간이 10^{-15}초임을 감안한다면, 경험의 축적을 위해 가용했던 시간이, 지구의 역사인 10^{17}초였다고 표현하는 것이 더 적절할 것이다. 지구 표면으로부터 새로운 원소들을 자신의 본체 속에

편입시키고 태양으로부터 에너지를 흡수하면서 세포는 지구상의 모든 위도 지역에 자리잡았다. 아마도 7억 년 전에 다세포 진핵 유기체의 출현에 앞서 원핵세포들이 대기와 물과 지표면을 조직하여 생명권(biosphere)을 조성했다. 이를 통해 원핵세포들은 지구 환경을 그들의 번영에 적합하도록 재구성했다. 이후 세포는 점점 더 다양해지고 고도로 질서 있는 조직을 갖추었으며, 자손으로 태어난 다세포 유기체들은 점점 더 높은 자율성을 획득했다.

생명세계의 개척자인 박테리아들은 지금도 여전히 존재한다. 그들은 여전히 자손들을 위해 지구 환경을 지키고 있다. 의식을 가진 관찰자인 인간에게 박테리아는 모범적인 생존사례를 제공한다.

그러므로 진화를 이끈 힘은 자기복제, 에너지 변환, 그리고 새로운 경험의 유전자 속으로의 통합이다. 다윈은 맬서스의 비극적 세계관에 기반하여 생존경쟁과 적자선택이 종의 기원에 가장 결정적인 역할을 한다고 믿었다. 다윈이 『종의 기원』을 출간할 당시에는 경쟁하는 새로운 유기체를 발생시키는 변이의 원인이 신비로 남아 있었다. 다윈의 저술이 출간된 것은 멘델의 연구 발표가 있기 7년 전이었고, 멘델의 연구가 인정받기보다는 반 세기 이상 전이었다.

멘델로부터 시작된 연구는 진화를 새로운 시각으로 바라보게 했다. 변이와 선택의 이분법(변이가 다양성을 증가시키고 선택이 감소시킨다)은 진화를 설명하기에 충분치 않다. 생명의 최초 실험들과 발명들은 그 자체로는 대부분 실패로 돌아갔을 것이 분명하다. 이미 출발시점에서부터 선택의 주체(물리적 환경)는 생명체가 자리잡음에 따라 변화하고 있었다. 새로운 종들은 새로운 거주지를 개척했고, 또한 그들 스스로가 다른 종들의 거주지가 되었다. 군집유전학자 르원틴(R. Lewontin)이 주장했듯이, 변이는 환경이 부과하는 생존의 '문제를 해결하지' 않는다. 오늘날 지구에 사는 생명들의 환경은 생명 스스로에 의해 창조되었다.

오늘날 '적자'는 더 중립적으로, 자손을 남기는 생명체라고 정의된다. 모든 각각의 종의 발생은 그 자체로 연구할 가치가 있는 특수한 경우들이다. 에너지 변환, 자기복제, 그리고 새로운 경험을 자기복제하는 유전자 속에 통합하기, 이 모든 능력들은 생물에게만 있다. 오직 살아 있는 유기체만이 진화한다. 나머지 우주 전체는 역사를 가질 뿐이다.

1800년 이전에 레벤후크(A. van Leeuwenhoek)는 거의 유리구슬 수준인 현미경으로 "도랑과 개천에서 떠온 물 속에서 미생물들이 헤엄치는 것"을 발견했다. 오늘날에는 놀라울 것이 없는 그 발견은 당시로서는 달 착륙만큼이나 대단한 것이었다. 영국의 피트(Ch. Pitt)는 그 발견을 다음과 같은 시로 표현했다.

> 누군가의 작은 돋보기를 통해 우리는 새로운 세계를 엿본다
> 이제껏 천사 외에는 누구도 보지 못한 세계
> 그토록 오랫동안 인류에게는 어둠에 묻혀
> 한 점에 응집되어 있던, 신의 신비에 가까운 세계

한 세기 후의 관찰자들은 레벤후크의 '작은 돋보기'로부터 발전한 현미경을 통해 세포 하나가 두 개의 세포로 갈라지면서 증식하는 것을 관찰할 수 있었다. 식물학자 슐라이덴(M. J. Schleiden)과 동물학자 슈반(Th. Schwann)은 식물과 동물의 조직이 세포로 이루어졌음을 관찰했다. 그들은 조직세포들이, 자유롭게 헤엄치는 미생물들과는 달리 전체 유기체를 위해 다양하게 분화되고 서로 연관된 기능들을 한다는 것을 관찰할 수 있었다. 이어서 피르호(R. Virchow)가 다음과 같은 세포이론을 제시했다.

모든 세포는 세포로부터(omnis cellula a cellula) 나온다.

몇몇 진지한 관찰자들은 여전히 통속적 믿음인 생명의 자연발생을 주장했다. 구더기와 파리는 쓰레기에서 나오고, 방치해둔 수프와 술에서 발효가 일어난다고 그들은 믿었다. 파스퇴르(L. Pasteur)는 간단한 실험으로 이 논란을 해결했다. 공기에 노출된 수프는 부패했지만, 덮어둔 수프는 부패하지 않았다. 덮어두었기 때문에 자연발생이 억제되었다는 반론에 답하기 위해 파스퇴르는, 공기 중에 사는 단세포 유기체들을 차단할 수 있도록 꼬인 관을 통해 수프에 공기를 공급하면서 다시 실험했다. 그는 공기 중에 있는 단세포 유기체가 발효와 부패를 일으킨다고 믿었다.

파스퇴르가 부패와 발효를 연구한 것은 양조산업을 위해서였다. 그는 살아 있는 세포가 있을 때만 부패나 발효가 일어날 수 있다고 주장했다. 이렇게 피르호와 파스퇴르에 의해 생명의 기원은 먼 과거로 옮겨지게 되었다.

생명에 대한 분자 수준의 이해와 관련해서 파스퇴르는 또 하나의 업적을 남겼다. 덜 발효된 재료나 일부 포도주에서는 흔히 주석산 결정의 침전이 일어난다. 이 침전물이 편광된 빛을 오른쪽이나 왼쪽으로 약간 회전시킨다는 것을 파스퇴르는 발견했

다. 그는 오른쪽 회전을 일으키는 침전물과 왼쪽 회전을 일으키는 침전물을 분리하는 데 성공함으로써, 주석산 결정에 두 종류가 있음을 밝혀냈다. 이를 증거로 그는, 주석산 분자가 왼쪽이나 오른쪽으로 감기거나 꼬인 3차원 구조를 가지며, 그 구조가 화학적·생물학적 작용에서 어떤 역할을 한다고 추측했다.

세포와 세포핵

20세기 벽두에 사용된 현미경 밑에서 세포(진핵세포)는 막처럼 보이는 것에 둘러싸여 '원형질'(protoplasm)을 담고 있는 투명한 물방울 모양으로 나타났다. 거의 특징이 없는 세포 내부에는 더 어두운 작은 점이 있었다. 가장 먼저 관찰자의 관심을 불러일으킨 것은 그 점이었을 것이다. 그 작은 점, 즉 '핵'은 생명을 나타내는 주요 상징이 되었다.

적당한 시간이 지나면 세포핵의 크기가 약간 커진 것을 관찰할 수 있다. 이어서 세포 양 끝으로부터 원형질(오늘날의 명칭으로는 '세포질'〔cytoplasm〕, cyto는 세포를 뜻한다) 속으로 부챗살처럼 선들이 뻗어나가 핵에 닿는다. 곧이어 핵이 미세한 가닥들로 분해되고, 그 가닥들은 동일한 수만큼 양 끝으로 끌려간다. 아마도 원형질을 가로지른 선들이 다시 수축하면서 가닥들을 끌어당기는 것 같다. '방추사'라 불리는 그 선들은 곧 사라진다. 두 무리로 나뉜 가닥들은 분리된 두 핵으로 뭉친다. 곧이어 원래의 세포로부터 두 개의 세포가 만들어진다.

어떤 생명의 힘이 이 사건을 관할하는지 궁금해지지 않을 수 없다. 과거에 있던 세포는 사라졌다. 그 세포의 생명은 이제 두 세포를 살아 있게 만든다. 한 세포 또는 한 다세포 유기체가 죽으면, 오직 생명이 사라질 뿐, 원래 있던 것들은 모두 그대로 남는다.

1917년 출간된 『성장과 형태』(*Growth and Form*)에 관한 명쾌한 저술에서 영국 생물학자 톰프슨(D'Arcy Thompson)은 이렇게 말했다.

"확실히 말할 수 있는 최소한의 것은, 생명을 연구하기 위해 우리가 다뤄야 할 주요 힘들과 물질의 주요 성질들이 알려진 현상들과 매우 유사하다는 것이다."

그는 단세포 생명의 제한된 크기를 예로 들었다. 물방울과 마찬가지로 세포도 표면장력 때문에 어느 한계 이상으로는 성장할 수 없다. 세포는 크기가 작기 때문에 표면장력과 분자간력으로 중력에 대항하여 수직방향의 크기를 유지한다. 세포와 외부세계 사이의 교류는 미세한 확산력과 삼투력에 의해 일어난다. 그러나 "살아 있는 세포 속에서는 우리의 지식으로는 어떤 알려진 물리적 힘에도 명확히 귀속시킬 수 없는 가시적·비가시적 작용들이 일어난다"는 사실도 염두에 두어야만 한다.

어떤 학자들은 생명에서 물리학을 벗어난 힘을 추구했다. 생명주의(vitalism)는 20세기 중반까지 경쟁력을 지니고 있었다.

19세기에 감염 질병을 연구한 의사들은 박테리아라는 또 다른 종류의 살아 있는 세포를 인지하는 데 도달했다. 오늘날 알려진 바에 의하면, 다른 유기체를 위협하는 박테리아는 점점 더 많이 확인되고 있는 박테리아 전체의 극히 일부에 불과하다. 박테리아들은 물 또는 충분한 습기가 있는 곳이라면 어디에서든 상호 협력하는 공동체를 형성하여, 그들의 몸을 공기와 물과 암석으로부터 만들어내면서 번성한다. 원핵세포의 유전물질은 고리 모양의 '뉴클레오이드'(nucleoid)에 담겨 자유롭게 세포질 속을 떠다닌다. 소수를 제외한 나머지 모든 박테리아는 단단한 다당류 껍질로 둘러싸여 있다. 그 껍질 덕분에 박테리아는 열악한 환경 속에서도 생존한다. 매우 다양한 박테리아들 중에는, 최초 생명의 직계 후손으로 지금까지 생존하는 것들도 있다. 그 박테리아들은 생명이 탄생했을 때 지구가 처한 조건과 유사한 환경에서 서식한다.

19세기 말 의사들과 세포생물학자들은 전염병을 연구하는 과정에서 더 미세한 유기체가 있다는 증거를 발견하고 난감해했다. 그들이 발견한 '여과성(filterable) 바이러스'는 가장 작은 박테리아도 여과할 수 있는 거름종이의 미세한 구멍을 쉽게 빠져나갔다.

생명물질의 성분

19세기 중반의 화학자들은 생명물질의 성분에 관해 대략적인 이해만을 가지고 있었다. 그들은 생명물질에 관한 정보를 사람이나 가축 같은 다세포 유기체의 영양섭취에서 얻었다. 그들은 오직 살아 있는 유기체만이 그런 물질을 만들 수 있다고 믿었기에, 그런 물질을 다루는 새로운 화학분야를 유기화학이라 명명했다. 성간공간에 있는 유기분자들이 발견되기에는 아직 너무 이른 시기였다. 지구에 있는 유기분자들은 주로 공기와 물 속에 있는 원소들로 구성되어 있었다.

그 원소들은 서로 결합하여 세 가지 익숙한 유기 화합물을 이룬다. 공기 중의 이산화탄소에 포함된 탄소와 물에 포함된 수소는 서로 결합하여 커다란 탄화수소들을 만든다. 전분을 비롯한 탄수화물들은 탄소와 수소뿐만 아니라 물에 포함된 산소도 받아들여 더 크고 복잡한 분자를 이룬다. 가장 크고 무한히 다양한 구조를 지닌 유기분자는 단백질이다. 단백질에는 공기 속에 가장 풍부한 원소인 질소가 구성성분으로 들어간다. 많은 단백질에는 황도 들어 있다. 황은 단백질의 복잡한 구조를 이루는 원자들 사이의 결합력을 강화하는 역할을 한다. 이렇게 세 가지 유기분자들은, 차례대로 원소기호로 표기하면 CH, CHO, CHON 또는 CHONS로 이루어져 있다.

멘델이 자신의 연구를 발표하고 3년 후인 1869년 미셰르(F. Miescher)는 네번째 유기 화합물과 유기 화합물의 여섯번째 성분원소를 추가했다. 그는 세포핵에서 인을 추출했고, 그 인이 단백질에서 나왔다고 믿었다. 미셰르는 인을 포함한 단백질을 '핵질'(nuclein)이라 명명했다. 이 발견이 지닌 의미는 멘델의 연구가 재발견되고 곧이어 여러 중요한 발견들이 일어나기까지 인식되지 못했다. 미셰르의 발견 이후 유기 화합물의 성분은 CHONSP가 되었다.

지질학자 겸 지구사학자인 클라우드(P. Cloud)가 더욱 정밀한 장비를 동원해 알아낸 바에 따르면, "당신을 완벽하게 건조시키면, 근사적인 질량 비율로 탄소 48.4퍼센트, 산소 23.7퍼센트, 질소 13퍼센트, 수소 7퍼센트, 칼슘 3.5퍼센트, 인 1.6퍼센트, 황 1.6퍼센트, 기타 십여 가지 원소들 1.5퍼센트가 남는다." 칼슘은 뼈에 들어 있다. 언급된 기타 원소들에는, 나트륨, 칼륨, 마그네슘, 철, 망간, 코발트, 보론, 구리, 아연 등이 포함된다.

유기분자들이 무한히 다양할 수 있는 것은 네 개의 외곽 전자를 지닌, 즉 원자가가 4인 탄소 때문이다. 학자들은 분자의 구성성분을 아는 것으로는—예를 들어, 설탕은 $C_6H_{12}O_6$, 알코올은 C_2H_6O, 식초는 $C_2H_4O_2$이다—부족하다는 것을 깨달았다. 중요한 것은 원자들이 결합하는 방식이다. 탄소는 단선적인 결합을 할 뿐만 아니라, 팔이 두 개인 산소나 세 개인 질소와 결합하여 사각형, 오각형, 육각형의 결합을 이루기도 하고, 더 나아가 또 다른 2차원적 모양이나 3차원적 모양을 형성하기도 한다.

유기 화합물의 화학적 변화무쌍함은 1897년 예기치 않게 발견되었다. 부흐너(F. and H. Buchner) 형제는 의학에 응용할 목적으로 효모 배양균에서 즙액을 추출했다. 그들은 추출액이 부패하지 않도록 설탕을 첨가했다. 그러자 놀랍게도, 파스퇴르의 가르침과는 달리, 추출액에서 급격한 발효작용이 일어나 알코올이 산출되었다.

세포 밖에 있는 유기화합물이 살아 있는 세포에 버금가는 작용을 한 것이다. 다음 세대의 유기화학자들은 부흐너가 추출한 '치마아제'(zymase, 그리스어로 효모를 뜻한다)에서 작용력을 발휘한 성분을 식별하고 분리하는 데 매달렸다.

세포연구에 몰린 관심과 유기화학의 발전에도 불구하고, 다른 한편에서는 젊고 유능한 생물학자들이 동물개체 전체에 관해 연구하고 있었다. 1900년 콜럼비아 대학의 모건(H. Morgan)은 절단된 신체 일부의 재생을 연구하고 있었다. 그런 재생력은 특히 절지동물, 곤충, 그 밖의 외골격 동물, 그리고 소수의 내골격 도마뱀들이 가지고 있다. 멘델의 발견이 재발견되자 모건은 재능과 관심을 유전학으로 돌렸다. 얼마 후 그는 흔히 보는 초파리, 즉 드로소필라 멜라노가스터(Drosophila *melanogaster*)의 유전이 멘델 법칙에 따라 일어난다는 것을 입증했다. 따라서 다른 동물들과 식물들의 유전도 멘델의 법칙을 따를 것이라는 추측에 근거가 생겼다.

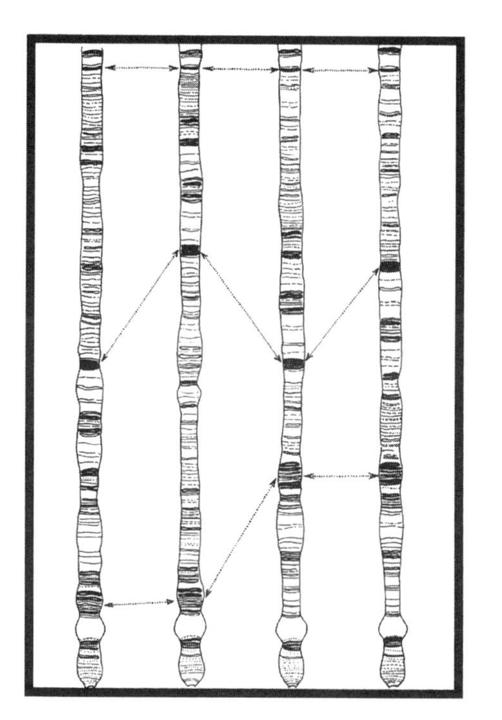

초파리는 현재 도달한 유전학 지식에 많은 공헌을 했다. 초파리는 유전학 연구에 매우 이상적인 생물이다. 초파리 한 세대의 길이는 12일이므로 멘델이 실험에 사용한 식물보다 더 빨리 결과를 얻을 수 있다. 더 나아가 초파리의 침샘에 있는 염색체는 변태 기간에 부풀어오르므로 간단한 현미경으로도 쉽게 관찰할 수 있다.

1903년 모건은 관찰력이 뛰어난 대학원생 서튼(W. S. Sutton, 그는 훗날 외과의사가 되었다)의 제안으로 초파리의 특정 유전형질들과 염색체의 세부 사이의 관계에 관심을 가지게 되었다. 1911년 유전형질과 염색체 세부 사이의 대응관계를 확신한 모건은 유전자가 염색체 위에 선형으로 배열되어 있으리라고 생각하게 되었다. 현미경이 발달된 20세기 중반에 이르러 서튼의 예견은 완벽하게 입증되었다. 배양실험에서 이루어진 형질조작은 띠로 도식화한 초파리 염색체(왼쪽)상의 특정 위치의 변화로 완벽하게 표현된다.

1927년 모건의 제자인 멀러(H. Muller)는 초파리를 약한 X선에 노출시키는 방법으로, 익숙한 형질들에 돌연변이가 생기도록 만드는 데 성공했다. 고에너지 복사파가 조직세포를 손상시킨다는 사실은 이미 알려져 있었다. 그런 복사파를 허술히 다룬 초기 연구자들은 피부에 화상을 입거나, 국지적인 악성 종양을 앓거나, 백혈병에 걸리기도 했다. 멀러의 실험을 통해서 이제 유전자가 추상적 개념이 아니라 실재라는 사실에 의심의 여지가 없어졌다. 염색체에 배열된 어떤 분자들이 유전자의 실체이다. 그 분자들이 세포의 매순간의 삶에서 그리고 궁극적인 복제에서 작용하는 것이다. 더 나아가 멘델이 발견한 양성생식에 의한 유전자 분리와 재결합 외에도 치명적이지 않은 돌연변이를 유전적 변이의 원인으로 볼 수 있게 되었다.

다른 한편 유기화학자들은 미셰르가 제안한 핵질 속의 인이 단백질과 관련된 것이 아니라 완전히 다른 화합물의 성분임을 밝혀냈다. 그들은 그 화합물을 디옥시리보핵산(약자로 DNA)이라 명명했다. DNA는 5탄당(디옥시리보오스) 한 개, 인산 한 개, 그리고 두 쌍의 질소를 포함한 화합물이 관련된 복잡한 구조를 가지고 있다. 1920년대 독일 생화학자 포일겐(R. Feulgen)은, DNA를 염색시키는 특별한 염료를 이용하여 관찰한 결과, 식물세포나 동물세포의 핵 속에만 DNA가 있음을 발견했다고 발표했다. 이 관찰은 DNA가 유전자의 실체라는 추측을 강하게 뒷받침했다.

그러나 DNA의 역할에 관해서 알려져 있는 것은 당시에 전혀 없었다. 한편 단백질에 관해서는, 그것이 근육과 뼈와 힘줄과 피부와 체모를 이루는 성분이라는 사실이 알려져 있었을 뿐만 아니라, 세포 내 화학작용에서 중요한 역할을 담당한다는 사실이 갑작스럽게 밝혀졌다. 부흐너의 치마아제를 분석한 결과, 설탕과 최종산물인 알코올 및 이산화탄소 사이에 14개의 중간산물들이 있었다. 그 14개의 중간산물들을 생성시키는 일련의 화학반응들을 연구한 결과 20여 개의 '효소'(enzyme)가 발견되었다. 효소는 촉매작용을 하는 단백질이다.

효소는 무기촉매와 마찬가지로 화학반응에 참여하여 다른 분자들 간의 반응을 가속시키면서 자신은 변하지 않고 동일성을 유지한다. 화학자들은 효소의 강력한 결합력이 효소의 전체 구조 중 특정한 자리에 의해 발휘된다는 것을 밝혀냈다. 효소는 고유한 '기질'(substrate)과 먼저 결합하여 효소-기질 복합체를 형성한 다음, 그 기질을 반응할 상대물질과 결합시킨다. 이를 통해 효소는 유기분자들 간의 반응이 100만 배에서 1조 배 빨라지게 만든다. 효소는 반응할 분자들이 적절한 방향에서 적절한 속도로 서로 부딪힐 가능성을 높이는 작용을 하는 것이다. 치마아제 효소들은 놀랍도록 질서 있는 순서로 작용하여 설탕을 14단계의 중간산물을 거쳐 알코올과 이산화탄소로 분해시키는 발효작용을 수행한다.

1920년대 후반 코넬 대학의 섬너(J. B. Sumner)와 록펠러 의학 연구소의 노스럽(J. Northrop)은 높은 순도로 효소를 추출하여 결정체로 침전시키는 데 성공했다. 결정이 생긴다는 것은, 효소 분자들이 동일한 크기와 모양을 가지고 있어서 서로 빈틈없이 짜맞춰질 수 있음을 의미한다. 효소들이 단백질이라는 사실은 화학적 분석을 통해 알려졌다. 거대한 단백질인 효소들은 분자량('그램 분자량' 또는 '몰'이라 불러도 좋다. 95쪽 참조)이 10^3에서 10^4 정도이다.

단백질의 다양한 기능이 발견되면서 당시 초창기였던 단백질 구조에 대한 연구가 더 중요한 의미를 가지게 되었다. 단백질은 '아미노산'이라는 기본단위들로 구성되어 있다. 100~1000개 정도의 아미노산들이 '펩티드 결합'을 이루면 '펩티드' 사슬이 형성된다. 알려진 그리고 아직 알려지지 않은 무수한 아미노산들 가운데 특정한 20개가 세포의 단백질을 이룬다. 이들의 분자량은, 가장 작은 글리신의 75에서부터 가장 큰 트립토페인의 204까지 다양하다.

아미노산들은 다양한 질량과 성분을 지닌 '곁가지 기'(side group)에 의해 구분된다. 아미노산이 서로 결합하면 물 분자 하나가 방출되는데, 이 물(H_2O)은 한 아미노산의 맨 앞에 있는 산소(O)가 다른 아미노산의 맨 끝에 있는 수소(H) 두 개와 결합함으로써 생겨난다. 산소와 수소가 물이 되어 떨어져나감과 동시에, 산소가 떨어져나간 아미노산의 맨 앞에 놓이게 된 탄소와, 수소가 떨어져나간 다른 아미노산의 맨 끝이 된 질소가 서로 결합하게 되는데, 이 결합이 바로 펩티드 결합이다(292쪽 그림 참조). 이 핵심적인 결합은 펩신에 의해 파괴된다. 펩신은 위에서 일어나는 단백질 소화, 즉 파괴를 촉진하는 효소이다. 아미노산과 같은 동일한 '단위체'(monomer)가 '중합체'(polymer) 사슬을 이루는 것을 이해하기 위해 화학자들은 플라스틱 합성 실험에서 얻은 경험에 의지했다. 단백질들은 사슬의 골격 주위를 장식하는 곁가지 기들에 의해 서로 구분된다. 곁가지 기들은 단백질의 기능을 결정하기도 한다.

이 사실을 발견한 학자들은, 20개 아미노산의 조합이 사실상 무한히 다양하게 가능하다는 것이, 단백질, 특히 효소가 지닌 다양하고 전문적인 기능의 원인임이 분명하다고 여겼다. 더 나아가 결합을 통해 사슬을 이룬 아미노산들의 서열이 효소의 기능과 관련되어 있음이—원소들의 결합 순서에 의해 화학 결합물의 정체가 결정되듯이—인지됨으로써 효소의 다양성은 한층 더 높은 무한한 가능성을 얻게 되었다. 단백질을 유전자의 실체로 간주하는 것은 매우 타당한 연구지침인 것처럼 보였다.

담배 모자이크 바이러스

그때 록펠러 의학 연구소에서 유전자의 실체와 관련된 결정적인 사건이 일어났다. 존스 홉킨스 대학의 웰시(W. H. Welsh)와 펜실베이니아 대학의 플렉스너(S. Flexner)는 1901년 록펠러를 설득하여, 생명의 본성을 연구하는 연구소를 설립하도록 유도했다. 순수 생물학적 지식은 당시 의술과 의학이 직면하고 있던 가장 어려운 문제들을 해결하는 데 도움이 될 것이라고 그들은 주장했다. 그런 문제들 중 하나는 여과성 바이러스였다.

록펠러 의학 연구소는 뉴저지 주 프린스턴에 온상 실험실을 건설하고 바이러스 일반의 모델로 식물 바이러스들을 연구하기 시작했다. 스탠리(W. M. Stanley)는 그 실험실에서 담배 모자이크를 연구했다. 동료 노스럽이 개발한 효소 단백질 침전기술을 이용해서 그는 여과성 바이러스 중 하나인 담배 모자이크 바이러스를 분리하는 데 최초로 성공했다. 스탠리는 담배 모자이크 바이러스가 세포의 염색체와 거의 동일하게 단백질과 핵산으로 이루어졌음을 발견했다. 그런데 그 바이러스에 있는 핵산은 DNA가 아니라 RNA, 즉 리보핵산이었다. 리보핵산은 5탄당으로 디옥시리보오스 대신에 리보오스(ribose)를 가진 핵산이다. 스탠리가 담배 모자이크 바이러스를 연구대상으로 삼은 것은 행운이었다. 그 막대 모양의 바이러스는 길이가 3×10^{-7}미터로 충분히 길어서 당시 개발된 제1세대 전자 현미경으로 관찰할 수 있었다. 스탠리는 바이러스의 RNA 가닥이 단백질로 싸여 있다는 것을 발견했다.

스탠리는 감염된 담뱃잎 추출물에서 바이러스를 분리한 후 순도를 높이는 과정을 거쳐, 결정화된 침전물 형태로 바이러스를 분리할 수 있었다. 그런데 그가 이 정제된 핵산-단백질을 용액으로 만들어 담뱃잎에 주입하자 그 핵산-단백질이 '살아났다.' 바이러스는 잎 세포의 유전기제를 접수하여 자신을 대량으로 생산했고, 잎에는 전형적인 모자이크 무늬를 만들었다. 때때로 바이러스는 감염된 잎의 세포 속에서 '봉입체'(inclusion body)가 되어 활동을 멈춘다. 스탠리의 실험실에서 담뱃잎 세포들을 죽이고 그물 같은 무늬를 만든 담배 모자이크 바이러스는 세포 없이 독자적으로 존재하는 유전자라는 것이 밝혀졌다. 그 유전자는 다음에 만날 담뱃잎 세포 속에서 자신을 복제할 준비를 하고 있다. 이 발견을 통해 유전자의 실체로 추측되었던 핵산에 대한 관심이 부활했다.

스탠리는 발견의 또 다른 함축을 간파했다. 바이러스는 "생물과 무생물 사이의 엄밀한 구분을, 불가능하게 만들지는 않을지라도, 어렵게 만든다. (……) 생명현상의 원리는 갑자기 발생하는 것이 아니라 모든 물질 속에 내재한다"라고 그는 주장했다.

1955년 스탠리는, 살아 있는 유기체를 조립해내는 성과에 과거 그 누구보다 가깝게 접근했다. 당시 버클리 소재 캘리포니아 대학에 있던 그와 동료들은 바이러스를 구성 부분들로, 즉 단백질로 된 껍질과 RNA 가닥으로 분해한 다음 재조립했다. 정확히 말하자면, 분해한 다음 부분들이 스스로 재조직하도록 만들었다. 재조립된 바이러스는 담뱃잎을 거뜬히 감염시켰다.

DNA: 유전자 분자

그 사이 화학자들은 DNA의 구조에 관해 더 많은 지식을 확보하고 있었다. 5탄당과 인산은, 단백질을 이루는 아미노산의 펩티드 기들처럼, 물 분자를 방출하면서 결합하여 사슬을 형성한다. 또한 각 결합지점에 질소를 포함한 네 가지 화합물 중 하나가 옆으로 붙어서, 전체적으로 '뉴클레오티드'가 형성된다. DNA는 이 뉴클레오티드를 단위체로 하는 중합체이다. 이는 곁가지 기에 의해 차별화된 아미노산들이 결합하여 단백질을 이루는 것과 유사하다. 그 네 가지 질소 화합물은 '염기'(base)라 불리며 두 종류로 분류된다. 한 쌍의 염기는 육각형의 '피리미딘'이고 다른 한 쌍은 더 복잡한 '퓨린'이다. DNA의 구조는 중요한 기능을 수행하기에 충분한 융통성을 지니고 있다. 1945년 역시 록펠러 의학 연구소에서 애버리(O. Avery)와 젊은 두 동료 매클라우드(C. Macleod) 및 매카티(M. Macarty)가 행한 실험에 의해 유전자의 실체가 DNA일 가능성은 더욱 높아졌다. 애버리는 1930년대부터 폐렴쌍구균에 대한 항혈청을 개발하고 있었다. 그의 연구는 20세기 초 뇌수막염구균에 대한 항혈청을 개발한 플렉스너의 연구를 토대로 했다. 플렉스너 항혈청은 뇌수막염구균이 생산하는 독소를 중화함으로써 당시 창궐했던 뇌수막염에 의한 사망률을 현저히 낮추었다. 그러나 폐렴쌍구균은 절망적일 만큼 강력한 유전적 가변성을 드러냈다. 한 종족의 균은, 처음에는 항혈청에 의해 억제되었지만, 곧바로 변이를 일으켜 다른 종족의 독소를 산출함으로써 항혈청을 무력화했다.

1928년 영국 세균학자 그리피스(F. Griffith)는 한 종족의 폐렴쌍구균이 일으키는 변이가 다른 종족과 접촉함으로써 유발될 가능성이 있음을 보였다. 그가 재료로 삼은 것은 박테리아 세포벽으로 둘러싸여 있지 않은, 벌거벗은 폐렴쌍구균이었다. 그는 독성 쌍구균의 무력화된 잔해가 들어 있는 용액에 벌거벗은 쌍구균을 넣고, 용액을 쥐에게 주사했다. 쥐는 독성 쌍구균에 감염되어 곧바로 사망했다.

폐렴쌍구균의 유전적 특성에 관심을 돌린 애버리와 동료들은, 한 종족에서 단백질을 추출하여—핵 속에 있는 DNA에서 분리한 단백질도 포함해서—다른 종족의 배양액에 주입했다. 단백질을 주입받은 종족의 독소에는 아무 변화가 일어나지 않았다. 그러나 DNA를 주입하자, 주입받은 종족에게 유전적 변화가 일어났다. 그 종족의 후손들은 곧 주입한 종족의 독소를 산출했다. 이 역사적 실험은 또 하나의 유전적 변이 양태를 보여준다. 훗날 밝혀진 바에 의하면, 한 생태계 내에 있는 박테리아들은 다소 우연적인 DNA 교환을 통해 유전적 자원을 공유한다.

애버리의 연구에 고무된 다른 연구소들의 후속 연구에 의해 DNA가 유전자 분자라는 사실이 곧 명백해졌다. 스트라스부르의 부아뱅(A. Boivin)과 방드렐리(R. Vendrely)는 포유류, 조류, 어류의 조직을 이루는 진핵세포들 속에 들어 있는 DNA 총량이 평균적으로 한 종 내에서는 일정하고 종과 종 사이에서는 다르다는 것을 알아냈다. 록펠러 의학 연구소의 미르스키(A. Mirsky)와 리스(H. Ris)도 세포 하나에 있는 DNA 양을 측정하는 기술을 개발하여 어류와 포유류의 조직세포를 분석했고, 동일한 결론에 도달했다. 곧이어 부아뱅, 방드렐리, 미르스키, 리스는 한 걸음 더 나아가, 한 동물의 정자와 난자에 있는 DNA 양은 그 동물의 조직세포 DNA 양의 절반이라는 것을 밝혀냈다. 이 사실은, 생식세포 속에는 유기체의 염색체 전체의 절반이 들어 있다는 알려진 사실과 잘 일치했다(355쪽 그림 참조). 콜드 스프링 하버 연구소의 허시(A. Hershey)와 체이스(M. Chase)는, 박테리오파지(박테리아를 감염시키는 바이러스)가 자신의 DNA 80퍼센트를 박테리아에게 주입하고 단백질 80퍼센트는 외부에 남겨둔다는 것을 밝혀냈다.

샤가프의 규칙

1949년 콜럼비아 대학의 샤가프(E. Chargaff)는, 두 쌍의 DNA 염기, 즉 피리미딘 염기와 퓨린 염기가 유전정보 전달에서 중요한 역할을 한다는 것을 시사하는 발견을 했다. 그가 조사한 모든 DNA에서 피리미딘 염기의 하나인 티민의 양이 항상 퓨린 염기의 하나인 아데닌과 일치했고, 또 하나의 피리미딘 염기인 시토신의 양이 다른 퓨린 염기인 구아닌과 일치했다. 그는 또한 DNA 속에 있는 티민-아데닌 총량과 시토신-구아닌 총량 사이의 비율이 유기체마다 다르다는 것을 알아냈다. '샤가프의 규칙'은 유전정보 저장방식에 관해 무언가 시사하는 듯이 보였다.

효소는 단백질이므로 유전자의 실체는 아니지만, DNA의 주요기능이 효소 단백질 생산이라는 사실이 밝혀졌다. 붉은빵곰팡이는 잘 알려진 화합물들만을 포함하는 배양액 속에서 배양될 수 있다. 그 배양액에는 질산염, 인산염, 기타 무기 화합물, 설탕, 그리고 다른 살아 있는 세포에서 공급되는 특정한 비타민 B만 필요하다. 그러므로 붉은빵곰팡이 유전자는 거의 밑바닥에서 시작하여 붉은빵곰팡이 본체를 생산하는 것이다. 붉은빵곰팡이 본체는 20개의 아미노산과, 이들로 이루어진 단백질 효소들을 포함한다. 이 효소들은 역으로 아미노산 합성을 촉진한다.

캘리포니아 공과대학의 비들(G. W. Beadle)과 테이텀(E. L. Tatum)은 붉은빵곰팡이를 대상으로 고에너지 복사파가 유발하는 돌연변이를 연구했다. 뉴로스포라가 그 연구에 적당한 이유는, 한 벌의 염색체만을 가지는 무성 포자 시기에 풍부하게 증식하기 때문이다. 이 시기에 유발된 돌연변이는 후손들이 지닌 유전형질의 한 단위로, 유성 시기의 교배를 통해 얻은 유전형질들로부터 구분할 수 있다. 변이된 종족을 배양하기 위해 필요한 양분이 무엇인지를 확인함으로써, 복사파에 의해 제거된 유전자가 어떤 것인지 알 수 있다. 이런 과정을 거쳐 비들과 테이텀은 '유전자 하나당 효소 하나' 규칙을 확립했다. 유전자 하나는 효소 하나의 합성을 관할하며, 효소 하나는 필수 화학반응 하나를 촉진한다.

분자의 3차원 구조

생물학적 분자들이 지닌 3차원 구조가 중요하다는 파스퇴르의 추측은 옳았다. 화학자들은 핵산과 단백질의 생화학적 작용이 이들의 3차원 구조와 관련되어있음을 발견했다. 상상력이 뛰어난 화학자들은, 효소와 기질이 마치 열쇠와 자물쇠처럼 맞물린다고 말하기 시작했다. 그러나 분자의 이러한 '2차 구조'는 화학적 성질이라기보다는 물리적 성질이다. 2차 구조와 관련된 문제를 해결하기 위해서는 물리학의 기법들이 필요했다. 유전자와 유전자의 단백질 합성작용에 관한 지식을 진보시킨 장본인은 생명과학에 관심을 돌린 물리학자들이었다. 이 발전이 록펠러 재단의 과학 지원 자금에 의해 가속되었다는 것을 의심할 여지가 없다. 위버(W. Weaver)의 지휘하에 재단의 자금은 "물리학에서 그토록 눈부시게 발전된 기술과 장비 전체를 생물과 관련된 문제에 적용하는 데" 투자되었다. 1958년 위버가 은퇴할 때 분자생물학은 확고하게 자리잡은 과학분야가 되어 있었다. 그 해 네 개의 노벨 화학상과 생리학 및 의학상은 위버가 재단 운영을 맡을 당시 지원금을 받은 학자들에게 돌아갔다.

생물학 혁명을 위한 재정 지원

위버의 지원금은 연구자들—폴링, 비들, 모노 등—에게만 수여된 것이 아니라 연구자들이 이용할 도구를 제작한 사람들에게도 수여되었다. 거의 동일한 분자들을 분리하는 것은 중요한 과제였다. 1906년 츠베트(M. Tswett)라는 젊은 러시아 식물학자는 "좁은 유리관에 흡수제를 채워 만든 흡수관으로 엽록소 용액을 흡수시키면 색소들이 흡수순서에 따라 분리되어 위에서 아래로 여러 색깔의 영역들이 나타난다"는 것을 발견했다. '크로마토그래피'라 불리는 이 분석기법은 위버의 지원금에 힘입어 더욱 정교해진 후, 단백질, 아미노산, 핵산 등 생명과학이 관심을 기울이는 주요 분자들을 분리하는 핵심기법이 되었다.

초기에 이루어진 한 가지 개량은 다음과 같다. 먼저 거름종이의 한 끝을 미지의 용액 속에 담근다. 용액은 종이 섬유를 타고 올라오면서 포함하고 있던 분자들을 질량의 역순으로 종이 위에 남겨놓는다. 이제 종이를 수평방향으로 돌려놓은 다음, 분리된 분자들을 각각 다른 용제로 녹여서 종이로부터 분리해낼 수 있다. 전기이동법(electrophoresis)은 전류를 이용해서 분자들의 흡수속도 차이를 증폭시킨다. 분리된 분자들을 종이에서 떼낸 후 분석할 수도 있고, 종이에 있는 그대로 방사성 '추적'(tracer) 원소들을 갖다대는 방식으로 분석할 수도 있다. 오늘날 크로마토그래피는 대

규모의 자동화된 기술로 발전했다. 크로마토그래피의 핵심원리들은 유전자의 서열을 확인하는 데 사용되며—염기 하나당 확인 비용은 점차 절감되고 있다—약품생산에서 분자를 대량으로 분리하는 데도 이용된다.

1930년대 컬럼비아 대학의 물리학자 버널(J. D. Bernal)은 무기 결정체 구조 연구에 쓰이는 X선 회절기법을 단백질 구조 연구에 적용했다. 캘리포니아 공과대학의 파울링은 X선 결정학 기술을 써서 '알파나선'이 단백질 구조의 핵심적인 특징이라는 것을 밝혀냈다. 파울링은 시각적 직관력을 발휘하여 동일한 모양의 단위들이 비대칭적으로, 즉 머리에 꼬리를 잇는 방식으로 동일한 각도로 연결되면, 나선이 형성될 수밖에 없음을 간파했다(292쪽 그림 참조). 그는 아미노산들이 스스로 조립되어 이룰 수 있는 가장 간단한 구조가 나선이라는 것을 깨달은 것이다. 파울링은 단백질 결정의 X선 사진에 나타난 점들과 선들에서 나선 패턴을 결국 발견했다. 그는 나선이 한 바퀴 돌 때마다 3.6개의 아미노산이 필요하다는 결론에 도달했다.

동물의 조직 속에 가장 풍부하게 들어 있는 단백질인 콜라겐(collagen)은 3중 나선 구조를 가지고 있다. 세 가지 아미노산들로 이루어진 세 개의 왼손 알파나선이 서로 꼬이면서 전체적으로 커다란 오른손 나선이 형성된다(292쪽 그림 참조). 케임브리지 대학의 페러츠(M. Perutz)가 밝혔듯이, 꼬인 선들을 꼬아 만든 형태의 콜라겐 섬유는 피부, 결합조직(connective tissue), 뼈, 힘줄, 인대 등에서 섬유질 본체를 이룬다. 콜라겐은 전체적으로 인체 조직의 40퍼센트를 차지한다. 콜라겐 생산의 감소, 특히 결합조직에서의 생산 감소는 생물학적 노화를 판단하는 가장 확실한 기준이다.

효소 단백질의 알파나선은 일정 구간에서 곧게 뻗다가 휘어지고 다시 뻗으면서 주요 지점에서 황 결합(sulfur bond)을 이루어 대략적으로 구형을 만들 수 있다. 대부분의 효소가 그런 모양을 하고 있다. 이때 효소의 '활성자리'(active site)에 있는 아미노산의 곁가지 기나 기들의 조합이 대응기질의 반응자리에 닿을 수 있도록 알파나선의 굴곡이 만들어진다.

파스퇴르가 관찰한 주석산 결정과 마찬가지로 알파나선도 편광된 빛을 항상 왼쪽으로 회전시킨다. 왜냐하면 나선을 구성하는 아미노산들의 비대칭성이 왼쪽을 향하기 때문이다. '자연적인' 왼손 아미노산 각각에 대응하는 오른손 아미노산을 실험실에서 합성하는 것이 가능하다. 뿐만 아니라 세포 단백질을 구성하는 20개의 아미노산 외에도 무수한 왼손 오른손 아미노산들을 합성할 수 있다. 생명의 역사 초기에 어떤 결정적인 사건이 일어나 왼손 아미노산들이 오른손 아미노산을 제치고 선택되었음이 분명하다.

기능과 구조

케임브리지 대학의 켄드루(J. Kendrew)와 동료들은 1959년 단백질의 2차 구조를 최초로 입증함과 동시에, 일부 단백질들의 기능과 관련된 '3차 구조'도 밝혀냈다. 그들이 연구한 단백질은 미오글로빈이다. 이 단백질은 근육 속에 존재하며, 혈액 속 헤모글로빈이 운반해온 산소를 일시적으로 저장하는 기능을 한다. 켄드루와 동료들은 미오글로빈 분자를 이루는 원자 2600개(아미노산 150개)의 상대적 위치를 3차원 공간에 정확하게 그려냈다. 미오글로빈 전체 길이의 약 4분의 3정도의 구간에서 폴리펩티드 사슬은 곧은 알파나선을 유지한다. 하지만 사슬 전체는 네 개의 모서리가 만들어지도록 복잡하게 굽어 있다. 그 모서리는 철을 포획하는 헴 기(heme group)를 이룬다.

헴 기는 미오글로빈의 기능과 직결된 3차 구조이다. 헴 기의 핵심인 '포르피린' 고리의 외부는 탄소 원자들로 되어 있으며, 안쪽은 네 개의 질소 원자로 이루어진 내부 고리를 이룬다. 어떤 상황에서는 질소 원자들이 산화철 분자 한 개를 붙잡는다. 반면에 다른 상황에서는 산화철로부터 산소가 분리된다. 금속 원소를 품은 포르피린 구조는 세포 내 에너지 교환작용에 관계된 모든 분자들이 공유하는 특징이다. 철을 비롯한 금속 원소는 그런 작용에 쓰이는 하나 또는 그 이상의 전자를 제공하는 역할을 한다.

유전정보의 암호화

효소가 세포 본체의 생산을 촉진한다는 것을 알게 된 학자들은 유전이라는 일반개념이 특정한 생화학적 기능을 의미한다는 생각을 가지게 되었다. 비들과 테이텀이 밝혔듯이, 유전을 담당하는 장치는 효소들 전체의 조화로운 기능을 보장하기 위한 도안을 가지고 있어야 한다. 한편 효소의 성질이 구성요소인 아미노산들의 결합방식에 의해 결정된다는 사실은, 유전장치가 효소생산을 위한 도안을 어떤 형태로 가지고 있을지를 추측할 수 있게 해주었다. 유전자는 효소를 이루는 아미노산들의 서열을 모종의 방식으로 자신의 구조 속에 지니고 있다가 그 서열을 복제하여 다음 세대의 세포에게 전달해야 한다.

캘리포니아 공과대학의 델브뤽(M. Delbrück)은 널리 공유된 이 추측을 모르스 부호로 단순하게 공식화했다. 점과 선, 단 두 개의 기호를 네 개까지 연결하면 알파벳을 넉넉히 부호화할 수 있다. 무언가 이와 유사한 방식으로 DNA 중합체의 단위체들이 조직화된다면, 단백질 속에 들어 있는 아미노산 20개의 배열을 부호화할 수 있을 것이다.

DNA 분자구조의 해명과정을 다룬 왓슨의 『이중나선』은 역사를 통틀어 과학자가 쓴 책 중 가장 많이 팔린 책에 속한다. 왓슨은 멀러가 유전학을 담당할 당시 인디애나 대학에서 박사학위를 받았다. 그는 브래크(Bragg) 연구소에서 X선 결정학 분야에 경험을 쌓은 크릭(F. H. C. Crick)과 협력하여 역사적 발견을 이루었다. 두 사람은, 두 가닥의 뉴클레오티드에 있는 퓨린과 피리미딘이 서로 결합하여 나선으로 회전하면서 올라가는 발판들을 이루고, 두 개의 인산-당 사슬이 그 발판들로 연결된 이중나선을 이루어 전체적인 DNA 구조가 형성된다고 올바르게 추론했다. 자신의 책에서 왓슨이 고백했듯이, 그들의 추론은, 버널의 제자인 프랭클린(R. Franklin)과 역시 케임브리지 대학에 있던 윌킨스(M. H. Wilkins)가 결정학적 자료를 애써 분석하여 얻은 DNA 분자의 모습으로부터 도움을 받았다. 왓슨이 그 사실을 '고백했다'고 표현한 이유는, DNA 분자의 모습이 프랭클린과 윌킨스가 아닌 왓슨에 의해 처음 발표되었기 때문이다. 1953년 왓슨과 크릭이 연구결과를 발표할 때에도 프랭클린과 윌슨은 자신들이 이룬 발견의 의미를 파악하지 못하고 있었다. DNA의 왓슨-크릭 모형은 모든 기대를 만족시켰다. DNA 한 가닥은 단백질을 이루는 아미노산들의 서열을 염기서열로 암호화한다. DNA가 두 가닥으로 이루어져 있다는 사실로부터, 그 암호가 어떻게 복제되어 다음 세대로 전달되는지도 설명할 수 있었다.

유전암호

가모프는 유전암호 해독을 시도한 최초의 학자들 중 하나이다. 그는 전부 네 종류인 염기들을—샤가프의 비유대로 표현한다면, 이들은 스페이드가 클로버와 짝이 되고 다이아몬드가 하트와 짝이 되듯이, 둘씩 서로의 짝이 된다—중복을 허용하면서 셋씩 한 묶음으로 묶되 한 묶음 내에서 세 염기의 순서는 무시하면, 가능한 묶음의 수가 20이라는 것을 깨달았다. 네 염기들을 셋씩 묶어서 배열하면, 무한히 다양한 단백

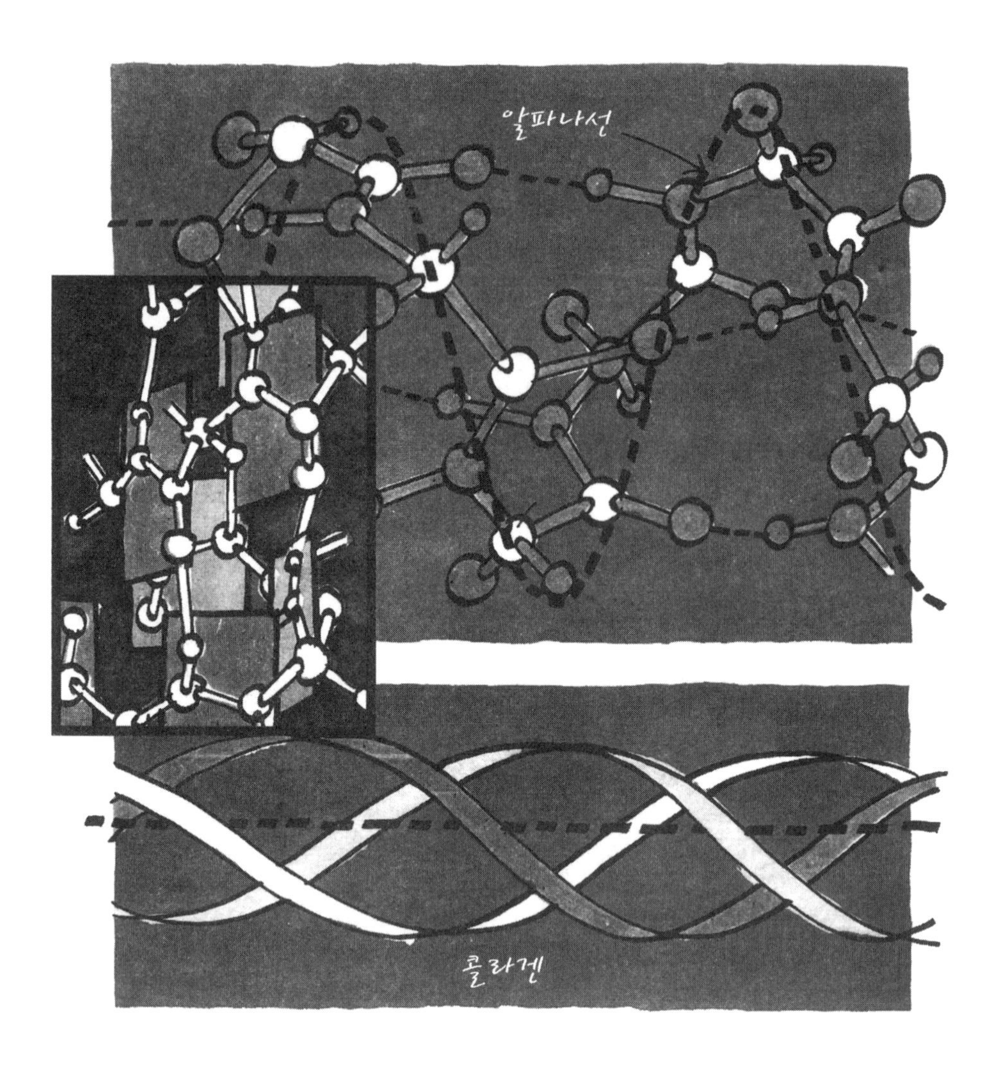

고도의 구조를 지닌 고분자들은 살아 있는 세포 속의 생명과정들을 수행한다. 그림은 네 가지 대표적인 고분자를 보여준다. 하부단위인 아미노산들이 '머리와 꼬리를 맞대고' 동일한 각도로 결합하여(작은 그림) 나선을 형성한다. 단백질에서는 그 나선을 '알파나선'이라 부른다. 나선 배열은 하부단위들이 3차원 구조를 이룰 수 있는 최소한의 배열이다(289쪽 참조). 포유류 조직의 40퍼센트를 차지하는 콜라겐은 세 개의 알파나선이 꼬여 오른 나선을 형성한 형태이다(289쪽 참조). 포르피린 구조는 에너지 운반을 담당하는 분자들에서 흔히 등장한다. 네 개의 질

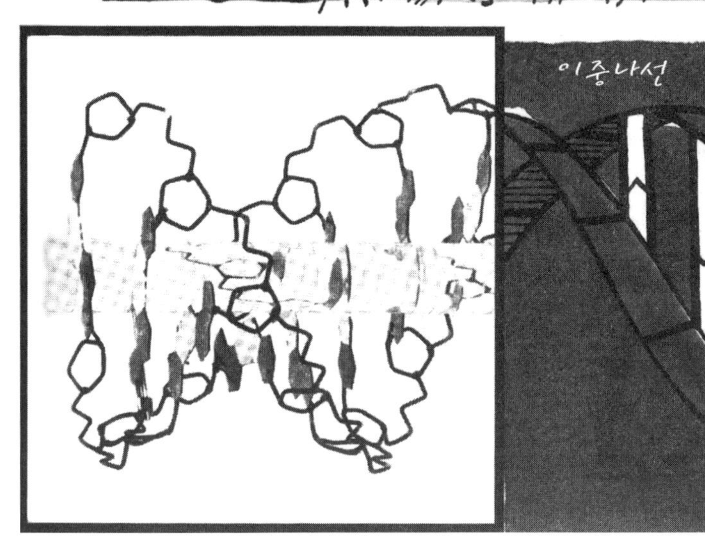

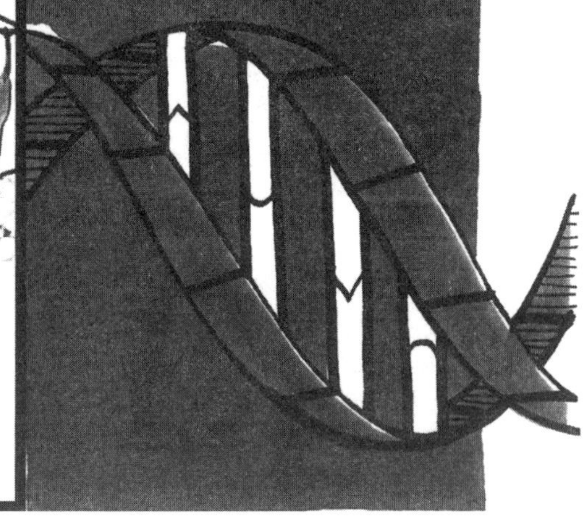

소 원자가 발톱을 형성하여 금속 원자 하나를 붙잡는다. 헤모글로빈은 철을 붙잡고, 엽록소는 마그네슘을 붙잡는다(290, 310쪽 참조). 붙잡힌 금속 원자들은 광합성과 호흡을 통한 에너지 변환에 필요한 자유전자를 공급한다. 이중나선(왼쪽은 왓슨-크릭 모형) 한 가닥에는 단백질을 이루는 아미노산들의 서열이 암호로 기록되어 있다. (전체 네 개 중) 세 개의 염기가 '코돈'을 형성하여 아미노산 한 개를 기록한다. 다른 가닥에는 반코돈들이 들어 있다(294, 295쪽 그림 참조).

전사, 번역, 복제. DNA 이중나선에 암호화된 유전정보의 전사, 번역, 복제를 나타낸 그림이다. 단백질을 구성하는 20가지 아미노산 각각은 DNA '염기' 세 개의 서열로 암호화된다(296쪽 참조). 셋 씩 묶인 염기들이 코돈 나선에서 이루는 전체 서열은 수없이 다양한 단백질 중 하나의 아미노산 서열을 암호화한다. 그 서열은 반코돈 가닥에 있는 상보적인 염기배열로부터 긴 전령 RNA(mRNA) 가닥으로 전사된다. 동시에 DNA 코돈 가닥의 코돈들이 하나씩 자신의

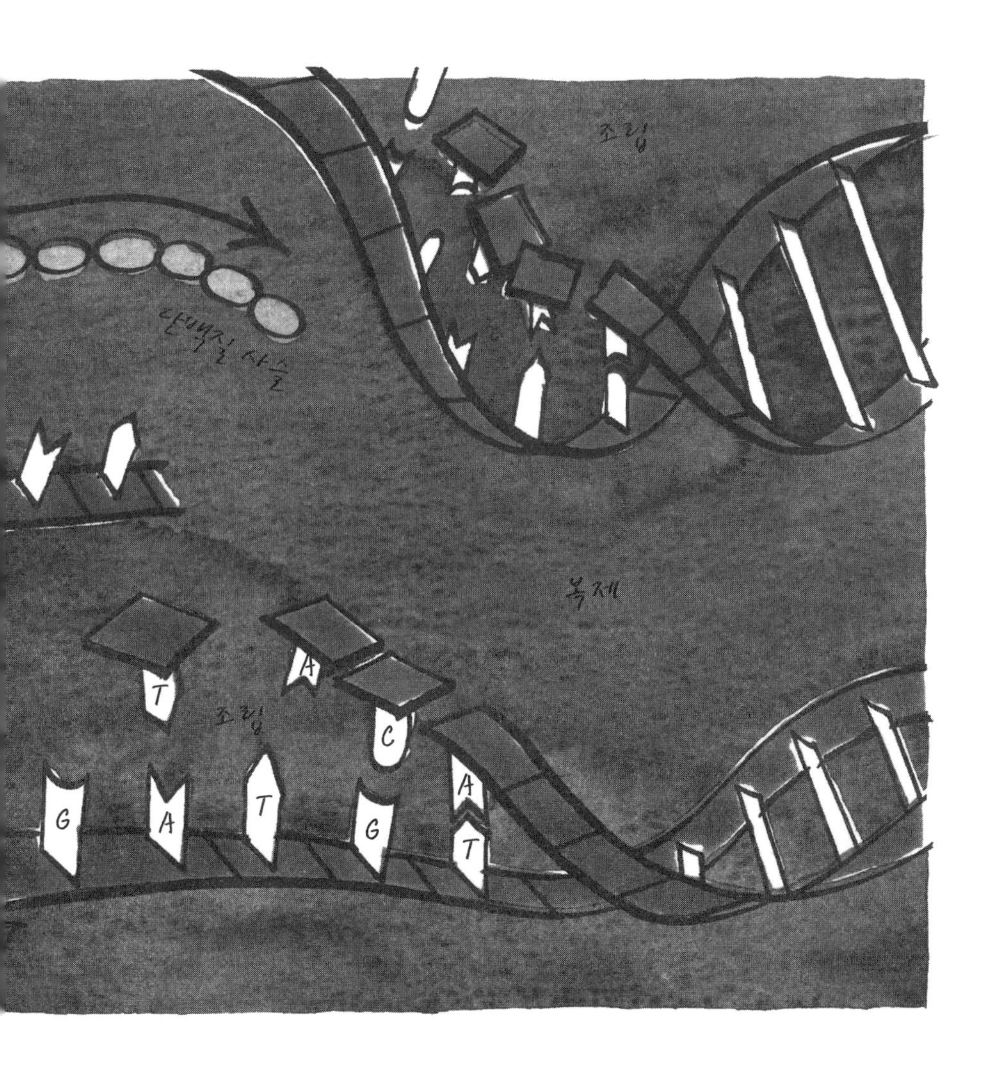

반코돈과 짝을 이루어 운반 RNA(tRNA) 분자들이 만들어진다(297쪽 참조). 리보솜에서 전사된 정보가 번역되어 단백질이 합성된다. 암호가 지정하는 아미노산과 짝을 이룬 운반 RNA들이 전령 RNA에 있는 상보적인 코돈의 서열에 맞게 정렬하여 아미노산들이 단백질로 합성된다(299쪽 참조). 이중나선이 복제될 때는, 각각의 염기들이 코돈 가닥과 반코돈 가닥에 있는 상보적인 염기들과 결합함으로써 두 개의 이중나선이 형성된다.

질 사슬들이 각기 고유하게 지닌 아미노산 서열을 표현할 수 있다.

자연은 가모프보다 더 자유분방하고 동시에 더 보수적이었다. 우선 자연은 더 자유분방했다. 만일 배열순서를 고려한다면, 세 염기를 묶어 만든 묶음의 가능한 개수는 4^3, 즉 64개가 된다. 자연은 배열순서를 고려한다. 자연은 동시에 더 보수적이었다. 묶음이 넉넉하게 64가지나 있으므로, 단백질 속에 비교적 다량으로 함유된 아미노산에게는 중복해서 여러 묶음을 할당하여, 이들을 암호화할 때 발생할 수 있는 오류를 억제할 여유가 있다. 가능한 64개의 묶음, 즉 '코돈'(codon) 중 61개가 20개의 아미노산을 나타낸다. 나머지 세 코돈은 '정지 코돈'으로 긴 DNA 사슬 속에서 한 유전자의 끝이 어디인지를 말해준다. 이렇게 DNA 코돈은 아미노산을 나타내는 철자이다. DNA 사슬의 코돈들이 아미노산 서열을 지정하는 대로, 마치 단어가 철자로 구성되듯이, 단백질이 구성된다.

피리미딘 염기와 퓨린 염기는 특정한 방식으로만 쌍을 이루기 때문에, 유전정보의 전달이 가능해진다. 한 나선에 있는 티민(T)은 다른 나선에 있는 아데닌(A)과만 쌍을 이룬다. 마찬가지로 시토신(S)은 구아닌(G)과만 결합한다. 이를 기호만으로 간단히 표현하면 다음과 같다. T는 A와 쌍을 이루고, C는 G와 쌍을 이룬다. 그러므로 한 나선의 염기서열은 다른 나선의 짝염기들의 서열을 결정한다. 한 나선에 있는 코돈 TAG와 ACT는 다른 나선에 있는 '반코돈'(anticodon) ATC, TGA와 쌍을 이룬다. 이렇게 두 나선의 서열은 코돈과 반코돈이 대응하는 방식으로 관련되어 있다.

복제과정에서는 DNA의 3차 구조가 중요한 역할을 한다. 이중나선을 이루는 두 가닥의 나선이 분리됨으로써, 코돈 사슬은 반코돈들과, 반코돈 사슬은 코돈들과 결합할 수 있게 된다. 결합이 이루어지면 두 개의 이중나선이 만들어진다. 모 DNA 이중나선에 들어 있는 유전정보는 이런 방식으로 복제되어 두 자손에게 전달된다.

돌연변이가 발생하는 원리는 염기서열이 유전형질의 표현에 결정적인 역할을 한다는 사실을 명확하게 보여준다. 염기서열 ACT를 달리 배열하면, 다른 아미노산을 호출하게 될 것이고—또는 어떤 아미노산도 호출하지 못할 것이다—, 따라서 산출되는 효소는 작용력이 없을 것이다. 1960년대 초 시카고 대학의 실라드는 한 대학원생에게 다음과 같은 문제를 연구하도록 지시했다. DNA 사슬의 복제율이 돌연변이율에 영향을 미치는가? 복제가 자주 이루어지면, 사슬 어딘가에서 우연적으로 뒤바뀜이나 결손이 일어날 가능성이 커질 것으로 예상되었다.

대학원생 노빅(A. Novick)은 배양액의 온도와 영양분 공급을 조절하여 박테리아의 세대 순환 주기를 늘이거나 줄일 수 있었다. 세대 순환 주기의 변화에도 불구하고 돌연변이율은 일정했다. 다시 말해서 돌연변이율은 복제율과 무관하다. 어떻게 이렇게 거의 오류없이 복제가 이루어지는 최근에야 해명되었다. 그것은 DNA로부터 RNA로 염기서열을 전사할 때(옮겨적을 때), 적극적인 오류 수정작업이 동반되기 때문이다. 복제율이 높아지면, 교정속도도 높아진다.

지각(地殼)에 들어 있는 방사성 원소들로부터 나오는 배경 복사파는 우연적 돌연변이율을 약 10퍼센트 증가시킨다. 그러나 암으로 대표되는 돌연변이 또는 복제오류는 훨씬 더 많은 경우 인간의 행동에 의해 유발된다.

DNA를 RNA로 전사하기

분자생물학자들은 DNA 철자들을 매우 쉽게 읽을 수 있다는 사실에 기뻐했다. 그러나 다음 단계는 전혀 쉽지 않았다. DNA가 직접 효소에 작용하고, 효소가 촉진하는 반응에 작용한다고 생각할 수는 없었다. 세포는 상호의존적인 수많은 변수들과 분자들의 양자 상호작용 체계이며, 그 체계는 얽히고설킨 되먹임 순환에 의해 통제된다고 할 수 있다. 세포활동을 제어하는 장본인은 DNA 이중나선이 아니라 RNA 단일나선이다. DNA에 적힌 유전정보는 우선 RNA로 전사된다. RNA는 DNA에 적힌 유전적 설계와 세포의 생합성을 통해 이루어지는 설계 실현 사이에서 거의 모든 매개작용을 담당한다. DNA 이중나선 자체의 복제조차도 RNA의 매개를 필요로 한다. DNA는 문서 보관소일 뿐이며, 유전적 과정의 집행자는 RNA이다.

유전자를 RNA로 옮겨적는 과정에서 작용하는 특수한 효소인 RNA 중합효소—물론 이 효소 역시 DNA에 그 설계가 적혀 있으며 RNA의 매개를 통해 가장 먼저 생산된다—는 먼저 한 유전자의 한쪽 끝을 나타내는 염기서열에 단단히 붙는다. 이어서 DNA 이중나선의 일부가 풀려 적당한 길이의 염기서열이 노출된다. RNA 중합효소는 전령 RNA, mRNA의 성분이 될 RNA 뉴클레오티드들을 DNA의 '코돈화'(coding) 가닥으로 가져간다. '코돈화' 가닥은 유전자의 반코돈들을 보유한 가닥이다. RNA 중합효소는 여러 분자간력들에 의해 코돈화 가닥을 따라 움직이면서 뉴클레오티드들을 대응하는 반코돈 DNA 염기에 결합시킨다. 유전자 서열 전체는 채 1분이 경과하기 전에 기다란 mRNA 가닥으로 전사된다(이때 티민 대신에 우라실이라는 다른 피리미딘 염기가 RNA의 구성요소가 된다). 전사가 일어나는 동안 RNA 중합효소는 다른 한편에서, 각각 단 세 개의 염기만을 보유한 다수의 운반 RNA들, 즉 tRNA들을 만들기 위해 뉴클레오티드들을 DNA 코돈 가닥으로 가져간다. 운반 RNA들은 아미노산 한 개의 합성에 필요한 반코돈을 기록으로 보유하게 된다.

1977년 매사추세츠 공과대학의 샤프(P. Sharp)와 콜드 스프링 하버 연구소의 로버츠(R. Roberts)는 진핵세포의 DNA 속에는 의미 있는 코돈들 사이에 의미 없는 염기서열이 있다는 사실을 발견했다. 그 의미 없는 서열들은 진핵세포 초기 세대로부터 남은 바이러스의 잔재라고 생각된다. DNA를 mRNA로 옮겨적는 과정에서는 의미 있는 유전자 암호 부분인 '엑손'(exon)뿐만 아니라 무의미한 부분인 '인트론'(intron)도 옮겨적어진다. 1963년 당시 매사추세츠 공과대학에 있던 다넬(J. E. Darnell)은 전사가 완결된 직후 핵 내부에 있는 mRNA가 약 5000개의 염기를 포함한다는 것을 밝혀냈다. 반면에 단백질 하나를 결정하기 위해 필요한 염기의 수는 평균적으로 1000개 정도이다. 그러므로 핵 내부에서 어떤 편집과정이 일어나 mRNA 분자에서 인트론들을 잘라내고 엑손 조각들을 올바른 순서로 연결하는 것이 분명하다. mRNA 편집과정은 막에 의해 외부로부터 격리된 뉴클레올루스(neucleolus)라는 핵내 하부구획에서 일어난다.

콜로라도 대학의 체크(Th. Cech)는 1980년대 초 최소한 일부 RNA 전사의 경우에는 RNA가 자기 자신을 스스로 편집함을 발견했다. 그런 mRNA들은 단백질과 상관없이 자발적으로 인트론들을 잘라내고 의미 있는 엑손들을 올바른 순서로 연결했다. 이로써 RNA가 효소의 역할도 한다는 것이 밝혀진 것이다. 오직 단백질만이 효소 역할을 하는 것이 아니다. 체크와 동료들은 곧이어 RNA가 효소의 도움 없이 자가 복제한다는 것도 밝혀냈다. 곧 보게 되겠지만, 이 발견으로 인해 RNA는 생명의 근원에 관한 탐구에서 중심주제가 되었다.

RNA를 단백질로 번역하기

진핵세포의 경우 편집이 완료된 mRNA는 핵막을 통과하여 세포질 속으로 방출된다. 이제 mRNA 가닥은 소포체(endoplasmic reticulum)의 주름들이 제공하는 방대한 표면 전체에 수십만 개씩 무리지어 분포하는 리보솜을 향해 나아간다. RNA 뉴클레오티드 서열로 전사된 코돈 서열은 리보솜에서 단백질의 아미노산 서열로 번역된다.

번역이 일어나는 곳인 리보솜은 매우 작은 세포 소기관이다. 리보솜을 이루는 성분은 절반 정도가 단백질이며, 나머지 절반은 또 다른 종류의 RNA인 리보솜 RNA, 즉 rRNA이다. 10^{-24}세제곱미터 크기에 불과한 리보솜을 고배율 전자 현미경으로 확대해서 보면, 큰 입자와 작은 입자가 합쳐 있는 모습을 볼 수 있다. 그 두 입자는 각각 '50s' 대단위와 '30s' 소단위라 불리는데, 이 명칭은 초원심 분리기 속에서 그 입자들이 침전되는 비율을 의미한다. 10^{-8}미터 규모인 리보솜의 구조—이 규모는 원자 규모이다—를 X선 결정학 기법으로 분석함으로써 최근에, 이 입자들이 번역과정에서 수행하는 역할이 무엇인지 밝혀졌다.

먼저 두 입자들 사이에 mRNA 가닥이 고정되고, 30s 소단위에 있는 '수용면'(acceptor site)은 가장 가까이 있는 mRNA 코돈을 활성화시킨다. 활성화된 코돈은 적당한 아미노산을 지닌 tRNA의 반코돈 팔을 끌어당긴다. tRNA의 효소반응 팔은 아미노산을 50s 대단위의 '펩티드면'(peptide site)에 위치시킨다. 이곳에서 rRNA를 촉매로 하여 아미노산들이 펩티드 결합을 이루어 단백질 사슬이 형성된다. 이어서 tRNA는 '방출면'(exit site)으로 방출되어, 또 다른 아미노산 분자들을 찾아간다.

한 가닥의 mRNA에 10개 이상의 리보솜들이 이런 방식으로 한꺼번에 붙어서 10개 이상의 단백질을 동시에 복제할 수도 있다. 세포 내 단백질 합성속도, 즉 초당 펩티드 결합 100만 회가 유지될 수 있는 것은 수백만 개의 리보솜들이 2000만 개의 tRNA들과 지속적으로 작업을 수행하기 때문이다(294, 295쪽 그림 참조).

유전정보의 전사와 번역은 원핵세포에서도 비슷하게 이루어지지만, 원핵세포의 경우에는 mRNA 편집이 불필요하다. 박테리아 DNA를 이루는 평균 1000만 개의 염기서열은 인트론에 의해 끊겨 있지 않다. 원핵세포 뉴클레오이드 속에 있는 DNA 사슬은 두 지점에서 세포벽 내부의 막에 고정된다. DNA의 mRNA로의 전사는 한 고정점에서 시작되어 고리 양쪽으로 동시에 진행되면서 다른 고정점을 향해 나아간다. 전사가 진행되는 동안 리보솜들은 mRNA 사슬에 올라타고 번역을 위해 tRNA들을 끌어들인다. 뉴클레오이드 절편들은 세포질 속을 자유롭게 돌아다니면서도 제 기능을 할 수 있다. 많은 박테리아들의 경우 그런 절편들, 즉 '플라스미드'(plasmid)들은 다른 세포로 이전되어도, 그 세포의 유전적 성질에 비교적 구애받지 않고 작용한다(302, 303쪽 그림 참조).

확률에서 질서로

유전과정의 안정성은 생명의 본성에 관해 새로운 관점에서 의미심장한 의문을 제기하도록 만든다. 물리적 세계의 질서는 아보가드로수(6×10^{23})의 원자들에서 일어나는 움직임의 통계에 기반해서 가능하다. 『이중나선』보다 10년 앞서 출간된 『생명이란 무엇인가』에서 슈뢰딩거는 다음과 같은 '소박한 물리학자'의 질문을 내놓았다.

> 유전자 구조에는 비교적 적은 수의(1000개 또는 경우에 따라서는 훨씬 적은) 수의 원자들만 관여하는데도 그 구조가 매우 규칙적이고 법칙적인 작용을—거의 기적에 가까운 항구성과 지속성으로—보인다는 것을 통계물리학적 관점에서 어떻게 설명할 수 있을까?

유전자 구조의 '항구성과 지속성'을 보여주는 실례로 빈 출신의 슈뢰딩거는 합스부르크 왕가의 입술을 들었다. '그 독특하게 일그러진 아랫입술'은 16세기 합스부르크 왕가의 초상화들에서 처음 나타나며, 21세기에 살고 있는 합스부르크 왕가들에게서도 특징적으로 확인된다. 유전의 기반을 이루는 물리적 안정성을 설명하는 잠정적 시도로 슈뢰딩거는, 세포를 이루는 고분자들이 '비주기적 결정체'라는 사실에 주목했다. 비주기적 결정체는 일종의 고체이다. 슈뢰딩거는 할아버지의 시계를 비유로 들었다. 할아버지가 남긴 시계와 같은 확실한 고체에게는 상온이 절대 0도와 마찬가지이다. 즉 양자적 불확정성은 시계가 정확히 작동하는 것을 전혀 방해하지 못한다.

세포의 분자생물학적 작용들은 할아버지가 남긴 시계가 속한 뉴턴적 세계와 양자전기역학이 지배하는 미결정적 확률적 세계 사이에서 일어난다. DNA와 RNA를 비롯한 여러 고분자들 속에 있는 수십만 개의 원자들은 그 중간세계 속에서 '꼬물거리고 있다'(137쪽 참조). 원자들을 결합하는 화학결합들은 모든 평면상에서 진동하며, 결합거리도 평균 결합거리를 중심으로 늘어나고 줄어들기를 반복한다. 분자상에 비균질적으로 분포된 음전하와 양전하는 주변의 다른 분자에 있는 전하와 상호작용을 일으킨다. RNA 중합효소는 이 전자기력에 의존해서 DNA 반코돈 가닥을 '읽고' 이에 대응하는 mRNA 코돈 가닥을 조합한다. 그런데 이 과정에 오류가 없다. 만일 오류가 있었다면 생명의 역사는 일찌감치 마감되었을 것이다. 어떤 식으로든 원자의 무질서한 움직임이 억제된 것이 분명하며, 어쩌면 그 무질서가 모종의 방식으로 조직화되었는지도 모른다. 그 억제와 조직화의 원리는 고분자의 '비주기적' 구조에 있을지도 모른다. 슈뢰딩거의 책이 출간된 이후 학자들은 비주기적 구조에 관해 많은 연구를 했다. 전자기력의 반응 시간이 10^{-21}초임을 감안한다면 초당 10^{6}개의 펩티드 결합을 완성하는 것은 어려운 일이 아니다. 결합이 완성되기까지 일어날 수 있는 불필요한 분자 간 접촉과 움직임을 너그럽게 용인할 여유가 있다. 이런 문제들을 다루는 양자생물학은 오늘날에야 비로소 실험적으로 입증가능한 질문들을 산출하기 시작했다.

세포는 생리학적 성질뿐만 아니라 해부학적 성질—가장 먼저 지적할 수 있는 것은, 분자해부학적 성질—도 가지고 있다. 상호의존적이고 순차적인 여러 단계들을 거쳐 일어나는 긴 반응은 용액 속에 뒤섞여 있는 효소들을 통해서는 제어될 수 없을 것이 자명하다. 물방울처럼 용액이 들어 있을 뿐 거의 텅 비어 있다고 여겨진 1900년의 진핵세포는 오늘날, 막과 끈과 관과 칸막이와 펌프, 그리고 더욱 복잡하지만 기능은 불분명한 기타 여러 세포 소기관들이 빽빽하게 들어찬 구조물이 되었다. 세포학과 생화학은 분자세포생물학(molecular cell biology)으로 통합되었다. 분자해부학자들은 세포 소기관들 속에서, 정해진 순서대로 전체 반응에 참여하기 위해 만들어진 효소들의 배열을 발견해가는 중이다.

1950년까지만 해도 단순한 그릇으로 여겨졌던 세포막은 오늘날 능동적인 세포 소기관으로 간주된다. 전자 현미경으로 관찰한 세포막은 여러 곳이 안으로 접혀 있다. 이런 모양을 이룸으로써 세포막은 세포 내부가 더 넓은 면적에서 외부와 맞닿도록 하며, 외부가 내부로 보이는 영역 깊숙이 들어오도록 만든다. 안으로 접힌 막과 연결된 세포막 면들은 '소포체'로 작용한다. 이렇게 안팎으로 있는 세포막의 총면적은 세포의 겉보기 표면보다 여러 배 크다. 무수히 많은 리보솜들은 소포체의 방대한 표면에 자리를 잡고 역할을 수행한다. 전자 현미경으로 촬영한 정적인 사진에서는 확인할 수 없지만, 세포막은 기능을 수행하는 과정에서 끊임없이 접히고 펴지고 생성되고 소멸된다.

화학적 분석과 전자 현미경을 통해 확인한 바에 따르면, 세포막은 두 층으로 배열

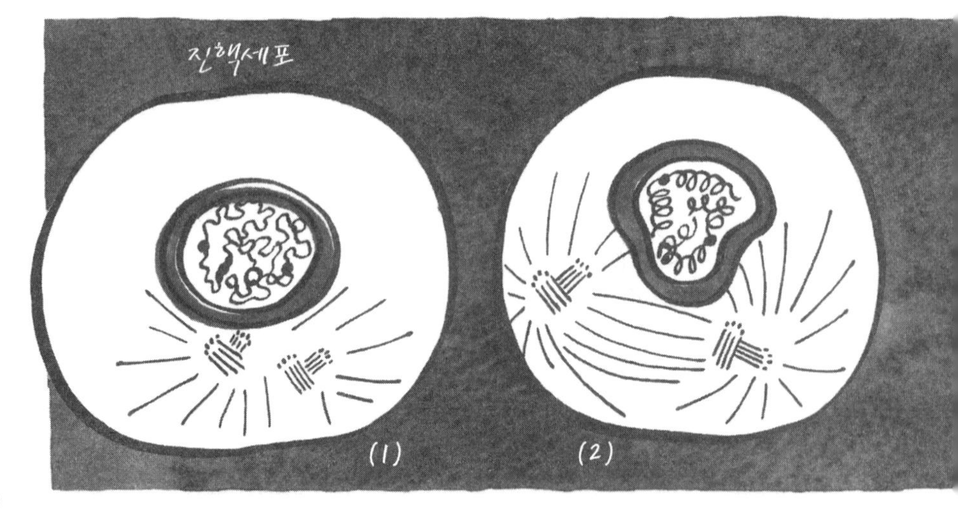

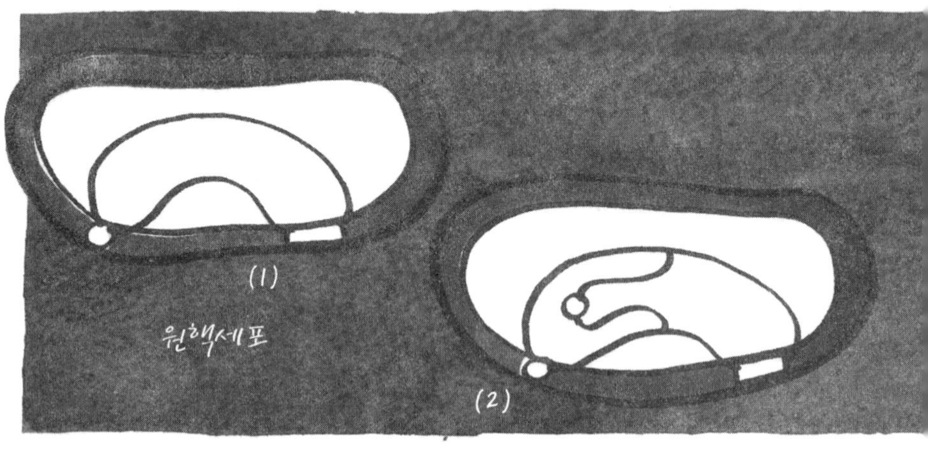

진핵세포와 원핵세포의 복제는 서로 다르지만 상응하는 과정을 거쳐 일어난다. 두 복제방식의 차이와 유사성은 진화가 이룬 중요한 혁신을 반영한다. (1) 세포막 내부의 두 지점에 고정된 단일한 폐곡선 형태의 '뉴클레오이드'는 원핵세포의 유전자를 지니고 있다. (2) 복제는 한 고정점에서 시작되어 플라스미드 양쪽으로 동시에 진행된다. (3) 복제된 플라스미드는 새로운 지점에 고정된다. (4) 공통 고정점이 분리되고 이어서 세포가 분열된다. 원핵세포의 유전자는 자유롭게 떠다니는 작은 '플라스미드'들 속에 들어 있기도 하다. (1) 끝이 열린 선형의 염

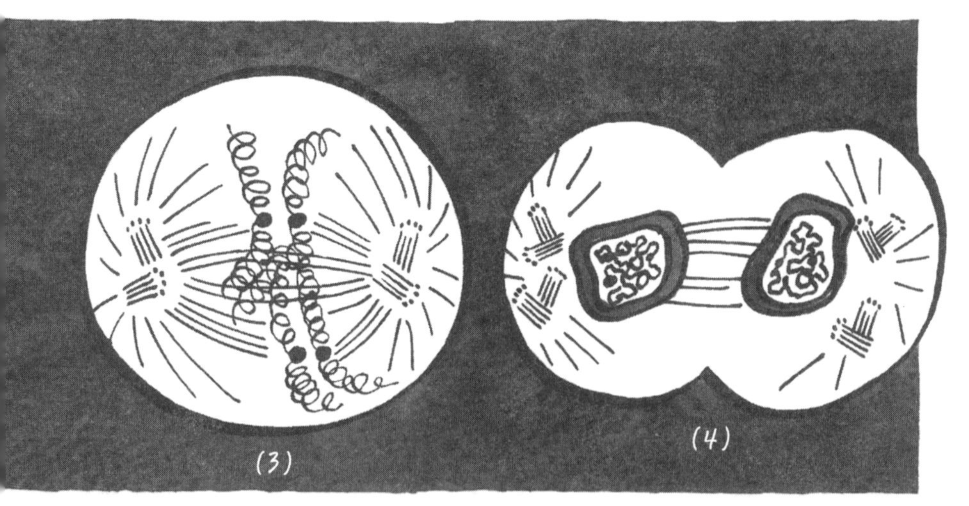

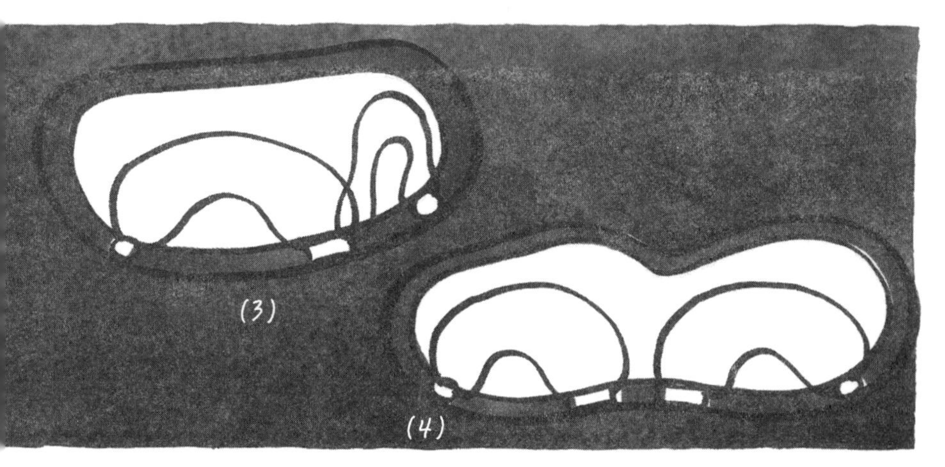

색체들 속에 들어 있는 진핵세포 유전자들은 핵 내부에서 복제된다. 동시에 핵 외부에서도 중심립의 복제가 일어난다(305쪽 참조). (2)복제된 두 중심립은 핵 양쪽으로 움직인다. (3) 이어서 핵막이 사라지고, 중심립에서 뻗어나온 '방추체' 미세소관(방추사)들이 복제된 염색체의 '동원체'(centromere)에 붙어 염색체를 분리시킨다. (4) 마침내 세포 자체가 분열될 때 염색체들은 핵막으로 둘러싸인다.

된 원추형 '지질'로 이루어져 있다. 지질은 탄화수소 분자인 지방산을 가리킨다. 지질 분자들은 소수성(물을 싫어하는) 끝을 막 단면 중심선 쪽으로 두고, 젖어도 좋은 친수성 끝을 세포 내외부 용액에 접하도록 하는 방식으로 배열되어 있다. 동물세포 한 개의 막은 5000만 개에서 1억 개의 지질 분자로 이루어진다. 지질 분자들은 굴곡이 많은 막 표면 상에서 자유롭게 움직이므로, 막은 2차원 유체의 성질을 가진다.

그런데도 막은 세포 내부와 외부를 분명하게 구분짓는다. 막은 내부와 외부로부터 가해지는 삼투압에 저항하며, 내외부 이온농도 차이에 의해 생겨난 전위 차이를 유지시킨다. 10여 가지 종류의 단백질로 이루어진 수백 개의 칸막이와 펌프는 수동적으로 또는 능동적으로 물질이 막을 통과하도록 만든다. 막은 2차원 유동성을 지니므로 작용이 필요한 장소로 신속하게 이동할 수 있다. 외부로부터 입자 형태의 물질을 받아들일 때는 막 자체가 내부로 주머니 모양을 이루면서 함입하기도 하고, 외부로 입자를 방출하는 경우에는 위상학적으로 반대의 모양을 만들면서 움직인다.

진핵세포의 복제에는 핵 이후 첫번째로 학자들의 관심을 끈 세포 소기관이 참여한다. 그 세포 소기관은 방추체(mitotic spindle)이다. 방추체를 만드는 것은 세포 속에 얽히고 설킨 미세소관(micrortubule)의 주요 기능 중 하나이다. 미세소관은 세포 골격을 이루는 재료이다. 비유적으로 골격이라 불리는 세포의 물리적 뼈대는 액틴과 미오신에 의해 운동성을 얻는다. 이 단백질들은 또한 포유류의 근육 속에서 수축력을 생산하기도 한다. 이러한 세포의 골격근육 체계는 소포체의 막 주름들을 가로질러 세포의 모양을 유지시키고 변형시킨다.

방추체

미세소관은, 한 쌍이 결합하여 '이합체'(dimer)를 형성하는 두 종류의 튜불린(tubulin) 단백질로 이루어져 있다. 이합체들은 실험실의 유리그릇 속에서도 자발적으로 조직화되어 얇은 면을 형성한다. 이어서 면이 감기면서 관이 된다. 13개의 이합체들이 나선형으로 배열되면서 미세소관을 형성한다(306, 307쪽 그림 참조). 바깥지름이 2.5×10^{-9}미터이고 안지름이 1.5×10^{-9}미터인 미세소관의 길이는 굵기의 1000배인 10^{-6}미터에 달할 수도 있다. 세포골격 기능을 하는 미세소관은 막대처럼 단단하게 작용할 수도 있고 밧줄처럼 유연하게 작용할 수도 있다. 또한 미세소관은 물질을 운반하는 관의 역할을 하기도 한다. 특히 신경세포의 축삭돌기에서 이런 역할을 하는데, 축삭돌기는 30센티미터 이상까지 뻗을 수도 있다.

세포의 복제를 얼핏 보면, 미세소관이 모든 일을 일으키는 것처럼 보일지도 모른다. 염색체가 복제되는 동안 핵 옆에서 미세한 세포 소기관인 중심체(centrosome)가 자기 복제를 시작한다. 중심체를 이루는 두 개의 중심립(centriole)—중심립 각각은 전체적으로 뭉툭한 관 모양인데, 그 관에 직각으로 또 하나의 뭉툭한 관이 연결되어 있다—이 네 개가 된다. 이 뭉툭한 관은 세 개씩 결합된 27개의 미세소관으로 되어 있다. 즉 이 관의 단면은 아홉개의 미세소관 3중체가 합쳐진 모양이다. 복제에 이어서, 산출된 중심체는 세포의 반대편으로 이동한다. 이어서 중심체에서 자라난 미세소관들이 방추체를 형성하고, 방추체는 한 쌍의 복제된 염색체 각각을 서로 반대편에 자리잡은 중심체에 대칭적으로 연결한다. 이제 미세소관이 수축하면서 염색체들이 분리된다. 이 광경은 세포의 진화를 연구하는 학생이었던 마걸리스(L. Magulis)가 'DNA와 무관한 유전체계'라 명명한 사태의 존재를 시사한다.

중심체의 9×3중 구조는 운동체(kinetosome, 모기체)에서도 등장한다. 운동성을 지닌 많은 진핵세포의 막 아래에 있는 운동체로부터 뻗어나오는 미세소관들은 전혀 다른 단면으로 배열되어 있다. 이 배열의 단면은, 관 두 개가 결합된 이중관 아홉 개가 중앙의 이중관 하나를 둘러싸고 원형을 이룬 모습이다(306쪽 그림 참조). 이렇게 배열된 미세소관 다발은 채찍 모양의 위족(가짜 발)을 형성하는데, 진핵 단세포 생물은 이 위족을 이용해서 이동한다. 포유류의 정자는 단 한 개의 위족으로 움직인다. 호흡기관에 있는 것과 같은 정적인 조직세포에서는, 위족과 동일한 단면을 지닌 채찍 모양의 섬모가 있어, 주위의 유체 매질을 움직이게 만든다. 복잡한 미로처럼 생긴 내이(inner ear)에 있는 섬모들은 3차원 뉴턴 공간 속에서 뇌가 방향을 잡을 수 있도록 지침을 주는 신경자극을 최초로 만들어낸다(410쪽 그림 참조).

ATP: 세포 내 에너지 변환

에너지 변환은 유전자 복제나 유전 과정 속에서의 경험 축적만큼이나 세포의 삶에 필수적인 과정이다. 세포들은 화학결합 에너지를 다른 모든 형태의 에너지로 변환한다. 근육 속의 액틴과 미오신으로 전달된 화학결합 에너지는 역학적 에너지로 변환된

진핵세포의 운동기능은 모두 동일한 분자구조를 지닌 장치들이 담당한다. 두 종류의 튜불린 분자가 결합하여 '이합체'를 형성한다. 이합체들은 스스로 결집하여 하나의 미세소관을 이룬다. 튜불린 분자 13개가 미세소관의 둘레를 이룬다. 미세소관의 지름은 2.5×10^{-9}미터이며 길이는 지름의 1000배 이상에 달할 수 있다(304쪽 참조). 많은 원생생물의 운동기관인 위족은 쌍을 이룬 미세소관 20개로 만들어지는데, 미세소관 쌍들은 아홉 쌍이 중심의 한 쌍을 둘러싼 형태로 배열된다. 포유류의 점막세포를 비롯한 많은 진핵세포에 있는 미세한 섬모에서도 미세

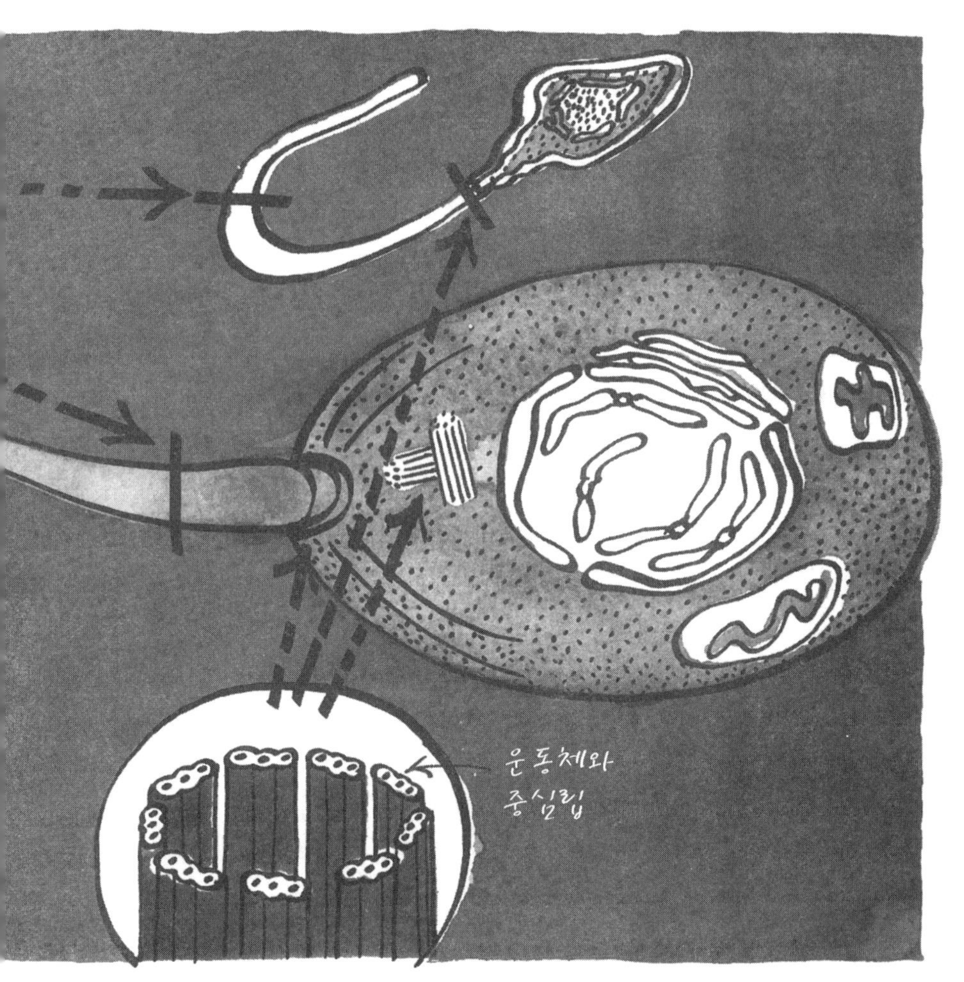

소관들이 동일한 방식으로 배열된다. 위족과 섬모의 운동은 다른 형태로 배열된 미세소관들에 의해 제어된다. 27개의 미세소관이 셋씩 결합하여 아홉 개의 관다발이 둥글게 배열함으로써 뭉툭한 원통 모양인 운동체가 만들어진다. 세포분열 과정에서 진핵세포의 핵 양편에서 방추체를 형성하여 염색체들을 분리하는 역할을 하는 중심립도 같은 구조로 배열된 미세소관으로 이루어져 있다. 이것은 진핵세포가 공생에서 기원했다는 것을 시사하는 강력한 증거이다(330, 331쪽 그림 참조).

다. 신경자극과 관련해서는 화학결합 에너지가 전기 에너지로 변환된다. 세포막 전체에 걸쳐서는 화학결합 에너지로부터 삼투압을 견디는 에너지와 능동적 물질교환에 필요한 에너지가 얻어진다. 고사목에 기생하는 균류가 발하는 '여우불'(fox-fire)이나 반딧불이의 경우에는 화학결합 에너지가 빛으로 방출된다. 세포 내에서 다른 형태의 에너지로 변환될 화학결합 에너지는 모든 세포 속에 존재하는 단 한 종류의 분자에 저장되고 그로부터 공급된다. 그 분자는 바로 ATP이다.

아데노신삼인산, 즉 ATP는, DNA 및 RNA 뉴클레오티드를 이루는 퓨린 중 하나인 아데닌과 리보오스(이 둘이 결합하면 아데노신이 된다)가 세 개의 인산기로 이루어진 사슬에 결합되어 있는 구조이다. 에너지 변환과정에서 ATP는 인산기 하나를 잃고 ADP, 즉 아데노신이인산이 된다. ATP가 두 개의 인산기를 잃으면 아데노신일인산, 즉 AMP가 되는데, AMP는 다름 아니라 유전적 생합성에 관여하는 네 개의 RNA 뉴클레오티드 중 하나이다.

AMP에 인산기 하나를 붙이는 데 필요한 에너지는, 첫번째 인산기를 붙일 때가 가장 적고 마지막 인산기를 붙일 때가 가장 크다. ADP 분자에 세번째 인산기를 붙여 ATP 분자를 만들기 위해서는 1전자볼트의 에너지가 필요하다. 에너지가 요구되는 세포 내 반응을 위해 ATP가 공급하는 에너지가 바로 그 1전자볼트이다. 에너지변환 과정에서 세번째 인산기를 잃은 ATP는 ADP로 환원된다. ADP는 다시 에너지를 충전하여 ATP가 될 수 있다.

하이델베르크 대학의 로만(K. Lohman)은 1930년 최초로 근육에서 ATP를 분리했다. 시험관 속에서 세번째 인산기 결합이 파괴되자 열이 발생했던 것이다. 그 결합 에너지가 세포 내에서 방출되었다면, 에너지는 열로 손실되지 않고, 반응하는 분자들의 전자를 더 높은 에너지 준위로 올리는 역할을 했을 것이다. 이렇게 전자의 이동으로 실현되는 에너지 변환의 효율은 매우 커서, 세포 내부의 상태가 초전도 상태에 가깝다는 것을 시사할 정도이다. 초전도성은 금속을 절대 0도에 가깝게 냉각시켜야 얻을 수 있다.

광합성과 호흡

세번째 인산기를 붙여서 ATP에 에너지를 저장하는 '인산화'는 지구에 있는 생명의 에너지 수급에서 가장 핵심적인 역할을 하는 반응이다. 이 사실은 지난 반 세기 동안에 밝혀졌다. 광합성 작용은 태양의 복사 에너지를 취하여 무기 화합물인 물과 이산화탄소로부터 유기 분자들을 생산하고 대기 중으로 산소를 방출하는 과정이다. 먼저 광합성 작용에 의해 태양의 복사 에너지가 ATP 분자에 저장된다. 다른 한편 세포호흡 작용은 세포 내로 산소를 끌어들여 유기 분자들을 태움으로써 화학적 에너지를 얻고 물과 이산화탄소를 산출한다. 얻어진 에너지는 우선 ATP 분자에 세번째 인산기를 붙이는 데 사용된다. 식물과 동물(그리고 원핵생물)이 생명을 유지하기 위해 행하는 이 두 상보적인 과정은 대기 중 산소와 이산화탄소의 전지구적 대규모 순환을 일으킨다(380, 381쪽 그림 참조).

호흡과 광합성은 기초적인 화학에너지 교환 반응인 산화와 환원의 생리학적 양태라 할수 있다. 산화-환원 반응은 하나 또는 다수의 전자들이 한 반응 분자에서 다른 반응 분자로 이동하도록 만든다. 산화는 전자들이 이탈하면서 에너지가 산출되는 반응이다. 한편 환원은 전자들이 부가되면서 에너지가 소비되는 반응이다. 전자 이동이 있으려면 전자를 내놓는 쪽과 받아들이는 쪽이 모두 있어야 하므로, 산화와 환원은 항상 같이 일어난다.

거의 200년 전 광합성과 호흡이 상보적인 회로를 이룬다는 것이 최초로 밝혀졌을 당시 학자들은 탄수화물 기본 화학식 포도당(CH_2O)를 기반으로 해서, 광합성의 본질이 이산화탄소 속에 있는 탄소를 물에 붙이는 과정에 있다고 믿었다. 이 오해가 수정된 것은 1930년대 캘리포니아 홉킨스 해양 연구소의 판 닐(C. B. van Niel)에 의해서이다. 그는 청록색 박테리아와 보라색 박테리아를 대상으로 역사적인 광합성 연구를 했다. 그가 밝혀낸 바에 따르면, 이 박테리아들은 광합성 반응을 위한 전자들을 황화수소에서(수소 원자에서) 얻는다. 황과 산소는 모두 원자가가 2이다. 따라서 황과 산소는 여러 형태의 화학반응에서 대체 가능한 방식으로 등장한다. 판 닐이 연구한 박테리아 광합성에서 반응과정에 필수적인 수소를 제공하는 것은 물이 아니라 황화수소인 것이다. 샌디에이고 소재 캘리포니아 대학의 케이먼(M. Kamen)은 산소 동위원소 ^{18}O를 성분으로 한 물분자를 이용해서 광합성 작용을 추적했다. 이를 통해 그는 식물이 광합성을 통해 물에서 전자 두 개를 보유한 수소 원자들을 CH_2O에 공급한다는 사실을 분명히 밝혀냈다. 그의 실험에서 광합성이 일어난 이후 산소 동위원소 ^{18}O는 CH_2O 속에서 발견된 것이 아니라 공기 속에서 발견되었다.

그러므로 산소 원자는, 에너지를 소모하는 반응에서는 수소를 방출하고 에너지를 산출하는 반응에서는 수소를 받아들이는 방식으로 물과 공기 사이를 오간다. 탄소는 공기에서 출발해서 다시 공기로 돌아간다. 탄소는 대기 속 이산화탄소 속에 들어 있다가, 광합성에 의해 CH_2O로 환원되었다가, 호흡에 의해 이산화탄소 형태로 다시 대기 속으로 방출된다.

광합성과 호흡의 핵심인 인산화(ADP가 ATP로 되는 반응)에는 많은 효소들이 관여한다. 에너지를 동반한 전자 이동을 담당하는 분자들은 금속을 포획하는 포르피린들과 인산당 조효소들(coenzymes)인데, 조효소들은 AMP와 마찬가지로 유전과 관련된 뉴클레오티드이다. 조효소들과 포르피린들은 고도로 정확한 순차적 작용을 위해 두 가지 가장 복잡한—세포핵 다음으로 가장 복잡한—세포 소기관 속에 배열되어 있다. 곧 보게 되겠지만, 진핵세포 진화와 관련해서 중요한 의미를 지니는 한 가지 사실은, 그 두 세포기관이 자신의 고유한 퇴화된 DNA와 보조 RNA 및 보조 효소를 지니고 있고, 이들이 세포 내에서 일어나는 두 세포 소기관의 자기 복제에서 기능한다는 것이다.

광합성 세포 소기관

엽록소 분자는 광합성 세포 소기관인 엽록체 내부(312쪽 그림 참조)에서 빛 광자를 흡수한다. 엽록소는 독특한 구조를 가진 분자이다. 엽록소를 이루는 평면 포르피린 고리는 미오글로빈에 있는 헴 기처럼, 질소 원자들로 이루어진 발톱으로 마그네슘 원자 하나를 붙잡고 있다. 한편 포르피린 고리에는 기다란 탄소 사슬이 꼬리처럼 달려 있다. 엽록소 분자는 적절한 구조를 지니고 있어서, 노란색-적색 파장(태양광선의 에너지가 최고에 달하는 파장)의 광자 한 개가 분자에 닿으면 마그네슘 원자로부터 전자 하나가 방출된다.

시험관에 담긴 엽록소 용액에서는 방출된 전자들이 섬광의 형태로 빛 광자를 방출한다. 그러나 세포 속에서는 빛에 의해 활성화된 전자로부터 방출되는 에너지가 엽록체의 기능에 의해서 조직화된 분자들의 반응연쇄 속으로 들어가도록 조절된다. 엽록소 분자들은 결정체처럼 질서 있게 배열된 막에 붙어 있다. 그 배열은 전자 현미경으로 관찰 가능하다. 빛을 받아 방출된 전자들은 일련의 시토크롬들(cytochromes) 중 첫번째 시토크롬에 의해 즉각적으로 제어된다. 시토크롬은 엽록소와 마찬가지로 포르피린 고리를 가지고 있는데, 그 발톱에는 철이 붙잡혀 있다. 시토크롬은 전자들을 에너지 손실 없이 원료 물질들과 적절한 효소들 및 조효소들이 준비된 장소로 운반한다. 그곳에서 각각의 전자는 자신의 에너지를 화학결합을 위해 제공한다. 빛 속에서 진행되는 반응, 즉 명반응에서는 에너지가 ATP 분자를 만드는 데 사용된다. 이어서 진행되는 어둠 속에서의 반응, 즉 암반응을 통해 ATP에 저장된 에너지는 더 안정적인 결합인 당 결합, 즉 포도당 결합으로 옮겨진다. 포도당은 세포의 본체 대부분을 형성하기 위한 기초재료이며 필요한 에너지를 공급해주는 원천이다.

거의 확실한 증거에 의하면, 엽록소 분자에 들어오는 태양 에너지의 75퍼센트가 광합성 작용을 통해 ATP 화학 에너지로 전환된다. 이 에너지 효율은, 발전기를 통해 화석연료를 전기로 바꾸는 과정에서 실현되는 에너지 효율의 두 배에 달한다. 엽록소 분자들이 이토록 효율적으로 기능한다는 것은 고마운 일이다. 예일 대학 허친슨(G. E. Hutchinson)의 추정에 따르면, 지구에 있는 생명들과 이들의 에너지원인 태양을 이어주는 유일한 끈은 육지에 있는 다섯 층의 잎사귀들과 바다에 있는 1밀리미터 두께의 식물성 플랑크톤 층이 전부이다. 잎사귀와 식물성 플랑크톤은 지표면에 1제곱미터당 1킬로와트로 공급되는 태양 에너지의 0.1퍼센트를 흡수한다.

1950년대 버클리 소재 캘리포니아 대학의 아논(D. Arnon)과 동료들은 광합성을 해부했다. 이들의 연구를 해부라고 부르는 것은 적절하다. 이들은 엽록체가 식물세포를 벗어나 실험실의 유리관 속에서 광합성 작용을 수행하도록 만들었다. 이들의 연구를 통해 광합성이 명반응에서는 광인산화(photophosphorylation) 과정으로 이루어진다는 것이 밝혀졌다. ATP에 세번째 인산기를 결합시키는 방식으로 빛 에너지를 저장하는 반응은 두 가지 경로로 일어난다. 엽록소의 종류에 따라 경로가 다르다. 엽록소 *a*에서 방출된 전자는 ATP 하나를 인산화시키고 전자 운반자 중 하나인 피리딘 뉴클레오티드, 즉 PN을 PNH_2로 환원시킨다. '광계 II'라 불리는 이 경로는 물로부터 수소 원자 두 개를 받아들이고 반응의 부산물로 산소를 공기 중으로 방출한다. 식물이 존재하지 않았던 시기에 다양한 시아노박테리아 속에서 이루어진 이 경로의 광합성(그리고 산소 호흡)을 통해 지구 대기의 재구성이 일어나기 시작했다.

녹색 잎사귀와 특정한 한 종류의 박테리아는 더 많은 빛 에너지를 받아들여 광계 I이라 명명된 경로로 전자를 이동시킨다. 이 광합성은 엽록소 *b*에 의해 수행된다. 활성

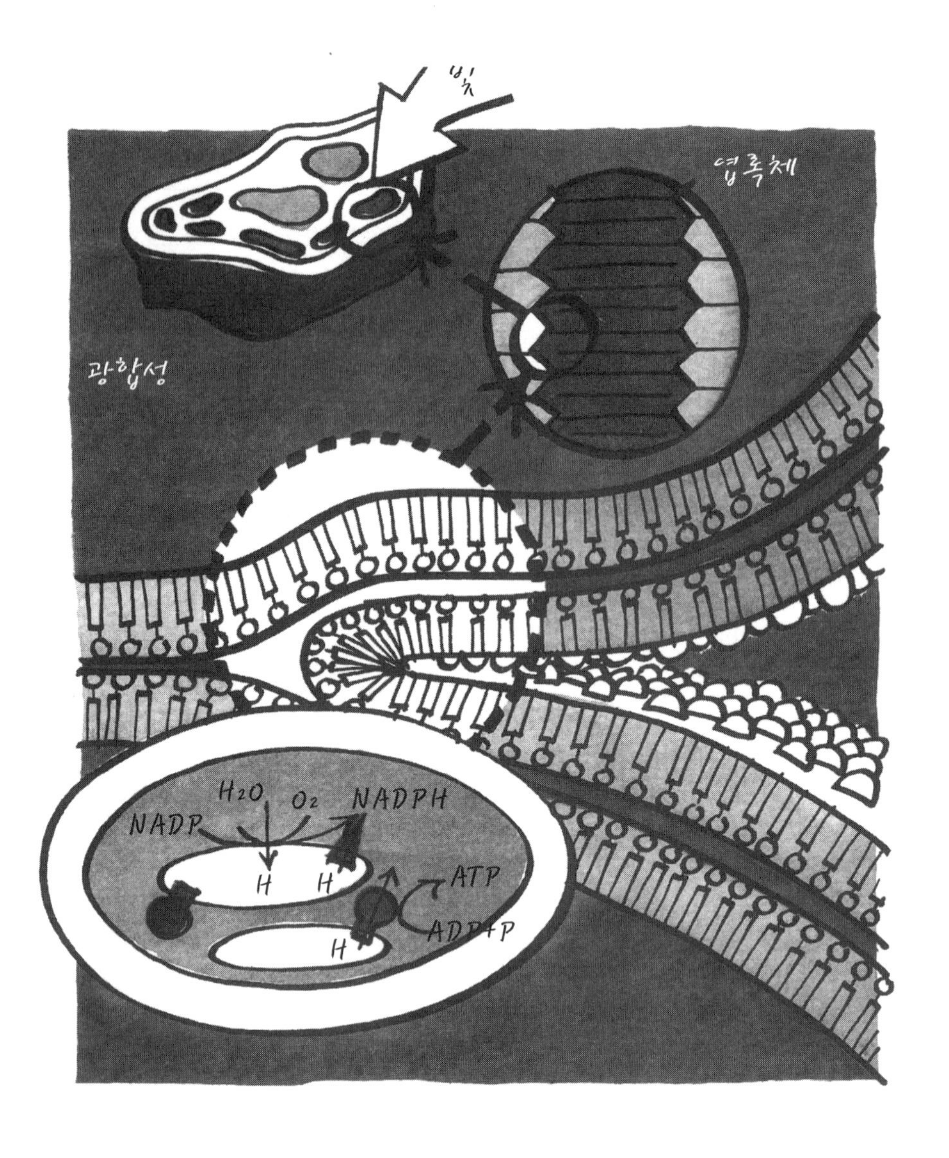

광합성. 광합성에 의해 태양 에너지가 화학결합 에너지로 변환된다. 엽록소 분자에 느슨하게 결합된 마그네슘에 있는 전자 하나는 태양빛 광자 하나에 의해 여기되어 높은 에너지 상태로 올라간다. 막에 결정처럼 질서정연하게 배열된 엽록소 분자들은 여기된 전자들을 두 개의 회로(산소 회로와 무산소 회로)로 보내 전자의 에너지를 ATP와 NADAP에 인산기를 붙이는 화학결합 속에 저장한다(310쪽 참조). 이 회로들을 돕는 매개분자들은 막 사이의 공간에 배열되어 있다.

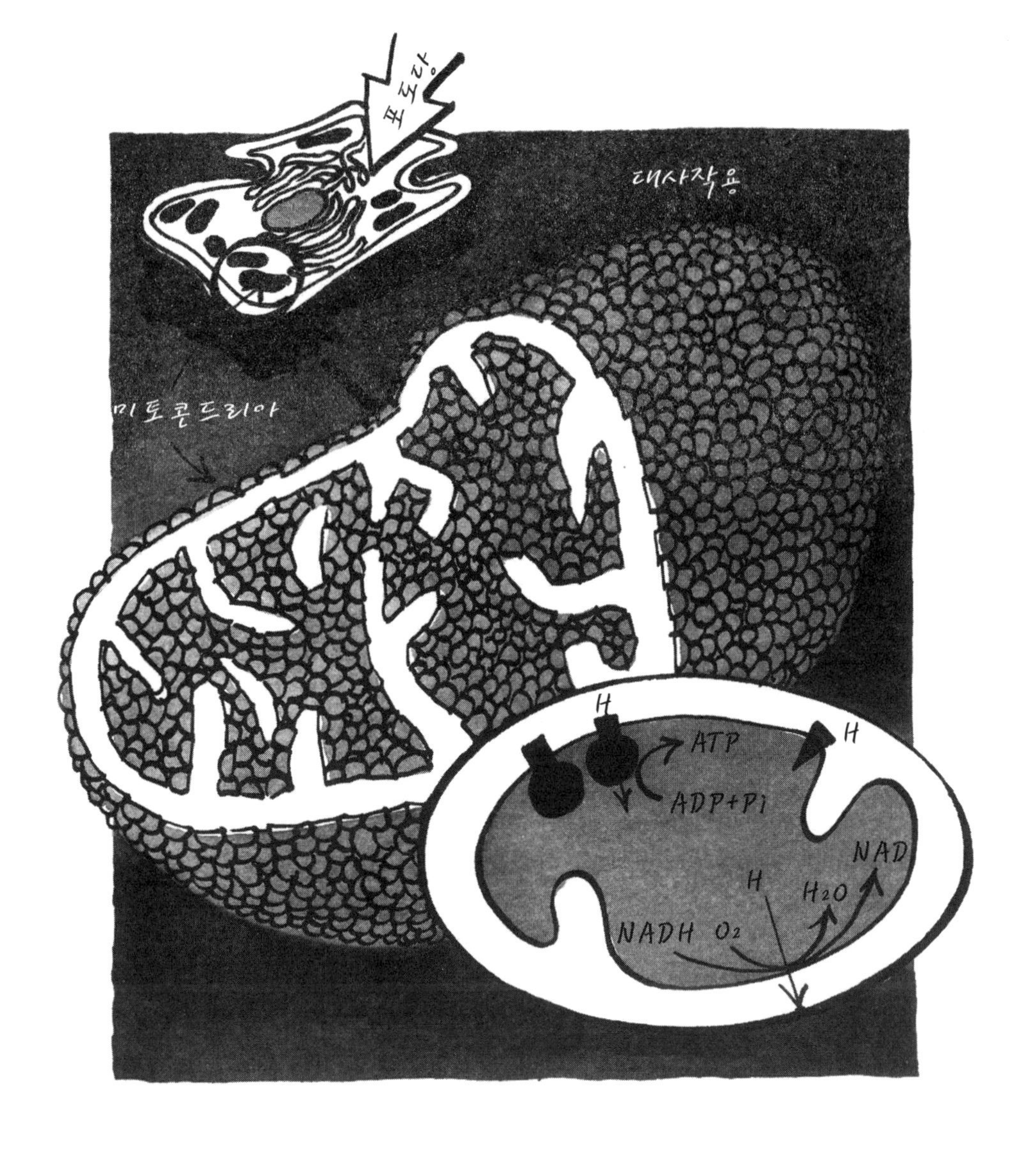

호흡. 호흡에 의해 포도당에 있는 화학 에너지가 변환되어 ATP에 세번째 인산기를 붙이는 결합에 사용된다. 에너지 운반자인 ATP는 포도당의 에너지를 역학적 에너지, 전기 에너지 등 생명이 산출하는 모든 형태의 에너지로 변환될 수 있는 상태로 준비시킨다(315쪽 참조). 미토콘드리아 외막에 배열된 매개분자들은 무산소 회로나 산소 회로를 통해 포도당의 에너지를 끌어낸다. 그 에너지는 미토콘드리아 내막으로 옮겨져 ATP 합성에 사용된다(316쪽 참조). 대부분의 ATP 에너지는 외막에서 일어나는 단백질 합성에 사용된다.

화된 전자는 닫힌 회로로 한 시토크롬에서 다른 시토크롬으로 옮겨지고 최종적으로는 원래 엽록소로 되돌아와 양의 전하를 중화시킨다. 이 과정에서 전자는 비타민 K와 B군에 속하는 비타민 하나를 조효소로 하는 반응에 의해 자신이 지닌 에너지를 단계적으로 넘겨주어 ATP 분자 두 개에 에너지를 저장한다.

PNH_2는 에너지를 소모하면서 전자 두 개를 탄소에 붙이는 반응, 즉 암반응을 위해 H_2를 가져간다. 이 환원반응에 필요한 에너지는 두 가지 광계에 의해 에너지를 저장한 ATP 세 개에 의해 제공된다.

역시 버클리 소재 캘리포니아 대학에서 1950년대에 연구한 캘빈(M. Calvin)은 암반응을 세부까지 훌륭하게 밝혀냈다. 그는 6탄당 사슬 합성이 여러 공정과 중간산물의 연쇄를 거쳐 이루어지며, 각각의 공정에 고유한 효소가 한 개 또는 다수 개입한다는 것을 밝혔다. 이 공정들과 효소들 다수는 포도당 사슬을 분해하는 산화 인산화 과정인 '시트르산 회로'(citric acid cycle)에도 참여한다.

캘빈과 동료들은 이른바 캘빈 회로의 산물이 포도당 외에도 더 있음을 발견했다. 그들이 연구한 단세포 진핵 조류에서 30퍼센트의 탄소는 곧바로 일부 아미노산과 지방산 합성에 참여했다. 최종산물이 무엇인지에 따라 20에서 30단계에 달하고 단계들의 서열이 복잡하게 정해져 있는 이러한 합성 회로가 광합성의 마지막 단계에서 이루어진다는 사실은, 효소들과 전자 운반자들이 엽록체 속에 고도의 공간적 질서로 배치되어 있음을 시사한다.

광인산화에 의해 생산된 포도당의 산화 인산화를 수행하는 세포 소기관 역시 엽록소 못지않게 복잡하다(313쪽 그림 참조). 미토콘드리아는 일부 진핵세포들에서만 호흡을 담당한다. 식물은 생산한 포도당의 약 50퍼센트를 산화 인산화를 통해 소모한다. 나머지 50퍼센트가 동물계와 균계를 떠받친다.

호흡 세포 소기관

호흡회로는 공기 없이, 즉 산소 없이 6탄당이 두 개의 3탄 젖산(lactic acid)으로 분해되는 것에서 시작된다. 이 작용은 6가지 중간 산물을 거쳐 진행되며 두 개의 ATP를 필요로 한다. 그러나 이 과정의 산물로 네 개의 ATP가 산출되므로 결국 ATP는 두 개 늘어난다.

열역학적으로 분자량을 따져 계산해보면, 산출된 ATP 2몰이 가진 에너지는 2만 4000칼로리임을 알 수 있다. 포도당의 결합 에너지를 ATP에 저장하는 이 과정의 효율은 공학자의 기준으로는 놀라운 수준인 43퍼센트이다.

이 1차 포도당 분해, 즉 포도당의 젖산으로의 발효는 독자적으로 완결된 과정이다. 원핵생물계 대부분은 이 과정이 산출하는 에너지만으로 유지된다. 사람의 경우 근육 속에 젖산이 축적되면 피로감을 느끼고, 그 피로는 '새로운 숨'을 들이마심으로써 감소된다. 새로운 숨을 들이마신다는 것은 호흡의 주요단계인 산화 인산화가 시작됨을 의미한다.

공기를 사용하는 참된 호흡인 산화 인산화 단계는, 산소를 이용해서 두 개의 젖산을 완전히 산화시키고 광합성의 최초재료인 이산화탄소와 물을 복원한다. 이 반응은 '시트르산 회로'라고도 불리는데, 이는 첫번째 탄소가 제거되면서 젖산 두 개가 시트르산(구연산)이 되기 때문이다. 이 회로를 이해하는 것은 생화학 전공 학생들이 통과해야 할 첫번째 주요 관문이다. 이 관문을 세운 과학자를 기리기 위해 이 회로를 흔히 '크렙스 회로'라 부른다. 1930년대 옥스퍼드 대학의 크렙스(H. A. Krebs)는 크렙스 회로를 밝혀냄으로써 40년 전 부흐너 형제가 시작한 연구를 완성했다.

공기가 참여하는 산화 인산화 단계를 통해 포도당에 포함된 탄소 분자 여섯 개는 모두 산화된다. 광합성에 의해 각각의 탄소에 수소 두 개가 결합되었고, 각 결합에 ATP 세 개가 소모되었으므로, 모든 결합들이 분해될 때 산출되는 총에너지는 ATP 36개에 해당할 것이다. 포도당 1몰이 완전 연소할 때 발생하는 에너지 69만 칼로리에 비교해보면, 산화 인산화로 얻을 수 있는 에너지는 상당한 수준이다. 세번째 인산기를 결합시켜 ATP 분자 1몰을 얻기 위해 투입되어야 하는 에너지는 1만 2000칼로리이다. 1만 2000칼로리에 36을 곱하면 43만 2000칼로리가 나온다. 완전연소로 얻는 에너지와 비교해서 산화 인산화의 효율을 계산하면 66퍼센트가 된다. 최초에 광인산화를 통해 저장된 에너지가 태양 복사 에너지의 75퍼센트이고, 이 75퍼센트 중 66퍼센트가 산화 인산화 과정의 최종 산물로 얻어지는 에너지이다. 그러므로 두 인산화 과정 전체에 걸쳐 실현된 빛 에너지의 ATP 속으로의 저장 효율은 40퍼센트 이상이다.

크렙스가 호흡을 연구하고 있을 때, 덴마크의 칼카르(H. M. Kalckar)와 소련의 벨리처(V. A. Belitzer)는 각기 독자적으로, 동물 조직에서 일어나는 어떤 화학적 현상에 주목하고 있었다. 그 현상은 호흡에 동반되는 것처럼 보였다. 그들은 신장이나 기초근육의 지지조직(suspension in ground muscle)에 포도당과 산소를 공급했다. 호흡이 진행된 후에 기초조직에서 추출한 용액 속에는 인산이 감소되어 있었다. 사라진 인산은 여러 유기분자들과 결합했지만, 특히 오늘날 ATP로 알려진 분자와 주로 결합했다는 것이 밝혀졌다. 칼카르는 ADP가 ATP로 인산화하는 반응이 호흡과 관련 있다고 올바르게 추측했다. ATP의 광범위한 역할에 관한 오늘날의 지식은 그때 이후 다양한 연구 경로를 통해 얻어졌다. 헝가리 생리학자 센트죄르지(A. Szent-György)는 ATP가 미오신과 액틴의 상호작용에 필요한 에너지를 공급한다는 사실을 밝혔다. 근육을 수축시키는 역학적 에너지는 미오신과 액틴의 상호작용에 의해 생겨난다.

전자 현미경으로 관찰한 미토콘드리아는 럭비공 모양이다. 단면을 관찰해보면, 럭비공이 두 겹의 막으로 이루어졌음을 알 수 있다. 내막에는 매우 촘촘한 주름이 있어서 내막 표면의 면적이 겉보기보다 매우 크다(313쪽 그림 참조). 막 전체에 걸쳐 호흡과 관련된 기능을 하는 효소들이 질서 있게 배열되어 있다.

포유류 조직 세포 하나는 50개 정도의 미토콘드리아를 지니고 있으며, 특히 유기체 전체를 위한 생산 임무를 지닌 조직 세포의 경우에는, 예를 들어 간 조직 세포는 500개 정도의 미토콘드리아를 지닌다.

위스콘신 대학의 그린과 동료들은 1960년대에, 산소호흡이 미토콘드리아 외막에서 시작된다는 것을 밝혀냈다. 외막에서 일어난 반응을 통해 포획된 전자들은 NPH_2 분자에 실려 내부로 수송된다. 미토콘드리아 내막은 주름진 넓은 표면을 지니므로, ADP가 ATP로 충전되는 반응을 위한 공간이 충분히 확보되어 있다. 충전된 ATP 분자들은 즉시 외막으로 운반된다. 이어서 대부분의 ATP는 단백질 합성에 에너지를 제공한다. 나머지 ATP는 다른 반응에 에너지를 공급하기 위해 세포 속의 다른 장소로 이동한다.

진핵세포의 해부학적 생리학적 구조는, 육안으로 보이는 거의 모든 유기체들과 육안으로 볼 수 없는 많은 유기체들의 기본 설계도이다. 단세포 부유생물들은 그 기본 설계도의 변양태라고 할 수 있다. 단세포 생물들은 모습과 행태에서 폭넓은 다양성을 보여준다. 레벤후크는 그 다양성에 매료되었다. 단세포 생물에서 알 수 있듯이 세포 하나는 다양한 능력들을 가지고 있다. 그 다양한 능력들을 선택적으로 배제하고 각각의 세포가 전체를 위해 특정한 기능만을 하도록 제한하는 방식으로 진핵세포들은 다세포 유기체를 구성했다.

살아 있는 세포에 관해 더 알아야 할 것 중 가장 중요한 것은, 단일한 세포에서 어떻게 다세포 유기체가 발생하는가이다. 이미 오래 전에 사람들은 배 발생 초기단계에서는 동물계에 속하는 모든 유기체들이 거의 동일한 일련의 과정들을 겪는다는 것을 확인했다. 수정란이 10회 정도 분열하면, 수천 개의 딸세포들은 속이 빈 공 모양을 형성하는데, 이를 '포배'(blastula)라 부른다. 이어서 한쪽이 안으로 찌그러지면서 포배 내부에 우묵한 주머니 모양의 '낭배'(gastula)가 형성된다. 이 시점 이후에는 발생경로가 서로 다른 서른세 가지로 갈라진다. 그 경로들의 끝에는 해면동물, 절지동물, 연체동물, 척추동물 등 매우 다양한 동물들이 있다.

낭배 함입 직후 이루어지는 세포들의 분화는 여러 유형의 조직들과 최종적인 기관들의 발생에 기여한다. 예를 들어 초파리의 초기 배에서 한 '성체 발생 부분(imago)'의 세포들을 다른 '성체 발생 부분'에 이식한다면, 성체의 머리에 촉수 대신 다리가 돋아날 수 있다. 클로닝(cloning) 기술은 조직세포 각각이 해당 종의 유전자 전체를 보유하고 있음을 보여준다. 핵을 제거한 난자에 조직세포의 핵을 이식하면, 핵 속의 유전자는 능력들을 완벽하게 회복한다.

분자생물학은 새로운 방식으로 배 발생에 관해 질문을 제기한다. DNA에 1차원적으로 기록된 정보가 어떻게 3차원 유기체를 발생시키는가? 이 질문을 제기한 바젤 대학의 게링(W. J. Gehring)은 대답을 향한 첫걸음을 내딛기도 했다. 초파리 DNA의 한 절편에서 그는, 기관 발생의 공간적 조직화와 관련해서 다른 유전자들의 발현을 제어하는 일군의 유전자들을 발견했다. 이 일군의 유전자들에 돌연변이가 생기면 초파리의 머리에 촉수 대신 다리가 돋아난다. 오늘날 이 유전자군은 '호메오박스'(homeobox)라 불린다. 사람부터 곤충까지 연구가 시도된 모든 유기체에서 호메오박스가 확인되었다. 호메오박스 유전자들은 아마도 염색체의 다른 지점에 있는 유전자들의 발현을 예정대로 억제하거나 허용하는 작용을 하는 단백질들을 합성함으로써 제어기능을 수행하는 것으로 보인다.

유전암호와 진화

생물은 진핵생물과 원핵생물의 구분에서 시작해서 수없이 다양하게 세분되지만, 임의의 세포는 이 모든 생물이 공유한 유산을 유전자 속에 보유하고 있다. 임의의 세포 속에서 DNA와 RNA는 동일한 알파벳에 따라 20개의 아미노산을 호출한다. RNA 코돈들인 UUA, UUG, CUU, CUC, CUA 또는 CUG는 잉여적으로 류신(leucine)—알파벳 e로 표기됨—을 호출한다. 유전 사전에 들어 있는 다른 뉴클레오티드들, 특히 AMP는 유전 사전을 활성화하는 에너지 변환에 관여하므로 역시 생명을 위해 필수적이다. 사전 속에 암호로 기록된 구조 단백질들과 효소 단백질들은 모든 생물들 속에서 동일한 기능을 한다. 더 단순한 탄화수소들과 탄수화물들은 구조 속에서 사소한 기능을 하거나 연료로 쓰인다.

이는 생물들이 공동의 기원과 역사를 지녔음을 보여주는 증거이다. 이런 생각은 수년 내에 일반적으로 수용될 것이다. DNA 또는 RNA 사슬의 염기서열을 밝힌 최초의 실험적 성과들은 이미 1970년대 중반에 단순작업으로 격하되었다. 이어서 단순작업의 기계화를 통해 한 유기체의 게놈(genome) 전체의 염기서열을 밝히는 과제를 기획할 수 있게 되었다. 21세기가 시작될 무렵 여섯 개의 게놈지도가 완성되었다. 21세기는 호모 사피엔스 게놈의 (불완전한) '개요'(draft) 두 편이 발표되는 것과 함께 시작되었다. 그중 한 편은 상업적 관심과 제약사업에 의한 이익 예상이 유입된 결과였다(DNA 서열과 관련해서 미국 특허청에 2만 건 이상의 특허 신청이 있었으며 거의 800건의 특허가 인정되었다). 다른 한편은 국제적인 연구기관 연합이 이룬 성과였다. 이 연합은 1970년대부터 공공자금에 의해 운영되었으며, 최근에 이르러서야 인간 게놈에 대한 지식을 공공영역에 머물게 하고 모든 발견들이 즉각적으로 공개되도록 할 필요를 깨달은 여러 재단들의 지원을 받게 되었다. '개요' 들은 30억 개의 염기 대부분의 서열을 담고 있으며, 나머지 서열들을 파악할 방법들을 제시한다. 더 나아가 엑손과 인트론을 분리하는 작업과, 유전자들을 식별하는 작업, 그리고 유전자들의 기능을 알아내는 작업이 이루어져야 한다. 모든 유전자들이 단백질 암호를 가지고 있는 것은 아니다. DNA 사슬에 1차원적으로 암호화된 설계로부터 3차원 유기체를 구현하는 것과 관련된 호메오박스 같은 유전자들이 얼마나 복잡하고 흥미로운지는 아직 상상해 볼 수 있을 뿐이다.

이 대형 과학기획은 이미 첫번째 주요 성과를 내놓았다. 오늘날에는 인간 게놈 속에 있는 유전자의 수를 믿을 만하게 추정하는 것이 가능하다. 추정된 수는 대략 3만 개이다. 이는 초파리의 유전자 수보다 더 많은 수이다. 그러나 이 수도 호모 사피엔스를 완전히 규정하기 위해 필요할 것이라고 과거에 추측된 수보다 훨씬 작다.

이러한 발전에 대한 경제적 관심이 시사하는 대로 게놈 연구는 이미 고유한 공학기술들을 산출했다. 인간 게놈에 관한 지식은 객관적 지식이 인류에게 선사한 힘 중 가장 무서운 힘을 지니고 있다. 자연의 질서 속에서 인간이 차지하는 자리의 목적과 의미를 인식할 필요성이 절박하게 대두되었다. 어쩌면 더욱 절박한 것은, 그 무서운 힘을 개방적이고 자율적인 사회의 공적인 제어력 안에 머물게 하는 것인지도 모른다.

종의 기원

다윈이 자연선택 이론을 30여 년에 걸쳐 어렵게 만들어가던 시기에는 오늘날 우리가 가진 진화의 증거들이 확보되어 있지 않았다. 당시 지질학자들이 추정한 지구의 나이는, 현존하는 종들이 분화나 통합의 진화과정을 완수하기에 충분한 시간적 여유를 거의 제공하지 않았다. 화석자료에서 얻은 증거는, 과거에 수많은 종들이 있었다는 것을 알려주는 정도에 지나지 않았다. 영국 웨일스 지방에 있는 캄브리아기 지층보다 더 오래 된 화석은 없었다. 웨일스 지방 캄브리아기 지층은 당시 알려진 가장 오래 된 화석 보유 암석이었다. 다윈 자신도 그가 발견한 증거들이 생명의 역사에 관한 그의 이론을 반박하는 가장 극복하기 힘든 도전이라고 생각했다. 그런 생각을 담은 다음과 같은 다윈의 글은 흔히 인용된다.

> 흉내낼 수 없는 그 모든 설계를 갖춘 눈이, 그러니까 다양한 거리에 초점을 맞추고, 다양한 양의 빛을 받아들이고, 구면수차와 색수차를 보정하는 장치들을 갖춘 눈이 자연선택에 의해 형성되었다고 생각하는 것은, 솔직히 고백하건대, 매우 불합리해 보인다.

이 수수께끼에 대한 대답은 살아 있는 세포가 겪은 긴 역사가 들려주었다. 변화무쌍한 살아 있는 세포가 혁신을 일으키고 분화하기 위해 필요한 시간을 오늘날의 화석 증거들은 넉넉히 제공한다. 다윈은 그렇게 긴 시간을 감안할 수 없었다. 생명체의 흔적을 지닌 가장 오래 된 화석이 보여주는 바에 의하면, 생명은 지구 역사의 최초 10억 년이 끝나는 즈음에 또는 그보다 앞선 시기에 시작되었다. 지구 역사의 최초 10억 년은 하데스기(Hadean Period)라는 적절한 명칭으로 불린다. 당시 지구 중력장은 여전히, 태양의 중력 붕괴 이후 남은 잔재와 원시 먼지구름이 행성들로 붕괴하고 남은 잔재를 끌어모으고 있었다(234, 368쪽 참조).

최초의 대기 속에 산소가 있었을 가능성은 없다. 화학적 활성이 높은 산소는 지각에 있는 다른 원소들과 강하게 결합했다. 지각을 이루는 원자들 중 거의 절반이 산소이다. 오늘날 대기권 상층을 이루는 오존층이 없었으므로 고에너지를 지닌 태양 광자들이 에너지 감소 없이 지표면에 도달했다. 생명은 바로 이런 척박한 환경에서 탄생했다.

실험적 탐구

러시아 지질화학자(geochemist) 오파린(A. I. Oparin)은 1920년대에, 유기분자의 비생물적(abiotic) 화학에 관해 충분한 지식이 확보되었으므로 이제 생명의 기원을 과학적으로 탐구할 때가 되었다고 동료들을 설득했다. 생명을 위한 첫번째 필수조건은 "분명한 경계, 막, 껍질의 존재"라고 그는 믿었다. 그 막은 훗날 원초세포(protocell)라 불리게 된 것을 환경과 구분짓는다. 오파린은 물 위에 뜬 지질(lipid)이 자발적으로 둥근 액포 방울을 형성한다는 것에 주목했다.

영국의 홀데인(J. B. S. Haldane)과 버널은 오파린의 기획에 찬동했고, 원시대양의 '뜨겁고 묽은 수프' 속에서 풍부한 화학반응들이 이루어졌다는 것이 설득력 있는 가능성이라고 믿었다. 대양이 만들어내지 못한 것들은 외계로부터 공급되었을 것이다. 쏟아지는 운석들은 수많은 탄소질 구립운석(carbonaceous chondrite)을 지구로 가져왔다. 탄소질 구립운석 부분 속에서는 중력붕괴 이전의 태양계 먼지구름 속에서 합성된 유기분자들이 발견된다.

생명의 기원에 관한 최초의 실험적 연구는 유리(H. C. Urey)에 의해 주도되었다. 1950년대 시카고 대학에서 밀러(S. L. Miller)는 유리가 지켜보는 가운데, 원시대기의 성분으로 추정되는 물질들(수증기, 메탄, 암모니아)을 유리관 속에 넣고, 방전이 일어나는 전극 사이를 통과하면서 순환하도록 만들었다. 일주일이 지나자 유리관 내에 수증기를 공급하는 물그릇에 담긴 물이 분홍색으로 변했다. 용액을 분석한 결과 여러 유기 화합물과 함께 다섯 가지 아미노산이 검출되었다.

오늘날 많은 실험실에서 밀러의 연구를 뒤이은 실험이 이루어지고 있으며, 비생물적으로 합성되는 유기분자 단위체들의 목록은 점점 늘어나고 있다. 그 단위체들은 원시 대기의 성분에 관한 새로운 가설을 토대로 만들어질 수 있었다. 그 가설에 의하면 원시 대기는 주로 이산화탄소와 질소로 이루어졌다. 이 가설적 대기는 유리가 상정한 수소가 풍부한 대기보다 더 사실에 가깝다고 여겨진다. 보호막 없이 들어오는 태양 복사광이 생명 단위체의 합성을 촉진한 주요 에너지원이었다고 여겨진다. 원시지구의 지각에 있었던 강한 방사성과 뜨거운 지표면 온도와 요동하는 뜨겁고 습한 대기 속의 번개도 단위체 합성을 촉진한 요인이었을 것이다. 얇았지만 이산화탄소가 풍부했던 원시대기는 더 희미했던 태양에서 오는 열을 저장하는 온실 역할을 했다.

생명 이전의 화학적 단계의 진화에 관한 실험적 연구는 아미노산 단위체들과 뉴클레오티드 하부 집합체를 합성하는 수준을 크게 벗어나지 못했다. 펩티드 사슬은 가수분해에 취약하다. 다시 말해서 펩티드 결합은 물에 의해 쉽게 분해된다. 포름알데히드 분자(성간공간에 있었던 물질이다) 다섯 개가 결합하여 리보오스 분자를 만드는 결합, 즉 RNA 사슬의 연결은 물에 더 취약하다. 이 문제는 오파린이 생각한 액포가 해결한 것으로 보인다. 액포가 취약한 분자들을 좀더 우호적인 용액 속에 들어 있도록 보호했을 것이다. 강어귀 같은 얕은 곳에서는 묽은 유기용액이 물의 증발로 졸아들었을 것인데, 이런 장소들도 물에 취약한 분자들을 보호하는 역할을 했을 것이다. 플로리다 대학의 폭스(S. Fox)는 1950년대에, 열을 가해 증발시킨 아미노산 용액에서 단위체가 50개나 연결된 중합체 사슬이 산출되었음을 확인했다. 중합체 형성과 결합의 안정성은 또한 분자들이 광물의 표면에 부착됨으로써 더욱 증진되었을지도 모른다. 서섹스 대학의 스미스는 홀데인의 수프 대신에 원시 '피자'(pizza)를 제안한다.

RNA와 리보 유기체

RNA가 스스로 자기 복제의 촉매로 작용할 개연성이 밝혀지고, RNA 뉴클레오티드가 유전뿐만 아니라 에너지 변환에도 관여한다는 사실이 밝혀지면서 RNA 뉴클레오티드들은 생명의 조상인 분자들로 간주되었다. 드뒤브(Ch. de Duve)는 이렇게 주장했다. "성분들이 적당히 들어 있는 태고의 용액 속에서 수 년이면 RNA가 합성될 수 있으며" "정보는 에너지를 통해 들어왔을 것이다"라고 그는 말한다. 스미스는 RNA 뉴클레오티드들로부터 그가 '리보 유기체'(ribo-organisms)라 명명한 복합체가 형성되었다고 주장했다. 리보 유기체는 곧이어 '철-황 세계'(iron-sulfur world)를 만나 단백질을 합성하는 화학반응을 시작했다.

원초 유기체가 어떻게 기원했든 간에, 그 유기체의 유전암호는 아주 단순했을 것이다. 어떤 주장에 따르면 겨우 12개 또는 심지어 4개의 아미노산만 있으면 자기를 유지하는 생명활동이 시작되기에 충분하다고 한다. 그 아미노산들은 모두 비생물적 합성을 통해 얻어진다. 반면에 더 크고 복잡한 아미노산들은 오직 세포 내 화학작용에 의해서만 산출된다고 믿어진다. 아미노산의 하나인 아르기닌(arginine)은 mRNA 속에서 여러 코돈들로 암호화된다. 그 코돈들은 다음과 같아서 세번째 염기는 불필요한 듯이 보인다. CGU, CGA, CGC, CGG. 가장 흔하게 등장하는 10여 개의 아미노산을 지정하기 위해서는 중앙 염기와 나머지 두 염기 중 하나만 있으면 족하다. 최소세포(minimal cell)의 기초대사에 관한 자료를 담기 위해서는 50개의 유전자로 충분할 것이라고 추정된다. 그 세포는, 유기화학 작용과 자연선택이 복잡하고 정교하게 발전되어 정보저장을 담당할 DNA가 필요해지기 이전까지, 이미 상당히 복잡한 수준으로 진화했을 것이다. 인산결합 덕분에 고도의 안정성을 지닌 DNA는 경험의 저장소 역할을 한다. 그러나 DNA는 고도의 안정성 때문에 RNA가 수행하는 다양한 역할을 맡기에는 부적합하다.

현재까지 실험에서는 RNA 뉴클레오티드를 생명 이전의 방식으로 합성하는 시도가 성공에 이르지 못했다. 소크(Salk) 연구소에서 여러 해 동안 합성 실험에 관여한 오르겔(L. Orgel)은 이렇게 고백했다.

"개연적인 조건 속에서 당[즉 리보오스와 디옥시리보오스]을 형성시키고, 당을 결합시켜 뉴클레오시드로 만드는 일이 성취되지 않았다. (……) 뉴클레오시드와 뉴클레오티드의 기원은 생명 이전 합성이 당면한 주요 미해결 문제들 중 하나이다."

다른 몇몇 학자들은 이 난관을 우회하는 길을 택했다. 그들은 뉴클레오티드가 생물적 합성을 통해 나중에 만들어진 산물이라고 여긴다. 그들은 공통조상보다 더 거슬러 올라가서 그 조상의 기원인 원초세포를 탐색한다. 그들은 일반적인 리보 조상보다 앞서는 원초유기체를 위해 다른 초기 재료를 추가로 상정할 것을 제안한다. 합의를 얻은 뉴클레오티드 가설에 대한 단순한 반박인지도 모르지만, 뉴욕 대학의 섀피로(R. Shapiro)는 단백질로만 이루어진 원초세포를 제안했다. 그 원초세포의 복제는, 이를테면 '양손잡이'와 같은 작은 단백질들에 의해 매개된다. 그 단백질들은 운반

RNA(tRNA)와 그것이 암호로 지닌 아미노산의 연결을 촉진시킨다. 원초세포의 경우에는, 이 단백질들이 복제 중인 단백질 사슬 속에 있는 것과 동일한 아미노산을 식별하기만 하면, 복제가 수행될 것이다.

모로비츠(H. J. Morowitz)는 오파린이 제안한 지방산 액포를 출발점에 놓는다. 막에 있는 '원시 색소'가 더 많은 막의 합성과 응집을 위해 태양의 빛 에너지를 포획했을 것이며, 더 나아가 액포의 크기가 표면장력 이상으로 커질 때 이루어지는 액포의 증식에도 태양 에너지가 이용되었을 것이다. 막은 장벽의 역할을 해서 내외부의 성분 차이가 증가할 수 있도록 했을 것이다. 세월이 지나면 막으로 격리된 방 속에서 단백질 또는 뉴클레오티드 화학작용의 초기 단계들이 일어날 수 있었을 것이다. 어쩌면 다양한 환경조건에서 출발한 그런 많은 원초세포들 가운데 하나가 자연선택에 의해 살아남아 공통조상이 되었는지도 모른다.

생명의 기원은 여전히 안개에 싸여 있지만, 섀피로는 탐구의 즐거움을 강조하며 이렇게 동료들을 격려한다. "어쩌면 우리는 우리 자신이 생각하는 것보다 더 가까이 해답에 다가와 있는지도 모른다."

'몇 년 안에 성취되는 일'이든 몇천 년이 걸리는 일이든, 어쨌든 생명이 기원한 것만은 명백하다. 어느 쪽이 옳든 생명의 기원은 30만 년에서 50만 년에 걸친 한 기간의 끝 무렵에 일어났다. 지구가 액체 상태의 물을 보유할 수 있을 정도로 식은 시점과 암석 속에 있는 생명의 최초 흔적이 가리키는 시점 사이의 간격이 30만 년에서 50만 년이라는 사실은 지질학적 증거를 통해 알 수 있다.

최초 세포 화석

하버드 대학의 바군(E. Barghoorn)과 현재 로스앤젤레스 소재 캘리포니아 대학에 있는 쇼프(J. W. Schopf)는 1960년대 후반에 이룬 발견으로 생명의 역사를 먼 과거로 연장시켰다. 그들은 남아프리카 공화국과 스와질란드 국경에 있으며 지질학적 시대 확인이 잘 되어 있는 피그트리(Fig Tree) 광산지역에 있는 변형되지 않은 한 고대 퇴적암에서 세포 화석을 발견했다. 그 암석이 형성된 시기는 32억 년 전 이상이며 어쩌면 33억 6000만 년 전일 수도 있음이 밝혀졌다. 암석을 마이크로미터 두께로 썰어 만든 투명한 박편에서 그들은 막대형 또는 구형 원핵세포들과, 생물과 관련된 물질로 보이는 가는 실 모양의 섬유들을 확인했다. 이 미세한 화석들을 화학적으로 분석한 결과, 비생물적 화학작용에는 관여하지 않고 생물적 화학작용에만 관여하는 탄소 및 산소 동위원소들이 검출되었다.

1980년 오스트레일리아 북서 지역 오지에 있는 노스폴(North Pole)이라 명명된 사막 열점(hot spot) 근처에서 쇼프는 드물게 오래 된 또 하나의 퇴적암에서 광합성을 하는 박테리아의 증거를 발견했다. 암석의 나이는 약간의 오차를 감안할 때 35억 년 전으로 측정되었다. 암석에 있는 광물의 결정화가 이루어진 시기는 확실하게 측정될 수 있지만, 지층이 형성된 시기는 확실히 측정될 수 없다. 암석 속에는 스트로마톨라이트(stromatolite, 녹조류의 활동에 의해 생긴 박편 모양의 석회암–옮긴이)로 보이는 것이 있었다. 그것은 무수히 많은 시아노박테리아에 의해 만들어진 섬유질 깔개(mat)였다. 이런 스트로마톨라이트는 오늘날에도 조석에 의해 생기는 작은 연못들에서, 그 연못이 풀을 먹는 유충이나 연체동물에게 점령되지 않는다면, 무더기로 만들어진다.

그러므로 화석 증거는 지구 역사의 두번째 10억 년이 시작된 시점까지 거슬러올라간다. 노스폴에서 발견된 증거는 피그트리에서 발견된 구형 박테리아가 광합성 '청록 조류' 또는 시아노박테리아라는 바균의 잠정적 결론을 강하게 뒷받침한다. 이 증거들은 진화가 이미 초기에 주요 장애물을 뛰어넘었음을 말해준다. 이미 세포들이 공기 속에서 또는 물 속에서 살 수 있었다.

태양을 이용하다

광합성에는 복잡한 분자구조의 장치들이 필요하므로 최초 유기체는 최후 유기체인 인간과 마찬가지로 완성되어 공급되는 양분에 의존하는 '종속영양 생물'이었으리라고 학자들은 믿었다. 최초 유기체가 발생한 환경이라 여겨지는 뜨겁고 묽은 수프가 유기체에게 양분을 공급했을 것이다.

이런 종속영양 생활이 성공적으로 정착되면서 양분의 수요가 공급을 초과하게 되었을 것이다. 이후 자연선택에 의해 양분을 자급하는 '독립영양 생물'의 등장이 촉진되었을 것이다. 그러나 독립영양 생물이 맬서스가 그리는 생존경쟁에 앞서 먼저 등장했을 가능성도 배제할 수 없다. 심지어 가장 먼저 출현한 유기체가 독립영양 생물이었을 가능성도 있다.

진화의 초기단계를 이해하는 데 가장 크게 기여하는 것은 살아 있는 화석들이다. 생명체들의 먼 조상인 원핵생물은 오늘날에도 생태계의 여러 구석과 틈에 살고 있다. 원핵생물들은 그들이 처음 등장했을 때의 지구 환경과 유사한 장소들에서 지구 전체에 걸쳐 살고 있다. 이 시원세균(Archaebacteria) 중 다수가 완성된 유기 화합물이 없는 환경 속에서 그들의 본체 전부를 생산한다.

이들 중 일부인 메탄세균(methanogen)은 수소로부터 필요한 에너지를 확보한다. 원시 대기 속에는 지구의 중력장을 미처 빠져나가지 못한 수소가 현재보다 더 풍부했다. 수소로부터 확보한 ATP 에너지는 캘빈 회로와 유사한 과정을 통해 포도당을 만드는 데 사용되며, 포도당은 발효 대사작용에 공급된다. 이런 '화학적 독립영양 생물'은 오늘날에도 풍부하게 존재하면서 지구 생태계에 기여한다. 이들은 동물의 창자 속, 시궁창 속, 대양 퇴적층 속, 또는 호수나 습지에서—습지에서 이들이 내뿜는 메탄은 때로 점화되어 도깨비불이 되기도 한다—서식하며, 아마도 가장 많은 수는 지각 깊은 곳의 뜨겁고 습한 균열 속에서 서식할 것이다.

또 다른 부류의 시원 세균은 대륙과 대양저의 온천 속에서 산다. 어떤 것들은 섭씨 70~75도(거의 포유류 체온의 두 배에 가깝다)가장 잘 번식하며, 88도의 고온에서도 살아남지만 55도에서 '얼어죽는' 것으로 밝혀졌다. 이 호열성 세균(열을 좋아하는 세균-옮긴이)들은 황으로부터 확보한 에너지로 이산화탄소를 환원시켜 그들의 본체를 이루는 기본분자들을 합성한다. 이들의 대사작용 산물인 황화수소는 습지에서 나는 썩은 달걀 냄새의 원인이다. 원형 그대로 살아 있는 오늘날의 후손들이 보여주듯이 최초 독립영양 생물들은 무기 화합물을 에너지 원천으로 사용했다.

생명세계의 기반을 놓은 박테리아들이 완벽한 자급능력을 갖춘 것은 태양 에너지를 이용해서 대기 중의 이산화탄소로부터 탄소를 포획할 수 있게 되면서부터이다. 오늘날의 호염성(salt-loving) 세균에서 발견되는 광자 포획 색소는 척추동물의 망막에 있는 시홍소(rhodopsin)와 관련된다. 염전에서 하늘을 올려다보면 분홍빛 색조를 볼 수 있다. 시아노박테리아(광합성을 하는 원핵생물로 남조류라고 부르기도 함-옮긴이)의 출현은 생명이 고정된 장소에서 공급되는 완성된 유기적·무기적 양분으로부터 자유로워지는 데 크게 기여했다. 현재 살고 있는 시아노박테리아 후손들이 가진 광합성 장치 속의 원시 엽록소는 식물들처럼 광계 II를 통해 광인산화 작용을 한다. 최초로 광합성을 개척한 박테리아들은 필요한 전자를 얻기 위해 물이 아닌 황화수소를 이용했을 것이다. 그들의 후손들은 오늘날에도 여전히 번성하고 있다. 이들은 황이 풍부하고 산소가 희박한 환경을 만나면 무산소 방식으로 광합성 방식을 전환한다.

마침내 광계 II로 물과 공기를 순환시키게 된 시아노박테리아는 지구 전체를 차지할 능력을 갖추었다. 이들은 우선 스스로 내뿜는 산소로부터 자신을 보호하기 위해 황화기체들이나 제일철 같은 물질의 산화 침전물로 자신을 보호했다. 이 물질들은 대기와 물 속에서 산소와 활발하게 결합한다. 세월이 흐르면서 시아노박테리아는 활성 산소를 가두는 효소 함정을 자신의 세포질 속에 발전시켰다. 다른 유기체들도 이들의 선례를 따랐다. 이 적응과정에서 일부 박테리아는 무산소 발효 대사작용의 산물을 이용하는 산소 대사작용을 발전시켰다. 오늘날 원핵생물들은 다양한 산소 대사작용을 하며, 당연히 더욱더 다양한 무산소 대사작용을 한다.

포도당 1그램 분자당(1몰당) ATP 서른여섯개를 산출하는—발효 대사작용에서는 ATP 두 개가 산출된다—크렙스 회로를 사용하는 산소 대사 생물들은 곧 세계를 정복했다. 이들에 앞서 존재한 무산소 대사 생물들은 모든 소멸사례들 중 가장 완벽하다고 할 만하게 소멸했거나 그들이 오늘날 차지한 구석들로 퇴각했다.

이후 10억 년 동안 산소 대사 생물들은, 독립영양 생물이든 종속영양 생물이든, 태양 에너지를 포획하고 변환하면서 지구를 최초의 생명권으로 둘러쌌다. 시아노박테리아와 이들이 만든 스트로마톨라이트는 지구의 모든 대륙에 있는 25억 년 나이의 퇴적암에서 나타난다.

진화 속의 공생

이후에 일어난 놀라운 사건을 전해주는 것 역시 살아 있는 화석들이다. 에너지 변환을 담당하는 세포 소기관들이 바로 그 화석들이다. 이들은 핵과 함께 진핵세포의 특징을 이룬다. 엽록체와 미토콘드리아는 각각 독자적으로 비록 퇴화했지만 능동적인 유전장치들을, 즉 DNA, RNA, 리보솜, 전자 운반 포르피린 분자들, 전사 및 번역 효소들을 지니고 있다. 엽록체나 미토콘드리아 속에 남아 있는 유전장치들은 '숙주' 세포 내부에서 엽록체나 미토콘드리아가 복제될 때 작용한다. 복제된 세포 소기관 자손은 세포가 분열할 때 다음 세대의 세포 속에 자리잡는다.

분자생물학으로부터 확고한 증거가 제시되기 훨씬 전인 1890년대에 소수의 세포 생물학자들은 엽록체와 미토콘드리아가 과거 한때는 자유롭게 살아가는 유기체였을지도 모른다고 추측했다. 이 두 세포 소기관이 각자 고유한 막으로 둘러싸여 있다는 사실만으로도 그런 추측이 가능했다.

두 세포 소기관은 진핵세포의 진화가 유전적 변이에 의한 지루한 경로를 생략하고 지름길을 밟아 이루어졌음을 시사했다. 조상 원핵세포들이 장기간 공생관계를 유지하는 과정에서 두 세포 소기관이 현재처럼 세포 내부에 자리잡게 되었다는 주장이 제기되었다. 여러 종류의 의존관계에 의한 공생체 형성은 오늘날 토양 박테리아 군집에서 관찰되며, 절지동물이나 척추동물의 소화관 속과 같은 예상 외의 장소에서도 발견된다. 진핵생물과 밀접한 공생관계를 형성한 원핵생물도 있다.

오랫동안 보스턴 대학에 있었고 현재는 암허스트 소재 매사추세츠 대학에 있는 마걸리스는 진핵세포가 융합체(chimera)라는—스핑크스나 켄타우르스처럼 여러 유기체의 합성이라는—주장을 과학적으로 또는 직관적으로 뒷받침하는 데 기여했다. 그녀는 "단계적 내부공생에 의한 진핵세포 기원 이론"에 과학자로서의 인생 전체를 쏟아부었다. 아무도 보지 못한 원핵생물들과 원생생물들—원생생물은 단세포 및 다세포 진핵생물을 포함하는 애매한 분류 개념이다—의 세계에 관해 그녀보다 더 많이 아는 사람은 없다. 마걸리스는 원핵생물과 원생생물이 서로 결합하여 이룬 공생체에서 진화를 추동한 힘들을 발견했고, 공생관계 형성의 시나리오를 발전시켰다. 그녀의 시나리오는 오늘날 진화의 가속을 원하는 생물학자 사회에서 일반적인 동의를 확보했다.

마걸리스는 지의류(lichen)를 주목한다. 광합성 시아노박테리아나 진핵생물인 녹조류는 균류 세포들의 균사체와 결합하여 더 복잡한 새로운 유기체를 형성한다. 1만 종에 가까운 이끼들이 이런 공생관계가 빈번하게 긍정적인 효과로 일어난다는 것을 증명한다. 이 외에도 많은 공생관계가 산호초에서 발견된다. 동물과 광합성 원생생물의 공생체인 산호 폴립(coral polyp)들은 산호초 생태계 전체의 기반을 이룬다.

오늘날 지구에 사는 생명체들에게 결정적으로 중요한 의미를 지니는 것은 토양 박테리아인 리조비아(Rhizobium family)와 콩류(legume)의 공생이다. 여러 시아노박테리아나 몇몇 클로스트리듐속(clostridia) 박테리아와 마찬가지로 리조비아는 공기로부터 질소를 포획하여 유기 화합물을 만든다. 어떤 진핵생물도 그런 효소 화학작용을 하지 못한다. 대기에서 공업적으로 질소를 포획하려면 300기압의 압력과 500도 가량의 온도가 요구된다. 리조비아의 효소체계는 그만큼 강력한 힘을 발휘하는 것이다. 콩류의 잔뿌리는 토양 속의 리조비아를 세포벽 안쪽으로 끌어당겨 '감염된' 뿌리혹을 형성한다. 리조비아는 질소를 포획하는 커다란 세포로 변형되어 식물 전체에 질소 화합물을 공급하며, 토양을 매개로 하여 이런 공생능력이 없는 다른 식물들에게도 질소 화합물을 공급한다. 콩류들이 또는 기타 식물 및 질소 포획 박테리아의 공생이, 또는 독자적인 질소 포획 박테리아가 생명세계 전체를 떠받치고 있다. 애초에 포획된 질소가 없다면 단백질이 있을 수 없다!

흰개미의 후장(hindgut)에 형성된 미세한 군집에서 마걸리스는 미토콘드리아 진화로 귀결된 것과 같은 종류의 공생의 사례를 발견했다. 그 군집 속에 있는 수많은 다양한 원생생물들(핵은 있지만 미토콘드리아는 없는 원생생물들) 내부에서 다양한 종류의 박테리아 군집이 확인되었다. 첫눈에 보기에도 박테리아들 중 일부는 미토콘드리아와 똑같아 보이고, 또 일부는 국지적으로 낮은 산소 공급 속에서 살아남기 위해 숙주세포를 돕는다. 습지에 서식하는 다핵 진핵생물인 펠로믹사 팔루스트리스(*Pelomyxa palustris*)는 서로 다른 세 종류의 내부 박테리아와의 공생을 통해 살아간다. 그 박테리아 중 두 종류는 메탄세균이다. 공생 박테리아를 죽이는 항생제는 이 원생생물 자체를 죽인다. 마걸리스는, 매우 밀접한 공생체여서 단일한 박테리아로 여겨졌고 메타노바실루스 오멜리안스키(*Methanobacillus omelianski*)라는 명칭까지 부여되었던 공생체도 예로 든다. 오늘날에는 그것이 수소와 이산화탄소를 부산물로 배출하는 박테리아와, 수소 및 이산화탄소를 이용하고 메탄을 배출하는 메타노바실루스(methanobacillus)의 공생체라는 사실이 밝혀졌다.

핵의 기원

진핵세포와 원핵세포를 구분하는 첫번째 기준은 막으로 둘러싸인 핵과 핵의 복제와 관련된 장치—그 장치들 중 가장 복잡한 것은 동물과 식물의 세포에 있는 방추체이다—의 유무이다. 이 세포 소기관 체계의 기원을 설명하는 완성된 공생 모형은 없다. 마걸리스와 동료들은 결정적 단계의 시나리오를 입증하는 살아 있는 화석들을 최근에야 발견했다. 그녀와 동료들은 시원세균과 진정세균(Eubacteria)이 공생을 통해

합침으로써 진핵생물 계통선이 발생했다고 주장한다.

박테리아의 두 종류인 시원세균과 진정세균의 구분은 박테리아의 숙주가 되는 세포의 리보솜 RNA의 염기서열에 따라 이루어진다. 그 염기서열을 확인하는 작업은 일리노이 대학의 워스(C. Woese)에 의해 수행되었다. 그는 이 두 계열의 원핵생물들이 "서로 매우 달라서 각각이 진핵생물과 다른 것 이상으로 서로 다르다는 것"을 밝혀냈다. 그가 명명한 '시원세균'은 독립영양 생활을 하는 메탄세균 및 호염성 세균, 호산성(acid-loving) 세균을 비롯해서, 이들이 발생했을 당시의 하데스 세계와 유사한 현재의 환경에서 서식하는 세균 전체를 포괄한다. 박테리아를 둘로 구분한 것을 발판으로하여 워스는 한 걸음 더 나아가 "지구 생물을 종 발생적으로 분류하면 기본적으로 두 개의 군이 아니라 세 개의 군이 있다"고 선언한다. 워스에 못지않은 단호한 확신으로 마걸리스는 기본적으로 두 개의 군이 있음을 주장한다. 그 둘은 원핵생물과 원핵생물의 후손인 진핵생물이다. 진핵생물은 네 개의 새로운 계(kingdom)로 갈라져 지구에는 전체적으로 다섯 개의 생물계가 있다. 그녀는 시원세균에게 박테리아계에 속하는 하위계의 지위를 부여한다.

한편 마걸리스는 워스의 시원세균 및 진정세균 구분을 받아들인다. 그녀는 진핵생물이 시원세균으로부터 단백질 합성효소를 물려받고 진정세균으로부터 내외부 미세소관 운동체계—특히 식물 및 동물에서는 방추체—를 물려받았다고 주장한다(330, 331쪽 그림 참조). 시원세균에서 유래한 유산은 온타리오 소재 맥매스터 대학의 겁타(R. S. Gupta)가 수행한 시원세균 단백질의 아미노산 서열에 관한 연구를 통해 완벽하게 입증되었다. 겁타의 연구는 또한 진정세균으로부터 온 유산도 입증했다. 그러나 그는 물결 모양의 운동성 스피로헤타(spirochetes)속이 진핵생물의 조상이라는 마걸리스의 주장에는 동의하지 않는다.

마걸리스의 시나리오에 따르면 시원세균은 유연한 막에 덧씌워진 세포벽을 가지고 있지 않았다. 시원세균은 다재다능한 독립영양 생물이었고, 오늘날 존재하는 후손들처럼 따뜻하고 산성이며 황을 함유한 물 속에 살았다. 물 속에서 시원세균은 황이나 산소(만일 이들의 국지적 농도가 5퍼센트 이하라면)를 최종 전자 수용자로 이용해서 황화수소나 물을 산출할 수 있었다. 무산소 종속영양 생물인 진정세균 스피로헤타는 시원세균에 의해 산소로부터 보호되고 황화수소를 공급받아야 했다. 대신에 스피로헤타는 발효 대사작용을 통해 시원세균이 필요로 하는 탄소 화합물들과 필수적인 황

원핵세포의 공생에서 기원한 진핵세포. 먼저 시원세균과 스피로헤타(아래 왼쪽)가 공생관계를 형성했다. 시원세균은 생명의 유지를 담당했고 스피로헤타는 운동력을 제공했다. 공생이 지속되면서 둘의 유전장치들이 융합되어 핵이 형성되었다. 염색체 복제를 조절하는 방추체와 일부 진핵세포의 운동기관인 위족이나 많은 진핵세포가 가진 섬모는 스피로헤타로부터 온 유산이다. 살아 있는 생물들에서 이런 완전한 융합을 향해 가는 공생의 여러 단계들이 관찰된

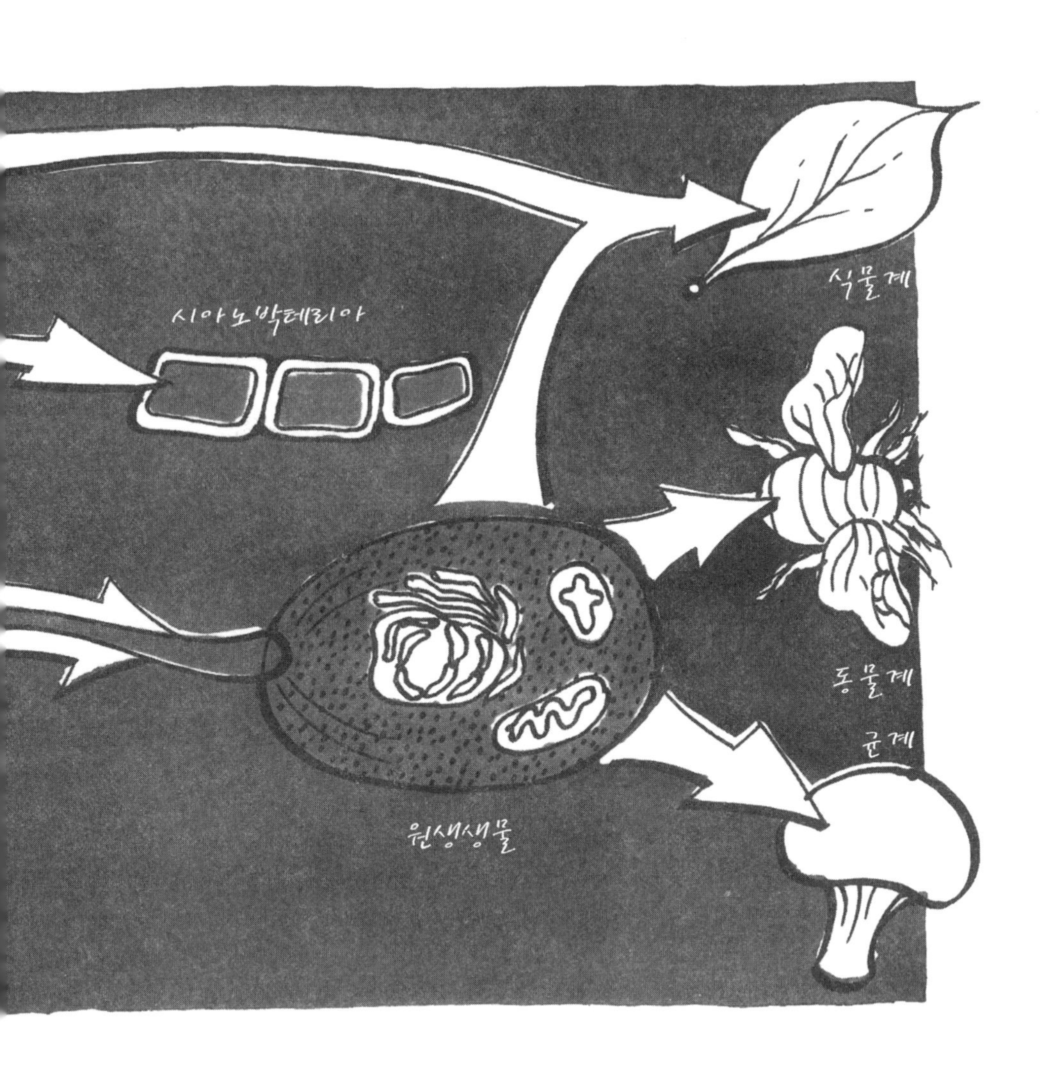

다(332쪽 참조). 핵이 생긴 진핵세포는 뒤이어 산소 세균과의 공생에 의해 호흡을 담당하는 미토콘드리아를 획득했다. 다양한 진핵 원생생물들로부터 직접적으로 동물계와 균계가 나왔고, 원생생물과 광합성 세균의 결합으로부터 식물계가 나왔다. 시아노박테리아는 광합성 세균과 산소 대사능력을 지닌 세균의 공생으로부터 나왔다.

을 산출했다. 시원세균과 스피로헤타 공생체는 스피로헤타의 파상형에 의해 운동성을 확보하여 산소농도가 높은 곳을 떠나 탄소공급이 많은 곳으로 이동할 수 있었다. 시원세균에 세포벽이 없었으므로 두 유기체는 오랜 세월에 걸쳐 쉽게 융합될 수 있었다. 공생하는 두 유기체의 DNA가 합쳐져 핵이 생성되면서 스피로헤타는 사라졌다. 과거에 스피로헤타가 있었음을 보여주는 가장 강력한 증거는 매우 많은 진핵세포에 있는 위족과 섬모이다. 진핵세포의 방추체 역시 강력한 증거이다.

현재까지 최소한 여섯 가지 광물성 온천 속 미생물 군집에서 티오덴드론 라텐스(*Thiodendron latens*) 표본들이 채집되었다. 그 온천들은 시베리아 한가운데로부터 쿠릴 열도와 뉴기니까지 널리 분포되어있다. '티오덴드론'이라는 명칭이 강조하는 것은 운동기관으로 기능하는 긴 끈 모양의 섬유이다. 이런 명칭이 부여되었다는 것은 사람들이 발견된 표본을 단일 생물로 여겼음을 의미한다. 그러나 심층연구에서 그 표본이 단일 종이 아니라는 것이 밝혀졌다. 티오덴드론은 마걸리스의 시나리오에서 시원세균이 맡는 역할과 같은 역할을 하는 탈황화 박테리아(*Desulfobacter*)와 육안으로 관찰 가능할 만큼 거대한 스피로헤타가 이룬 공생체이다. 마걸리스는 더욱 척박한 환경 속에서 시원세균이 유사한 공생체를 이룬 것을 발견할 수 있으리라 기대한다.

공생하는 동반자들의 발전적 융합은 시원 원생생물(archaeproctista)로 분류된 20여 종의 진핵생물에서도 입증된다. 이 고대 진핵생물들은 미토콘드리아를 가지고 있지 않다. 공생하던 스피로헤타는 '편모계'(mastigont, 마스티곤트는 그리스어로 '세포-채찍'을 뜻한다), 즉 융합체의 운동소기관이 되었다(위 그림 참조). 이런 생물들 중 다수의 경우에는, 더 일찍 형성된 것이 분명한 생물들의 경우에는, 편모가 핵에 붙어 있다. 그 핵은 공생하던 두 동반자로부터 온 유전자들을 가진다. 세포분열 과정에서 이 '핵편모'는 독자적 단위로 복제되는데, 이때 스피로헤타의 잔재가 복제된 핵편모 분리를 위한 미세소관 장치로 기능한다. 더 후대에 형성된 것이 분명한 다른 생물들의 경우에는 핵과 편모가 분리되어 있고, 스피로헤타로부터 유래한 미세소관들이 많은 다른 기능을 하기 시작한다. 염색체를 대칭적으로 분리시키는 것도 그 기능들 중 하나이다. 아마도 수백만 년에 걸쳐 편모계로부터 방추체가 진화하여 균류, 식물, 동물을 발생시킨 세포가 등장했을 것이다.

이런 진화가 진핵생물의 조상에게서 일어났다는 사실은 진핵세포 일부의 막에서 돌출하는 섬모나 위족의 구조가—원생생물에서든 또는 동식물의 분화된 조직에서든—뒷받침해준다. 방추체가 편모계로부터 진화했다는 사실은, 방추체 미세소관들이 뻗어나가는 중심인 중심체의 구조에 의해 입증된다. 중심체의 단면은 운동기관의 미세소관들이 돋아나는 근원지인 운동체(모기체)의 단면과 동일하다. 일부 세포의 중심체는 이중의 기능을 한다는 것이 밝혀졌다. 그 중심체는 세포분열 말기에 위족을 만들어내는 운동체로도 작용한다.

원핵생물이 지닌 단일고리 형태의 뉴클레오이드가 선형 염색체들의 다발로 바뀐 과정에 관해서는 확실히 추정된 바가 없다. 축적된 유전정보를 질서 있게 관리하는 것이 자연선택에 의해 선호되었을 것은 분명하다. 스미스는 원핵생물과 진핵생물이 나뉘게 된 데에 결정적으로 작용한 것은 시간이라고 주장한다. 닫힌 고리 대신에 끝이 열린 염색체에 유전자를 배열하면 더 효율적으로 시간을 이용할 수 있다. DNA 서열을 효소복제를 통해 '읽는' 작업은 모든 염색체에서 동시에 진행될 수 있다. 원핵생물의 단일고리에서 DNA를 읽는 작업은 20분 가량 걸린다. 같은 20분 동안 진핵생물의 핵 속에서는 염색체 수만큼 많이 읽는 작업이 이루어질 수 있다. 진핵생물은 유한한 생존기간 내에 훨씬 더 많은 유전정보를 복제할 수 있다.

진핵생물 염색체 속에 있는 인트론은 다수의 염색체를 가지게 됨으로써 불필요한 요소도 수용할 수 있는 여유가 생겼음을 시사한다. 이 점 또한 염색체 다발의 이점을 보여준다. 추론과 몇 가지 증거에 의하면, 인트론들은 먼 과거에 진핵생물 계통이 바이러스에 감염되어 생겨났다. RNA 바이러스들은 숙주의 DNA 속에 자신의 정보를 옮겨적는다. 바이러스 감염에도 불구하고 살아남은 진핵생물 속에 바이러스의 흔적은 흐릿하게 남는다. 원핵생물의 단일 뉴클레오이드 가닥에 이런 바이러스 침투가 일어나면, 원핵생물은 치명상을 입게 될 것이다. 인트론이 엑손에 저장된 유전정보를 관리하는 데 기여하는지도 모른다는 추측도 이루어지기 시작했다. 인트론들은 DNA를 구부리거나 펴는 방식으로 필요한 엑손들이 염색체 표면에 놓이고, 작용에 참여하지 않는 엑손들이 내부에 놓이도록 만드는 역할을 하는지도 모른다.

원핵생물의 뉴클레오이드 고리와는 달리 염색체 다발은 최소한 위상학적으로는 염색체의 부가 및 삭제 가능성을 열어놓고 있다. 염색체 다발 배열은 이를 통해 공생하는 두 유기체의 융합을 용이하게 했을 것이다. 그러나 진화를 이끄는 힘은 최종산물이 아니라 즉각적 선택의 이익이다. 레벤후크가 발견한 원생생물에 관한 자세한 연구가 이 문제에 대한 해답을 줄 수 있다. 아직도 대부분 미지의 영역으로 남아 있는 원생생물계는 분명 놀라운 해결의 실마리들을 가지고 있을 것이다.

고대 핵편모계 생물 상당수에게는 미토콘드리아가 없다. 그러나 일부 핵편모계 생물은 에너지 산출 소기관인 미토콘드리아를 획득했다. 단계적 내부 공생과정에서 일어난 미토콘드리아 획득은 많은 살아 있는 사례들로부터 추정할 수 있다. 그 사례들은 진핵생물과 산소호흡 종속영양 박테리아의 공생체이다. 조류(alga) 원생생물 및 식물계의 근원이 된 세포들이 엽록체를 얻게 된 과정도 살아 있는 사례들로부터 추정 가능하다.

유사분열과 감수분열

유성생식은 하버드 대학의 클리블랜드(L. R. Cleveland)가 처음 주장한 과정을 거쳐 진화되었다고 믿어진다. 처음에는 한 벌의 염색체를 지닌 세포들이 있었다. 과거에나 지금에나 영양이 부족한 환경에서는 세포들이 서로를 잡아먹는다. 이 과정에서 살아남은 세포들의 자손은 흔히 두 벌의 염색체를 지닌다. 또한 두 벌의 염색체를 지닌 세포는 염색체 복제 이후 유사분열이 실패로 돌아감으로써 생기기도 한다. 유사분열 실패는 경우에 따라 이득일 수도 있다. 어떤 종들의 경우에는 각각 한 벌의 염색체를 지닌 두 세포가 융합하는 것이 무성생식에서 유성생식으로 전이하는 과정의 첫 단계이다. 이어지는 염색체 복제와 유사분열을 통해 각각 두 벌의 염색체를 지닌 세포 두 개가 만들어진다. 다음 단계로 감수분열이 일어나 각각 한 벌의 염색체를 지닌 네 개의 딸세포가 만들어진다. 제2세대 세포 둘이 감수분열하여 생기는 네 벌의 염색체

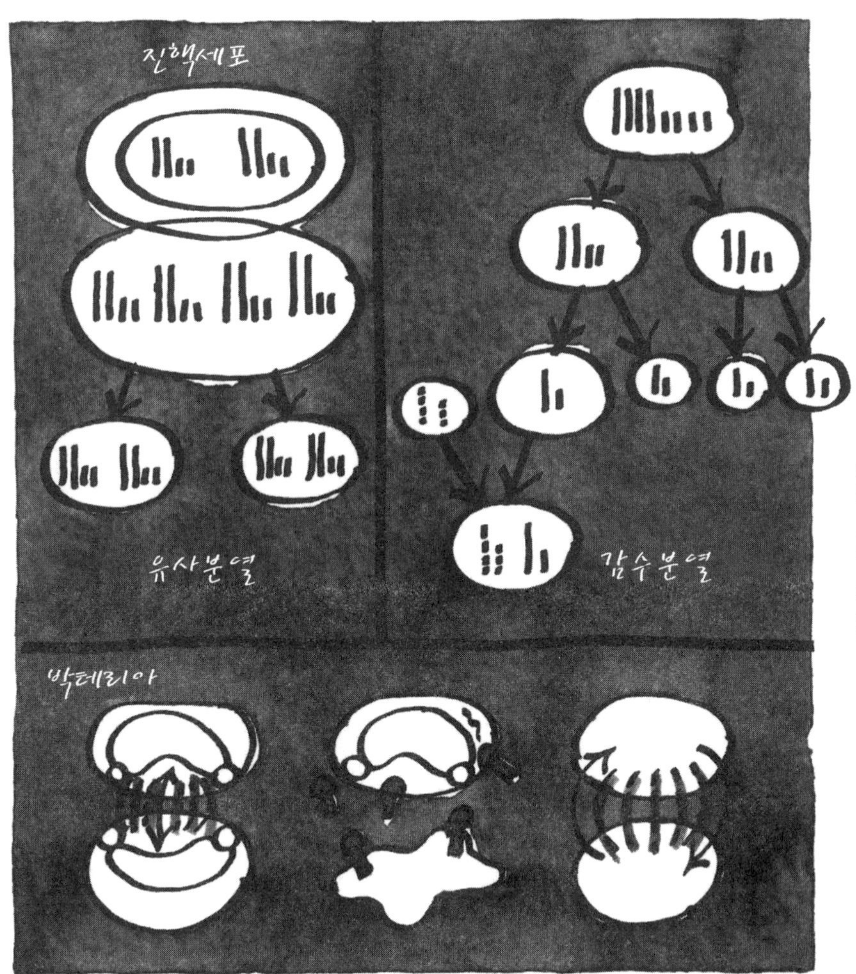

유전자 전달. 유사분열이 일어날 때 진핵세포의 유전자는, 두 벌의 염색체들이 복제되어 두 배로 늘어나고(위 왼쪽), 이어서 두 딸세포에 각각 두 벌의 염색체가 전달됨으로써 전달된다. 유사분열은 조직세포와 원생생물에서 일어난다. 감수분열은 유성생식에 사용된다. 감수분열로 부모 각각에게서 한 벌의 염색체가 난자나 정자로 전달된다. 난자와 정자가 결합하면 부모로부터 온 염색체들도 조합된다(위 오른쪽). 박테리아는 접합(아래 왼쪽)을 통해서, 또는 바이러스의 운반에 의해 간접적으로(아래 가운데), 또는 유체 환경을 통해 무작위하게 유전자를 교환한다.

들은, 처음에 있던 두 개의 할머니 세포가 지녔던 유전자들을 상이한 조합으로 지닐 것이다(355쪽 그림 참조).

식물과 동물의—사람도 포함해서—유성생식에서 정자세포와 난자세포는 감수분열로 만들어진다. 정자와 난자는 각각 한 벌의 염색체를 지닌다. 정자와 난자가 결합하면 각각으로부터 온 염색체 두 벌을 지닌 '접합자'(zygote)가 만들어진다. 이후 부모 유전자들이 멘델 법칙에 따라 발현하는 모습을 보면, (접합자가 다세포로 분열하는 첫 단계에서 갈라져 생기는 일란성 쌍생아의 경우를 제외하면) 모든 개체가 각각 고유한 유전자를 지녔음을 확인할 수 있다. 한 군집 속에 있는 유전형질 전체는 이렇게 다양한 발현 상태로 자연선택에 노출된다. 진화는 유성생식을 다양화의 동력으로 삼아, 생명의 역사 35억 년 중 마지막 5분의 1의 기간 동안 빠른 속도로 고도로 다양한 현재의 지구 생태계를 만들어냈다.

원핵생물은 양성생식에 의한 유전의 혜택을 누리지 못한다. 그러나 원핵생물도 다양한 방식으로 유전자들을 공유하고 교환한다. 유전자 교환은 두 박테리아의 접촉, 즉 '접합'(conjugation)에 의해 일어나거나, 박테리아를 감염시켜 유전자를 다음 번 감염되는 박테리아로 옮기는 역할을 하는 박테리오파지에 의해 일어나거나, 공유하는 액체 환경 속으로 유전 관련 분자들이 쉼없이 새어나감을 통해 일어난다.

박테리아의 유전자 교환

1950년대 초 위스콘신 대학의 레더버그(J. Lederberg)는 한 군집이 지닌 유전적 자원이 다양할 때 생기는 이득을 입증했다. 그는 배양판에 마른 벨벳 천을 대고 눌러서 박테리아 군집의 표본을 채취했다. 이어서 항생제가 들어 있는 배양액에 표본을 대고 누르니 소수의 군집만이 살아남았다. 살아남은 군집들은 원래 배양판에서 분리된 채로 항생제로 오염된 배양액에서 후손들을 산출함으로써, 항생제라는 강력한 선별자에게 노출되기 이전의 원래 군집 속에 항생제를 이기는 유전자 또는 유전자들이 있었음을 입증했다. 항생제를 이기는 그 형질은 항생제에 의해 선택된 일부가 군집을 이룸으로써 비로소 발현되었다. 예를 들어 사람은 무작위한 항생제 처방에 의해 그런 박테리아 군집에 노출되기도 한다. 역으로 선별자에게 노출되지 않은 군집에서는 여러 세대를 거치는 동안 항생제에 버티는 형질의 발현빈도가 줄어든다는 것이 밝혀졌다. 하지만 그 형질을 발현시키는 유전자는 군집의 유전적 자원 속에 미발현 상태로 들어 있다. 과거 레더버그는 예일 대학의 테이텀과 공동연구를 함으로써 박테리아 유전자가 진핵세포 염색체에서처럼 조직적인 서열로 박테리아 플라스미드(plasmid) 속에 들어 있어야만 하고, 박테리아 간 무성적 유전자 교환에 의해 이루어지는 형질의 선별 및 재조합을 허용해야 한다는 것을 보였다.

몬트리올 대학의 소네아(S. Sonea)는, 보편적으로 활발한 유전자 교환을 하는 박테리아들은 여러 종으로 분화되어 있다기보다는, 연속적으로 분포하는 단일한 종이라고 주장한다. 세균학자가 내놓을 수 있는 최선의 박테리아 종 정의는 형질 전체의 85퍼센트를 공유한다는 것이다. 이 정의에 의한 종 구분은 일시적이며, 진핵생물에서의 '종' 정의와는 전혀 다르다. 소네아는 박테리아들을 일종의 전세계적인 초유기체(superorganism)로 간주할 것을 요구한다. 박테리아 하나는 국지적 생태계에 모여 있는 박테리아 '융합체'를 통해 생명을 유지하는 '불완전한 유기체'라고 그는 주장한다(377쪽 참조).

단일 세포의 크기는 물리적 법칙에 의해 제한된다. 기하학적 법칙에 따라 부피는 반지름의 세제곱에 비례해서 커지고 표면적은 제곱에 비례해서 커진다. 반지름이 작아지면, 세포 내부는 외부로부터 확산되어 들어오는 물질로부터, 예를 들어 산소로부터 쉽게 보호될 수 있다. 최적의 크기를 지닌 미세한 세포들은 다세포 유기체를 이루어 거시규모의 조화로운 활동을 할 수 있다. 크기의 증가는 세포들이 특수한 조직들로 분화될 것을 요구한다. 또한 조직의 분화는 전체 유기체의 형태 분화를 가능케 한다. 현존하는 생물들의 다양성은 최근에 비로소 정점에 도달했다. 생물들은 다양해짐과 동시에 크기도 커져서 흰수염고래의 크기에서 정점에 도달했다.

다세포화를 통한 크기 증가

거대 유기체들에서—사람도 비교적 큰 유기체에 속한다—세포들의 표면은 외부세계와 기능적으로 관련을 맺으면서 세포의 부피와 적절한 균형을 유지한다. 폐는 기체교환을 위해 폐포의 형태로 넓은 표면을 형성한다. 폐포들은 매우 작아서, 숨을 내쉴 때는 표면장력에 의해 응집된다. 창자에 있는 주름과 융털은 분자 단위의 영양분 흡수를 위해 노출된 표면을 여러 배로 증가시킨다. 유기체의 나머지 부분들의 생존을 위해 열심히 일하는 이 조직들의 세포들은 상대적으로 단독세포와 거의 같은 외부 접촉 표면적 대 부피 비율을 지니고 있다.

유기체의 다세포화가 어떻게 시작되었는지에 관해서는 현재 많은 가설들이 있다. 단세포 아메바로부터 길쭉한 다세포 집단을 이룬 후손들이 생겨난다. 그 세포집단은 습지를 기어가는 뱀처럼 보이기도 하고 막대기처럼 보이기도 한다. 세포들은 집단 속에서 조화를 이룬 일종의 초유기체로 함께 움직인다. 삶의 순환 속에서 필요한 때가 오면 아메바 세포들은 중심 집단으로부터 뻗어올라가는 줄기에 붙는다. 줄기 끝에는 세포들에 의해 열매 모양의 덩어리가 생기고 이로부터 새로운 집단을 이룰 포자(spore)가 퍼져나간다. 집단 속에 있는 각각의 세포가 또 하나의 집단을 형성할 수 있으며, 그렇게 형성된 집단 속에서 역시 일부 세포들은 분화하여 열매와 포자를 이룰 것이다. 특정한 점액세균(myxobacteria)은 아메바와 같은 삶의 순환을 거친다. 이들은 젖은 흙 속에서 성장하여 독립적인 유기체로 움직이다가, 열매와 포자를 형성하여 수많은 자손 박테리아들을 퍼뜨린다. 스트로마톨라이트 속에 있는 섬유형 시아노박테리아들은 이미 오랜 과거에 세포의 분화와 예정된 죽음이 있는 거시적 유기체를 이루었다고 보아야 한다.

마걸리스는 집단을 이루는 조류인 볼복스가 다세포 유기체의 발전이 어떤 단계들을 거쳐 일어났는지 보여준다고 믿는다. 먼저 동일한 세포들이 속이 빈 구형을 형성하고, 이어서 분화된 기능을 하는 다양한 세포들로 이루어진 유기체가 생겨났다. 볼복스류 중 가장 하등한 생물인 여러 종의 고늄(Gonium)은 일종의 젤라틴에 의해 서로 연결된 4~32개의 세포로 이루어진 원반 모양을 하고있다. 전체 집단은 통일적으로 움직이는 세포들의 섬모에 의해 움직인다. 집단을 이룬 임의의 세포는 또 다른 집단을 만들 수 있다.

발전된 볼복스는 종에 따라 500개에서 60만 개의 세포로 이루어진 속이 빈 구형이다. 이 종들에서 다세포 유기체의 결정적 특징의 단초들이 나타난다. 이 종들에서는 일부 세포들만이 독자적 생존 및 증식의 능력을 유지하고 있다. 나머지 세포들은 전체 유기체의 삶에 기여하는 특정 유전형질을 발현하기 위한 다양한 유전자를 포기했다. 어떤 종에서는 개체 볼복스 속에 있는 생식세포들이 난자와 정자로 분화한다. 분화된 생식세포의 결합에 의해 구형 유기체 속에 있는 세포들 전체가 공유하는 특징들의 교환이 이루어진다. 이런 원시적 교환효과로부터 출발해서 유기체 전체의 특징이 멘델 법칙에 따라 교배되는 데까지 이르렀고, 전체 유기체가 증식의 단위가 되었다.

이 진화적인 혁신의 풍부한 가능성을 실현한 것은 진핵생물 계통이다. 진핵생물 제국을 이루는 네 개의 왕국에서 양성생식을 발견할 수 있다. 기초적인 원생생물에서 출발한 진핵생물들은 가시적인 세계 속에 당당히 자리잡은 균류, 식물, 동물을 만들어냈다. 그렇다 하더라도 진핵생물의 생존기반은 이들의 조상인 원핵생물이다. 지구에 있는 전체 생물의 과반수 이상은 원핵생물이다.

6000년의 역사는

모래시계가 멈추는 정도의 시간이다.

에머슨

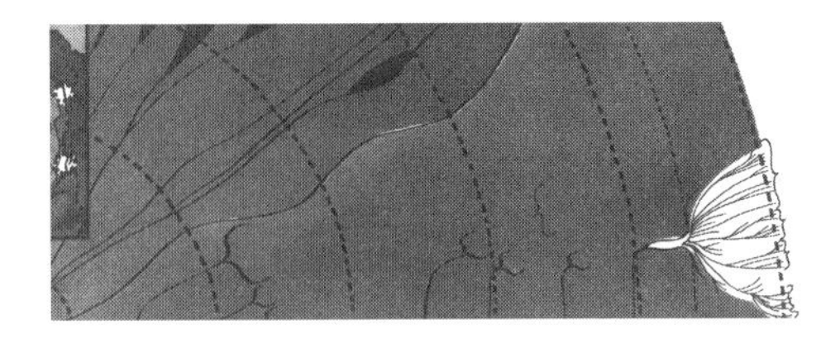

6

지구의 역사와 생명의 진화

1960년대 아폴로 우주선에서 찍은 사진에 나타난 지구는, 매클리시(A. MacLeish)가 감탄하면서 말했듯이, 우주의 검은 공간 속에서 '작고 푸르고 아름답게' 빛난다. 사진 속의 지구는 전체 역사 45억 년 중 35억 년 이상 동안 생명의 보금자리 역할을 해왔다. 살아 있는 생물들은 그들의 생존에 적합하도록 지구를 변화시켰다. 사진 속에는 생물들이 만든 작품이 보인다. 대기권, 푸르고 아름다운 '생명권'이 그것이다. 지구를 생명권으로 둘러싼 것은 생물들이다.

우연적 여건들—지구의 크기와 구성성분, 그리고 복사광을 내뿜는 태양으로부터의 적당한 거리—의 조합으로 인해 지구에서는 원자들이 고도로 조직적인 방식으로 결합하는 것이 가능했다. 우주에 있는 대부분의 원자들은 전자가 벗겨진 채로 중력에 의해 모여 항성의 뜨거운 플라스마 속에서 서로를 거칠게 밀어내면서 존재한다. 태양에서 1억 5000만 킬로미터 떨어져 있고, 중력붕괴의 열이 식은 지구에서는 원자들의 전자껍질이 손상되지 않고 그대로 있다. 가벼운 원소들—수소, 산소, 질소, 이들은 모두 절대온도 75도 이상에서 기체이다—은 중력에 의해 탈출속도 이하에서 지구에 묶여 있다. 수소와 산소는 인력에 의해 스스로 물을 형성한다. 지구 역사 초기에 물 속에서 위의 세 가지 가벼운 원소들이 탄소와 결합하여 자가증식하는 분자들을 형성했다. 그후 얼마 지나지 않아 그 분자들이 스스로 활동하고 증식하는 살아 있는 세포를 형성했다.

그후 10억 년 이내에 지구는 최초의 생명권으로 덮였다. 살아 있는 세포들은 이미 공기와 물에 있는 네 원소 외에도 지각에 있는 24가지나 되는 많은 원소들을 본체 안에 받아들였다. 생명은 전지구적인 힘을 발휘하게 되었다. 20세기 초 '생명권' 개념을 창안한 러시아의 '지구생물학자' 베르나드스키(V. I. Vernadsky)는 생명이 '가장 강력한 지질학적 힘'이라고 말했다. 45억 년의 지구 역사가 흐른 오늘날 모든 대륙에서 눈에 띄는 암석들 대부분은 베르나드스키가 말하는 '과거의 생명권들' 속에 있던 살아 있는 세포들에 의해 가공된 상태이다.

만일 지구 자체가 지질학적으로 살아 있지 않았다면, 생명이 그렇게 당당하게 생존할 수 없었을 것이다. 생명은 35억 년에 걸친 지구 역사의 대격변 속에서 진화했다. 지구 역사를 향한 문은 20세기 후반에 비로소 열렸다. 이전 사람들은 지구에 대륙이나 대양만큼 거대한 규모의 지형물이 있음을 알지 못했다.

그 지형물은 지구를 거의 두 바퀴 돌 정도로 긴 7만 5000킬로미터의 산맥 형태의 균열, 즉 해령이다. 해령은 대양의 바닥에 있기 때문에 과거에는 발견되지 않았다. 해령은 가파른 벼랑을 이루는 계곡으로 갈라져 있으며 지진이 빈번히 발생하는 지역을 지난다. 해령 곳곳에서 화산이 대양 속으로 분출했으며, 온천들이 황 연기를 머금은 뜨거운 물줄기를 뿜어올렸다.

바다 밑에 있는 해령은 새롭게 앎의 영역에 들어온 지질학적 힘의 작용을 지표면에서 알 수 있게 해준다. 그 지질학적 힘은 얇은 지각 아래에 있는 상층 맨틀의 유동적인 암석들이 열대류에 의해 마치 천천히 끓는 물처럼 움직이기 때문에 생겨난다. 수평방향으로 작용하는 이 힘은 수직방향으로 작용하는 중력과 함께 세계지도를 끊임없이 재구성해왔다. 맨틀 속에서 움직이는 대류세포들은 과거 긴 시간에 걸쳐 지표면의 모든 위도에서 대륙들을 끌고다녔으며, 대륙들을 합쳐 초대륙을 만들고 다시 분리하는 순환과정 속에서 대양을 열고 닫아왔다.

거의 30억 년에 달하는 이 역사 속에서 박테리아들은 점점 더 강력한 영향력을 발휘했다. 한 시간 이내의 증식 주기를 지닌 박테리아들의 연쇄증식에 의해 대양은 생명이라는 지질학적 힘으로 뒤덮였다. 각각의 세포 속에서 한 번의 결합에 3.2전자볼트의 에너지가 사용되는 펩티드 결합이 초당 100만 번씩 일어남으로써 지구의 에너지 순환은 크게 가속되었다. 베르나드스키와 동료들은 생명 공동체의 자유 에너지를, 낮은 온도에서 넓은 영역으로 분산된 용암 흐름의 자유 에너지와 관련지었다. 폭넓게 분화하고 서로 협력하는 박테리아 생태계들은 대기와 물과 암석으로부터 선택적으로 원소들을 취하면서 대양저 퇴적층에 재구성된 물질들을 퍼뜨렸다. 지각의 순환과 재생에 관해 최근에 밝혀진 지식에 의하면 암석의 강화와 대륙의 형성은 박테리아 생태계에 의해 촉진되었다. 오랜 과거의 대양에 있었던 전지구적 박테리아 생태계는 태양의 에너지를 흡수하고 산소의 화학적 활성을 제어하여 대기의 조성을 바꾸고 지구를 최초의 생명권으로 둘러싸기 시작했다. 아마도 15억 년 전에 원핵생물들의 공생에 의해 진핵세포가 형성되었을 것이다. 새로운 생물계들—식물, 동물, 균류—이 만들어지고, 이들이 대륙을 정복하고, 마침내 최후의 반 세기에 걸쳐 이 역사 전체가 인간에 의해 재구성되기 위한 토대가 15억 년 전에 마련된 것이다.

판구조

바닷속 해령과 세계지도상의 지진분포는 현재 지구의 맨틀에서 일어나는 대류의 단위인 대류세포들의 경계를 보여준다. 지각은 그 경계선을 따라 여덟 개의 '구조판'(tectonic plates)으로 나뉜다. 대서양 중앙처럼 대류세포가 활발히 움직이는 곳에서는, 대류세포의 상향회전에 의해 대양저가 위로 상승하면서 균열된다. 균열된 틈으로 맨틀로부터 융해된 암석들이 솟아나온다. 솟아나온 암석들은 균열 양편에서 식어 지각이 되고, 대류세포의 수평적 회귀운동에 의해 판은 균열로부터 멀어지는 방향으로 끌려간다.

판들은 마치 거대한 뗏목처럼 유동적인 맨틀 위를 떠다닌다. 여섯 개의 판 위에는 밀도가 더 높고 얇은 현무암질의 대양지각과 함께 화강암질의 대륙지각이 있다. 대륙이 얹혀 있지 않은 두 개의 대양지각은 광활한 태평양 밑에 있다. 한 판에 있는 대륙지각이 다른 판에 있는 대양지각과 충돌하면, 예를 들어 남북 아메리카 태평양 연안에서처럼, 대륙지각이 대양지각 위로 올라탄다. 이런 일이 벌어지는 경계선에 깊게 패인 해구 속에서 대양지각은 맨틀로 융해되어 대양 중앙의 균열에서 생성된 암석의 추가량을 상쇄시킨다(346~349쪽 그림 참조).

지진은 대양지각이 지구 내부를 향해 큰 기울기로 하강하고 있음을 알려주는 신호이다. 하강하는 판이 600~700킬로미터 깊이에 도달하면—가장 깊은 곳에서 발생하는 지진의 진원지가 대략 이 정도 깊이이다—고체성을 잃게 된다. 그 깊은 곳의 온도와 압력에 의해 지각과 대양 퇴적층은 주위의 맨틀보다 더 뜨거운 마그마로 융해된다. 생명권에서 온 흔적으로 가벼운 원소들을 풍부하게 포함한 마그마는 또한 맨틀보다 더 가볍다. 마그마는 맨틀을 뚫고 상승하여 대양지각을 흔든다. 화산들과 '심성'(plutonic) 융해 화강암 분출로 인해 알래스카에서 티에라델푸에고까지 거의 단절 없이 이어지는 거대한 산맥이 형성되었다.

이렇게 지각(지구의 암석권)은 지구의 대기권 및 수권과 마찬가지로 순환한다. 대기는 생명체들의 조직을 통과함으로써 21퍼센트의 산소 함유량을 유지하며, 0.03퍼센트의 이산화탄소 함유량을 유지하여 거의 온실처럼 태양에서 오는 열의 흡수 및 방출을 조절한다. 물은 수권 순환에 의해 대양으로부터 대륙으로 올라오고 대륙을 씻어내며 대양으로 돌아간다. 지각순환은 대양 퇴적층에 축적된 생명권의 잔재들을 깊은

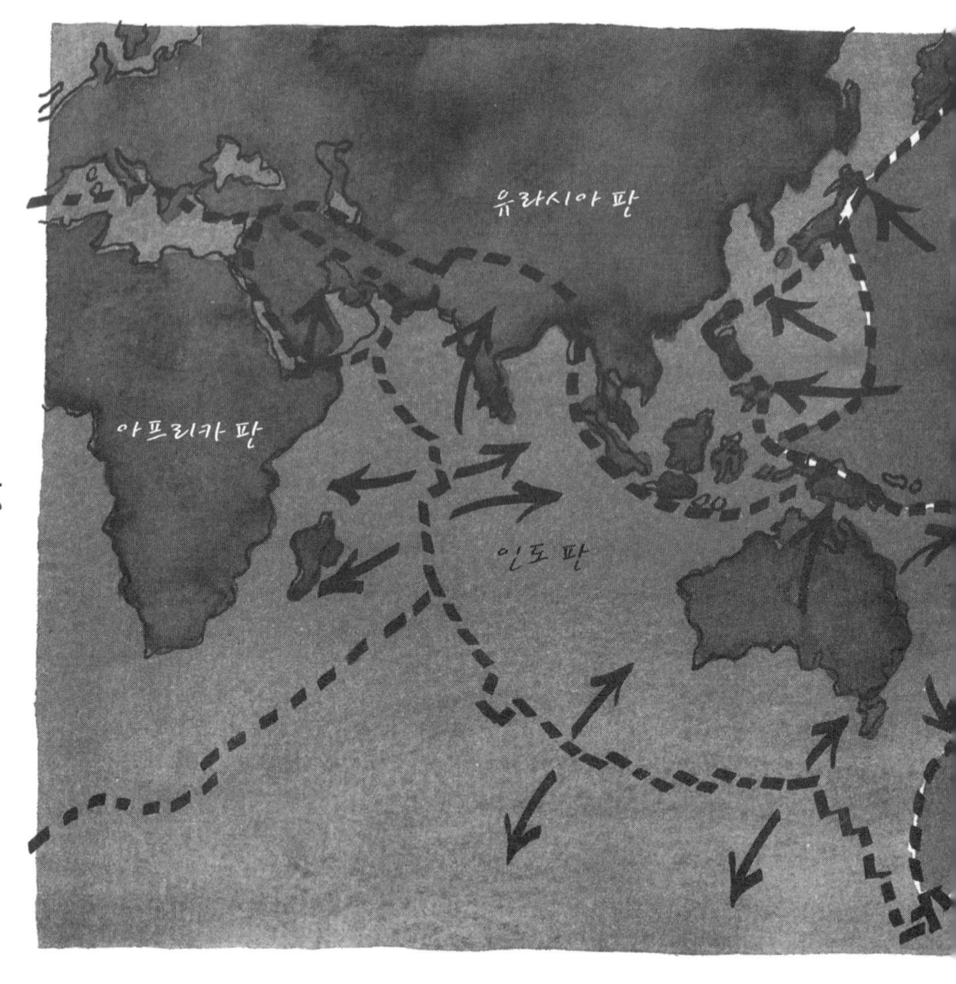

산맥처럼 뻗은 해저균열과 구조판들은 고체성을 지닌 지각 밑에서 일어나는 유동적인 맨틀 속 대류세포들의 순환을 드러낸다. 지난 30억 년 동안 그 순환에 의해 끊임없이 대륙들이 모이고 갈라졌으며, 대양들이 열리고 닫혔다. 세계 어디에서나 판들은 균열에서 멀어지는 방향으로 움직인다. 북아메리카 판처럼 커다란 판들에서는 두꺼운 대륙지각이 얇은 대양지각의 경계를 이끌고 움직인다(345쪽 참조). 북아메리카 판과 남아메리카 판은 서쪽 경계에서 대양판들 위에 올라타 있다. 밑에 깔린 대양판들이 침강하면서 대륙 밑 깊은 곳에서 융해됨으로써

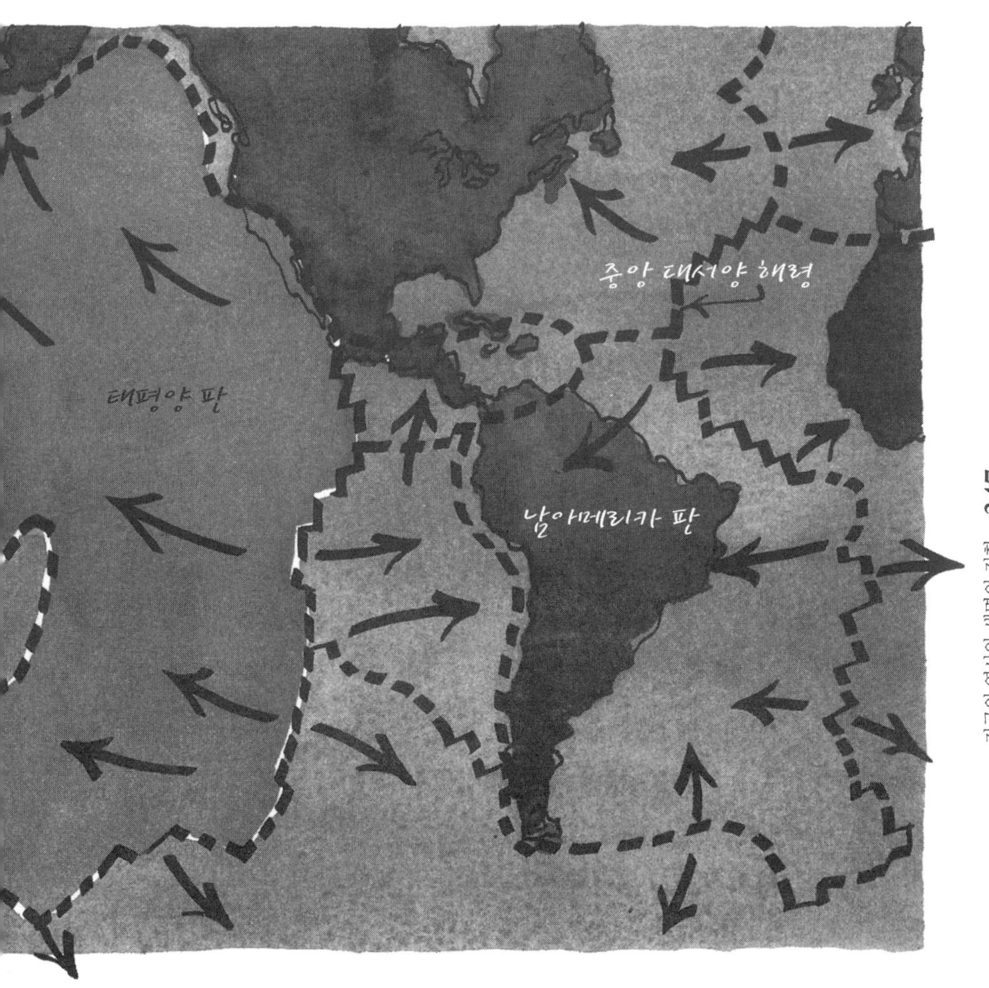

티에라델푸에고에서 알래스카까지 이어지는 산맥이 형성되었다. 1980년에 일어난 워싱턴 주 헬렌 산 폭발은 그 지각활동의 증거였다. 화산과 지진이 빈번한 '불의 고리'의 반대편을 이루는 태평양 서쪽 지역에서는 커다란 태평양 판이 유라시아판과 다른 대양판들 아래로 침강한다. 이 지각활동으로 인해 뉴질랜드로부터 알류산 열도까지 대양으로부터 열도와 군도가 솟아올랐다(350쪽 참조).

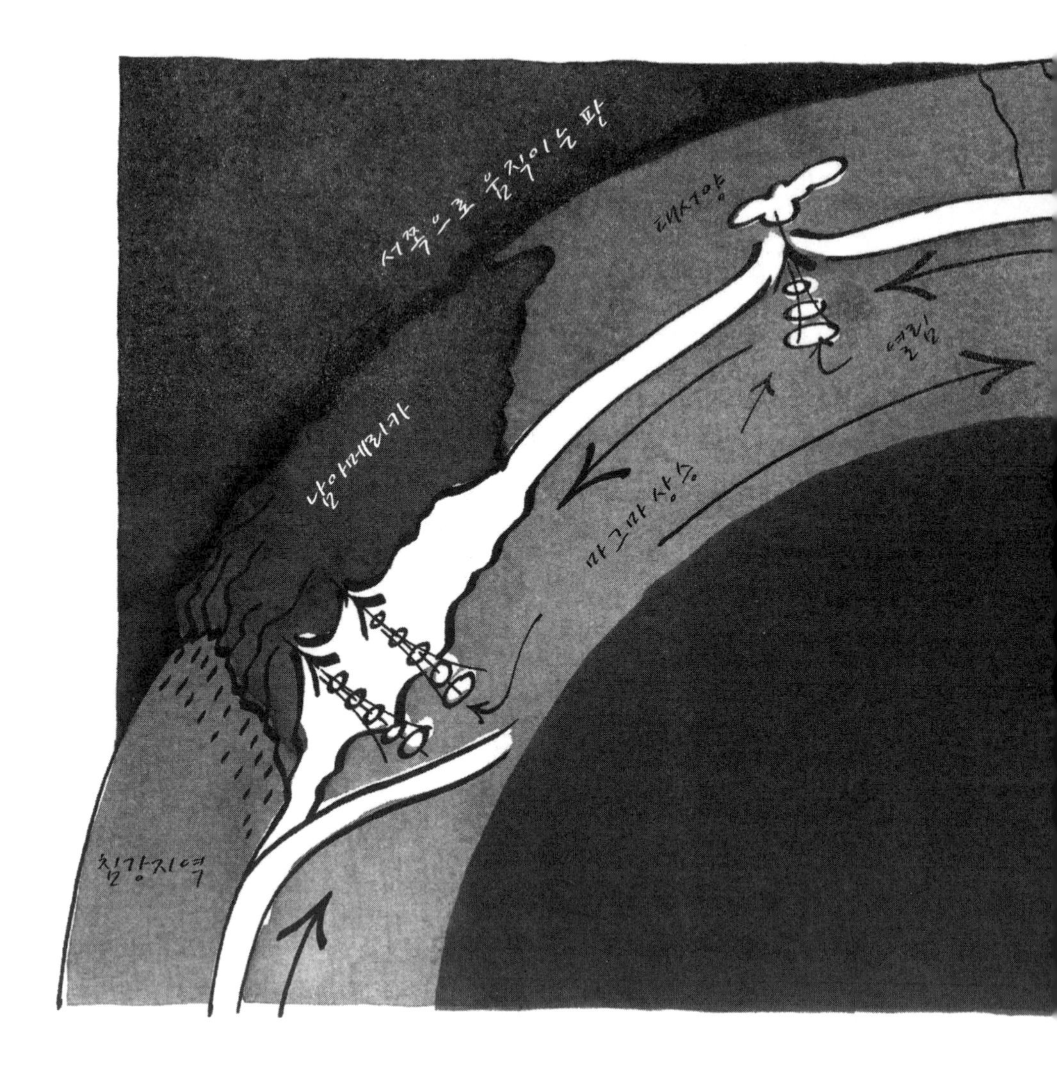

중앙 대서양 해령에서 상승하는 대류세포들. 이 상승으로 인해 지각에 새로운 암석이 추가되고, 대륙을 지닌 판들이 균열로부터 멀어져 대양이 넓어진다(345쪽 참조). 두꺼운 대륙 지각 밑의 약권과 얇은 대양지각 밑의 약권 사이에 열 기울기가 생겨 뜨거운 맨틀 암석이 대양 중앙으로 기어가 위로 올라오면서 감긴다. 이로 인해 지각이 솟고 갈라진다. 대류세포의 좀더 높은 영역에서 일어나는 수평적인 회귀운동에 의해 균열 양편의 구조판들이 서로 멀어진다. 균열에서 추가된 새로운 암석의 양은 태평양 판의 침강에 의해 상쇄된다. 태평양 판은 대륙 아

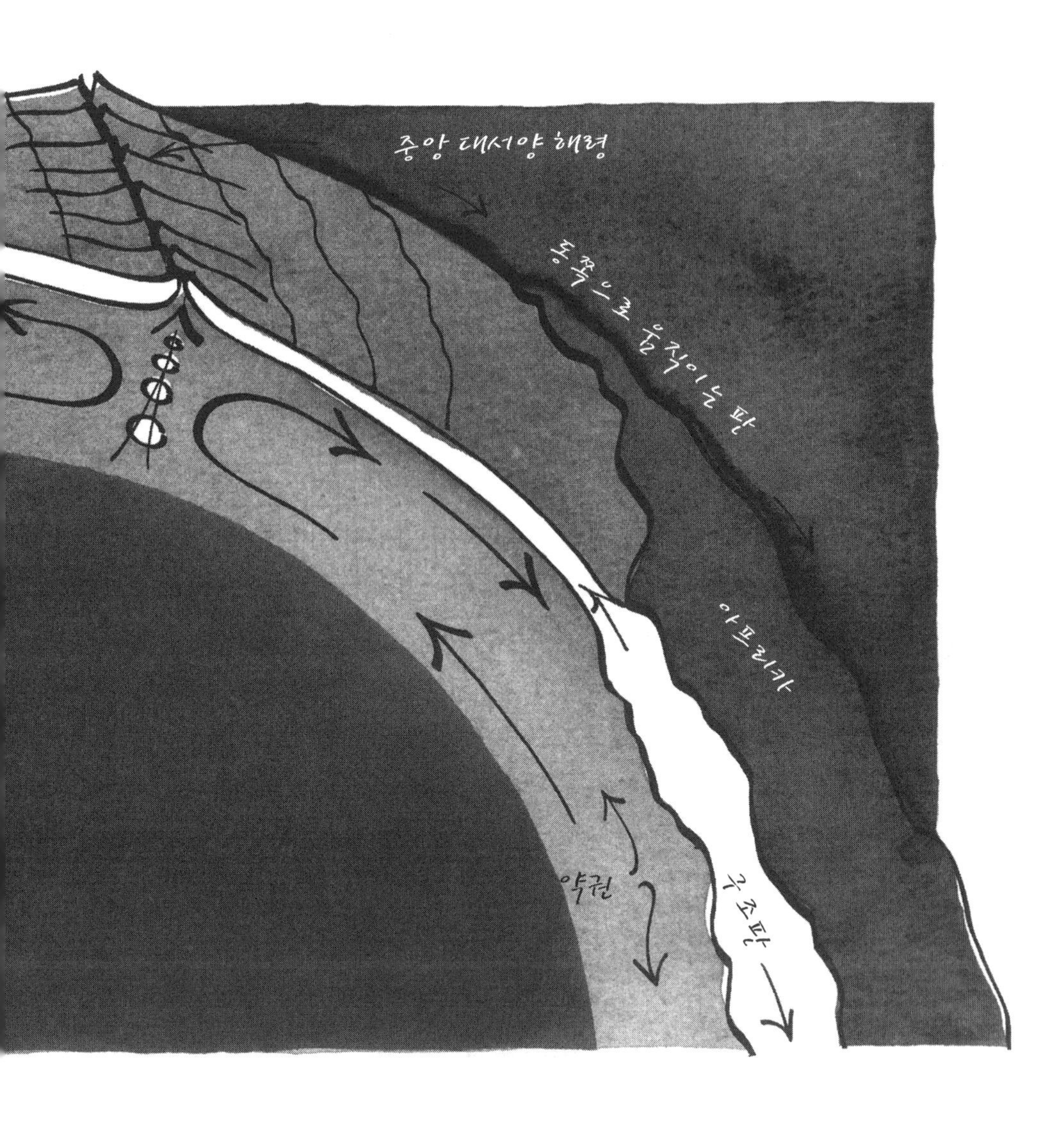

래 맨틀 속 깊은 곳으로 떨어진다. 그 깊은 곳에서 대양지각이 녹고, 대양지각 위에 쌓인 퇴적물도 녹는다. 퇴적물에는 생명권에서 온 가벼운 원소들이 포함되어 있다. 융해된 지각은 화강암화하여 지표면으로 다시 돌아온다. 이때 생명활동으로 인해 함께 융해된 가벼운 원소들이 화강암화에 기여한다. 지표면으로 돌아온 암석은 남북 아메리카 태평양 연안에 길게 이어진 산맥이 되었다(350쪽 참조). 암석권은 이렇게 대기권이나 수권과 마찬가지로 순환한다.

맨틀로 운반하는 역할을 한다. 운반된 물질들은 마그마 형태로 재구성되어 해구로부터 내륙을 향해 상승하는 산맥이나 화산을 통해 대륙지각으로 되돌아온다.

지난 2억 년에 걸쳐 일어난 초대륙—판게아라고도 불리며 북반구의 로라시아(Laurasia)와 남반구의 곤드와나랜드(Gondwanaland)가 붙은 형태였다—의 분열로 인해 대서양과 인도양은 점점 더 넓어졌다(346, 347쪽 그림 참조). 과거 로라시아로 결합되어 있던 로렌시아(북아메리카) 판과 유라시아 판은 대서양 중앙해령으로부터 매년 2센티미터씩 멀어지고 있다. 남대서양의 대양저도 넓어져서 과거 곤드와나랜드로 결합되어 있었던 아프리카와 남아메리카 해안선이 분리되었다. 곤드와나랜드의 나머지 부분인 인도, 아프리카, 오스트레일리아 지역은 인도양이 생기면서 남극에서 북쪽으로 밀려갔다.

대륙을 지닌 판들의 이러한 움직임으로 인해 태평양은 전방향에서 줄어들었다. 태평양을 둘러싼 활화산들과 지진이 잦은 지역들은—이른바 '불의 고리'(ring of fire)라 불린다—대륙지각이 태평양을 잠식하고 있고 대양 판이 해저에서 붕괴하고 있음을 말해준다. 태평양 서안에 남극에서 알래스카까지 길게 이어진 열도와 화산섬들—뉴질랜드, 폴리네시아 및 미크로네시아 군도, 인도네시아, 필리핀, 일본, 캄차카 반도, 알류산 열도—은 이 거대한 지각활동을 그대로 보여준다.

히말라야와 카프카스 산맥 그리고 훨씬 더 서쪽에 있는 알프스와 피레네 산맥은 대륙지각과 대륙지각의 충돌로 인해 솟아올랐다. 인도 대륙은 인도양이 넓어지면서 티베트 고원과 충돌했다. 이때 남쪽에서 온 작은 인도 판이 거대한 유라시아 판 밑으로 눌리면서 히말라야 산맥이 치솟은 것이다. 얕은 바다인 지중해와 흑해는 아프리카 판이 북쪽으로 이동하면서 사라진 고대 대양의 잔재이다. 피레네, 알프스, 카프카스 대지괴(massif, 큰 땅덩어리)는 아프리카 판과 유라시아 판의 봉합선을 나타낸다.

애팔래치아 산맥과 우랄 산맥은 판게아로 밀집된 대륙 판들 사이에서 더 오랜 과거에 일어난 충돌을 알려주는 증거이다. 충돌 이후 오랜 세월에 걸친 빙하작용과 더욱 빈번한 침식작용에 의해 한때는 알프스에 못지않았던 이 산맥들은 현재의 평평한 모습이 되었다.

또 다른 종류의 산악 형성방식을 보여주는 모형은 하와이 열도의 해산(seamount)들이다. 해산들은 맨틀 내부의 '열점'(hot spot)으로부터 해수면 위로 솟아오른다. 가늘게 올라온 맨틀이 대양저를 빈번한 화산활동을 통해 밀어올리는 것이다. 남동쪽에서 북서쪽을 향해—이 방향은 태평양 판의 이동방향이다—뻗은 섬들의 모습은 열점 위를 지나간 판의 궤적을 나타낸다. 열도 앞쪽에 있는 바닷속 해산들은 더 과거에 있었던 지각활동의 흔적이다. 지금도 활동하고 있는 화산들을 지닌 하와이 섬은 열도에 속한 섬들 중에서 가장 젊은 섬이다.

지구상의 대륙들과 대양들의 위치와 모양은 이렇게 멋지게 설명된다. 지질학은 판구조 이론을 통해 국지적인 서술의 차원을 벗어나 전지구적이고 예측적인 보편이론으로 발전했다. 판구조 이론은 전지구적인 문제뿐만 아니라 지질학이 몰두해온 국지적인 수수께끼들도 해결한다. 지향사(geosyncline)는 중력만으로는 만족스럽게 설명될 수 없었다. 심층 퇴적암에 있는 수평적으로 압축된 주름인 지향사는 오늘날 미국 동부를 관통하는 장거리 고속도로와 나란히 형성된 깊은 절개지에서 볼 수 있다. 이 지질학적 구조물은 원래 근해에 있던 대륙 퇴적층으로 2억 5000만 년 전 판게아가 집결할 때 아메리카 대륙이 유라시아 및 아프리카 대륙과 충돌하면서 퇴적층이 상승하고 대륙 쪽으로 밀려 접히면서 형성되었음이 밝혀졌다. 언급한 미국 동부의 절개지들은 베르나드스키가 주장하는 과거 생명권들을 암석에 남은 흔적으로 보여준다.

지구 역사에 관한 새로운 지식으로 인해 지구 역사와 생명의 진화는 통합된 거대한 연대기가 되어가고 있다. 햇빛은 지구를 데우지만, 얇은 표면만을 데울 뿐이다. 생명을 유지시키고 맨틀 대류 세포들의 순환을 유지시키는 것은 지구 자체의 열이다. 그 열은 지구의 중력붕괴로 발생했다(235, 368쪽 참조). 암석의 낮은 열전도율 때문에 그 열은 억겁의 세월 동안 천천히 그리고 쉼없이 깊은 내부로부터 상승했다. 상층 맨틀과 특히 대륙지각에 많이 있는 수명이 긴 방사성 원소들의 붕괴도 지구 전체의 열공급에 기여한다. 햇볕이 더 약했던 지구 역사의 최초 10억 년 동안에는 그 원소들이 첫번째 반감기를 보내고 있었고, 그들의 열공급 기여도는 지금보다 더 높았다. 지구 내부에서 나오는 열은 태양이 적색거성으로 변할 때까지 생명을 유지시키기에 충분하다(201쪽 참조).

지금까지 확인된 가장 오래 된 지구 위의 암석은 그린란드 남부 이수아(Isua)에서 발견된 38억 년 나이의 암석이다. 달에서 발견된 암석 중에는 나이가 46억 년인 것도 있다. 태양이 연료인 수소를 소모하는 속도를 근거로 추정할 때, 지구에 생명이 살 수 있는 기간은 아직도 절반 정도 남아 있다.

새롭게 발견된 먼 과거의 시간은 학자들의 합의를 통해 세 시대로 구분되었다. 수많은 볼거리들이 있는 가장 최근의 시대는 현생이언(Phanerozoic eon, 가시적인 생명체들이 있는 시대)이라 불리며, 5억 7000만 년 전 이후의 시대이다. 이보다 앞선 40억 년의 기간은 별다른 근거 없이 양분되어 원생대(Proterozoic)와 시생대(Archean)로 명명되었다. 최근 50년 전까지만 해도 수십억 년에 이르는 이 두 시대는 공허하게 남아 있었다. 당시까지 방사성 측정을 통한 연대 확인방법으로는 이 두 시대가 있었다는 사실조차도 밝혀지지 않았다. 드물게 발견되는 화석 증거만이 그때 이후 이 두 시대에 관한 탐구를 가능케 했다. 암석에 있는 생지구화학적(biogeochemical) 증거에 관한 연구는 이제 막 시작된 단계이다.

생명의 최초 증거들

오랜 과거의 판구조 순환의 흔적은 사라지기도 했고 지각에 깊게 새겨지기도 했다. 이수아에서 발견된 암석에는 이미 생명의 흔적이 있다. 그 암석은 거대한 퇴적암이다. 그 정도 나이를 지닌 암석으로는 거의 유일하게 이수아 암석은 전면적인 변성을 겪지 않았다. 암석의 퇴적층들은 대기와 물이 당시 이미 대륙지각의 풍화작용에 참여하고 있었음을 보여준다. 입자가 가늘고 붉으며 산화철을 풍부하게 함유한 지층들이 순도 높게 규소를 함유한 석영 지층들과 교대로 나타나는 모습이 확인된다. 이런 '철띠층'(BIF: banded iron formation, 호상함철층)은 생명과 관련해서 중요한 의미를 지닌다. 지구의 다른 지역에서 더 후기에 나타나는 철띠층은 광합성을 통해 생명을 유지하는 생물들의 국지적 군집이 계절에 따라 번성하고 쇠퇴한 것을 반영한다. 이수아 암석의 구조가 생물에 의해 형성되었음이 입증된다면, 생명이 지구 역사의 최초 10억 년 이내에 시작되었다는 결론이 나오게 될 것이다.

다른 지역에서 발견된 증거들은 생명의 시작이 더 나중이었다고 추정하도록 이끈다. 오스트레일리아 노스폴 지역에서 발견된 생명의 흔적은 35억 년 전으로 거슬러올라간다. 아프리카 피그트리 지층에 있는 흔적은 33억 년 전으로 거슬러올라간다(324쪽 참조). 이로부터 얼마 지나지 않아 원핵생물 군집들이 국지적인 생태계들을 형성했다. 지구 전역에서 발견되는 25억 년 나이의 암석들에는 생명의 존재를 알리는 확고부동한 증거가 들어 있다. 세포 화석들과 시아노박테리아 군집의 화석, 즉 이른바 스트로마톨라이트가 그것이다.

뿐만 아니라 시생대 후기의 퇴적층들은 지금까지도 완전히 분류되지 않았을 만큼 다양하고 복잡한 원핵생물들의 생화학적 증거들을 담고 있다. 생명권 진화 연구의 초기 개척자 중 하나인 산타바바라 소재 캘리포니아 대학 클라우드는 이렇게 말한다. "지구에 일단 생명이 등장하고 나면, 지구화학적 자료들은 완전히 달라진다."

박테리아는 황, 인, 나트륨, 칼륨, 망간, 마그네슘 등의 원소들을 암석에서 분리하여 흡수하거나 물 속에 용해된 상태에서 흡수했다. 박테리아는 이미 대기권 및 수권과 함께 암석권(lithosphere)을 생명권 창조에 동원하고 있었다.

오늘날 세계의 생명권도 여전히 유기 화합물 속에 필수원소들을 포함시키기 위해 원핵생물에 의존한다. 진핵생물은 공기와 물에 있는 원소들 중 오직 세 원소(수소, 산소, 탄소)만을 이용하며, 암석에 있는 원소들은 전혀 이용하지 못한다. 공기 중에 있는 질소를 포획하는 데조차 진핵생물은 원핵생물에 의존해야 한다.

시생대 퇴적암들은 원핵생물 생태계가 당시 이미 전세계의 대륙에 있는 내륙수에도 자리잡았음을 보여준다. 박테리아들은 햇빛이 강한 해발 200미터 고도에도 번성했던 것으로 보인다. 오늘날 해발 200미터 고도에 사는 박테리아의 수는 1세제곱밀리미터당 50만 개체이다. 대양저 퇴적층에는 이보다 몇 배 많은 박테리아가 서식한다. 대양지각의 균열을 따라 분포된 뜨거운 유황 온천에서도 박테리아들이 다양한 생물 군집들을 위한 토대를 마련했을 것이 거의 확실하다. 그곳에 다양한 생물 군집들이 있다는 사실은 최근에 밝혀졌다. 대양저 박테리아 생태계들은 햇빛이 닿지 않는 곳에서 생명을 유지하는 원핵생물의 생화학적 능력을 입증한다. 박테리아는 시생대에 이미 육지에 발을 디뎠는지도 모른다. 오늘날 사막에 사는 박테리아들은 드물게 비가 올 때 활동하여 지표면의 모래가 바람의 풍화에 저항하는 덩어리를 형성하도록 만든다.

특정한 대사작용을 전문화한 원핵생물들이 한 곳에 모이면, 이들은 암석권에 있는 한두 가지 원소들을 그곳에 집중시킨다. 철, 망간, 마그네슘, 알루미늄, 황, 인 등이 박테리아에 의해 집중된다. 이런 광물들이 집중된 광상은 오늘날 인간에게 유용하게 이용된다.

지구 역사의 발견

덧없는 인생에 비교했을 때 5000년의 세월도 한때는 긴 세월로 여겨졌다. 18세기 내내 사람들은 지형에서 볼 수 있는 대격변들을 홍수나 지진이나 화산 폭발 같은 천재지변으로 설명하는 것에 만족했다. 18세기 말 허턴(J. Hutton)은 『지구론』(*Theory of the Earth*)을 발간하여 그의 조국 스코틀랜드 지리 연구의 정점에 올라섰다. 두 권으로 된 이 뛰어난 저술에서 허턴은 암석에서 발견한 자연적인 이행단계들의 목록을 제시했다. 첫번째 단계는 지하 심층의 융해상태로부터 굳어진 화성암 단계이다. 암석은 부서져 모래가 되고 모래는 퇴적암으로 굳어진다. 충분하지만 융해될 정도는 아닌 열과 압력을 받으면 퇴적암이 변하여 변성암이 된다. 허턴은 이렇게 암석의 세 종류를 명명하고, 암석상태의 이행이 전 시대에 걸쳐 응고와 융해, 침식, 지층의 퇴적과 암석화, 간헐적인 화산분출 등에 의해 '일관적으로'(uniformly) 이루어진다고 주장했다. 비와 서리는 산을 깎아 강바닥에 펼쳐놓는다. 강은 대륙을 바다로 가져간다. 필요한 것은 오직 시간뿐이다. 시간에 관한 허턴의 입장은, 시간의 '시작의 흔적도 끝의 전망도' 찾을 수 없다는 생각이었다.

일관적인 과정을 위해 필요한 시간

허턴의 주장을 지지하는 증거들이 곧 축적되었다. 관찰자들은 특히 캄브리아기의 암석에서 수많은 화석 생물들의 군집을 발견했다. 캄브리아기라는 명칭은 웨일스 지방의 캄브리아 산지를 가리키는 라틴어에서 유래했다. 최근의 암석이 더 오래 된 암석 위에 있다는 원리에 따라 사람들은 생물군집들이 긴 세월임이 분명한 기간에 걸쳐 순서대로 변이했음을 확인했다.

19세기 초 고생물학(paleontology)의 창시자인 퀴비에(G. Cuvier)의 엄청난 권위에 기대 몇몇 학자들이 허턴의 위대한 직관에 반발했다. 퀴비에는 화석증거 상의 불연속성이 화석 생태계들의 변이 사이에 있었던 천재지변을 의미한다고 주장했다. 신의 개입 가능성을 인정하는 그의 천재지변설(catastrophism)은 19세기 말까지 존속했다.

일관적인 과정에 의해 창조가 이루어지기 위해 필요한 시간은 라이엘(C. Lyell)의 박식함과 실사연구와 지치지 않는 열정에 의해 마침내 밝혀졌다. 라이엘은 나이애가라 폭포의 편자형(horseshoe) 지층에 있는 변화의 기록을 토대로 나이애가라 강이 얼마나 오랜 세월 동안 바위를 깎으면서 폭포를 상류로 끌어올려 그 지층에까지 이르렀는지 계산했고, 역과정의 기록을 토대로, 미시시피 강의 삼각지가 퇴적되기 위해 필요했던 시간을 계산했다. 그는 가장 흔한 화석인 연체동물 및 완족동물의 탄산칼슘과 인산칼슘 껍질들의 연대순서를 확립했다. 그는 '지표'(index)화석들과 광물조성을 토대로 멀리 떨어진 두 지역에서 지표면에 노출된 지층의 연대적 동일성을 파악했다. 그는 시칠리아의 발 데 노토(Val de Noto) 지층이 영국의 크랙스(Crags) 지층보다 더 젊고, 크랙스 지층이 보르도 지층보다 더 젊다는 것을 밝혀냈다.

라이엘은 지질학적 시대구분 개념인 기(period)와 세(epoche)에 명칭을 부여했다. 그가 부여한 명칭들은 오늘날에도 사용된다. 또한 그가 제안한 대략적인 시간길이는, 그가 예상할 수조차 없었던 과학기술에 의해 오늘날 얻은 측정값과 거의 일치한다. 약 200만 년 동안 지속된 '현세'(Recent) 앞에는 '제3기'(Tertiary)가 있었으며, 제3기는 현세보다 10배 이상 길다. 제3기 이전의 시기들은 캄브리아기의 화석 기록이 점차 사라지는 시기를 거쳐 더 먼 과거로 끝없이 이어진다.

지질학자들은 거주자가 없는 지구를 발견했다. 새롭게 알려진 상상하기 힘들 만큼 긴 시간 거의 대부분 동안 인간은 존재하지 않았다. 척추를 지닌 동물도 거의 존재하지 않았다. 오랜 세월 동안 대양은 수없이 많고 다양한 무척추동물들을 키웠다. 인간은 별다른 계획 없이 진행되는 지구 역사에서 최근에 일어난 지엽적 사건으로 보였다. 아마도 다윈은 이런 생각들을 근심 속에 검토하느라고 『종의 기원』 집필을 그토록 오랜 세월 미뤘을 것이다. 다윈은 영국 중상류층 출신이었고, 그가 태어날 당시 그의 가문과 유사한 가문의 사람들은 인간의 목적을 무한한 정신 속에 지니고 있는 신의 존재를 거의 한결같이 확신하며 살고 있었다.

비글호의 여행

자연사에 대한 타고난 관심에 몰두할 자유를 얻은 젊은 다윈은 1831년 자연학자의 자격으로 5년에 걸친 해안선 탐사에 참여하여 전 세계를 일주했다. 그는 여행 중에 개인적인 연구에도 몰두할 수 있었다.

티에라델푸에고에서 다윈은 탐사대를 환영하는 벌거벗은 토착민들에게 겁을 먹고 뒤로 물러섰다. "야만인과 문명인의 차이가 그토록 크다는 것"을 그는 당시까지 상상하지 못했다.

갈라파고스 군도에서 그는 그를 둘러싼 "새로운 새들, 파충류들, 조개들, 곤충들, 식물들"에 감탄했다. 이어서 그는 태평양을 가로질러 타히티, 뉴질랜드, 오스트레일리아, 태즈메이니아, 몰디브에 상륙하여 표본을 채집하고, 영국으로 돌아오는 길에 세인트헬레나, 어센션(Ascension), 케이프베르데 군도에도 들렀다. 이 모든 이야기는 『비글호 항해기』에 흥미롭게 기록되어있다.

다윈은 이 여행에서 배운 것과 씨름하면서 나머지 생애를 보냈다. 그는 자연선택 가설을 확신케 해주는 증거들을 확보했다. 특히 갈라파고스 군도에서 그는 진화를 생생하게 목격했다. 분명 단일종이었을 핀치 새(finch)로부터 대여섯 가지 종들이 발생한 것이 관찰되었다. 이 종들은 서로 다른 보금자리에서 배타적으로 번식하며 모양과 행태가 서로 다르고 특히 부리의 생김새가 달랐다. 육지거북이 종 하나도 여러 섬에 고립되어 살고 있었는데, 핀치와 유사하게 모양과 행태가 분화되는 중이었다.

자연선택

진화는 그렇게 오랜 세월에 걸쳐 특별한 계획도 설계도 목적도 없이 수많은 무척추동물을 낳았고 그보다는 훨씬 덜 다양한 척추동물들을 낳았고, 특별한 차이 없이 척추동물 중 하나로 인간을 낳았다. 다른 사람들이 얻은 증거도 이 놀라운 명제를 지지했다. 다윈은 그의 고향인 다운스(Downs)에서 연구하면서 모든 자료들을 수집했다. 그곳에서 그는 무려 20년 동안 똑같은 산책로를 걸었고, 마침내 젊은 자연학자 월리스가 더 먼저 진화론을 발표하게 될 위험에 처하자 1859년 어쩔 수 없이 자신의 연구를 발표했다.

자연선택 가설은 18세기 후반에 이미 널리 퍼져 있었다. 사실상 우리가 아는 다윈은 자연선택을 주장한 최초의 다윈이 아니다. 다윈의 할아버지인 에라스무스 다윈은 가문의 번영에 기틀을 놓은 인물이며, 박식가요 미식가로 나름대로 유명인사였다. 그는 18세기에 여러 저술들을 남겼는데, 그 중 가장 중요한 저술은 『동물생리학 또는 생물의 법칙』이다. 그는 생물들 사이의 경쟁에 의해 생존자가 결정되고 따라서 다음 세대를 낳는 '최적자'(fittest)가 선택된다고 주장했다. 경쟁은 번식과 군집의 성장에 의한 생존수단 부족에 의해 생겨나고 강화된다. 그의 생각은 동시대인인 맬서스의 관심을 얻었다. 또한 에라스무스 다윈은 사변적 근거를 토대로, 한 세대에서 능력을 사용하거나 방치하는 것에 따라서 다음 세대에 그 능력들이 유전되는 데 차이가 있을 가능성을 허용했다.

젊은 다윈이 세계를 일주하던 무렵 영국에서는 자연선택에 관한 이런 사상들이 이미 다윈 사상이라 불리고 있었다. 프랑스의 라마르크(Ch. de Lamarck)는 할아버지 다윈의 두번째 사상을 받아들였다. 전 세대로부터 얻는 형질들을 다음 세대들이 매번 향상시킴으로써 생물의 형태는 점점 더 완벽하게 발전한다. 기린의 목은 더 높은 나무가지에 도달하고자 애쓴 결과 길어졌다. 라마르크는 이렇게 획득형질의 유전을 거의 헛소리에 가까울 만큼 단순화해버렸다. 라마르크의 주장에 격분한 키플링(R. Kipling)은 '그냥 원래대로'(Just So) 시나리오를 제시했다. 진화 가설에 대한 이런 당혹감에도 불구하고 영국의 다른 학자들은 에라스무스 다윈의 생존경쟁 가설 속에 들어 있는 원래 의미의 자연선택 사상을 계속해서 지지했다.

『종의 기원』에서 다윈은 자연사에 관한 그의 지식과 그가 스스로 관찰한 확고한 증거들을 토대로 자연선택 사상을 확립했다. 다윈은 현대 생물학의 창시자라는 정당한 평가를 받는다. 그의 위대한 연구는 서술적인 과학이었던 생물학에 최초로 보편적인 이론을 덧붙였다. 오늘날의 입장에서 보면 진화는 최소한 35억 년의 지구 역사에 걸쳐 일어난 관찰된 사실이다. 진화론은 그 역사 속에 있었던 사실들에 대한 최선의 이해를 제공한다. 축적된 증거들이 입증하듯이 말이다.

자신의 주저 초판에서도 다윈은 획득형질의 유전을 통한 진화 가능성을 인정했다. 이후의 판본에서 그는 그 가능성을 자연선택과 동등하게 받아들였다. 말년의 다윈은 대중적 논쟁 때문에 그리고 창조 역사에 설계와 목적이 있다는 자신의 신념 때문에 입장을 바꾼 듯이 보인다. 다윈을 둘러싼 논쟁은 빅토리아적 타협—빅토리아 시대에 흔히 있던 방식대로, 과학에게는 유용한 지식을 확립하는 역할을 주고, 종교에게는 목적과 가치를 설정하는 역할을 주는 타협—에 의해 해결되었고, 그의 유해는 웨스트민스터 사원에 안장될 수 있었다.

어쨌든 자연선택 이론은 불완전한 진화이론으로 남아 있었다. 그 이론은 자연에 의해 선택되는 형질들의 기원에 관해 아무런 설명도 제공하지 않는다. 당시 널리 수용된 유전방식에 관한 가설에 따르면, 즉 부모의 형질이 자식에게서 섞인다는 가설에 따르면 새로운 형질은 몇 세대 지나지 않아 희석될 것이라는 사실을 증명할 수 있다. 진화론을 완성한 '신종합설'(modern synthesis)이 만들어지기 위해서는 멘델의 유전자가 재발견되기까지 기다려야만 했다.

지구의 내부

지질학 역시 20세기 중반까지 불완전한 이론의 주도하에 이루어졌다. 대륙지각과 대양 및 대양지각이 이룬 중력적 평형인 지각평형은 중력이라는 수직적 힘의 작용결과이다. 지질학적 증거들은 대륙들의 해발고도가 빙하의 무게에 의해 낮아진다는 것을 보여주었다. 이런 평형상태의 변화에 수반해서 대륙을 이루는 판들이 어긋나고 기울어진 단층이 생겨난다고 믿어졌다. 화산분출에 의해 생기지 않은 산들, 예를 들어 애팔래치아 산맥의 형성이 그런 방식으로 설명되었다. 그런 사건들은 국지적 지형 형성에서 실제로 역할을 한다. 그러나 오늘날 밝혀진 바에 의하면, 그 사건들은 더 큰 규모의 과정들 속에서 일관적으로 일어난다.

아프리카와 남아메리카 해안선이 톱으로 켠 듯 맞아떨어진다는 수수께끼는 17세기 지도에서 처음 명백하게 발견되었다. 그 수수께끼를 최초로 탐구한 소수의 사람들은 대륙이 이동한다는 기이한 발상을 품게 되었다. 그러나 대륙을 움직이는 수평적 힘을 설명할 수 있는 이론이 존재하지 않았다.

지구의 내부구조는 중력에 의해 충분히 잘 설명되었다. 중력은 무게에 따라 원소들을 분류하여, 지구에 풍부하면서 가장 무거운 원소인 철을 중심에 집중시키고 가벼운 원소들은 결국 지각에 이르도록 위로 밀어올린다(361쪽 그림 참조). 물리학자들은 지진을 연구하기 위해 20세기 초에 지진계를 개발했다. 지진이 일어나면 지진파—음파와 유사한 압축파이다—가 지구 속 모든 방향으로 전파된다. 지진계가 개량되면서 지질학자들은, 마치 분광계에 의해 물리학자와 천문학자가 빛을 이용하게 된 것과 마찬가지로, 음파를 이용할 수 있게 되었다. 지질학자들은 지구 내부를 들여다볼 수단을 얻은 것이다.

지진파의 속도는 지구 속을 통과하면서 지나는 지점의 온도, 압력, 밀도, 물질의 조성에 따라 달라진다. 지표에서와 마찬가지로 압력은 원자들을 밀집시키고 열은 분산시킨다. 지진파 분석과 기타 자료 분석에 의하면, 지구 내부로 갈수록 온도는 상승하는데, 처음 700킬로미터에서 만나는 맨틀에서 가장 급격하게 상승한다. 처음 100킬로미터 이내에서 온도는 섭씨 1000도에 이르고, 약 200킬로미터에서 섭씨 1500도, 그리고 700킬로미터에서 섭씨 2000도에 이른다. 700킬로미터 지점에서부터 핵이 시작되는 지점인 3000킬로미터 지점까지는 온도가 1킬로미터당 섭씨 1도 이하의 비율로 상승하여 최종적으로 섭씨 5000도에 도달한다.

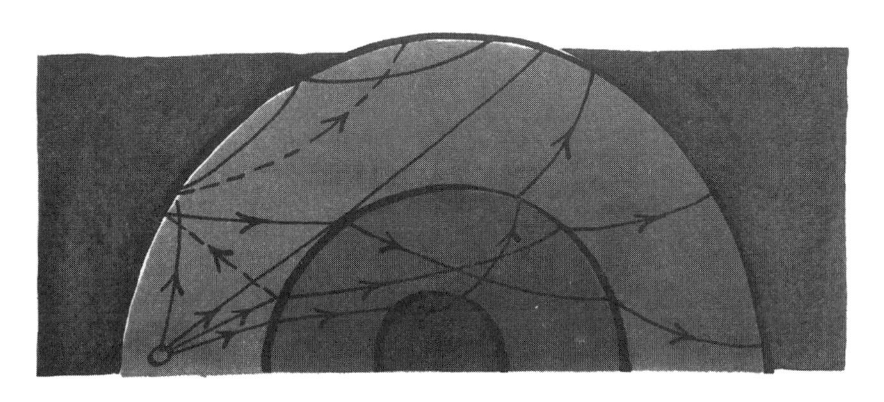

핵의 중심부인 내핵에서는 압력이 열의 힘을 능가하기 때문에, 내핵은 고체이다. 내핵은 주로 철로 이루어졌으며 반지름은 약 1500킬로미터이다. 내핵을 둘러싼 외핵은 두께가 약 2200킬로미터이며 용해된 철로 되어 있다. 외핵에서는 열의 힘이 압력을 능가한다. 이 외핵에 있는 엄청난 양의 철은 천천히 대류순환을 한다. 이 순환에 의해 엄청난 전하의 흐름이 생기고 지구의 자기장이 발생한다. 내핵과 외핵의 경계에서 지진파의 속도는 갑자기 줄어든다. 이를 통해 그 경계에서 고체에서 액체로의 상전이가 생기는 것을 알 수 있다.

외핵과 맨틀의 경계에서 일어나는 갑작스런 지진파의 속도 증가는 액체에서 고체로의 이행을 가리키는 신호이다. 3000킬로미터 두께의 맨틀 속에서 상층 700킬로미터까지는 지진파의 속도가 압력의 변화와 나란하게 비교적 완만하게 변화한다. 이 상층에서의 속도 변화들은 핵 경계면에서처럼 갑작스럽지 않지만 역시 상전이들이 있음을 알려준다. 이 영역에서의 변화들은 맨틀 암석을 이루는 물질들이 원소들의 혼합물이기 때문에 완화되었다. 이는 핵이 상대적으로 순수하게 철로 이루어져 있는 것과 대조된다. 온도가 급상승하는 이 영역에는 맨틀에 남은 방사성 원소들이 중력으로 인해 밀집되어 있다. 이 원소들의 무거운 무게는 이들이 가벼운 원소들과 결합함으로써 상쇄된다.

지구 내부의 엄청난 온도와 중력적 압력 때문에 그곳에서의 상전이는 지표면에서는 볼 수 없는 기이한 물성 변화로 나타난다. 지구 내부의 물질들은 여러 예외적인 상태로 존재한다. 브리지먼이 처음 밝혔듯이, 상전이에 의해 외곽 전자껍질이 파괴될 수 있다.

외핵은 액체성을 지니지만 고도의 고체성도 지니고 있다. 외핵에서의 강력한 압력에도 불구하고 섭씨 5000도로 추정되는 열에 의해 철의 결정구조는 해체된다. 철은 액체로 흐른다. 그러나 그 흐름은 일상적인 시간과 거리 단위로는 측정될 수 없다.

점차 형성되어가던 지질학적 세계관은 1920년대 진지한 지질학자들이 대륙 이동설이라는 '황당한' 이론을 진지하게 옹호하면서 흔들리게 되었다. 이 시절 남반구에서 활동하는 지질학자들은 남아프리카, 인도, 오스트레일리아, 남아메리카의 탄층에서 발견된 특징적인 식물군 화석들이 모두 일치한다는 사실을 이미 알고 있었다. 발견된 식물군들 속에서 가장 두드러지는 종은 종자 양치식물(seed fern)의 일종인 한 식물이었다. 그 식물이 지닌 혀 모양의 잎을 근거로 그 식물군들은 글로솝테리스(Glossopteris) 식물군이라 명명되었다. 글로솝테리스 식물군은 남극 탐사를 감행한 최초의 지질학자들에 의해 남극의 탄층에서도 발견되었다. 스위스 지질학자 쥐스(E. Suess)는 이 발견에 관해 다음과 같은 조심스러운 설명을 내놓았다. 남반구의 대륙들은 과거에 육교(land bridge)로 연결되어 있었다. 그는 그렇게 연결된 가설적인 대륙을 '곤드와나랜드'라 명명했다. 이 명칭은 글로솝테리스가 석탄 속에서 풍부하게 발견되는 인도의 한 광산지역의 지명에서 따왔다.

그러나 지각평형 원리에 따르면, 가설적인 육교를 이루는 가벼운 대륙 암석이 바다 밑으로 가라앉는 것은 불가능했다. 1908년 미국 지질학자 테일러(H. B. Taylor)는 남반구 대륙들이 과거 단일한 거대대륙인 곤드와나랜드로 합쳐져 있었다고 주장했다.

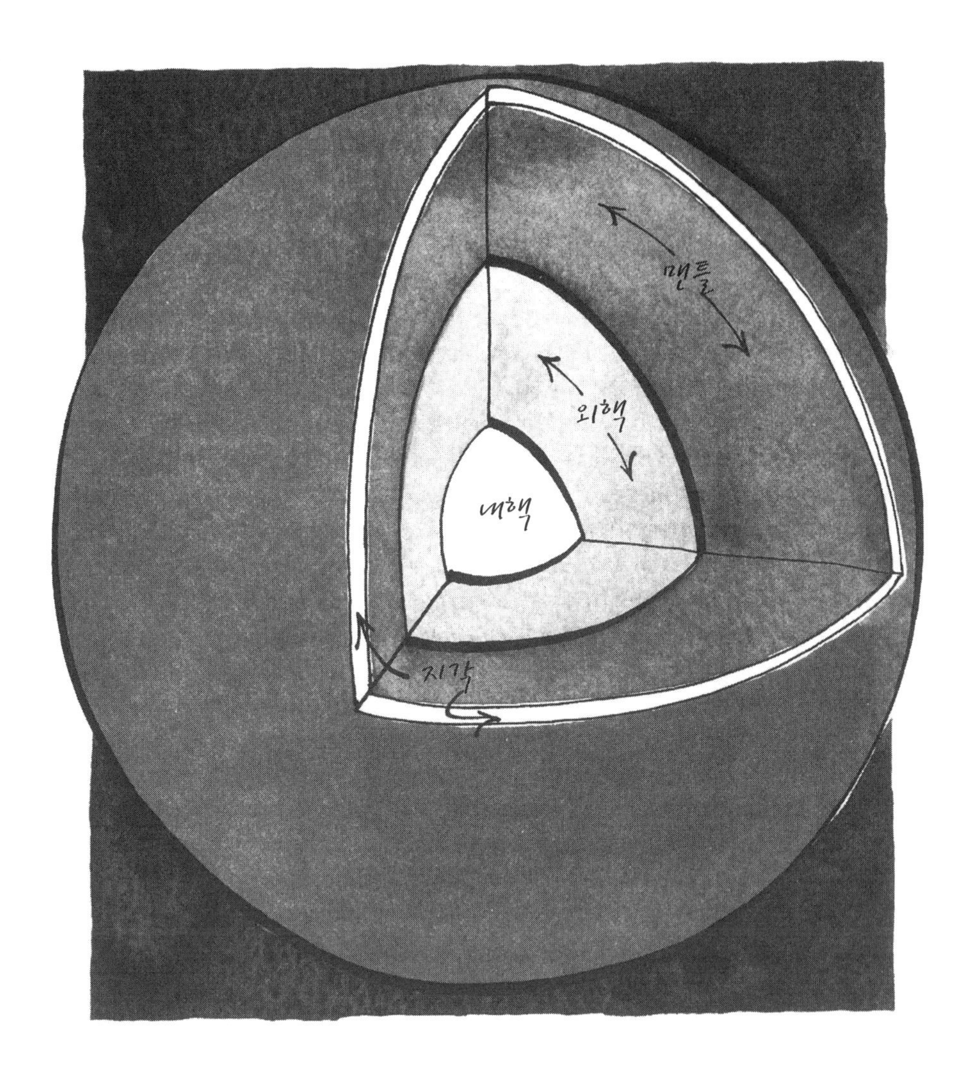

지구의 내부구조는 구성 원소들의 중력에 따른 분류와, 깊이에 따른 열과 압력의 균형 변화에 의한 고체-액체 상전이를 반영한다. 가장 무거운 풍부한 원소인 철은 중심핵에 자리잡는다. 핵은 거의 3000킬로미터 반지름까지 고체이고 이어서 두께 2100킬로미터 구간 동안 액체이다. 지표면에서 3000킬로미터 깊이까지 있는 유동적인 '매픽' 맨틀은 망간과 철을 비롯한 금속들의 산소 화합물로 이루어져 있다. 고체성의 '시알' 지각은 규소, 알류미늄 등의 가벼운 금속들의 산소 화합물로 되어 있다(366쪽 참조).

지하의 힘에 의해 그 대륙이 분할된 이후, 조각난 대륙들은 현재의 위치로 흘러갔다. 대륙 이동의 역학적 원리에 관해서 그는 선구적인 제안을 했다. 최초의 대륙간 전신 및 전화선 연결 작업 중에 대서양 중앙에서 발견된 해저 균열에 관한 상세한 탐구가 이루어져야 한다고 그는 제안했다.

대륙이동

대륙이동에 관한 최종적인 논쟁을 촉발한 사람은 기상학자였다. 『대륙과 대양의 기원』을 쓴 베게너(A. Wegener)는 지질학이 현장에서뿐만 아니라 도서관에서도 이루어질 수 있음을 보여주었다. 그는 독일의 한 지방 도서관에 연구실을 차리고 문헌들에 의존해서 연구했다. 그가 수집한 증거는 남반구뿐만 아니라 북반구 대륙들도 과거에는 단일한 초대륙으로 연결되어 있었음을 분명하게 보여주었다. 그는 그 초대륙을 판게아라고 명명했다. 그는 살아 있거나 화석이 된 식물군들 및 동물군들의 유사성을 지적했다. 특히 그는 현재 온대 및 극 지방에 있는 탄층에서 발견되는 열대식물들을 주목했으며, 대양을 사이에 둔 두 지역의 지질학적 연속성과 현재는 분리된 대륙에 공통으로 나타나는 빙하작용의 흔적을 지적했다. 이 모든 증거들은 대륙들이 하나로 합쳐져 있었음을 시사했다.

베게너는 지구의 거대규모 지형과 관련해서 또 다른 근본적인 기여를 했다. 그는 대륙들의 고도와 대양의 알려진 심도를 평균하여 지각의 두 층을 구분했다. 그 두 층은 분명하게 구별되는 대양지각과 대륙지각에 대응한다. 그는 대륙들이 대양저 위에 5킬로미터 두께로 얹혀 있는 암석덩어리라고 추측했다.

1915년 출간된 베게너의 저술은 제1차 세계대전이 끝날 때까지 큰 관심을 끌지 못했다. 그 후 시작된 논쟁은 1950년대까지 계속되었다. 남반구의 지질학자들은 베게너를 지지하는 새로운 증거를 제시했다. 남아프리카 지질학자 뒤투아(A. du Toit)는 아프리카와 남아메리카 최남단에서 동일한 종의 지렁이를 발견했다. 지렁이가 발견된 두 지역은 베게너가 주장한 곤드와나랜드에서 서로 인접해 있는 지역이다. 메소사우루스(Mesosaurus) 화석이 남아프리카뿐만 아니라 남아메리카에서도 발견되었다. 미국 자연사 박물관의 로머(A. Romer)는 메소사우루스가 담수 서식 파충류라서 대서양을 건널 수는 없다는 사실을 밝혀냈다.

남반구에서 나온 증거는 북반구에 관심을 기울이던 대다수의 지질학자들에게 큰 위력을 발휘하지 못했다. 이동의 역학적 원리가 납득할 만하게 설명되지 않는 한, 대륙 이동설은 설령 이단은 아닐지라도 공상에 불과했다. 이동을 위해 반드시 필요한 수평적 힘의 증거는 대양저에 숨어 있었다.

미지의 땅인 대양—세계지도에서 보면 지구 표면의 70퍼센트가 대양이다—은 제2차 세계대전 말에 처음으로 체계적으로 탐사되기 시작했다. 콜럼비아 대학 레이몬트 연구소의 어윙(M. Ewing)과 히즌(B. E. Heezen)은 대서양 중앙 해령을 조사하기 위해 바다로 향했다. 샌디에이고 소재 캘리포니아 대학의 레블레(R. Revelle)와 스크립스(Scripps) 연구소의 메나드(H. W. Menard)는 태평양 바닥을 세계지도에 올려놓았다. 그들이 그린 지도에는 해구들과 해산들이 들어 있고, 태평양 동부의 기이한 융기도 기록되어 있다.

지질학자들은 해전에서 결정적인 역할을 한 새로운 장비인 음파 탐지기를 제공해 준 미국 해군의 덕을 보았다. 학자들은 수면에서 만든 폭발음의 반향을 이용해서 해저 깊숙한 곳의 암석 지층을 조사했다. 음파 탐지기는 소리신호를 방출하고 그 소리가 목표에 부딪혀 반사되어 돌아오기까지 걸리는 시간을 측정하여 거리를 산출한다. 해군 연구소의 후한 지원을 받은 대여섯 척의 탐사선들이 음파 탐지기, 중력계, 자력계 등의 원거리 탐지장치들을 갖추고 바다로 나아갔다.

체계적으로 간격을 맞춰 그어진 선들을 따라 왕복하는 단조로운 20년 동안의 항해를 통해 음파 탐지기는 말 그대로 지구 전체의 대양의 소리를 들었다. 음파 탐지기는 대양저 지도를 얻었을 뿐만 아니라, 예기치 않은 발견도 이루었다. 대양지각의 두께는 지역적으로 큰 차이가 없이 4.7킬로미터를 유지했다. 음파 탐지기가 포착한 반향을 분석한 결과 대양저 퇴적층의 두께도 알 수 있었다.

흔히 보는 세계지도에서는 대륙이 지구 표면의 29퍼센트를 차지한다. 잘 알려져 있듯이 대륙의 해안선으로부터 대양 쪽으로 어느 정도까지는 대륙붕이 이어진다. 대양저를 나타낸 새로운 지도는 대륙지각이 지구 표면의 40퍼센트를 차지한다는 시실을 보여준다. 대륙붕들은 수심 1킬로미터에 이르기까지 300킬로미터나 계속된 이후 급격히 대양의 심연 속으로 가라앉는다. 베게너가 추측했듯이 대륙의 암석지대는 대양저 위로 5킬로미터 정도 솟아 있는 듯이 보인다.

새롭게 완성된 세계지도가 보여주는 흥미로운 지형물은 전체 길이 7만 5000킬로미터에 달하는 해령이다. 현재 가장 활동적인 2만 5000킬로미터 구간에서 해령의 폭은 평균 1300킬로미터이고 높이는 2.5킬로미터이다. 음파 탐지기와 함께 사용된 다른 장비들에 의해서 그 구간의 해령이 활발한 활동을 하고있음이 밝혀졌다. 열탐지 장비는 해령의 균열 양쪽에서 강한 열흐름을 탐지했다. 중력계는 중력이 약해진 것을 탐지했는데, 이는 물질의 상승이 있음을 의미한다. 지진계는 진원지가 얕은 수많은 지진을 기록했다. 지진파가 균열을 통과할 때 느려진 것은, 균열 속에 융해된 암석이 있음을 의미했다. 이 사실은 음파 탐지기와 열 탐지기가 알아낸 사실과 일치했다.

대서양 중앙 해령은 북대서양에서 해수면 위로 올라와 아이슬란드가 된다. 균열은 지구(graben)로 나타난다. 암석질 섬인 아이슬란드를 남북 방향으로 가로지르는 지구는 좁고 길게 패인 깊은 홈이다. 마치 당시 해양 관측자들이 추론하고 있던 바를 입증하려는 듯이 1963년 아이슬란드 남쪽 인근에서 새로운 화산섬 쉬르트세이(Surtsey)가 갑자기 솟아올랐다.

태평양 양쪽 가장자리의 해구들에서 추론을 보충하는 관측자료들이 수집되었다. 그곳의 열흐름은 약했다. 중력은 더 강했고, 지진파의 진원지는 밑으로 깔려 들어가는 대양지각의 경사면을 따라 점점 더 깊어졌다.

시계와 나침반

대양저에서 채취한 원통형 암석표본을 통해 대륙지각과 대양지각 사이의 놀라운 차이점이 밝혀졌다. 대양지각을 이루는 현무암은 어느 곳에서도 2억 년 이상의 나이를 나타내지 않았다. 대륙의 화강암과 현무암이 수십억 년의 나이를 지닌 것과는 대조적이었다. 뿐만 아니라 해령 양쪽 인근의 대양지각의 나이는 균열로부터의 거리에 비례해서 많아졌다. 위에 덮인 퇴적층도 해령에 가까울수록 더 얇고 더 젊었다. 퇴적층은 대륙붕 경계에 가까워질수록 더 두꺼워지고 더 늙어지다가, 대륙붕 경계에서 대륙 퇴적물들과 섞인다.

방사성 원소는 암석의 나이를 매우 정확하게 측정할 수 있도록 해주는 시계 역할을 한다. 물리학자들은 각각의 방사성 원소가 정해진 고유한 속도로 붕괴하여 특정한 직접산물과 간접산물을 산출한다는 것을 밝혀냈다. 대양저의 현무함은, 또는 대륙지각 속으로 들어오는 화성 화강암은 굳어지기 시작할 때 미세한 양의 방사성 원소들을 지니고 있다. 이 원소들과 이들의 붕괴 산물의 함유비율을 가지고 이들을 지닌 암석이 식어 결정화되기 시작한 시기를 알 수 있다.

암석 속에 있는 나침반을 발견하여 지질학자들에게 도움을 준 것 역시 물리학자들이다. 자성을 띤 원소들—예를 들어 철—의 원자들은 용해상태에서 지구 자기장에 따라 정렬한다. 나침반의 바늘과 마찬가지로 이 원자들도 단지 자기적 북극을 가리킬 뿐만 아니라, 자기적 북극으로부터 떨어진 거리에 의해 결정되는 각도로 수평면으로부터 기울어진다. 암석이 식으면 이 원자 나침반들의 방향이 고정된다.

이미 1950년대에 런던 유니버시티 칼리지의 블래킷과 런콘(S. K. Runcorn), 그리고 매사추세츠 공과대학의 헐리(P. M. Hurley)가 암석 속에 고정된 잔류자기(고지자기)에 관심을 가졌다. 그들은 그 약한 자기력을 측정할 수 있는 장치를 개발했다. 전세계의 암석들을 수집하여 자기력을 측정하면서 그들은 각각의 표본이 놓여 있던 장소와 방향을 정확히 파악하는 노력을 기울였다. 동일한 대륙에서 채취한 여러 시대의 표본들을 비교해보니, 암석 나침반이 가리키는 북쪽이 서로 달랐다. 자기적 북극이 움직였을 가능성은 없다. 블래킷, 런콘, 헐리는 암석표본들의 나침반 바늘의 방위각 및 복각 차이가 대륙이동에 기인한다는 만족스러운 결론에 도달했다.

대륙이동 문제를 최종적으로 해결한 것은 결국 암석 속의 나침반이었다. 육지에 있는 암석의 잔류자기를 측정한 결과, 지구 자기장의 양극이 밝혀지지 않은 원인에 의해 여러 번 긴 기간 동안 불규칙적인 역전을 겪었음이 밝혀졌다. 원거리 탐지 자력계를 이용해서 먼저 대서양 바닥과 이어서 인도양 바닥을 조사한 결과, 지구 자기장 역전이 해령 양쪽에 대칭적으로 분포된 남북 방향의 띠의 형태로 기록되었음이 밝혀졌다. 잔류자기가 북쪽이나 남쪽을 가리키는 띠들이 서로 교대로 놓여 있었다(348, 349쪽 그림 참조). 자기장 역전이 일어날 때마다 새로운 대양지각은 마치 자기 테이프처럼 주도적인 극성을 기록해놓았다. 대서양과 인도양이 넓어지고 있다는 것에는 더 이상 의심할 여지가 없어졌다.

이제 대륙이동은 명백한 직관적 증거와 미묘한 물리학적 증거에 의해 확고한 인정에 도달했지만, 대륙이동을 설명할 역학적 원리를 연구해온 지질학자들은 소수에 불과했다. 매사추세츠 공과대학의 오로원(E. Orowan), 메릴랜드 대학의 엘자서(W. M. Elsasser), 버클리 소재 캘리포니아 대학의 베호건(J. Verhoogen), 라이덴 대학의 마이네스(F. A. V. Meinesz) 등이 그들이다. 지진탐구를 통해 얻은 지구의 내부구조와, 암석학 및 지구화학에서 얻은 경험적 지식과, 고압력 물리학 및 고체 물리학을 종합해서 그들은 설득력 있는 가설을 만들어냈다. 1952년 마이네스는 그들의 연구를 요약해서 논문을 발표했다. 그 논문은 오늘날 판구조를 움직이는 역학적 원리를 밝힌 논문으로 인정받고 있다.

화강암질의 대륙지각의 두께가 평균 34킬로미터에 달한다는 사실은 중력측정과 지진탐사에 의해 이미 오래 전에 밝혀졌다. 그러므로 대륙지각은 균일하게 4.7킬로미터의 두께를 가진 현무암질의 대양지각보다 훨씬 더 두껍다. 대륙지각은 융해된 철광석으로부터 떠오르는 슬래그(slag, 금속 제련 과정의 부산물로 나온 불순물—옮긴이)와 관련이 있는지도 모른다. 주로 규산염(산소와 결합한 규소 및 알루미늄)으로 되어 있는 대륙지각은 '시알'(sial) 암석이라 불린다. 반면에 더 조밀한 대양지각은 주로 산소와 결합한 망간 및 철로 이루어졌으며 '매픽'(mafic, 망간과 철의 머리문자를 따서 만든 이름—옮긴이) 암석이라 불린다. 대양지각의 성분은 맨틀의 성분과 유사하다. 그러나 맨틀은 결정구조 속에 물을 함유하고 있어 지각보다 더 유동적이다. 지각은 결정화할 때 수증기를 방출하기 때문에 부서지기 쉬운 성질을 얻는다.

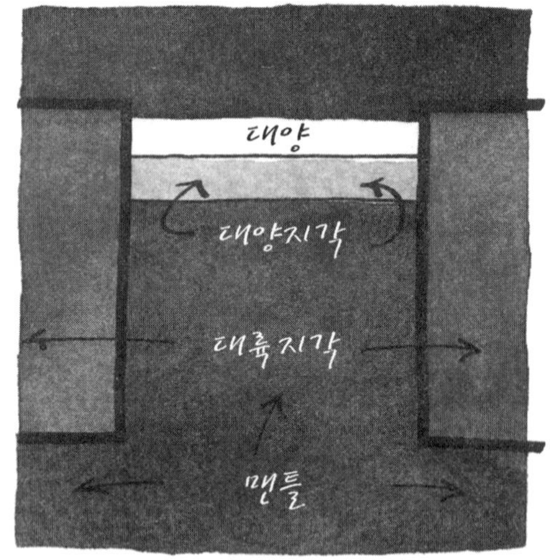

모형화된 대륙지각 덩어리는, 5킬로미터 깊이의 대양의 물과 평균 1.3킬로미터 깊이의 대양 퇴적물과 4.7킬로미터 두께의 대륙지각과, 더 나아가 평형을 이루기에 적당한 두께의 맨틀 암석 전체와 지각평형 원리에 의해 평형을 유지하고 있다(오른쪽 그림 참조). 대륙지각의 시알 암석은 맨틀과 대양지각의 매픽 암석에 비해 약 0.8의 낮은 밀도를 지녔다. 빙산(빙산의 밀도는 물의 밀도의 0.9이다)의 꼭대기처럼 대륙덩어리의 꼭대기만이 맨틀 위에 떠 있는 것이다. 5킬로미터 깊이의 대양의 수면 위로 대륙은 평균 300미터 솟아 있다. 이 평형상태가 유지되기 위해서는, 대륙의 표면이 상승할 경우 이에 상응하는 만큼 지각의 밑부분이 맨틀 속으로 하강해야 한다. 반면에 대륙표면이 낮아진다면, 지각의 밑부분이 상승해야 한다. 이는 빙산이 녹을 때와 같은 이치이다.

대륙지각 및 대양지각의 바닥은 모호로비치치 불연속면('모호'면)을 이룬다. 이 불연속면에서 지진파의 속도는 갑자기 커진다. 얇은 대양지각 밑의 맨틀은 상대적으로 더 많은 고체성을 지니므로 불연속성이 덜하다. 아메리카 대륙의 동쪽 가장자리에서처럼 대양지각이 더 두꺼운 대륙지각과 만나는 곳에서는, 대양지각 밑의 맨틀에 의해 지각 판의 아랫부분이 부드러워진다.

수평적인 끓기

마이네스 논문은, 두꺼운 대륙지각이 맨틀 상부의 열손실을 막는 보온덮개 역할을 할 뿐만 아니라 열을 공급하는 역할도 한다는 주장으로부터 시작해서, 수평적 힘의 발생원리를 설명한다. 지각 깊숙한 곳에서 일어나는 방사성 원소의 붕괴로 인해 발생한 열이 맨틀에서 붕괴되는 방사성 원소에서 얻어지는 열에 첨가된다. 따라서 대륙 밑에서는 열이 증가한다. 반대로 얇은 대양지각에서는 열이 손실된다. 그러므로 지각에 열 기울기가 생긴다. 뜨거운 대륙 중앙으로부터 차가운 인근 대양 중앙을 향해 낮아지는 열 분포 기울기가 생긴다.

열 기울기가 생기면 열은 뜨거운 물체에서 차가운 물체로 전도를 통해 흐른다. 그러나 열은 또한 매질 자체의 역학적 운동을 통해서도 흐른다. 물이 끓는 것은 열전도를 통해서보다 더 빠르게 대류를 통해서 열을 방출하기 위해서이다. 마이네스와 동료들은 같은 원리가 맨틀에서의 열전달에도 적용되는 것을 간파했다. 물론 암석이 물처럼 흐를 수는 없다. 그러나 다른 고체들과 마찬가지로 암석도 늘어나면서 기어갈 수는 있을 것이다. 고온 및 저온 압연, 프레스 가공, 단조 가공 등은 금속이 가진 늘어나는 성질로 인해 가능하다. 백색광을 내는 온도인 섭씨 1000도에 이르면 맨틀 암석은 유동성을 띠고 더 쉽게 늘어날 수 있게 된다. 열은 맨틀 속에서 전도에 의해서보다 맨틀 자체의 움직임에 의해 더 빨리 전달된다. 따라서 열은 암석이 대류세포를 이루고 순환하도록 만든다.

대류세포들은 맨틀 상부 700킬로미터 두께의 구간에서 순환하면서 비정상적인 상전이를 거친다. 지구의 둘레가 4만 킬로미터임을 감안할 때, 700킬로미터 두께의 구간은 얕은 영역이라 할 수 있다. 대륙 중앙으로부터 대양 중앙에까지 이르는 일반적인 대류세포의 길이는 수천 킬로미터에 달한다. 이렇게 큰 폭을 움직이면서도 깊이는 수백 킬로미터에 불과한 대류세포는 수평적 대류세포라고 보아도 무방하다. 맨틀은 주전자 속의 물처럼 끓으면서 위로 올라가는 것이 아니라 옆으로 움직이는 것이다. 대류세포의 아랫부분 3분의 1 정도에 있는 암석은 대양저 해령을 향해 옆으로 기어가서 대양의 다른 쪽 가장자리에서 온 대류세포를 만난다. 두 세포는 위로 움직여—만일 융해된 상태라면 위로 솟구쳐—지각에 열과 새로운 암석을 공급한다. 순환하는 대류세포들은 해령에서 멀어지면서 구조판과 대양지각 밑 고체성 맨틀층을 끌고 간다. 이른바 약권(asthenosphere)이라 불리는 부드러운 상층 맨틀에서는 대류세포들의 수평적 움직임이 더 용이할 것이 분명하다. 약 70킬로미터 깊이에서 온도의 상승은 압력의 증가를 능가한다. 이 깊이에서 속도가 느려지는 지진파는 130킬로미터를 더 내려갈 때까지 원래 속도를 회복하지 못한다.

대류세포는 물론 지질학적 속도로 1년에 2~3센티미터 순환한다. 인공위성에 탑재된 장비를 통한 관측에 의하면, 북아메리카 대륙은 그만큼의 속도로 북서쪽으로 이동하고 있다.

훗날 지구가 된 원시행성은 미세 행성체(planetesimal)들을 끌어모아서 성장했다. 미세 행성체들은 점차 확장되는 지구 중력장에 의해 끌려들었다. 임계질량에 도달한 원시행성은 중력붕괴를 일으켰다. 붕괴에 의해 엄청난 열이 발생했고, 암석 속에 있는 수명이 길거나 짧은 방사성 원소들이 붕괴하면서 그 원소들의 첫번째 반감기 내내 열을 보탰다. 온도는 녹는점에 도달했다. 융해된 행성은 중력장의 대칭성 속에서 구형을 이루었다. 융해된 액체 속을 움직이던 철을 비롯한 무거운 원소들은 수백만 년의 세월에 걸쳐 중력에 의해 모여들어 핵에 자리잡았다. 마찬가지로 가벼운 원소들은 표면 쪽으로 움직였다. 표면이 식어가면서 가벼운 원소들을 포함한 현무암질의 맨틀 암석으로 이루어진 지각이 최초로 굳어졌다. 굳어지는 과정에서 지각은 최초의 대기를 뿜어냈고, 표면 전체를 덮는 얕은 대양을 만들었다. 좀더 깊은 유연한 맨틀에서 순환하는 다수의 대류세포들은 지각을 잡아당겨 벌리기도 하고 끌어모으기도 했다.

하데스기

물이 갈라지고 대륙이 등장하는 발전은 행성간 작용력에 의해 매개되었다. 하데스기(Hadean Period)라 불리는 이 시기의 지구는 여전히 중력장 안에 있는 미세 행성체들을 끌어모으고 있었다. 커다란 유성들이 지구에 충돌하면 얇은 원시지각에 구멍이 생겼다. 그 구멍으로 융해상태의 내부가 화산이 분출하는 방식으로 솟구쳐올랐다. 융해된 내부물질의 성분은 시알 암석보다는 매픽 암석에 가까웠다. 이렇게 형성된 '크라톤'(craton, 대륙괴), 즉 대륙지각의 핵들은 현재 지구에 존재하는 육지의 20퍼센트 정도를 형성했다. 이 핵들 주위로 25억 년에 걸쳐 밑으로부터 대륙지각이 성장하여 대륙이 형성되었다.

달에서 발견한 암석의 나이를 측정한 결과 밝혀진 바에 의하면, 달 표면 대부분은 태양계 역사의 최초 5억 년 동안에 만들어졌다. 달과 수성과 금성과 화성에 남아 있는 분화구들은, 지구와는 달리 이들의 내부에서는 표면을 끊임없이 재편하는 순환운동이 일어나지 않음을 입증한다. 목성에 있는 소수의 사화산들은 과거에 있었던 지질학적 활동의 흔적이다. 뿐만 아니라 화성 궤도에 진입한 탐사선은 최근에 화성 표면에서 잔류자기를 탐지했다. 이는 과거에 화성이 자기장을 지니고 있었음을 말해준다. 만일 화성에 자기장이 있었다가 사라졌다면, 이는 화성의 크기가 너무 작아서 핵을 융해상태로 만들 온도가 최초 10억 년 이후에는 유지될 수 없었기 때문인 것으로 보인다. 위성들과 로봇 착륙선들은 화성 역사의 최초 10억 년 동안에 탄생했을지도 모르는, 또한 화성 지각의 물 속에 여전히 생존할지도 모르는 생명의 흔적을 계속해서 탐색할 것이다.

현재 지구 표면에서 확인된 65개의 운석 분화구(또는 '운석흔')는 최근에 생긴 것들이다. 나중에 보게 되겠지만, 외계 천체의 충돌은 생명의 진화에 중요한 역할을 했다.

방사성 시계를 이용해서 지구의 대륙지각이 형성된 시기를 대략적으로 알아낼 수 있다. 그린란드 이수아에 있는 나이 38억 년의 퇴적암에는 지르콘(zircon, 풍신자석) 알갱이들이 들어 있다. 준보석인 지르콘은 단단하고 마모에 잘 견디기로 유명하다. 지르콘은 철이나 망간은 적게 포함하고 가벼운 금속이나 규산염은 많이 포함하고 있는 확실한 대륙성 광물이다. 이수아 지르콘에 들어 있는 우라늄과 그 붕괴산물인 납의 비율을 측정하여 알아낸 바에 따르면, 그 지르콘이 결정화된 것은 44억 년 전이다. 그렇다면 최초의 대륙지각이 굳어진 것은 지구 역사의 처음 2억 년 이내가 된다.

가장 오래 된 암석

나이가 40억 년으로 측정된 지르콘 알갱이들이 북아메리카, 오스트레일리아, 남극, 아메리카 대륙의 고대 지층들과 역암에서 발견되었다. 이 증거는 대륙지각의 핵인 크라톤들이 매우 일찍 형성되어 대륙의 성장을 이끌었음을 보여준다. 다른 대륙덩어리들도 같은 시기에 성장하기 시작했을 것이 분명하다. 그러나 발견된 고대 암석은 거의 없다. 풍화, 퇴적, 견고화로 이어진 일관적 과정에 의해 최초 암석들은 재구성되었고, 나중에 덧씌워진 대륙지각 아래 수 킬로미터 깊이에 묻혔다.

크라톤을 이루었던 원형적인 암석은 로렌시아 순상지(Laurentian shield)에 있는 이른바 녹암(greenstone)이다. 녹암은 최근의 빙하작용에 의해 캐나다 북극지역 및 북극 인근 지역에 폭넓게 노출되었다. 녹암은 원시암석보다 젊은 물질들로 재구성된 역암이지만, 오래 된 암석으로는 가장 널리 분포하는 암석이다. 로렌시아 순상지에서와 유사하게 오스트레일리아 대륙에서도 고대 빙하작용에 의해 녹암이 노출되었다. 화강암보다 현무암에 가깝고 시알보다 매픽에 가까운 녹암을 공중에서 내려다보면 마치 시간의 시작을 보는 듯한 감동을 느낄 수 있다.

가장 완벽하게 탐사된 고대 크라톤은 남아프리카 위트워터슬란드(Witwatersland) 지역 기반에 있는 캅발(Kaapwaal) 크라톤이다. 그 지역은 인류가 발견한 금 전체의 절반(4만 톤)을 안겨주었기 때문에 철저하게 발굴되었다. 금은 호철성이다, 즉 철을 좋아한다. 금 광상은 매픽 암석을 이루는 철 및 망간과 관련이 깊다. 1880년대 위트워터슬란드 지역에 골드 러시가 시작된 이래, 캅발 크라톤 위에 놓인 암석—그 암석은 최초 30억 년에 걸쳐 크라톤 위에 형성되었다—은 총 굴착 깊이 12킬로미터에 이를 정도로 철저하게 파헤쳐졌다. 덕분에 우리는 지구의 역사와 생명의 진화를 무료로 볼 수 있게 되었다.

변성된 지층에 포함된 지르콘에 의해 캅발 크라톤이 태고의 크라톤임이 입증되었다. 바군은 피그트리 지역의 후기 캅발 지층에서 가장 오래 된 세포 화석을 발견했다. 그 화석의 나이는 32억 년으로 추정된다. 이후 캅발 지층에서는 2억 년 더 거슬러올라가 34억 년 전에 만들어진 것으로 밝혀진 생명의 증거(탄소-12와 탄소-13의 비대칭적 비율)가 발견되었다. 클라우드는 그것이 그가 캅발 지층에서 추적해온 일련의 생태계들 중 최초의 생태계를 보여주는 증거라고 믿는다. 캅발 지층은 이후 10억 년에 걸쳐 퇴적되었다.

양심적인 관찰자라면, 34억 년 전의 지구가 애처로울 만큼 공허한 바다뿐이라고 고백할 것이다. 얕고 끝이 없는 대양에는 얇은 대기권의 바람에 의해 일어나는 물결조차 드물었다. 물결을 일으키는 주원인은 당시 더 빠르게 자전하던 지구의 하루가 8시간 동안 지나가면서 생기는 밀물과 썰물이었다. 낮게 깔린 황량한 크라톤들은 서로 멀리 외롭게 떨어져 있었다. 대양에는 지각에서 용해되고 기화된 원소들이 들어 있어 수면에 안개가 자욱했다. 대양에는 특히 망간, 철, 황이 많이 포함되어 있었다. 구조판들의 경계에 있는 해저 유황온천과 화산에서 분출된 물이 유입되어 대양의 광물 함유량은 침전물 퇴적에 의한 광물 감소에도 불구하고 일정하게 유지되었다. 대양 바닥이나 육지에서 분출되는 기체로부터 대기에 일산화탄소, 이산화탄소, 그리고 질소가 공급되었다. 대기 속에는 화산에서 아래로 흐르는 기체들, 즉 염화수소와 질산 및 염산도 들어 있었다. 이 기체들은 모두 짙은 수증기 구름 속에 들어 있었다.

대기 중에 가장 적게 들어 있는 원소는 산소였다. 여과 없이 쏟아지는 태양의 고에너지 복사파는 끊임없이 대기 중의 물 분자를 분해하여 자유상태의 산소 원자들을 만들어냈다. 그러나 그 원자들은 즉각적으로 수소와 재결합하거나, 역시 즉각적으로 대기 또는 대양 속에 있는 다른 벌거벗은, 즉 환원된 원소들과 결합했다. 산소는 이렇게 매우 신속하게 사라졌기 때문에, 대기 속에 남아 있는 산소의 양은 오늘날 대기에 있는 양의 10^{-14}배를 넘지 못했다. 이후 30억 년의 진화를 통해 현재의 대기를 만든 것은 살아 있는 생물들의 조직이다. 현재의 대기 전체의 21퍼센트를 차지하는 산소는 생명에 의해 만들어졌다.

지구의 어느 지점에서 생명이 시작되었는지는 아마도 영원히 밝혀질 수 없을 것이다. 생명이 언제 시작되었는지도 불확실하게 남을 것이다. 이수아 지층과 캅발 지층은 대략적인 생명의 흔적을 지니고 있는 가장 오래 된 지층이다. 에너지원인 태양과 떨어지는 운석들은 대기에 작용했을 뿐만 아니라 대양에도 작용해서 물 속에 수많은 비생물적 유기 화합물을 생성시켰을 것이다. 크라톤 경계에 얕게 고인 물에서는 증발이 일어나 유기 화합물 농도가 더 높아졌을 것이다. 공통조상보다 앞서는 원초 유기체가 여러 지점에서 자라날 수 있었을 것이다.

오늘날 대서양 중앙 해령과 동태평양 융기지역을 따라 분포된 '검은 연기를 뿜는' 유황온천에서 번성하는 생태계들은 생명이 시작되었을 가능성이 있는 또 다른 지점을 시사한다. 그 군집들 속에는 진핵생물들—새우, 조개, 환형벌레(tubeworm) 등—이 풍부하게 들어 있다. 태양빛이 전혀 닿지 않는 그곳의 진행생물들은 부분적으로 생물들의 잔해와 위쪽 바다에서 물에 용해된 산소에 의존해서 생명을 유지한다. 그들은 또한 화학적 독립영양 박테리아에 의존하기도 한다. 그 박테리아가 식물의 역할을 담당한다고 할 수 있다. 생명이 시작될 무렵 그런 박테리아들이 대양저에 번성했을지도 모른다. 그러나 그들의 흔적은 대양지각의 순환 때문에 모두 사라졌다. 과거에 그런 박테리아가 있었음을 지지하는 유일한 논증은, 오늘날 그런 박테리아들에 의존해서 살아가는 진핵생물 군집들이 있다는 사실이다.

하늘에서 내린 양식

언제 어디서 생명이 시작되었든지, 최초의 생명은 국지적 생태계에 국한되어 있었을 것이 분명하다. 고대 여러 시기에 형성된 캅발 지층들에서 나타나는 탄소 동위원소 비율 변화는 생명체의 수가 점점 증가했음을 말해준다. 당대에 팽배한 믿음에 따라 클라우드는 최초 생태계가 종속영양 생물로 이루어졌을 것이라고 추측했다. 그 생물들은 이미 완성된 유기 화합물들을 자양분으로 섭취했을 것이다. 생명 자체도 그들의 자양분이 된 유기 화합물 속에서 기원했을 것이다. 최초 생태계의 생명은, 무산소 시원세균 형태의 독립영양 생물이 탄생함으로써—이때 비로소 생명이 시작된 것은 아닐지라도—더욱 확대되었을 것이다. 이 화학적 독립영양 박테리아는 자유상태로 있는, 또는 황과 결합하여 황화수소를 이룬 수소로부터 전자들을 포획하여, ADP를 ATP로 만드는 에너지 소모 인산화 과정을 수행한다. 세번째 인산기에 저장된 에너지는 탄소를 결합시켜 기초적인 유기 화합물인 포도당(CH_2O)을 만드는 데 사용된다. 이를 통해 화학적 독립영양 박테리아는 무산소 발효 대사작용을 유지할 수 있다. 이 비효율적인 과정에서 파생되는 산물들은 종속영양 생물들의 군집을 번성시킨 기반이 되었을 것이다.

나이가 3.35×10^9년으로 측정된 지층에서는 탄소-12의 비율이 더 떨어진다. 클라우드는 이 지층에서 두번째 캅발 생태계의 출현을 본다. 이 시기에 이르러 일부 화학적 독립영양 생물들은 영양분을 산출하기 위해 태양빛을 이용하기 시작했다. 살아 있는 화석들로부터 추론한 바에 따르면, 이 새로운 독립영양 생물들은 엽록소 *a*를 가지고 있었던 것으로 보인다. 이들은 황화수소에서 얻은 수소로 탄소를 환원시키는 화학적 독립영양 대사과정을, 엽록소 *a*를 통해 포획한 태양빛 에너지를 이용하여 더욱 촉진시켰을 것이다. 더 빨라진 대사작용에서 나오는 부산물을 이용해서 이들은 태양빛을 생태계의 지원자로 만들었다.

산소 위기

칸발 크라톤에 제3생태계가 등장했다는 것을 클라우드는 지층에 최초로 나타난 철띠층을 지표로 판정했다. 이 지층구조를 이루는 산화철에 포획된 활성산소는 오직 산소 비순환 광계 II 광합성의 부산물일 수 밖에 없다. 이 새로운 광합성을 시작한 참된 광독립 영양생물들은, 오늘날 그들의 후손들이 산소가 부족한 상황에서 황화수소를 이용할 수 있는 것과 마찬가지로, 공기 중의 이산화탄소로부터 탄소를 환원하기 위해 황화수소 대신에 황화수소로부터 수소를 포획할 수 있었다. 그들은 물 위에서든 공기 중에서든 지구 상의 모든 곳에서 살 수 있었다. 국지적 생태계로부터 그들이 공급받아야 하는 것은, 그들이 환경 속의 유기 화합물로부터 직접 포획할 수 없는 극소량의 필수 원소들뿐이었다.

클라우드는 철띠층을 '지질학자들의 DNA'라 칭했다. 철띠층은 시생대 말기 이전에, 즉 25억 년 전 이전에 퇴적된 전세계의 암석에서 나타나기 시작한다. 칸발 지층에서 철띠층이 등장한 것은 대략 33억 년 전이다. 이 놀라운 발전은 칸발 크라톤에 생명이 최초로 등장한 이후 불과 1억 년 만에 이루어졌다. 지층에서는 간신히 식별할 수 있는 수준인 이 기간이, 자기를 유지하고 상호 협동하는 생명 공동체의 시작을 이룬다. 이후 생명 공동체는 지구 표면 전체를 새롭게 바꾸었다. 칸발 철띠층보다 더 오래된 철띠층은 이수아에서 발견된 것이 유일하다.

자유로운 활성산소를 주변에 방출하는 최초 광합성 박테리아는 주위에 사는 모든 생명체들을 위협했다. 현재 생존하는 모든 일반적 생물들은 내적인 효소 방어체계를 통해 독성이 강한 활성산소로부터 자신을 보호한다. 모든 세포에 갖추어져 있는 이 방어체계에 의해 활성산소는 즉각적으로 속박된다.

산소 광합성이 시작되었을 당시의 원초적 생물에게는 활성산소로부터 자신을 보호하는 방어체계가 없었다. 그러나 맨틀 암석으로부터 기화되어 대양 속 물과 퇴적물에 풍부하게 축적되어 있던 미세한 철가루에 의해 보호가 이루어졌다. 산소 원자는 철과 결합하여 산화철을 이루었고, 이를 통해 생명을 위협하는 독성은 제거되었다.

산소 방출 광합성 생물의 수가 주기적으로 감소한 것은, 국지적인 물에 공급되는 철이 주기적으로 소진되었기 때문일 것이다. 계절의 순환에 의해 저층수가 솟아올라 철 공급량을 회복시키면, 광합성 생물의 수는 다시 증가했다. 철 공급이 회복되기 전까지, 산소 방출 생물들은, 오늘날 그들의 후손이 그러는 것처럼, 무산소 광합성으로 대사체계를 바꾸었다(326쪽 참조). 이런 주기적 변화 때문에 철띠층은 여러 겹의 얇은 층으로 나타난다.

오늘날 세계 전역에서 발견되는 철띠층들은 산소 광합성이라는 새로운 에너지 산출방식이 성공적이었음을 증명할 뿐만 아니라, 당시 물 속에 풍부한 철이 있었다는 것과, 생명이 산소로부터 자신을 보호하는 능력을 갖추기까지 오랜 시간이 걸렸다는 것도 말해준다. 산업혁명 이후 채굴된 모든 철은 대륙들에 33억 년 전 이후 쌓이기 시작한 철띠층의 최상부에 불과하다. 철은 10^{14}톤이라는 엄청난 매장량으로, 캅발 크라톤, 오스트레일리아 내륙의 헤이즐리 및 납베루 분지, 브라질 상파울루 주, 캐나다 동부, 그리고 우크라이나에 묻혀 있다. 산업혁명 이후 지금까지 채굴된 10^{9}톤의 철은 미국 슈피리어 호 부근과 캐나다와 서유럽처럼 주로 접근하기 쉬운 위치에 매장되어 있던 것들이다.

산소의 위협에 대항해서 오늘날 생명이 보편적으로 사용하는 효소 방어체계를 개발한 것은 원시적인 박테리아성 조류(남조류)였다. 곧이어 여러 계통의 생명체들이 그 체계를 개량했다. 이들은 산소 광합성 작용의 산물을 처리하는 대사작용에 산소를 이용하는 방식으로, 산소 광합성의 부산물인 산소를 소진시켰다. 이런 초기 대사 회로는 물론 크렙스 회로(315쪽 참조)보다 효율이 낮았을 것이 분명하다. 그러나 산소 대사작용의 효율이 점차 향상되었다는 사실을 시생대 말기 1억 년 동안 만들어진 생명의 흔적을 통해 전세계에서 확인할 수 있다. 그 흔적은 시아노박테리아의 흔적이다. 시아노박테리아는 모든 대륙에서 가시적인 규모의 화석인 스트로마톨라이트로 나타난다. 만일 바군의 피그트리 화석 연대의 측정이 옳다면, 캅발 크라톤의 시아노박테리아는 무려 32억 년 전에 등장한 것 같다. 그렇다면 클라우드가 말하는 제4생태계의 출현도 같은 시기로 간주되어야 한다.

시생대 끝무렵 클라우드의 제4생태계는 지구를 최초의 생명권으로 둘러싸고 있었다. 마걸리스의 판단에 따르면, 그때는 원핵생물들이 오늘날 행하는 다양한 대사작용들을 모두 갖춘 상태였다. 적절한 시간과 장소에서 무작위한 변이가 일어나 박테리아들은 새로운 재료들을 대사작용에 수용할 수 있게 되었다. 박테리아는 암석권에 있는 모든 원소를 포획하여 유기 화합물을 만든다. 그 원소들은 오늘날 진핵생물의 생명활동에 기여하고 있다. 뼈에 있는 칼슘, 효소에 있는 구리, 헤모글로빈에 있는 철, 엽록소에 있는 마그네슘, 전해질 용액 속의 칼륨, 나트륨, 리튬 등을 예로 들 수 있다. 또한 다른 역할을 하는 극소량의 기타 원소들도 박테리아에 의해 처음 포획된 것들이다. 시아노박테리아는 대양저와 대양의 물 속에 번창하고 육지의 담수를 그들의 번식에 적합하도록 만듦으로써 물과 공기와 흙을 순환시켰다. 이들이 하는 순환작용은 지금도 여전히 계속되고 있다.

최초의 지구적 생태계

원핵생물이 이룬 생화학적 혁신은 산소 광합성 산물의 산소 대사에서 절정에 이르렀다. 이 최고의 혁신을 통해 원핵생물들은 대기를 변화시키기 시작했다. 처음에는 현재 대기 속 산소 농도의 10^{-14}배에 불과했던 산소 농도가 시생대 말에는 10^{-3}배로 높아졌다. 산소 농도가 무려 십진수 자리 수로 열한 자리나 높아진 것이다. 이후 10억 년 동안 세상을 지배한 생물은 시아노박테리아이다. 세상을 지배했다고 말할 수 있는 생물들 중에 이토록 오랫동안 지배력을 발휘한 생물은 없다. 다른 생물의 지배기간은 시아노박테리아보다 수억 년 이상 짧다. 공룡의 시대가 있었다면 시아노박테리아의 시대도 있었다. 원생대(Proterozoic)는 시아노박테리아의 시대였다.

40억 년에 달하는 현생이언 이전 시대, 즉 선캄브리아 시대를 시생대와 원생대로 양분한 것은 원래 자의적인 구분이었지만, 실제로 그 구분은 지구 역사의 한 전환점을 나타낸다. 시생대가 진행되는 동안 지구는 점점 식었고, 대류세포의 움직임에 의해 깊은 맨틀 암석에서 추출된 가벼운 원소들이 상부 맨틀로 올라왔다. 그 원소들은 열을 방출하는 상호반응을 일으켜 거대한 마그마로 융해되었다. 크라톤이 보온덮개 역할을 했으므로, 마그마는 크라톤이 있는 자리를 택해 그 밑에 자리잡았다. 시생대 말기 수억 년 동안 화산분출 및 거대한 심성용출이 일어나 태고의 매픽 현무암 속으로 또는 위로 '새로운' 시알 화강암이 덮였다. 원생대는 현재 대륙지각의 60퍼센트에 해당하는 커다란 대륙지각을 갖춘 상태로 시작되었다. 이후 아마도 2억 년 동안 대륙지각의 성장에 휴지기가 있었던 것으로 보인다. 그후 또 한 번 급격한 심성용출 활동이 일어났고, 2억 5000만 년에 걸쳐 대륙지각의 크기가 거의 50퍼센트 성장하여 현재 크기의 85퍼센트에 도달했다.

판구조의 시작

시생대에 일어난 대륙지각의 분출로 인해 크라톤을 핵으로 하는 땅덩어리는 대륙에 견줄 만한 크기가 되었다. 땅덩어리들은 충분히 커서 열의 방출을 막고 밑에 있는 맨틀 대류세포들을 상승시킬 수 있었다. 이어서 판구조의 순환이 시작되어 이후 끊임없이 세계지도를 재편해왔다. 맨틀 순환은 시생대의 더 이른 시기에도 크라톤들을 움직였다. 캅발 크라톤 암석에 있는 시계와 나침반을 통해 알아낸 바에 의하면, 그 크라톤은 최초의 생태계들이 교체되는 동안 북위 72도와 적도 사이를 불규칙적으로 움직였고, 약 30억년 전에는 다시 북위 30도로 올라갔다가 원생대가 시작될 때에는 적도로 돌아왔다.

판구조 이론의 발전 초기에 토론토 대학의 윌슨(J. T. Wilson)은 올바른 주장을 했다. 그는 열이 커다란 대륙 중앙 밑에, 특히 초대륙 밑에 축적될 수밖에 없음을 깨달았다. 초대륙 중앙에 축적된 열을 인근 대양 중앙의 균열로 방출시키는 대류세포 운동이 일어나기에는 대양 중앙이 너무 멀었을 것이다. 따라서 초대륙 중앙 밑의 열 기울기에 의해 운동하기 시작한 대류 세포들은 아래쪽으로가 아니라 위쪽으로 운동했을 것이다. 대류 세포들은 이어서 양 방향으로 감기면서 결국 지각에 균열을 만들고 오랜 시간이 지나면서 대륙을 분할시켰을 것이다. 분할된 조각들 사이의 대양이 점점 넓어지면, 조각들은 다른 대륙지각과 충돌할 것이다. 시간이 충분히 흐르면 조각들이 다시 새로운 초대륙으로 모일 것이라고 윌슨은 예측했다. 윌슨이 주장한 순환과정은 오늘날 여러 시대에 존재했던 수많은 대륙들의 결합과 분열의 증거에 의해 입증되었다. 최소한 최근 10억 년 대부분 동안 존재했던 땅덩어리 전체를 사실상 포괄하는 두 초대륙의 움직임이 윌슨의 주장을 입증한다.

어느 위도에 있는 땅덩어리이든 상관없이, 땅덩어리 주변의 얕은 바다가 크게 확장됨에 따라 생명이 번성할 수 있는 환경도 크게 늘어났다. 시아노박테리아 화석인 스트로마톨라이트는 모든 대륙의 암석에서 점점 더 풍부하게 발견된다.

이 시기의 진화는 느리게 진행되었다. 원핵생물들의 다양한 생화학적 능력은 시생대에 이미 완성되었다. 기나긴 원생대 내내 원핵생물들은 크기도 구조도 발전시키지 않았다. 원핵생물들은 열매처럼 둥근 모양이나 바늘처럼 길쭉한 모양을 지닌 것이 전부였고, 그나마 불규칙적인 모양을 가진 스피로헤타가 최소한의 다양성에 기여하는 정도였다. 각각의 국지적 공동체에 속한 원핵생물들은 각자의 유전적 능력들을 조화롭게 모아 상호협력했다.

소네아는 이렇게 주장했다.

"하나의 박테리아는 단세포 생물이 아니라 불완전한 세포이다."

이 주장에 따르면, '완전한 세포'는 박테리아 공동체일 것이다. 공동체 속의 박테리아 각각은 국지적 환경 속에 자리잡은 채 자신의 대사작용 산물로 공동체에 기여하고, 역으로 공동체가 자신의 생존을 위해 제공하는 것들을 누린다. 한 마디로 말해서 박테리아 공동체는 융합체(chimera)이다. 국지적인 융합체를 위해서 암석권 분해자는 칼슘, 칼륨, 나트륨, 규소 등의 필수 원소들과 그 밖에 극소량이 필요한 원소들을 추출한다. 광합성 담당자는 유기분자들을 공급한다. 필수원소들이 부족할 경우 구성원들은 엄청난 양의 필수원소를 부족한 곳에 집중시킨다. 실제로 원핵생물들이 망간과 철을 인근 환경에 있는 것보다 망간은 120만 배, 철은 65만 배 높은 농도로 집중시킨 것이 관찰되었다.

원핵생물들은 그들의 몸을 이루거나 대사작용에 관여하는 원소들의 순환속도를 최대치로 끌어올렸다. 어느 곳에서든 생물들의 군집 농도는 결국 국지적인 환경이 공급하는 물질에 의해 제한되었다. 생물로 포화된 환경은 자연선택의 압력을 가했다. 원핵생물들은 상호간에 매우 쉽게 이루어지는 유전자 교환을 통해 그 압력을 피해나갔다. 원핵생물의 종분화는 불확실할 뿐만 아니라 변화무쌍하기도 하다(337쪽 참조). 쉽게 변화하고 적응력이 강한 원핵생물들의 융합 초유기체는 대양 전체에 번성하여, 지구에 존재하는 것들 중 가장 수가 많은 존재가 되었다.

어디에나 번성하는 시아노박테리아는 태양 에너지를 다스리면서 햇빛과 공기와 물이 있는 곳이라면 어느 곳에서든 국지적 생태계에 탄소 화합물을 안정적으로 공급했다. 한편 시아노박테리아들은 유전자 교환을 통해 국지적 환경에 전문적으로 적응된 생화학적 능력들을 획득하기도 했다. 그 능력들의 다양성은 오늘날까지도 시아노박테리아가 '최고의 생태학적 만능 재주꾼'이라는 명예로운 호칭을 받을 충분한 이유가 된다. 이 명예로운 호칭은 쇼프와 동료들이 쓴 포괄적인 내용의 저술 『지구의 최초 생명권』에서 시아노박테리아에게 부여되었다.

> 시아노박테리아를 근절하기는 극도로 어렵다. (……) 노스톡 코무네(*Nostoc commune*)는 건조표본으로 107년 동안 보관된 후에도 부활했다. 오실라토리아 프린켑스(*Oscillatoria princeps*), 숩틸리시마(*O. subtillissima*), 미니마(*O. minima*)는 섭씨 영하 269도의 액체 헬륨 속에서도 7.5시간 동안 생존했다. 핵실험 지역에 사는 몇몇 시아노박테리아들은 폭발지점 1킬로미터 이내의 지역에서도, 그 지역의 토양이 핵폭풍으로 완전히 벗겨지지만 않았다면, 살아남는다는 것이 밝혀졌다.
>
> 핵폭발에도 견딘 시아노박테리아들 중 하나는 미크로콜레우스 바기니투스(microcoleus vaginitus)이다. 이 종은 진핵 미소조류(microalgae)에게 치명적인 것보다 100배나 높은 농도의 코발트에 노출시키는 실험에서도 살아남았다.

대기 속의 산소

20억 년 전 대기 속 산소농도는 세계 전역에 있는 시아노박테리아 군집에 의한 공기 및 물의 순환에 의해 이전보다 한 자리 수 더 높아져 현재 농도의 10^{-2}배에 도달했다. 산소농도가 그렇게 높았다는 사실은, 광독립 영양 생물에 의존하는 종속영양 생물의 내적인 효소 방어체계가 그만큼 발전했음을 의미한다. 활성산소는 이제 대양에서 철을 깨끗이 쓸어냈다. 철띠층은 점차 줄어들고, 철이 들어 있는 적색층(red beds)과 철띠층의 이차 산화물들의 퇴적이 많아지기 시작한다. 무산소 원핵생물들은 전면에서 물러나 오늘날 그들이 차지한 구석들로 퇴각했다. 물론 좀더 나중에 진핵생물 숙주의 도움을 받은 일부 무산소 원핵생물들을 제외하고 말이다.

상당히 많은 산소가 대기권 상층에 도달해 지구를 오존층으로 덮기 시작했다. 오존층은 지표면에 닿는 고에너지 복사파의 강도를 감소시켰고, 점점 다양해지는 생물들에게 햇빛이 비치는 지역을 새로운 거주지로 열어주었다. 같은 시기에 대기 중 이산화탄소 농도—이산화탄소는 산화 대사작용의 부산물이다—도 높아져 지구 표면에서 재방출되는 햇빛이 차단되기 시작했다. 또한 태양 에너지를 보존하는 능력도 높아져, 지구 내부에서 나오는 열의 감소를 상쇄시했다.

15억 년 전에 퇴적된 지층에서 발견되는 세포들은 이보다 20억 년 전에 있었던 최초 원핵세포에 비해 훨씬 크다. 이후 3억 년 동안 이 커다란 세포들이 점점 많아진다. 이른바 아크리타크(acritarch, 분류상의 위치가 불분명한 해산 화석 단세포 생물의 하나—옮긴이)가 등장하면서 커다란 세포들은 다양한 모양으로 분화되고 가시 모양의 외골격도 발전시켰다. 12억 년 전에 이르면, 진핵생물이 출현했다는 사실에 의심의 여지가 없어진다. 진화의 속도는 이전 30억 년 동안 원핵생물에 의해 진행된 속도보다 가속되기 시작한다.

제5장에서 이야기했듯이 진화는 지름길을 택하여 진핵생물을 탄생시켰다. 진핵생물은 융합생물이다. 원핵생물들의 공생관계가 발전하여 세포의 융합에까지 이르러 형성된 산물이 진핵생물이다. 종속영양 진핵생물(동물의 세포와 균류)은 두 가지의 상이한 원핵생물이 융합된 해부학적 구조를 지녔다. 독립영양 진핵생물(식물과 조류의 세포)은 세 개의 원핵생물의 융합일 것으로 추정된다. 과거 공생하던 개체 중 하나였다가 진핵세포의 세포 소기관으로 변형된 미토콘드리아는 복잡한 순환과정인 산소호흡을 수행한다. 진핵세포가 필요로 하는 에너지의 양에 비례하는 수만큼 진핵세포 속에 들어 있는 미토콘드리아들이 진핵세포에게 공급하는 에너지는, 같은 수의 산소 호흡 원핵생물들이 산출하는 에너지와 거의 대등하다. 진핵세포는 단일한 세포 속에 구현된 원핵 세포들의 공생관계라 할 수 있다. 진핵세포가 발생할 수 있도록 지구 환경을 매우 훌륭하게 예비한 것 역시 바로 그 공생관계였다.

15억 년 전에 등장한 그 커다란 세포들은 크기만으로도 진핵세포였다고 추측할 수 있다. 핵을 지니고 복잡한 핵의 복제를 제어하기 위한 방추체를 지닌 이 진핵세포들은 유전정보를 획득할 수 있는 무한한 잠재적 가능성을 갖추고 있었다. 이 유기체들로부터 완전히 새로운 생물계 네 가지가 발생했다. 네 가지 새로운 생물계는 조상인 원핵생물과 더불어 생명권을 더 확장하고 다양하게 분화시켰다.

네 가지 새로운 생물계

진핵생물계들은 순식간에 발생했다. 고생물학 개척자들은 캄브리아기 암석에 화석들이 갑자기 나타나는 것을 확인하고 크게 경탄했다. 캄브리아 암석의 나이는 오늘날

대기권과 수권의 순환은 생명권에 의해 크게 촉진된다. 물(H_2O) 속에 있는 산소는 식물 속에서 일어나는 광합성을 통한 포도당(CH_2O) 합성에 수소를 공급하고 대기 속으로 돌아간다(309쪽 참조). 또한 산소는 동물과 식물의 호흡에 의해 이산화탄소(CO_2)가 되어 대기로 돌아간다. 대기권 상부 오존층에서는 산소가 O와 O_3를 거쳐 산소로 되돌아오는 순환이 일어나 고에너지 복사파를 흡수한다. 이를 통해 산소는 아래에 있는 생명권 속의 생명을 보호한다. 대기 속의 산소는 생명활동에 의해 유지되며, 생명이 없으면 급속도로 사라질 것이다. 대기 속 이산

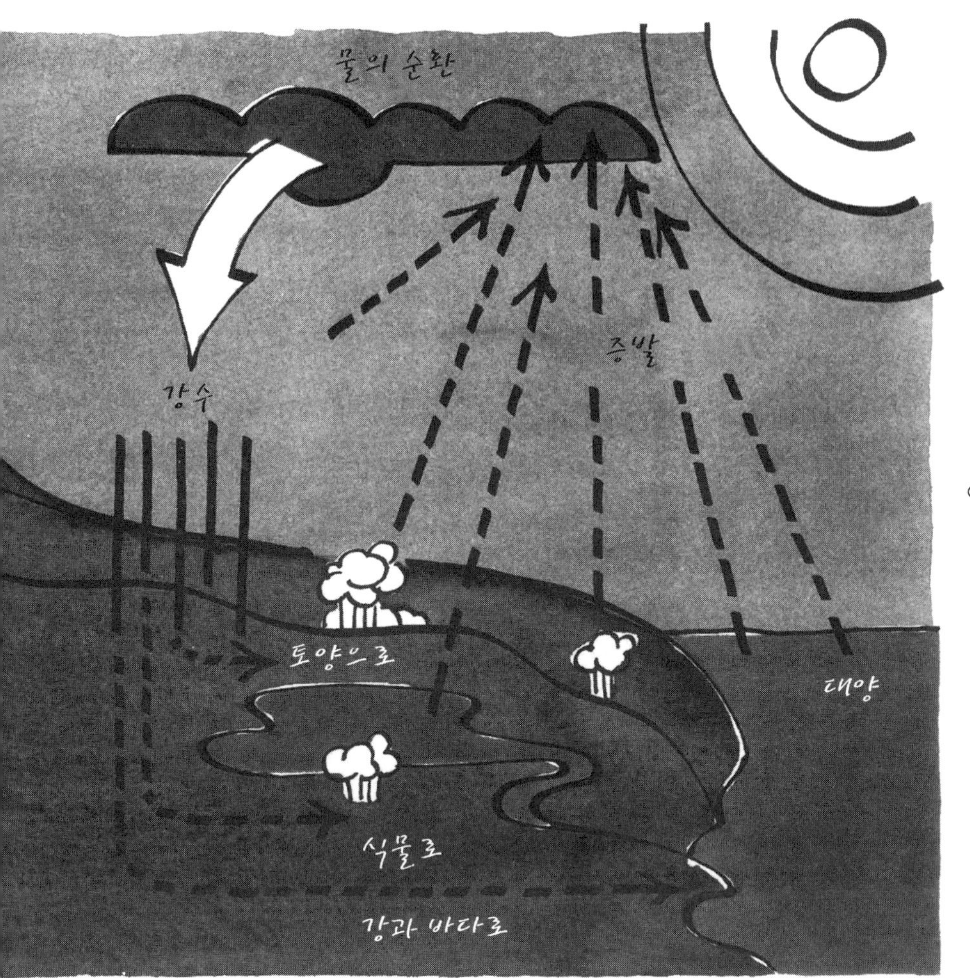

화탄소에 있는 탄소는 광합성을 통해 포도당이 되었다가 호흡에 의해 이산화탄소로 돌아간다. 식물 및 동물 조직의 부패에 의해서도 많은 이산화탄소가 대기 속으로 돌아간다. 인간의 활동은 탄소 순환량을 25퍼센트 증가시켰다. 대양들은 지구에 있는 물의 총량인 15억 세제곱미터 중 97퍼센트를 가지고 있다. 담수 전체의 75퍼센트는 극지방의 얼음과 산 위의 빙하 상태로 묶여 있다. 대기 속에 있는 물의 양은 전체의 0.03퍼센트이다. 태양 에너지는 그 물을 매개로 해서 대양과 육지 사이에서 일어나는 물의 순환을 일으킨다.

5억 7000만 년으로 측정되었다. 개척자들은 캄브리아기 암석보다 더 오래 된 지층들을 한꺼번에 '선캄브리아 시대' 지층으로 명명했다. 선캄브리아 시대는 신비로운 미지의 시대였다. 진핵생물계들의 발생은 오늘날 캄브리아기 암석보다 약 1억 년 앞선 지층에 퇴적된 화석들에서 확인되었다.

생물 전체를 다섯 개의 계로 나누는 분류법에서 원핵생물은 일반적으로 더 익숙한 이름인 박테리아계로 불린다. 다른 어느 계로도 분류되지 않는 진핵생물들—예를 들어 아메바나 말라리아 변형체(plasmodium)—은 원생생물계로 분류된다. 최초 진핵세포로부터 직접적으로 나온 계통으로 동물계와 균계가 있다. 종속영양 생활을 하는 이 두 계는 당연히, 독립영양 생활을 하는 다섯번째 계인 식물계에 의존해서만 존속할 수 있다. 심지어 장소를 가리지 않고 변화무쌍하게 번성하는 시아노박테리아도 식물이 없다면 필요한 엄청난 양의 산소를 확보할 수 없다. 식물은 또한 영양분인 포도당을 풍부하게 공급한다. 포도당은 세포가 호흡을 통해 소비하는 연료이다.

원생생물계에는 아메바처럼 동물로 분류 가능한 것들이나 식물로 분류 가능한 것들도 들어 있다. 또한 원생생물계에는 균류와 유사한 것들도 포함되어 있다. 원생생물계는 잡다한 생물들을 모아놓은 인상을 준다. 원생생물에 대한 지식이 향상되면서 박테리아들의 공생생활에서 획득된 또 다른 종류의 혁신들이 원생생물들 속에 숨어 있으리라는 믿음이 생겨났다. 어떤 원생생물들은 공생하던 원핵생물들이 가장 단단한 원핵생물만 제외하고 다 함께 융합함으로써 만들어졌다. 그 원생생물들이 가진 융합체적 성질은 공생했던 조상이 다수였음을 시사한다. 몇몇 원생생물은 다세포 생물이며 일반인에게도 익숙하다. 바다에 가본 사람이라면 누구나 아는 커다란 해초들이 그런 원생생물이다.

초기 진핵생물들이 다양한 형태로—진드기에서 고래까지—분화할 때까지 진화는 수 차례 결정적인 이행을 겪었다. 그중 하나는 양성생식이었다(336쪽 참조). 양성생식이 시작되기 전에는 유전자 교환이 대부분 무작위적으로 이루어졌다. 상대적으로 단조로운 원핵생물들이 증명하듯이, 무작위 교환의 결과는 균일성을 지향한다. 양성생식은 개별 유기체를 통과하는 유전자들의 흐름을 정해진 창구로 제한한다. 수정란이 생길 때 부모의 유전자가 섞이기 때문에 (수정란 분할로 생긴 쌍동이를 제외하면) 완벽하게 같은 두 자식은 있을 수 없다. 따라서 양성생식의 결과는 다양성을 지향한다. 군집의 관점에서 보면, 양성생식은 환경에 의해 선택된 형질이 유전자 풀(gene pool) 속에 널리 보급되도록 만드는 역할을 한다.

점점 늘어나는 방대한 유전정보를 저장할 염색체를 갖춘 진핵생물은 생화학적 혁신의 새로운 시대를 열었다. 그들은 원핵생물들이 만들지 못하는 분자들을 만들어냈다. 여러 계통의 세포들이 커다란 중합체들을 합성하기 시작했다. 초기에 이루어진 혁신 중 하나는 키틴(chitin)이다. 키틴은 단백질 모체(matrix)에 다당류 사슬이 결합된 구조로 생물의 껍질을 이루는 물질이다. 키틴은 매우 다양한 무척추동물들의 구조를 지탱해준다. 절지동물, 즉 모든 곤충과 거미와 갑각류의 외골격이 키틴으로 되어 있다. 또한 키틴은 달팽이나 대합같은 연체동물과 가리비 같은 완족류의 껍질과 관자(hinge)와 강모를 이루는 물질이다. 균류나 심지어 녹조류의 세포벽에도 키틴이 들어 있다. 이 사실은 키틴이 진핵생물들의 공통 조상이 최초로 합성한 중합체일 가능성이 높음을 시사한다. 바늘 모양의 외골격은 아크리타크의 특징이다. 척추동물에서는 케라틴이 키틴과 거의 같은 역할을 담당한다. 케라틴은 단백질 중합체로 머리카락과 손톱, 발굽과 뿔, 거북 등딱지, 그리고 수염고래의 '고래수염'(whalebone)을 이루는 물질이다.

일부 선구적인 식물(들)은 다당류인 셀룰로오스를 생산하기 시작했다. 얼마 후 등장한 식물들은 리그닌(lignin)을 합성했다. 리그닌은 셀룰로오스 섬유를 접합하여 목질을 만드는 접착제이다. 푸른 나뭇잎이 태양을 향할 수 있도록 받쳐주는 것은 셀룰로오스와 리그닌이다. 이 두 물질은 현재 지구 전체 진핵생물 구성물질 총량의 50퍼센트를 차지한다.

진핵생물이 초기에 이룬 또 하나의 생화학적 혁신은 탄산칼슘과 인산칼슘을 유기분자들 속으로 끌어들인 것이다. 산호초들, 도버 해협의 흰 절벽, 그리고 백악 퇴적층은 그 활동이 원생생물들 사이에서 얼마나 큰 규모로 일어났는지를 증명한다. 이 '생광물화'(biomineralisation) 활동에 의해 최초의 단단한 화석과, 연체동물 및 기타 해양 무척추동물의 껍질과 외골격이 만들어졌다. 훗날 등장한 척추동물의 내골격도 생광물화를 통해 만들어졌다.

이런 생화학적 혁신들 대부분은 진핵세포의 해부학적 특성과 관련해서 핵 다음으로 중요한 결정적인 혁신이 일어남으로써 야기되었을 것이다. 그 혁신은 세포막이다(301쪽 참조). 세포막은 단순한 그릇이 아니라 세포를 외부와 관련시키는 능동적인 기관이다.

최초의 포식자들

원핵생물의 단조로움 속에서 진화가 정체되어 있던 지구에 혁명을 가져온 것은 진핵세포의 막이었다. 막의 유연성은 식세포 작용(phagocytosis)을 통한 영양분 흡수를 가능케 했다. 식세포 작용이란 입자들을 삼키는 것을 말한다. 반면에 대부분의 원핵생물들은 딱딱한 밀랍 같은 껍질에 싸여 있어서 영양분 분자들을 용액상태로만 흡수할 수 있다. 입자 또는 먹이를 만난 세포막은 함입하면서 그 먹이를 세포 내부로 빨아들인다. 진핵세포는 식세포 작용을 통해 살아 있는 원핵생물을 통째로 삼킬 수 있었다. 진핵세포의 막으로 인해 진화의 역사에 잡아먹기(포식)가 등장한 것이다.

포식은 다양성을 만드는 힘이다. 특히 막을 통한 포식은 "처절한 투쟁으로 얼룩진 자연의 질서"가 전혀 아니다. 오히려 자연은 서로 북돋우는 생물 군집들이 함께 만드는 협주곡으로 해석되어야 한다. 물론 인간 중심적인 충동 때문에 이런 생각을 갖기 힘들겠지만 말이다.

고생물학자들은 캄브리아기에 이루어진 다세포 생물의 갑작스런 출현을 "고생물학이 해결하지 못한 최대의 문제"라고 평가했다. 오늘날에는 명백해졌지만, 그 문제 해결의 핵심은 진핵 종속영양 생물이었다. 청-녹 조류를 먹이로 삼은 진핵 종속영양 생물들이 다세포 생물계로 나아가는 길을 열었다. 생명의 역사를 크게 바꾼 이 중요한 발전에 대해 설득력 있는 설명을 제시한 사람은 존스 홉킨스 대학의 스탠리이다.

생태학이라는 새로운 과학의 원리 중 하나는 '거두기'(cropping)—포식을 의미하지만, 좀더 가치 중립적인 함축을 의도한 용어이다—가 생태계에 다양성을 가져온다는 것이다. 관찰된 바에 의하면, 열대우림 지역에 사는 초식동물의 다양성과 식물의 다양성 사이에는 밀접한 관련이 있다. 마지막 빙하작용이 2억 년 전에 있었던 곤드와나랜드 대륙의 오래 된 숲에서는 충분히 긴 시간을 통해 식물 종들과 이들을 포식하는 동물들이 고도로 다양화될 수 있었다. 나무는 어미 곁에서 자라는 경향이 있다. 그러나 한 종류의 나무를 주요 먹이로 특화시키는 초식동물에 의해 그 경향은 억제된다. 관찰에 따르면, 열대우림 지역의 초식동물들은 그들이 먹이로 택한 나무가 넓은 지역에 분산되도록 만든다. 단위면적 안에 있는 나무의 종류가 놀랍도록 다양한 것은 초식동물들 때문이다. 헤베아(Hevea) 고무나무의 원산지는 아마존이지만, 이들을 먹이로 삼는 곤충들과 기생버섯 때문에 아마존에는 더 이상 살고 있지 않다. 마찬가지로 관광 안내자들이 늘 설명하는 바와 같이, 세렝게티 평원이 자랑하는 초식 유제류(발굽이 있는 동물-옮긴이)의 다양성은 이들을 잡아먹는 고양잇과 육식동물—사자, 표범, 치타—의 다양성 덕택이다.

관찰로 밝혀진 이런 관계는 실험으로도 입증된다. 조석으로 생기는 연못에 형성된 생태계에서 주요 육식동물을 제거하면, 초식동물의 다양성이 급격히 감소한다. 포식자의 위협이 사라지면, 가장 성공적으로 번식하는 초식동물이 다른 것들을 밀어내고 전체를 독점한다. 마찬가지로 초식성 성게를 제거하면 그 구역이 우세한 조류 종에 의해 정복된다. 무작위적으로 먹이를 만나는 육식동물과 초식동물은 더 수가 많은 먹이를 더 많이 먹게 되므로, 다수를 차지한 종과 경쟁하는 다른 종들을 위한 생태공간을 열어주는 역할을 한다. 생태계의 이런 순환은 비선형 방정식 형태로 일반법칙을 세울 수 있을 정도로 매우 안정적으로 진행된다.

시아노박테리아들은 그들을 통째로 삼킬 포식자가 없었던 시절에 대양을 정복했다. 박테리아 세계에서 진화를 통해 중요한 변화가 일어나는 데는 수십억 년이 걸렸다. 종속영양 진핵세포와 그 후손인 다세포 생물의 출현 이후 진화는 점점 가속되는 다양화의 길로 접어들었다. 그 다양화가 정점에 이른 그리 멀지 않은 과거에 인간이 탄생했다.

최초의 다세포 생물

우리에게 알려진 지층 속에 남은 다세포 생물의 흔적은 어쩌면 7억 년 전에 형성된 것인지도 모른다. 그 시기는 선캄브리아 시대의 마지막 1억 3000만 년 기간 중이었으며, 화석이 만들어진 곳은 로렌시아 초대륙 서쪽 해안이었다. 그 지층들은 캐나다 북서부 북극권 바로 아래의 매켄지 산맥으로 융기했다. 1980년대 매켄지 산맥에서 발굴되어 캐나다 지질학자들에 의해 연구된 화석들은 전체 깊이 2.5킬로미터에 달하는 여러 지층들에 들어 있다. 화석들은 7억 년 전 이후 1억 년 동안 그곳의 동물군이 어떻게 진화했는지를 풍부하게 보여준다.

매켄지에서 발견된 생물 형태들, 특히 후기의 생물 형태들은 대서양의 슈피첸베르겐(Spitzenbergen)에서 오스트레일리아까지 전세계 25곳에서 발견되었다. 그 생물 형태들은 1949년 오스트레일리아 에디아카라 지역에서 처음 발견되었기 때문에 에디아카라 동물군(Ediacara fauna)이라 명명되었다.

암석에 남은 또다른 흔적은 다세포 생물의 출현에 뒤지지 않는 놀라운 사실을 말해준다. 그 증거는 지구의 환경이 생명의 출현 이후 가장 열악한 시기를 거쳤음을 보여준다. 어느 곳에서나 에디아카라 동물군 화석이 담긴 지층 밑에는 전세계적인 빙하작용의 흔적이 있다. 슈피첸베르겐 화석 발견지역의 명칭을 따라 그 빙하작용이 있던 시기는 바랑거(Varanger) 빙하시대라 명명되었다.

지구가 경험한 가장 긴 겨울

콩고 크라톤에 남아 있는 흔적을 근거로 이루어진 바랑거 빙하시대의 여파에 관한 최근의 연구를 통해서 그 시대가 지구의 가장 긴 겨울이었음이 밝혀졌다. 중위도 지역의 대양에도 얼음덩어리가 떠다녔다. 같은 지역의 대륙 가장자리에 있는 빙하는, 오늘날 남극 동부의 빙하가 그러하듯이, 바다 밑에까지 닿았다. 지구는 거대한 '눈덩이'였다.

매켄지 지층의 경우 이 빙하시대의 흔적이, 최초의 화석들이 들어 있는 7억 년 나이의 지층 위에 놓여 있다. 7억 년 전의 지층 아래에는 더 과거에 있었던 전세계적인 빙하작용의 흔적이 있다.

이런 빙하작용들의 증거가 수집되는 중이었던 1950년대에 고지자기학이 개발되어 원생대 후기에 있었던 땅덩어리들의 움직임이 밝혀지기 시작했다. 암석 속에 들어 있는 시계와 나침반은 10억년 전 지구 위의 모든 땅덩어리들이 단일한 초대륙으로 모여 있었음을 말해주었다. 로렌시아를 중심으로 했던 그 로디아 초대륙(Rodian supercontinent)은 적도를 가로질러 놓여 있었다. 당시 북반구에 있었던 남극 크라톤은 로렌시아 서쪽 가장자리에 붙어 있었다. 로렌시아 서쪽 가장자리는 남극 크라톤이 떨어져 나가고 남극과 로렌시아 사이에 대양이 열리면서 로렌시아 서쪽 해안이 되었다. 오늘날 내륙 깊숙이 로키 산맥의 일부인 매켄지 산맥에 높이 치솟아 있는 화석 함유 지층들은 당시 그 서쪽 해안에 퇴적되었다(388, 389쪽 그림 참조).

초대륙이 분할되면서 기나긴 빙하시대가 시작되었다. 빙하작용과 해빙작용이 수백만년 동안 번갈아 반복되었고, 마지막으로 아주 길고 혹독한 빙하작용들이 있었다. 다세포 생물이 출현한 시기는 그 마지막 빙하작용들의 시기와 일치한다. 암석 속에 있는 시계와 나침반이 알려주는 바에 따르면, 그 모든 기간 내내 주요 땅덩어리들은 중위도 지역에서 움직였다. 이제 지질학자들은 다음과 같은 수수께끼를 풀어야 한다. 적도로부터 남북으로 30도 이내의 위치에 있는 대륙들이 어떻게 빙하로 뒤덮일 수 있었을까? 해답은 생물학과 지구물리학으로부터 얻을 수 있다. 그 해답은, 지구 위의 생명이 얼마나 필수적으로 지구 위의 생명의 존재에 의존해서 생존하는지를 다시 한 번 보여준다. 케임브리지 대학의 하랜드(W. B. Harland)는 증거들이 수집되기 시작한 시기인 1964년에 해답을 제안했다. 1992년 커시빙크(J. L. Kirschvink)는 하랜드의 제안을 보강한 해답을 제시했고, 그 해답은 현재 증거들에 의해 입증되었다.

태양의 복사파는 주로 중위도 지역의 대양에 있는 물에 흡수되어 지구를 데운다. 원생대 후기의 빙하시대 동안 중위도 지역에는 열을 흡수하는 물 대신 열을 반사하고 거부하는 땅덩어리들이 놓여 있었다. 이 때문에 지구의 온도가 낮아졌다. 역설적이지만 생명의 번성도 지구의 온도를 낮추는 역할을 했다. 초대륙의 분열로 해안의 길이가 지속적으로 증가했다. 이는 생명이 자리잡을 수 있는 지역이 확장된다는 것을 의미한다. 생물들의 광합성을 통해 대기로부터 흡수되는 이상화탄소—흡수된 탄소는 생태계를 통과한 후 바다 밑에 쌓인다—의 양이 화산들로부터 대기로 공급되는 이산화탄소의 양을 초과했다. 이산화탄소 온실은 파괴되었고, 지구의 온도는 적도에서조차 영하로 떨어졌다. 지표면에 눈이 쌓이기 시작하자 지구의 알베도(albedo), 즉 태양광선 반사율이 높아졌다. 알베도가 높아지면서 지구의 온도는 더 내려가고, 온도가 더 내려가면서 알베도가 더 높아지는 가산적 되먹임 순환이 계속되었다. 빙하가 전세계로 뻗어나갔다.

생명이 거의 근절된 상태에서 초대륙 분열에 수반된 화산활동에 의해 이산화탄소 온실이 복원되었다. 얼음이 녹아들어갔다. 이어서 다시 빙하작용이 시작되는 순환이 반복되었다.

추론을 통해 구성한 이러한 사건전개는 콩고 크라톤에 노출된 마지막 빙하작용들의 기록을 통해 멋지게 입증되었다. 1998년 하버드 대학의 호프만과 동료들은 커시빙크가 구성한 사건 전개를, 특히 두번째 빙하작용과 관련해서 재구성했다. 그들이 주요단서로 삼은 것은 퇴적암의 탄소 동위원소 함유비율이었다.

빙하작용 이전의 기간에는 생명이 번창했음을 탄소 동위원소 비율을 통해 알 수 있다. 유기 화합물에 포획된 탄소의 양이 바다 밑에 퇴적된 양의 절반에 이를 정도였다.

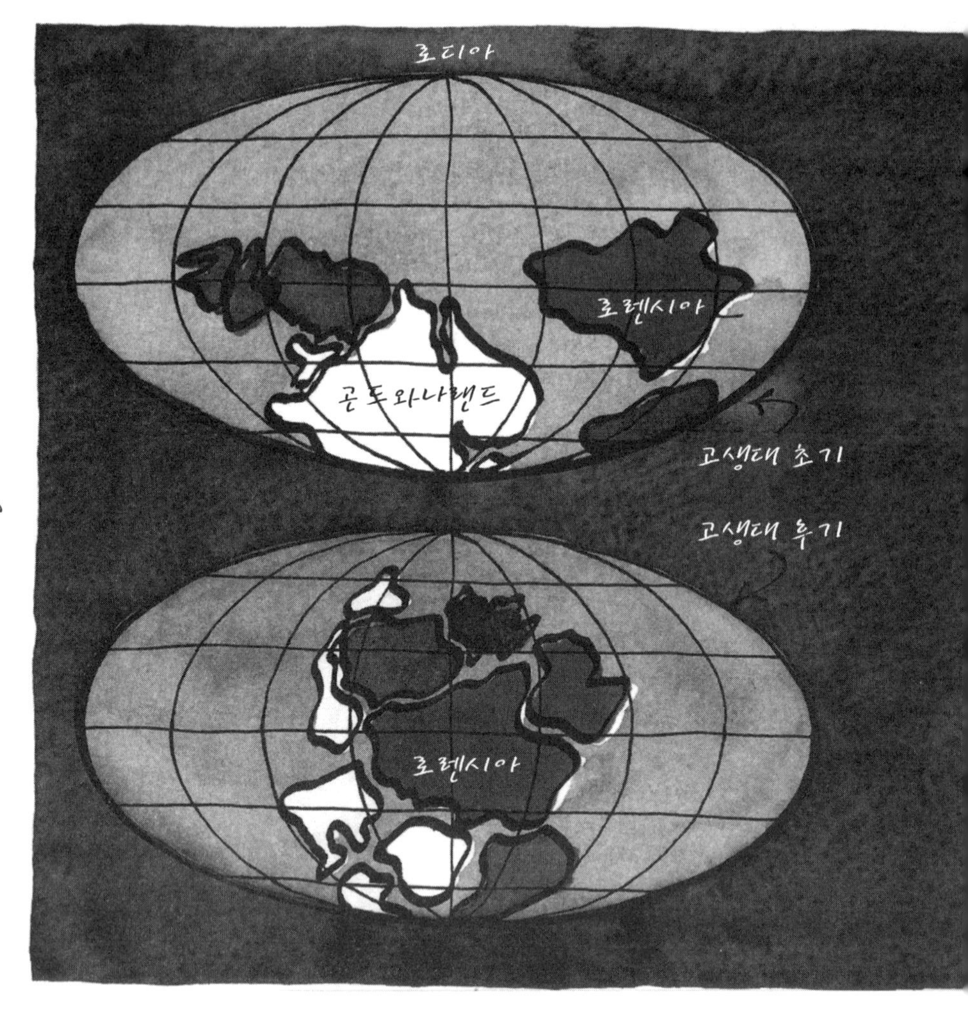

8억 년 전의 초대륙들과 2억 년 전의 초대륙들에서 생명 진화에서 결정적인 발전들이 이루어졌다. 더 과거에 있었던 초대륙을 일부 학자들은 로디아 초대륙이라 부른다. 로디아 초대륙 안에서, 남아메리카, 아프리카, 인도, 오스트레일리아 대륙으로 성장한 원초적인 핵들, 즉 크라톤들이 처음으로 모여 곤드와나랜드를 이루었다. 지구가 맞은 최초의 빙하기에 남극 지역에는 빙하작용이 있었지만, 당시 로렌시아 북서 해안에 있었던 남극 크라톤은 빙하작용을 겪지 않았다. 오늘날 캐나다 로키 산맥 일부인 매켄지 지층이 된 그 해안에 최초의 다세포 생

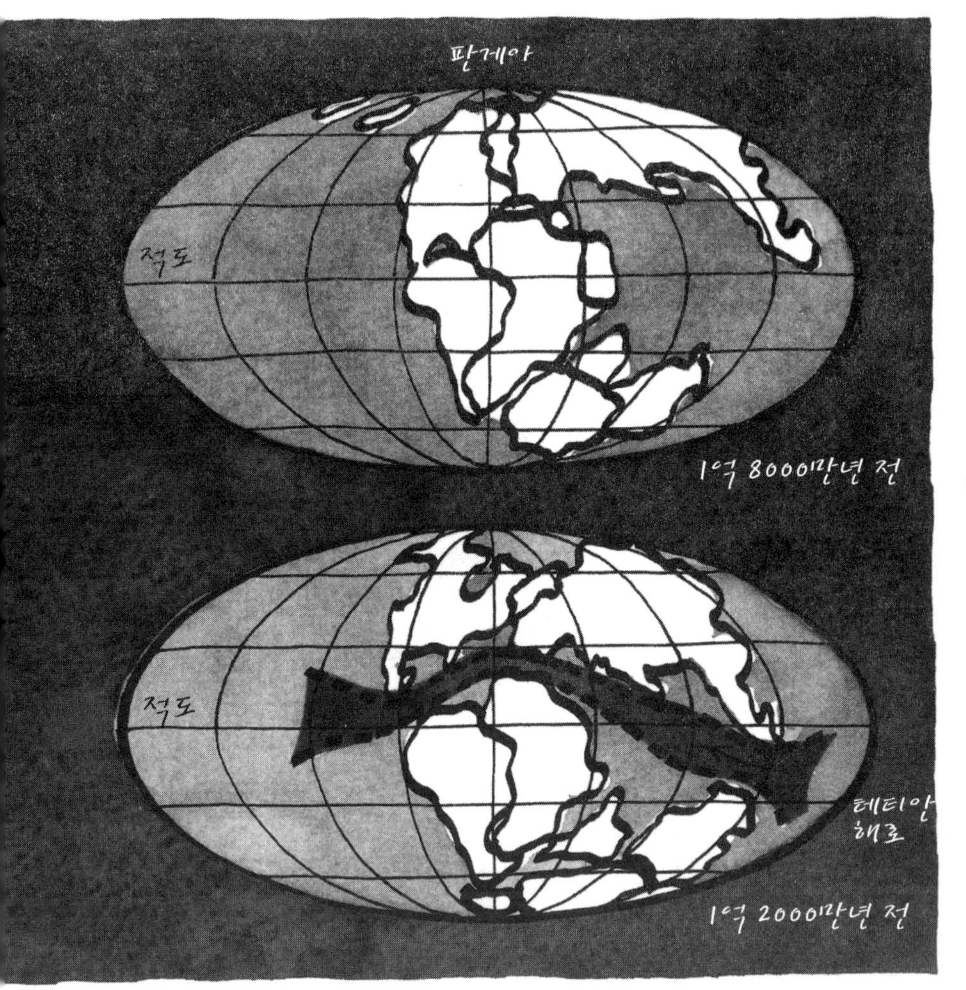

물들의 화석이 7억 년 전에 퇴적되었다. 그 최초 다세포 생물들로부터 동물과 식물과 균류가 발생했다(391쪽 참조). 판게아에서는 현재의 대륙들을 식별할 수 있다. 전성기 파충류와 포유류보다 앞서는 테랍시드가 하나로 이어진 대륙을 점유했다. 테랍시드는 다양하게 분화되어 북극에서 남극까지 그리고 세계를 둘러싼 대양 판탈라사 양안에 이르기까지 모든 생태계로 침투했다. 공룡은 판게아의 분리로 생긴 열대지역의 테티안 해로에서 번성했다(401쪽 참조).

이렇게 높던 비율은 빙하작용이 있기 직전에 급격히 떨어진다. 비율 감소는 대단히 급격해서 최소한 국지적으로는 생명활동이 완전히 사라졌다는 결론을 내릴 수밖에 없다. 원생대 이후 그 어떤 지층도 그렇게 낮은 유기적 탄소 퇴적률을 나타내지 않는다. 유기적 탄소 함유 비율이 격감한 것에 병행해서 대륙침식에 의한 퇴적도 격감하는데, 이는 수권의 순환이 끊어졌음을, 즉 날씨의 순환이 사라졌음을 의미한다. 수증기는 얼어버렸고, 대기 속에는 수증기가 사라졌다.

매켄지 지층에는 지구가 원생대 초기로 되돌아갔음을 보여주는 특별한 증거가 있다. 그 증거는 철띠층이다. 거의 20억 년 만에 다시 철띠층이 퇴적된 것이다.

다시 콩고 크라톤 지층을 살펴보자. 생명활동의 격감을 의미하는 지층 바로 위에 놓인 층들은 빙하작용에 의해 침식되고 빙하가 녹을 때 퇴적된 돌조각을 비롯한 여러 잔해들을 담고 있다. 그 위에 놓인 층들, 즉 빙하 이후 두번째 퇴적층은 무기 탄소로 두껍게 덮여 있다. 그 탄산염 '관석'(capstone)은 갑자기 이산화탄소 온실이 복원되었음을 시사한다. 생명이 여전히 감소 추세에 있는 상태에서, 맨틀로부터 화산을 통해 뿜어진 탄소들이 그대로 바다 밑에 퇴적되었다. 탄소 퇴적은 수권의 복원과 대륙침식으로 더욱 가속되었다. 맨틀이 공급한 탄소는 전세계의 식물이 5미터 두께의 탄산염으로 덮일 만큼 충분히 많았다. 이 무기 탄소층 위에서부터 탄소 동위원소 비율이 다시 천천히, 살아 있는 세포를 거친 유기 탄소 쪽으로 기울어진다.

최선의 추정에 의하면 이런 빙하작용들은 900만 년 동안 지속되었다. 이 기간 동안 원핵생물이 계속 살아 있었다는 사실을 설명하는 것은 아마도 어렵지 않을 것이다. 진핵생물들은 어딘가 따스한 피난처를 발견한 것이 분명하다. 화산과 판 구조 활동으로 인해 열이 공급된 대륙의 해안이 그런 피난처였을 것으로 추측된다.

물러나는 원핵생물

매켄지 지층에 남은 기록은 퀴비에의 과학적 천재지변설을 지지하는 듯이 보일 수도 있다(354쪽 참조). 실제로 그 지층 기록은 생명체 형태의 다양성이 갑작스럽게 증가한 것에 대해—'거두기'에 의한 다양성 증가 외에도—또 하나의 생태학적인 설명을 제공한다. 900만 년 동안의 결빙에 의해 시아노박테리아의 대양 독점이 사라졌다. 얼음이 녹기 시작한 지구는 살아남은 여러 동물들에게 평등한 놀이터와 같았을 것이다. 놀이터를 독점하려는 생물은 진핵 종속영양 포식자들에 의해 궁지에 몰렸다. 빈 터가 된 보금자리들은 새로운 진핵 독립영양 생물들, 즉 식물계의 선두주자인 녹조류를 환영했다.

매켄지 지층에서 발견된 화석들이 존재할 수 있었던 것은 흔치 않은 지질학적 사건에 의해 부드러운 조직의 흔적이 보존되었기 때문이다. 당시의 생물은 단단한 화석을 남길 수 없었다. 캄브리아 지층의 아랫부분을 특징짓는 해양 무척추동물의 껍질이 생광물화를 통해 만들어지려면 아직도 1억 3000만 년의 진화가 필요했다. 가장 오래 된 매켄지 화석들은 거의 유기체 화석으로 보이지 않는다. 이암(shale)과 세립 사암에 있는 그 화석무늬는 지름이 1~3센티미터이고 단면지름이 0.2밀리미터인 고리 모양이거나, 지름이 1~3센티미터인 원반이 둘레에 고리를 가지고 있고 중앙은 부풀어 있는 모양이다. 소수의 원반에는 솟아오른 방사형 줄무늬가 있다. 이 무늬들은 진흙이나 모래에 어떤 역학적 변형이 일어나 우연히 형성된 것으로 간주될 수도 있었을 것이다. 그러나 그렇게 간주하기에는 무늬가 너무 많고, 뚜렷하고, 반복적이었다. 또한 유사한 단순한 형태들이, 더욱 분명한 유기체 화석인 후기 에디아카라 동물군 화석에서도 발견된다. 후기 에디아카라 동물군 화석은 러시아, 중국, 나미비아, 오스트레일리아 등지에서 발견되었다. 6억 5000만 년에서 6억 2000만 년 전에 이르면 다세포 생물이 전세계에 퍼져 있었던 것이다.

연대가 7억 년 전으로 측정된 매켄지 최초 화석들은 세 부류로 분류되는데, 이 세 부류는 생명 역사의 세 단계를 나타낸다기보다는 세 가지 분류군, 즉 유형을 나타낸다. 화석으로 남은 이 고리형 생물들과 원반형 생물들은 더 단순한 형태의 조상들을 가지고 있을 것이 분명하다. 가장 단순한 살아 있는 다세포 동물인 트리코플락스 아드헤렌스(*Trichoplax adhaerens*)는 육안으로 거의 볼 수 없을 만큼 작다. 만일 이 동물이 화석을 남긴다면 맥켄지 지층 최초 화석들보다 더 볼품없을 것이다. 매켄지 지층 최초 화석이 보여주는 생물들, 즉 바랑거 빙하시대 이전에 매켄지에 살았던 생물들은 트리코플락스를 능가하여 원형 대칭성을 가지는 단계로 발전해 있다. 트리코플락스와 마찬가지로 이들 역시 미분화 상태의 조직으로 이루어져 있었을 것이 분명하다. 어쩌면 영양분과 산소의 흡수를 위해 배열된 두 층의 세포들이 조직 전부였을지도 모른다. 매켄지 화석이 보여주는 생물들은 훨씬 더 다양했을지도 모르는 당시 생물들 전체의 극히 작은 일부이다. 그러나 그 다양성은 맥켄지 생물들 서로 간의 차이만큼이나 미미한 차이에 의해 확보되었을 것이다.

빙하시대 이후의 매켄지 화석들 중 일부는 다른 지역에서 발견된 에디아카라 화석에도 있는 형태들이다. 5000만 년이라는 짧은—앞선 30억 년과 비교하면 정말로 짧은—기간 동안에 형태는 눈에 띄게 복잡해졌다. 잠수부들이 익히 아는 바다조름(sea pen)을 닮은 엽상체도 있다. 강장동물도 보인다. 토막난 환형벌레들의 화석은 더욱 복잡한 모양이다. 이 벌레들의 후손들 또는 그들과 유사한 생물들에서 진화는 중요한 기점을 통과했다고 할 수 있다. 상식적으로 동물이라 인정되는 생물의 기초적인 신체 구조적 틀이 등장하기 시작한다.

진화 속에서 행동의 역할

최초로 등장한 틀은, 오늘날 해면동물들의 모습처럼 미분화된 세포로 둘러싸인 빈 공간의 형태였다. 모든 동물들은 배 발생의 포배 단계에서 일시적으로 그런 공동(空洞)의 형태를 가진다. 강장동물의 경우에는 공동 하나가 또 하나의 공동, 즉 체강(coelum) 속에 들어 있으며, 두 공동은 서로 다른 조직이다. 환형동물부터는 강장동물의 원형 대칭성이 사라지고, 오늘날 우리에게 익숙한 동물들의 특징인 좌우 대칭성이 나타나기 시작한다. 화석에 남은 환형동물 모양의 벌레들은 또한 세 종류로 분화된 조직을 가졌던 것으로 보인다. 그 셋은 외배엽, 중배엽, 내배엽이며, 이들은 대략적으로 피부, 근육, 소화관에 대응한다. 이 세 종류의 조직은 대부분의 동물에게서 발견된다. 더 나아가 화석 속 벌레들은 일종의 골격을 가지고 있었다. 내부 공동을 둘러싼 체강에서 유체의 흐름이 유지되어 일종의 유압 골격 역할을 했다. 그 벌레들은 체강 속의 액체를 앞뒤로 미는 분절된 근육조직들을 가지고 있었기 때문에 바다 밑 진흙 속으로 파고들어갈 수 있었다. 드디어 진화의 역사에서 행동이 역할을 하기 시작했다.

훗날의 진화와 관련해서 중요한 의미를 지니는 것은 에디아카라 '흔적'(trace) 화석이다. 이 흔적 화석은 흔적을 만든 벌레와 함께 발견되기도 하지만, 더 많은 경우에는 벌레 화석이 없는 층에서 발견된다. 바다에 사는 벌레들은 오늘날에도 대양 바닥에 유사한 흔적들을 만든다. 이들을 비롯한 여러 종류의 진흙을 먹는 생물들은 탄소순환의 결정적인 한 단계를 담당한다. 이 생물들은 바닥에 쌓인 탄소를 섭취하고 이산화탄소를 대기로 돌려보낸다. 이 생물들의 조상이 선캄브리아 시대 말기에 이들과 동일한 역할을 해서, 최후 빙하작용 이후의 이산화탄소 온실 복원에 기여한 것이 분명하다.

라이엘이 캄브리아기—5억 7000만 년 전에서 5억 1000만 년 전까지—암석들을 처음으로 수집한 이후 여러 해에 걸쳐 엄청난 양의 화석들이 수집되었다. 이 기간 동안 고생물학자들은 화석 속에 보존된 생물 형태들을 식별하고 분류했다. 이들의 작업은 여러 세대에 걸쳐 계속되었고, 드디어 중요한 결론에 도달했다. 캄브리아기 암석에 담긴 생물 형태들에는 오늘날 지구에 존재하는 30~40개의 동물 문(phylum) 중 단 한 문을 제외한 나머지의 대표들이 다 들어 있다. 소수를 제외한 나머지 무척추동물문들은 그들이 처음 탄생한 장소인 바다 밑을 떠나지 않았다. 바닥에 고정된 많은 동물들은 식물로 오해되기도 했다. 캄브리아기 이후에 등장한 유일한 생물문인 태형동물(Bryozoa)문 역시 고착성 해양동물로 이들이 이끼, 즉 선태식물(Bryophyta)과 유사한 모습이기 때문에 그와 같은 명칭을 가지게 되었다.

분류개념인 문은 계를 제외하면 최고로 일반적인 개념이다. 서로 다른 문에 속한다는 것은, 척추동물과 무척추동물의 차이나, 바다조름과 연체동물과 태형동물 사이의 차이처럼, 신체구조에서 커다란 차이를 가진다는 것을 의미한다. 분류되는 문이 모두 30가지인지 40가지인지의 문제는 분류를 행하는 분류학자가 총괄에 중점을 두는가 아니면 구분에 중점을 두는가에 달려 있다.

캄브리아기 암석에서 새로운 지식들이 얻어진 후 고생물학자들의 합의가 문 분류에서 중요한 요소로 등장하게 되었다. 화석 증거는 초기 매켄지 지층에 있는 단조로운 생물 형태들로부터 불과 2억 년 이내에 동물의 문들이 분화되었음을 말해준다.

매장된 또 다른 화석들에서는 오늘날 사람들을 매혹시키는 다양한 생물들보다 더 다양한 생물 형태들이 캄브리아기에 실험되었음을 확인할 수 있다. 1909년 월코트(Ch. Walcott)가 캐나다 앨버타 주 밴프(Banff) 근처 로키 산맥에서 발견한 버지스 이암층(Burgees shale)에 그런 화석 증거들이 있다. 월코트는 고생물학자이며 스미소니언 연구소의 간사였다. 그 화석들은 매켄지 지층보다 약 1500킬로미터 남쪽의 로렌시아 서안에 형성된 퇴적층에 들어 있으며 퇴적연대는 매켄지 지층보다 1억 8000만 년 후이다. 역시 우연적인 행운 덕분에 오늘날 단단한 부분들을 가진 동물들의 부드러운 부분들이 화석으로 보존되었다. 로키 산맥에서 채굴되어 스미소니언 연구소로 운반된 버지스 이암층은 이후 스미소니언 연구소를 비롯한 여러 연구소에서 연구되었다.

다양한 해부학적 특징에 따라 120종으로 분류된 화석동물들은 이들의 조상인 단세포·다세포 생물들이 합성한 모든 중합체를 이용한 것으로 보인다. 관찰자들은 이 동물들과 현존하는 생물들의 연관을 밝히는 과제를 부여받았다.

1970년대 케임브리지 대학의 위팅턴(H. B. Whittington)과 그의 제자들은 해부학적으로 분류된 120종의 동물들을 차이가 충분히 명백한 문들로 분류했다. 이들은 전부 18문을 분류했고, 이 중에서 8문을 현존하는 동물과 일치시켰다. 현존하는 동물문들은 두 문을 제외하고 전부 과거에 바다와 바다 밑에 국한되어 있었다. 버지스 이암층 화석동물 중에는 해파리, 바다조름, 환형동물처럼 에디아카라 시절부터 현재까지 존속하는 동물도 있고, 완족동물, 연체동물, 극피동물 등 익숙하거나 익숙치 않은 현존 해양동물 문들에 대응하는 것들도 있다. 위팅턴의 화석에서는 절지동물의 조상도 발견된다. 절지동물문은 분화에서나 번성에서나 바다 속, 바다 위, 땅 위, 공기 중을 통틀어 모든 동물 문들 가운데 가장 성공적인 문이다.

사람과 관련해서 중요하게 언급할 만한 것은, 위팅턴의 화석생물 중 60개가 척색동물문으로 분류되었다는 것이다. 척색동물문에는 척추동물에 속하는 강이 8개 들어 있고, 포유강에 속하는 목이 35개 들어 있다. 영장목에는 8개의 과가 있으며, 호미노이드(Hominoid, 사람 상과)과에는 네 개의 속이 있다. 그 중 하나가 호모속, 즉 사람이 속한 속이다.

굴드(S. J. Gould)는 단순한 호기심 이상의 의미로 이런 질문을 제기했다. 만일 척색동물문이 버지스 이암층에는 있지만 현재는 사라진 10개의 문들 중 하나라면 세상은 어떻게 달라졌을까? 만약 진화의 주사위가 달리 굴러갔다면, 사람 또는 사람과 유사하게 의식을 지닌 생물은 발생하지 않았을 것이라고 굴드는 결론지었다. 버지스 이암층에는 다윈을 두렵게 했던 진화의 맹목적인 힘이 기록되어 있다고 할 수 있다.

신종합설에서의 진화

신종합설의 입장에 서는 진화론자들은 이렇게 진화의 역사를 출발점에서부터 관찰할 수 있는 유리한 입장에 있었다. 다윈의 연구는 진화의 결과를 관찰하는 것에 국한되어 있었다. 새로운 시각으로 조망한 진화는 생물 형태들의 멘델 법칙에 따르는 유전이 지닌 변화무쌍한 힘을 보여주었다.

화석자료는 물론 불완전하다. 대부분의 동물들은 강과 강 사이에서 나고 죽으며, 한 생애가 진행되는 동안에도 지질학적 대격변이 일어날 수 있다. 뼈와 같은 단단한 부분들이 생명의 증거로 남을지의 문제는 우연이 결정한다. 그런데도 불구하고 통계적인 표본은 중요한 문제들과 관련해서 명백한 대답을 제공한다. 생물문들의 분화와 정교화는 캄브리아기뿐만 아니라 이후 진화의 여러 단계들에서 계속해서 재현된다. 각각의 문은 매켄지 지층의 단조로운 화석들에 잠재되어 있었다고 할 수 있는 형태들을 구현했다. 또한 각각의 문은 버지스 이암층에서 더욱 분명하게 드러난 잠재력을 펼쳐 새로운 형태들로 분화했다. 이후 잠재력이 더 확장되고 실현되는 일련의 과정 속에서 진화는 최후에 등장한 인간에 의해 분류된 현재의 수많은 생물 형태들의 다양성에 도달했다.

기나긴 지구의 역사를 생각할 때, 캄브리아기 이후 5억 년 동안의 진화는 불꽃놀이의 마지막을 장식하는 최후의 화려한 한 대목에 비유될 수 있을지도 모른다. 그 마지막 불꽃은 수많은 불꽃으로 갈라지고, 이들 역시 수없이 갈라진다. 진실인지 여부는 차치하더라도, 이 비유는, 대중화된 신다윈주의 자연선택 원리가 말하는 가지치기 비유보다 낙관적이다.

심프슨(G. G. Simpson)은 신종합설을 주장한 주요 학자 중 하나이다. 1930~40년대에 미국 자연사 박물관에서 그는 말의 진화에 관한 결정적인 연구를 했다. 말의 진화는, 캄브리아기 이후 역사의 말기에 발가락이 넷인 작은 몸집의 에오히푸스(*Eohippus*)로부터 시작되었다. 에오히푸스로부터, 몸집이 크고 발굽이 하나이며 유용한 현대의 말, 에쿠스(*Equus*)에 이르는 진화는 단선적인 '진보'로 보일지도 모른다. 그러나 심프슨이 추적한 진화는 전혀 그렇지 않다. '적응을 동반한 발산'이 계속되면서 수많은 종류의 세 발가락, 두 발가락, 한 발가락 말들이 등장해 '기회가 닿는 대로' 남북 아메리카와 유라시아 여러 지역에 보금자리를 마련했다. 발산은 신속하게 불과 수백만 년 동안에 일어났다. 발산에는 어떤 특정한 방향성이 있는 것이 아니다. 형태 발산이 보여주는 것은 단지 국지적 환경에 적응하는 것뿐이다. 현존하는 종은 두 대륙 북부에 초원이 펼쳐지자 잎을 먹는 것에서 풀을 먹는 것으로 적응한 종류들에서 나왔다. 에쿠스와 거의 멸종한 프르체발스키(*Przewalski*) 말을 제외한 나머지 종류들의 멸종은 이들의 발산에 걸린 것보다 훨씬 오랜 시간이 걸쳐 이루어졌다.

심프슨은 말의 진화에서 발견한 것들을 일반법칙으로 주장했다. 진화는 여러 다양한 속도로 진행된다. 심프슨은 원생대의 진화속도와 현생이언의 진화속도를 구분하기 위해 그리스어를 차용해, 전자를 느린(bradytelic) 진화 또는 매우 느린(hypobradytelic) 진화라 칭하고, 후자를 빠른(horohelic) 진화라 칭했다. 일반적으로 새로운 형태가 등장해서, 그 형태의 유들과 종들이 새로운 생태공간 속으로 발산하면, 진화는 가속되어 매우 빠른(tachytelic) 진화가 된다. 생태공간이 포화되면 진화는 다시 감속하여 빠른 진화로 되돌아간다. 심프슨의 법칙은 오늘날 굴드에 의해 대중화된 개념인 '단속적'(punctuated) 진화로 더 잘 알려져 있다.

현존하는 모든 동물문들이 캄브리아기 종결 이전에 분화된 것은 심프슨의 구분상 매우 빠른 진화에 해당하는 최초의 형태 발산으로 간주되어야 한다. 대조를 위해 이후에 진행된 척추동물의 진화만 살펴본다면, 척추동물에 속하는 여덟 개의 강 중 다섯 개가 등장하는 데 1억 7000만 년이 걸렸다. 등장한 다섯 강은, 무악어강(턱 없는 물고기), 턱이 있고 장갑을 둘렀으며 현재는 멸종한 판피어강, 연골어강, 경골어강, 그리고 양서강이다.

물 속에 있는 이정표들

척추동물의 필수조직들과 내부기관들은 턱 없는 물고기에서 처음으로 구현되었다. 무악어강에 속하며 현존하는 두 종류의 물고기를 대표하는 칠성장어(lamprey)와 먹장어(hagfish)는 잘려도 죽지 않는다. 환형동물에서 처음 등장한 세 겹의 세포층은 이제 분화를 완성했다. 모든 척추동물의 배발생에서 재현되고 있듯이, 외배엽은 외피조직, 즉 피부와 중추신경계 조직, 그리고 케라틴과 함께 치아의 에나멜층, 머리카락, 손톱의 조직을 형성한다. 중배엽으로부터는 골격, 근육, 심장 혈관계가 나왔고, 내배

엽에서는 소화기관 및 부수기관들이 나왔다. 무악어는 척추동물의 놀라운 발명품인 눈도 가지고 있었다. 이어서 턱 있는 물고기의 등장과 함께 척추동물의 사지구조가 완성되었다. 척추동물이 거친 이 모든 이정표들은 물 속에 남아 있다.

물과 육지 사이의 거리는 물고기의 부레가 폐로 변형, 적응되면서 메워졌다. 폐어는, 마치 국립공원 근처 고속도로에서 차에 치어 죽은 짐승처럼, 진화의 고속도로 위에서 멈춘 것으로 여겨진다. 폐어로부터 양서류가 나왔다. 다리가 없고 아가미가 있는 수중 동물로 삶을 시작하는 양서류는 물 속에서 변태를 거쳐 공기를 호흡하고 육지에 거주하는 사지동물이 된다.

양서류는 약 3억 8000만 년 전에 육지로 올라와 장기간 머물 수 있게 되었다. 양서류는 다른 세 척추동물 강들의 기원이 되었다. 가장 먼저 파충류가 나왔고, 파충류로부터 포유류와 조류가 나왔다.

양서류에서 파충류로의 이행에서 가장 결정적인 변화는 번식방식의 변화이다. 어류와 마찬가지로 양서류는 체외수정을 한다. 알과 정자는 물 속에서 무작위로 섞인다. 겔 상태의 껍질에 싸인 수정란은 그런 열악한 환경 속에서 배발생을 거친다. 반면에 파충류의 수정은 체내수정이다. 이제 배우자 선택이라는 발전된 행태를 통해 자연선택이 작용하기 시작한다. 껍질에 싸인 알은 배와, 배발생에 필요한 최초 영양분도 담고 있다. 수정된 알은 다양한 보금자리에서 부모의 돌봄이 있거나 없는 상태에서 부화한다.

다음 단계, 즉 목들의 분화는 더 빠르게 진행된다. 파충강으로부터 처음 5000만 년 동안에 여섯 개의 목이 나왔고, 그 다음 5000만 년 동안에 열 개의 목이 더 나왔다. 육지로 올라온 목들은 수많은 모습이 되어—나무를 타는 다람쥐, 굴을 파는 쥐, 늪에 사는 하마, 잎을 먹는 기린 등과 유사한 파충류들이 있었다—모든 생태공간으로 나아갔다. 초식동물들은 적당한 규모의 육식동물들을 위한 생태공간의 발판이 되었다. 잘 알려진 공룡들은 파충류에서 분화된 16목 중 2목을 차지한다. 그 두 목 중 하나인 조반목(Ornithischia, 새 엉덩이를 가진 동물)으로부터 조류가 나왔다. 거북 종류인 켈로니아목(거북목), 뱀과 도마뱀 종류인 스쿠아마타목(유린목), 악어 종류인 크로코딜리아목(악어목)은 2억 년 동안 지속된 파충류 시대를 넘어 현재까지 살아 있다.

한편 최초로 분화된 여섯 개의 파충류 중 하나로부터 포유류가 나왔다. 만일 진화에 예정된 계획이 있었다면 파충류 시대는 존재할 수 없었을 것이다. 포유류의 조상인 테랍시디아목(수궁목) 동물들은 공룡보다 더 '고등한' 동물들이다. 즉 그들은 난생이라는 단 한 점만을 제외하면, 파충류라기보다는 포유류에 가까웠다. 테랍시디아목 동물들의 골격구조는 포유류에 가깝다. 또한 그들은 포유류와 마찬가지로 환경과는 관계 없이 체온을 유지하는 온혈동물이었음이 분명하다. 이 활발한 동물들은 1000만 년 이내에 20과의 초식, 충식, 육식 동물로 분화했다. 이들은 5000만 년 동안 '우점종', 즉 수가 가장 많은 종이었다. 이 동물들은 판게아 초대륙 위의 모든 생태계에 자리잡았다.

그러나 지금으로부터 3억 년 전 테랍시디아목은 한 과를 제외하고 모두 멸종했다. 이들이 왜 멸종했는지는 설명되지 않았다. 수궁류의 멸종 이후 세상은 공룡의 차지가 되었다. 포유류는 살아남은 테랍시디아인 디시노돈(Dicynodon)으로부터 나왔다. 굴드는 어쩌면 디시노돈의 생존을 호모 사피엔스에게 유리하도록 진화의 주사위가 구른 두번째 사건으로 평가할지도 모른다.

자연에 의해 선택된 포유류가 가진 가장 큰 장점은 물론 번식방식이다. 약 2억 5000만 년 전에 디시노돈의 후손들은 알 속에서 배를 발생시키는 방식을 버리고, 모체의 자궁 속에서 배발생을 마치고 새끼를 모체의 젖으로 키우는 방식으로 완전히 이행했다. 주둥이가 오리처럼 생긴 오리너구리는 알을 낳지만, 알의 부화를 책임진다. 유대류 동물들—아프리카 대륙의 주머니쥐, 중국 대나무숲의 팬더, 오스트레일리아의 캥거루를 비롯한 수많은 동물들—은 미숙한 태아를 일종의 외부자궁인 주머니로 옮겨서 키운다. 태아는 주머니 속에서 젖을 빨며 완숙한 새끼가 될 때까지 자란다.

공룡이 세상을 주름잡던 시절에도 포유류는 세 목으로 분화했다. 그러나 그 셋은 공룡시대에 모두 멸종했다. 현재 과학자들이 동의하는 바에 따르면 6500 만 년 전 유성 하나가 날아와 공룡의 지배로부터 포유류들을 해방시켰다. 이후 1000만 년 이내에 18목의 포유류들이 텅 빈 생태계 속으로 퍼져나갔으며, 뒤이은 2000만 년 동안에 8목의 포유류가 더 분화되었다. 포유류 중 두 목은 바다로 돌아갔고, 한 목은 하늘을 접수했다. 6500만 년 동안 포유강에서 총 32목이 분화되었다. 그 중 20목은 지금도 살아 있으며, 이들은 고래에서 코끼리, 영양에서 사자, 박쥐에서 뾰족뒤쥐(shrew)에 이를 만큼 다양하다.

20목의 포유류는 4500개의 과로 세분된다. 과와 과는 열각류 곰, 너구리, 개, 고양이, 하이에나, 영장류 등이 다른 만큼 서로 다르다. 더 하위단계의 분류개념인 속은 사자와 호랑이가 다른 만큼 서로 다르고, 최종 분류개념인 종들은 코디악곰과 회색곰이 다른 만큼 서로 다르다. 이 하위단계에서의 변화, 즉 분화와 멸종은 더 짧은 기간 동안에 일어나고 또한 당연히 더 다채로운 양상을 보인다. 화석증거들이 보여주는 바에 의하면, 어떤 포유류 종들은 200~300년 안에 등장했다가 멸종했다.

식물의 등장

척추동물이 이렇게 4억 년에 걸쳐 번창할 생태공간은, 식물들이 대륙을 먼저 점유하지 않았다면 존재할 수 없었을 것이다. 식물에 앞서서 반드시 있어야 하는 것은 시아노박테리아이다. 최초로 육지의 경치를 바꾼 장본인은 시아노박테리아이다. 땅 위로 얕게 그리고 이리저리 갈라지며 흐르던 시내들은 점차 사라지고, 물의 흐름으로 인해 견고해진 강둑 사이로 고정적으로 흐르는 강들이 생겨났다.

이제 식물이 살 수 있는 공간이 된 육지 위로 최초의 식물들이 올라온 것은 약 4억 3000만 년 전이었다. 최초의 식물들은 미분화된 녹조류 세포들로 이루어진 원반에 지나지 않았다. 식물들은 건조를 막기 위해 각피질(cutin)을 개발하여 몸을 둘러쌌다. 각피질은 식물이 공기에 노출되면서 '우연히 적절하게' 합성한 중합체이다. 머지않아 이 원시식물의 세포들은 뿌리, 줄기, 잎 조직으로 분화했다. 이어서 식물들은 육지의 새로운 보금자리들로 빠르게 분산되었다. 5000만 년에 걸쳐 대륙의 저지대들은 꽤 다양한 식물로 이루어진 숲으로 바뀌었다. 그 사이 식물들은 식물 속 영양분 및 물 수송로인 체관 및 물관 조직을 분화시켰다.

양치류 나무들로 이루어진 그 숲들은 언급한 5000만 년 동안 환경혁명을 이룩했다. 나무들의 광합성 작용으로 인해 대기 중 산소농도는 현재 수준인 21퍼센트로 올라갔다. 산소농도는 그때 이후 육상 절지동물, 척추동물, 균류, 그리고 식물 자신의 호흡을 가능케 하면서 동일한 수준으로 유지되었다. 대기권 최상층으로 빠져나간 산소는 오존층을 완성했다. 오존층에서는 불안정한 오존 분자가 끊임없이 만들어지고 분해되면서 고에너지 태양 복사파가 흡수되므로, 지상의 생물들이 그 복사파로부터 보호받을 수 있다. 이산화탄소의 순환도 육상생물의 증가와 함께 크고 빨라졌다. 하지만 대기 속 이산화탄소 농도는—화산에서 분출되어 광합성과 호흡을 거쳐 대양 바닥에 퇴적되는 탄소순환 속에서—생명에게 적당한 온실효과를 발휘하는 수준에서 일정하게 유지되었다.

양치류 나무들의 숲이 있었음을 증명하는 것은 3억 6000만 년 전에서 2억 9000만 년 전 사이에 퇴적된 전세계의 석탄층이다. 석탄층과 다른 지층들이 번갈아 나타나는 이유는, 나무들이 서식지인 습지의 주기적인 가뭄과 홍수를 견디며 살아남았기 때문이다. 당시의 해수면은 곤드와나랜드의 빙하가 팽창하거나 감소함에 따라 100회 이상 높아지고 낮아지기를 반복했다. 그 거대한 초대륙 안에서 오늘날 남반구 대륙들은 이미 남반구에 모여 있었다. 남반구 대륙들은 남극에서 적도까지 걸쳐 있었다. 극지방의 빙산들은 여러 경로로 대양 위를 흘러 열대 위도지역으로 가고, 그곳에서 녹았다.

최초 식물들의 번식은 물과 습기의 부족에 의해 제한되었다. 양치류나 이끼의 생식과정에서 정자는 잎의 뒷면이나 줄기에 있는 물 속을 움직여 수정을 위해 나아간다. 동물계에서 젤로 덮인 알을 지닌 양서류가 물러가고 단단한 껍질로 덮인 알을 지닌 파충류가 등장한 것과 마찬가지로 식물계에서도 포자식물(spore-baring plant)이 물러나고 겉씨식물이 등장했다. 이들의 '겉씨'(노출된 씨)—생물학적으로 사실은 씨가 아니라 배이다—는 바람에 의해 운반되었다. 현존하는 겉씨식물로는, 드물게 남은 소철류 식물과 은행나무, 그리고 흔히 보는 침엽수들이 있다. 3억 년 전에 시작된 두 번째 신속한 발산에 의해 양치식물 숲은 겉씨식물 숲으로 바뀌었다. 겉씨식물들의 숲은 공룡들과 때를 같이 했다.

꽃식물

동물계의 진화와 유사한 진화가 또 한 번 일어났다. 파충류에서 포유류로의 이행과 마찬가지로, 또한 대략적으로 같은 시기에 겉씨가 물러나고 단단히 보호된 속씨—이것 역시 사실은 배이다—가 등장했다. 꽃을 피우는 식물인 속씨식물은 번식을 위해 바람뿐만 아니라 동물들도 이용했다. 특히 식물과 곤충의 공생은 양자를 무수히 다양한 공동 진화의 길로 이끌었다. 숙주가 되는 식물들과 기생자이자 동시에 공생자인 곤충들은 수백만 년 이상 서로의 생존을 유지시켰다. 꽃의 적응기능은 곤충과 새(예를 들어 벌새)와 포유류(예를 들어 박쥐)를 유혹하는 것이다. 각각의 꽃은 고유한 꽃가루받이 도우미들을 끌어들여, 꽃에 있는 꽃가루가 같은 종에 속하는 다른 꽃들에 성공적으로 분배되도록 한다. 식물들은 다양한 전술을 써서, 그들의 씨를 퍼뜨리고 심는 데 곤충과 새와 포유류를 이용한다. 씨에 내장된 영양분은 씨의 발아를 지원한다.

꽃식물들은 6500만 년 전부터 퍼지기 시작해서 지구를 신속하게 오늘날의 식물 환경으로 뒤덮었다. 속씨식물 낙엽수들은 온대지방의 숲을 침엽수와 공유하며 점차 침엽수를 밀어냈다. 풍경에 가장 큰 혁신을 일으킨 것은 화초—나무가 아니면서 꽃을 피우는 식물—와 풀이었다. 과거에는 쉽게 침식되던 토양이 이들에 의해 고착되면서 국지적 생태계들은 드넓은 영역을 가지게 되었다. 풀은 3000만 년 전에 이르기까지 계속해서 영토를 확장했다. 풀의 증가와 함께 말과 발굽동물(유제류)들도 진화하여, 잎을 먹는 동물보다 풀을 먹는 동물이 훨씬 더 많아졌다. 최근 1만 년 동안에는 화초 및 풀이 인간과 협력하여 서로의 생존을 지켜왔다.

4억 3000만 년 전 최초의 원시식물들이 뭍에 오르기 시작했을 때 원생대 초대륙의 조각들은 다시 모여들고 있었다. 현재의 남반구 대륙들은 이미 하나가 되어 곤드와나랜드를 이룬 상태였다. 남반구 대륙들은 남극 위를 이동할 때 남극의 빙하 밑에서 서로의 위치를 바꾸었다. 이후 1억 년에 걸쳐 양서류는 파충류를 낳았고, 훗날 북유럽이 된 땅덩어리와 로렌시아가 서로 다가가 로라시아를 형성하기 시작했다. 2억 5000만 년 전 로라시아와 곤드와나랜드가 합쳐져 테랍시디아목 파충류들은 남극에서 북극까지 이어진 단일한 초대륙 판게아에서 살게 되었다. 테랍시드에 이어 등장한 최초의 공룡들은 테랍시드에는 못 미치지만 장거리 이동능력을 어느 정도 지니고 있었다. 공룡들은 초대륙 중앙의 사막을 건너는 데 성공했고, 초대륙 양쪽 모두에, 즉 세상을 둘러싼 대양 판탈라사(Pantalassa)에 접하는 양쪽 해안 모두에 서식지를 마련했다(389쪽 그림 참조).

대형 공룡이 출현하기 시작한 시기인 약 2억 년 전에 판게아는 분열되기 시작했다. 테티스 해로가 적도에서 대륙을 절단하여 로라시아와 곤드와나랜드로 분할했다. 대부분의 생물들에게는 그 열대지역의 해로를 따라 확장하기 시작하는 습지대가 충분한 먹이를 얻을 수 있는 유일한 장소였다. 거대한 몸집으로 얕은 물 위에 떠 있기 위해 대형 공룡들은 골격의 일부를 없애버렸다. 공룡들은 또한 내륙의 해로에서도 먹이를 발견했다. 그 내륙 해로는 오늘날 남쪽으로 흐르는 미시시피 강의 상류와 북쪽으로 흐르는 매켄지 강의 상류를 연결하고 있었으며, 그렇게 2000만 년 동안 북아메리카를 남북으로 양분했다.

이 기간 동안에 대양판이 로렌시아 북서 해안 밑으로 침강하면서 열도들과 크라톤 조각들이 대륙과 충돌하게 되었다. 최초 다세포 생물의 흔적을 담은 지층들은 높이 치솟아 로키 산맥의 일부인 매켄지 산맥과 훨씬 더 남쪽에 있는 버지스 이암층이 되었다.

백악기 대재앙

그 당시 식물들이 엄청나게 증식했음을 보여주는 증거는 오늘날 지구에 매장된 석탄의 절반 이상이 그 식물들의 잔재라는 사실이다. 미국과 캐나다의 경우 로키 산맥 아래의 해안을 따라 100미터 두께로 퇴적된 석탄이 당시 식물들의 잔재이다. 같은 시기에 박테리아들이 테티스 해로 속 산소가 없는 깊이에서 활동하여 전세계 석유 매장량의 절반 이상을 만들어냈다. 이 시기에 만들어진 석유는 현재 카자흐스탄에서 아라비아 반도에 이르는 유라시아 대륙 지하의 테티스 해로의 물 화석(fossil water) 아래에 있다.

공룡들의 천국은 6500만 년 전에 갑자기 종말을 맞은 것으로 보인다. 화석증거는 당시에 살았던 생물들 전체를 대변하기에는 통계학적으로 신뢰할 만한 표본이 아니므로 화석을 근거로 확실한 결론을 내릴 수는 없다. 몇 가지 유형의 공룡들은 천국에 적응하지 못해서 이미 오래 전에 멸종했을 수도 있다. 그러나 대다수의 공룡들이 지질학적으로 볼 때 한 순간에 불과한 기간 동안에 한꺼번에 사라졌다는 사실에는 의심의 여지가 없어 보인다. 학자들의 일반적인 동의는, 공룡을 멸종시킨 원인이 운석일 가능성이 밝혀지면서 더욱 공고해지는 중이다.

물리학자 알바레스(L. Albarez)와 내과의사인 그의 아버지 월터 알바레스는 1979년 연대가 6500만 년 전으로 측정된 얇은 지층 하나로 학자들의 관심을 끌어모았다. 그 지층은 이리듐(iridum)을 풍부하게 함유한 암석층이었다. 운석 중 한 종류는 이리듐을 풍부하게 함유한다. 오늘날에는 같은 성격의 지층이 전세계에서 확인되었다. 원통형 표본을 채취하여 분석한 결과, 운석이 지구와 충돌한 지점이 유카탄 반도로 둘러싸인 카리브 해의 한 지점이었음이 밝혀졌다. 충돌로 발생한 먼지와 화산 기체들이 오랫동안 태양을 가렸을 것이다. 살아남은 세 목을 제외한 모든 파충류들은 그

긴 겨울 동안 얼어죽거나 굶어죽었을 것으로 추정된다. 광합성 작용이 봉쇄됨으로써 우위를 점했던 겉씨식물도 같은 운명을 맞이했다. 포유류와 꽃식물이 주도하는 현대 세계를 향한 길이 열린 것이다.

대재앙과 이를 통한 멸종은 이렇게 진화 역사 속에서 중요한 역할을 해왔다. 빙하기들과 따스한 간빙기들, 차갑고 산소가 없는 대양은 여러 차례 해양 무척추동물들의 대량멸종을 일으켰다. 그 동물들은 환경과 매우 밀접한 관계를 맺고 살아간다. 물은 1기압의 공기보다 1000배나 빨리 열을 전달한다. 다가오고 멀어지는 빙하기들은 육상생물의 전멸도 일으켰다. 다가오는 빙하 앞에서 서식지를 옮기지 못한 동물들과 식물들은 빙하 아래로 사라졌다. 최후의 빙하가 알프스와 만난 이후 유럽의 숲과 들에는 북아메리카와 비교할 때 다양성이 부족한 식물들만 남게 되었다. 북아메리카의 경우 유럽에서 빙하로 멸종한 것들과 유사한 종들이 서서히 사라져갔다.

자연선택은 일종의 결과이다

이런 멸종사례들은, 이들이 진화에 미친 영향이 아무리 크다 할지라도, 자연선택의 결과로 간주될 수 없다. 멸종을 일으킨 재앙들로부터 살아남은 생물들은 자연에게 선택된 적응을 통해 살아남았다기보다는 행운으로 살아남았다. 심프슨이 주장했듯이, 자연선택은 한 문 또는 종에게 외부로부터 수행되는 작용이 아니다. 또한 심프슨이 주장했듯이, 선택의 주요 성격이 제거인 것도 아니다. 생명형태와 환경은 서로 맞서는 둘로 나뉘어 있는 것이 아니다. 자연선택은 일상적인 어법에서 어떤 구체적인 힘인 듯이 이야기되지만, 사실은 하나의 결과이다. 생명 형태들의 변화는 환경의 변화와 함께 일어난다. 생물은 환경에서 기원한 자극과 압력에 대해서 생물 내부의 힘으로 대응한다. 생물은 환경을 이루는 일원으로서 스스로 환경을 바꾼다.

선택되는 단위는—우호적인 선택이든 적대적인 선택이든—한 가지 변이가 아니며, 심지어 대개의 경우 단일한 유전자도 아니다. 물론 비들-테이텀의 붉은빵곰팡이 실험에서는 단일 유전자가 선택되는 자연선택이 인위적으로 이루어졌지만 말이다 (287쪽 참조). 생물과 환경의 교류를 좌우하는 것은, 예를 들어 양눈 시각과 같은 형질이다. 형질은 거의 대부분 일군의 유전자들에 대응한다. 자연선택이 작용하는 대상은 개체가 지닌 형질이 아니라, 번성하는 군집의 유전자 풀(pool) 속에 존재하는 형질이

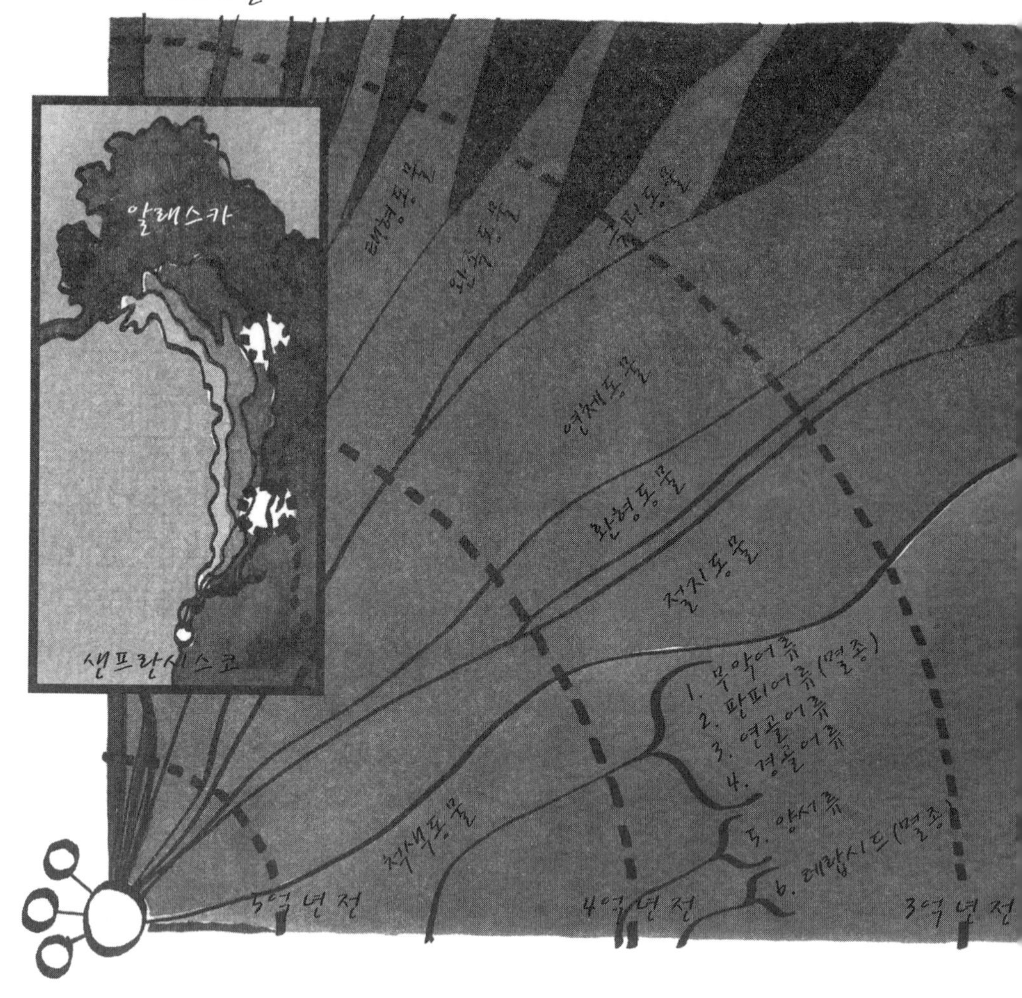

지속적으로 증가하는 생물의 다양성. 다양한 생물들은 알려진 최초의 다세포 동물인 7억 년 전의 다세포 동물 몇 종류로부터 진화했다. 그 종류들은 서로 간에 거의 구별이 없다. 최초 다세포 동물의 화석은 입자가 매우 고운 대양 퇴적층에 형성되어 캐나다 로키 산맥의 매켄지 지역으로 솟아올랐다. 5억 3000만 년 전 첫번째 '발산'에 의해 현존하는 30~40개의 동물문들 모두가 생겨났다. 이어서 각각의 문이 발산하면서 생물의 다양성은 기하급수적으로 증가했다. 오늘날 절지동물(곤충, 갑각류)에는 8만 종 이상의 동물이 있다. 이 도표는 척색동물과 척추동

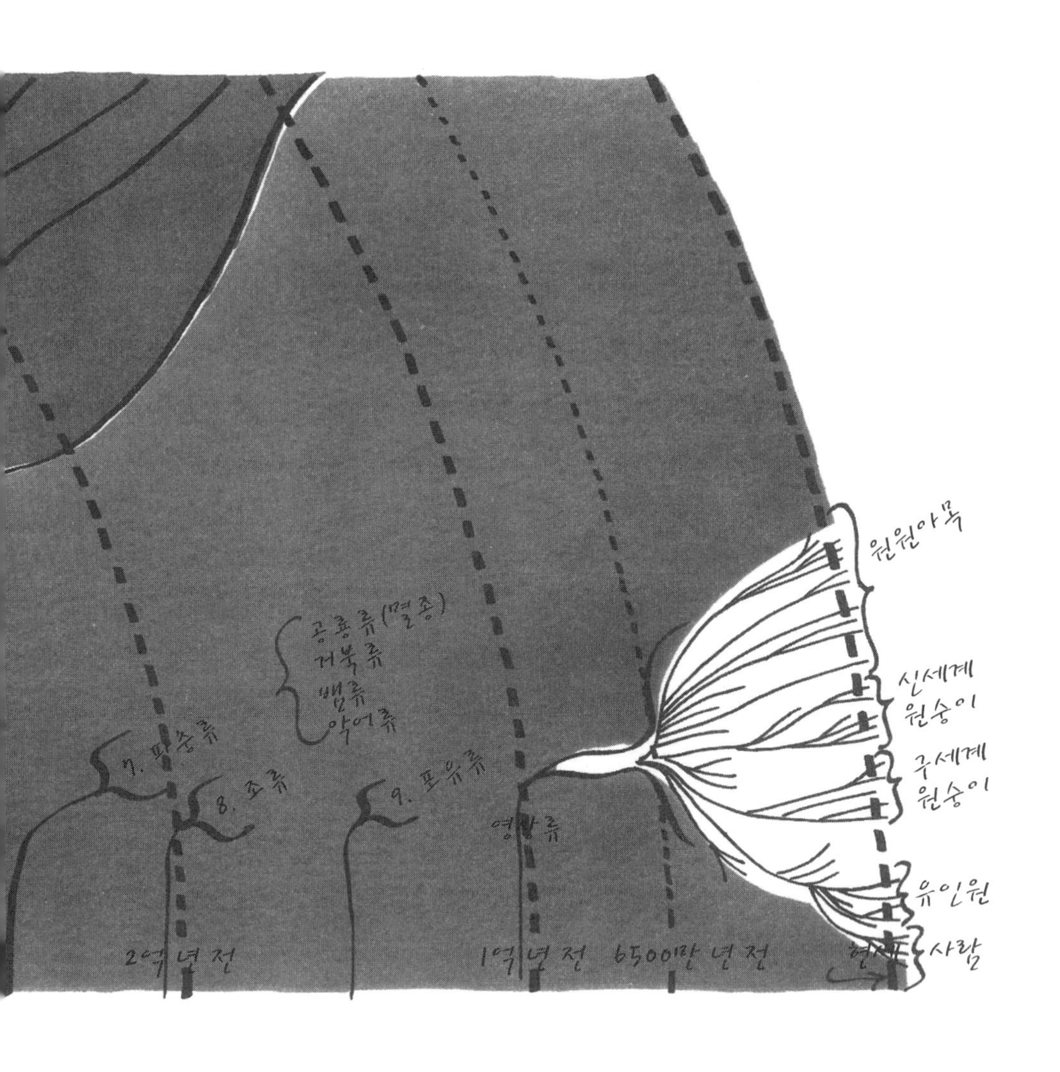

물아문을 특히 자세히 보여준다. 3억 5000만 년 전 네 강의 어류──그중 세 강이 현존한다──와 양서강이 생겨났다. 양서류에 의해 턱과 사지를 기초로 하는 척추동물의 신체구조가 시작되었다. 이로부터 1억 년 후 양서류로부터 수천 종의 파충류와 조류와 포유류가 생겨났다. 약 6500만 년 전 영장류가 포유류 계통선에서 나왔고, 호모속은 약 250만 년 전에 생겨났다. 현생인류인 호모 사피엔스는 최후의 20만 년 동안에 생겨났다(429, 433쪽 참조).

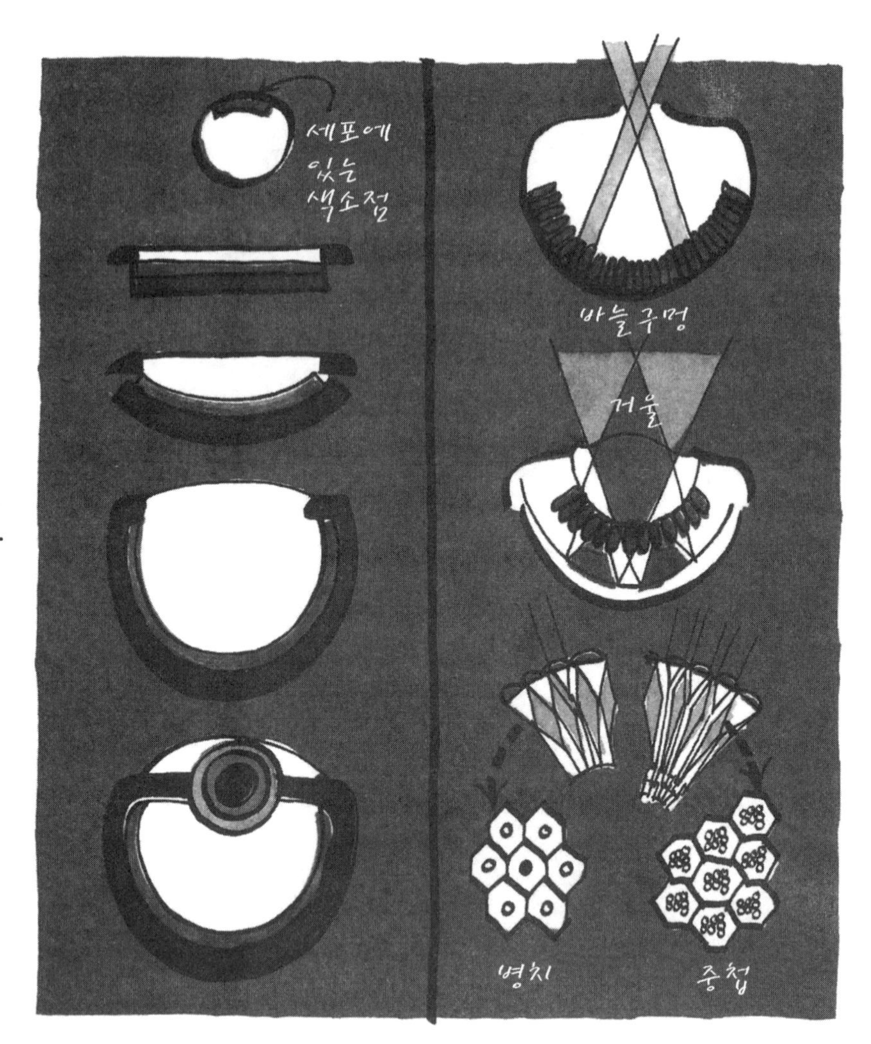

진화 속에서 여러 단계를 거쳐 점차 복잡해지는 눈. 다윈을 당황케 한 척추동물 눈의 복잡성은 모든 생물에서 나타나는 다단계 진화에 의해 설명된다. 세포는 막에 있는 색소점을 이용해서 빛의 방향을 감지한다. 다세포 동물에서는 색소를 지닌 세포들로 이루어진 점이 같은 역할을 한다. 점이 함입되어 둥근 주머니가 되면 방향감지 능력이 향상된다. 이런 식으로 점차 복잡성이 증가해간다. 척추동물 눈만큼이나 복잡한 눈이 갑각류의 오목거울 눈과 절지동물의 겹눈에서도 발견된다. 겹눈은 합성된 또는 중첩된 상을 산출한다.

다. 멘델 법칙에 따르는 유전자 분류와 재조합이 일어나 형질이 환경과 역동적인 관계를 유지하게 되는 장소는 개체 속이 아니라 군집 속이다. 무작위적인 여건은 무작위적인 우연으로 존재하는 형질에 속한 이 측면 또는 저 측면을 선호하거나 배척한다. 중요한 문제는, 형질이 여건에 맞는지, 형질이 유전될 수 있는지, 환경의 자극 또는 압력이 어떤 성격이며 얼마나 '강한지' 여부이다.

어쩌면 자연선택을 시생대에 원핵생물들에 의해 다양한 대사작용이 개발되는 것과 같은 적극적인 과정으로 간주하는 것이 더 옳을지도 모른다. 당시 무작위하게 발생한 돌연변이들의 축적에 의해 생물과 환경의 새로운 연결이 형성되었고, 생물은 새로운 원소들과 화합물들을 암석권으로부터 포획하여 이용하게 되었다. 그러니까 비유적으로 말해서, 그 원소들과 화합물들을 포획하는 유전자들은 환경에 의해 일깨워졌다. 즉 '선택되었다'.

충분히 긴 시간에 걸쳐 진행된 진화는 심지어 척추동물의 눈을 만들어내는 데까지 이르렀다. 이미 언급했듯이 진화의 산물인 눈은 다윈을 난처하게 만들기도 했다(319쪽 참조). '지적인 설계'—즉 눈의 어떤 부분 기능도 나머지 전체가 없다면 작동될 수 없다는 사실—를 강조하면, 시계를 만들듯이 세계를 만든 신에 호소하기 쉽다. 그러나 눈의 진화를 출발점부터 추적해보면, 눈은 정말 놀라운 산물이지만 전적으로 자연적인 산물임을 알 수 있다(406쪽 그림 참조).

지구의 환경 전체에 퍼져 있는 것은 중력과 빛이다. 특정한 박테리아와 원생생물의 외막에는 빛을 감지하는 색소로 이루어진 국지적인 점이 있어 이들이 유리한 방향을 향할 수 있도록 만든다. 고착성 무척추동물 대부분도 색소를 띤 세포들로 된 점을 가지고 있어서 중력과 함께 빛을 감지하여 성장방향을 정한다. 식물도 마찬가지이다. 몇몇 생물들의 경우 색소를 지닌 점이 안쪽으로 우묵하게 굽어져 광원의 방향을 찾는 능력이 더 향상되었다. 이미 척추동물의 눈을 갖춘 살모사(pit viper)류는 또 다른 한 쌍의 눈을 개발했다. 그 눈은 코 양쪽에 움푹 들어간 두 구멍이다. 그 두 구멍은 사냥물이 방출하는 적외선을 감지한다. 원시적인 연체동물인 전복과 앵무조개는 입구가 바늘구멍처럼 좁고 속에 액체가 채워진 구형의 주머니를 가지고 있는데, 그들은 이것을 눈으로 사용해서 사물의 상을 포착한다. 대합류와 일부 갑각류는 눈 뒤에 다당류로 만들어진 오목거울을 가지고 있어서 거울 앞에 배열된 감광세포들에 상의 초점을 맞춘다. 여러 연체동물들, 일부 갯지렁이들, 거미, 그리고 기타 절지동물들은 통상적인 의미에 더욱 가까운 눈을 가지고 있다. 이들의 눈에는 빛이 들어오는 구멍에 렌즈가 있다. 문어의 눈은 척추동물 눈에 더욱 가깝다. 문어의 눈에는 렌즈 앞에 각막과 홍채가 있다. 그러나 문어의 망막은 척추동물의 망막처럼 뇌의 연장으로 기능하지는 않는다. 척추동물의 경우 자극이 시신경으로 전달되기 이전에 망막 자체에서 기본적인 정보처리가 이루어진다.

곤충과 갑각류를 비롯한 대부분의 절지동물은 다수의 렌즈를 포함한 겹눈을 가지고 있다. 학자들은 구조에 따라 겹눈을 다섯 가지로 분류했다. 가장 흔한 종류의 겹눈에서는—대부분의 주행성 곤충, 일부 게, 그리고 참게를 포함해서 게보다 하등한 모든 갑각류가 지닌 눈—한 렌즈의 상이 다음 렌즈로 반복해서 투사됨으로써 복합된 상이 만들어진다. 나머지 네 종류의 겹눈에서는—야행성 곤충, 그리고 게와 바닷가재를 비롯한 갑각류의 눈—렌즈들의 상이 중첩된다. 밤에 또는 깊은 바다 속에서 감지되는 미약한 빛은 상의 중첩에 의해 증폭된다.

런드(Lund) 대학의 동물학자 닐슨(D. E. Nilsson)은 다양한 종류의 동물 눈의 구조를 사람이 지금까지 만들어낸 거의 모든 광학도구들에 대응시켰다. 자연선택하에 놓인 생명은 이미 오래 전에 사람이 개발한 것과 같은 방식으로 빛을 이용하는 방법을 '발견'한 것이다. 동물 눈에는 심지어 광섬유나 코너 반사경(corner reflector)처럼 최근에야 개발된 도구들과 유사한 장치들도 있다. 달에 장치된 코너 반사경은 태양계 내의 중력 작용을 측정하기 위해 지구에서 발사한 레이저 빔을 반사시키는 역할을 한다. 닐슨과 그의 동료인 유전학자 펠거(S. Pelger)는 '눈이 진화하기 위해 필요한 시간'과 관련해서 '비관적인 측정값'에 도달했다. 그들은 세대주기를 1년으로 상정하고—이는 소형 해양동물들에게 평균적인 기간이다—적절한 군집 내 변이 및 유전자 교환 상수를 상정했다. 그들이 계산한 바에 따르면, 빛을 감지하는 점으로부터 카메라 구조의 눈이 진화하려면 약 34만 6000년이 필요하다. 그것은 너무 짧은 기간이라고 그들은 생각했다.

분자생물학자 자코브(F. Jacob)의 비유대로 표현한다면, 진화는 있는 것은 무엇이든 이용해서 만들어내는 제작자, 즉 브리콜뢰르(bricoleur)이다. 라루스 프랑스어 사전에서 브리콜뢰르를 찾아보면, 배관공이나 목수나 기계수리공의 도움을 빌지 않고 집에 있는 도구로 물건을 수리하는 가장이라고 되어 있다.

생물들을 둘러싼 중력장은 빛보다 더 강하고 더 일정한 힘을 발휘한다. 중력에 대한 대응으로 무악어류 이래 척추동물의 내이(inner ear)에는 눈 못지않게 제 기능을 멋지게 수행하는 장치가 등장했다. 그 장치는 내이 속에 있는 세 개의 고리 모양의 관이다. 관들은 뼈로 둘러싸여 있으며 전체적으로 원형과 유사하게 얽힌 미로를 이룬다. 이 세 관을 반고리관이라 부른다. 세 고리관은 공간의 세 차원을 향해 서로 직각인 방향으로 놓여 있다(왼쪽 참조). 관 내부에는 각각 한 개의 신경세포에서 돋아난 무수한 섬모가 있고, 질량이 큰 액체가 채워져 있다. 머리가 움직이면, 액체의 관성으로 인해 약간 지연되어 액체의 움직임이 일어난다. 액체의 움직임으로 섬모가 휘어지면 세 차원에 대응하는 신경자극이 발생한다.

진화는 기하학자이다. 유클리드 기하학을 응용한 이 장치가 진화에 의해 형성되었다는 것은, 기하학이 객관적 진리임을 입증할 뿐만 아니라, 인간의 상상력이 수학을 통해서 감각경험을 넘어선 우주에 도달할 수 있음을 입증한다.

설계자를 향한 그리움

환경 속에 빛이나 중력처럼 보편적인 자극이 있음을 감안할 때, 다양한 동물들이 눈이나 귀와 유사한 감각기관을 진화시켰다는 것은 놀라운 일이 아니다. 생물들이 나타내는 그런 수렴적 유사성은, 진화 속에, 다윈의 이론을 벗어난 목적과 의미까지는 아닐지라도, 모종의 설계와 방향성이 있다고 믿는 사람들을 흥분시킨다. 버지스 이암층 연구로 유명한 위팅턴의 제자인 케임브리지 대학의 모리스(S. C. Morris)는 동물들 전체의 수렴적 진화 사례들을 지적한다. '고전적인 예'로 그가 언급하는 돌고래는, "개와 유사한 모양의 동물이었지만, 물고기 모양으로 진화했다. 왜냐하면 물 속에서 움직이기 위해 최적인 모양이 정해져 있기 때문이다." '또 다른 예'로 그는 "태반이 있는 포유류와 육아낭이 있는 포유류는 서로 다른 대륙에서 〔북아메리카와 남아메리카에서〕 몸집이 크고 이빨이 창처럼 긴 육식동물을 만들어냈음"을 언급한다.

모리스의 주장은 거기에서 멈추지 않는다. 굴드를 염두에 두고 그는 이렇게 주장한다. 버지스 이암층에 있는 척색동물이 멸종했다 할지라도, 어딘가 다른 진화 계통선에서 지능을 소유한 인간이 만들어졌을 것이다. 모리스는 다음과 같은 이해하기 힘든 주장을 내놓기도 한다.

"만약 지능과 같은 특성이 인간과 문어 모두에게 생겨날 수 있다면, (……) 그렇다면 진화에 방향성과 정해진 길이 있는지도 모른다."

비록 명시적으로 언급하지는 않았지만 모리스는, 문어의 눈과 척추동물의 눈이 가진 유사성을 염두에 두고 있음이 분명하다. 눈이 34만 6000년 안에 진화할 수는 없다는 생각을 고수하여 산출된 계산값을 비관적이라고 평가한 닐슨과 펠거의 판단은 신중했다고 할 수 있다. "눈 그 자체만으로는 큰 의미가 없다"고 그들은 말한다. 피부의 점들을 이용해 빛을 감지하는 벌레에게는, 물고기의 중추신경계가 없는 한 물고기의 눈이 있어도 아무 소용이 없을 것이다. "물고기의 눈을 사용하려면 물고기가 되어야 할 것이다." 인간의 눈과 유사한 눈을 가지려면 문어가 지능을 가져야만 한다고 모리스는 암묵적으로 또는 명시적으로—모든 다른 척추동물들의 눈을 무시하고—주장하는 것이다.

매켄지 지층 속 환형벌레는 실제로 척추동물 눈을 지닌 물고기가 되었다. 하지만 굴드는 이 사실을 다르게 해석할 것이다. 결국 척추동물에 이르게 된 유전자들의 집합의 증가는, 수백만 년에 걸쳐 무작위한 순서로 주어진 무작위한 환경적 자극과 압력에 대한 그때 그때의 반응에 의해 이루어졌다고 굴드는 주장한다. 눈을 비롯한 여러 기관들—내이 속에 있는 반고리관도 그 중 하나이다—을 갖춘 척추동물은 새로운 생태공간을 개척하면서 퍼져나갔다.

모리스에 대한 반박으로 굴드는, 돌고래, 물고기, 그리고 모리스가 언급한 두 종류의 긴이빨호랑이가 모두 버지스 이암층 척색동물의 후예인 척추동물이라는 사실을 강조한다. 굴드는 이렇게 반문한다.

"만일 그 조상들에게 사지구조의 전조가 없었다면, 사지구조를 지닌 척추동물이 진화할 개연성이 과연 있겠는가?"

캄브리아기 이후 멸종한 생물문은 없다. 고대 생물들의 질서를 보여주는 대변자들이 여전히 현존하면서, 진화에 의해 이루어진 생명형태들의 변이를 알려준다. 하지만 종의 소멸은 개체의 죽음만큼이나 자연스러운 일이다. 서식지 환경이 적응능력 이상으로 바뀌면, 동물군과 식물군은 그 서식지에서 사라진다. 빙하시대가 시작된 이후 서식지 환경의 변화는 빠르게 일어나고 있다. 현존하는 종들은 역사 속에 있었던 종들 전체의 10퍼센트에 불과하다. 그러나 현재의 지구에는 오랜 과거의 생물과—버지스 이암층이 퇴적된 후 1억 년 이내에 등장한 생물도 현존한다—최근에 나타난 생물이 공존하고 있어, 현재의 지구는 역사상 유례 없는 생물의 다양성을 자랑한다.

생물들의 수도 역사 속 그 어느 때보다 더 많다. 현존하는 생물들의 조직의 총질량은 1.2×10^{12}톤에서 1.4×10^{12}톤으로 추정된다. 총질량 중 거의 절반은 식물들의 조직이 차지하며, 식물 조직의 많은 부분은 세포 외부의 셀룰로오스와 리그닌이다. 동물과 균류의 조직은 생물 전체 질량의 2, 3퍼센트에 불과하다. 만약 번성한 양을 기준으로 판단한다면, 진화가 이룬 최고의 혁신은 가장 오래 전에 이룬 혁신이다. 생물 전체 질량의 절반 또는 그 이상을 차지하는 것은 박테리아이다. 토양과 물 속에서, 대양저의 진흙 속에서, 대륙 표면이나 심층의 견고하지 않은 지층 속에서, 원핵생물들은 지구 역사의 시작에서 그리 멀지 않은 과거에 그들이 했던 것과 같은 방식으로 여전히 살아가고 있다.

한 문명이 옷을 입듯이 과학을 입을 수는 없다.

옷에 비유하자면 과학은

휴일에 입기에는 너무 초라한 작업복과 같다.

브루노프스키

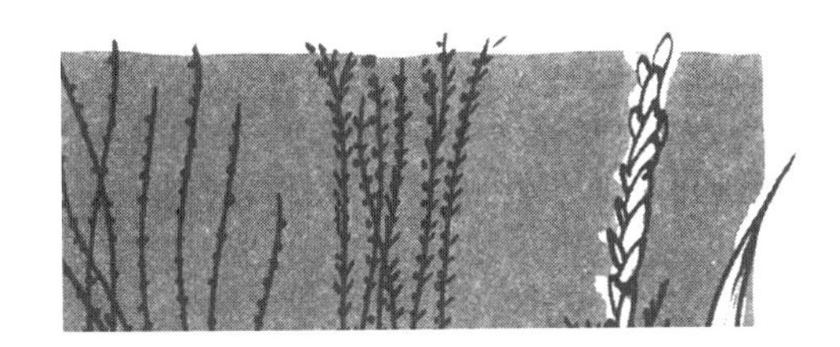

7

도구와 인간의 진화

1859년 『종의 기원』이 출간되자 인간의 기원에 관해 대중적인 논쟁이 일어났다. 헉슬리는 1863년 출간된 『자연 속 인간의 자리와 관련된 증거들』에서 자연선택의 손을 들어주었다. 서로의 조상이 누구인지—유인원인지 아니면 주교인지—에 관해 헉슬리와 윌버포스 주교 사이에 서신을 통해 이루어진 논쟁은 유명하다. 마침내 그 논쟁에 다윈도 참여하게 된다. 1871년 출간된 『인간의 발생』에서 다윈은 인간과 영장류의 명백한 관련성을 입증하는 해부학적 특징들을 열거하고, 인간이 영장류 계통으로부터 갈라져 나오는 데 결정적인 역할을 한 것으로 보이는 유년기 연장에 주의를 기울였다.

월리스는 자연선택에 관한 그의 사상을 요약해서 다윈에게 보내기 5년 전인 1853년 인간의 기원 문제를 제기했다. 『아마존과 리오네그로 여행기』에서 월리스는 자료수집을 도와준 토착민들과의 만남을 회상하면서 이렇게 썼다.

"자연선택에 의해 야만인에게 주어진 뇌는 유인원의 뇌보다 약간 우월했을 것이다. 다른 한편 야만인의 뇌는 사실상 철학자의 뇌보다 아주 조금 열등할 뿐이다. 인간이 생겨남으로써, 이른바 '정신'이라는 미묘한 힘이 신체구조보다 훨씬 더 중요한 의미를 지니는 그런 존재가 생겨난 것이다."

월리스가 말하는 '미묘한 힘'의 중요성—작용력—을 보여주는 척도는 정신이 생명에 부여한 가치에 있다. 건강한 개인의 의식은 생명의 가치를 절대적으로 놓는다. 절대적이라 믿은 다른 가치들을 위해 생명을 희생한 사람들도 알려져 있다. 그러나 대부분의 사람들은 종의 이익을 위해 개인을 제거하는 선택에 저항할 것이다. 인간으로 내려오는—또는 올라오는—계통선에서 의식이 등장한 이래, 의식은 자연선택이라는 다양하고 무작위한 작용력을 점차 무력화했다. 성공적인 생존전략을 가르침과 배움이라는 초유전적 양태로 세대에서 세대로 전달하면서 인간의 진화는 생물학적 변화 속도를 앞질러 사회적 변화속도에 도달했다. 그 결과 현재 인간의 개체 수는 비슷한 크기를 지닌—인간은 크기가 가장 큰 동물 중 하나이다—다른 동물들과 비교했을 때 최소한 1만 배에서 최대 10만 배 많다. 물론 사육자의 보호하에 개체 수가 수십 억으로 불어난 가축들은 예외이다(416쪽 참조).

지구에 사는 인구 절반의 평균수명은 번식 가능 수명을 충분히 넘어선다. 자연선택과 관련해서 의미 있는 나이는 번식 가능 나이뿐이다. 특히 물질적으로 사정이 좋은 20퍼센트의 인간은 생존을 위한 노력 외에 다른 활동에 몰두할 수 있는 시간을 누린다. 그들은 탐험을 할 여유를 가지며, 각자가 지닌 고유한 재능을 실현하여 인류에 기여할 여유를 가진다.

오늘날 인류는 나머지 80퍼센트의 인구에게도 그런 완전한 인생의 기회를 제공할 능력을 가지고 있다. 지구는 그런 능력을 우리에게 부여해주었다. 전체 어린이 80퍼센트의 성장을 방해하는 가난을 퇴치할 힘이 우리에게는 이미 있다.

이 낙관적 전망은 20세기가 진행되면서 실질적으로 밝아졌다. 20세기 후반부에 생존 자원의 증가는 인구 증가를 크게 앞지르게 되었다. 모든 대륙에서 인간의 수명이 길어짐에 따라 사람들은 출산을 자제하고 있다. 인간의 경우에는 번식욕이 정신의 통제하에 놓임이 증명된 것이다. 미래를 내다볼 수 있는 사람들은, 인구가 적으면 각자가 더 많이 가질 수 있다는 합리적 계산을 하게 되었다. 사정이 가장 좋은 20퍼센트의 인구에서 가족은 점점 줄어들고, 출산율은 인구유지 또는 감소를 가져오는 수준으로 낮아졌다. 이들 다음으로 사정이 좋은 (또한 수명이 긴) 20퍼센트의 인구도 같은 수준의 낮은 출산율을 향해 나아가고 있다. 세계인구는 1970년 전후 2퍼센트에 약간 못 미치는 증가율로 최고의 증가 추세를 보인 이후 점차 감소되는 증가 추세를 보이고 있다. 최근 10년 동안에는 극도로 가난한 나라들을 제외한 세계 모든 곳에서 출산율과 사망률이 모두 감소 추세를 보였다. 극도의 빈곤국가들로는 사하라 사막 이남의 아프리카 국가들을 들 수 있는데, 이곳에서는 사망률 감소가 정체되었으며, 일부에서는 사망률이 다시 증가했다.

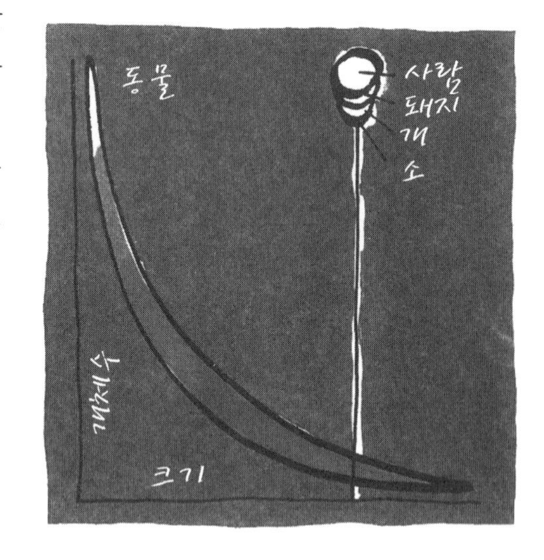

한편 전체 인구는 인구변천(demographic transition)—고사망률과 고출생률로 증가율이 0에 가까운 단계에서, 인구폭발을 거쳐, 저사망률과 저출생률로 다시 증가율이 0에 가까운 단계로 진행하는 변천—을 겪는 것으로 나타난다(63쪽 참조). 전세계에서 수집되고 미국에서 총괄된 주요 통계 자료에 따르면, 현재 세계인구가 두 배가 되면 지구에 살 수 있는 인구의 한계가 온다. 인구가 더 적으면 지구의 자원에 가해지는 부담이 더 적으리라는 것은 당연하다. 한계 근처에 도달한 상태에서 일어나는 생존투쟁은 인간이 지닌 사회질서 유지능력을 초월하게 될지도 모른다. 확인된 추세를 보면, 인구는 사람이 품위와 자유를 누리면서 살 수 있을 정도의 규모를 유지하는 안정상태에 접어들고 있다. 머지 않은 21세기 말이 되면 인류 전체가 지구에서 편안하게 살게 될 가능성이 충분히 있다.

그러나 이미 우리에게 익숙한 역사적 우연들에 의해 그 가능성이 멀어진다는 것을 인정하지 않을 수 없다. 20세기는 과학의 시대였을 뿐만 아니라, 유례없는 대규모 학살이 일어난 시대이며, 과학 덕택에 더 큰 학살을 일으킬 능력을 확보한 시대이기도 했다.

밝은 미래는 또한 그 미래를 실현할 수단들을 제때에 적용하지 못했기 때문에 위험에 처해 있기도 하다. 가장 최근에 이루어진 세계인구의 두 배 증가는 경작면적의 증가가 아니라 단위 경작면적당 산출량의 증가에 의해 뒷받침된 최초의 두 배 증가였다. 그러나 현재 지구 토양 표층은 매년 평균 1센티미터 두께로 침식에 의해 사라지고 있다. 가장 많고 가장 가난한 인구들이 사는 곤드와나랜드 대륙들에서는 2억 년 전 마지막 빙하가 암석권으로부터 파내간 후 남은 소량의 생물학적 필수 수용성 광물 원소들이 강물에 의해 계속해서 쓸려나가고 있다.

환경 충격

인간에게 자유를 안겨준 기계적 에너지를 얻기 위해 공업화된 문명은 계속해서 화석연료에 의존하고 있다. 태양 에너지를 비롯한 여러 대안 에너지 기술들—여러 방식의 태양 에너지 전환, 대양의 열 전환, 심층 건조 토양 열, 핵분열 등—이 이미 마련되어 있는데도 말이다. 지난 50년 동안 화석연료 연소량은 네 배로 증가했고, 이로 인해 대기로 유입된 이산화탄소는 자연적인 이산화탄소 총 순환량의 25퍼센트를 넘어섰다. 결과적으로 지구 전체가 더워져 전세계적 기후변화가 임박한 상황이다. 전세계적 기후변화는 농업에 치명적 타격을 줄 수 있다. 예상되는 해수면 상승으로 인해 전체 인류의 3분의 1이 거주지를 잃게 될 것이다. 현재 일어나고 있는 인구의 두 배 증가가 완성되려면, 인구는 지구의 전 영역에 분산되어야 한다. 그러기 위해서는 또 한 번 네 배의 에너지 증가가 요구된다. 그 에너지는 화석연료에서 나올 수 없다. 그 에너지는 대안적인 기술로부터 나와야 한다.

인간의 활동으로 인해 다른 기체들의 순환량도 증가했다. 예를 들어 질소순환은 자연적 순환의 두 배가 되었고, 메탄순환은 두 배 이상으로 증가했다. 인류는 현재 자연에는 없는 화합물, 예를 들어 악명 높은 탄화불소를 대기 속에 주입하고 있다. 이 비자연적 방출에 의한 불행한 효과에 대해서는 이론의 여지가 없다. 남반구 대기권 상층의 오존층이 얇아지는 불길한 현상이 관찰되었고, 현재 지속적으로 감시되고 있다. 이로 인해 지면에 도달하는 고에너지 태양 복사파가 증가하여 광합성 작용을 방해하기 시작했다. 가장 먼저 피해를 입고 있는 것은 남극해의 식물성 플랑크톤들이다. 이 문제는 남반구에서 피부암 발생이 늘어난다는 사실보다 더 심각한 문제이며, 지구 온난화보다 더 직접적으로 위협이 되는 문제이다.

1989년 체결된 몬트리올 국제협약과 이후의 보완의 효과로 오존층을 파괴하는 가장 해로운 기체들의 방출이 억제될 수 있을지도 모른다. 몬트리올 국제협약은 오존층 파괴 위험을 알린 과학 논문이 발표되고 채 10년이 지나기 전에 체결되었다. 인간이 가용한 수단으로 열어갈 수 있는 미래가 물거품이 되지 않을 것이라고 믿을 수 있는 희망의 근거가 바로 이런 사례들에 있다.

"우리의 사고방식만 제외하고 모든 것이 변화했다."

히로시마와 나가사키의 충격 앞에서 아인슈타인이 한 말이다. 반 세기가 지난 지금도 그 사고방식은 여전하다. 핵무기는 양적으로뿐만 아니라 질적으로도 급증하고 있다. 불안정한 후진국들이 보유한 1세대, 2세대 핵무기들은 잘 알려진 위험요소이다. 불명확한 공포 속에서 가공할 만한 3세대, 4세대 핵무기들이 여전히 개발되고 있다.

경제문제

'우리의 사고방식'은 개인과 사회가 지닌 원초적 공포의 표현이다. 그 공포는 경제 문제에서 비롯된다.

케인스는 경제문제를 이렇게 정의한다.

"그것은 인류가, 아니 인류뿐만 아니라 가장 원시적인 형태의 최초 생물 이후 생물계 전체가 항상 지녀온 가장 일차적이고 가장 중요한 문제인 생존투쟁 문제이다."

'경제문제' 해결을 위한 노동의 대가는 항상 불확실했고 대개 불충분했다. 따라서 인간은 역사에 기록된 최초의 과거 이후 언제나 불공평한 대가의 분배를 보장하는 가치 체계와 제도를 통해 활동을 제어해왔다. 이런 제어장치를 통해 소수만이 더 낫게 그리고 더 오래 살았다. 그 소수가 역사의 진보에 발맞추었고 고급문명을 창조했다. 다수의 대중들은 생존을 위한 노동 이외에 남은 약간의 힘을 소수의 기획을 뒷받침하는데 바치도록 이런저런 방식으로 강요되었다. 다수의 대중들은 출산을 통해 인구를 유지할 수 있을 정도까지만 수명을 유지했다. 최근까지도 세계인구는 대다수 사람들이 간신히 유지한 높은 출산율과 높은 사망률 사이의 작은 차이에 의해 증가했다.

오늘날의 세계가 이룬 물질적 풍요는 빈곤의 종말을 예고한다. 발전에 의해 이미 주도적 가치가 변화하고 있다. 경제문제 해결이 눈앞에 다가오자, 경제학의 주요 관심은 재화의 생산에서 분배로 바뀌고 있다. 레온티예프는 새로운 경제문제를 다음과 같은 우화로 표현했다.

> 낙원에서 추방되기 전 아담과 하와는 노동 없이 높은 생활수준을 누렸다. 추방 이후 그들과 자손들은 새벽부터 저녁까지 일하는 비참한 삶을 운명적으로 이어나가야 했다. 지난 200년의 기술발달 역사는, 본질적으로 낙원으로 돌아가는 길을 천천히 지속적으로 개척해온 역사라고 할 수 있다.
>
> 우리가 갑자기 낙원에 있게 된다면 (……) 어떤 일이 벌어질까? 노동 없이도 모든 재화와 서비스가 제공된다면, 누구도 임금 노동자가 되려 하지 않을 것이다. 고용되지 않는다는 것은 급료를 받지 못한다는 것을 의미한다. 결과적으로 변화된 기술문명의 조건에 맞는 새로운 소득정책이 만들어지지 않는다면, 모든 사람이 낙원 속에서 굶어죽게 될 것이다. 청교도적 '노동윤리'를 보존한다는 것은 (……) 너무 오래 지연된 난해한 사고방식을 고수하는 것에 불과하다. 고용과 실업에 대한 대중적·정치적 담론 속에서 가치의 재편이 이미 시작되었음을 알 수 있다. 오늘날의 담론 속에서 강조되는 것은 재화의 생산이 아니라 소득이다.

객관적 지식

생각이 새로운 방향으로 바뀔 필요는 없다. 다른 미래를 가져오는 힘은 객관적 지식의 축적이다. 그 객관적 지식은 농경혁명과 역사시대의 개막보다 훨씬 이전에 생겨난 사고방식으로부터 얻어졌다. 객관적 지식의 총체 속에는 인류가 탄생 이후 축적한 물리적 세계에 관한 경험이 모두 녹아 있다. 1950년대 아프리카 동부에서 발견된 최초의 석기들은 현재 알려진 호모 사피엔스의 최초 조상들이 객관적 지식을 활용했음을 명백히 보여준다.

250만 년 전에 만들어진 그 석기들은 호미니드과(사람과)에서 호모속(사람속)이 분화되었음을 보여주는 증거이다. 수가 많고 다채롭고 특수화되었으며 정교한 석기들은 지구 역사의 최후 100만 년인 "플라이스토세(Pleistocene)에 가장 흔하게 발견되는 화석"이라 일컬어져왔다. 인간의 활동이 남긴 이 화석은 정신의 자리인 뇌의 진화를 탐구할 수 있게 해주는 주요 자료이다. 20세기 중반까지만 해도 최초로 도구를 만든 것은 호모 사피엔스라고 여겨졌다. 도구제작은 인간의 지위를 대변하는 상징이다. 오늘날 밝혀진 바에 의하면, 최초로 도구를 만든 것은 호모 사피엔스 이전의 호미니드이다.

호미니드, 즉 인간-유인원은 400만 년 전에 유인원, 즉 호미노이드(Homimoid)에서 분화하여 당시 아프리카 남부에 펼쳐진 초원지대로 퍼졌다. 최초 석기들과 함께 발견된 제작자들의 두개골은, 이미 오래 전에 멸종한 다른 인간-유인원 사촌들의 두개골과 쉽게 구별되지 않는다.

도구제작은 자연선택에 의해 인간에 이른 계통선이 지닌 가장 결정적인 적응특성이다. 그렇다고 도구가 인간을 만들었다고 주장할 수는 없다. 도구를 만듦으로써 인간이 스스로를 인간으로 만들었다고 표현할 수는 있을 것이다.

목적의 탄생

다른 척추동물들도 도구를 만들고 사용한다는 것이 밝혀졌다. 야생 및 사육 상태의 침팬지가 새로운 상황이 부여한 문제를 독창적으로 해결하기 위해 도구를 고안하는 것이 관찰되었다. 다윈이 관찰한 핀치들 중 한 종류는 부리로 가시를 물어다가 딱따구리 둥지를 막는다. 다른 도구 제작자들과 인간의 차이는 어쩌면 종류의 차이가 아니라 정도의 차이인지도 모른다.

최초 도구 제작자들이 남긴 증거 중에는 다른 동물에게서 나타나지 않는 행동을 보여주는 것들도 있다. 그 증거들은 의식된 목적을 위해 도구가 제작되었음을 강하게 시사한다. 최초 도구 제작자들은 도구제작을 위해 특별히 마련된 시설에서 도구를 만들었다. 그들은 '나중에' 사용할 목적으로 '지금' 대량의 도구를 제작했다. 더 나아가 그들은 석기를 도구 제작용 도구로 이용해서 뼈를 비롯한 여러 재료로 된 도구를 만들었다. 이것은 2차 목적을 위해 1차 목적을 설정했음을 의미한다. 목적의 논리적 연쇄가 생겨난 것이다.

도구 제작자들은 인간-유인원 사촌들과 마찬가지로 잡식성이었다. 그들은 주로 초식을 했고 간간이 육식을 했다. 고양잇과 대형 육식동물들이 아프리카 초원에 남긴 사냥물이 최초 도구 제작자들에게 육식의 기회를 제공했다. 대형 육식동물들은 배불리 먹고 난 다음 사냥물을 다른 동물들에게 충분히 남겨준다. 도구 제작자들은 자칼이나 독수리와 함께 남은 고기를 청소했다. 그들이 사냥물에서 원하는 부위를 잘라내 거주장소로 가져갔음을 보여주는 증거들이 있다. 그들이 먹은 동물의 뼈는 주로 두 종류의 도구와 함께 발견된다. 고기와 연골을 자르는 칼과 뼈를 부수고 골수를 꺼내기 위해 사용한 손도끼가 그것이다.

그러므로 도구제작을 통해 이루려 했던 목적은 사회적 목적이었다고 해석할 수 있다. 도구가 먹이를 분배하는 데 쓰였기 때문이다. 이 행동 역시 다른 동물들에게서도 관찰된다. 양서류를 제외한 모든 육상 척추동물들이 먹이를 분배한다. 도구 제작자들은 그들의 도구제작 목적이 사회적 상황에 의해 더욱 강화되는 것을 발견했을 것이다. 도구를 제작하는 시점과 먹이를 확보하는 시점, 그리고 먹이를 거주장소로 옮겨오는 시점 사이에 놓인 시간적 간격은 타인들과의 관계 속에 있는 자신에 대한 의식이 싹틈으로써 더 장기적인 목적의식을 통해 극복되었을 것이다.

생물학적 시간—수만 년 또는 수십만 년—단위로 진행된 환경 지배력의 발달과 사회적 행동의 고도화에 의해 인간의 무력한 유아기가 안전하게 연장되었다. 태아 발생기에 이루어지는 뇌의 발달과 모태 밖에서 이루어지는 사회적 행동에 의해—사회적 행동과 도구제작은 상보적으로 발전했다—인간의 진화는 진보를 향해 나아갔다. 100만 년 또는 그 이상의 세월이 흐르면서 최초 호미니드가 지닌 적응적 장점인 무거운 골격, 두꺼운 두개골, 강한 턱과 커다란 송곳니가 사라지고, 새로 생겨나는 호모속의 특징인 가벼운 골격, 얇은 두개골, 확대된 뇌가 등장했다. 또 한 번 100만 년이 지난 후 마침내 호모 사피엔스가 등장했다. 월리스는 호모 사피엔스에게서 철학자의 정신을 발견하기도 했다.

영장류의 탄생

도구제작과 철학적 두뇌의 발전이 시작되기 이전에, 더 오랜 기간에 걸쳐 더 느리게 진행된 생물학적 진화에 의해 뇌는 복잡한 물리적 회로를 갖추었다. 인간 신화의 과정에 속하는 이 단계는 약 6500만 년 전 곤드와나랜드에 영장류가 등장한 것과 동시에 시작되었음이 분명하다. 초대륙 판게아의 남쪽 절반인 곤드와나랜드는 당시 북쪽 절반인 로라시아로부터 분리되는 중이었다. 지구적 대재앙에 의해 공룡이 멸종했고, 우점종이었던 겉씨식물들도 사라진 상태였다. 영장류는 속씨식물들 사이에서 번성한 포유류들 중 하나였다. 속씨식물들이 판게아 전체로 퍼져나감에 따라 영장류도 판게아 전체로 퍼졌다. 영장류 화석들은 북아메리카에서도 발견된다.

최초 영장류들은 식물과 곤충을 먹으며 크기가 쥐만 한 동물이었다. 이들은 새로운 숲의 무성한 잎새들 속에 보금자리를 마련하고 육식 포유류들로부터 자신을 보호했다. 최초 2000만 년 동안 수많은 영장류 속들과 종들이 분화되고 멸종했다. 초기 영장류들은, 오늘날 꾀꼬리들이 그러한 것처럼, 보금자리를 공유함으로써 소형 생태계들을 형성했다. 보금자리의 높이에 따라 층이 형성되었다. 층마다 나무의 종들이 다르고 국지적인 기후가 다르고 곤충의 군집이 달랐다.

그렇게 공중에서 살아감으로써 반고리관이 매우 발달하게 되었다. 갈릴레이의 포물선 경로를 따라 모든 움직임이 이루어지므로—수직방향의 가속에 의해 수평운동이 곧바로 잠식되므로—반사신경이 발달할 필요가 있었다. 옮겨갈 지점까지의 거리 판단은 생존과 직결되는 문제였으므로 양눈 시각이 자연선택적으로 유리했다. 영장목에 속하는 동물들의 특징은, 몸에 비해 커다란 뇌를 감싼 둥근 두개골과 앞을 향한 두 눈이다. 운동 중추가 시각과 관련된 피질과 강하게 연결되어 있는 뇌 구조는 영장목에게 고유하다.

영장류 뇌가 조직되어가는 동안 일부 계통에서는 나무 꼭대기에서 이동하는 생활방식으로 인해 골격의 재구성이 이루어졌다. 최초 영장류들은 나무에 기어오르거나 매달려 생활했다. 그러나 먹이에 더 신속하게 도달하기 위해 뛰고 움켜쥐는 동작이 선택되었다. 육상 사지동물에게는 수평적인 교량처럼 있는 척주가 골반에 중심점을 둔 수직기둥으로 바뀌었다. 앞다리는 팔이 되고 앞발은 움켜쥐는 손이 되었다. 이런 재조직화와 함께 그 계통의 영장류들은 고유한 이동방식을 완성했다. 그것은 가지에서 가지로 몸을 흔들면서 손으로 옮겨가는 방식이다.

이러한 변화에 성공함으로써 영장목은 곧 다양한 종으로 분화했다. 대표적인 속들과 종들은 그때 이후 현재까지 존속하고 있다. 오늘날에는 다람쥐 크기가 된 원원(原猿)아목(Prosimian)—안경원숭이, 여우원숭이, 늘보원숭이—동물들은 6500만 년 전에서 4500만 년 전까지 초기 영장류가 행했던 삶의 방식을 그대로 유지하고 있다. 이들은 곤드와나랜드 대륙들의 숲에 생존하고 있다. 최근까지 그들은 고립된 피난처인 마다가스카르 섬에서 번성했다. 벌목과 서식지 축소로 인해 그들은 오늘날 최후의 생존위협을 받고 있다.

약 4500만 년 전 양팔을 이용한 이동에 숙달하고 몸집이 점차 커지는 원숭이들이 조상 계통선에서 갈라져 나왔다. 이미 헉슬리와 다윈이 지적한 인간과의 유사성이 인정되어 이들에게는 유인원아목(Anthropoidea)이라는 명칭이 부여되었다. 꼬리로 매달리는 원숭이들은 약 4000만 년 전에 유인원아목 주계통선에서 갈라져 나갔다. 대서양이 열리면서 곤드와나랜드 남아메리카 부분에 고립된 그 원숭이들은 오늘날까지 이어져 신세계(New World) 원숭이가 되었다.

구세계 원숭이들은 곤드와나랜드 아프리카 부분에서 더 변화무쌍한 미래를 맞았다. 유라시아와 아프리카에 풍부하게 서식하는 히말라야원숭이, 마카크류, 맨드릴류 등 여러 긴꼬리원숭이과 종들이 그들로부터 나왔다. 약 1600만 년 전 유인원아목으로부터 인간과 더 유사한 호미노이드, 즉 유인원이 분화되었다.

호미노이드

당시 기후는 점점 더 시원해지고 건조해지고 있었다. 기후변화로 인해 아프리카 대륙에는 숲이 줄어들고 초원이 넓어졌다. 화초와 풀은 발굽동물들과 이들을 잡아먹는 육식동물들의 군집을 지탱했다. 몸집이 커지고 힘이 강해진 유인원들은 나무에서 내려와 새로운 환경인 초원으로 진출했다. 이들은 육상생활을 하는 초식동물로 그리고 이어서 숲 가장자리에 사는 잡식동물로 변해갔다. 나무 꼭대기에서 이동하는 데 적응한 골격으로 인해 그들은 일반적인 사지동물이 될 수 없었다. 땅 위에서 그들은 척주를 지면으로부터 45도 이상 세우고 긴팔 끝의 손가락 관절로 땅을 짚어 균형을 유지하면서 걸었으므로, 거의 두 발 동물에 가까웠다. 이동에 주로 사용되었던 손은 다른

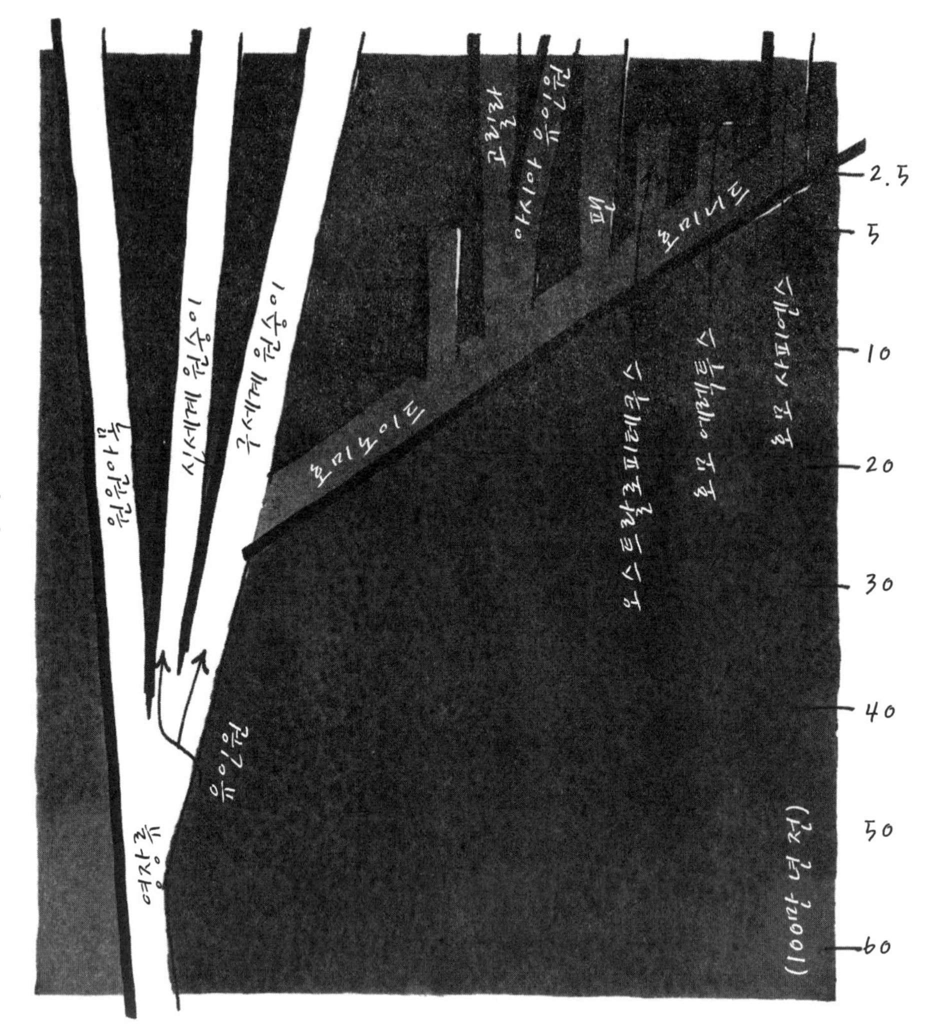

영장류 계통도의 뿌리는 6500만 년 전 곤드와나랜드의 숲 속 나뭇가지 사이에서 시작된다. 원원아목에 속하는 안경원숭이, 여우원숭이, 늘보원숭이는 오늘날의 곤드와나랜드 대륙(360쪽 참조)들에서 여전히 나무 위의 삶을 유지하고 있다. 유인원아목은 4500만 년 전에 분화를 시작했다. 곤드와나랜드의 분리로 인해 신세계 원숭이는 남아메리카에 고립되었다. 약 2000만 년 전 구세계 원숭이로부터 호미니드가 생겨났다. 호모속은 250만년 전 인간-유인원 도구 제작자들을 시작으로 갈라져 나왔다. 호모 사피엔스는 20만 년 전에 출현했다.

골반과 두개골의 진화로부터 호미니드 계통선에서 호모속이 분화되었음을 가장 뚜렷하게 알 수 있다. 손가락 관절로 걷는 대형 유인원의 골반에 있는 장골은, 45도로 기울어진 상체를 지탱하는 근육과의 연결을 위해 길게 확장되어 있다. 호모 에렉투스의 골반 장골은 이미 짧았고 근육구조는 완벽하게 두 다리로 걸었음을 추론하게 했다(426쪽 참조). 대형 유인원 두개골은 뇌를 감싸는 부분이 작고 얼굴뼈가 크다. 식물을 씹기에 적당한 커다란 이빨이 달린 턱을 지탱하기 위해 커다란 얼굴뼈가 필요했던 것이다.

유용한 기능들을 하게 되었다. 오늘날 동물원에서 볼 수 있듯이 유인원의 손은 먹이를 잡거나 관람객들의 접근을 막는 데도 사용된다. 아프리카 대륙이 북쪽으로 움직여 처음으로 유라시아 대륙과 충돌했을 때, 아프리카에는 프로콘술원숭이—초기 유인원의 대표격인 고릴라이면서 런던 동물원에서 큰 인기를 누린 한 원숭이의 이름을 따서 프로콘술이라 명명되었다—가 번성해 있었다. 프로콘술원숭이 화석은 유라시아 대륙 전역에서도 발견된다. 이 사실은 손가락 관절로 걷는 방식이 훌륭한 이동능력을 발휘했음을 보여주는 증거임에 틀림없다.

현대의 고릴라는 약 1000만 년 전 호미노이드 주 계통선에서 갈라져 나갔다. 고릴라보다 가냘픈 몸집의 유인원인 라마피테쿠스는 거의 같은 시기에 인도에 형성된 지층에서 화석으로 발견되었다. 한동안 '사라진 연결고리'라고 학계에서 주목받았던 라마피테쿠스는 오늘날 오랑우탄을 비롯한 여러 아시아 유인원들의 조상임이 밝혀졌다. 침팬지의 조상인 최초의 팬(Pan)은 약 700만 년 전의 화석에서 나타난다.

오늘날에는 살아 있는 영장류들의 DNA 염기서열을 조사함으로써 이제껏 화석자료를 통해 밝혀진 영장류 진화 계통도를 재검증하는 작업이 이루어지고 있다. DNA는 화석과 마찬가지로 각각의 영장류가 인간으로부터 얼마나 멀리 떨어져 있는지를 확인하는 증거가 된다. 화석으로 발견되는 시기가 늦은 영장류일수록 인간과 관계가 밀접하다. 모든 영장류 가운데 인간과 가장 가까운 것은 팬이다.

오늘날 화석증거들이 보여주는 바를 알았다면, 윌버포스 주교는 화를 덜 냈을지도 모른다. 인간의 조상 계통선에는 고릴라도, 침팬지도, 그 밖에 어떤 원숭이도 들어 있지 않다. 모든 원숭이들은 인간에 이르는 진화 계통선에서 갈라져 나간 옆가지들이다.

인간-유인원

인간-유인원, 즉 오스트랄로피테쿠스는 약 400만 년 전에 주 계통선에 등장한다. 화석 증거는 자연선택이 일으킨 결정적인 혁신을 드러낸다. 손가락 관절로 걷는 유인원의 경우 골반의 뒷부분에 있는 장골(iliac crest)이 높게 올라와 있다. 반면에 인간-유인원의 장골은 짧다. 이 사실, 그리고 다리와 등 근육이 골반에 연결된 위치 차이는 인간-유인원이 편안하게 직립에 적응한 두발 동물이었음을 보여준다. 이 때문에 인간-유인원이라는 명칭이 부여된 것이다(425쪽 그림 참조).

직립보행을 하는 오스트랄로피테쿠스의 손은 이제 완전히 자유롭게 다른 기능을 할 수 있게 되었다. 엄지손가락이 다른 손가락들을 완전히 마주 보는 구조를 지닌 손은 물체를 집어들고, 쥐고, 운반할 수 있었다. 손과 뇌는 상호협조 속에서 새로운 진화의 길을 열었다.

오스트랄로피테쿠스는 직립보행 덕분에 더 넓은 초원을 거주지로 삼을 수 있었다. 오스트랄로피테쿠스는 숲 가장자리를 유인원에게 내주고 초원으로 들어갔다. 질긴 섬유질을 으깨기에 적당한 인간-유인원의 커다란 어금니는 그들이 초식동물임을 의미한다. 초원에는 작은 사냥감들이 풍부하고 고양이과 육식동물이 남긴 사냥물도 있었으므로 인간-유인원은 필요할 경우 육식을 할 수 있었다. 키 150센티미터 몸무게 40킬로그램인 인간-유인원 수컷과 키 120센티미터에 몸무게 16~35킬로그램인 인간-유인원 암컷은 큰 턱과 단단한 근육을 가지고 있어 육식동물들에게 먹음직한 사냥감으로 보일 리 없었다.

오스트랄로피테쿠스가 존속하는 동안—호모 사피엔스가 존속한 기간보다 몇 배나 긴 기간이다—얼마나 많은 종들이 분화되었는지는 화석증거로는 알 수 없다. 오스트랄로피테쿠스 거주지역에서 발견된 것은 몇 개의 불완전한 두개골이 전부이다. 완전한 골격은 단 한 점도 발견되지 않았다. 한 종 내에서 암컷과 수컷의 모양이 달라지면 화석을 통해 종들을 구분하기가 어려워진다. 긴 오스트랄로피테쿠스 존속기간 전체에 걸쳐 최소한 두 가지 다른 모양이 공존했다. 오스트랄로피테쿠스 로부스투스는 뼈가 더 무겁고 두개골이 더 두껍다. 어떤 개체들의 경우 거대한 턱근육을 고정시키는 광대뼈의 폭이 넓어서 귀를 가릴 정도였다. 오스트랄로피테쿠스 그라실리스는 비록 '가냘픈'(그라실리스)이라는 수식어로 불리지만, 로부스투스에 비교했을 때 가냘펐다는 의미 이상은 아니다. 한 모양의 오스트랄로피테쿠스가 다른 모양으로 변해간 흔적은 발견되지 않았다.

발견된 오스트랄로피테쿠스 두개골 전체에서 뇌의 크기는 450~650세제곱센티미터까지 다양했다. 이 크기는 일반적인 호모 사피엔스의 뇌 크기인 1200~1800세제곱센티미터의 절반 이하이다. 그러나 뇌 크기 못지않게 중요한 것은 뇌 크기와 몸 크기의 비율이다. 이 비율을 기준으로 한다면, 인간과 오스트랄로피테쿠스 사이의 차이는 인간 개체들 사이의 차이 정도에 불과하다. 그러나 뇌 크기보다 훨씬 중요한 것은 뇌의 구조이다.

문화혁명

1959년 루이스 리키(L. Leakey)와 매리 리키는 탄자니아 올두바이 조지에서 최초 도구 제작자들의 뼈와 그들이 만든 도구들을 발견했다. 그들은 발굴된 자료의 연대를 처음에 50만 년 전으로 추정했다. 그러나 곧 더 나은 물리학적 측정을 통해 연대는 150만 년 전으로 수정되었다. 리키 부부를 비롯한 고인류학자들은 그때 이후 케냐 투르카나(Turkana) 호 서안에서 발굴작업을 계속했다. 그들은 최초 도구제작 시기를 100만 년 더 과거로 되돌릴 수 있게 해주는 증거들을 발견했다.

250만 년 전을 기점으로 해서 그 이후의 화석들은 새로운 속(genus)이 생물학적으로 분화했음을 보여준다. 전환점과 전환점 사이의 시간 간격은 수천만 년에서 수백만 년으로 이어서 수십만 년으로 점점 짧아진다. 이제 생물학적 진화는 사회적 진화와 함께 진행된다.

최초 도구들을 찾는 작업에는 조심성과 상상력이 함께 요구된다. 한 손에 쥐기 적당한 크기인 쐐기 모양의 손도끼는 제작자에 의해 만들어졌다고 보기 어려울 수도 있다. 반면에 돌칼들은 제작자의 수공이 가해졌음을 더 분명하게 드러낸다. 올두바이 조지와 투르카나 호에서 발굴된 돌칼들은 주로 입자가 가는 화성 응회암으로 되어 있다. 리키 부부는 재료가 된 암석이 '채석'된 장소를 확인했다. 그 장소는 돌칼들이 발견된 곳으로부터 수 킬로미터 떨어진 곳에 있었다. 도구 제작자들이 이렇게 암석의 성질을 알고 판단했다는 것은, 이미 오래 전에 또한 상당한 수준으로 객관적 지식의 축적이 시작되었음을 알려준다.

투르카나 호 발굴지 중 한 곳에서 나온 2683점의 가공된 석기 조각들은 또한 당시 제작자들이 상당한 제작기술을 지니고 있었음을 보여준다. 떼어낸 조각들과 완성된 돌칼들을 다시 맞추어 보는 방식으로 고인류학자들은 조약돌 몇 개를 재조립할 수 있었다. 제작자들은 적당한 자리를 적당한 힘으로 '때려' 석기를 만들었던 것이다. 제작자가 돌칼 제작에 사용한 도구는 단단한 돌망치였다. 돌망치 역시 같은 지점에서 발굴되었다. 제작자는 한 손에 돌망치를 들고, 다른 손에 쥔 조약돌을, 어떻게 깨질지 예상하면서 내리쳤다. 그는 작업을 반복해서 모양이 유사한 돌칼들을 여러 점 만들었다. 리키 부부는 그들이 발견한 최초 도구 제작자를 호모 하빌리스, 즉 '솜씨 있는 사람'이라고 훌륭하게 명명했다. 그들이 발굴한 지점은 도구 제작장이었음이 거의 확실하다. 제작자는 의식 속에서 설정한 목적을 행동으로 옮겨 도구의 생산에 종사했던 것이다.

투르카나 호 다른 발굴지들에서 리키 부부와 그들의 아들 리처드는 석기들과 함께 호미니드 개체 100명이 남긴 두개골 파편과 턱뼈를 발굴했다. 발굴물들은 240만 년 전에서 150만 년 전에 이르는 90만 년의 기간에 형성된 지층에서 나왔다. 그들은 호미니드 개체 여섯 명의 두개골을 신뢰할 만하게 재조립했다. 세심한 감정과 많은 논쟁을 거쳐 그 중 세 개의 두개골은 오스트랄로피테쿠스속 로부스트종으로 판정되었다. 그 판정에는 한 증거가 결정적으로 작용했다. 그 세 두개골은 도구들과 함께 발견되지 않았다. 다른 세 두개골은 외모로 볼 때 오스트랄로피테쿠스 그라실리스의 한계 정도에 해당했다. 도구와 함께 발견된 두 두개골은 호모속 에렉투스종으로 분류될 수 있었다. 호모 하빌리스는 오늘날 호모 에렉투스로 불린다. ER-1470이라는 기호가 매겨진 나머지 세번째 두개골에 관해서는 분명한 합의가 이루어지지 않았다. 그 두개골은 분명 '가냘프고', 뇌 크기도 775세제곱센티미터로 충분히 크지만, 아쉽게도 도구와 함께 발견되지 않았다.

두개골은 그 속에 들어 있던 뇌의 크기를 알려줄 뿐 아니라 뇌의 구조에 관해서도 어느 정도 정보를 준다. 석고 모형을 만들어서 두개골 내면의 모습을 관찰할 수 있다. 돌출된 뇌막 동맥들의 흔적을 찾아내면, 뇌의 주요 하부 구조들의 경계가 어디에 있었는지 알 수 있다. 시각피질이 있는 곳인 후두엽은 유인원에게 비교적 크다. 반면에 측두엽(기억능력), 두정엽(감각지각 능력), 전두엽(운동-적응 능력, 그리고 언어능력의 중심 장소인 브로카 영역(Broca's area))은 모두 인간에게 비교적 크다

호모 에렉투스

ER-1470 두개골의 내부 석고 모형은 그 속에 있던 뇌가 '본질적으로 인간의 뇌'였음을 보여주었다. 다른 두개골이 발굴될 때까지는 ER-1470을 최초 도구 제작자의 두개골로 간주해도 좋을 것이다. ER-1470의 주인은 호모 에렉투스 계통의 아담이다.

호모 에렉투스의 머리는 오스트랄로피테쿠스 계통에서처럼 척주 위에 앞으로 기울어져 매달려 있지 않고, 척주 바로 위에 얹혀 있었다. 호모 에렉투스는 완전히 직립했다. 호모 에렉투스의 흔적은 오스트랄로피테쿠스 흔적과 함께 나타난다. 이는 두 속이 초원 위의 동일한 생태공간을 100만 년 이상 공유했음을 의미한다. 그 100만 년 남짓의 기간에 걸쳐 오스트랄로피테쿠스의 흔적은 사라진다. 사하라 사막 이남 아프리카에 있는 거의 1000곳에 가까운 야외 발굴지에서 호모 에렉투스 군집이 성장했다는 증거가 나왔다. 100만 년 전에 이를 때까지 호모 에렉투스는 프로콘술원숭이와는 달리 유라시아로 건너가지 않았다. 오스트랄로피테쿠스가 유라시아로 건너갔는지는 아직 밝혀지지 않았다. 호모 에렉투스가 일찍 유라시아로 건너갔다면, 그곳에 풍부한 석기들을 증거로 남겼을 것이다. 반면에 오스트랄로피테쿠스는 그런 증거를 남기지 않는다.

19세기와 20세기 초의 고고학자들은 그들이 프랑스 남부의 발굴지 지명을 따 '아슐리안'(Acheulian) 문명이라 명명한 문명이 이른바 석기문명 가운데 가장 원시적이고 가장 오래 되었음을 밝혀냈다. 아슐리안 문명은 오늘날 지명 올두바이 조지를 따서 올도완(oldowan) 문명이라 불린다. 그 문명이 남긴 석기들은 호모 에렉투스의 작품임이 밝혀졌다. 이를 통해 유라시아 대륙에서 이루어진 인간 진화의 증거는 50만 년 더 과거로 앞당겨졌다.

올도완 문명에 속하는 석기들은 유라시아 대륙 전체에서 발견된다. 이는 호모 에렉투스가 유라시아 전역을 거주지로 개척했음을 의미한다. 80만 년 또는 그 이상의 기간에 걸쳐 호모 에렉투스 거주지의 북방 한계는 플라이스토세에 있었던 네 번의 빙하작용—어쩌면 65만 년 전에 시작되었을지도 모른다—의 영향으로 전진하고 후퇴했을 것이다. 호모 에렉투스는 이미 70만 년 전에 당시 두번째 빙하작용으로 인해 해수면이 낮아져 유라시아 대륙과 연결된 자바 섬에 도달했다. 1891년 이루어진 자바 원인 발굴은 사라진 연결고리의 발견이라고 환영받을 만한 또 하나의 사건이었다. 오늘날 자바 원인은 확실히 호모 에렉투스로 밝혀졌다. 1929년 역시 학계의 흥분 속에 발견된 베이징 원인은 오늘날 연대가 60만 년 전으로 측정되었으며, 확실하게 호모 에렉투스 계통으로 분류되었다.

고고학자들과 인류학자들은 1980년대 베이징 남서쪽 50마일 지점의 계골산(鷄骨山) 동굴에서 20만 년 동안 호모 에렉투스가 살았던 거주지를 발견했다. 40만 년 전부터 20만 년 전까지 그곳에서 호모 에렉투스가 살았다. 모두 13개의 층이 발굴되었고, 모든 층에서 불을 사용한 증거가 나왔다. 가장 낮은 층에서 나온 증거는 '사람'이 불을 사용했음을 보여주는 가장 오래 된 확실한 증거이다. 이곳에서 나온 증거는 불을 지핀 사람이 있었음을 말해주는 다른 풍부한 증거들을 동반하고 있다. 반면에 다른 지역의 더 오랜 발굴지에서 나온 증거는 화석이 된 목탄 정도가 고작이다.

낮은 층들에서 나온 손도끼는 폭이 8센티미터 무게가 50그램 정도로 큰 편이다. 돌칼의 재료는 사암이다. 더 높은 층들에서 나온 도구들은 학자들이 기대해온 진보를 보여주었다. 도구들은 분화되고 세련화되었다. 도끼, 칼 등이 더 다양해졌고, 송곳으로 쓰인 뾰족한 돌과, 엄지손가락과 집게손가락으로 쥐는 '작은 칼'로 사용된 작고 납작하고 날카로운 돌도 발견되었다. 석기 제작자들은 석영이 사암보다 강하다는 것을 알고 있었다.

많은 실험실에서 원시적인 도구들을 만들고 사용하는 재현 실험이 이루어졌다. 어떤 물질을 다루는 데 쓰였는가에 따라 도구에 고유한 모양의 흠집과 마모가 생긴다는 것이 밝혀졌다. 그 흠집과 마모 부위를 고배율 현미경으로 관찰함으로써 고대의 도구들이 어떤 물질을 다루는 데 쓰였는지 밝힐 수 있었다.

이런 증거를 토대로 밝혀진 바에 따르면, 계골산 동굴에서 나온 도구들은 나무나 뼈나 가죽으로 된 제품을 만드는 데 쓰였다. 그곳에서 발굴된 화살촉과 창촉, 그리고 주로 사슴인 짐승 3000마리의 유골은, 육식동물이 남긴 고기를 먹는 생활이 물러가고 사냥이 시작되었음을 의미한다. 모든 층에서 발굴된 씨들은 지속적으로 채집활동이 이루어졌음을 보여주는 증거이다.

동굴에서 증거가 발견되었다고 해서 호모 에렉투스가 동굴에만 거주했다는 결론을 내릴 수는 없다. 호모 에렉투스는 계절에 따라 간혹, 특히 빙하기의 매서운 추위가 닥쳐올 때, 계골산 동굴을 비롯한 여러 동굴에서 거주했다. 대부분의 시간 동안 호모 에렉투스는 이동하는 사냥감들을 따르고 계절에 따라 순환하는 식물군을 찾아 익숙한 경로로 움직이면서 살았을 것이다. 그들이 이동 중 야영한 곳에 남은 흔적을 보면, 경제 단위를 이룬 가족 구성원이 25명 이하였음을 알 수 있다. 그들은 저장물이나 소유물에 구애될 필요 없이 계절마다 옮겨다닐 수 있었다. 그들은 이로운 것과 해로운 것에 관한 시도-오류 경험을 통해 얻은 지식을 가지고 주변환경에 기대어 살아갔다.

이동하는 무리들은 서로 마주쳤을 것이 분명하다. 그런 만남은 아들이나 딸을 가족 이외의 개체와 짝지을 좋은 기회가 되었을 것이다. 배움의 결과인지 아니면 자연선택의 결과인지는 확실치 않지만 근친혼 금기는 보편적이다. 이런 방식으로 이루어졌을 경험의 공유를 통해 수만 년 동안 유라시아 전역에서는 도구제작 기술에 동일한 혁신들이 일어났다. 가뭄이나 폭풍 또는 육식동물이나 사고나 질병에 노출되어 있었으므로 살아남아 자손을 남기는 호모 에렉투스는 소수에 불과했다. 그러나 그 살아남은 벌거벗은 털복숭이 조상들은 그들이 전 세대로부터 배운 것을 자손에게 가르쳤다.

20만 년 전에서 10만 년 전 사이의 기간 동안에는 '원시인'(archaic man) 집단이 유라시아 대륙 서부에 더 많았음을 증거를 통해 알 수 있다. 1856년 뒤셀도르프 근처 동굴에서 처음 발견된 네안데르탈인은 서유럽에서 중앙 아시아까지 그들이 이룬 무스테리안(Musterian) 문명의 흔적을 남겨놓았다. 뼈가 무겁고 두개골이 두꺼운 네안데르탈인은 물리적 특성상 호모 에렉투스였다. 무스테리안 문명의 석기들은 주거용 덮개가 제작되었음을 시사한다. 그것은 어쩌면 가죽 천막이었는지도 모른다. 불자리를 둥글게 둘러싼 매머드 뼈들이 한 발굴지에서 확인되었는데, 이는 천막이 사용되었음을 보여주는 한 증거이다. 매머드의 뼈는 네안데르탈인의 용맹성을 입증하며, 또한 집단적인 사냥을 증언한다. 암벽 회화와, 장신구 및 도구가 함께 매장된 무덤은 이들이 상징적인 의사소통을 했음을 말해준다. 대화와 언어는 배운 것을 가르치는 일에 효율을 높이기 시작했을 것이 분명하다. 유라시아 동쪽 끝에서 자바 원인과 베이징 원인 이후에 살았던 솔로인(Solo Man) 역시 같은 시기에 대등한 문명을 일구고 있었다.

예일 대학 지구 역사 측정 연구소(Geochronometric Laboratory) 소장이며 생태학자인 데비 주니어의 추정에 따르면, 이 시기까지 지구 위에 살았던 호모 에렉투스 총 개체수는 약 350억에 달한다. 당시 아프리카와 유라시아 대륙에 현존하는 개체 수는 백만에 이르렀다. 호모 에렉투스는 성공적인 종이었다고 인정해야 할 것이다.

데비는 이 진화의 단계를 '문화혁명'이라 칭했다. 이후에 일어난 농경혁명 및 산업혁명과 마찬가지로 문화혁명 역시 인구폭발을 가져왔다. 250만 년 전에 등장한 작은 집단이 100만 명으로 증가한 변화를 로그함수 단위로 그래프화하면, 산업혁명으로 인해 일어난 인구변화를 같은 방식으로 그래프화했을 때 얻는 것과 동일한 곡선이 나온다. 산업혁명으로 인한 인구폭발은 많이 연구된 주제이다.

언급한 세 혁명 중 파급효과가 가장 큰 것은 문화혁명이라고 할 수 있다. 문화혁명으로부터 호모 사피엔스가 나왔다. 이때 이후의 짧은 세월 동안 이루어진 인간의 중요한 진화는 모두 사회적 진화이다. 진화기간은 수만 년 그리고 수천 년으로 짧아진다.

호모 사피엔스

10만 년 전에서 5만 년 전 사이에 유라시아 전체의 원시인 집단들은, 뇌가 크고 이마뼈가 밋밋하며 골격이 가벼운 호모 사피엔스로 대체되었다. 이 역사 이전 시기를 연구하는 사람들은 언제 그리고 어떻게 호모 사피엔스가 등장했는지에 관해 여러 다른 견해를 가지고 있다.

일부 연구자들은, 원시인들이 아프리카와 유라시아 어느 곳에서든 각자 그 자리에서 현대인으로 진화했다고 주장한다. 호모 에렉투스라는 동일한 유전적 줄기에 속하는 지구 전역의 원시인들은 본질적으로 동일한 자연선택의 압력 속에서, 유라시아까지 미친 많은 상호접촉의 연쇄 속에서, 모두 호모 사피엔스를 향해 진화했다고 그들은 주장한다. 이 생각에 따른다면, 사람 종 내부의 인종 분화는 집단들의 고립을 통해 설명될 수 있을 것이다.

다른 연구자들은 20만 년 전에서 10만 년 전 사이에 호미니드 진화의 고향인 아프리카에서 호모 에렉투스로부터 호모 사피엔스가 분화되었다고 주장한다. 언급한 시기의 막바지에 호모 사피엔스는 아프리카를 떠나 유라시아로 들어왔다. 연구자들은 호모 사피엔스의 이동이 프로콘술원숭이의 이동으로 시작된 유인원아목(호미노이드) 이동의 세번째 파도였다고 말한다. 호모 사피엔스와 호모 에렉투스의 공통조상이 아프리카에 살았다는 주장은 유전학적인 근거에 의해 뒷받침된다.

현재 세계 주요 인구집단의 미토콘드리아 DNA 표본들의 서열확인이 이루어져 있다. 난자로만 전달되는 미토콘드리아 DNA(mtDNA)는 양성교배로 인한 재조합을 겪지 않는다. 그러므로 mtDNA 서열의 차이는 전적으로 돌연변이에 의해서만 생겨난다. 돌연변이는 일정한 비율로 일어나므로, mtDNA 서열의 변화 정도는 오랜 세월을 통해 일어난 유전적 분화의 정도를 알 수 있게 해주는 믿을 만한 척도가 된다.

전세계 인구집단들의 mtDNA 뉴클레오티드 교체상황을 되짚어 추적하면, 그들이 모두 20만 년 전 아프리카에 살았던 한 번식집단 속의 여성들을 조상으로 두었다는 것을 알 수 있다. 그 여성들은 '하와'(Eve)라 불린다. 하와를 출발점으로 해서 변화를 따져보면, 아프리카인과 유라시아인의 분리는 10만 년 전에 일어났고, 아시아인과 유럽인의 분리는 5만 년 전에 일어났음을 알 수 있다.

사람들 사이의 인종 차이는, **각자 그 자리에서** 모형이 주장하는 대로 수십만 년에 걸친 유전적 고립에 의해 생겨났다기에는 너무 사소하다고 유전학자들은 주장한다. 다른 인종들로부터 가장 오랫동안 고립되어 있었을 아프리카인들의 검은 피부도 단지 네 개의 유전자, 그리고 상관된 네 개의 열성 유전자를 통해서 설명된다. 호모 사피엔스는 한 장소에서 진화한 것이 분명하다. 이른바 인종들은 그 이후에 유전적 이동에 의해 분화되었다.

드물게 얻어지는 화석증거들도 호모 사피엔스가 아프리카에서 발생했다는 주장이 예상하는 대로 적당한 시기에 적당한 장소에 있었음을 입증하기 시작했다. 9만 년 전에서 7만 5000년 전 사이에 호모 사피엔스는 아프리카에서 나타났다. 6만년 전에는 서아시아 지역에 나타나고, 4만 5000년 전에는 동아시아에서 나타났다. 호모 사피엔스는 약 6만 년 전에 남부 유럽에 등장해서 4만 5000년 전까지 호모 에렉투스 네안데르탈과 함께 살았다. 그러나 두 집단이 서로 교배했다는 흔적은 없다. 이 사실 역시 이들이 상이한 종이었음을 입증한다.

각자 그 자리에서 가설을 주장하는 사람들은 즉각적으로 다음과 같은 유전적 원리를 들어 반론을 제시할지도 모른다. 유전자는 반드시 후손을 남기는 법이다. 그러나 화석은 그렇지 않은 유전자도 있음을 증언한다.

호모 사피엔스는 위스콘신 빙하작용(Wisconsin glaciation)이 절정에 이르렀을 때 유라시아 대륙에 첫발을 디뎠다. 빙하작용이 약해지자 이들은 4만 5000년 전에서 1만 년 전 사이에 대륙 전체에서 고전적인 구석기 문명을 일군 주역이 되었다. 약 3만 5000년 전 일부 호모 사피엔스가 빙하작용으로 인해 해수면이 낮아져 육로로 연결된 베링 해협을 건넜다. 티에라델푸에고에도 이미 6000년 전에 사람이 살았음을 보여주는 흔적들이 발견되었다.

이누이트인(Inuit)은 베링 해협을 건넌 모험적인 집단들 중 하나임이 분명하다. 그들은 빙하 곁에서 살아가는 것에 적응하여 북극 지방에 정착했다. 또 다른 모험적 집단은 플라이스토세 최후의 빙하작용으로 낮아진 바다를 건너 4만 년 전에 뉴기니와 오스트레일리아에 도달했다. 이들은 대양을 최소한 70킬로미터 횡단했다. 이 거리는 당시의 대양 횡단 최장거리 기록임에 틀림없다. 약 3500년 전에 태평양 군도에 정착하기 시작한 석기 문명인들의 횡단항해 앞에서는 빛이 바래는 기록이지만 말이다.

호모 에렉투스 밀려나다

호모 사피엔스가 호모 에렉투스를 밀어낸 것은 신다윈주의적 '생존투쟁'을 보여주는 전형적인 사례로 생각될지도 모른다. 각자 그 자리에서 가설의 지지자인 하버드 대학 하웰스(W. W. Howells)는 신다윈주의적 해석을 당연시했다. 1979년까지도 그는 호모 에렉투스 대체설을 반박하는 증거로, '살해된 네안데르탈인 유골과 초기 구석기,' 즉 호모 사피엔스의 석기가 '함께 발견된 동굴'은 없다는 것을 강조했다.

호모 사피엔스가 폭력을 행사할 수 있었음은 인정되어야 한다. 그러나 진화는 약자를 제거하는 방식보다는 강자를 적극적으로 선택하는 방식으로 이루어진다는 것이 밝혀졌다. 신종합설이 말하는 '적자성'은 결국 자손의 생존에 달려 있다. 심프슨은 이렇게 올바르게 주장한다.

> 새로운 번식방식을 통해 이득을 얻는 것은 대부분 투쟁개념과는 아무 상관이 없는 평화로운 과정이다. 그 과정은 더 많은 경우에, 생태환경과 융합하기, 자연질서를 유지하기, 가용한 먹이를 더욱 효율적으로 이용하기, 새끼를 돌보기, 번식을 방해할 수 있는 집단 내부의 분쟁을 제거하기, 경쟁물이 아닌 대상들을 또는 다른 종들이 덜 이용하는 대상들을 이용하기 등과 관련된다.

아프리카와 아시아에 퍼진 100만 명의 호모 에렉투스가 형성한 인구밀도는 83제곱킬로미터당 1명이었다. 호모 에렉투스와 호모 사피엔스가 각각 100만 명씩 같은 종류의 거주지들을 공유한다 할지라도 공간은 넉넉했을 것이다. 오스트랄로피테쿠스와 호모 에렉투스는 아프리카 초원을 100만 년 동안 공유했다.

호모 에렉투스가 밀려난 것은 심프슨이 나열한 몇 가지 범주의 행동에서 호모 사피엔스가 그들보다 능숙했기 때문임이 분명하다. 수만 년에 걸쳐 유라시아 대륙 전체에서 네안데르탈인들과 그들의 사촌들은 점점 수가 줄어들면서 변방으로 밀려나게 되었다.

때때로 호모 에렉투스와 호모 사피엔스 사이에 개인적 집단적 폭력충돌이 있었을 수도 있다. 그런데 동굴은 그런 충돌이 확률적으로 가장 적게 일어날 만한 공간이었을 것이다. 충돌이 더 많았을지도 모르는 여타 장소에는 과거의 흔적이 남아 있지 않다. 카인이 아벨을 살해한 흔적은 발견되지 않았다.

원시언어는 없다

유라시아에 들어온 최초 호모 사피엔스의 두개골 화석은 극소수에 불과하므로, 그들의 능력이나 생활방식에 관해 많은 것을 알아낼 수 없다. 최선의 지식은 지금도 현존하는 석기문명들에 대한 인류학자들의 연구에서 얻어진다. 가장 잘 알려진 문명들은 아마존 지역 토착민들, 아프리카 피그미족, 그리고 북아메리카 및 유라시아 북극해안 지역의 이누이트족의 문명이다.

먼저 능력과 관련해서 언급하자면, 위의 문명들 중 어디에서도, 또한 모든 대륙의 어떤 토착민들에게서도 현대언어보다 열등한 원시언어가 발견되지 않았다. 언어능력 획득은 가족과 씨족을 사회적 배경으로 하여 이루어진 생물학적 진화로 호모 사피엔스가 생겨나는 과정에서 일어난 성취의 최종단계이다. 원시언어 같은 것은 존재하지 않는다. 지금까지 연구된 모든 언어들은 동일한 심층 통사구조를 기반으로 한다. 그 구조는 전세계에서 사용되는 크리올(creole) 언어에서 명확하게 노출된다.

크리올 언어는 구조가 없거나 대략적인 피진(pidgin) 언어를 사용한 부모의 자식들에 의해 발명된다. 예를 들어 외국인 노동자들은 새 나라의 언어에서 최소한의 필수단어만 받아들여 사용한다. 언어학자들이 하와이에서 관찰했듯이, 피진 언어 사용자의 자식들은 부모의 피진 언어와 태어난 나라 언어를 적당히 섞어 말하는 방법을 배운다. 뒤따를 일관적인 모형이 없음에도 불구하고 그들은 그들 나름의 언어를 구성한다. 많은 아프리카 혈통의 미국 빈곤층 아이들에 의해 학교에 들어오는 나쁜 영어는 과거 노예 시절에 태어난 조상들이 썼던 크리올 언어이다. 크리올 언어들은 각각 정당한 권리를 지닌 언어이다. 각각의 크리올 언어는 나름대로 고유한 방식으로, 단수와 복수의 구분에서부터 직설법과 접속법의 구분까지, 언어가 해결해야 할 공통적인 문제들을 해결한다.

잘 알려져 있듯이 촘스키가 발전시킨 주장, 즉 인간의 모든 언어의 기반에는 보편문법이 있다는 주장은 많은 증거에 의해 강력하게 뒷받침되고 있다. 보편문법은 자연선택에 의해 뇌 속에 고정배선되었거나 다른 방식으로 장착된 상징적 의사소통 능력의 표출이다. 보편문법의 습득은 호모 사피엔스의 등장으로 완결되는 생물학적 진화 속에서 일어났음이 분명하다. 최초의 호모 사피엔스 두개골 속에 들어 있던 정신은, 이후 시간의 흐름과 함께 물리적 세계에 관한 지식을 축적해 현재의 지식 수준에 도달한 정신과 동일하다. 또한 최초 호모 사피엔스의 정신은 가장 원시적인 문명에서나 가장 고도화된 문명에서나 인간의 머릿속을 채워온 모든 상상세계들을 발명했다.

사냥과 채집으로 살아가는 현존 토착민들은 예외없이 연구자들에게 세계에 관한 새로운 지식을 가르쳐준다. 과거 월리스처럼 아마존 지역을 탐사하며 자료를 모으는 민족생물학자(민족생물학은 토착민족들이 지닌 생물에 관한 지식을 연구하는 학문이다-옮긴이)들은 아직도 토착민들의 지식을 완전히 수집하지 못했다. 토착민들은 고도로 다양한 열대 식물군 속에서 수많은 식물들을 구별하고 이용한다. 그들이 먹는 과일들과 덩이줄기들은 문명세계의 시장으로 진출하고 있다. 평범한 샤먼(Shaman)은 신경 작용 독극물(투창이나 화살에 바르는 독), 항생제, 피임약, 환각제, 항암제로 추정되는 약물 등을 얻는 방법을 줄줄이 꿰고 있다. 민족식물학 연구는 제약회사들이 주로 투자하는 연구 중 하나이다.

20세기 초 캐나다 북극 연안에서 이누이트족과 생활한 스테판손(V. Steffansson)은 이누이트들이 다정하고 대하기 편하다는 것을 발견했다. 그들은 방문자가 보기에 척박하고 열악한 환경 속에서도 방문자에게 우호적이었다. 그들은 요리를 위해 불을 피우지만 난방을 위해 별도로 피우지는 않았다. 그들은 옷과 집을 능숙한 솜씨로 지어 체온을 보존했다. 그들은 옷과 천막과 도구와 사냥무기와 배를 만들기 위한 재료를 바다표범으로부터 얻었다.

콩고 강 유역의 숲에 사는 바미키 은데 은두라—피그미족이 스스로를 부르는 이름으로, 숲의 사람을 뜻한다—는 생태계에 통합된 한 요소로서 살아간다. 그들의 생활방식은 숲 주위에 있는 정착 농경마을과의 오랜 교역관계에도 불구하고 본질적으로는 변화 없이 유지되고 있다. 미국 자연사 박물관의 턴벌(C. Turnbull)은 1970년대

초 최초로 그들을 따라 숲 속으로 들어갔다. 그는 당시 피그미족의 인구를 4만 명으로 추정했다.

약 30가족이 모여 이룬 집단이 100개 있었다. 그들은 약 100제곱킬로미터 넓이의 평화롭게 제한된 영역들을 점하고 있었다. 가족의 규모는 작았는데, 이는 석기시대의 높은 유아 사망률과 짧은 평균수명을 대변한다. 인근 마을과의 교역을 통해 들어온 정글도(machete)가 원시적인 돌칼 대신 사용되었고 화살들 일부에는 금속 촉이 달려 있었다. 그 외에 연장과 무기와 도구는 숲에서 얻은 재료로 만들었다.

집단 내에 뚜렷한 위계질서는 없었다. 모두가 공동체의 생존을 위해 나이와 성에 따라 분화된 임무에 참여했다. 새로운 야영지에 도착하면 남성들이 재료를 공급하고 여성들이 나뭇잎을 엮어 둥근 지붕을 얹은 집을 만든다. 사냥꾼들은 나이가 제법 든 아이들과 여자들과 함께 길목에 쳐둔 그물로 영양이나 그 밖에 더 작은 짐승들을 몬다. 그물 곁에 있던 다른 사냥꾼들은 창이나 활로 짐승들을 잡는다. 어디에 과일과 식용 뿌리가 있는지 아는 것은 여자들이다. 야영지는 주기적으로 옮겨진다. 숲을 놀리는 기간이 있는 것이다. 집단이 이동할 때는 금속으로 된 도구만 챙겨 이동한다. 이동할 때 그들은 숲이 울리도록 크게 떠들고 노래한다. 그렇게 해서 표범을 비롯한 육식동물들을 쫓는 것이다.

원시예술은 없다

호모 사피엔스의 유라시아 정복은 당시에 만들어진 예술품들에 화려하게 기록되기도 했다. 동굴의 지붕과 벽을 장식하는 석기시대 예술품들이 프랑스와 스페인에서 발견되었다. 석기시대의 사원이라 할 만한 그 동굴들 속에서 호모 사피엔스 화가들은 3만 년 전부터 1만 년 전까지 2만 년에 걸쳐 작업했다. 가장 오래 된 작품들 속에는 마지막 빙하를 따라 북쪽으로 간 순록이 등장한다. 화가들은 털로 뒤덮인 매머드와 유럽들소를 그렸고 멸종한 유럽 야생소 오로크스를 그렸다. 화가들의 동시대인들은 오로크스의 멸종에 한몫했다. 라스코 동굴의 한 거대한 방의 지붕에는 코끝에서 꼬리까지 길이가 약 5미터에 달하는 웅장한 오로크스 수컷 그림이 있다. 가장 오래 된 그림들 속에는 코뿔소와 대형 고양잇과 동물도 등장한다. 이들은 마지막 빙하가 성장할 때 아프리카로 퇴각했을 것이다. 붉은사슴과 말(당시에는 아직 사냥감이었다)은 전시대의 그림에서 볼 수 있다.

이 그림들에는 예외없이 종교적 의미가 부여되었음이 분명하다. 종교적 의미는 매우 추상적이거나 사실적으로 묘사된 사람의 성기에서도 느껴진다. 예술가들을 이끈 동기는 의심의 여지 없이 종의 유지와 번창을 위하는 마음이었을 것이다. 예술가들의 바람이나 마술이 무엇이었든 간에, 그리는 대상에 대한 존경심은 분명하게 확인된다. 들소의 어깨, 붉은 사슴의 뿔, 매머드의 코 등을 적절하게 과장한 그림들은 우리로 하여금 수만 년을 건너 그 짐승들을 만나게 해준다.

라스코 동굴 화가들은 대단한 기술자이기도 했다. 그들이 사용한 물감은 동굴에서 구할 수 없는 것들이다. 일부 물감을 얻기 위해 화가는 20킬로미터를 여행했다. 그들은 물감 재료인 광물을 돌 절구에 넣고 공이로 갈아서 고운 가루를 만든 다음 평평한 돌 팔레트 위에서 동굴수(洞窟水)와 섞었다. 색의 채도를 조절하는 데는 고령토나 곱게 간 석영을 사용했다. 다행스럽게도 동굴수에는 칼슘 함유량이 많아 축축한 동굴벽과 지붕에 물감이 붙어 있는 데 도움이 되었다.

라스코 동굴에서 발견된 밧줄—가는 가닥들을 꼬아 만든 밧줄 두 가닥—은 또 다른 필수적이고 보편적인 수공업, 즉 옷을 만드는 일이 이루어졌음을 증명한다. 대부분의 고대 주거지에서는 실이나 천을 만드는 데 쓰인 도구들만이 발견되었다. 미국 자연사 박물관의 버드(J. Bird)는 페루 모치카 문명의 폐허 속에서 보존 상태가 예외적으로 좋은 3000년 전의 천을 발견했다. 이 천을 근거로 그는, 원시언어가 없는 것과 마찬가지로 원시직물도 없다는 결론을 내렸다. 석기시대 사람들은 가죽뿐만 아니라 옷감도 가지고 있었다. 그 시대에 만들어진 다산성을 강조한 여인상들—윌렌도르프의 비너스가 가장 유명하다—중 일부는 천으로 된 장식을 두르고 있다(위 그림 참조).

이런 예술품들이 만들어지던 수만 년의 기간 동안 유라시아 대륙의 기후는 주로 아극(subarctic) 기후였으며, 간간이 빙하가 물러갔다가 다시 다가오는 수백 년 동안의 따스한 기후가 있었다. 이 시기에 인간이 겪은 바에 관해서 우리가 아는 것은 대부분 우랄 산맥에서 서쪽으로 대서양 연안과 영국에 이르는 지역에 관한 것이다. 당시 영국은 대륙과 연결되어 있었다. 발트 해는 내륙의 담수호였다. 빙하작용이 절정에 이르렀을 때는 나무가 없는 툰드라 지역이 남쪽으로 확대되어 피레네 산맥과 흑해 북안에 이르렀다.

빙하를 따라서

사냥과 채집으로 살아가는 집단들은 이동하는 순록 떼를 따라 활을 메고 움직였다. 그들은 돌촉이 달린 창으로 매머드와 오로크스를 사냥했다. 툰드라 지역에서는 딸기류의 작은 열매와 식용 뿌리들을 얻을 수 있었다. 호모 에렉투스와 마찬가지로 이들도 가죽으로 덮인 천막을 고정하기 위해 매머드 뼈를 이용했다. 러시아와 우크라이나에서 발견된 극소수의 최초 호모 사피엔스 야영지에서 그 사실을 확인할 수 있다. 사냥으로 매머드의 수가 줄어든 후기의 야영지에서는 순록의 뼈와 뿔이 천막 고정에 사용되었다.

잠깐 지속되는 따스한 기간에는 툰드라 지역이 북쪽으로 물러나고 상록수와 자작나무로 이루어진 타이가 숲이 확장되었다. 다양한 생태계들이 번성하고 쇠퇴하는 따스한 수백 년을 산 세대들에게는 삶이 더욱 용이했다. 사슴이나 더 작은 짐승을 사냥할 수 있었고, 딸기류, 견과류, 씨앗, 식용 잎새와 뿌리 등 즉시 먹을 수 있는 것들도 있었다. 짧은 생애 동안 사람들은 툰드라 지역에서든 타이가 지역에서든 그들이 발견한 세계를 최선을 다해 이용했다.

1만 4000년 전에서 1만 년 전 사이의 기간에 북유럽 평원을 가로질러 우랄 산맥까지 약 1만 2000개의 야영지가 있었다. 발견된 증거가 시사하는 바에 의하면, 함께 사냥하는 한 집단은 서너 가족으로 이루어졌다. 경제활동의 단위를 이루는 집단의 크기는 그 집단이 지닌 기술 수준과 환경이 제공한 자원의 크기를 가늠케 해주는 척도로 여겨질 수 있다.

데비의 추정에 의하면 1만 년 전 호모 사피엔스 인구는 500만 명이었다. 이제 구세계뿐만 아니라 신세계에도 퍼진 사람들은 25제곱킬로미터당 한 명의 밀도로 육지를 차지했다. 이 시기까지 태어나고 죽은 사람(호모 사피엔스)의 총수는 300억 명에 달한다. 사고나 분쟁으로 요절하지 않는다 할지라도 인생은 짧았다. 당시의 평균 수명은 25세였다. 이제 사회적 진화에 소요되는 시간은 수천 년 그리고 수백 년으로 짧아진다.

농경 이전의 문명

약 1만 년 전에 시작되어 이후 급속하게 진행된 빙하의 퇴각으로 인해 유라시아 대륙의 경치는 크게 바뀐다. 우랄 산맥 서부 지역에는 타이가 숲이 물러가고 상록수 숲이 들어섰으며, 이어서 하늘을 뒤덮는 상록수(겉씨식물)와 낙엽수(속씨식물)의 숲이 들어섰다. 2000~3000년 만에 숲의 북쪽 경계는 발트 해—다시 바다가 된 발트 해—를 건너 스칸디나비아 반도에 이르렀다. 생물학적으로 다양하고 풍부한 생태계들이 형성되면서—식물군의 급격한 증가가 이루어지면서—인간을 포함한 동물의 수도 늘어났다. 숲에는 사슴 외에도 토끼나 다람쥐 같은 작은 포유류들이 살게 되었고, 비둘기, 메추라기, 자고 같은 새들도 살게 되었다. 호수와 강과 대양에는 물새와 물고기와 갑각류 수생동물들이 살았다.

이런 생물자원들은 주기적으로 풍부해지고 빈약해졌다. 우선 계절이 주기적으로 순환했고 중요한 사냥감들도 주기적으로 이동했다. 토끼 같은 작은 포유류의 수는 더 긴 주기로 진동하는 포식자의 수 변화에 따라 주기적으로 진동했으며, 때로는 한 생태계에서 토끼와 포식자가 모두 사라지기도 했다. 특히 새로운 생태계가 북쪽으로 이동함에 따라 호모 사피엔스 집단들은 지속적으로 이동하면서 생활했다.

환경이 더 풍요해지고 얻을 수 있는 산물도 많아지자 이동생활은 긴 세월에 걸쳐 정착된 생활로 바뀌었다. 한 야영지에 머무는 기간이 길어졌다. 야영지 이동 폭도 줄어들어서 강이나 바다 가에서 내륙의 숲으로 옮기는 정도가 되었다. 사람들은 거주지에서 얻을 수 있는 산물을 증대시켜 삶을 향상시켰다. 시카고 대학의 브레이드우드(R. J. Brandwood)는 이를 '환경 속으로 들어가 살기'라고 표현했다.

'환경 속으로 들어가 살기'라는 말로 브레이드우드는 농경혁명의 발판이 된 지식의 심화와 지혜의 발전을 요약했다. 먼 남쪽 소아시아 지역의 사람들은 환경 속으로 들어가 사는 지혜를 통해 주변세계에 있는 자원을 파악하고 이용했으며 결국 농경혁명에까지 도달했다. 북유럽 발트 해 주위의 숲에서도 같은 지혜를 통해 2000년이나 지속된 또 하나의 정착 생활방식이 확립되었다. 약 5000년 전 그곳 사람들은 영구적인 '채집자' 정착촌을 형성했다. 반지름 10킬로미터 정도 안에 있는 숲과 초원과 호수와 강과 강어귀에서 집중적으로 그리고 전문적으로 먹을 것을 채집함으로써 그들은 생존을 유지했고 때로는 풍요를 누렸다.

이동하던 가족들은 이제 가사를 꾸리는 가정들의 공동체가 되었다. 가정들은 공동체의 임무를 나누어 맡았다. 임무는 사냥 또는 고기잡이, 또는 여러 식물의 채집, 또는 여러 새로운 지원활동 등으로 세분되었다. 소아시아 농경 정착촌에서 시작된 그릇 제작기술이 스칸디나비아까지 전파되었다. 이는 채집자 정착촌에도 저장할 양식이 있었음을 말해준다.

전문화로 인해 정착촌들 사이에 교역이 생겨났다. 네덜란드 마스트리히트 근처에서 발견된 석영 광산에서는 약 5000년 전부터 1000년 동안 10만 톤의 석영덩어리가 생산된 것으로 추정된다. 그 생산량이면 1억 5000만 개의 도끼를 만들기에 충분하다. 상업이 시작된 것이다.

1980년대 셰필드 대학의 츠벨레빌(M. Zvelebil)은 정착촌에서 노동분담과 관련된 계급분화가 생겼음을 보여주는 증거를 발견했다. 그 증거는 20개의 무덤에서 나왔다. 모스크바 북쪽 올레네오스트로프스키 모길닉(사슴 섬)에서 나온 발굴 자료는 납득할 만한 얘기를 전해준다. 부자들은 가장 비싼 곰 이빨로 된 목걸이를 걸고 매장되었다. 중간 서열의 사람들은 비버 이빨이나 엘크사슴 이빨로 된 목걸이를 걸고 있고, 가난한 사람들의 목에는 아무것도 없다. 어떤 사람들은, 아마도 종교와 관계된 듯이 보이는 특별한 존경심의 표시로, 많은 장신구와 함께 똑바로 세워 매장되었다.

북유럽 신화 속의 전설들은 이 원초문명에 대한 민중들의 기억에 뿌리를 두고 있는지도 모른다. 만일 그렇다면 바그너의 오페라 연작 「니벨룽겐의 반지」는 이 시대 사람들의 유라시아 정복을 기리는 낭만적인 헌사로 여겨질 수 있을 것이다. 실제로 북유럽 전설은 나중에 만들어진 문명과 일찍 융합되어 전설 속의 용사들에게 철기시대 무기들을 쥐어주었다. 바그너는 그의 신적인 또는 인간적인 영웅들이 악의에 찬 광산 노동자 씨족에게 습격당하고 파멸되는 모습을 그렸다.

오늘날 고고학을 통해 그 실체가 밝혀진 전설들을 보면 일차적인 사회·경제 단위가 씨족(clan)으로 확대된 것을 알 수 있다. 일반적으로 한 씨족은 내부적인 혼인이 허용될 수 있을 만큼 친족관계가 확대된 20~30가정으로 구성된다. 더 단순했던 시대의 위계 없는 질서는 족장이 주도하는 위계질서로 대체되었다. 족장은 때로 거창한 명칭으로 불렸다.

농경문명

한편 다른 환경 속으로 들어가 산 사람들은 농경혁명에 도달했다. 농경혁명은 인류에게 일용할 양식을 가져다주었다. 브레이드우드가 말했듯이, 농경혁명은 인간이 이룬 성취 중, 인류의 선조가 된 인간-유인원의 250만 년 전 최초 도구제작에 버금가는 최초의 성취로 평가되어야 한다. 농경혁명을 통해 사람들은 지구에서 얻을 수 있는 식량을 증가시키기 시작했다. 오늘날에도 인류 구성원들을 먹여살리는 식량을 농경에서 얻는다. 북아메리카의 좋은 사냥터들은 25제곱킬로미터당 다섯 명의 사람에게 식량을 공급했을 것으로 추정된다. 북유럽의 채집자 정착지는 1제곱킬로미터당 다섯 명을 지탱했을 것이다. 5000년 전 소아시아 정착지역에서는 농경을 통해 50명이 1제곱킬로미터 안에서 살 수 있었다.

약 1만 5000년 전 오늘날 북쪽의 터키와 남쪽의 시리아 및 이라크 접경지역에 있는 고원지대에서 밀농사가 시작되었다. 거의 같은 시기에 유라시아 대륙 반대편의 양쯔강 유역에서 쌀농사가 시작되었다. 이보다 1000년 또는 2000년 후에 멕시코 중앙 고원지역에서 옥수수 농사가 시작되었다. 이 세 시기와 지역의 사람들은 서로의 도움 없이 각기 독자적으로 생존문제를 해결할 동일한 해법에 도달한 것으로 보인다. 사실상 밀농사는 문명들의 접촉을 통해 유라시아에 퍼졌지만, 쌀농사는 밀농사와 상관 없이 새롭게 시작된 것으로 보인다. 옥수수 농사의 경우에는 원인이 될 만한 문명의 교류가 있을 수 없었다. 그러므로 이 세 혁명은 장소에 상관 없이 당대의 인류가 축적한 객관적 지식을 세계에 적용하는 과정에서 동시적으로 일어난 사회적 진화의 산물로 여겨져야 한다.

세 혁명은 모두 관련된 인구의 증가를 가져왔고 이후의 사회적 진화를 같은 방향으로 이끌었다. 사람들은 걸어갈 수 있는 거리 이내의 땅에서 얻는 산물에 의지하여 200~300명이 함께 사는 마을을 형성했다. 농경마을들은 농사가 아닌 새로운 활동에 종사하는 사람들의 경제적 발판이 되기 시작했다. 농사 외의 활동에 종사하는 인구의 비율이 20퍼센트까지 높아졌다. 위계질서에 의해 조직된 작업을 통해 인간은 필요와 즐거움을 위해 환경을 개조하기 시작했다. 농사의 혜택으로 등장한 20퍼센트의 인구는 곧 대형 기념물과 도시와 제국 등 농경문명의 창조물들을 만들었고, 역사를 만들고 기록했다.

사회의 정상구조

새롭게 등장한 최초의 직업들 중에는, 종교적 세속적 권위로 사람들을 도덕적으로 또는 육체적으로 구속하는 직업이 있었다. 이 직업 종사자들은 사람들이 땅에만 매여 살아가지 않도록 만드는 역할을 했다. 흔히 지배자를 겸한 제사장들은 신들의 율법을 적용하여 자원과 산물을 불균등하게 분배했다. 이들은 하버드 대학 명예교수 시절 화이트헤드가 '사회의 정상구조'라 칭한 구조를 정착시켰다. '정상구조'는 윤택한 삶을 누리는 소수와 거의 빈곤에 허덕이는 다수로 이루어진다.

농경문명 속에서 평균수명은 과거와 마찬가지로 25세에 머물렀다. 이 평균수명을 감안하면, 사회를 이룬 사람들의 평균연령이 10세 가량이었음을 알 수 있다. 인구 전체의 평균 연령이 10세였고, 전체의 60퍼센트가 어린이였다. 80퍼센트를 차지하는 빈곤한 다수의 평균연령은 더 낮았다. 그 80퍼센트가 나머지 20퍼센트의 높은 평균수명을 가능케 했다. 윤택한 소수의 평균수명은 종종 현대 산업사회 수준에 견줄 만했다.

20퍼센트의 특권층은 어린이들의 사회를 다스렸다. 그 아이들의 부모요 양육자인 무산자들은 권위에 저항하기보다는 기꺼이 복종했고, 종교가 주는 위로를 환영했고, 아이들을 인질로 잡고 있는 왕의 신성을 인정했다. 그들은 세상을 있는 그대로 받아들였다. 극소수는 상위 20퍼센트로 상승할 수 있었다. 간간이 타자들—로마의 검투사들, 오스트리아의 소작농, 앨라배마 주의 노예—이 평화를 방해했다.

한 생애 동안 노동 생산력이 대폭 증가하는 일은 일어나지 않았으므로 다수는 빈곤 상태에 머물 수 밖에 없었다. 기록된 역사 전체와 거의 맞먹는 기간 동안 생산의 증가는 오직 농경면적의 증가에 의해서만 일어났다. 1798년 맬서스가 '자연법칙'이라 주장했던 바에 걸맞게, 생존수단이 산술적으로 증가하는 가운데 인구는 비참한 삶과 평형을 이루면서 증가했다. 농경문명 속에서 소수는 오직 다수를 희생시킴으로써만 자신의 삶을 향상할 수 있었다.

위스콘신 빙하작용이 최종적으로 퇴조하면서 소아시아에는 따뜻하고 강우량이 많은 기후가 찾아왔다. 지중해 연안에 머물렀던 숲은 동쪽으로 확대되어 아나톨리아 고원과 티그리스 및 유프라테스 강 유역을 뒤덮었다. 티그리스 강과 유프라테스 강의 수량은 점점 많아졌다. 고원지대에는 낮은 나무들의 숲과 초원지대가 펼쳐졌다. 오늘날에는 다시 황폐해지고 이스라엘, 레바논, 요르단, 시리아, 이라크, 이란 등으로 분열된 동방의 초원지역에는 다양한 식물과 동물이 번창했다.

밀혁명

시카고 대학의 고고학자 브레스테드(J. Breasted)는 1930년대에 그 지역을 비옥한 초승달 지역이라고 불렀다. 현재 이 지역은 아랍어로 '텔스'(tells)라 부리는 수많은 크고 작은 구릉이 있는 사막지대이다. 지난 50년간 이루어진 고고학적 발굴에 의한 증거들은 이 지역이 과거에는 비옥했음을 말해준다. 1970년대에 이루어진 시리아 스텝 지역의 아부후레이라 구릉 발굴은 특히 성공적이었다. 그곳에서 농경혁명 초기에 사람들이 살았던 흔적이 발견되었다. 아마도 1만 2000년 전일 것으로 추정되는 가장 낮은 층은 사람들이 '환경 속으로 들어가 살기'를 통해 이미 마을을 이루고 정착했음을 보여준다. 가족은 움집에서 살았다. 우묵하게 판 바닥 주위에 있는 구멍들은 벽과 지붕을 지탱하는 기둥들을 세웠던 흔적이다. 벽과 지붕은 아마도 갈대나 풀을 엮어 만들었을 것이다. 부엌이 있던 자리에서는 야생 염소, 양, 돼지의 뼈가 발견되었다. 여러 유형의 석기들 중 가장 흔한 '초승달' 모양의 석영으로 된 얇은 칼은 창이나 화살 끝에 달아서 동물을 사냥할 때 이용했던 것으로 보인다.

그 칼은 나무 손잡이를 끼워서 곡식을 베는 낫으로도 사용되었다. 부엌에서는 꽤 많은 양의 원시적인 야생 밀 알곡뿐만 아니라 적은 양의 야생 보리와 호밀 알곡도 발굴되었다. '절구공이' 역할을 하는 작은 돌을 비빈 까닭에 표면에 홈이 생긴 넓적한 돌들은 곡식을 빻는 데 사용된 것으로 보인다. 곡식들이 이미 그 당시에 아부후레이라 구릉에서 경작되었을 가능성을 보여주는 몇가지 증거가 있다. 오래 전에 매몰된 토양을 정밀하게 여과함으로써 화석이 된 풀들의 조각인 '식물암들'(pytholites)을 분리할 수 있었다. 그 풀들은 오늘날 근동 지역의 농업을 통해 인공적으로 형성된 생태계 속에서 곡식과 함께 자라는 풀들이다.

수백 년 후 사람들은 아부후레이라를 떠났는데, 그 이유는 밝혀지지 않았다. 그 후 약 1000년이 지난 후인 9500년 전에 아부후레이라는 다시 살아나서 많은 작은 정착촌들의 수도 역할을 했다. 작은 정착촌들 중 일부는 오늘날 아부후레이라 인근의 다른 구릉들 밑에 있다. 농업으로 인해 마을의 인구는 수천 명으로 늘어났다. 오늘날에는 드물게 비가 올 때만 물이 흐르고 평소에는 거의 말라 있는 강바닥에는 과거에 있었던 관개시설의 흔적이 있다. 가축 사육도 마을의 풍요에 기여했다. 양이나 염소와 함께 고양이와 돼지도 이미 가축화되어 있었다.

사람들은 진흙벽으로 된 집에서 살았고, 집들은 질서정연한 블록을 이루었으며, 블록들은 좁은 통로를 사이에 두고 나뉘어 있었다. 한 집에는 두 개 또는 그 이상의 방이 있었다. 집 안에는 곡식 저장용 석고 상자가 붙박이로 설치되어 있었다. 형태가 오늘날의 절구에 가까운 탈곡용 도구들이 사용되었다.

청동기 시대와 철기시대

정착 농경마을에서의 삶에 의해 석기시대는 마감되었다. 소아시아 지역에는 금속이 풍부한 구리광들이 있다. 키프로스 섬의 명칭은 구리에서 나왔다. 여러 지역에서 나온 증거에 의하면, 약 5000년 전에 광석에서 금속을 분리하는 작업이 행해졌다. 사람들은 간단한 용광로를 이용해서 섭씨 1100도의 고온을 만들어 구리를 녹였다. 용광로 속에서 구리는 광석에 포함된 불순물인 비소와 합쳐져 '자연적인' 청동이 되었다. 기술자들은 곧 구리와 주석을 합금한 청동을 만들 수 있게 되었다. 금속 주조 기법으로 여러 종류의 청동제품들이 만들어졌다. 최초의 청동제 물건은 아마도 낫이었을 것이다. 이어서 금속을 두드려 가공하는 단조기술이 등장하여 날카로운 무기들과 방패와 갑옷이 만들어졌다. 트로이의 목마는 청동기 시대의 산물이다.

일부 용광로에서는 광물의 모암(母巖)을 제거하기 위한 유동물질로 자철광이나 적철광 같은 철광석이 사용되었다. 그런 용광로에서는 부산물로 철-규소 화합물인 스펀지 철(sponge iron)이 나온다. 스펀지 철의 녹는점은 섭씨 1200도이다. 청동기 시대 내내 스펀지 철은 장식용 금속으로 이용되었다. 기술자들은 스펀지 철을 목탄으로 가열하여 재융해시키면 철이 강(steel)으로 굳어진다는 것을 발견했다. 그들은 풀무질로 온도를 철의 녹는점인 섭씨 1537도까지 올린 용광로에서 철과 강을 부산물이 아닌

주산물로 생산했다. 고온 단조 또는 저온 단조를 거쳐 강은 청동제보다 두 배나 강한 무기와 갑옷으로 가공되었다. 철기시대는 청동기 시대에 이어 약 3000년 전에 시작되었다. 철강은 20세기 중반까지 무기의 주요 재료로 사용되었다. 오늘날에는 철과 함께 알루미늄과 우라늄이 무기를 주도한다.

최초 도시문명

6000년 전 경 당시 티그리스 강과 합류했던 유프라테스 강 하류의 삼각지에서도 관개사업을 통해 농업이 가능해졌다(오늘날에는 수량이 많이 감소되어 두 강은 멀리 떨어지 두 지점에서 페르시아 만에 접한다). 불과 1000년이 지나기 전에 그 삼각지 지역에는 인구가 1만 명에서 5만 명에 달하는 도시들이 생겨났다. 성경에도 나오는 우르를 비롯해서 라가시, 니푸르, 슈루파크, 키시, 에레크, 아스마르 등의 도시가 있었으며 이외에도 10여 개의 도시가 더 있었다. 도시 인구는 주변의 농업 마을에서 생산된 식량으로 유지되었다. 도시 중심에 있는 계단식 피라미드 형태의 고대 사원 지구라트는—바벨탑도 지구라트였다—종교적 권위를 상징했다. 경제생활은 그 권위에 의해 조직되었다. 주요 거주지역들은 권위자들의 지위와 편의를 보장했다. 도시의 성벽 밖에 있는 희미한 흔적들은 힘없는 다수가 살았던 거주지역이다. 이것이 세계 최초의 도시문명이었다. 도시를 이룬 사람들이 셈어를 사용했다는 것은 밝혀졌지만, 그들의 정체에 관해서는 그 밖에 아무것도 알려져 있지 않다.

이들의 문명은 이들을 정복한 정복자들의 이름을 따라서 수메르 문명이라 불린다. 약 5000년 전 수메르인들은 바퀴가 달린 탈것에 청동기를 싣고 들어왔다. 이들은 카스피 해 연안 어딘가에서 왔을 것이라고 추정된다. 고삐를 맨 말과 마차가 암벽화에 최초로 등장하는 지역이 카스피 해 연안 지역이다.

수메르인의 정복은 계속해서 이어진 '야만인'의 농경문명 중심시 정복의 신호탄이라고 할 수 있다. 또 다른 생존기술을 터득한 유목민들은 지속적으로 농경문명을 괴롭히게 된다.

쓰여진 역사는 수메르 제국에서 처음 시작되었다. 6500년 전 수메르인들은 최초의 문자화된 언어로 장부를 적었고, 법을 기록했고, 동시대의 사건들을 기록했다. 그들이 발명한 설형문자는 수십만 개의 점토판 위에 보존되어 쓰여진 역사의 시작을 알린다. 수메르 제국은 3500년 전까지 존속하다가 바빌로니아인에게 정복당했다.

펜실베이니아 대학의 크레이머(S. N. Kramer)에 따르면, "그릇 제작용 돌림판, 금속(구리와 청동) 주조, 리벳 접합, 납땜, 판화, 축융 가공(모직물 천을 촘촘하게 만드는 가공 과정 중 하나—옮긴이), 표백 및 염색 (……) 가공된 물감, 가죽, 화장품, 향수" 등이 수메르인에 의해 발명되었고, "식물이나 동물이나 그 밖에 무기 원료에서 얻는 수많은 의약 재료들"도 이들에 의해 처음 사용되었다. 자신과 동료들의 연구를 통해 크레이머는 "수메르인들의 집과 궁전, 도구와 무기, 미술과 악기, 보석과 장신구, 기술과 수공업, 공업과 상업, 문학과 행정, 학교와 사원, 사랑과 증오, 왕과 역사" 등을 알고 경탄할 수 있었다.

시작된 지 5000년밖에 안 된 농경혁명으로 인해 자유를 얻은 인간의 잠재력과 에너지와 열정의 표출은 실로 대단했다.

농경활동은 유프라테스-티그리스 삼각지로부터 페르시아 만 남쪽으로 전파되어 오늘날의 파키스탄에 있는 인더스 강 계곡에까지 도달했다. 바레인 섬에는 농경으로 인해 큰 도시가 건설되었다. 인더스 강 계곡의 모헨조다로와 좀더 상류지역인 하라파에는 새로운 도시 문명의 중심지들이 들어섰다. 그 도시들은 1000년 후 침략자들에 의해 멸망하고, 분산된 마을들로 대체되었다. 중국으로부터 쌀혁명이 전파될 때까지 밀농사는 인도 북부 전체에 걸쳐 마을들의 식량원이 되었다.

밀농사는 비옥한 초승달 지역에서 아프리카 북부로도 전파되었다. 셈족들이 이미 7000년 전에 밀을 이집트로 가져갔을 수도 있다. 유대인들이 이집트의 노예생활을 했다는 『성경』의 이야기가 그 사실을 전해주는지도 모른다.

인도-유럽어

오늘날에는 그루지야와 아제르바이잔 영토인, 흑해 남안에서 동쪽으로 카스피 해까지의 지역에서는 밀혁명을 토대로 또 다른 문명이 발전했다. 어떤 학자들은 밀혁명의 근원지가 바로 이 지역이라고 믿는다. 그 증거들은 약 6000년 전에 일어난 흑해의 범람에 의해 물 속에 잠겼는지도 모른다. 흑해의 범람은 『구약 성경』에 나오는 대홍수 이야기로 전해진다. 농경혁명의 진원지인지는 분명치 않지만, 트빌리시 대학의 감크렐리즈(Th. V. Gamkrelidze)와 모스크바 대학의 이바노프(V. V. Ivanov)는 이 지역이 인도-유럽어의 근원지라는 것을 밝혀냈다. 인도-유럽어는 오늘날 세계 인구의 절반 이상이 사용하는 언어이다. 조상 언어의 어원 단어들이 유럽의 언어들 속에 자리잡는 과정은 밀혁명의 전파경로와 일치한다. 언어학에서는 공통단어들과 비교적 공통적인 단어들을 식별하고 분화과정을 역추적하여 원초언어에 도달하는 연구가 이루어진다. 이 연구는 생물들의 계통도를 만드는 작업과 유사하다. 원초 인도-유럽어에는 '바퀴'(로토[roto]와 유사한 단어)와 '말'(에쿠스[equus]와 유사한 단어)을 뜻하는 단어가 있었으며, 영어 및 독일어와 비슷한 발음으로 '차축', '굴레', '망아지'를 뜻하는 단어가 있었다. 이 단어들은 여러 변형된 모양으로 모든 인도-유럽어에 나타난다. 딸 언어들의 뿌리에 있는 조상 언어는 카프카스 산맥 아래의 경치와 식물군 및 동물군을 묘사하는 단어들과 농업을 위한 단어들을 포함하고 있다.

말을 길들이고 바퀴를 발명한 것도 이 지역에서 이루어진 것으로 보인다. 카프카스 산맥 이남 지역에서 카스피 해 건너 우즈베키스탄에서 발견된 바퀴 달린 탈것과 고삐를 맨 말이 그려진 암벽화는 약 5000년 전에 그려진 것으로 밝혀졌다. 크레이머의 주장에 따르면, 수메르인들은 이 지역 전역에 있다가 유프라테스-티그리스 삼각지로 내려갔다.

농경문화의 전파는 정복이 아닌 느린 확산을 통해 이루어졌다. 농경문화가 성공적으로 자리잡으면서 늘어난 인구는 새로운 땅을 개척해야만 했다. 농업의 확산은 주로 기존 경작지 주변을 개척하는 방식으로 진행되었다. 이 과정에서 영토를 침범당한 토착민들은 새로운 농경기술에 동화되었을 것이다. 이와 더불어 토착민들은 농경과 관련된 인도-유럽어 어휘들을 받아들이고 이어서 새로운 생활방식의 여러 다른 측면들을 수용했을 것이다.

인도-유럽어 어휘들을 인도의 산스크리트어에 도입한 사람들은 마침내 인더스 계곡의 도시문명을 정복했다. 16세기 초에 인도에 간 포르투갈 선원들은 인도어 어휘들이 유럽어와 일치하는 것을 알고 더 상위에 있는 어족 개념을 생각하게 되었다. 그들의 생각은 이후 언어학 연구에 의해 입증되었다.

농업이 지중해 연안 유럽지역에 들어온 것은 호메로스 이전 시대로 깊이 거슬러 올라가는 7000년 전에서 6000년 전이다. 농업 전파에 의해 인도-유럽어 단어들, 특히 새로운 기술과 관련된 단어들이 오늘날 로망스 제어(Romance languages, 프랑스어, 스페인어, 포르투갈어 등)로 분류된 언어들 속으로 들어왔다. 물론 바퀴도 일익을 담당했겠지만, 농업의 전파를 가속시킨 것은 수상운송이었음이 분명하다. 흑해 북안 스키타이 문명은 수상운송이 남긴 이정표이다. 상트페테르스부르크 에르미타주 박물관(Hermitage Museum)은 스키타이 왕들이 썼던 황금 월계수관을 소장하고 있다.

인도-유럽어는 카스피 해 동부로부터 모든 방향으로 확산된 농업문화와 함께 북유럽에 이르렀고, 이어서 카스피 해 북안을 돌아 오늘날 러시아와 우크라이나에 속하는 초원지대로 퍼졌다. 중국의 일부인 투르케스탄(Turkestan) 지역(우즈베키스탄, 타지히스탄 등-옮긴이)에서도 인도-유럽어가 사용된다. 러시아와 우크라이나로 들어간 인도-유럽어는 슬라브어 속에 어원으로 남았다. 북유럽과 발트 해 연안은 채집자 정착생활에 만족하고 있었기 때문에 인도-유럽어의 침투가 늦어졌다. 그곳에는 약 3000년 전까지 농사 기술이 자리잡지 못했다. 그 이후에는 농업이 성공적으로 자리잡았다는 사실을 발트어, 노르딕어(Nordic), 게르만어 그리고 영어와 켈트어에서 확인할 수 있다.

쌀혁명

최초로 벼 경작이 이루어진 지역을 찾는 노력은 먼저 인도차이나 반도에 집중되었다. 유라시아 북부를 덮은 빙하에서 더 멀리 떨어져있고, 히말라야의 눈이 녹은 물이 흐르는 강들로 적당히 적셔지는 인도차이나 반도는 중국 내륙 지역보다 벼 농사에 더 적합해 보였다. 그러나 지금까지 확인된 가장 오래 된 인도차이나의 벼 경작지는 6000년 전으로 연대가 측정된 논이다. 오늘날의 추정에 따르면, 쌀혁명은 중국 심장부인 장시(江西)성의 양쯔 강 상류 계곡에서 시작되었다.

최근 10여 년에 걸친 연구를 통해 그 지역에서 시대순으로 빠짐없이 나열 가능한 사람의 거주지들이 발굴되었다. 가장 오래 된 것은 최소한 2만 4450년 전에 만들어졌고, 이후의 거주지에서는 야생종 쌀이 발견되며, 9000년 전에서 7500년 전 사이에 우선 밭에서 그리고 이어서 논에서 쌀이 재배된 것을 확인할 수 있다. 지금도 진행 중인 이 연구를 이끄는 주역은 맥네시(R. S. MacNeish)이다. 그는 1960년대에 멕시코에서 옥수수 혁명의 근원지를 발견하기도 했다(455쪽 참조).

맥네시는 앤도버 고고학 연구 재단의 재정을 들여 베이징 대학과 장시성 고고학 연구소의 인력을 팀에 합류시켰다. 연구자들은 문헌을 통해 얻은 자료를 지침으로 장시성 농촌지역의 호수 하나와 동굴 두 곳에 발굴작업을 집중시켰다.

디아오통관(Diaotonghuan) 동굴에서 그들은 토양층을 15미터 깊이까지 굴착했다. 음파 탐지기로 측정한 바에 의하면 암반은 5, 6미터 더 깊은 곳에 있었다. 연구자들은 21개의 구별되는 토양층들을 확인했다. 바닥의 세 층에는 문화적인 인공물이 들어 있지 않았다. 네번째 층에서는 석기 두 개가 나왔다. 그 위층에서는 석기 아홉 개와 더불어 불자리에서 목탄이 나왔는데, 목탄의 연대를 측정하여 그 층의 나이가 2만 4450년임을 알 수 있었다.

다섯번째 층 상부에서는—측정연대가 1만 8000년 전에서 1만 7000년 전이다—야생벼인 오리자 루피포곤의 꽃가루와 식물암이 처음으로 나타난다. 더 위에 있는 층들에서 발굴된 많은 새로운 도구들은 이제 쌀이 식량으로 이용되고 있음을 말해준다. 그 도구들은 구멍이 두 개 뚫린 민물조개 껍질들이다. 구멍에 실을 꿰어 적당히 길이를 조절하면, 조개껍질을 가운데 손가락에 고정시킬 수 있다. 당시 사람들은 이렇게 조개 안쪽이 앞을 향하도록 손바닥에 고정시키고 날을 세운 조개껍질을 칼이나 낫으로 이용해서 벼이삭을 잘랐다.

더 쉽게 경작할 수 있는 벼 종류인 오리자 사티바는 루피포곤과 함께 1만 1000년 전 무렵에 처음 등장한다. 이는 울타리를 만들 목적으로, 어쩌면 채집한 식량을 지키기 위해 벼를 경작하기 시작했음을 시사하는 증거이다. 두 종류의 벼가 차지하는 상대적 비율은 이후 수천 년에 걸쳐 역전된다. 이제 점점 더 많은 양의 그릇 파편들이 나오기 시작한다. 초기의 농부들은 채집자이기도 했다. 동굴 거주는 계절을 막론하고 약 6000년 전에 끝났다. 이 시기에 이르면 사람들은 채집 대신 경작으로 식량을 조달하면서 마을에 정착했다.

토양층들의 음파 탐지기 측량과, 시안렌 동굴의 거주지 흔적과, 벼 꽃가루와 식물암이 들어 있는 포양 호(湖) 퇴적층 원통형 표본 등에 의해서 디아오통관 동굴에서 발견한 것과 일치하는 자료들이 얻어졌고, 더 나중의 시대에 관해서는 더 풍부한 자료가 얻어졌다. 하부 퇴적층 표본에서는 쌀의 흔적이 나오지 않는다. 약 1만 2000년 전에 형성된 퇴적층에서 야생종 쌀이 나왔다. 4000년 전의 퇴적층 속에는 재배된 쌀의 꽃가루와 식물암이 풍부하게 들어있다. 디아오통관 동굴 최상층보다 더 늦게 형성된 시안렌 동굴 최상층에서는 벼재배와 관련된 도구들이 발굴되었다. 특히 잘 알려진 도구로는 볍씨를 심을 구멍을 만드는 데 쓰인 막대기를 더 무겁게 할 목적으로 막대기에 끼웠던 도넛 모양의 돌이 있다.

발굴된 10구의 사람 골격에 들어 있는 콜라겐을 분석한 결과도 같은 이야기를 전해준다. 사람이 먹는 음식에는 탄소 및 질소 동위원소가 음식에 따라 다른 비율로 들어 있다. 그러므로 음식에 따라 사람의 신체조직에 들어 있는 동위원소 비율도 다르다. 뼈 속의 동위원소를 분석하면 심지어 어떤 종의 쌀을 주로 먹었는지도 확인할 수 있다. 가장 오래 된 뼈에서는 쌀을 먹었다는 증거가 나오지 않았다. 야생 루피포곤의 동위원소 비율은 그 다음으로 오래 된 뼈에서 나타난다. 마지막으로 사티바와 인디카의 동위원소 비율은 논 농사가 시작된 이후의 층에서 발견된 뼈에서 나타난다.

이 모든 증거를 토대로 맥네시와 동료들은 이 지역에서 벼의 재배 작물화가 1만 1000년 전에서 9000년 전에 걸쳐 진행되었다고 결론짓는다. 논농사는 포양 호 주변의 습지에서 9000년 전에서 7500년 전 사이에 개발되었다. 이 시기에 이르면 재배종 벼의 주요 품종인 자포니카와 인디카가 완전히 정착되었고 교대로 수확되었다. 벼는 1년에 두 번 수확되었다. 인근 후난(湖南)성에서도 쌀농사가 시작된 상태였다.

8000년 전에서 7000년 전 사이의 기간에 중국으로부터 인도차이나 반도로 쌀농사가 전파되었을 것으로 추정된다. 오늘날 쌀은 세계인구 4분의 1이상에게 주요 식량이다.

진시황의 도용 군대

2300년 전 진시황은 난립한 여러 '경쟁 국가들'을 통합하여 통일 제국을 건설했다. 오늘날 중국 북부에 형성된 고대 도시문명은 이미 1000년 전부터 농업에 기반을 두고 발전해온 상태였다. 얼마 전에 이루어진, 진시황이 건설한 수도 셴양(咸陽) 발굴에 의해 도용 군대의 장엄한 모습이 드러났다. 진시황 자신이 묻혀 있을지도 모르는 고분 바닥에서 발견된 실물 크기의 도자기 군인들은 발굴현장의 햇볕 속으로 당당하게 걸어나왔다.

제국 초기에 재배된 작물은 벼가 아니었다. 곡식 재배는 동남 아시아에서 제국으로 확산되었다. 황허 강 이남의 부드럽고 비옥한 두터운 황토층에서 알곡이 조야한 작물인 기장이 재배되었다. 그 지역은 비가 항상 내리는 기후가 아니기 때문에, 밀도 높은 경작과 관개사업이 중요해졌다. 진시황이 통일한 제국의 농업기술은 매우 발달한 상태였으며, 그 기술은 뒤를 이은 한 왕조로 이어졌다.

마을 주변 경작지의 크기와 마을의 크기는 주로 인분(人糞) 공급량과 적절한 운반 가능 거리에 의해 제한되었다. 경제활동에 의해 이루어지는 이런 제한은 오늘날의 중국에서도 확인할 수 있다. 중국의 마을들에서 멀리 떨어질수록 녹지는 점점 줄어든다. 마을들은 지역 소도시를 중심으로 모이고, 소도시에는 귀족이 거주했다. 소도시의 규모는 지역의 농업 생산량과 재화 공급량을 반영했다. 마찬가지로 소도시들도 성벽으로 둘러싸인 도시를 중심으로 모여 있었다. 성벽 도시의 정치·경제적 관할 범위는 며칠 동안 걸어서 다다를 수 있는 거리 이내였다. 성벽 도시에 사는 행정관리 계급은 공공사업과 세금징수를 관할했다. 더욱 광범위한 국가가 일군의 성벽도시들을 지배하곤 했다. 아시아 내륙 변방을 연구하는 역사가 래티모어(O. Lattimore)가 말했듯이, 중국 문명은 이렇게 동일한 질서가 여러 층에서 반복되는 모듈 구조(modular structure)를 가지고 있었다.

지주들은 주로 소작을 주는 방식으로 농민의 노동을 끌어냈다. 농지를 경작할 기회는—지원자가 많았으므로—가장 많은 곡식을 소작료로 지불하는 농민에게 돌아갔다. 이런 전략을 택한 중국 '봉건제'는 강요를 통해 거둔 것 중에서는 역사상 가장 많은 수확을 거둘 수 있었다. 한편 단기간의 대형사업에 필요한 노동력은 강제노역으로 동원되었다.

이미 3500년 전에 만들어진 중국의 청동 주조물들은 세계의 보물 중 하나이다. 약 2800년 전에 '다량 주조'(stack-casting) 기술이 개발되어 철제 마구 부속품들과 차축 베어링 등이 대량으로 생산되었다. 불과 700년 전 실크로드를 통한 교역으로 중국으로부터 나침반과 화약과 대포가 유럽에 들어왔다. 중국의 수학은 비록 기하학에서는 낙후되었지만, 천체지도는 정밀해서 1054년에 있었던 초신성 폭발의 위치를 정확하게 기록할 수 있었다. 현대 천문학자들은 그 기록을 토대로 초신성 폭발의 잔해를 확인했다. 장기노출 사진에 찍힌 그 잔해는 아름다운 게 성운이다.

바스코 다 가마가 아프리카 남단을 돌기 몇십 년 전인 15세기 초에 돛대가 19개 달린 배들이—19세기 이전에 만들어진 배 중에서 가장 큰 배들이다—명나라의 환관인 정화(鄭和)의 지휘하에 바다로 나갔다. 이들 중 10여 척은 작은 배들의 호위를 받으며—작은 배들도 스페인의 대형 갈레온선보다 더 컸다—6만 7000명의 선원을 태우고 서남 태평양과 인도양을 탐험했다. 이들은 인도, 아라비아 반도, 아프리카에 상륙했으며, 남반구 천체지도를 만들었고, 3년 후 귀항하여 다시는 항해에 나서지 않았다.

이 사건은 왜 중국이 산업혁명에까지 도달하지 않았는지를 말해주는 상징적인 대답일지도 모른다. 중앙집권적 왕조는 고립된 세계에 만족했다. 오늘날 베이징의 자금성을 둘러싼 것과 같은 금단의 장벽 안에 숨겨진 보화들 속에는 특권을 지닌 왕족들이 상상할 수 있는 모든 좋은 것들이 다 들어 있었다.

약 2300년 전 진시황이 중국을 통일할 무렵 인도에서는 아쇼카(Ashoka)가 통일 제국을 건설하고 있었다. 인도의 지주들도 중국과 마찬가지로 소작을 주는 전략을 실행했다. 수렵-채집자 부족들은 농경 마을에 정착하여, 오늘날에도 인도에 있는 카스트 집단들로 발전했다. 약 1만 개의 카스트가 여전히 존재하며, 카스트들은 서로 협조하면서 힌두교인들의 안녕을 도모한다. 어떤 카스트들은 석공, 금속세공, 직물제조 등의 기술을 대대로 전승하여 고도의 예술로 발전시켰다. 민속 수공업은 오늘날 인도의 수출에서 중요한 위치를 차지한다. 내륙 고원지역의 밀농사와 저지대의 논과 밭에서 이루어지는 벼농사는 인도 문명의 거대한 사원들과 궁전들을 지탱했다. 인도의 권력자들 역시 중국과 마찬가지로 금단의 장벽 내에 머물렀다.

화이트헤드가 간략하게 요약했듯이, 중국과 인도에서 영구화된 '기술의 억류'는 "맬서스 법칙이 작동하기 위한 최적의 조건"이었다. 전체 인구의 80퍼센트를 차지하는 농촌인구의 평균수명은 약 25세에 머물렀다. 농촌 인구는 2000년에 걸쳐 천천히 그러나 지속적으로 증가했다. 20세기 세계인구의 약 절반은 배타적 장벽에 둘러싸인 중국과 인도 문명에 속해 있다.

유라시아 내륙 변방지역

위성에서도 보이는 중국의 만리장성은 농경문명이 만든 최대의 기념물이다. 만리장성은 래티모어가 "고대 문명세계를 태평양 연안에서 대서양 연안까지 방어한 북방 경계벽"이라 묘사한 경계선의 일부이다. 최초로 성벽이 쌓인 경계선은 서남 아시아에 있으며, 막 형성된 페르시아 도시문명을 보호했다. 야만인들을 막기 위해 로마인들은 영국의 허리 위치에 벽을 쌓고 라인 강과 도나우 강을 장벽으로 삼았다. 진시황이 착공한 만리장성은 북방의 유목민들을 막는 역할도 했지만 중국 변방의 마을들을 가두고 유목민과의 교류를 막는 역할도 했다.

경멸의 의미를 담은 '야만인'이라는 표현은 유목민들을 농경혁명에 도달하지 못한 열등한 사람들로 묘사한다. 그러나 래티모어가 밝혔듯이 아시아 내륙의 유목민들, 특히 몽골족은 장기적인 이동문명을 건설했다. 목축은 어쩌면 농경보다 더 효율적인 자연 자원 이용방식인지도 모른다. 유목민이 여전히 번성한다는 사실은 빈약한 목초지를 인간의 식량으로 변환시키는 가축의 효율성을 입증한다.

유목민들은 이동문명에 필요한 물건들—예를 들어 무기—을 얻기 위해 정착문명의 변방을 약탈했다. 흔히 서로 분쟁하는 씨족들을 조직화하여 때때로 정착문명 깊숙히 습격을 감행할 수 있었던 유목민들의 정치적 질서는 어느 문명의 수도에서 발견되는 것에 못지않은 복잡성과 다양성을 지니고 있었다. 유목민 정복자들은 한 번 이상 중국의 왕조가 되었다. 가장 유명한 정복자인 칭기즈 칸은 13세기에 아시아에서 도나우 강에까지 이르는 정복활동을 벌였다. 그의 손자는 바그다드를 포위하고 있다가, 쿠빌라이 칸의 후계자를 뽑는 중요한 사안 때문에 포위를 풀고 돌아갔다. 포위군은 햇볕을 반사시켜 통신하는 방식으로 베이징에서 전달된 소식을 통해 쿠빌라이 칸의 죽음을 사건 발생 24시간 이내에 전해들었다.

옥수수 혁명

옥수수의 작물화는 농경혁명이 불가피한 필연이었음을 입증한다. 신세계에서 재현된 구세계 도시문명의 발생은 동일한 종에 속하는 구성원들이 동일한 사회적 진화의 길을 간다는 사실을 증명한다.

정확히 언제 사람(호모 사피엔스)들이 아시아에서 아메리카로 건너갔는지는 밝혀지지 않았다. 어쨌든 사람은 이미 3만 년 전에 중앙 아메리카에 정착했다. 7000년 전 무렵에 이르면 사람들은 환경에 충분히 적응하여 환경을 지배하기 시작했다. 이 사실들은 1960년대 맥네시에 의해 옥수수 혁명의 탐구를 목적으로 수행된 원정의 첫번째 성과로 밝혀졌다. 당시 매사추세츠 주 앤도버 소재 필립스 아카데미 피버디 고고학 재단 책임자였던 맥네시는 여러 분야를 전공한 50명의 동료 및 조언자들과 함께 원정에 나섰다. 그중에는 식물학자와 지질학자도 포함되어 있었다.

오늘날 전세계에서 수확량 제3위를 차지하는 식량으로 재배되는 옥수수는 야생상

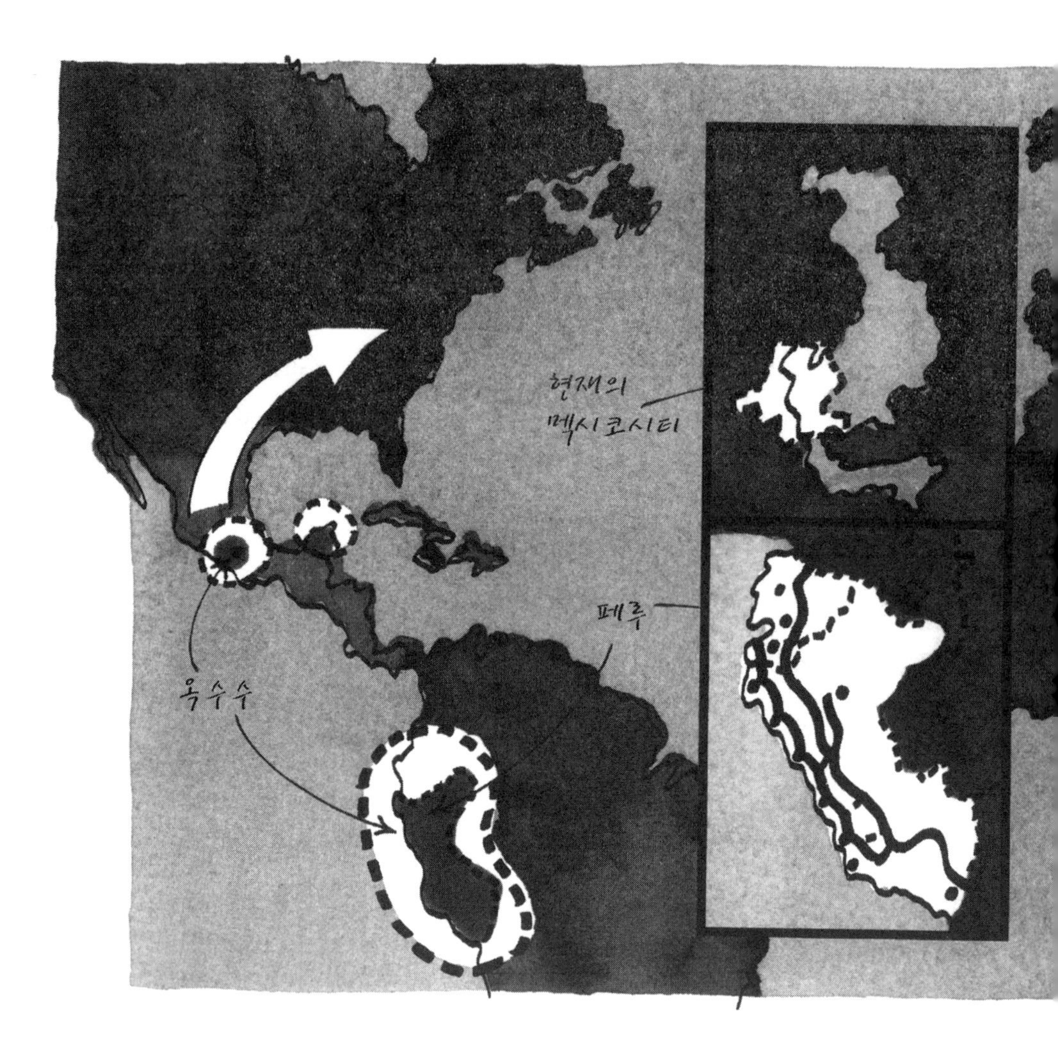

세 농업 혁명을 시작으로 인간의 생존을 유지시키는 지구의 산물이 인간에 의해 증가하는 과정이 시작되었다. 세 혁명은 완전히 상호독립적으로 일어난 것으로 보인다. 약 1만 2000년 전 소아시아에서 사람들은 이제껏 채집해온 밀 등의 곡물을 재배하기 시작했다(455쪽 참조). 사람들은 곧 마을에 정착했고, 5000년이 채 지나기 전에 농경을 기반으로 한 최초의 도시 문명이 티그리스-유프라테스 삼각지에 등장했다. 밀 농사는 해로와 인도 북부 고원지대를 통해 인더스 계곡에 전파되었으며, 지중해권 저지대 전체로 퍼졌으며, 이어서 러시아 초원지역을

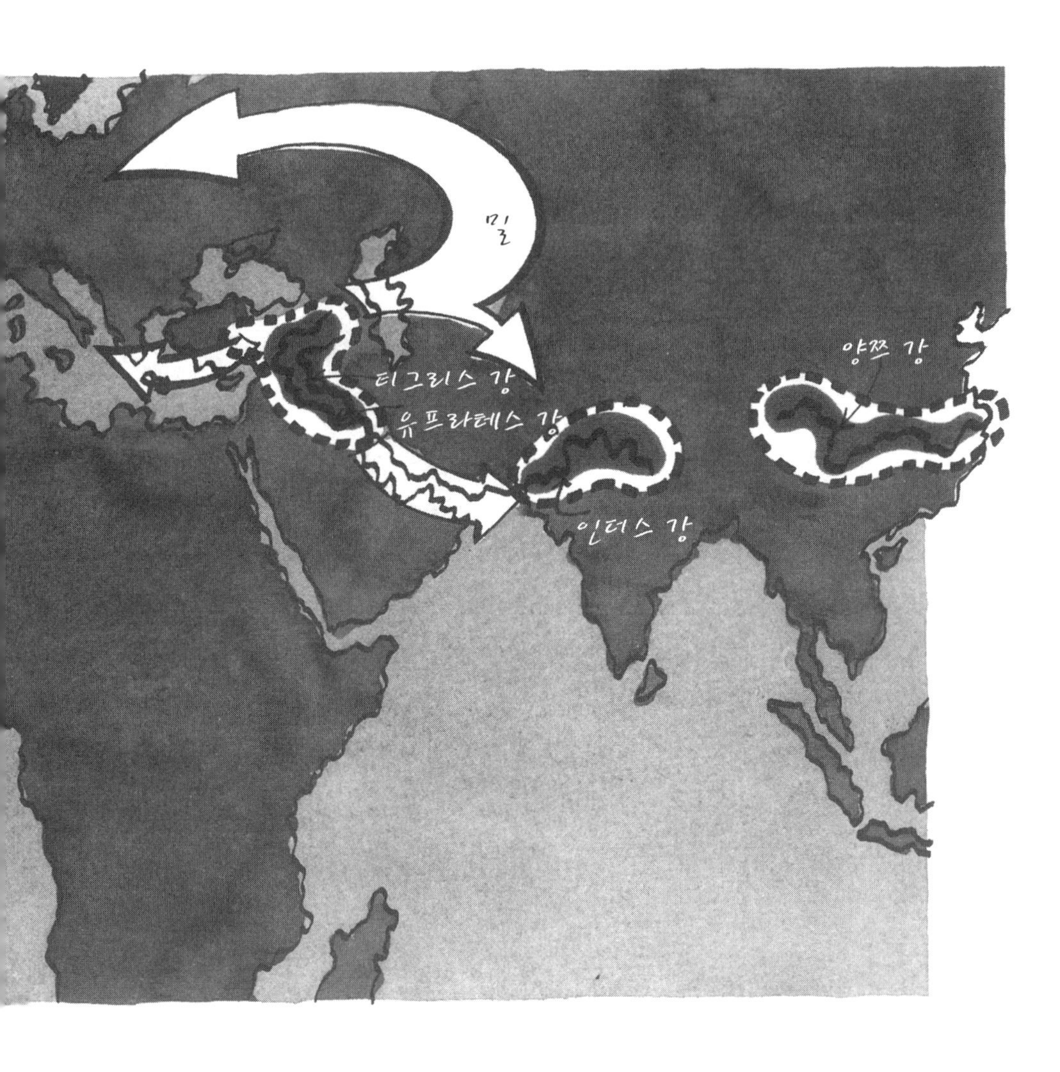

경유해 북유럽에 이르렀다. 밀농사와 거의 같은 시기에 시작된 벼농사는 5000년 전 중국의 고도로 발달한 문명의 기반이 되었다(450쪽 참조). 옥수수 농사는 약 7000년 전 멕시코 계곡 남쪽의 고원지대에서 시작되었다. 역시 5000년 후 농경을 기반으로 해서 멕시코 계곡과 페루에서 고도로 발달한 문명이 번성했다. 옥수수 재배는 유럽인들이 들어가기 전에 북아메리카 거의 전 지역에 보급되었다(455쪽 참조).

치남파. 아스테크 문명은 맥시코 계곡 남쪽 가장자리의 담수호에 있었던 생산성 높은 치남파 경작지에 의해 지탱되었다. 16세기 아스테크 문명의 그림(작은 그림)은 선착장 많은 부두처럼 보이는 치남파 경작지의 모습을 보여준다. 나무와 관목으로 지탱된 각각의 흙받침대는 수면보다 약 30~60센티미터 높이 솟아 있다. 이 노동집약적인 농경에 필요한 비료는 해마다 새로워지는 수로 바닥의 진흙이 공급해주었다. 1년 내내 파종과 수확이 지속되어 다양한 작물들이 6~7회 산출되었다(462쪽 참조).

태의 어느 식물과도 닮지 않았다. 옥수수는 곡류와 달라 보인다. 그러나 옥수수는 밀, 보리, 귀리 등과 함께 식물학적으로 벼과에 속한다. 5000년 이상 경작되는 동안 사람에 의해 잡종교배되어 옥수수는 원래의 야생 조상의 모습을 완전히 잃어버렸다. 농경에 적응한 옥수수는 야생에서 생존하는 데는 적합하지 않게 되었다.

옥수수의 조상으로 추정된 야생의 풀은 테오신트(줄기가 억센 벼과 식물-옮긴이)였다. 테오신트는 작은 이삭 모양의 꽃 속에 씨를 품고 있으며, 꽃가루를 담은 수술은 줄기 끝에 달려 있다. 비들은 현재의 옥수수를 역교배하는 실험을 통해 옥수수의 조상이 테오신트라는 확신을 얻었다. 하버드 대학의 망엘스도르프(P. Mangelsdorf)는 옥수수의 조상은 야생 옥수수이며, 야생 옥수수는 경작된 후손들과의 교배 속에서 사라졌다고 주장했다.

1953년 멕시코 계곡의 내륙 호수 바닥에서—그 자리는 고대 아스테크 문명지이며 현재는 멕시코시티가 있는 자리이다—채취한 원통형 표본 속에서 연대가 8000년 전으로 측정된 옥수수 꽃가루가 발견되었다. 그 발견은 망엘스도르프의 추측을 입증했다. 야생 옥수수가 건조한 고원지역의 풀이었다는 일반적인 견해에 따라 맥네시는 먼저 계곡의 북쪽 경사면에서 초기 옥수수 경작의 흔적을 찾기 시작했다. 그곳에서 아무것도 발견하지 못한 그는 아스테크 문명에 앞서 마야 문명이 번성했던 유카탄 반도와 과테말라 고원지대로 눈을 돌렸다. 그곳에서 발견된 가장 오래 된 농업의 흔적은 3000년 전이었다. 결국 발굴에 성공할 만한 지역이 어디인지를 확신하게 된 맥네시와 동료들은 멕시코시티 남쪽 오악사카 주 경계에 있는 테우아칸 고원 계곡을 탐사하기로 결정했다. 그들은 다섯 개의 동굴과 계곡 바닥에서 여러 층의 주거흔적을 발견했고 3년 동안 발굴했다. 1만 2000년 동안 사람이 살았음을 말해주는 증거들이 100만 점 이상 발굴되었다.

1만 2000년 전에서 7000년 전 사이에는 수렵과 채집으로 살아가는 소규모 집단들이 테우아칸 계곡을 배회했다. 산토끼와 쥐와 작은 새들의 뼈, 거북이 등껍질 등이 발견되어, 당시 사람들이 계절에 따라 얻는 식용식물 외에 무엇을 식량으로 삼았는지 알 수 있게 해주었다. 당시 아직 멸종 전이었던 신세계 말과 영양의 뼈는 그들이 가끔씩 성공적인 사냥을 했음을 말해준다.

한 동굴의 최하층—연대가 7000년 전이다—에서 길이가 채 2.5센티미터가 안 되는 축소된 옥수수 모양의 '이삭'이 발견되었다. 이삭 줄기에는 작은 알곡들이 4~8줄로 박혀 있었다. 이삭 줄기는 오늘날의 옥수수 속대에 해당한다. 이삭 줄기 끝에는 수술이 붙어 있거나 잘려나간 흔적이 있었다. 그 이삭은 의심의 여지 없이 오래 전 멸종한 야생 옥수수였다.

물론 경작되는 옥수수의 경우, 수술—꽃가루를 담고 있는 수컷 생식기관—은 씨를 가지고 있는 암컷 생식기관인 이삭으로부터 분리되어 옥수수대 꼭대기에서 자란다. 두 생식기관의 분리를 설명하기 위해 망엘스도르프는, 야생 옥수수가 우연적으로 또는 의도적으로 테오신트와 교배되었다는 주장을 내놓았다. 테오신트는 비들이 옥수수의 조상으로 제안했던 식물이다. 그런 교배는 야생 상태에서도 흔히 일어났을 것이다. 옥수수와 테오신트의 염색체들은 상동적이다. 즉 두 식물의 상응 염색체는 상응하는 형질과 관련된 유전자들을 같은 서열로 지니고 있다. 채집자들은 두 식물의 잡종을 더 선호했을 것이다. 테오신트 씨앗은 연약한 이삭으로부터 쉽게 흩어지지만, 잡종의 알곡은 줄기에 단단히 고정된 상태로 발견되었을 것이다. 또한 잡종의 알곡은, 단단한 껍질에 싸인 테오신트 씨앗과는 달리, 각각 부드러운 껍질로 덮여 있었다.

테우아칸 계곡 동굴들에서 맥네시와 동료들은, 점차 선택적인 잡종 채집이 이루어졌고 이어서 재배가 시작되었음을 말해주는 옥수수 이삭들의 흔적을 발견했다. 5400년 전에는 전체 옥수수의 30퍼센트가 경작된 옥수수였다. 4300년 전에는 경작자들에 의해 옥수수 잡종교배가 행해졌다. 3500년 전에는 정착 마을이 생겨났다. 수렵-채집 집단들은 물러가고 대규모 정착집단들이 뒤를 이었다. 맥네시의 발굴 이후 고고학자들은 2만 5000점에 가까운 고대 옥수수 이삭을 발굴했다. 옥수수 이삭은 작고 여위고 수술이 달린 초기 형태에서 오늘날 전세계에서 경작되는 옥수수 이삭의 형태로 변화했다.

옥수수 농사는 북아메리카 전지역으로 확산되었다. 구세계에서 온 탐험가들은 1620년 매사추세츠에서 옥수수를 발견하고 기뻐했다. 미국의 반대편 지역에서는 거의 도시문명에 가까우면서 문자가 없는 푸에블로 문명이 번성하고 있었다. 미시시피 강 유역에서는 '둑을 쌓은 원주민'(Mound Builder)이 이미 전성기를 넘긴 상태였다. 그러나 서경 100도선과 나란히 그려지는 강우량 500밀리미터선 서쪽의 아메리카 대사막(Great American Desert) 고원 초원지대에서는 수렵-채집 생활이 지속되었다. 그곳의 유목민 씨족들은 들소의 이동을 따라 움직였다. 그들은 이미 말을 이동수단으로 이용했다. 말을 탈 것으로 이용하는 지혜는 이후 사라졌다가 16세기 스페인 정복자들에 의해 북아메리카에 다시 들어왔다.

마을 주변 밭에서는 주작물인 옥수수 외에도 매우 다양한 채소들이 재배되었다. 채소혁명은 아메리카에서 시작되어 전세계로 퍼졌다. 가장 중요한 채소는 특이한 가지과 식물인 감자와 토마토이다. 전세계 어디에서나 감자와 토마토 생산량은 곡물 생산량의 뒤를 잇는다. 다음으로 중요한 채소로 호박이 있었다. 스탠디시는 호박을 처음 경험하고 "우리의 멜론과 비슷하고 다만 맛이 덜하며 크기가 작다"라고 묘사했다. 담배 또한 빼놓을 수 없다. 일년생 식물이 아닌 최초의 곡류 생산 작물인 아마란스(Amaranth)는 앞으로 세계시장을 개척하게 될지도 모른다.

야생 옥수수의 조상에 대해 언급할 것이 남아 있다. 1980년대 듀크 대학의 유뱅크스(M. W. Eubanks)는 다년생 테오신트를 트립사쿰(Tripsacum)과 교배하는 데 성공했다. 산출된 다산성의 잡종은 30년 전 맥네시가 테우아칸 계곡에서 발견한 이삭과 같이 수술이 적게 달린 이삭을 만들어냈다. 그녀의 발견은 1995년까지 논란의 대상이었다. 그러나 그녀는 1995년 DNA 분석을 토대로 논쟁을 종결시켰다. 망엘스도르프가 밝힌 야생 옥수수와, 테오신트와 야생 옥수수의 2차 교배로 만들어진 후손 옥수수들은 실제로 테오신트와 트립사쿰의 교배 산물이다(460쪽).

테오티우아칸

약 1900년 전—서기 100년—에 신세계의 농경혁명으로부터 최초의 도시가 건설되었다. 테오티우아칸(Theotihuacán) 유적은 멕시코 계곡 북동쪽 고원지대에 있다. 도시의 중앙로는 폭이 30미터였다. 그 도로는, 아마도 지금은 잊혀진 어떤 점성술적인 고려로, 정북향에서 동쪽으로 16도에서 17도를 유지하는 방향으로 뚫려 있다. 중앙로는 도시의 북쪽 끝에 있는 계단식 피라미드인 달의 사원에서 시작해서, 행사에 쓰였으며 아마도 행정적인 목적으로도 쓰인 것으로 보이는 넓은 중앙 광장까지 4킬로미터 길이로 뻗어있다. 중앙 광장 북쪽 인근 중앙로 동편에는 해의 사원이 있다. 해의 사원은 밑면이 쿠푸 왕의 피라미드만큼 크고, 높이도 그것의 절반인 거대한 피라미드이다. 해의 사원은 달의 사원에 비해 덜 정교하다. 달의 사원의 벽과 각 계단 바닥은 양각된 조각품들로 장식되어 있다.

동서 방향으로도 또 하나의 폭 30미터 관통로가 있었다. 그 도로는 중앙로와 직각을 이루면서 중앙의 행사-행정 광장으로부터 좌우로 4킬로미터씩 뻗어 있다. 도시의 규모와 도시 주변에서 발굴된 증거에 입각해서 추론해볼 때, 테오티우아칸에는 5만 명 또는 어쩌면 그 이상의 인구가 살았던 것으로 보인다. 문자가 없는 유적은 도시가 쇠락하고 멸망한 이유를 말해주지 않는다.

아스테크 문명의 고밀도 농업

테오티우아칸의 많은 인구는 20세기에 수경재배법이 생겨나기까지 극복되지 않았을 만큼 높은 생산성에 도달한 신세계의 농경기술에 의해 지탱되었다. 도시 남쪽 경계지역에서는 과거에 치남파(chinampa)라 불린 일종의 논의 흔적이 발견되었다. 그런 경작지는 오늘날에도 멕시코시티 남쪽의 얕은 호수에서 볼 수 있다. 치남파의 초기 형태가 테오티우아칸에 있었다는 사실은, 도시의 중심축과 나란히 북동쪽 16, 17도로 배치된 주요 수로들에서도 분명하게 시사된다.

치남파 농업은 아스테크 문명을 지탱하면서 서기 1300년경부터 1532년 스페인인들이 들어올 때까지 전성기를 누렸다. 멕시코 계곡에 있는 달의 호수(Lake of Moon)는 한때 육지로 둘러싸인 저지대 5000제곱킬로미터 중 1250제곱킬로미터를 차지했다. 우기에는 계곡 바닥에 물이 고여 단일한 호수가 만들어졌고, 건기에는 증발에 의해 수량이 감소되어 호수가 다섯 개로 나뉘고 습지와 늪이 드러났다. 증발이 여러 해 누적되어 규모가 큰 북쪽 호수들에는 소금과 질산염이 축적되었다. 그러나 샘들이 있어 그 호수들의 남쪽과 서쪽 변방에는 신선한 물이 공급되었다. 이 달의 호수에서 치남파 농업은 2000년 동안 꽃을 피웠다. 2, 3헥타르의 치남파는 관광객을 위해 현재까지 보존되어 생생한 치남파 농업을 시연한다.

치남파는 폭 5~10미터 길이 15~30미터로 호수 수면 위로 1미터 이하의 높이로 솟아 있는 흙받침대이다. 긴 둑길 양편으로 좁은 물을 사이에 두고 뻗어나간 치남파들

위에는 녹색식물들이 빽빽하게 자라난다. 좁은 치남파는 나무말뚝에 고정된 잔가지 울타리로 둘러싸여 있고, 넓은 치남파는 버드나무 울타리로 둘러싸여 있다. 지난 2000년 동안 그래왔듯이 오늘날에도 노동력의 상당 부분이 치남파를 비옥하게 유지하는 데 투입된다. 치남파 농사꾼, 즉 치남페로는 배를 타고 접근해 오래 된 상층 토양을 걷어내고 수상식물의 잔해로 비옥한 수로 바닥의 진흙을 채운다. 비슷한 정도의 노동력이 씨앗을 모판에 키워 하나씩 하나씩 치남파에 옮겨심는 데도 들어간다. 이 세심한 배려는 옥수수와 아마란스를 제외한 모든 작물에 적용된다. 지속적인 경작에 의해 1년에 일곱 번 수확이 가능하다. 아스테크 문명 시절의 치남파에서는 꽃도 대량으로 재배되었다. 선호된 품종은 매리골드와 달리아였다.

10킬로미터 길이의 둑이 만들어져 남쪽 호수들을 북쪽의 짠 호수물로부터 보호했다. 15킬로미터 길이의 수로를 통해 틀라테롤코 섬과 테노치티틀란 섬에 있는 번성한 주요 도시 주변의 치남파에 샘물이 공급되었다. 오늘날의 멕시코시티는 그 두 섬 위에 있다. 이런 기술들은 정복자들의 존경심을 불러일으켰다. 치남파 수로들과 물길들이 정복을 더디게 만들었음에도 불구하고 말이다.

절대권력

1년의 주기에 맞춰 사람을 제물로 바친 것에서 시사되는 절대적인 권력은 밀도 높은 치남파 농업과 이를 위한 물공급에 필요한 노동력 확보를 가능케했다. 제물로 선택된 사람들은 1주일 정도 대중적인 환호를 받은 후, 전해오는 바에 따르면, 약초를 통해 마취되었다. 전쟁에 승리할 때에도 절기에 상관없이 인간 희생제의가 행해졌다. 아후이초틀 황제(1486~1502)는 주요 수로 공사에서 불행히도 실수를 저지른 감독관의 심장을 꺼내 물 속에 던지도록 했다.

아스테크 문명의 절정기에 멕시코 계곡의 인구는 50만 명에 달했다. 오늘날 아스테크 문명 유적지에는 세계에서 인구가 가장 많은 도시 중 하나가 들어서 있다. 도시의 건물들은 과거 아스테크 문명의 달의 호수 서안 퇴적층 위에서 침강하고 있는 중이다.

이미 3000년 전에 농경마을의 경작지들을 기반으로 해서 과테말라와 유카탄 반도에 마야 문명의 거대한 종교예식 장소들이 건설되었다. 훗날의 멕시코 계곡에서와 마찬가지로 이곳에서도 인간 희생제의로 길들여진 사람들이 경제활동에 동원되었다.

종교예식을 위해 한 중심지에 만들어진 정사각형 광장은 넓이가 25만 제곱미터이며 바닥에 평평한 돌이 깔려 있다. 돌에 새겨진 풍부한 상형문자를 해독한 학자들은 마야인들의 역사와 놀라운 천문학적 지식을 알게 되었다. 마야 문명의 천문학자들은 육안으로 보이는 모든 행성들의 진행을 달력에 기록했다. 크고 작은 종교예식은 행성들의 궤도가 서로 교차하는 시점에 맞추어 이루어졌다. 달력에는 신성을 지녔다고 믿은 지배자들의 즉위와 죽음도 기록되었다.

마야 문명은 고도의 발달상태에도 불구하고 대도시들을 중심으로 조직되지 않았다는 점에서 특이하다. 마야 문명은 약 2000년 전에 멸망했다. 거대 종교예식 중심지들은 오늘날 밀림 속에 텅 빈 채로 외롭게 남아 있다.

마야 문명과 동시대에 정착 농경마을은 남아메리카에도 확산되었다. 페루 해안지역의 산맥에서 흘러오는 많은 강들이 공급하는 물을 기반으로 태평양 연안을 따라 수백 킬로미터 길이로 정착마을들의 밀집지역이 생겼다. 고원지역의 경계선을 따라 건설된 수로에 의해 물은 강으로부터 평원으로 분산되었다. 인구가 늘어나자 수로공사는 더욱 과감해졌다. 도시를 중심으로 대형공사에 필요한 노동이 조직되었다. 황제의 권력하에 건설된 최대 수로는 강물을 125킬로미터 떨어진 주거지들에 분산 공급했다. 바로 그 주거지에서 버드는 앞서 언급했던(439쪽 참조) 천을 발견하고 찬사를 아끼지 않았던 것이다. 가장 큰 도시의 이름을 따라 치무 문명이라 명명된 이 고대문명은 14세기에 안데스 지역의 잉카인들의 지배 밑에 들어갔다.

잉카 문명

잉카인들의 제국은 16세기에 북쪽의 컬럼비아에서 남쪽의 아르헨티나까지, 그리고 태평양 연안에서 아마존 강 상류까지 펼쳐져 있었다. 이 거대한 영토를 관리하기 위해 잉카 제국의 지배자들은 총길이 1만 5000킬로미터에 달하는 고속도로를 건설하도록 명령했다. 그 중 두 도로는 안데스 산맥 양편에 2500킬로미터 길이로 서로 평행하게 뻗어 있다. 대부분의 구간에서 도로는 산을 오르내리며 직선으로 달린다. 필요한 곳에는 수많은 섬유를 꼬아 만든 10센티미터 굵기의 밧줄로 지탱된 현수교가 설치되었다. 도로의 폭은 3미터이며 바닥에는 돌이 깔려 있고, 바람에 날아오는 눈이나 모래를 막기 위해 양쪽 가장자리에는 허리 높이의 벽이 세워졌다. 구간마다 크고 작은 피난장소가 있어 여행자들의 편의를 보장했다. 황제의 전령들은 이 두 고속도로 위를 잇따라 뛰어서—바퀴가 도로 위로 굴러가는 일은 없었다—2주 안에 제국을 종단할 수 있었다. 잉카 문명의 고속도로에 견줄 만한 도로는 로마의 고속도로 외에는 없다. 잉카 문명의 고속도로가 사용될 당시 로마의 고속도로는 이미 황폐해진 상태였고, 유럽에는 고속도로라 부를 만한 것이 전혀 없었다.

잉카인들은 해발 1000미터가 넘는 고원지역에 제국의 도시들을 건설했다. 건물들은 화강암을 모르타르 없이 짜맞추어 지어졌다. 지어진 벽 속에는, 거리가 몇 킬로미터 떨어져 있고 고도도 몇 미터 낮은 곳에서 채석되어 운반된 10톤 무게의 화강암도 들어 있어, 잉카 제국의 조직력 속에서 훈련된 사람들의 노동력을 증언한다. 엄청난 힘을 요구하는 그런 건설공사에 골격이 약하고 절반 정도만 길들여진 라마를 이용하는 것은 불가능했다. 잉카의 지배자들은 궁전과 사원의 전면을 금으로 덮는 유례없는 방식으로 그들의 힘과 부를 과시했다.

16세기 스페인인들은 따라서—맥네시의 표현을 인용한다면—"거의 그들 자신의 문명만큼 발달하고 (……) 또한 완벽하게 그들 자신의 문명만큼 야만적인 여러 문명들"을 만났던 것이다. 유라시아 내륙 변방 야만인의 농경문명 지역 정복과 비교한다면, 스페인인의 정복은 비교가 불가능할 만큼 완벽했다. 절정기에 잉카 제국의 인구는 50만 명에 달했을 것으로 추정된다. 스페인 사람들이 들어온 후 잉카 지역에서는 20세기까지 잉카인을 찾아볼 수 없었다. 1980년대 초에 맥네시는 잉카 지역에서, 처음으로 그 지역에 들어온 채집 생활자의 주거지에서부터 융성한 도시문명의 주거지까지 무려 2만 년 이상의 연대 차이를 지닌 여러 유적들을 발견했다. 잉카 유적처럼 탐구에 용이하도록 남아 있는 인간의 사회적 진화의 자료는 구세계 어디에도 없다. 구세계 주거지역은 지속적으로 점유되었고, 인구 역시 증가해왔기 때문에, 많은 자료들의 소멸이 불가피했다.

정복에 의해 얻은 것은 생각만큼 많지 않았다. 잉카 문명의 황금을 녹여본 정복자들은 그것이 주로 구리라는 것을 발견했다. 잉카 문명의 제련공들은 화학적 처리와 단조 기법을 동원하여 구리-금 합금으로 만들어진 제품 표면에 금을 덧씌우는 기술을 사용했다. 잉카의 사원들과 궁전들의 앞면을 금박으로 장식했듯이 말이다.

서기 1600년 세계인구는 5억 명이었다. 데비의 추정에 따르면 그때까지 태어나고 죽은 호모 사피엔스의 총수는 300억 명이었다고 한다. 경작지는 1제곱킬로미터당

100명을 먹여살렸다. 전세계 평균 인구밀도는 1제곱킬로미터당 3.7명이었다. 가난한 80퍼센트에게는 더 나아질 전망이 전혀 보이지 않는 상태에서 평균수명은 여전히 25세에 머물러 있었다. 이제 다음 단계에서는 중대한 사회적 진화를 위한 시간 간격이 수백 년 그리고 수십 년으로 줄어든다.

유럽인들의 평균수명은 연장되고 있었다. 처음으로 성인의 수가 어린이의 수와 대등해졌고 곧 어린아이들의 수를 능가했다. 얼마 후 포르투갈과 스페인, 그리고 곧이어 네덜란드의 튼튼한 상선과 군함이 이러한 변화의 최초 귀결을 전세계에 퍼뜨리기 시작했다. 다음 두 세기 동안 폭발적으로 증가한 유럽인들은 인도와 중국을 비롯한 전세계의 모든 고대문명을 정복하거나 정치적 영향력하에 굴복시켰다. 오직 일본만이 예외였다.

산업혁명

산업혁명의 뿌리는 지중해권의 고전문명에 있다고 확실히 말할 수 있다. 경험을 존중하는 과학적 전통은 3000년 전 바빌론으로까지 거슬러 올라간다. 바빌론 천문학자들은—당연히 점성술을 위해서—육안으로 관찰할 수 있는 행성들을 최초로 정밀하게 관측하여 궤도운동 주기를 밝혀냈다. 아테네의 사원에는 금단의 장벽이 없었다. 귀족 민주정 체제하에서 사원은 누구나 볼 수 있는 아크로폴리스 언덕 위에 세워졌다. 고전문명의 문서들은 중세 동안 비잔틴과 이슬람 문화를 통해 보존되어 유럽인들에게 전승되었다. 중세는 야만인에 의한 마지막 로마 약탈과 15세기 르네상스로 이루어진 도시 문명의 탄생 사이에 놓인 기간이다. 그 기간 내내 문자를 읽고 쓰는 일은 주요 수도원들에서만 이루어졌다. 수도원의 스콜라 철학은 진리(계시된 것)를 숙고하면서도 다른 한편으로 개연적인 것(증명이 필요한 것)을 인정할 수 있을 만큼의 자유를 가지고 있었다.

기후 또한 산업혁명을 향한 발전에 기여했을지도 모른다. 기후로 인해 1년에 단 한 번 수확이 가능하고 작물의 성장 가능기간이 짧았으므로 지배자와 피지배자가 상호 의존적 관계를 맺을 수밖에 없었을 것이다. 기후가 권력을 제한했을 것이다. 지역의 왕들과 신성로마제국의 선출된 황제가 나누어 가진 권력의 틈새에서 상업도시들과 장인조합들은 상당한 면책특권을 요구했다. 11세기부터 볼로냐, 파리, 프라하, 빈, 옥스퍼드, 케임브리지 등지의 법률가들과 의사들은—두 직업은 당시 막 생겨나는 중이었다—학생들을 모아 가르침과 배움의 중심공간을 만들기 시작했다. 그 공간은 대학으로 발전했다. 과학과 학문을 천직으로 삼는 독립적인 사람들이 모인 대학이라는 공간은 서양문명을 이전의 모든 문명과 구분짓는 특징이다.

14세기에 창궐한 흑사병도 변화에 기여했을지도 모른다. 가래가 생기는 전염병으로 콘스탄티노플에서 시작된 흑사병은 치명적인 폐질환으로 발전하여 유럽 전체를 휩쓸었다. 10년 동안 특히 극성했던 흑사병은 유럽인구를 크게 감소시켰다. 흑사병으로 희생된 인구가 어쩌면 전체의 50퍼센트 이상이었는지도 모른다. 유럽 대륙의 인구는 온난 지역의 경작지가 지탱할 수 있는 인구에 훨씬 못 미치게 되었다. 버려진 농토를 점유한 다음 세대는 넉넉한 식량을 확보했고, 더 많은 사람들이 성년에 도달했다. 노동력이 부족하여 임금은 상승했고, 상위 20퍼센트와 하위 80퍼센트 사이의 차이는 약간이나마 줄어들었다. 이런 변화와 함께 일어난 농업 생산성의 향상으로 인구는 150년 이내에 원래 수준으로 회복되었다. 회복된 인구의 영양상태는 이전보다 좋았다.

대양의 정복도 산업혁명의 불씨를 피우는 데 역할을 했음이 확실하다. 포르투갈 선원들은 실크로드 동쪽 끝에 있는 중국과의 교역에 뛰어들어 아랍인들의 독점을 깨뜨렸다. 중국에서 들어온 수입품 가격이 폭락하여 포르투갈인들은 파산하고 말았지만, 유럽 대륙의 나머지 지역은 이들을 통해 교역을 향한 자극을 받았다. 스페인의 신세계 약탈의 성과로 새로운 유동자본이 들어왔다. 영국 해적들은 왕실의 허가를 받고 스페인 선단을 약탈하여 생산적인 투자를 위한 새로운 자본의 재분배를 가능케 했다. 영국과 네덜란드의 해외 동인도 회사들은 중국, 인도, 그리고 남서 태평양 군도들을 약탈하기 시작했다. 블라이(W. Bligh) 선장의 빵나무 열매(breadfruit)로 연명하면서 아프리카에서 실어온 노예들은 카리브해 섬들에서 플랜테이션 농업이 이루어질 수 있게 해주었다. 북아메리카의 새로운 농장에서 나오는 산물은 당시 북아메리카와 영국에서 일어나는 인구 증가를 앞지르는 정도로 증가했다.

기계 에너지

산업혁명의 요인이 무엇이었든 간에, 산업혁명의 출발점에 대해서는 이론의 여지가 없다. 그것은 1769년에 이루어진 증기기관의 발명이었다. 와트 자신이 발명한 또 다른 장치인 비구 제어기(77쪽 참조)가 없었다면 그의 증기기관은 작동할 수 없었을 것이다. 기관의 출력축(output shaft)은 톱니바퀴로 연결되어 비구를 회전시킨다. 회전하는 비구가 원심력으로 인해 밖으로 밀리면서 수직방향과 이루는 각도에 따라 보일러에서 기관으로 들어가는 증기의 양이 조절된다. 이 장치로 와트는 되먹임(feedback) 제어 원리를 실현한 것이다. 되먹임 제어 원리는 자가 제어력을 가진 모든 기계에 이용된다.

와트와 그의 단짝인 볼턴(M. Boulton)이 신념을 지닌 혁명당이었다는 것을 말해주는 증거가 있다. 그들은 에라스무스 다윈, 프리스틀리, 웨지우드(찰스 다윈의 외조부)를 비롯한 10여 명과 함께 매달 루나회(Lunar Society) 모임을 가졌다. 그들은 토론의 기록을 남기지 않았으나, 그들의 대화가 기계나 대량생산이나 일반적인 자연철학적 주제에 국한되지 않았다는 사실은 알려져 있다. 그들의 대화는, 기계와 기계 에너지가 빈곤에 시달리는 인간의 짐을 덜기 위해 무엇을 할 수 있는지 따져보는 데까지 이르렀다. 18세기 말 그들의 논의 결과로 나온 전망을 담은 출판물은 커다란 대중적 논쟁을 일으켰다. 맬서스는, 스스로 밝혔듯이, 일부 동시대인들이 "인간과 사회의 완성 가능성에 관해" 벌이는 사변을 반박하기 위해 『인구원리에 관하여』를 썼다.

"그들은 예기치 않았던 커다란 자연철학적 발견들에 눈이 멀어 (……) 우리가 지금 인류의 미래 운명에 대단히 결정적으로 작용할 가장 중요한 변화들로 가득 찬 시대를 맞았다는 잘못된 의견을 가지게 되었다."

맬서스는 콩도르세를 인용한다. 콩도르세는 그가 직접 거명하는 두 명의 저자 중 하나이다.

"아주 좁은 토지에서 더 다양하고 더 유용하고 더 질 좋은 산물을 얻게 될 것이다. 제품생산은 원료손실을 줄이고 더 효율적으로 이용하면서 이루어질 것이다. 세대가 거듭될수록 소유는 더 늘어날 것이다."

이 견해의 비합리성을 드러낼 목적으로 맬서스는 "프랑스 헌법의 원리들은 이미 모든 계몽된 사람들의 원리이다"라는 콩도르세의 말도 인용한다. 맬더스는 동향인인 고드윈(W. Godwin)의 다음과 같은 희망이 담긴 전망도 경멸하면서 인용한다.

"모든 사람이 풍요 속에서 살고 모두가 자연의 호의 속에서 공평하게 몫을 받는 사회에서는 (……) 이기심이라는 편협한 원리가 사라질 것이다."

인구원리

인구원리, 즉 "인구가 식량보다 더 빠르게 증가하는 경향성"에 의해 그런 환상들은 깨진다. 영국교 성직자 맬서스는 인구원리가 신이 이 땅에 사람을 만든 목적에 부합한다고 여겼다.

"만약 식량과 인구의 증가가 균형을 이룬다면, 도대체 어떤 계기가 있어서 인간의 오만함을 누르고 인간으로 하여금 땅을 일구게 할 수 있을지 나는 알 수가 없다. 아무리 비옥하고 넓은 토지가 있다 할지라도 인구는 500명 또는 5000명 또는 500만 명 또는 5000만 명에서 성장을 멈출 것이다."

'제국이 요구하는' 인구성장이 이루어져야 하므로, 정치경제적 불평등과 "인생이라는 거대한 제비뽑기에서 나쁜 패를 잡은" 무산대중들의 '심각한 빈곤'은 정당하다.

인구원리는 궁극적인 경제문제에 관한 암묵적 주장으로 오늘날에도 상식을 지배하고 있다. 상식은 인구과밀이 인류가 불가피하게 짊어져야 하는 비극이라고 믿는다. 지난 40년 동안 이루어진 세계인구의 두 배 증가로 도달된 60억이라는 어마어마한 수치와 극빈 20억 인구의 비극은 상식을 지지한다. 그 비극과 상식이 모든 국가의 외교정책에서 암묵적 전제로 작용한다. 인구의 힘에 의지하여 만인의 만인에 대한 투쟁이 정당화되고 있는 것이다.

사회적 진화가 여전히 수천 년 동안의 농경문명의 굴레 속에 있다는 사실은 명백하다. 그러나 객관적 지식의 축적과 그 지식을 응용한 과학기술에 의해 지난 3세기 동안 세계인구 중 점점 더 많은 비율이 근본적으로 달라진 물질적 조건을 맞았고, 이에 따라 인간의 가치 또한 변화했다.

노예제도의 불법화

1860년대 미국 경제에서 기계 에너지는 사람과 짐승이 산출하는 생물학적 에너지를 능가하기 시작했다. 같은 시기에 미국에서는 노예제도가 폐지되었다. 노예제도—고대문명은 노예제도를 언급할 필요조차 느끼지 않았다—는 기술적으로 무용지물이 된 것이다. 경제적 경쟁력을 상실한 노예제도는 폐지될 수 있었다.

1년 동안 한 사람이 산출할 것을 요구해도 좋다고 인정되는 역학적인 에너지는

150킬로와트시이다. 미국의 주요 지방 발전소들에서 시민들과 기계들은 평균적으로 1인(대)당 3만 킬로와트시의 에너지를 산출한다. 그러므로 시민 각자의 능력은, 산업주의를 도덕적으로 옹호한 선각자 풀러가 '무생물 노예'라 표현한 노예의 능력에 의해 200배로 향상된 것이다.

기계 에너지는 공업기술이 이용하는 자연의 여러 힘들을 지배할 수 있도록 해준다. 기계 에너지는 초고온이나 고압에서 나오는 힘들과, 극저온이나 진공에서 나오는 힘들, 또는 메가볼트나 나노볼트 수준에서 나오는 힘들을 보유하고 운반하고 탐지하고 제어하는 소재들을 생산할 수 있도록 해준다. 암석권에서 끌어낼 수 있는 자원에 한계를 부여하는 것은 기계 에너지 자체의 한계가 아니다. 자원의 가용성은 에너지의 가격에 의해 결정된다. 기계 에너지는 지각과 태양빛으로부터 나오는 무한한 에너지 자원을 이용할 수 있게 해준다. 비행기가 자동차와 경쟁할 수 있게 만들어주는 것 역시 기계 에너지이다. 공업화된 사회의 가정들에게 열과 빛과 대부분의 가구와 기계화된 가사노예들을 제공하는 것 역시 기계 에너지이다.

기계 에너지에 의해 산출된 풍요는 공업화된 사회의 인구 전체를 빈곤으로부터 해방했다. 80퍼센트와 20퍼센트 사이의 불평등한 분배는 거의 또는 전혀 달라지지 않았음에도 불구하고 말이다. 공업화된 국가에서는 더 이상 자원의 희소성 때문에 빈곤이 생기지는 않는다. 그곳에서 빈곤이 끈질기게 존속하는 이유는 제도화된 사회경제적 구조때문이다.

산업혁명에 의해 야기된 18세기 말과 19세기 초 유럽의 사회혁명들은 양심과 모임과 언론의 자유를 가져왔다. 인류 중 80퍼센트가 겪었고 여전히 겪는 경험은 오늘날 공업화된 사회의 행복한 사람들의 사회적 기억 속에서 벌써 억눌리고 있다. 다시 화이트헤드의 말을 인용한다.

물리적 자연의 막강한 타성이, 그 철의 법칙이 인간이 겪는 불행의 광경들을 결정한다. 출생과 죽음 ,더위, 추위, 배고픔, 고립, 질병, 모든 목적의 실현 불가능성 등이 모두 가세하여 사람의 영혼을 억압한다. (……) 자유의 핵심은 목적의 실현 가능성에 있다. 프로메테우스가 인류에게 가져다 준 것은 언론의 자유가 아니었다. 그가 준 것은 불이었다.

영구적인 문제가 아니다

1930년대 공업국가들의 경제가 대공황에 빠졌을 때, 케인스는 분노한 동시대인들에게 "우리의 손자들이 누릴 경제적 가능성"을 생각해보라고 요청했다.

"석탄, 증기, 전기, 석유, 철강, 고무, 면방직, 화학공업, 자동기계와 대량생산, 무선통신, 인쇄, 뉴턴, 다윈, 그리고 아인슈타인"을 언급하면서 그는 "어떤 중요한 전쟁도 인구증가도 일어나지 않는다면, 100년 안에 경제문제가 해결되거나 최소한 해결의 전망이 보이게 될" 가능성이 열렸다고 말했다. "이는 경제문제가 **인류의 영구적인 문제**가 아니라는 것을 의미한다."(강조는 케인스에 의함)

1930년 이후 최소한 한 번의 중요한 전쟁이 있었고 세계인구는 두 배 이상으로 증가했다. 그럼에도 불구하고 경제문제 해결의 전망은 명백하게 시야에 들어왔다. 인구원리에 대한 믿음을 고수했던 케인스는 맬서스가 비판했던 동시대인들에 비하면 낙관적 미래에 대한 확신이 덜했다고 할 수 있다. 콩도르세와 고드윈은 피임에 의한 임신율 저하를 예견했다. 맬서스의 견해에 따르면, 피임은 "무분별한 접촉을 감추기 위한 부적절한 기술"이며 타락이었다. 오늘날 피임은 경제문제 해결과 나란히 일반화되고 있다.

풍요의 대중화

18세기에 기계 에너지가 등장하면서 시작된 풍요의 확산에 의해 16세기부터 시작된 유럽 인구의 평균수명 연장은 더욱 가속되었다. 유아 사망률 감소로 점점 더 많은 유럽인이 출산 가능 연령에 도달했다. 19세기 중반에 이르면 유럽 전역에서 인구 폭발이 일어난다. 임신율이 저하되었는데도 출생률은 계속 높아졌다. 유럽과 미국의 주요도시에 있는 고아원들은 영아 살해와 유기를 생존 방편으로 삼는 사회적 분위기를 수용했다. 1750~1850년까지 인구는 두 배로 증가했지만, 영아 살해와 유기도 공공연하게 일어나고 있었다.

20세기 중반 유럽 인구의 수는—1600년 유럽 인구는 전세계 인구의 10분의 1인 5000만 명이었다—열다섯 배로 늘어난 7억 1500만 명에 이르러 세계 인구의 3분의 1을 차지하게 되었다. 유럽인들은 신세계를 접수했고, 전세계의 인구 5만 명 이상의

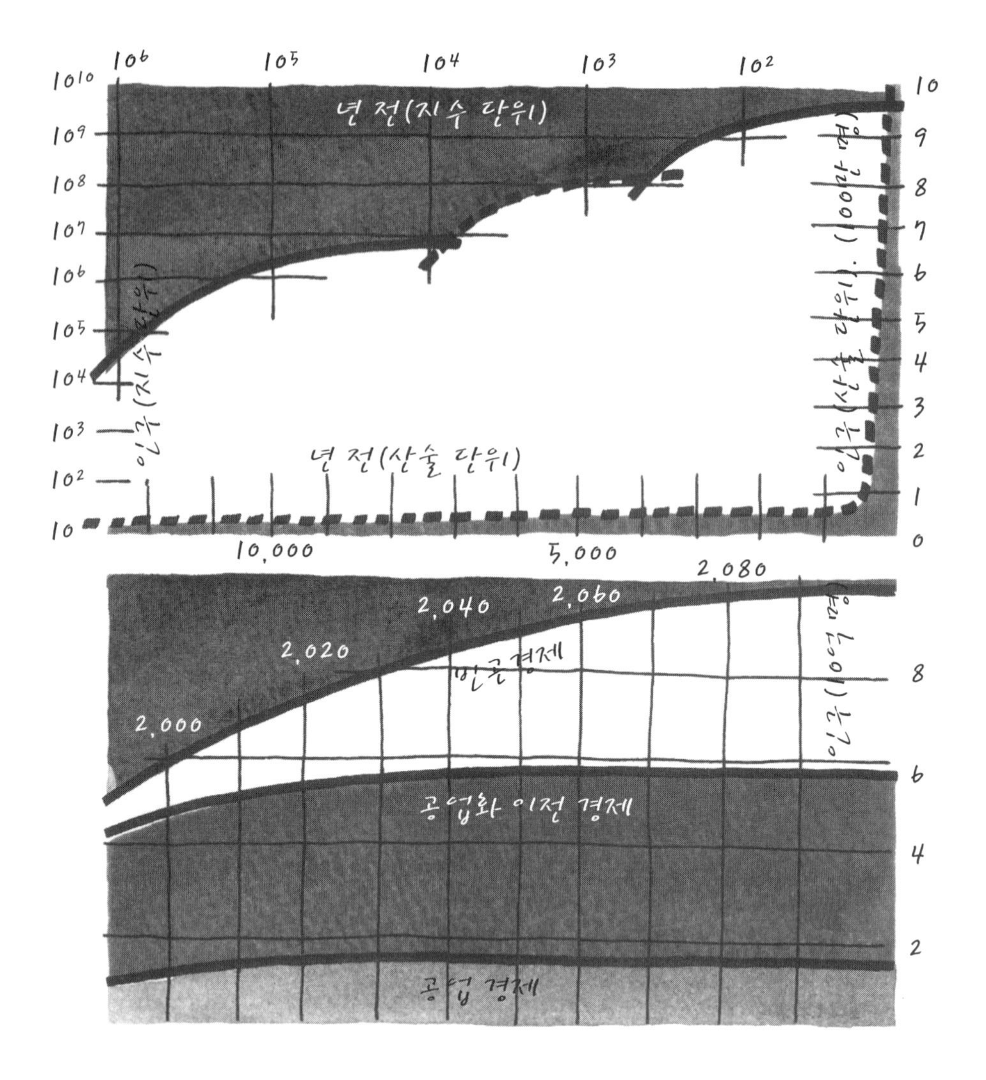

세 번의 인구폭발이 인간의 생물적·사회적 진화 속에서 일어났다(위). 20만 년 전 문화혁명이 일어나 인구는 100만 명에 도달했다. 농경혁명은 1만 년 전 500~600만 명이었던 인구를 1600년 5000만 명으로 증가시켰다. 산업혁명은 인구를 60억 명으로 증가시켰다. 미래의 인구 증가(아래)는 주로 현재 가장 가난한 수십억 명의 인구에 의해 이루어질 것이다. 앞서 있는 공업화 이전 국가들은 21세기 내에 성장률 0으로의 인구변천을 완료할 것이다.

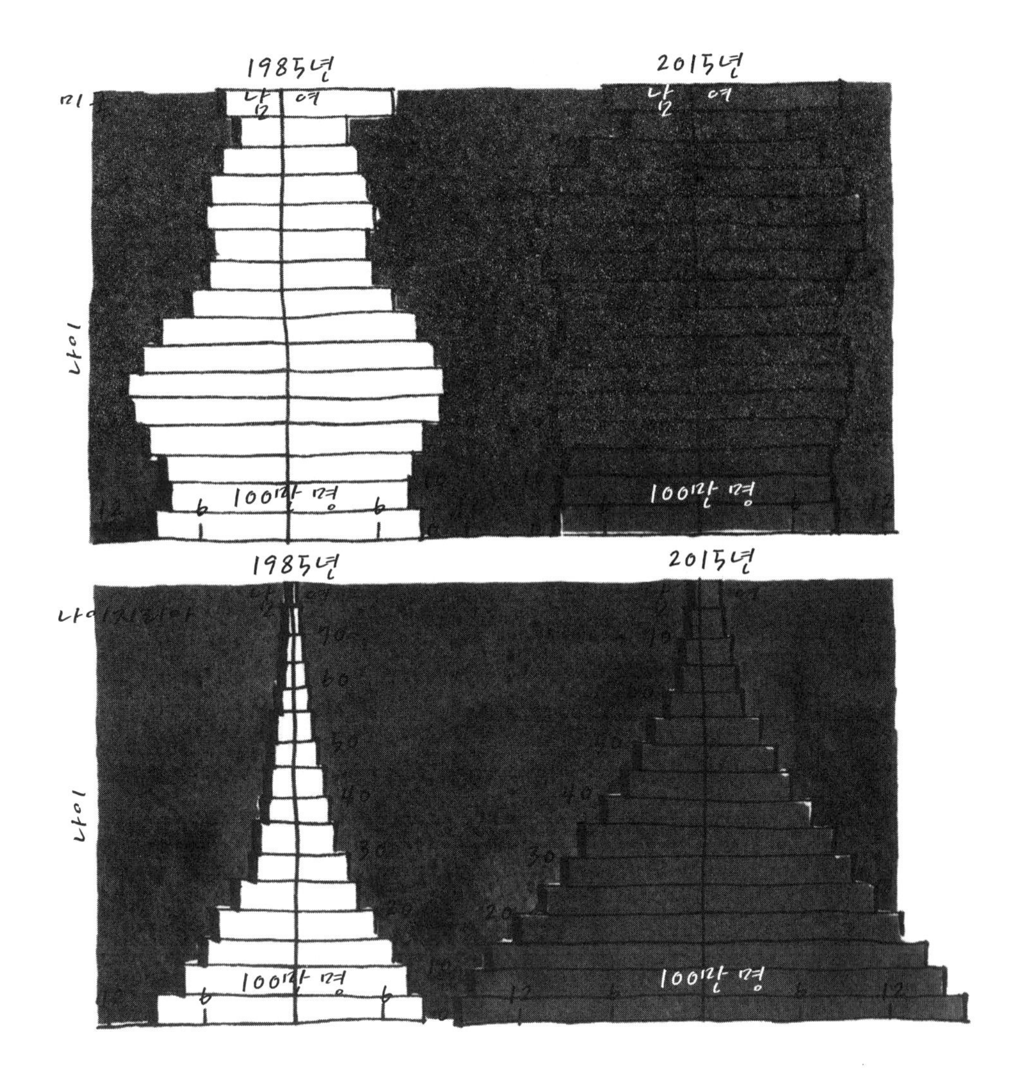

인구변천을 나타낸 그래프들이다. 미국과 나이지리아의 1985년 및 2015년 인구를 나이와 성에 따라 나타냈다. 임신율이 인구유지 수준인 1985년 미국 인구의 출산 가능 연령 집단은 ── 이들은 1950년대 탄생한 '베이비 붐' 세대이다──이들로부터 출산한 아이들의 집단을 능가한다. 평균수명의 연장으로 인해 인구폭발 단계를 거치고 있는 나이지리아 인구는 2015년에 출산 가능 인구가 현재의 네 배로 늘어날 것이다. 하지만 임신율 저하의 증거도 나타난다. 14세 이하 어린이의 수는 1985년에 비해 두 배를 약간 넘는 만큼만 증가했다.

도시들에 공업문명을 퍼뜨렸다.

오늘날 공업화된 국가들의 평균수명은 70세를 넘는다. 그 국가들이 모두 유럽 문화권에 속해 있는 것은 아니다. 일본, 대한민국, 대만, 그리고 거대도시인 홍콩과 싱가포르도 그 중 하나이다. 모든 공업화된 국가들에서 임신 가능 연령대의 여자 1인당 임신율은 아이 2인 이하로 떨어졌다. 공업화된 세계는 인구변천 과정을 끝마쳤다. 63쪽에서 언급했듯이 인구변천은 다음과 같은 단계들을 거친다.

a) 높은 사망률과 출생률, 30세 이하의 평균수명을 유지하면서 거의 0에 가까운 인구 성장률을 보이는 단계(인류가 과거 역사에서 늘 있었던 상태)

b) 인구폭발 단계

c) 낮은 사망률과 출생률, 평균수명 70세 이상의 평균수명을 유지하면서 거의 0에 가까운 인구 성장률을 보이는 단계(점점 더 많은 현대인들이 경험하는 단계)

공업화된 국가들에서 인구성장은 0에 도달했다. 산업혁명을 일으킨 유럽인들에게 인구성장 0인 단계로의 이행은 3세기를 필요로했다. 산업혁명 이후에 이행을 시작한 일본은 1세기 이내에 이행을 완결했다.

인구성장 0으로의 이행은 인구에만 국한되지 않는 중요한 귀결들을 가진다는 것을 유럽인들은 경험한다. 평균수명의 연장 속에서 사람들은, 인구학자 셰스네(J.-C. Chesnais)가 '인생의 정복'이라 표현한 상태를 누린다. 평균연령이 10~13세에서 30세 이상으로 높아짐에 따라 어린이들의 사회는 성인들의 사회로 바뀌었다. 인간의 의식을 주도하는 것은 더 이상 생존이 아니다. 미래에 사는 것이 가능해졌다. 미래에 사는 부모들은 계산한다. 아이가 적으면, 아이 한 명이 가질 수 있는 것이 더 많아진다. 임신은 줄어든다. 공업화된 국가들의 인구는 세계 최초의 성인 중심 인구이다. 공업화된 국가에서 어린이의 비율은 3분의 1이하이다.

더 오래 살게 된 사람들은 연장된 인생에 대한 권리를 주장한다. 왕의 신성한 권력은 개인의 신성함으로 대체되었다. 민주적 자치정부가 산업혁명과 동시에 등장한 것은 우연이 아니다. 오늘날 공업화된 국가에 사는 모든 국민들은 민주적으로 선출된 대의정부하에서 살아간다. 모든 국가의 정부들은, 실제로 타당한 주장이든 그렇지 않든 간에, 그들의 권력이 국민으로부터 나왔다고 주장한다.

그러나 국가들은 농경문명 이래 존속하고 있는 주권자들 상호간의 무정부 상태 속에서 살아간다. 20세기의 30년 동안(1914~1945) 일어난 전쟁은 당대 인구의 10퍼센트를 데리고 갔다. 이미 전쟁 초기에 전쟁의 어리석음과 공포에 반발하는 공업국가들이 국제연맹을 통해 세계질서를 세우려 시도했다. 1945년에는 국제연합이 결성되었다. 국가들은 국제연합 헌장에 두 가지 사명을 명시했다. 첫번째 사명은 평화유지이다. 이번에는 새로운 강제조항도 생겨났다. 더 이상 국민을 보호할 목적으로 핵무기를 사용할 수는 없게 되었다. 두번째 사명으로 공업국가들이 짊어진 것은, 당시 제국들로부터 막 해방된 새로운 '저개발국'들의 경제개발을 가속화하는 일이었다.

반 세기가 지난 지금 평가해보면, 공업국가들은 최소한 부분적으로는 첫번째 사명을 달성했다고 할 수 있다. 이해 당사자들의 지속적인 대화를 권고하는 안전보장 이사회의 신중함 속에서, 예상되는 피차 파멸의 확실성에 대한 합리적 대응으로 핵무기 사용은 억제되었다. 그럼에도 불구하고 현재 공개·비공개적으로 핵을 보유한 국가는 최소한 20개국 이상이라고 보아야 한다. 국제정세의 흐름 속에서 전후시대는 하시라도 전쟁 임박 시기로 바뀔 수 있다.

몇 년 전 수학자 브로노프스키(J. Bronowski)는 지속적인 인류 생존의 위협과 관련해서 다음과 같은 조언을 했다

> 이제껏 우리는 국가들의 행동을 규제하기 위해 만들어진 편협한 규칙들 속에 관용 또는 과학적 경험주의를 도입하지 않았다…….
>
> 과학기술의 몸이 우리에게 짐이 되고 위협이 되는 이유는 우리가 정신의 부재상태에서 그 몸만을 이용하려 하기 때문이다. 우리는 우리가 지배해야 할 자연의 힘에 의해 괴롭힘을 당한다. 그것은, 자연의 힘을 발견하기는 어렵지만 그 힘을 지배하기는 쉽고 단순하다고 믿는 우리의 착각 때문이다.

빈곤으로부터의 해방

국제연합이 두번째 사명도 가지고 있다는 사실은 오늘날 국제연합에 참여한 국가들의 외교정책 입안자들에게 거의 잊혀진 상태이다. 그러나 전쟁 직후 후회와 결심 속에서 국가들은 '빈곤으로부터의 해방'을 공동의 목표로 설정했다. 인구변천을 의식

하게 된 이후 그 목표는 더 큰 목표를 포함하게 되었다. 경제발전은 세계의 나머지 인구가 인구변천을 거치도록 이끌고, 지구의 자원으로 인간의 자유와 존엄성을 지탱할 수 있는 크기에서 세계인구의 성장이 멈추도록 이끌어야 한다.

전쟁 직후 아직 거대한 몸집을 지녔던 정부들은 여전히 과대한 권력을 확신 속에서 경제발전에 쏟아붓고 있었다. 1946년 미국은 국제연합 총회를 소집했다. 총회는 과거 폭격 조준기 생산공장이었던 뉴욕 레이크 석세스의 한 건물에서 열렸으며, 안건은 자원의 보존과 이용을 위한 국제기구의 조직이었다. 1949년 1월 미국 대통령으로 취임한 트루먼의 취임 연설문 조항 4는 합의된 국제기구를 위한 준비 위원회에서 논의된 내용을 담고 있다. 조항 4는 미국이 저개발국들의 경제발전을 위해 재정적·기술적 원조를 할 것을 요구하는 내용이다. 그 원조는 당시 마셜 플랜의 일환으로 서유럽에서 진행되던 거대한 경제지원 계획의 확대가 될 것이었다.

국내총생산의 1퍼센트

그해에 열린 국제연합 총회 결의안 제200호에 의해 경제발전을 위한 국제연합기금(United Nations Fund for Economic Development)이 창설되었다(훗날 기금의 명칭은 국제연합 특별기금으로 바뀌었다. 약자는 UNFED에서 SUNFED가 되었다). 기금은 인도와 카리브 해 신생국 자마이카의 경제학자들을 포함한 '전문가 집단'에게 '저개발국들의 경제 발전을 위한 방안들'을 숙고하는 임무를 맡겼다.

전문가들이 작성한 보고서는 의도된 기획이 어느 정도의 규모인지를 보여준 최초의 자료이다. 보고서는 공업화된 국가들의 원조가 그 국가들의 국내총생산(GDP)의 1퍼센트 수준으로 확대될 것을 요구했다. 보고서의 저자들은 이렇게 해명했다.

"4퍼센트의 이윤을 기대하고 투자될 수 있는 자금의 크기는, 투자 대상국의 사회자본, 특히 공중보건과 교육과 도로와 통신설비를 발전시키기 위해 투입되는 원조의 크기에 비례한다."

사회적 투자를 위한 자금은 보통 세입으로 충당된다. 빈곤한 저개발국들은 필요한 세입을 올리지 못했다. 기반설비에 대한 투자가 이루어지면 저개발국에 거대한 시장이 열릴 것이고, 따라서 사기업들의 투자가 이어질 것이라고 모든 사람들이 믿었다. 그러나 민간자본만으로도 투자 전체가 이루어질 수 있다고 예상하는 사람은 아무도 없었다.

따라서 공업국가의 정부는 GDP의 1퍼센트를 완전히 무상으로 제공할 것이다. 저개발국들의 GDP의 10퍼센트 이상에 해당하는 그 원조를 바탕으로 해서 저개발국은 저고용 상태의 인력과 미개발 자원을 이용하여 공업혁명을 위한 기반설비를 갖추는 투자를 시작할 수 있을 것이다. 그 투자는 원조 규모의 10배에 달할 것이다. 다음 단계는 저금리 장기상환 차관이다. 개발될 국가들은 재건과 개발을 위한 국제은행(IBRD, 즉 세계은행)에서 자금을 얻게 될 것이다. 세계은행의 재정은 공업국가들의 정부가 맡아야 한다. 이런 투자에 의해 형성된 기반설비를 바탕으로 민간자본과 시장활동이 공업혁명을 전세계로 확산시킬 것이다. 전후시대의 시작을 맞고 있던 당시 사람들은, 2000년이 되면 저개발국들이 자립능력을 가진 공업경제에 도달할 수 있으리라고 기대했다.

1962년이 되어서야 케네디에 의해 미국 GDP의 1퍼센트를 경제원조에 사용하는 정책이 인가되었다. 케네디는 국제연합 총회에서 1960년대를 '개발의 10년'으로 선언했다. 1960년대는 '절망의 10년'으로 마감되었다. 공업화된 국가들은 점점 더 막강하게 무장하는 두 진영으로 갈라섰다. 모든 지역의 경제발전을 가속화하기 위해 1945년 약속된 경제원조는, 냉전기간 동안 적은 수의 수혜국들의 충성을 다지는 역할만을 했다. '해외원조'는 나쁜 평판을 얻게 되었다. 원조된 자본이 수혜국들 간의 대리전쟁에 사용되는 일이 흔하게 일어났다.

원조가 아닌 교역으로

'원조가 아닌 교역'을 통한 발전을 모색한 이른바 당시의 '개발도상국'들은, 석유를 비롯한 자원과 저임금 노동력을 찾아 공업국가로부터 조건적으로 흘러든 투자와 단기부채 형태의 외부 자본에 의해 엄청난 발전을 이루었다. 다른 한편 국제연합 개발계획(UN Development Program)이라든가 국제연합 기술기구(UN technical agencies) 등 여러 명칭으로 열린 경로로 들어간 적은 양의 기금들은 가장 쉽게 전파될 수 있는 공업혁명의 기술들을 전세계에 전파했다. 그것은 공중보건과 교육이었다. 세계 어느 곳을 막론하고 경제발전을 위한 기초적인 기반구조가 형성되었음을 건강과 문맹률에 관한 통계자료에서 읽어낼 수 있다.

모든 국가에서 평균수명이 최소한 10년 연장되었다. 유아 사망률은 신생아 1000명당 100명 이하로 떨어졌다(과거에는 최고 1000명당 300명이었다). 임신율도 뒤를 이어 6.5에서 4.2로 낮아졌다. 세계인구 증가율은 1970년 2퍼센트에 육박하면서 최고에 도달한 후 점차 감소하여 지금은 1.5퍼센트에 다가가고 있다. 모든 평균값들이 그러하듯이, 이 수치들 역시 가장 발전한 국가들과 뒤처진 국가들 사이에 있는 커다란 불균형을 감추고 있다.

세계에서 가장 인구가 많은 중국은 가장 먼저 발전한 국가 중 하나이다. 중국 13억 인구의 평균수명은 1950년 40세에서 현재 70세로 높아졌다. 유아 사망률은 300명에서 32명으로 낮아졌고, 임신율도 5.8에서 2.3으로 떨어져 거의 인구유지 단계에 도달했다. 60세 이하 인구의 문자 해독률은 98퍼센트이다. 여성의 문자 해독률이 남성보다 낮지만 그 차이는 미미하다.

사하라 사막 이남의 30개국은 반대편 극단의 양상을 보인다. 이 국가들에 속한 총 5억의 인구는 비관적인 통계수치들을 내놓는다. 평균수명 50세, 유아 사망률 218, 임신율 6, 문자 해독률 27퍼센트이다. 남성의 문자 해독률은 33퍼센트이며 여성은 15퍼센트이다. 이 수치들은 1950년보다 크게 나아진 상태를 대변하지만, 1980년과 비교하면 오히려 퇴보한 상태를 보여준다. 1980년을 전후해서 아프리카에서 전세계로 퍼져 지금도 유행하는 후천성 면역결핍증(AIDS) 바이러스는 이제 인류 전체가 미래를 공유한다는 사실을 부정적인 방식으로 가르쳐주고 있다.

그러나 극빈국들의 국내통계 역시 인류의 공동현실을 보여주는 통계에 점점 더 접근하고 있다. 이는 그 국가들의 발전을 위한 기반구조 건설이 진행되고 있음을 말해준다. 국제연합 인구기구가 수집한 핵심 통계자료를 토대로 세계인구의 변화를 예상하는 컴퓨터 모델이 만들어졌다. 1990년 만들어진 그 모델은 인구성장에 관한 장기예상을 내놓았고, 그 예상은 다음과 같은 두 질문에 답할 수 있게 해준다. 세계인구가 인구변천을 완결하고 성장률 0에 도달하는 것은 언제일까? 최종적인 세계인구는 얼마일까?

컴퓨터 모델은 먼저 현재의 임신율 감소 추세가 지속되리라는 가정하에 인구 증가를 예상했다. 그런 낙관적인 가정하에서 예상해보면, 세계인구는 2100년 115억 명에 도달하면서 인구변천을 완결하고 증가율 0에 도달한다. 컴퓨터 모델은 현재의 임신률이 그대로 유지된다는 가정하에 다시 인구성장을 예상했다. 그 가정하에서는, 세계인구가 2100년에 220억 명에 도달하며, 2150년에는 280억 명에 도달하고, 여전히 증가가 계속된다. 도달될 280억 명의 인구 가운데 140억 명은 현재 가장 가난한 국민들의 후손이 차지하게 된다.

개발도상국 인구 48억 명이 인구변천을 완수하도록 하기 위해 필요한 발전의 주요 열쇠는 이른바 '신생시장'에 대한 민간부문의 투자 흐름이 쥐고 있다. 세계 500대 다국적 기업들은—전세계 경제흐름의 30퍼센트를 지배하고 개발도상국들의 GDP 총액을 능가하는 규모의 활동을 하면서—공업국가들과 뒤처진 국가들을 연결하는 중심 교량 역할을 하고 있다. 1990년대 다국적 기업들의 직접투자 총액은 연간 1500억 달러에 달했다. 그 금액은 과거 원조하기로 약속되었던 공업국가 GDP의 1퍼센트에 근접하는 수준이다.

20년 이상의 기간 동안 민간투자의 80퍼센트는 신생시장 중 10곳에 집중되었다. 그 10개국에 속한 전체 인구는 1985년까지 6억 7300만 명이었다. 오늘날에는 중국이 가세하여 10대 투자 집중국의 총인구는 18억 명이 되었다(한때 투자 선호국이었던 인도네시아는 10대 투자 집중국 반열에서 탈락했다). 중국의 낮은 임신율로 인해 10대 투자 집중국 인구의 임신율은 2.6퍼센트로 낮아졌다. 투자집중국 인구는 인구변천의 제3단계에 도달한 것이다. 30억 인구가 속한 나머지 개발도상국에는 전체의 20퍼센트인 300억 달러가 투자되었다. 2000년 세계은행 보고에 따르면, 그해 사하라 사막 이남 아프리카 지역의 극빈한 5억의 인구에게 투자된 자금은 전혀 없었다. 이 지역은 현재 인구변천의 제2단계를 거치는 중이다.

지속적인 발전

선진국들은 개발도상국들이 경제발전에 관한 국제연합 회의에서 자신들의 이익을 위해 먼저 안건을 제안하는 것을 수용했다. 반 세기 이상 국제연합 총회는 일련의 국제연합 인권회의를 소집했다. 회의의 안건은 아동 및 여성 복지, 노인인구의 증가, 인구, 환경, 경제개발 등이었다. 그 회의들의 결의사항과 국제연합 사무국 및 기술기구들이 정리한 통계자료를 보면, 인류의 먼 미래의 전망과 희망적 가능성들을 볼 수 있다.

지난 반 세기 이상 동안 대부분의 개발도상국들은 고도의 기술을 지닌 독자적인 지식인 인력을 양성했다. 그런 인력들은 1950년, 발전에 필수적인 촉매 역할을 할 해외 원조계획의 골격에 살을 붙이는 일을 하기도 했다. 자원개발, 급속히 팽창하는 도시를 위한 용수 공급 및 보건 체계, 운송망과 통신망과 전선망 확충 등의 기반사업에 관한 그들의 연구는 원조의 필요성과 이전해야 할 기초기술들에 관한 실질적이고 세부적인 지침이 되었다.

거대 규모가 된 오늘날의 기반 사업들의 종합적인 목록은 1992년 리우데자네이루에서 개최된 환경 및 개발에 관한 국제연합 회의에서 작성되었다. 시급한 기반설비 투자의 규모를 산정하는 데 바탕이 된 자료 전체는 그 회의의 주요 성과인 의사록(Agenda) 21로 발표되었다. '지속적인 발전'을 위한 그 의사록은 기반설비 확충을 위해 가장 시급하게 완수해야 할 과제들과 필요한 자금을 명확하게 밝혀놓았다. 과제들 중에는 빈곤과 무분별한 자원 착취로 인해 손상된 환경을 복구하는 일도 포함되었다. 해외원조가 늘 의도해왔던 종류의 과제가 바로 이런 종류의 과제들이다. 이런 과제는 공적인 재정을 필요로 한다. 여기에 투자된 자금은 이자도 배당금도 산출하지 못하지만, 이자와 배당금이 얻어지는 사업의 토대를 만들어준다.

그런 과제들이 해결되지 않는 한, 빈곤국들은 세계화된 경제로부터 이윤을 추구하는 자본을 끌어들일 수 없을 것이며, 따라서 환경을 파괴하면서 계속해서 빈곤 속에 살아가게 될 것이다. 의사록 21은 현재 경제의 변방에 있거나 경제로부터 소외된 인구와 생태계들을 끌어안는다. 아프리카와 남아시아 지역의 40개 빈곤국에는 가장 먼저 해결해야 할 과제들이 쌓여 있다. 그 중에는 사막화 억제, 산림 재조성, 한 계절에 집중되는 강수량의 확보와 저장, 토양 복구, 교육 등이 포함된다. 교육은 다음 세대의 빈곤국 국민이 이런 과제들을 스스로 짊어지고, 자국의 자원으로 자국의 수입을 산출하는 공업화에 도달하는 과정을 지속할 수 있게 만들 것이다.

의사록 21이 산정한 연간 필요 원조 총액은 공업국가들의 1992년 GDP의 0.7퍼센트인 1250억 달러이다. 개발도상국의 잠재적 자원과 인력으로부터 투자 금액의 네 배에 달하는 이익이 산출될 것임을 의사록은 보여준다. 공업화된 국가들과 개발도상국들의 공동 투자가 35년간 지속된다면, 21세기의 나머지 기간 동안 세계경제는 네 배로 성장하여, 복지는 두 배로 향상되고, 비참한 빈곤은 두 배가 된 세계인구로부터 추방될 것이다.

개발도상국들은 원조보다 먼저 세계경제 성장을 갱신하는 힘들에게 의지한다. 투자규모의 결정은 시장에 맡겨졌다. 500대 다국적 기업들이 언제 어디서 누구를 위해 어떤 기술들을 이전할 것인지를 결정해왔다. 시장에는 시장의 작동으로 인해 환경이 지불하는 비용을 시장 안으로 수용하는 작동원리가 없다. 따라서 시장은 경제적 필요로 환산되지 않는 인간의 욕구와 목적과 희망에 대응하지 못한다. 이를 위해서는 공업국가의 스스로 제어하는 시민사회가 시장 외적인 제도들을 요구해야 한다.

지금까지 간략히 살펴본 활동들—세계인구 성장을 예상하고, 뒤처진 인구들이 인구변천을 완료하도록 하기 위해 필요한 경제개발을 예측하는 활동—은 인류의 사회적 진화의 다음 단계가 실현될 수 있음을 시사한다. 세계경제가 더 빨리 발전할수록, 최종적인 세계인구는 줄어든다. 예상되는 최종인구 115억 명이 너무 많다면, 개선을 위한 길은 공업화에 뒤처진 국가들의 발전을 가속하는 것이다.

이런 거대한 목표를 거론하는 것은, 그것을 달성할 기술이 이미 우리 손 안에 있기 때문에 가능하다. 거대하지만 유한한 그 목표는 유한한 수단에 의해 도달될 수 있다. 최초 도구 제작자들이 시작한 탐구를 계승하는 일은 호모 사피엔스에게 주어진 과제이다.

감사의 말

영광스럽게도 『사이언티픽 아메리칸』에 글을 기고한 수많은 과학자들에게서 나는 많은 도움을 받았다. 나는 이 책에서 그들의 글을 자주 인용했다. 그들에게 감사의 뜻을 전한다. 또한 내가 명시적으로 인용하지는 않았지만 20세기 과학을 건설하고 대중에게 더 많이 알리는 데 도움을 준 많은 작가들에게도 감사한다. 『사이언티픽 아메리칸』을 함께 만들어온 동료들, 특히 플래너건과 최근에 합류한 밀러 주니어도 같은 생각일 것이다. 나는 이 두 동료의 도움을 잊지 않을 것이다. 또한 나는 체스터, 뉴먼, 로젠바움, 스트롱, 그리고 스비르스키에게도 따스한 감사의 말을 전한다. 나는 기꺼이 여전히 활동적인 가드너와 모리슨에게 큰 도움을 받았음을 고백한다. 그들은 『사이언티픽 아메리칸』이 제 모습을 갖추는 데 큰 몫을 담당했다. 내가 은퇴한 후 잡지를 맡고 있는 나의 아들 조너선에게도 감사한다. 이름은 밝히지 않겠지만, 많은 사람들이 이 책의 원고를 꼼꼼하게 비판적으로 읽어주었다. 그들에게 감사하며, 그들로부터 이 책에는 아무런 오류가 없다고 평가받고 싶다.

디자인과, 산문으로는 표현할 수 없는 개념과 관계를 일러스트로 표현해준 브래드퍼드에게 감사한다. 일러스트들을 완벽하게 정리해준 브래드퍼드의 오른팔인 파세에게도 고마움을 전하고 싶다.

35년이 지난 지금에야 나는 이 책의 편집도 담당한 베시에게 내 옆자리를 줄곧 지켜준 것에 대해 감사하다는 말을 전한다.

나는 이 책을 존경하는 모리슨에게 헌정했다. 그는 과학의 미적·인간적 가치들을 몸소 구현한 모범적인 과학인이다. 그리고 바로 그 가치들이 내가 이 책에서 말하고자 했던 것이었다.

과학이라는 커다란 물음표와 친숙해지기

• 옮긴이의 말

나는 크게 세 가지 이유에서 번역에 애를 먹어야 했다. 그 세 이유를 얘기하는 것으로 이 책의 성격을 이야기하는 것을 대신하겠다.

첫째, 지은이 피엘은 스스로 과학 문맹이었음을 흔쾌히 자인하는 언론인이다. 과학적 내용을 정확하게 이해하고 전달하기 위해서는 거의 전문 과학자에 견줄 만한 능력과 경험이 필요하다. 애를 먹으며 번역했으므로 이 책에 당연히 애정을 가지고 있지만, 그렇다 하더라도 나는 지은이의 과학이해에 대해서—특히 물리학과 관련해서—너무 과감한 단순화의 위험성을 지적하지 않을 수 없다. 논란의 여지가 거의 없는 표준 교과서가 전하는 과학 이야기를 들을 때와는 다른 자세로 이 책을 대해야 할지도 모른다. 실제로 나는 번역 과정에서 적지않은 세부 오류들을 수정했다.

둘째, 지은이의 문체는 지극히 언론인답다. 그는 논리적 사유를 이끌어주는 접속어의 사용을 아끼면서 문장들을 그냥 나열하는 것을 즐기고, 또한 명백한 연관관계가 보이지 않는 다른 내용들을, 매우 많이 생략한 한 문장 안에 흔히 병치한다. 나는 예를 들어 접속어들을 많이 보충하는 방식으로 사유의 흐름을 드러내고자 했으며 원문보다 훨씬 자상한 문장을 만들고자 노력했다. 하지만 완성된 번역이 읽기 좋은 글이 되었다고 할 수는 없을 것 같다. 독자는 어쩌면, 알 듯 말 듯한 이야기가 전문용어들을 뒤집어쓰고 단순한 직설법 어투로 이어지는 과학기사를 보는 막막함을 느낄지도 모른다. 그것도 거의 500쪽에 달하는 방대한 과학기사를 말이다. 물론 피엘의 글은 내용이나 이해 면에서 신문이나 잡지에서 흔히 보는 과학기사들보다 훨씬 훌륭하다는 것을 분명히 밝혀둔다. 하지만 마치 지면이 모자라기라도 한 듯이—사실, 이 책이 끌어담은 방대한 내용을 생각하면 지면이 모자라기도 했을 것이다—간결체를 고수한 점은 역시 기자답다.

셋째, 이 책은 보기 드문 책, 아니 괴물 같은 책이다. 생각해보라. 쿼크에서 은하계까지, 빅뱅에서 생명의 탄생까지, 공룡에서 호모 사피엔스를 지나 국제연합 상임이사회까지, 시간의 전 영역과 공간의 전 영역 그리고 문화의 전 영역을 아우른 책이 바로 이 책이다. 과거 우리 나라 고등학교 과학교과는 물리, 화학, 생물, 지구과학 네 분야로 나뉘어 있었다. 이 책은 네 분야를 전부 다룬다. 하지만 네 분야에만 머물지 않고, 과학사도 상당 부분 다루고 있을 뿐만 아니라 제7장에서는 꽤 많은 분량이 고고학이나 사회학이나 경제학에도 할애된다. 실로 거대한 기획이 아닐 수 없다. 번역을 하는 동안 나는 쉴새없이 자리에서 일어나 백과사전들을 들춰야 했다. 대학 생물학 교과서를 다시 보고, 지질학 사전을 참조하고, 주위에 있는 전문가 친구들에게 전화를 걸어 도움을 청하면서, 나는 새삼 세상에 있는 지식이 얼마나 방대한 지를 느껴야 했다. 솔직히 고백하면, 이 책이 포괄한 지식들을 다 소화하고 (지은이 피엘이 말하듯이) 일관적인 그림으로 조망할 능력은 내게 없다. 내가 가진 것은 다만 이토록 넓은 세계가 있음을 알 만큼의 능력 그리고 쉴새없이 일어나 책을 뒤질 능력이다.

이토록 많은 이야기들을 담고 있다는 점에서 이 책은 백과사전과 유사하다고도 할 수 있다. 지은이도 말하듯이, 이 책의 재료가 된 것은 그 동안 『사이언티픽 아메리칸』에 실린 기사들이다. 50년 동안 축적된 노력으로부터 나온 책이라는 얘기다. 당연히 백과사전에 버금가는 내공을 지니고 있으리라 기대할 수 있을 것이다. 그러나 이 책은 또한 놀랍게도 한 사람이 그리는 그림답게 사전류와는 비교할 수 없는 일관적인 어투를 유지하고 있다. 과학을 사랑하는 언론인 피엘은, 객관적 지식의 힘, 객관적 지식 추구의 윤리, 과학 지원의 필요성, 대중 과학교육의 필요성을 기회가 있을 때마다 강조한다. 또한 이 책은 언론인의 글답게 과학의 발전과 관련된 사건들을 생생하게 전달하는 힘을 가지고 있다. 이 책은 과학내용을 담은 교과서로서는 어울리지 않지만, 과학활동의 기록으로서는 충분한 힘을 발휘한다. 어쩌면 이 점이 이 책의 참된 장점일 것이다.

과학자가 아닌 언론인이 그 누구도 조망하기 어려울 만큼 방대한 전문적인 과학 이야기를 50년 동안 모아 한 권으로 응축시킨 책을 번역하는 일은 나에게 어려운 일이 아닐 수 없었다.

과학에 관심을 가지고 있는 일반인 독자를 위해서, 일반인인 나는 이 책에서 읽은 가장 인상적인 문장을 들려주고 싶다. 상대성 이론이나 양자역학을 대중에게 이해시키는 것이 당연히 가능하다고 믿는다고 어느 물리학자는 말했다. 그 믿음을 정당화하는 그의 해명이 걸작이다.

"나 또한 그렇게 대중적으로 상대성 이론과 양자역학을 이해하고 있으니까."

양자역학이 도무지 이해가 안 된다고 투덜거리는 사람을 쉽게 만나게 된다. 상대성 이론도 마찬가지이고, 심지어 수학적으로 4차원, 5차원을 말하는 것조차 도저히 이해가 안 된다고 투덜거리는 사람도 많다. 그런 사람들에게 첨단의 과학을 어떻게 '이해' 시킬 것인가? 앞에서 인용한 어느 물리학자의 말을 음미할 필요가 있다. 도저히 이해할 수 없다고 투덜대는 일반인에게 그 물리학자는 아마도 이렇게 말하지 않을까?

"(그런 방식으로라면) 나도 이해가 안 됩니다."

일상의 앎이 잘 제어된 대답과 같다면, 과학에서 특히 과학의 첨단에서 얻어진 앎은 커다란 질문 또는 물음표와 같을지도 모른다. 파인먼도 "양자역학을 이해하는 사람은 단 한 사람도 없다"고 자신 있게 말한다. 이해하는 것이 아니라 익숙해지는 것, 아니 더 정확히 말하자면, 함께 살아가야 할 커다란 물음표로서 친숙해지는 것, 그것이 과학을 이해하는 올바른 길이라고 나는 믿는다. 인용한 물리학자는 올바른 이해를 '대중적 이해'라 표현했을 것이다. 그리고 그런 이해는 우리에게도 절실하다고 믿는다. 최소한의 재료가 없다면 어떤 건축물도 지을 수 없다. 과학의 대중적 이해를 통해서, 그런 이해를 바탕으로 현장에서 연구하는 과학자와 대화하기 위해서는, 일단 최소한의 단편적 지식들을 갖추어야 할 것이다. 사실 둘러보면 우리 주위에는 수많은 좋은 책들이 있고 좋은 인터넷 사이트들이 있어서, 누구나 조금만 신경을 쓰면 부족함 없이 과학정보들을 얻을 수 있다. 나는 이 책 역시 그런 좋은 책들 가운데 하나라고 추천할 수 있다. 또한 우리가 지속적으로 과학의 전 영역에 애정과 관심을 가지려면, 그 단편적 지식들이 일관적인 그림으로 맞춰질 수 있다는 희망을 품을 필요가 있을 것이다. 앞에서 나는 이 책과 지은이를 약간 비판했지만, 사실 나는 이 책을 통해 그런 일관적인 그림을 시도한 피엘에게 경의를 표하지 않을 수 없다. 결론적으로 이 책은 사전에 버금가는 폭을 자랑하는 괴물 같은 책, 그래서 보기 드물게 '좋은' 책이다.

마지막으로 나는 이 책에서 읽은 어느 과학자의 멋진 말을 언급하고자 한다. "연구하는 과학자가 느끼는 즐거움은 그의 치통만큼이나 사적이다"라고 말했다. 번역을 마친 나에게도 즐거움이 있다. 그리고 이상하지만 그 즐거움도 "치통만큼이나 사적이다".

찾아보기

ㅅ

ㅇ

중국인의 상술

강효백 지음
상상을 초월하는 중국상인들의 장사비법

"개방적인 자세로 상술을 펼쳐나가는 광둥사람, 신용 하나로 우직하게 밀고나가는 산둥사람. 이들이 바로 오늘의 중국을 움직이는 중국상인들이다."
· 신국판 | 반양장 | 360쪽 | 값 12,000원

그리스 비극에 대한 편지

김상봉 지음
슬픔의 미학을 통해 인간의 고귀함을 사유한다

"내가 타인의 고통으로 눈물 흘리고 우주적 비극성 앞에서 전율할 때 나의 사사로운 고통과 번민은 가벼워지고 나의 정신은 무한히 넓어집니다."
· 신국판 | 반양장 | 400쪽 | 값 15,000원

나르시스의 꿈

김상봉 지음
자기애에 빠진 서양정신을 넘어 우리 철학의 길로 걸어라

"자기도취에 뿌리박고 있는 서양정신은 영원한 처녀신 아테네처럼 품위와 단정함을 지킬 수는 있겠지만 아무것도 잉태할 수 없는 불임의 지혜다."
· 신국판 | 양장본 | 396쪽 | 값 20,000원

호모 에티쿠스

김상봉 지음
윤리적 인간의 탄생을 위하여

"참으로 선하게 살기 위해 우리는 희망 없이 인간을 사랑하는 법을, 보상에 대한 기대 없이 우리의 의무를 다하는 법을 배우지 않으면 안 됩니다."
· 신국판 | 반양장 | 356쪽 | 값 10,000원

자기의식과 존재사유

김상봉 지음
칸트철학과 근대적 주체성의 존재론

"모든 나는 비어 있는 가난함 속에서 하나의 우리가 된다. 참된 존재사유는 모든 나를 없음의 어둠 속으로 불러모음으로써 하나의 우리로 만드는 실천이다."
· 신국판 | 양장본 | 392쪽 | 값 18,000원

그림자

이부영 지음
분석심리학의 탐구 제1부…우리 마음 속의 어두운 반려자

"인간의 내면, 그 어두운 측면을 성찰하는 시간을 갖는다는 것은 하나의 축복이다. 나는 융의 그림자 개념을 통해 우리의 마음과 사회현실을 비추어 본다."
· 신국판 | 반양장 | 336쪽 | 값 10,000원

아니마와 아니무스

이부영 지음
분석심리학의 탐구 제2부…남성 속의 여성, 여성 속의 남성

"당신은 첫눈에 반한 이성이 있는가? 가까워지고 싶은 조바심, 그리움과 안타까움. 이때 두 남녀는 상대방을 통해 자신의 아니마와 아니무스를 경험한다."
· 신국판 | 반양장 | 368쪽 | 값 12,000원

자기와 자기실현

이부영 지음
분석심리학의 탐구 제3부…하나의 경지, 하나가 되는 길

"우리는 인간의 본성을 좀더 이해할 필요가 있다. 다가오는 모든 재앙의 근원은 바로 우리 자신이기 때문이다."
· 신국판 | 반양장 | 356쪽 | 값 15,000원

로마인 이야기 10

시오노 나나미 · 김석희 옮김
인프라가 한 나라의 운명을 결정한다

"위대한 점은 건설한 길과 수도가 아니라 공을 사보다 우선시하는 공공심이다. 개인은 할 수 없기 때문에 국가가 대신하는 것, 그것이 시오노가 말한 '인프라'다."
· 신국판 | 반양장 | 344쪽 | 값 11,000원

로마인 이야기 11

시오노 나나미 · 김석희 옮김
마침내 시오노 나나미판 로마제국 쇠망사가 시작된다

"강력한 권력을 부여받은 지도자의 존재이유는 언젠가 찾아올 비에 대비하여 사람들이 쓸 수 있는 우산을 미리 준비하는 데 있다."
· 신국판 | 반양장 | 440쪽 | 값 12,000원

나의 인생은 영화관에서 시작되었다

시오노 나나미 · 양억관 옮김
시오노가 들려주는 고품격 영화에세이

"정의 · 관능 · 사랑 · 전쟁 · 죽음 · 품격 · 아름다움, 그리고 영원히 해결되지 않는 문제에 대하여 나는 말한다. 내가 사랑하는 모든 영화로."
· 46판 | 양장본 | 350쪽 | 값 12,000원

바다의 도시 이야기 상 · 하

시오노 나나미 · 정도영 옮김
베네치아 공화국, 그 1천년의 메시지는 무엇인가

"천혜의 자원이라고는 아무것도 없었던 바다의 도시가, 어떻게 국체를 한 번도 바꾼 일 없이 그토록 오랫동안 나라를 이끌어갔는가?"
· 신국판 | 반양장 | 550쪽 내외 | 각권 값 15,000원

슬픈 열대

레비 스트로스 · 박옥줄 옮김
세계적 지성 레비 스트로스가 쓴 20세기 최고의 기행문학

"저 생명력 넘치는 원시의 땅으로 배가 출항한다. 적도 무풍대를 통과하면 신세계와 구세계 간의 희망과 몰락, 정열과 무기력이 교차한다."
· 신국판 | 양장본 | 768쪽 | 값 30,000원

비평의 해부

노스럽 프라이 · 임철규 옮김
호메로스부터 제임스 조이스까지 서구의 고전을 해부한다

"비평은 과학적 객관성을 바탕으로 하는 독립된 학문이 되어야 한다. 재능 없는 문학도가 감탄과 질투를 배설하는 기생적인 문학 장르에서 벗어나야 한다."
· 신국판 | 양장본 | 706쪽 | 값 25,000원

낭만적 거짓과 소설적 진실

르네 지라르 · 김치수 송의경 옮김

대한민국 학술원 선정 2002 우수학술도서/
문화관광부 2002 우수학술도서
"이 책은 우리의 욕망체계를 소설 주인공에게서 발견하여 오늘날의 사회적 특성을 제시한 탁월한 고전이다."
· 신국판 | 양장본 | 430쪽 | 값 20,000원

한비자 I · II

한비 · 이운구 옮김
동양의 마키아벨리 한비자의 국가경영의 법

"인간의 애정이나 의리 자체를 경솔하게 부정하려는 것이 결코 아니다. 현실적으로 사랑보다는 힘(권력)의 논리가, 의(義)보다는 이(利)가 앞선다는 것이다."
· 신국판 | 양장본 | 968쪽(전2권) | 각권 값 25,000원

증여론 선물주기와 답례로 풀어낸 인간사회의 실체

마르셀 모스 · 이상률 옮김 류정아 해제

문화관광부 2002 우수학술도서
"주기와 받기, 답례로 이루어진 선물의 삼각구조가 총체적인 사회적 사실이 되어 생활의 모든 분야에 관여하며 사회구조를 작동시킨다."
· 신국판 | 양장본 | 308쪽 | 값 20,000원

신기관

프랜시스 베이컨 · 진석용 옮김
자연의 해석과 인간의 자연 지배에 관한 잠언

"참된 철학은 정신의 힘에만 기댈 것도 아니요, 기계적인 실험을 통해 얻은 재료를 비축만 할 것도 아니다. 오직 지성의 힘으로 변화시켜 소화해야 한다."
· 신국판 | 양장본 | 320쪽 | 값 22,000원

관용론

볼테르 · 송기형 임미경 옮김
18세기 전제정치에 맞서는 볼테르의 관용정신

"모든 사람들이 똑같은 방식으로 생각하기를 바라는 것은 터무니없는 욕심이다. 인간 세계의 사소한 차이들이 증오와 박해의 구실이 되지 않기를."
· 신국판 | 양장본 | 308쪽 | 값 22,000원

로마사 논고

니콜로 마키아벨리 · 강정인 안선재 옮김
마키아벨리 정치사상의 핵심 논저!

"잘 조직된 공화국은 시민에 대한 상벌제도가 분명하며, 공을 세웠다고 하여 잘못을 묵인하지 않는다. 군주는 은혜를 베푸는 일을 지체해서는 안 된다."
· 신국판 | 양장본 | 596쪽 | 값 30,000원

인류학의 거장들

제리 무어 · 김우영 옮김

문화관광부 2003 우수학술도서

"타일러와 모건의 시대로부터 레비-스트로스와 거츠, 포스트모더니즘에 이르는 인류학의 이론적 발달과정을, 21명의 '거장 인류학자' 들을 통해 설명한다."

· 46판 | 양장본 | 456쪽 | 값 15,000원

금기의 수수께끼

최창모 지음

인류학으로 풀어내는 성서 속의 금기와 인간의 지혜

"금지된 지식에 대해 알고자 하는 인간의 욕망과 그것에 대해 안다는 것 사이의 관계는 무엇인가. 알고자 하는 욕망이 죄인가, 아는 것이 문제인가."

· 46판 | 양장본 | 352쪽 | 값 15,000원

르네상스 미술기행

앤드루 그레이엄 딕슨 · 김석희 옮김

BBC 방송이 기획하고 출판한 최고 권위의 미술체험

"우리가 보는 것은 미술관 속의 과거가 아니라, 우리가 살고 있는 지금 여기입니다. 그만큼 르네상스 시대의 예술작품은 우리의 현재와 연결되어 있습니다."

· 신국판 올컬러 | 양장본 | 488쪽 | 값 25,000원

동과 서의 차 이야기

이광주 지음

차 한잔의 여유가 놀이와 사교의 풍경을 이룬다

"나는 아직 차의 참맛을 모른다. 더욱이 다중선(茶中仙)의 경지란? 그러나 차와 찻잔이 놓인 자리에서 나는 매일 한(閑)을 즐기는 호모 루덴스가 된다."

· 46판 올컬러 | 양장본 | 396쪽 | 값 20,000원

보르도 와인 기다림의 지혜

고형욱 지음

맛 전문가 고형욱의 매혹적인 보르도 와인여행

"진홍빛 파도가 입 안에 가득 밀려온다. 와인 한 잔의 맛과 낭만을 말해 무엇하랴. 잘 숙성되어 원숙해진 와인은 변함없는 친구처럼 사람들을 감동시킨다."

· 46판 올컬러 | 양장본 | 300쪽 | 값 18,000원

베네치아에서 비발디를 추억하며

정태남 지음

건축가가 체험한 눈부신 이탈리아 음악여행

"벨칸토의 본고장 나폴리에서, '토스카' 의 배경 로마, 롯시니를 성장시킨 볼로냐, 베르디의 도시 밀라노를 거쳐 찬란한 빛과 선율의 도시 베네치아까지."

· 신국판 올컬러 | 양장본 | 336쪽 | 값 15,000원

지중해의 영감

장 그르니에 · 함유선 옮김

시적 명상 · 철학적 반성 · 찬란한 지중해의 찬가

"알제의 구릉 위에서 맞이한 열기 가득한 밤들, 욕망처럼 입술을 바짝 마르게 하는 시로코 바람, 이탈리아의 눈부신 풍경들과 사람들의 열정."

· 46판 | 양장본 | 236쪽 | 값 12,000원

침묵의 언어

에드워드 홀 · 최효선 옮김

시간과 공간이 말을 한다

"홀은 사람들이 언어를 사용하지 않고 서로 '이야기를 나누는' 다양한 방식을 분석하고 있다. 부지간에 행하는 인간의 모든 몸짓과 행동들."

· 신국판 | 반양장 | 288쪽 | 값 10,000원

문화를 넘어서

에드워드 홀 · 최효선 옮김

문화의 숨겨진 차원을 초월하라

"사람들은 지금까지 자신의 생활방식만을 당연시해왔다. 이제 인류는 잃어버린 자아와 통찰력을 되찾기 위하여 문화를 넘어서는 힘든 여행을 떠나야 한다."

· 신국판 | 반양장 | 372쪽 | 값 12,000원

생명의 춤

에드워드 홀 · 최효선 옮김

시간의 문화적 성격에 관한 인류학적 보고서

"시간은 하나의 문화가 발달하는 방식뿐만 아니라 그 문화에 속한 사람들이 세계를 체험하는 방식과도 밀접한 관련을 맺고 있다."

· 신국판 | 반양장 | 354쪽 | 값 12,000원

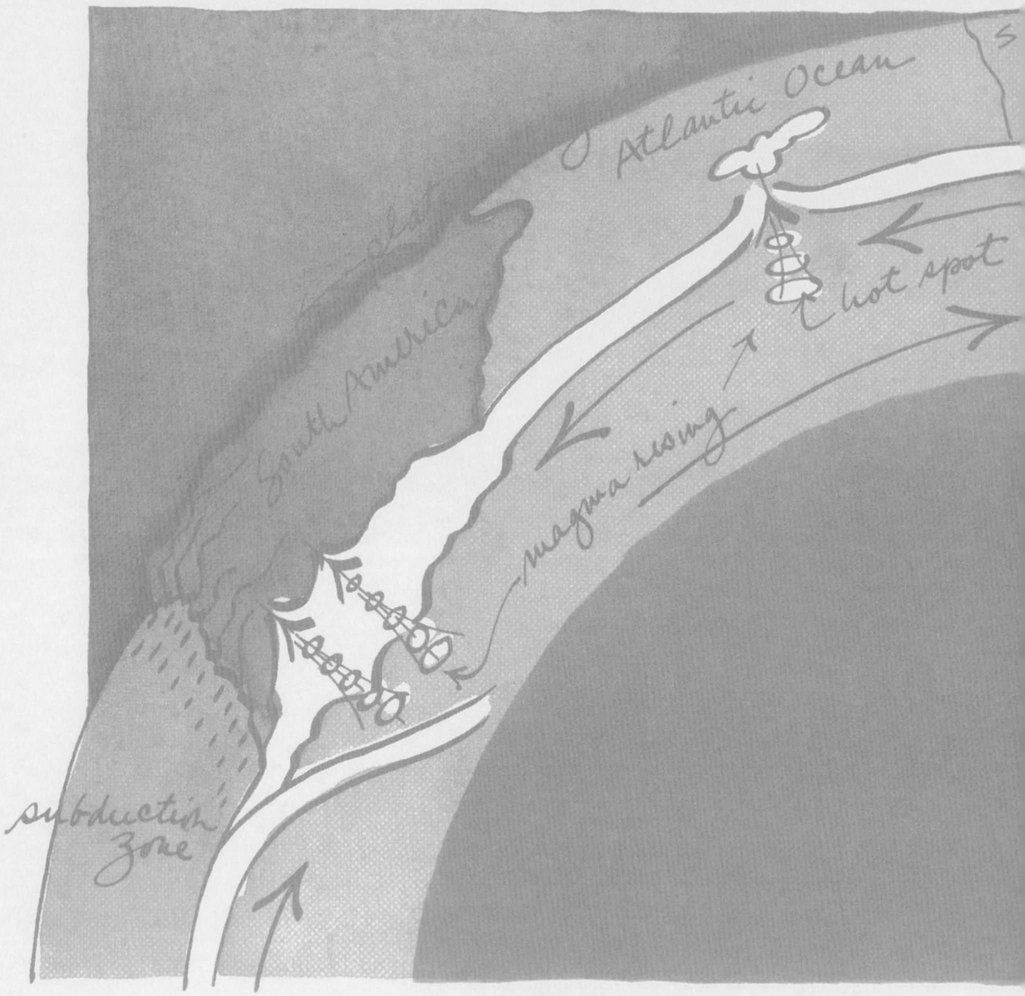

Atlantic Ocean
South America
hot spot
magma rising
subduction zone

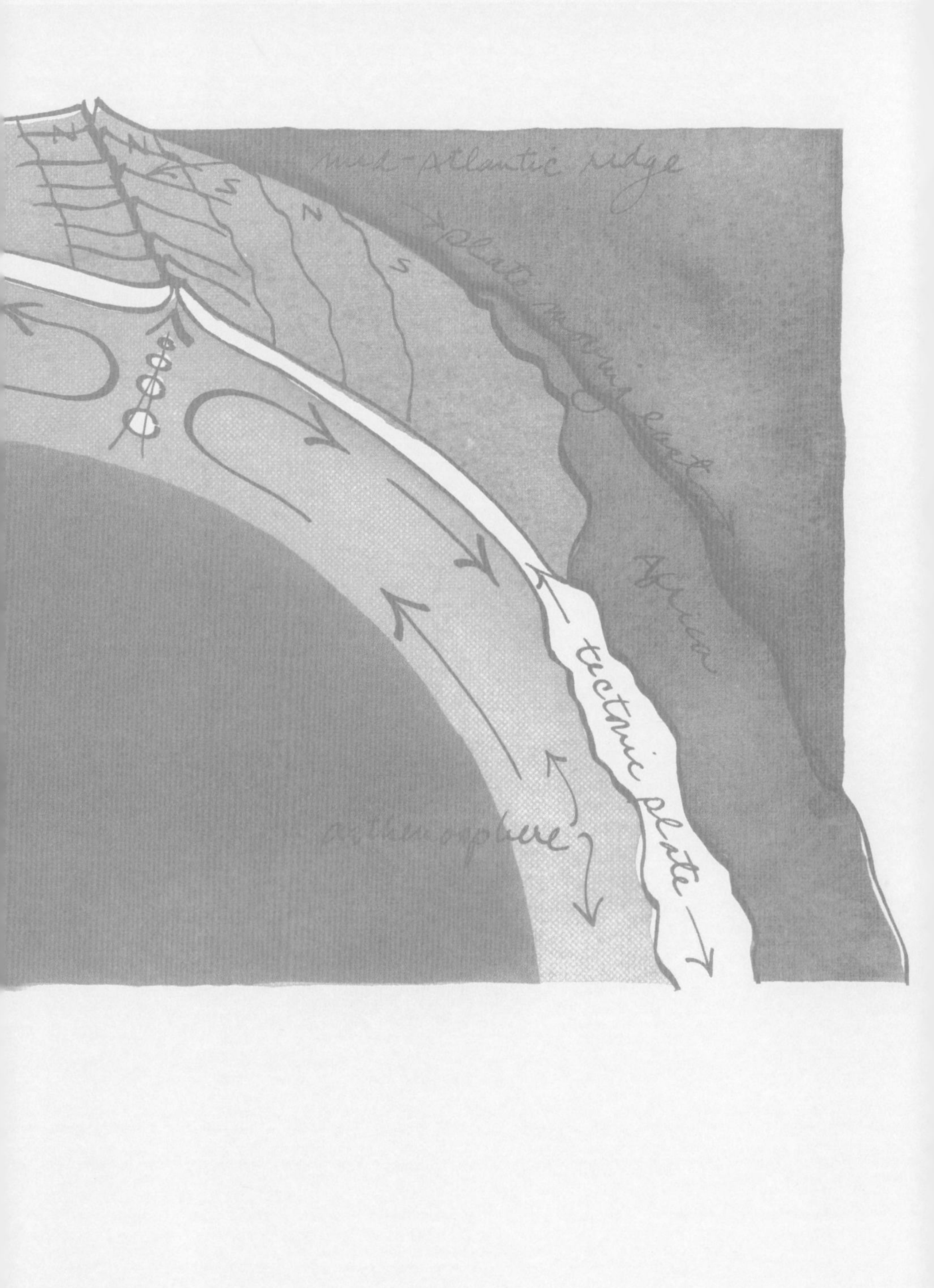
mid-Atlantic ridge
plate moving east
Africa
tectnic plate
asthenosphere
N
N
S
N
S